普通高等医学院校五年制临床医学专业第二轮教材

生物化学与分子生物学

（第2版）

（供临床医学、医学影像学、预防医学、医学检验技术等专业用）

主　编　江兴林　郝岗平　杨军平

副主编　龙石银　张毅强　何海伦　张媛英

编　者　（以姓氏笔画为序）

于立娟（山东第一医科大学）

王海英（湖南医药学院）

龙石银（南华大学）

江兴林（湖南医药学院）

李红梅（贵州医科大学）

杨军平（江西中医药大学）

何海伦（中南大学）

张媛英（山东第一医科大学）

张毅强（长治医学院）

郝岗平（山东第一医科大学）

钱荣华（湖南中医药大学）

梅　松（贵州中医药大学）

彭小珍（湖南医药学院）

蒋传命（邵阳学院）

中国健康传媒集团
中国医药科技出版社

内容提要

本教材为“普通高等医学院校五年制临床医学专业第二轮教材”之一。本教材分为绪论和主体内容。主体内容分为四篇，共21章。第一篇为生物分子的结构与功能，包括蛋白质的结构与功能，核酸的结构与功能，维生素与微量元素及钙、磷代谢，酶。第二篇为物质代谢及其调节，包括生物氧化、糖代谢、脂质代谢、氨基酸代谢、核苷酸代谢、物质代谢的联系与调节、血液生物化学、肝胆生物化学。第三篇为遗传信息的传递，包括DNA的生物合成和损伤修复、RNA的生物合成、蛋白质的生物合成、基因及其表达调控。第四篇为分子医学专题，包括常用分子生物学技术的原理与应用，基因重组与基因工程，癌基因、肿瘤抑制基因及生长因子，基因诊断和基因治疗，细胞信号转导。本教材为书网融合教材，即纸质教材有机融合电子教材、教学配套资源（PPT、微课、视频、图片等）、题库系统、数字化教学服务（在线教学、在线作业、在线考试）。

本教材主要供普通高等医学院校临床医学、医学影像学、预防医学、医学检验技术等专业教学使用，也可作为同等学力人员、相关从业人员的自学和参考用书。

图书在版编目（CIP）数据

生物化学与分子生物学/江兴林，郝岗平，杨军平主编．—2版．—北京：中国医药科技出版社，2023.8

普通高等医学院校五年制临床医学专业第二轮教材

ISBN 978-7-5214-3674-7

Ⅰ.①生…　Ⅱ.①江…　②郝…　③杨…　Ⅲ.①生物化学-医学院校-教材　②分子生物学-医学院校-教材

Ⅳ.①Q5　②Q7

中国版本图书馆CIP数据核字（2023）第017398号

美术编辑　陈君杞

版式设计　友全图文

出版　**中国健康传媒集团**｜中国医药科技出版社

地址　北京市海淀区文慧园北路甲22号

邮编　100082

电话　发行：010-62227427　邮购：010-62236938

网址　www. cmstp. com

规格　889×1194mm $^{1}/_{16}$

印张　25 $^{1}/_{2}$

字数　731千字

初版　2016年12月第1版

版次　2023年8月第2版

印次　2023年8月第1次印刷

印刷　北京盛通印刷股份有限公司

经销　全国各地新华书店

书号　ISBN 978-7-5214-3674-7

定价　89.00元

出版说明

为了贯彻《中共中央、国务院中国教育现代化2035》“加强创新型、应用型、技能型人才培养规模”的战略任务要求，落实《国务院办公厅关于加快医学教育创新发展的指导意见》，紧密对接新医科建设对医学教育改革的新要求，满足新时代医疗卫生事业对人才培养的新需求，中国医药科技出版社在教育部、国家药品监督管理局的领导下，通过走访主要院校对2016年出版的“全国普通高等医学院校五年制临床医学专业‘十三五’规划教材”进行了广泛征求意见，有针对性的制定了第二版教材的出版方案，旨在赋予再版教材以下特点。

1.立德树人，融入课程思政

把立德树人贯穿、落实到教材建设全过程的各方面、各环节。课程思政建设应体现在知识技能传授中厚植爱国主义情怀，加强品德修养、增长知识见识、培养奋斗精神，不断提高学生思想水平、政治觉悟、道德品质、文化素养等。医学教材着重体现加强救死扶伤的道术、心中有爱的仁术、知识扎实的学术、本领过硬的技术、方法科学的艺术的教育，培养医德高尚、医术精湛的人民健康守护者。

2.精准定位，培养应用人才

坚持体现《中共中央、国务院中国教育现代化2035》“加强创新型、应用型、技能型人才培养规模”的战略任务，落实《国务院办公厅关于加快医学教育创新发展的指导意见》中“立足基本国情，以服务需求为导向，以新医科建设为抓手，着力创新体制机制，分类培养研究型、复合型和应用型人才”的医学教育目标，结合医学教育发展“大国计、大民生、大学科、大专业”的新定位，注重人才培养应从疾病诊疗提升拓展为预防、诊疗和康养，以健康促进为中心，服务生命全周期、健康全过程的转变，精准定位教材内容和体系。教材编写应体现以医疗卫生事业需求为导向，以岗位胜任力为核心，以培养医工、医理、医文学科交叉融合的高素质、强能力、精专业、重实践的本科医学人才培养目标。

3.适应发展，优化教材内容

必须符合行业发展要求。构建教材内容结构，要体现医疗机构对医学人才在临床实践能力、沟通交流能力、服务意识和敬业精神等方面的要求；体现临床程序贯穿于教学的全过程，培养学生的整体临床意识；体现国家相关执业资格考试的有关新精神、新动向和新要求；注重吸收行业发展的新知识、新技术、新方法，体现学科发展前沿，并适当拓展知识面，为学生后续发展奠定必要的基础；满足以学生为中心而开展的各种教学方法的需要，充分发挥学生的主观能动性。

4.遵循规律，注重“三基”“五性”

遵循教材规律。针对普通高等医学院校本科医学类专业教学需要，教材内容应注重“三基”（基本知识、基础理论、基本技能）、“五性”（思想性、科学性、先进性、启发性、适用性）；内容成熟、术语规范、文字精炼、逻辑清晰、图文并茂、易教易学；注意“适用性”，即以普通高等学校医学教育实际和学生接受能力为基准编写教材，满足多数院校的教学需要。

5.创新模式，提升学生能力

加强“三基”训练，着力提高学生分析问题和解决问题的能力。在不影响教材主体内容的基础上要保留“案例引导”“学习目标”“知识链接”“目标检测”模块，去掉知识拓展模块。进一步优化各模块的内容，培养学生理论联系实践的实际操作能力、创新思维能力和综合分析能力；增强教材的可读性和实用性，培养学生学习的自觉性和主动性。

6.丰富资源，优化增值服务内容

搭建与教材配套的中国医药科技出版社在线学习平台“医药大学堂”（数字教材、教学课件、图片、视频、动画及练习题等），实现教学信息发布、师生答疑交流、学生在线测试、教学资源拓展等功能，促进学生自主学习。

本套教材凝聚了省属院校高等教育工作者的集体智慧，体现了凝心聚力、精益求精的工作作风，谨此向有关单位和个人致以衷心的感谢！

尽管所有参与者尽心竭力、字斟句酌，教材仍然有进一步提升的空间，敬请广大师生提出宝贵意见，以便不断修订完善！

普通高等医学院校五年制临床医学专业第二轮教材

建设指导委员会名单

李建华（青海大学医学院）
杨　征（四川大学华西口腔医学院）
邱丽颖（江南大学无锡医学院）
邹义洲（中南大学湘雅医学院）
张　敏（河北医科大学）
张秀花（江南大学无锡医学院）
张喜红（长治医学院）
陈云霞（长治医学院）
武俊芳（新乡医学院）
林贤浩（福建医科大学）
罗　兰（昆明医科大学）
郑　多（深圳大学医学院）
赵幸福（南京医科大学附属无锡精神卫生中心）
胡　东（安徽理工大学医学院）
夏　寅（首都医科大学附属北京天坛医院）
郭子健（江南大学无锡医学院）
郭嘉泰（长治医学院）
曹玉萍（中南大学湘雅二医院）
彭鸿娟（南方医科大学）
韩晶岩（北京大学医学部）

李春辉（中南大学湘雅医学院）
杨少华（桂林医学院）
杨军平（江西中医学大学）
何志巍（广东医科大学）
张　闻（昆明医科大学）
张　燕（广西医科大学）
张晓霞（长治医学院）
陈万金（福建医科大学附属第一医院）
陈礼刚（西南医科大学）
林友文（福建医科大学）
明海霞（甘肃中医药大学）
周新文（华中科技大学基础医学院）
单伟超（承德医学院）
郝少峰（长治医学院）
郝岗平（山东第一医科大学）
姚应水（皖南医学院）
夏超明（苏州大学苏州医学院）
高凤敏（牡丹江医学院）
郭崇政（长治医学院）
黄利华（江南大学附属无锡五院）
曹颖平（福建医科大学）
韩光亮（新乡医学院）
游言文（河南中医药大学）

数字化教材编委会

主　编　江兴林　郝岗平　杨军平

副主编　龙石银　何海伦　张媛英　张毅强

编　者　（以姓氏笔画为序）

于立娟（山东第一医科大学）

王海英（湖南医药学院）

龙石银（南华大学）

江兴林（湖南医药学院）

李红梅（贵州医科大学）

杨军平（江西中医药大学）

何海伦（中南大学）

张媛英（山东第一医科大学）

张毅强（长治医学院）

郝岗平（山东第一医科大学）

钱荣华（湖南中医药大学）

梅　松（贵州中医药大学）

彭小珍（湖南医药学院）

蒋传命（邵阳学院）

PREFACE 前　言

生物化学与分子生物学是在分子水平探讨生命的本质，即研究生物体的分子结构与功能、物质代谢与调节、遗传信息的传递与表达。临床医学专业学生将来的服务对象是人类个体，因此，本专业的“生物化学与分子生物学”是以人体为主要研究对象，在分子水平研究正常或疾病状态下的人体结构与功能乃至疾病的预防、诊断与治疗，提供理论与技术支持，推动临床医学各学科的新发展。目前已发现，任何疾病的发生均与生物分子的组成、结构或含量等的改变有关，因此，对于疾病的研究均涉及生物化学与分子生物学的理论和方法，生物化学与分子生物学理论与技术的发展必将进一步促进和推动临床医学的发展，基因治疗的兴起和人类基因组计划的全面实施已经有力地证明了生物化学与分子生物学在生命科学和医学中的重要地位。作为医学生，学好生物化学与分子生物学将为后续医学课程的学习及未来从事临床医学工作奠定扎实的基础。

本教材在上一版的基础上，结合全国高等医学院校培养“5＋3”为主体的应用型、创新型临床医学专业人才的教学实际，按照五年制临床医学专业的教学大纲修订而成。本教材在坚持“三基”“五性”“三特定”的基础上，力求做到“精编、精选和实用”，内容紧扣“5＋3”为主体的临床医学人才培养目标，体现整合理念，既注重生物化学与分子生物学基本知识的阐述，又强调职业岗位技能的培养，突出显示了生物化学与分子生物学的基本知识与临床知识的紧密结合。在内容上，本教材既涵盖生物分子的结构与功能、物质代谢和遗传信息传递的基本知识，又强调了物质代谢异常或基因表达异常与疾病的关系以及药物治疗靶点。每章设有“学习目标”“案例引导”“知识链接”“本章小结”“目标检测”等模块，有利于学生明确学习目标，抓住重点和难点，提高学习兴趣，感悟生物化学、分子生物学与临床的密切关系。此外，本教材搭载“医药大学堂”在线学习平台，配有电子教材、PPT 课件、微课视频、题库等，使教材内容立体化、生动化，易教易学。

参与本教材修订的编者均为教学一线的骨干教师，具有丰富的教学经验。在上一版的基础上，“目标检测”的习题设置更加具体；优化“案例引导”，与临床结合更加紧密；在“知识链接”中融入思政元素，注重医德的培养及爱国主义教育；“本章小结”均采用思维导图形式，使章节知识点梳理更富有逻辑性；针对较难知识点制作微课视频，便于学生课后对知识点的加深理解及掌握。

本教材的编写分工具体如下。江兴林：绪论、第六章；郝岗平：第一章；杨军平：第十一章、第十二章；龙石银：第二章、第三章；何海伦：第九章、第十三章；张媛英：第十五章、第十六章；张毅强：第十九章、第二十章；于立娟：第四章、第五章；钱荣华：第七章；王海英：第八章；李红梅：第十章、第十四章；梅松：第十七章、第十八章；蒋传命：第二十一章。全书由江兴林、彭小珍进行统稿。本教材在编写过程中，得到了各参编院校领导和老师的热情鼓励和帮助，凝聚了多人的智慧和心血，谨此一并表示诚挚的谢意。

由于编者水平所限，书中难免存在疏漏和不足之处，敬请使用本书的广大师生给予指正。

编　者

2023 年 5 月

目录 CONTENTS

第二篇 物质代谢及其调节

第三篇　遗传信息的传递

第四篇 分子医学专题

绪　论

第一节　生物化学与分子生物学的主要研究内容

一、生物化学与分子生物学的概念

生物化学（biochemistry）即“生命的化学”，是运用化学、物理学和生物学的原理和方法，在分子水平研究生物体的物质组成、结构和功能以及其在生命过程中的化学变化规律和与环境之间相互关系的一门学科。生物化学是一门基础生命学科。到20世纪50年代，随着（生物）物理学、遗传学、细胞生物学、免疫化学、生物信息学等理论和技术的发展和渗透，生物化学进入了以研究生物大分子（主要为蛋白质和核酸）的结构与功能及基因结构、表达与调控相关内容进而阐明生命现象本质为核心的分子生物学（molecular biology）时代。分子生物学是生物化学的重要组成部分，是其发展和延伸。

二、医学生物化学与分子生物学的主要研究内容

生物化学与分子生物学的研究内容非常广泛，研究对象包括动物、植物、微生物等，可应用于工业、农业、海洋、医学领域。

医学生物化学与分子生物学的研究内容大致包括以下几个主要方面。

1. 生物分子的结构与功能　研究生命现象的首要前提是了解生物体的化学组成，测定其含量和分布。组成生物个体的化学成分，包括无机物、有机小分子和生物大分子。对生物分子的研究，重点是对生物大分子的研究。人体内的生物大分子主要包括核酸、蛋白质、多糖、蛋白聚糖和复合脂质等，它们种类繁多、结构复杂，是一切生命现象的物质基础。但生物大分子又有一定的规律性，都是由基本结构单位按一定顺序和方式连接而成的聚合体，具有复杂的空间结构。如蛋白质、核酸和多糖就是分别由结构单位——氨基酸、核苷酸和单糖形成的多聚体。

对生物大分子的研究，除了确定其一级结构外，更重要的是研究它的空间结构及其与功能的关系。结构是功能的基础，而功能则是结构的体现。当前研究的重点仍然是蛋白质和核酸的结构与功能的关系，两者对生命活动起着关键性的作用。另外，对蛋白聚糖结构和功能关系的研究也在深入。生物大分子的功能还可以通过分子之间的相互识别和相互作用来实现，如蛋白质的一级结构是由核酸决定的。蛋白质与蛋白质之间、核酸与核酸之间以及蛋白质与核酸之间的相互作用在基因表达的调节中起决定性作用。目前这一领域的研究仍是生物化学与分子生物学的热点。生物大分子还需要组装成更大的复合体，然后装配成亚细胞结构、细胞、组织、器官和系统，最后成为能体现生命活动的机体，这些都是尚待研究和阐明的问题。

2. 物质代谢及其调节　生物体的基本特征之一是新陈代谢（metabolism），即机体与外环境之间进行有规律的物质交换，以维持其内环境的稳定。通过代谢变化将摄入营养物质中存储的能量释放出来，以供机体活动需要。物质代谢的进行是正常生命过程的必要条件，要维持体内错综复杂的代谢途径的有序进行，需要神经、激素等整体性因素通过改变酶的催化活性的严格调节机制来完成，物质代谢的紊乱则可引发疾病。目前我们对人体的主要代谢途径虽已了解得十分清楚，但对物质代谢的调控机制和规律

仍需要继续探索和发现，如物质代谢有序性调节的分子机制尚需进一步阐明。细胞信息传递参与多种物质代谢及与其相关的生长、增殖、分化等生命过程，其调节机制及调控网络也是现代生物化学研究的重要课题。

3. 基因信息传递及其调控 核酸是遗传信息的携带者，遗传信息按照中心法则来指导蛋白质的合成，使生物性状能够代代相传，从而控制生命现象。遗传信息的传递涉及遗传变异、生长与分化等诸多生命过程，也与遗传病、恶性肿瘤、心血管疾病等多种疾病的发病机制有关，是分子生物学的重要内容。认识了基因表达和调控的规律，人们就能在分子水平改造和控制生命现象。而目前对基因表达调控的研究主要集中在信号转导、转录因子和 RNA 剪接三个方面。新基因克隆、DNA 重组、转基因、基因敲除等分子生物学技术是这一领域的重要研究手段，人类基因组、RNA 组及功能基因组的发展将大大推动此领域的研究进程。

第二节　生物化学与分子生物学发展简史

生物化学是一门较年轻的学科，其起始可追溯到 18 世纪。20 世纪初，生物化学作为一门独立的学科发展起来，仅有 100 多年的历史，但学科发展相当迅速。特别是 50 多年来，生物化学与分子生物学又有了许多重大进展和突破，目前已成为生命科学领域的前沿学科之一。

一、生物化学与分子生物学的发展阶段

1. 静态生物化学阶段 这一时期是生物化学发展的萌芽阶段，亦称叙述生物化学阶段，主要研究生物体的化学组成，并对其进行分离、纯化、合成、结构测定及理化性质的研究。大约从 18 世纪中期到 19 世纪末，人们主要完成了对生物体的化学成分组成的研究，客观描述组成生物体的糖类、脂质、蛋白质和核酸等物质的含量、分布、结构、性质与功能。1864 年，德国化学家霍普 – 席勒（Hoppe – Seyler）首次从血液中分离出血红蛋白并将其制成了结晶。1868 年，弗里德克利 – 米歇尔（Friedrick Miescher）在伤口脓细胞中发现了“核素”（核酸的早期命名）。1877 年，Hoppe – Seyler 首次提出“biochemistry”这个名词，并创办了《生理化学杂志》。1861 年，Moritz – Traube 等提出，是一种“可溶性催化剂”催化糖“发酵”成醇。1878 年，Wilhelm Kuhne 首先引入“enzyme”概念，描述“可溶性催化剂”。1894 年，Emil Fischer 提出酶催化作用的“锁 – 匙”学说。1897 年，Eduard Buchner 和 Hans Buchner 通过实验证明，无细胞的酵母提取液仍可催化生醇发酵反应。

2. 动态生物化学阶段 主要研究生物体内各种分子的代谢变化。从 20 世纪初开始，生物化学进入了快速发展阶段。至 20 世纪 50 年代，生物化学在代谢方面取得了很大进展，主要由于同位素示踪技术的发展和应用，人们研究并发现了生物体内主要物质的代谢变化，即代谢途径，确定了糖酵解、三羧酸循环（1937 年）、脂肪酸分解代谢和尿素合成途径（1932 年）等；在生物能研究中，20 世纪 50 年代，生物能生产过程中的 ATP 循环学说被提出。在营养方面，学界研究了人体对蛋白质的需求及需要量，并发现了人体必需氨基酸、必需脂肪酸及多种维生素等；在内分泌方面，发现了多种激素，并能对其进行分离纯化和合成；在酶学方面，1926 年，James B. Sumner 制备了脲酶结晶，证明酶的本质是蛋白质。

3. 分子生物学阶段 这一阶段是指 20 世纪 50 年代开始至今，以 1953 年提出 DNA 双螺旋结构模型为标志，探讨各种生物大分子的结构与其功能之间的关系。这一阶段，生物化学与物理学、微生物学、遗传学、细胞生物学等其他学科之间密切渗透，分子生物学诞生并成为生物化学的主体。此期间，对物质代谢途径的研究继续开展，并重点进入合成代谢与代谢调节的研究阶段。这一阶段的重要贡献有：20 世纪 50 年代初，蛋白质 α – 螺旋的二级结构形式被发现，胰岛素的一级结构分析完成等。更具有里

程碑意义的DNA双螺旋结构的发现，为揭示遗传信息传递规律奠定了基础；随后，遗传信息传递的中心法则被证明，从而开创了分子生物学时代；1961年，Francis Jacob和Jacqes Monod揭示了原核基因调控的操纵子机制；1973年，Herb Boyer和Stanley Cohen首次在体外将重组的DNA分子形成无性繁殖系——DNA“克隆”，标志着基因工程的诞生；PCR技术的发明，使人们有可能在体外高效扩增DNA；20世纪末人类基因组计划的完成是人类生命科学研究史上的又一重大里程碑，在此基础上，后基因组计划的转录组学、蛋白质组学、RNA组学、生物信息学以及代谢组学和糖组学的蓬勃发展，将为人类健康和疾病的研究带来根本性的变革。

二、我国科学家对生物化学发展的贡献

我国劳动人民很早就将生物化学的知识应用到日常生活中。公元前21世纪，我们的祖先已能用曲造酒，曲被称为酒母，也就是现在所说的酶的混合物；公元前12世纪，他们已能用豆、谷、麦等作为原料制作酱和醋；汉代淮南王刘安制作豆腐的记载，说明当时已能应用蛋白质的胶体性质原理来提取豆类蛋白质；文献记载，公元7世纪，孙思邈已用富含维生素A的猪肝治疗夜盲症。20世纪以来，我国的生物化学家在营养学、临床生化、蛋白质变性学说、人类基因组等研究领域也做出了积极的贡献。吴宪创立了血滤液的制备和血糖测定法，并提出蛋白质变性学说，对于研究蛋白质大分子的高级结构具有重要价值。1965年，我国科学家首次采用人工合成的方法合成了具有生物活性的结晶牛胰岛素；1971年，利用X射线衍射方法测定了牛胰岛素的空间结构；1981年，人工合成酵母丙氨酸tRNA。值得指出的是，我国科学家提前于2000年4月完成了“中国卷”人类基因组草图，赢得了国际生命科学界的高度评价；另外，近年来我国在基因工程、酶工程、蛋白质工程、疾病相关基因克隆的功能研究方面也取得了重要成果。

第三节　生物化学与分子生物学和医学的关系

生物化学与分子生物学是基础医学的一门必修课程，讲述正常人体的生物化学以及疾病过程中生物化学与分子生物学的相关问题，与医学有着紧密的联系。

一、生物化学与分子生物学和其他基础医学学科的关系

生物化学与分子生物学发展十分迅速，形成了许多新理论，如基因组学、转录组学等；同时又发展了许多新技术，如基因工程、基因芯片和基因治疗等，它的理论和技术已渗透到基础医学和临床医学的各个领域，并形成了许多新兴的分支学科，如分子免疫学、分子微生物学、分子病理学和分子药理学等。反过来，这些基础学科也促进了生物化学的发展，如免疫学的发展促进了蛋白质及受体研究的发展，遗传学的方法被应用于基因分子生物学的研究，病理学的癌症研究进展也促进了癌基因研究的发展。总之，生物化学与分子生物学已成为医学各学科之间相互联系的纽带学科。

二、生物化学与分子生物学和临床医学的关系

基础医学各学科主要是阐述人体正常、异常的结构与功能等，临床医学各学科则主要研究疾病的发生、发展机制及诊断与治疗等。生物化学与分子生物学既是一门重要的专业基础课，又与临床医学的发展密切相关且相互促进。在分子水平研究正常或疾病状态下的人体结构与功能，各种疾病发病机制的阐明、诊断与治疗、预防措施等的实施，都需要依据生物化学与分子生物学的理论与技术，该学科为推动医学各学科的新发展做出了重要的贡献。如糖代谢紊乱会导致糖尿病的发生，脂代谢紊乱会导致动脉硬

化，氨代谢异常与肝昏迷密切相关，胆色素代谢异常引起黄疸等。体液中各种无机盐类、有机化合物和酶类等的检测，早已成为疾病诊断的常规指标。蛋白酶类、尿激酶等多种酶和蛋白质以及基因工程药物，也已直接用于疾病的治疗。随着生物化学研究成果对人体各种代谢过程、代谢调控机制、细胞间信号转导及遗传信息传递规律的深入阐明，人们有可能准确了解各种代谢障碍相关疾病、遗传性疾病的发病机制，开发治疗药物，研究诊断、治疗的新方法。目前临床上的癌症、心血管疾病等重大疾病的最后攻克，有待于生物化学与分子生物学领域的不断突破。现代分子生物学新理论、新技术成就正迅速在临床医学研究和实践中得到运用，如用探针技术、聚合酶链反应技术等检测致病基因的基因诊断技术，可在基因水平确定导致遗传病变异基因的存在。基因治疗研究最终可向机体内导入有功能的基因，补偿、替代致病的缺陷基因等。可以预见，生物化学与分子生物学的进一步发展，将给临床医学的诊断和治疗带来全新的理念。临床医学领域无论在预防、诊断还是治疗工作中，都会用到生物化学与分子生物学知识；反过来，临床实践是生物化学与分子生物学研究的源泉，使之更具有生命力。因此，学习和掌握生物化学与分子生物学知识，除有助于理解生命现象的本质和人体正常生理过程的生化与分子机制外，更重要的是为进一步学习基础医学其他课程和临床医学课程打下坚实的基础，因而已成为当代医护专业人员的必备素质。只有扎实地掌握生物化学与分子生物学的基本理论和基本技能，才有望成为真正合格的医务工作者。

（江兴林）

第一篇
生物分子的结构与功能

第一章 蛋白质的结构与功能

学习目标

1. 掌握 蛋白质的概念；氨基酸的结构通式、分类及理化性质；蛋白质一、二、三、四级结构的概念和主要化学键；蛋白质的理化性质、变性及其应用。

2. 熟悉 蛋白质结构与功能的逻辑关系；蛋白质的提取、分离和纯化。

3. 了解 临床常用氨基酸、多肽和蛋白质药物；蛋白组学的概念、研究方法和应用。

4. 学会蛋白质提取、分离和纯化的基本技术，能将蛋白质的基本知识应用于其他医学课程的学习。

蛋白质（protein）是生物体内含量最丰富、功能最复杂且种类繁多的最重要的生物大分子之一，是生命活动的主要载体及功能执行者。蛋白质占人体固体成分的45%、细胞干重的70%以上，是机体细胞的重要组成成分，同时具有化学催化、免疫保护、代谢调节、物质转运与存储、运动与支持、血液凝固、基因表达调控、细胞信号转导等作用。可以说，没有蛋白质，就没有生命活动的存在。

早在1838年，G. J. Mulder就引用“protein”（源于希腊单词“proteios”，意为primary，即头等重要的，第一位的，主要的）来表示这类大分子；1890—1910年，E. Fischer的一系列实验证实，蛋白质由氨基酸组成，并用氨基酸合成了短肽；1953年，两获诺贝尔化学奖的F. Sanger首次测定了胰岛素的一级结构；1962年，J. Kendrew和M. Perutz确定了血红蛋白的四级结构。今天，随着基因组学研究的不断深入，蛋白质组学（proteomics）的研究也进入了新的历史阶段，使蛋白质结构与功能的研究达到了新的高度，在临床的应用前景也十分光明。

第一节 蛋白质的组成和分类

PPT

一、蛋白质的元素组成

蛋白质虽然结构复杂、种类繁多，但元素组成差异不大，主要由碳（50% ~55%）、氢（6% ~7%）、氧（19% ~24%）、氮（13% ~19%）和硫（0 ~4%）构成，很多蛋白质还含有少量的磷、碘或金属元素铜、铁、锌、钴和锰等，这些元素在不同蛋白质中的含量有很大差异，但所有的蛋白质均含有氮。同时，蛋白质又是体内主要的含氮物质，大部分蛋白质的含氮量比较接近且恒定，平均为16%。

根据蛋白质元素组成的这一特点，可借助各种定氮法测定蛋白质含量，下列公式就是利用定氮法推算样品中蛋白质的大致含量：

样品中蛋白质含量 = 样品中含氮量 × 100/16 = 样品中含氮量 × 6.25

二、蛋白质结构的基本单位——氨基酸

（一）氨基酸的结构

蛋白质在酸、碱或蛋白酶的作用下水解为游离氨基酸，所以蛋白质的基本结构组成单位是氨基酸。存在于自然界的蛋白质的组成涉及300多种氨基酸，其中组成人体所有蛋白质的氨基酸却只有20种，且均属L－α－氨基酸（甘氨酸除外）。不同蛋白质的差异主要体现在所含氨基酸的含量和排列顺序不同，这是产生蛋白质多样性的基础。人体内20种氨基酸的化学结构通式见图1－1。

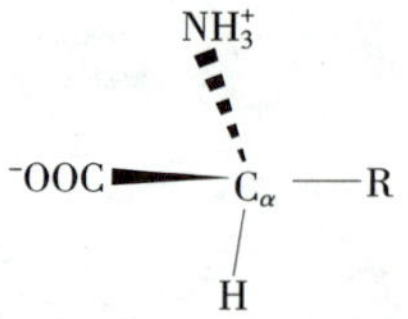

图1－1　L－α－氨基酸的结构通式

从上述结构中可发现，氨基酸都是以 C_α 为中心，分别连接—NH_2、—COOH 和—H 三个相同的基团或原子，另外还连接一个 R 侧链，不同氨基酸的 R 侧链不同，使其理化性质也各不相同，这是不同氨基酸的主要区别点。同时，自然界也存在 D－氨基酸。

现已发现，人体内除了20种基本氨基酸外，还存在一些特殊氨基酸，有些参与蛋白质的合成，如硫代半胱氨酸；也有些不参与蛋白质合成，如前面所说的 D－氨基酸中的 D－丝氨酸和 D－天冬氨酸，以及参与尿素合成的鸟氨酸、瓜氨酸和精氨酸代琥珀酸。这些氨基酸都有很重要的生理作用。

（二）氨基酸的分类

蛋白质的许多性质、结构和生物学功能均与氨基酸的 R 侧链密切相关，因此，常根据 R 侧链的分子结构和理化性质将体内20种基本氨基酸分为以下五类（表1－1）。

表1－1　基本氨基酸分类

中英文名称	缩写	分子量（D）	等电点	结构式
1. 非极性疏水性氨基酸				
丙氨酸（Alanine）	Ala（A）	89.06	6.00	$CH_3—CH(NH_3^+)—COO^-$
甘氨酸（Glycine）	Gly（G）	75.05	5.97	$H—CH(NH_3^+)—COO^-$
亮氨酸（Leucine）	Leu（L）	131.11	5.98	$CH_3—CH(CH_3)—CH_2—CH(NH_3^+)—COO^-$
异亮氨酸（Isoleucine）	Ile（I）	131.11	5.02	$CH_3—CH_2—CH(CH_3)—CH(NH_3^+)—COO^-$
缬氨酸（Valine）	Val（V）	117.09	5.96	$CH_3—CH(CH_3)—CH(NH_3^+)—COO^-$
脯氨酸（Proline）	Pro（P）	115.13	6.30	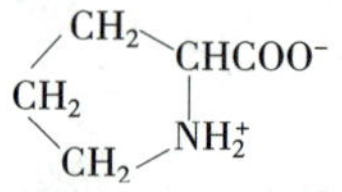
2. 芳香族氨基酸				
酪氨酸（Tyrosine）	Tyr（Y）	181.09	5.66	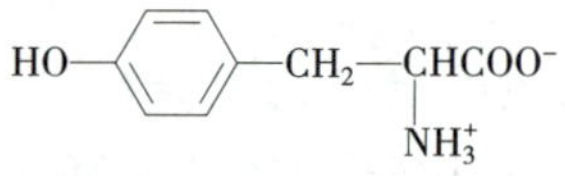
色氨酸（Treptophan）	Trp（W）	204.22	5.89	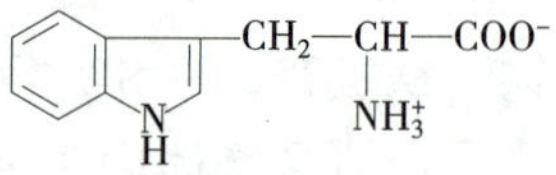

续表

中英文名称	缩写	分子量（D）	等电点	结构式
苯丙氨酸（Phenylalanine）	Phe（F）	165.09	5.48	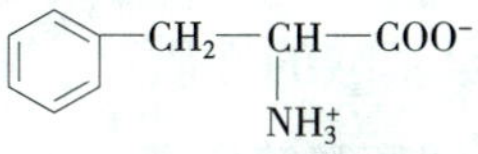
3. 极性中性氨基酸				
丝氨酸（Serine）	Ser（S）	105.06	5.68	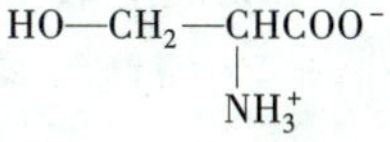
苏氨酸（Threonine）	Thr（T）	119.08	6.16	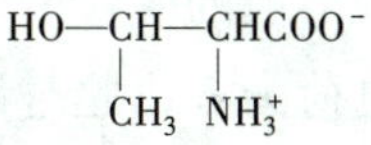
半胱氨酸（Cysteine）	Cys（C）	121.12	5.07	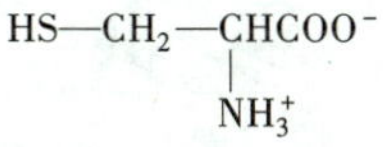
甲硫氨酸（蛋氨酸，Methionine）	Met（M）	149.15	5.74	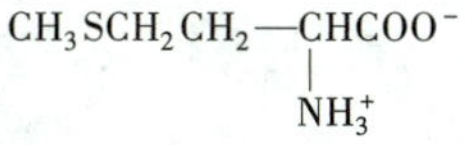
天冬酰胺（Asparagine）	Asn（A）	132.12	5.41	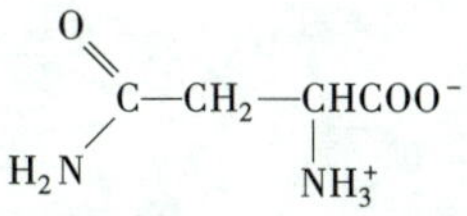
谷氨酰胺（Glutamine）	Gln（Q）	146.15	5.65	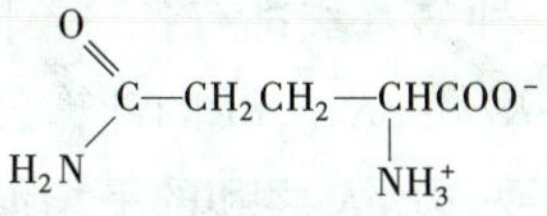
4. 酸性氨基酸				
谷氨酸（Glutamate）	Glu（E）	147.08	3.22	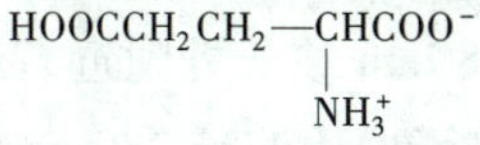
天冬氨酸（Aspartate）	Asp（N）	133.60	2.77	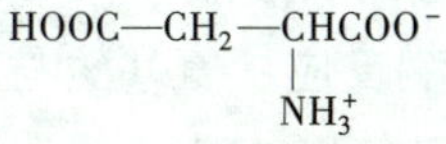
5. 碱性氨基酸				
赖氨酸（Lysine）	Lys（K）	146.13	9.74	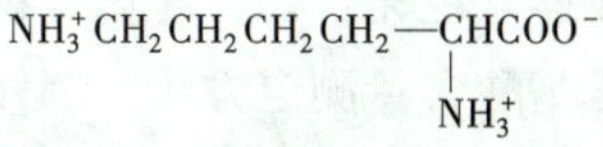
精氨酸（Arginine）	Arg（R）	174.14	10.76	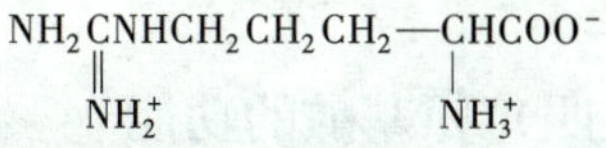
组氨酸（Histidine）	His（H）	155.16	7.59	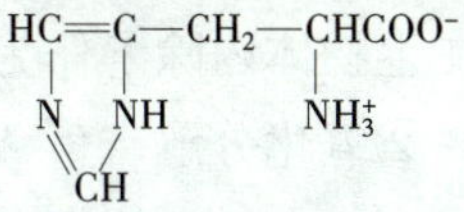

1. 非极性疏水性氨基酸　其R侧链有疏水性，因此在水中的溶解度小于极性氨基酸，共六种。

2. 芳香族氨基酸　其R侧链均含有苯基，疏水性较强，所含酚基和吲哚基在一定条件下可解离，共三种。

3. 极性中性氨基酸　其R侧链有亲水性，比非极性脂肪族氨基酸易溶于水，共六种。

4. 酸性氨基酸　其R侧链都含有羧基，在生理条件下分子带负电荷，共两种。

5. 碱性氨基酸　其R侧链分别含有氨基、胍基或咪唑基，在生理条件下分子带正电荷，共三种。

蛋白质分子中20种氨基酸残基的某些基团具有很重要的生物学功能，如含有巯基的半胱氨酸具有还原性，两个半胱氨酸的巯基脱氢后连接成二硫键（disulfide bond），形成胱氨酸，胱氨酸就没有抗氧化作用；还有些氨基酸残基或基团可被磷酸化、甲基化、甲酰化、乙酰化、异戊二烯化、泛素化等修饰，如丝氨酸、苏氨酸、酪氨酸残基可被磷酸化修饰，赖氨酸残基可被泛素化修饰，这些蛋白质翻译后修饰可改变蛋白质的溶解度、稳定性、亚细胞定位和功能以及蛋白质之间的相互作用，会影响这些蛋白质的生理功能，也是很多疾病发病的生化机制。

（三）氨基酸的性质

1. 两性解离和等电点 由于所有氨基酸既含有碱性的 α－氨基（$\alpha-NH_2$），又含有酸性的 α－羧基（α－COOH），可在酸性溶液中与 H^+ 结合形成带正电荷的—NH_3^+，在碱性溶液中失去 H^+ 与—OH^- 结合而形成带负电荷的—COO^-（图 1－2）。因此，氨基酸具有两性解离性质，是一种两性电解质。其解离方式取决于所处溶液的酸碱度。在某一 pH 溶液中，氨基酸解离出阴离子和阳离子的趋势和程度相同，呈电中性，净电荷为零，此时该溶液的 pH 值称为该氨基酸的等电点（isoelectric point，pI）。

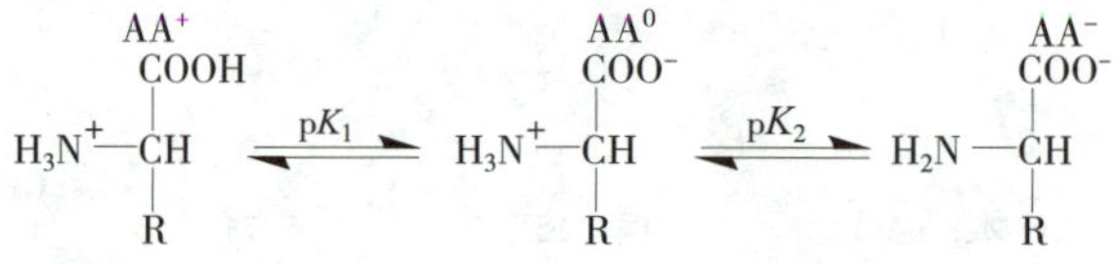

$$pI=\frac{1}{2}(pK_1+pK_2)$$

图 1－2 氨基酸解离

每一种氨基酸都有各自不同的 pI，通常氨基酸的 pI 取决于其分子中 α－氨基和 α－羧基的解离常数负对数 pK_1 和 pK_2。pI 的计算公式为 $pI=1/2\ (pK_1+pK_2)$，对于侧链含有可解离基团的氨基酸，其 pI 为兼性离子两边 pK 之和的平均值。

2. 紫外吸收性质 酪氨酸和色氨酸含有苯环共轭双键，根据氨基酸吸收光谱实验，这两种氨基酸在紫外光 280nm 波长处附近有最大吸收峰，并且与含量成正比。由于大多数蛋白质均含有这两种氨基酸残基，测定蛋白质溶液 280nm 的紫外光吸收值可作为测定溶液中蛋白质含量的定量分析方法。

3. 茚三酮反应 氨基酸与茚三酮（ninhydrin）水合物在弱碱性溶液中共加热时，氨基酸被氧化脱氨和脱羧，同时茚三酮被还原，其还原物可与氨基酸加热分解产生的游离氨结合，再与另一分子茚三酮缩合形成蓝紫色化合物，此化合物的最大吸收峰值在 570nm 处，且吸收峰值的大小与氨基酸含量成正比，可作为氨基酸含量测定方法。例外的是，脯氨酸、羟脯氨酸与茚三酮反应呈黄色，而天冬氨酸与茚三酮反应呈棕色。

（四）氨基酸的功能

氨基酸在生物体内除了作为蛋白质的基本结构单位外，还具有一些重要的生理功能：①作为肽的基本组成单位；②氧化分解产生 ATP 供能；③作为糖异生的原料；④作为多种生物活性物质的前体，如五羟色胺（5－HT）的前体是色氨酸，组胺（histamine）的前体是组氨酸，NO 的前体为精氨酸；⑤作为神经递质。谷氨酸在大脑组织中是一种兴奋性神经递质，但通过 L－谷氨酸脱羧酶将其催化脱羧产生的 γ－氨基丁酸（γ－aminobutyric acid，GABA）是一种抑制性神经递质，对中枢神经有强烈的抑制作用。

（五）临床常用氨基酸药物

支链氨基酸包括缬氨酸、亮氨酸和异亮氨酸，均为营养必需氨基酸。同时，这三种氨基酸分别为生糖氨基酸、生酮氨基酸和生糖兼生酮氨基酸，其分解代谢主要在骨骼肌中进行，不增加肝脏负担，因而在临床上常可用于肝功能受损同时又需要补充必需氨基酸的患者。精氨酸具有治疗高氨血症、肝功能障碍等疾病的作用。偶氮丝氨酸等氨基酸可用于肿瘤的治疗。褪黑素（melatonin）由松果体产生，经色氨酸脱羧后生成的 5－HT 衍生物，具有促进、诱导自然睡眠，提高睡眠质量的作用，且无依赖性，不成瘾，是传统安眠药物的理想替代药物，还具有维持和恢复性功能的作用。

三、氨基酸通过肽键连接而形成蛋白质或活性肽

（一）氨基酸通过肽键连接而形成肽

德国化学家 Emil Fischer（1902 年诺贝尔化学奖获得者）通过大量实验证明，蛋白质分子是由氨基酸构成的，氨基酸之间通过肽键连接而形成肽（peptide）。肽键是蛋白质分子中最基本的化学键，是由一分子氨基酸的 α-羧基和另一分子氨基酸的 α-氨基脱水缩合而成，其结构如图 1-3 所示。

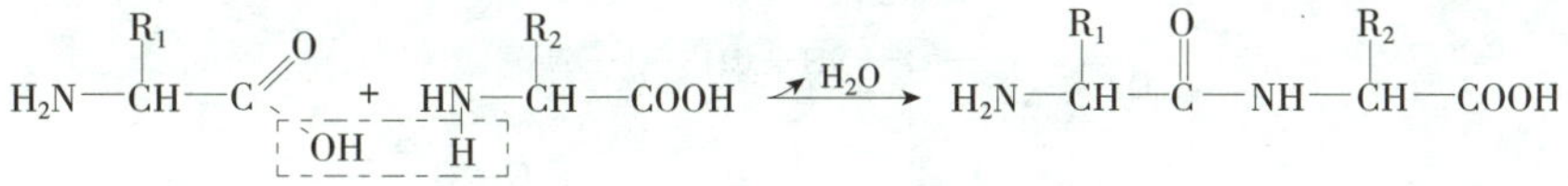

图 1-3　肽键形成结构图

氨基酸通过肽键连接形成的化合物称为肽，例如一分子丝氨酸的 α-羧基和另一分子谷氨酸的 α-氨基脱去一分子水，缩合形成丝氨酰谷氨酸，这是最简单的二肽，三个氨基酸残基组成的肽称为三肽，依次类推。一般 2～20 个氨基酸残基组成的肽，称寡肽（oligopeotide）；20 个以上氨基酸残基组成的肽，称多肽（polypeptide）。通常人为认定，含 50 个以上氨基酸残基的多肽为蛋白质，而含 50 个以下的则为多肽。肽链中的氨基酸分子因脱水缩合而基团不全，因而称氨基酸残基（residue）。

肽的分子结构具有方向性。一条多肽链有两端，含游离 α-氨基的一端称为氨基末端（amoni terminal）或 N 端；含游离 α-羧基的一端称为羧基末端（carboxyl terminal）或 C 端。体内多肽和蛋白质生物合成时，是从氨基末端开始逐步延长，到羧基末端终止，因此，N 端被定为多肽链的头，而 C 端被定为多肽链的尾，故蛋白质和多肽链结构的书写通常是将 N 端写在左边，C 端写在右边；其命名也是从N 端到 C 端。如谷胱甘肽（glutathione，GSH），是由谷氨酸、半胱氨酸和甘氨酸组成，谷氨酸为 N 端，而甘氨酸为 C 端。

（二）体内重要的活性肽

人体内天然存在一些具有重要生物活性的小分子肽类，由几个到几十个氨基酸残基组成，在代谢调节、神经传导等方面都起到重要的作用，如谷胱甘肽、神经肽、多肽类激素以及多肽类抗生素等。这类活性多肽具有分子量相对较小、生物活性多样、作用显著等优点，因此，许多用化学合成或重组 DNA 技术制备的肽类药物和疫苗在疾病预防和治疗等方面的应用越来越广泛，合成活性小分子肽也成为新药研制和开发的新方法和新路径。

1. 谷胱甘肽　即 γ-谷氨酰半胱氨酰甘氨酸，是由谷氨酸、半胱氨酸和甘氨酸组成的三肽（图 1-4）。谷胱甘肽具有还原型（GSH）和氧化型（GSSG）两种形式，在生理状态下，还原型占绝大多数。GSH 中，半胱氨酸所含巯基是该寡肽的主要功能基团，可参与机体内多种重要的生化反应，其主要机制就是巯基具有还原性，可作为体内重要的还原剂来保护体内蛋白质或酶分子中的巯基免遭氧化，从而保持蛋白质或酶处于活性状态。此外，GSH 的巯基还具有噬核特性，能阻断外源性的一些噬电子毒物或药物（如致癌剂、化疗药物等）与 DNA、RNA 或蛋白质结合，从而保护机体免遭毒物损害。GSH 还能消除氧化剂对红细胞结构的破坏，维持红细胞膜结构的完整性等。

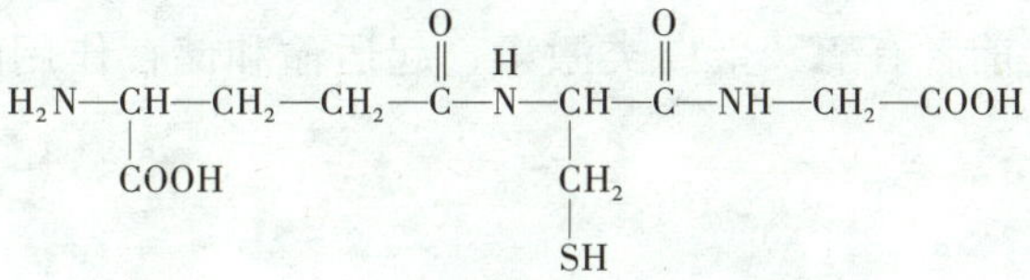

图 1-4　谷胱甘肽（GSH）

2. 多肽类激素及神经肽 体内存在很多寡肽或多肽类激素（peptide hormone），是由氨基酸通过肽键连接而形成的。它们具有很重要的生理功能，如促甲状腺激素释放激素（TRH）（图 1－5）可促进腺垂体分泌促甲状腺激素，该激素由下丘脑分泌，是一个特殊结构的三肽，其 N 末端的谷氨酸环化为焦谷氨酸（pyroglutamic acid），C 末端的脯氨酸残基酰化为脯氨酰胺。此外还有下丘脑－垂体－肾上腺皮质轴分泌的催产素（9 肽）、加压素（9 肽）、促肾上腺皮质激素（39 肽），其各自的生理作用不同。

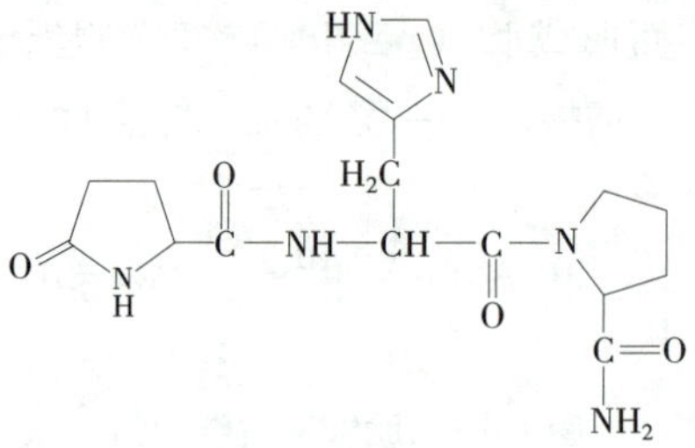

图 1－5　促甲状腺激素释放激素（TRH）结构式

神经肽（neuropeptide）泛指存在于神经组织内、参与神经转导等生理功能的内源性活性物质，如脑啡肽（5 肽）、P 物质（10 肽）、β－内啡肽（31 肽）和强啡肽（17 肽）。近年来还新发现了孤啡肽（17 肽），其一级结构类似于强啡肽。此类物质具有含量低、活性高、作用广泛而复杂等特点，在体内调节多种多样的生理功能，如痛觉、睡眠、学习与记忆、神经系统的发育和分化均受神经肽的调节。因此，这类肽较早就被应用于临床的镇痛治疗。随着脑科学的发展，今后还将有更多在神经系统中起重要作用的生物活性肽或蛋白质被发现并应用。

（三）临床常用肽类药物

生物体内还存在很多的激素和活性多肽，具有浓度低、活性强的特点，如加压素、促甲状腺激素释放激素、甲状腺激素、胰岛素、胸腺多肽激素等，在机体内发挥着很重要的生理功能。多肽类抗生素是一类能抑制或杀死细菌的多肽，如博来霉素（bleomycin）、缬氨霉素（valinomycin）、短肽杆菌 S、短肽杆菌 A 等。目前对抗生素肽的研究开发已成为研究新型抗生素的新资源和重要途径。

四、蛋白质的分类

蛋白质分子结构复杂、种类繁多，分类方法也有多种。根据组成成分的不同，可将蛋白质分为单纯蛋白质和结合蛋白质两大类。单纯蛋白质只含蛋白质部分；结合蛋白质除了蛋白质部分以外，还有蛋白质生物活性或代谢所依赖的非蛋白质部分。此非蛋白质部分称为辅基，绝大部分辅基是通过共价键方式与蛋白质部分相连。常见的辅基有色素化合物、核酸、寡糖、脂类和金属等。

除了根据组成分类以外，还可根据蛋白质的形状将其分为纤维状蛋白和球状蛋白。纤维状蛋白形似纤维，呈高度延伸的长条形分子，其长轴比短轴长 10 倍以上，不易溶于水。人体内的纤维状蛋白主要有胶原蛋白（collagen）、α－角蛋白（α－keratin）和弹性蛋白（elastin）等，广泛分布于皮肤、肌肉、韧带以及血管壁等处，主要对细胞、组织和器官起支架保护、连接、支持、肌肉收缩运动等作用。球状蛋白质分子盘曲成近似于球形或椭圆形，多数易溶于水，如酶、转运蛋白、蛋白类激素、免疫球蛋白及基因表达调节蛋白等具有生物活性的蛋白质都属于球状蛋白质。蛋白质还可根据其主要功能分为有活性功能的蛋白质和结构蛋白质，前者有酶、蛋白类激素、起运输和储存作用的蛋白质等；后者有角蛋白、胶原蛋白等。

PPT

第二节 蛋白质的分子结构

人体内蛋白质种类繁多，每一种蛋白质分子都由 20 种氨基酸通过肽键连接而形成。虽然氨基酸种类不多，但每一种蛋白质都具有特异而严格的氨基酸种类、数量、排列顺序，加上这些肽链还有特定的空间排布顺序且千变万化，构成了自然界纷繁复杂、种类多样的蛋白质。这种排列组合和空间排布顺序是蛋白质结构和功能的基础，因此，在 1952 年丹麦科学家 K. Linderstrom－Lang 建议根据蛋白质的氨基酸组成和排列顺序以及肽链折叠方式与复杂程度，将蛋白质的分子结构分为一、二、三、四级，其中，一级结构为线性结构，二、三、四级结构称为空间结构，一级结构又是空间结构的基础。

一、蛋白质的一级结构 微课 1

蛋白质的一级结构（primary structure）是指蛋白质分子中从 N 端到 C 端所有氨基酸的排列顺序。其主要化学键为肽键，同时有些蛋白质分子还含有少量的二硫键，也属于一级结构的化学键。蛋白质的一级结构是蛋白质的基本结构，是其空间结构和特定生物学功能的基础，有怎样的一级结构，就有怎样的空间结构和功能。因此，蛋白质一级结构的确定是研究蛋白质结构及其作用机制的前提。比较相关蛋白质的一级结构对于研究蛋白质的同源性和生物体的进化关系是必需的，今天这种研究已形成一门新的学科——分子系统学。蛋白质的氨基酸序列分析还具有重要的临床意义，可发现因基因突变导致的蛋白质中氨基酸差异引起的疾病。

牛胰岛素是第一个被测定一级结构的蛋白质分子。英国生物化学家 F. Sanger 采用 2,4－二硝基氟苯（1－fluoro－2,4－dinitrobenzene，FDNB）法于 1953 年完成了牛胰岛素的氨基酸序列分析，这是生化领域具有划时代意义的重大突破，Sanger 的成果于 1958 年获得诺贝尔化学奖，这也是他的第一个诺贝尔化学奖。牛胰岛素的一级结构由 A 和 B 两条多肽链组成，其中 A 链和 B 链分别有 21 个和 30 个氨基酸残基，按照从 N 端到 C 端的顺序可将每一个氨基酸依次进行排序标记。如牛胰岛素分子含有 3 个二硫键，其中，A 链第 6 位和第 11 位半胱氨酸残基之间通过巯基脱氢形成 1 个链内二硫键，A 链第 7 位和第 20 位半胱氨酸分别与 B 链第 7 位和第 19 位半胱氨酸通过巯基脱氢形成 2 个链间二硫键（图 1－6）。随着当代生命科学的发展，自动分析仪问世，人们已可在短时间内测定蛋白质的一级结构。其基本方法是在 Sanger 测序法的基础上，将 Edman 降解法与质谱分析（mass spectrometry）偶联起来测定蛋白质的氨基酸序列，这一偶联法无论是对蛋白质的一级结构测定，还是对蛋白质分子中氨基酸被修饰情况的测定，均能取得非常满意的结果，是蛋白质一级结构测定的最好方法。

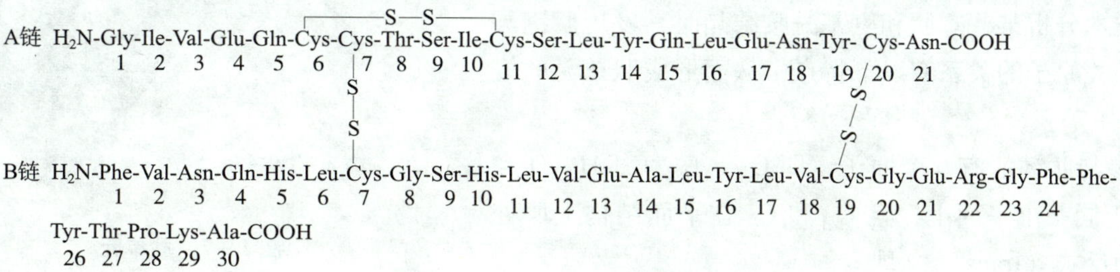

图 1－6 牛胰岛素的一级结构

蛋白质的一级结构各不相同，作为蛋白质空间结构和特异生物学功能的基础，在学术研究中非常重要。目前已知一级结构的蛋白质数量十分惊人，且增长速度较快，国际互联网有若干重要的蛋白质数据库（updated protein database），将大量蛋白质一级结构和空间结构的信息提供给使用者，有利于蛋白质结构与功能的深入研究，其中比较有名的数据库有 NCBI - Structure、Swiss - Prot、EMBL（European Molecular Biology Laboratory Data Library）、PIR（Protein Identification Resource Sequence Database）以及 PDB（Protein Data Bank）等。

知识链接

中国科学家首次人工合成结晶牛胰岛素

在 1953 年 F. Sanger 首次破译胰岛素一级结构的基础上，从 1958 年开始，中国科学院上海生物化学研究所、有机化学研究所和北京大学等三家单位联合成立协作组，探索用化学方法合成胰岛素。生化所合成 B 链，有机所和北京大学合作合成 A 链，然后把经过考验的半合成 A 链和 B 链复性，最终完成结晶牛胰岛素的全合成。历经多重磨难，在大家的精心协作下，1965 年 9 月 17 日，中国在世界上首次人工合成结晶牛胰岛素。一系列的检测证明，它是与天然牛胰岛素分子化学结构相同并具有完整生物活性的蛋白质。这一原创性工作是当年接近获得诺贝尔奖的重大成就，意味着人类在揭开生命奥秘、解决医学难题的路上迈出了重要一步，成为中国攀登世界科技高峰征程上的一座里程碑。这一成果的取得得益于我国科学家们精诚协作、不畏艰难的科学探索精神，值得我们学习和传承。

二、蛋白质的二级结构

天然蛋白质中的多肽链经过分子内部各种单键的旋转和氨基酸残基的相互作用，形成复杂的盘旋卷曲与折叠，构成各自特定的三维空间结构。这种由于盘绕折叠而形成的空间结构称为蛋白质分子的构象（conformation）。蛋白质的理化性质与生物学功能主要依赖于其特定的空间构象。

蛋白质的二级结构（secondary structure）是指蛋白质分子中某一段肽链的局部空间构象，也就是该段肽链的主链骨架原子的相对空间位置，不涉及所含氨基酸残基侧链的空间构象。目前已知，蛋白质二级结构根据主链骨架所含的若干肽单元的折叠或盘绕情况，分为 α - 螺旋、β - 折叠、β - 转角和 Ω 环四种。

（一）肽单元

构成蛋白质一级结构的主要化学键是肽键，而构成蛋白质主链空间结构的基本单位是肽单元（peptide unit）。20 世纪 30 年代，英国化学家 L. Pauling 和 R. Corey 用 X 射线衍射技术分析某些寡肽和氨基酰胺结晶时，发现肽键与其周围相关原子的关系有以下特点，从而形成肽单元的概念（图 1 - 7）。

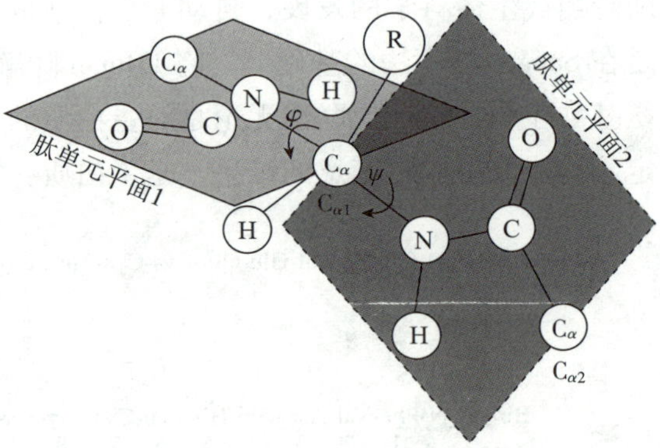

图 1 - 7 肽单元

1. 参与肽键的有 6 个原子，即 $C_{\alpha1}$、N、C、H、O 和 $C_{\alpha2}$，位于同一个平面上，且 $C_{\alpha1}$ 和 $C_{\alpha2}$ 在平面结构上所处的位置为反式（trans）构型。

2. 肽键 C—N 的键长为 0.132nm，介于一般 C—N 单键键长（0.149nm）和 C═N 双键键长（0.127nm）之间，并接近于双键。所以，肽键具有部分双键性质，不能自由旋转。而且，围绕肽键 C—N 的三个化学键键角之和均呈 360°。因此，C—N 和其相连的另外四个原子共 6 个原子构成同一平面，称肽单元或肽键平面。

3. 肽键具有双键性质，与肽键相连的 4 个原子有顺反异构关系，除脯氨酸参与形成的肽键可有顺式或反式构型外，其他肽单元均呈反式构型。

4. 肽键中，C_α与羰基C相连接形成的C_α—C键是典型的单键，可部分旋转，不能完全自由旋转，因为它们的旋转受到R基团以及肽键中氢和氧原子空间障碍的影响的程度与侧链基团的结构和性质有关，其旋转角度用φ表示；肽键中另一个C_α与N相连接形成的C_α—N键，同样的道理也可部分旋转，其键角用ψ表示。在不同的二级结构类型中，φ角和ψ角的角度是固定的。

多肽链的盘绕或折叠由肽链中许多α碳原子的旋转所决定，因此，肽单元上原子所连两个单键的自由旋转角度决定着两个相邻肽单元平面的相对空间位置。

（二）α-螺旋

α-螺旋（α-helix）结构的主要特点如下。

1. 螺旋方向为右手螺旋 以肽单元为基本单位，以C_α为旋转点，多肽链的主链围绕中心轴做有规律的螺旋式上升，呈顺时针方向旋转形成稳固的右手螺旋，肽单元两端φ角和ψ角分别为-47°和-57°；每3.6个氨基酸残基螺旋沿中心轴上升一周，螺距为0.54nm，每一个氨基酸残基的高度为0.15nm。

2. 氢键是维持α-螺旋稳定的主要次级键 每一个肽单元的C=O均与其后第四个肽单元的N—H形成氢键，该氢键基本上与中心轴平行，加上肽链中的全部肽键参与形成的氢键，这些氢键共同保持着α-螺旋的最大稳定性（图1-8）。

3. 肽链中氨基酸残基侧链伸向α-螺旋外侧 该氨基酸残基侧链的形状、大小及带电荷的多少等，均影响α-螺旋的形成和稳定性。如较大的氨基酸残基侧链（如Ser、Ile等）集中的区域，因空间障碍的影响，不利于α-螺旋的形成；多肽链中存在连续的酸性氨基酸或碱性氨基酸，由于带有同性电荷而导致排斥，阻碍链内氢键形成，也不利于α-螺旋的生成。

4. 20种氨基酸均可参与α-螺旋的形成 其中，Tyr、Ala、Glu、Leu、Met、Gly等更常见。

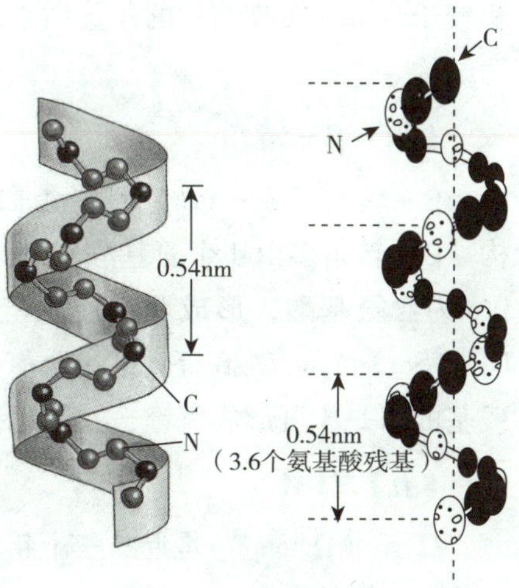

图1-8 α-螺旋结构示意图

5. 蛋白质表面存在的α-螺旋常具有两性特点 常为由3~4个疏水性氨基酸残基组成的肽段与由3~4个亲水氨基酸残基组成的肽段交替出现，导致α-螺旋的一侧为几个亲水性氨基酸，另一侧为几个疏水性氨基酸，使该蛋白质既能在极性环境中存在，又能在非极性环境中存在。

在自然界中，有α-螺旋结构的蛋白质普遍存在，如动物蹄爪中的角蛋白、毛发中的角蛋白以及肌肉中的肌球蛋白，它们的多肽链几乎全长都卷曲成α-螺旋。含数条α-螺旋的多肽链可缠绕在一起形成缆索，从而增强其机械强度，并使蛋白质具有可伸缩弹性。

（三）β-折叠

β-折叠（β-pleated sheet）是在用X射线衍射技术分析β-角蛋白结构时发现的β-角蛋白中肽单元折叠成折纸状的锯齿重复结构（图1-9），又称β-片层。特点如下。

1. β-折叠是以C_α为旋转点，依次折叠成特异锯齿状结构。锯齿状结构一般较短，只含5~8个氨基酸残基。氨基酸残基侧链交替地位于锯齿状结构的上下方。

2. 两条以上肽链（或同一条多肽链的不同部分）平行排列，相邻肽链之间的肽键相互交替形成许多氢键，成为维持此结构的主要次级键。氢键的方向与β-折叠的长轴垂直。

3. 来自同一肽链或不同肽链的若干个锯齿状肽段可平行排列，也可反平行排列。

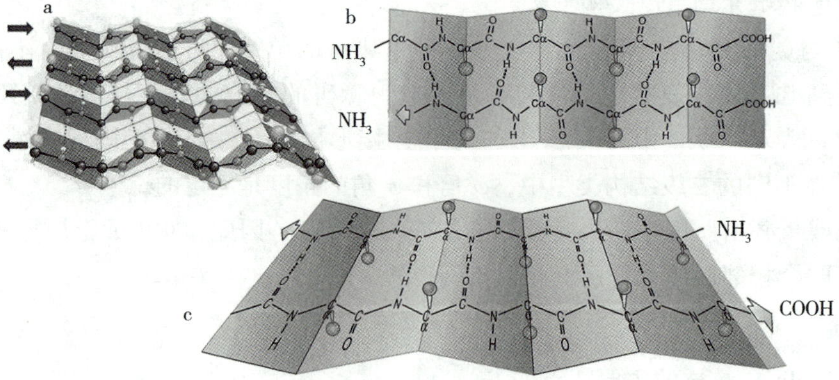

图 1－9　β－折叠结构示意图

a. β－折叠的球棍模型；b. 平行的 β－折叠的化学结构式模型及氢键的形成；

c. 反平行的 β－折叠的化学结构式模型及氢键的形成

自然界中也存在含 β－折叠结构的蛋白质，如蚕丝蛋白中几乎都是 β－折叠结构，这也是蚕丝蛋白相较于含 α－螺旋结构的角蛋白来说更为脆弱的原因。很多蛋白质既含有 α－螺旋结构，又含有 β－折叠结构。

（四）β－转角

β－转角（β－turn）是指蛋白质肽段出现 180°回折时的转角结构。β－转角多由 4 个氨基酸残基组成，第二个氨基酸残基多为 Pro，Pro 为亚氨基酸，形成肽键使肽链反折；其他常见的氨基酸残基有 Gly、Ser、Asn、Asp 等。第一个氨基酸残基的 C=O 与第四个氨基酸残基的 N—H 可形成氢键，共同维护 β－转角的稳定性（图 1－10）。

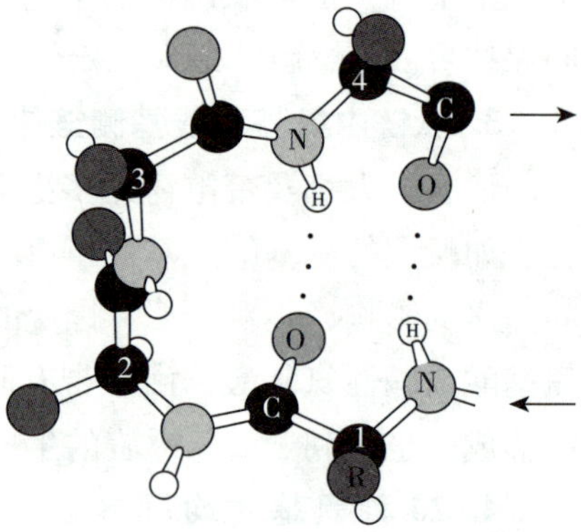

图 1－10　β－转角结构示意图

（五）Ω 环

Ω 环（Ω loop）是近二三十年才发现的一类二级结构，它们虽然不像 α－螺旋和 β－折叠那样规正，但仍有规则可循，属于部分规正的二级结构。Ω 环是球状蛋白质中存在的一种二级结构，其肽段结构像希腊字母 Ω，因而称 Ω 环。Ω 环结构总是出现在蛋白质分子的表面，多以亲水残基为主，可能在分子识别中起重要作用。

很多研究表明，一种蛋白质的二级结构并非单纯的 α－螺旋或 β－折叠等结构，而是这些不同的类似构象的组合。不同蛋白质中，这些结构所占比例和数量不同（表 1－2）。

表 1－2　部分蛋白质中 α－螺旋和 β－折叠含量所占百分比

蛋白质名称	α－螺旋（%）	β－折叠（%）
细胞色素 C	39	0
凝乳蛋白酶	14	45
溶菌酶	40	12
核糖核酸酶	26	35

蛋白质的二级结构不包括氨基酸残基侧链，但二级结构的形成由于侧链的不同而具有一定的倾向性，如侧链适合形成α－螺旋或 β－折叠的，将会形成相应的二级结构。前已述及氨基酸残基侧链对 α－螺旋形成的影响，同样地，在形成 β－折叠的肽段中，氨基酸残基的侧链也要比较小，能容许两条肽段彼此靠近，才有利于 β－折叠的形成。

三、蛋白质的三级结构

1. 三级结构　蛋白质的三级结构（tertiary structure）是指整条肽链中所有氨基酸残基的相对空间位置，即整条肽链的所有原子在三维空间中的排布位置及其相互关系。形成并稳定蛋白质三级结构的主要化学键有氢键、离子键（盐键）、疏水作用、范德华力（van der Waals）等，这些都是各侧链基团间相互作用产生的非共价键，统称次级键。

极性基团和非极性基团在蛋白质三级结构中的分布也有一定规律，如球状蛋白质中多数极性基团位于蛋白质三级结构的表面，这就是此类蛋白易溶于水的原因；非极性疏水基团（如 Ala、Gly、Ile、Leu、Phe）常位于分子内部，形成"口袋"或"洞穴"状的疏水核心，结合蛋白质的辅基就常镶嵌在这里，形成功能活性部位。

肌红蛋白（myoglobin，Mb）是由 153 个氨基酸组成的具有三级结构的单链蛋白质（图 1-11），含有一个血红素辅基。多肽链中，α-螺旋约占 75%，形成 8 段螺旋区。从 N 端开始，此 8 个 α-螺旋依次被称为 A、B、C、D、E、F、J 和 H。两个螺旋区之间有一段卷曲结构。由于侧链 R 基团的相互作用，Mb 多肽链折叠成 4.5nm×3.5nm×2.5nm 的紧密球状结构。其氨基酸残基上的疏水侧链多位于分子内部，而亲水基团则暴露在分子表面，因此，其水溶性较好。血红素是肌红蛋白的辅基，Mb 分子内有一个由 α-螺旋 E 和 F 组成的口袋状空穴，血红素就位于其中。

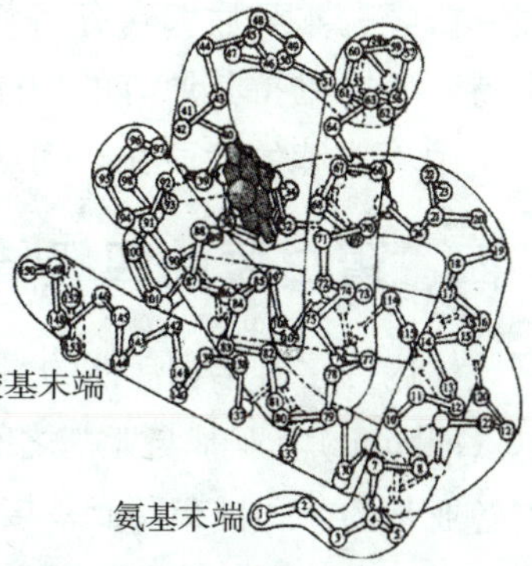

图 1-11　肌红蛋白的三级结构示意图

需要强调的是，二级结构与三级结构之间具有相关性。在蛋白质分子中，一级结构上相邻的二级结构肽段往往在三级结构上彼此靠近并形成超二级结构，进一步折叠成相对独立的三维空间结构，因此，三级结构的形成依赖二级结构。

2. 结构模体　是指在某些蛋白质分子中，常由 2~3 个具有二级结构的肽段在空间结构上相互靠近，形成具有特定功能的超二级结构组合。常见的结构模体形式有 α-螺旋组合（αα）、β-折叠组合（ββ）以及 α-螺旋-β-折叠组合（βαβ）（图 1-12 a、b、c）。每一个模体都有其特征性的氨基酸序列并能发挥其特异的功能，是蛋白质发挥特定功能的基础。

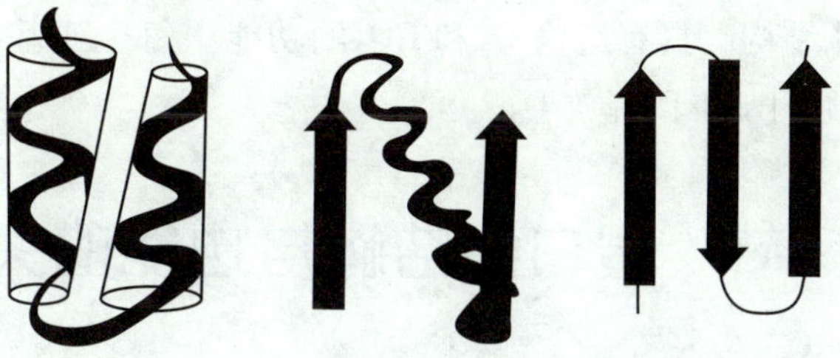

图 1-12　常见的蛋白质结构模体形式

a. α-螺旋组合（αα）；b. α-螺旋-β-折叠组合（βαβ）；c. β-折叠组合（βββ）

常见的螺旋-转角-螺旋（helix-turn-helix，HTH）模体是存在于多种 DNA 结合蛋白中的经典模体，其结构是 2 个 α-螺旋之间由 β-转角相连。含 HTH 模体的蛋白常形成二聚体，模体突出于蛋白分子表面并结合于 DNA 调节部位的相邻两个大沟中，对 DNA 的复制起精细的调节作用。锌指模体（zinc finger motif）发现于另一个称为锌指蛋白的 DNA 结合蛋白中。锌指模体由 1 个 α-螺旋和 2 个反向平行的 β-折叠共三个肽段组成（见第十六章，图 16-12），具有结合锌离子的作用。带有正电荷的锌离子可与模体中的 α-螺旋结构相互吸引并稳固之，且使 α-螺旋能镶嵌在 DNA 大沟中，因此，凡是含有锌指结构的蛋白质，都能与 DNA 或 RNA 结合并发挥其调节作用。许多钙结合蛋白分子中常有一个结合钙离子的模体，该模体由 α－螺旋－环－α－螺旋三个肽段组成（图 1－13），环中有几个恒定的亲水侧链，侧链末端的氧原子通过氢键结合钙离子。也有些蛋白质的模体是由几个氨基酸残基组成的短肽构成，如精氨酸－甘氨酸－天冬氨酸（RGD）就是最典型的短肽模体，是蛋白质与蛋白质之间相互结合的靶点，存在于很多蛋白质分子中。

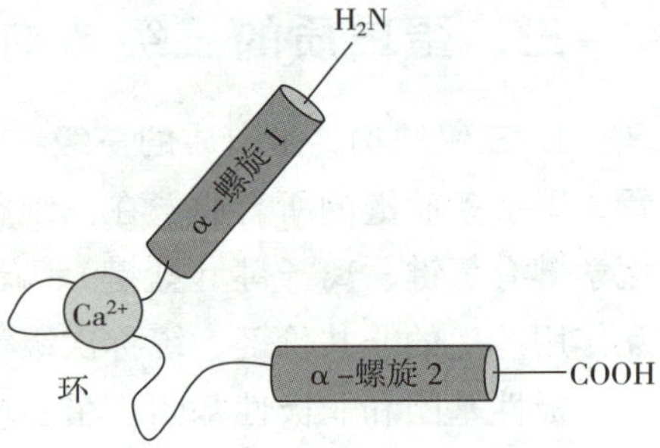

图 1－13　螺旋－环－螺旋模体示意图

3. 结构域　一些分子量较大的蛋白质常常可以折叠成多个结构至为紧密和稳定的区域并各行其功能，这些区域称为结构域（domain），如蛋白激酶结构域具有蛋白激酶活性。大多数结构域含有在序列上连续的 100～200 个氨基酸残基，经酶水解后，含有多个结构域的蛋白质可分解成各自独立的结构域，且各结构域的空间构象基本保持不变并维持其原有的功能，这是结构域与模体的明显差异（模体无此特点）。结构域也可由蛋白质分子中不连续的肽段在空间结构中相互靠近而形成。

四、蛋白质的四级结构

人体内许多有生物活性的蛋白质是由多条肽链组成的，其中每一条多肽链都有其完整的三级结构，称亚基（subunit）。亚基与亚基之间通过非共价键相互连接而形成特定的三维空间构象。所以，将蛋白质分子中各亚基的空间排布及亚基接触部位的布局与相互作用称为蛋白质的四级结构（quaternary structure）。

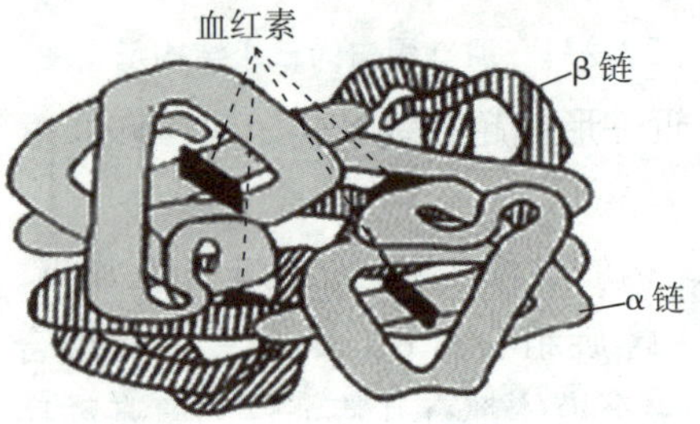

图 1－14　血红蛋白的四级结构示意图

稳定蛋白质四级结构的主要化学键有氢键和离子键，也是各亚基间主要的结合力。由 2 个相同亚基构成四级结构的蛋白质，称同二聚体（homodimer）；如 2 个亚基不同，则称异二聚体（heterodimer）。一般认为，含有四级结构的蛋白质，其亚基单独存在时无生物学活性；当它们构成完整的四级结构时，才表现出活性。如血红蛋白就由 4 个亚基组成，即由 2 个 α 亚基和 2 个 β 亚基组成的四级结构（图 1－14）。这些亚基的三级结构基本相似，每一个亚基都可以结合 1 个血红素（heme）辅基。4 个亚基通过 8 个离子键相连，形成一个四聚体结构，具有运输 O_2 和 CO_2 的功能。每个亚基单独存在时，虽能结合 O_2 且与 O_2 的亲和力较强，但在细胞内却难以释放 O_2。

第三节　蛋白质结构与功能的关系

PPT

研究蛋白质的结构与功能的关系对于理解和阐明酶、激素、受体等生物大分子的作用机制以及很多疾病发生发展的原因都有很重要的意义，也可为肿瘤、免疫性疾病、遗传性疾病的防治和药物研究提供重要的理论依据，这也是在分子水平认识生命本质的一个极为重要的领域。近年来兴起的蛋白组学研究就是以蛋白质的结构和功能的关系为基础进行深入研究，探索生命本质以及疾病发生与发展的分子机制，还可通过分子设计有控制地合成相应的新肽链，或对表达产物蛋白质进行各种修饰，或定向改造天然蛋白质，以满足人们的各种需求。

一、蛋白质一级结构与功能的关系

1. 蛋白质一级结构是其高级结构和其生物学功能的基础　蛋白质一级结构是蛋白质功能的基础，

一级结构不同的蛋白质，其生物学功能也不同。已有很多实验结果证明，一些蛋白质和多肽在一级结构上仅仅有微小的差异，但却表现出不同的生物学活性。例如都由脑垂体后叶分泌的加压素和缩宫素，其一级结构非常相似，二者都是9肽激素，在氨基酸排列顺序上仅有2个氨基酸的差异，但其生理功能却明显不同：加压素能促进血管收缩，升高血压并促进肾小管对水的重吸收，具有抗利尿作用；缩宫素能刺激子宫平滑肌，引起子宫收缩，有催产功能。二者的结构如图1-15所示。

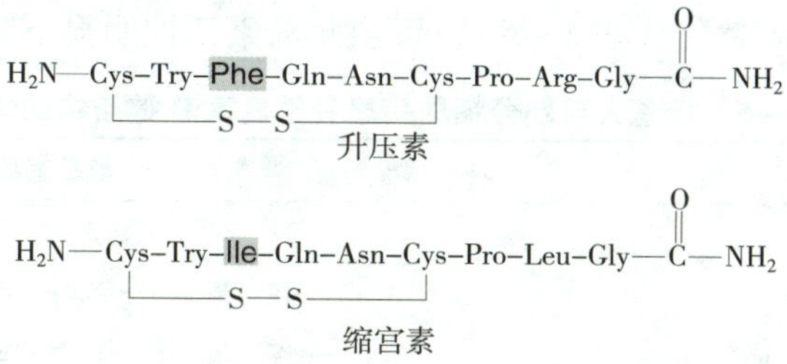

图1-15　加压素和缩宫素的结构

2. 一级结构中发挥关键作用的肽段相同，其功能也相同　很多蛋白质发挥其生物学功能主要是依赖其特定部位的肽段，若该肽段的氨基酸序列相同，其功能也相同。如促黑激素（MSH），其作用是促进黑色素细胞的发育和分泌黑色素，控制皮肤色素的产生和合理分布。MSH在动物体内有α和β两大类型，不同来源的MSH，其一级结构不同，但都具有相同的生物学活性所必需的氨基酸序列（表1-3），因而也表现出相同的生物学功能。这提示我们，很多蛋白质或多肽的生物学活性并不一定需要相同的完整分子结构，只要能用其他方法（如化学合成法等）合成其活性所必需的关键作用肽段，同样能发挥其生物学活性。

表1-3　不同来源MSH的活性必需肽段

MSH来源	MSH活性必需肽段的氨基酸序列
人的β-MSH	4　　　　　　　　10　　13肽 N—甲硫　谷　组　苯丙　精　色　甘———
动物的α-MSH	11　　　　　　　　17　　22肽 N—甲硫　谷　组　苯丙　精　色　甘———
动物的β-MSH	7　　　　　　　　13　　18肽 N—甲硫　谷　组　苯丙　精　色　甘———

3. 一级结构中发挥关键作用的肽段发生改变，其功能也改变　在研究多肽结构与功能的关系时发现，改变多肽中发挥关键作用的氨基酸序列，常可改变其活性。如对基因进行选择性突变或化学修饰，定向改造其关键肽段的一级结构，可产生自然界不存在但功能更强大的多肽，是研究肽类新药的有效途径（表1-4）。

表1-4 蛋白质或多肽中氨基酸变化与活性关系

蛋白质或多肽	特定氨基酸位置	相对活性
胰岛素（51肽）	B组$_{10}$　苯丙$_{25}$　苏$_{30}$	1.0
衍生物	天$_{10}$　苯丙$_{25}$　苏$_{30}$	2.5
脑啡肽（5肽）	甘$_{2}$　甲硫$_{5}$	1.0
衍生物	D-丙　甲硫—CO—NH_2	10.0
肿瘤坏死因子（157肽）	缬$_{1}$—苏$_{7}$　脯$_{8}$　丝$_{9}$　天$_{10}$　亮$_{157}$	1.0
衍生物	×—×—×精　赖　精　苯丙	10.0

注：B表示B链，组10表示第10个氨基酸残基是组氨酸残基。

4. 蛋白质一级结构的改变可导致疾病的发生 基因突变可导致蛋白质一级结构发生改变（如氨基酸残基替换、缺失或插入等），引起蛋白质的生物学功能下降或丧失，严重时可导致疾病发生。这种因蛋白质分子发生改变所导致的疾病称为分子病。现在，几乎所有的分子病都与正常蛋白质分子结构发生改变有关。

糖尿病是较为常见的内分泌紊乱疾病，而胰岛素是体内唯一能降低血糖的激素，其所含 B 链中第 27 位氨基酸残基 Thr 若被 Ile 替代（表 1－5），可使胰岛素活性明显下降，进而导致糖尿病发生。

表 1－5 正常人与部分糖尿病患者胰岛素 B 链结构的差异

	氨基酸排列顺序
	21 22 23 24 25 26 27
正常人胰岛素 B 链	—谷—精—甘—苯丙—苯丙—酪—苏—
部分糖尿病患者胰岛素 B 链	—谷—精—甘—苯丙—苯丙—酪—亮—

二、蛋白质空间结构与功能的关系 微课 2

蛋白质的特定空间结构与其发挥特殊的生物学功能有着密切的关系。肌红蛋白和血红蛋白的结构与功能的关系是说明蛋白质空间结构与功能关系的最好例子。

1. 肌红蛋白与血红蛋白具有相似的空间结构 肌红蛋白和血红蛋白都是含有血红素辅基的蛋白质。血红素是铁卟啉化合物，Fe^{2+} 位于卟啉环中，Fe^{2+} 有六个配位键，其中 4 个与卟啉环的 N 配位结合，1 个与蛋白质的组氨酸残基结合，还有 1 个与氧结合。

肌红蛋白（myoglobin，Mb）是一个只有三级结构的蛋白质，整条多肽链折叠成紧密的球形分子，内部形成一个疏水的袋形空穴，用于结合血红素（图 1－11）。血红素分子中的两个丙酸侧链以离子键形式与肽链中两个碱性氨基酸侧链的正电荷相连，加上肽链中 F 肽段第 8 位组氨酸还与 Fe^{2+} 形成配位结合，血红素辅基与蛋白质部分稳定结合。Mb 只有一条多肽链，只能结合一个血红素，所以只携带 1 分子氧气，其主要功能是储存氧。

血红蛋白（hemoglobin，Hb）是由 4 个亚基组成的四级结构。成人 Hb 主要由两条 α 亚基（含 141 个氨基酸残基）和两条 β 亚基（含 146 个氨基酸残基）组成，即 $\alpha_2\beta_2$。每个亚基含 1 个血红素分子，该血红素的结构与肌红蛋白内的血红素一致。Hb 中 4 个亚基的三级结构与 Mb 的三级结构相似，β 亚基也具有 8 个 α－螺旋，血红素也是居于 E 和 F 螺旋之间的口袋状结构中。α 亚基的三级结构中只有 7 个 α－螺旋。Hb 各亚基之间和 β 亚基内部共以 8 个离子键连接，疏水基团位于分子内部，亲水基团位于分子表面，形成亲水的球状蛋白，因此，Hb 也易溶于水。

2. 肌红蛋白与血红蛋白的结构与功能的关系 Mb 的主要功能是与 O_2 结合，储存 O_2 以满足肌肉运动时的需要。从 Mb 的氧解离曲线可知，随着 O_2 浓度的变化，Mb 呈直角双曲线，当肌肉组织中静脉血氧分压（pO_2）为 40 mmHg 时，Mb 可被 O_2 饱和，即使再增加 pO_2，也不会增加其血氧饱和度，由此可见，Mb 易于与 O_2 结合。当肌肉运动，肌肉中静脉血 pO_2 下降至 5mmHg 时，Mb 则释放氧，供肌肉收缩时的能量需求。Hb 跟 Mb 一样，也能与 O_2 可逆地结合，其功能是运输血液中的 O_2。但 Hb 与 Mb 不同的是，当 O_2 浓度增加时，其解离曲线呈 S 曲线，在氧分压较低时，Hb 与 O_2 结合较难；随着氧分压升高，Hb 结合 O_2 的能力也急剧上升（图 1－16）。Hb 四个亚基对其先

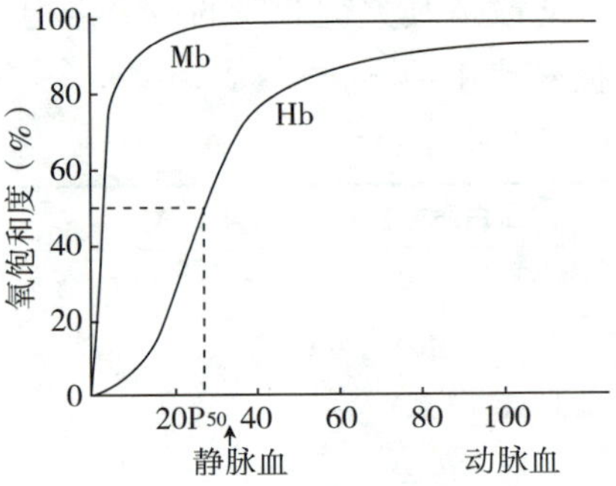

图 1－16 肌红蛋白和血红蛋白的氧解离曲线图

后结合4个O_2的结合常数各不相同，结合第1个O_2时，其结合常数最小（$K_d=0.024$），而结合第4个O_2时的结合常数最大（$K_d=7.4$），通过该实验结果发现，Hb与第一个O_2结合后，会促进后续三个亚基对O_2的结合能力，使第4个亚基变得最容易与O_2结合。这种一个亚基与其配体（O_2）的结合会影响肽链中其他亚基与配体结合能力的效应，称协同效应（cooperativily）。如果是促进作用，称正协同效应；反之，则是负协同效应。

Hb与O_2的结合就是一种正协同效应。产生这种效应的机制是，当O_2与Hb结合时，可使Hb的三级结构和四级结构发生构象改变，有利于Hb与O_2进一步结合。未结合O_2时，Hb的4个亚基（α_1/β_1和α_2/β_2）之间靠离子键和氢键连接，形成6.4nm×5.5nm×5.0nm的较为紧密的结构，此结构称为紧张态（tense state，T态），此时Hb与O_2的亲和力较小；Fe^{2+}偏离卟啉平面约0.06nm，指向α-螺旋F8这个组氨酸侧；4个亚基的排布是α_1/β_1和α_2/β_2对称双重排布。当第一个O_2与Hb的第1个亚基结合时，Fe^{2+}与O_2结合形成第6个配位键，此时Fe^{2+}的自旋速率加快，Fe^{2+}的半径缩小并落入卟啉环内，Fe^{2+}的移位使F8组氨酸向卟啉平面移动，同时带动α-螺旋F肽段做相应的移动，F肽段的这一微小移动首先引起α-α亚基间的离子键断裂，随后4个亚基之间的离子键也断裂，使亚基间的结合松弛，引起Hb空间结构发生变化，变得相对松弛，此结构称为松弛态（relaxed state，R态）。R态的特点是Fe^{2+}落入卟啉环中，这种牵动作用使Hb亚基的三级结构发生改变，亚基间的离子键断裂，亚基间的结合疏松，α_1/β_1和α_2/β_2之间的夹角移位15°（图1-17）。T态Hb对氧亲和力低，不易与O_2结合；而R态对氧亲和力高，容易与O_2结合，是Hb结合O_2的形式。这些改变提高了其他亚基与O_2的结合能力，最后所有亚基均转变成R态（图1-18）。在肺毛细血管中，氧分压高，促使T态转变成R态；在组织毛细血管中，氧分压低，促使R态转变成T态。这种一个亚基与配体（如O_2）的结合可影响其他亚基与配体结合能力的现象，称变构效应（allosteric effect）。引起Hb发生变构的分子或化合物（如O_2）称为变构效应剂，Hb称为变构蛋白。

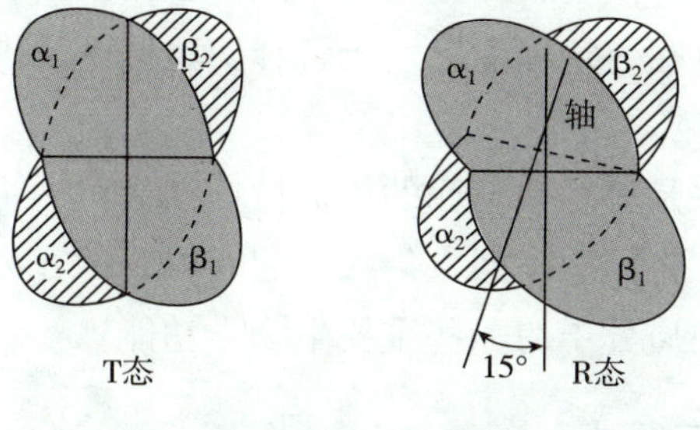

图1-17　血红蛋白T态和R态的互变

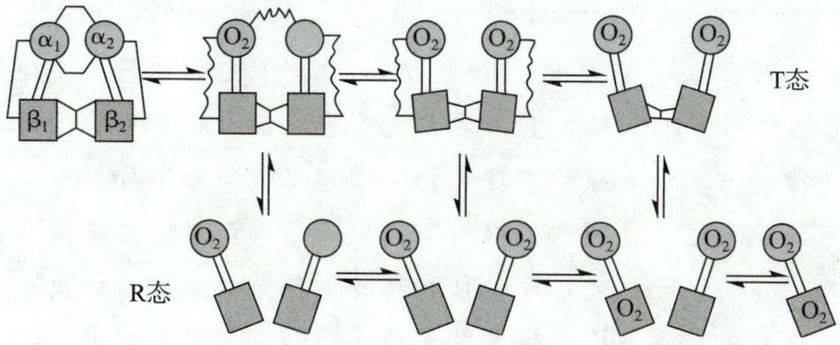

图1-18　血红蛋白氧合与脱氧构象转换示意图

三、蛋白质的结构与生物进化

根据中心法则的原理，蛋白质的合成是以DNA转录生成的mRNA为模板进行翻译，但生物环境的不断变化可能导致遗传信息的携带者——DNA 发生突变，尽管 DNA 比较保守，但生物体在长期进化过程中会发生有益突变，以适应环境变化。

比对自然界不同种系间普遍存在的一些蛋白质的一级结构，可帮助发现并探明物种间的分子进化关系，提供重要的生物进化信息。比较从面包酵母、鲸、牛、羊、猕猴到人类的细胞色素 c（cycochrome c）的一级结构可发现，物种间亲缘关系越近，其一级结构越相似，其功能也越相似。比较面包酵母、牛、羊、猕猴、黑猩猩与人类，发现面包酵母与人类在亲缘关系上相差较远，二者细胞色素 c 的一级结构相差多达 51 个氨基酸；牛、羊与人类细胞色素 c 一级结构的差异性比酵母要小，而猕猴与人类在亲缘关系上较近，二者细胞色素 c 的一级结构只在第 102 位相差 1 个氨基酸残基，人类为 Tyr，猕猴为 Arg；而黑猩猩细胞色素 c 的一级结构与人类完全相同。

四、用生物信息学探讨蛋白质结构与功能的关系

生物信息学（bioinformatics）是综合运用数学、计算机科学和生物学工具，理解数据中的生物学意义。对于蛋白质结构与功能的关系，尽管可以通过实验的方法来实现，但由于目前的蛋白质检测技术水平还远远无法实现全部解析出大量新发现蛋白质的结构的与功能，利用生物信息学工具快速预测蛋白质的结构与功能特性，对于研究蛋白质尤其是对难以通过实验测定结构的蛋白质进行分析就具有更大的意义。目前有几十万条蛋白质序列被发现，但真正解析清楚空间结构的蛋白质只有 7000 多个。因此，根据蛋白质的一级结构和生物信息学技术来预测蛋白质三维空间结构就越来越受到人们的关注。

蛋白质二级结构预测是蛋白质结构预测的关键步骤。预测方法主要有 3 种：一是由已知结构统计各种氨基酸残基形成二级结构的构象趋势；二是基于氨基酸的理化性质，包括疏水作用力、电荷性、氢键形成能力等进行预测；三是通过序列比对，由已知三维结构的同源蛋白质来推断未知蛋白质的二级结构。

空间结构预测的主要方法有同源模建、折叠类型识别和从头预测。其中，同源模建是目前最为成功且实用的蛋白质结构预测方法，可在一定程度上用于解释实验数据、进行突变体设计和药物设计等。同源性大于 50% 时，结果比较可靠。

蛋白质功能预测最可靠的方法是进行数据库的相似性搜索比对。将目标蛋白质与数据库中已知功能的蛋白质进行多序列同源性比对，将同源序列收集在一起，得到保守区域。这些保守区域或模序通常具有相似的生理学意义，可反映蛋白质分子的一些重要生物学功能。

五、蛋白质构象改变与疾病

案例引导

临床案例 患者，男，72 岁。主诉：进行性记忆和生活自理能力下降伴逆行性健忘。现病史：1 年半前开始出现记忆力下降并逐渐加重，常丢失贵重物品。1 个月前出现外出后找不到回家路径。既往注意衣物干净整洁，病后疏于整理衣物，常忘记吃饭或不知饱饿。精神检查：神志冷漠、木讷，语言能力下降且表达重复啰嗦，衣裤穿戴欠整洁。记忆力检查提示能回忆年轻时事情，但常不能回忆新近发生事情。既往史：无外伤和精神创伤等病史。家族史：患者父亲在此年龄时也有类似症状。影像检查：核磁共振发现大脑皮质萎缩和脑室扩大现象。初步诊断：阿尔茨海默病。

讨论 患者患该疾病后，为什么会表现出记忆力减退和神经精神状态？

牛海绵状脑病于 1986 年首先在英国被发现，是人畜共患的一种中枢神经退行性疾病。其病原体为

朊病毒蛋白（prion protein，PrP），可导致大脑被破坏，呈海绵样病理改变。该病具有传染性、遗传性或散在发病的特点，在动物间的传播是由 PrP 组成的传染性颗粒（不含核酸）完成的。正常动物和人所含 PrP 的分子量为 33～35kD，其水溶性强、对蛋白酶非常敏感，易被蛋白酶水解，其二级结构为多个 α－螺旋，称 PrP^{C}，具有摄取铜、抗氧化应激、分化和细胞信号转导等功能。PrP^{C} 与铜结合后具有超氧化物歧化酶（SOD）的抗氧化活性。在某种未知蛋白质的作用下，PrP^{C} 可转变成对蛋白酶不敏感、水溶性差且对热稳定，可相互聚集，全为 β－折叠的 PrP 致病分子，称 PrP^{SC}。但 PrP^{C} 和 PrP^{SC} 两者的一级结构完全相同，可见，PrP^{C} 转变成 PrP^{SC} 涉及蛋白质分子由 α－螺旋重新变构成 β－折叠的过程。外源性或新生的 PrP^{SC} 可以作为模板，通过复杂的机制使含有 α－螺旋的 PrP^{C} 重新折叠成为仅含 β－折叠的 PrP^{SC}，最终形成淀粉样纤维沉淀而致病。

阿尔茨海默病（Alzheimer's disease，AD）于 1906 年由德国神经病理学家 A. Alzheimer 首先报道，也是较常见的中枢神经退行性疾病，临床上表现为进行性认知功能障碍，主要病理改变为神经元细胞外淀粉样蛋白（Aβ）导致的老年斑和细胞内过度磷酸化的 tau 蛋白沉积导致的神经纤维缠结。在 AD 发生过程中，Aβ 空间构象发生变化，呈 β－折叠且相互聚集，并在聚集过程中产生毒性 Aβ 1～40、Aβ1～42，这些毒性蛋白对神经细胞具有很强的破坏作用，进而导致认知功能障碍，引起痴呆症状。tau 蛋白为细胞中的一种微管相关蛋白质，能与微管结合并稳定其结构。当 AD 发生时，患者大脑海马区 tau 蛋白磷酸化程度可比非 AD 患者高 3～4 倍，这种 tau 蛋白的过度磷酸化修饰导致其空间构象发生改变，形成双螺旋微丝，导致神经纤维缠结，阻断神经细胞内物质交换和神经信号传导，最后引起大脑皮层萎缩变薄，影响大脑的生物学功能。

六、临床常用蛋白质药物

蛋白质药物在临床上的应用由来已久，在很多疾病的治疗中都起到关键作用。如人血清清蛋白、丙种球蛋白、胰岛素、重组人白介素－2（IL－2）和重组人红细胞生成素等都是临床上常用的蛋白质药物。人体血浆中含量最丰富的蛋白质是血清蛋白质，其中的清蛋白又是血清蛋白质中含量最多的部分。在体液中，人血清清蛋白起到运输脂肪酸、胆色素、类固醇激素和许多治疗分子等的载体作用，同时还具有维持血液正常胶体渗透压、pH 缓冲及营养等功能。因此，人血清清蛋白在临床上常用于肝硬化腹水、低血容量性休克与严重烧伤的治疗，也可作为血浆增容剂用于补充因手术、大出血所致的血液丢失。重组人IL－2 是利用基因工程重组技术生产的一种蛋白质药物。IL－2 是一个分子量约 15kD 的淋巴因子，它能促进 T 淋巴细胞增殖，并激活由淋巴细胞激活的杀伤细胞，还可促进淋巴细胞分泌抗体和干扰素，具有抗病毒、抗肿瘤和增强机体免疫功能等作用。IL－2 在临床上常用于乳腺癌、膀胱癌、肝癌、肺癌等恶性肿瘤以及手术、放化疗后的治疗，以增强机体免疫能力；还可用于先天或后天免疫缺陷病及各种自身免疫病的治疗；对某些病毒性、杆菌性疾病具有广泛的治疗作用。

目前随着技术的进步，蛋白质药物的开发越来越多，应用也越来越广泛，应高度重视蛋白质类药物的研制与应用。

第四节　蛋白质的理化性质

PPT

蛋白质是由氨基酸组成的高分子有机化合物，其理化性质有与氨基酸相同或相似的一面。但蛋白质毕竟是生物大分子，还具有与小分子化合物有根本性区别的特异性理化性质，如胶体性质、变性和免疫学性质等。

一、蛋白质的两性电离与等电点

蛋白质分子由氨基酸组成，因此，蛋白质也具有与氨基酸同样的两性电解性质，除两端有游离的 $\alpha-NH_2$ 和 $\alpha-COOH$ 外，其残基侧链上还有一些可解离的基团，如 Lys 残基上的 $\varepsilon-NH_2$、Glu 及 Asp 残基上的 $\gamma-COOH$ 和 $\beta-COOH$、Arg 残基上的胍基等。蛋白质分子既含有能解离出 H^+ 的酸性基团（如—COOH），又含有能结合 H^+ 的碱性基团（如—NH_2），因此，蛋白质分子为两性电解质，具有两性解离性质，它们在溶液中的解离程度受溶液 pH 的影响。当某一蛋白质溶液处于某一 pH 时，蛋白质解离成阳离子和阴离子的趋势和程度相等，净电荷为零，成为兼性离子，此时溶液的 pH 称为该蛋白质的等电点（pI）。蛋白质分子的解离状态如图 1－19 所示。

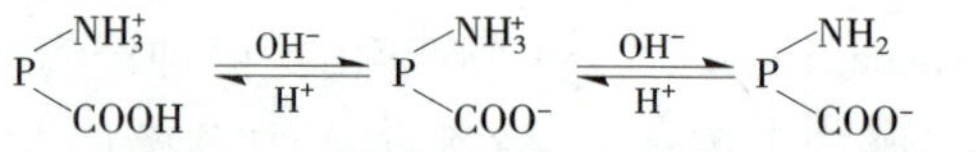

图 1－19　蛋白质分子的解离状态

蛋白质的 pI 由构成蛋白质的酸性氨基酸和碱性氨基酸的比例决定。由于各种蛋白质的一级结构不同，所含酸性基团和碱性基团的数目及解离度不同，pI 也各不相同，但大多数接近于 pH 5.0。因此，在体液 pH 为 7.35～7.45 的人体环境下，大多数蛋白质解离成阴离子。也有少数蛋白质含碱性氨基酸残基较多或含酸性氨基酸较多，其等电点偏于碱性或酸性，这些蛋白质就被称为碱性蛋白质或酸性蛋白质。如鱼精蛋白、RNA 酶为碱性蛋白，胃蛋白酶、胰岛素为酸性蛋白。

二、蛋白质的胶体性质

蛋白质是生物大分子化合物，其相对分子质量多在 1 万～100 万之间，甚至达数百万至数千万之巨，蛋白质的分子直径为 1～100nm，在胶体范围之内，故蛋白质具有胶体性质。临床上的透析治疗就是利用人体内蛋白质胶体不能透过半透膜的原理，去除尿素氮、肌酐、有机盐等小分子物质而保留体内的蛋白质，达到治疗目的。

蛋白质水溶液是一种比较稳定的亲水胶体。蛋白质形成胶体性质具有两个基本的稳定因素。

1. 蛋白质表面具有水化膜　水溶性蛋白质分子大多呈球状，分子中疏水性的 R 基团借疏水键聚合并隐藏在分子内，分子颗粒表面带有许多亲水的极性基团，如—NH_3^+、—COO^-、—CO—NH_2、—OH、—SH、肽键等，可吸引水分子并被周围水分子包围，使颗粒表面形成一层较稳定的水化膜，每克蛋白质结合水 0.3～0.5g。水化膜能将蛋白质颗粒彼此隔开，避免相互聚集，防止溶液中蛋白质的聚集沉淀。

2. 蛋白质表面带有相同的电荷　蛋白质分子中的亲水性 R 基团大都能解离，使蛋白质胶粒表面带有相同的电荷，具有相互排斥作用，起到稳定蛋白质胶粒、防止聚集沉淀的作用。

综上，蛋白质表面的水化膜和同种电荷这两个稳定因素使蛋白质不易聚沉，可稳定地悬浮在水中，成为稳定的亲水胶体。同时，蛋白质的亲水胶体性质具有很重要的生理意义。因为生物体内最多的成分为水，蛋白质与大量的水结合形成各种流动性不同的胶体系统，有利于许多代谢反应在此系统中进行。各种组织细胞的形态、弹性、黏度等性质也与蛋白质的亲水胶体性质有关。当破坏这两个稳定因素后，可促使蛋白质颗粒相互聚集而极易从溶液中析出（图 1－20），这也是蛋白质盐析、等电点沉淀和用有机溶剂分离沉淀蛋白质的作用原理。

三、蛋白质的沉淀反应

蛋白质从溶液中析出的现象称为蛋白质的沉淀。蛋白质的沉淀反应有重要的实用价值，如蛋白样品

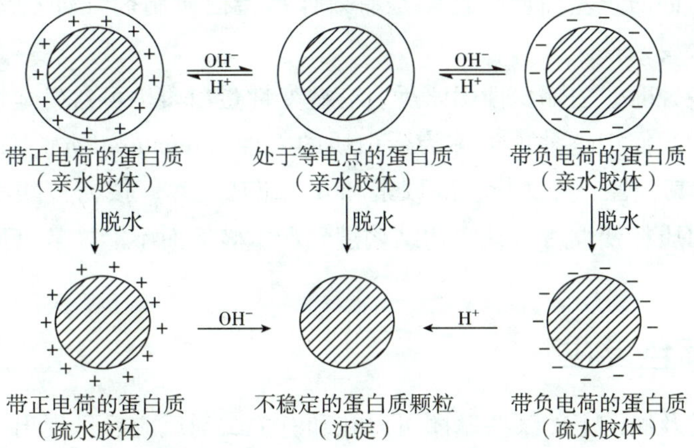

图 1－20　蛋白质胶体颗粒的沉淀

的分离纯化、蛋白类药物的分离制备、病原菌的灭菌技术以及生物样品的分析等都涉及此类反应。当破坏可溶性蛋白在水溶液中的两大稳定因素后，蛋白质将发生沉淀。使蛋白质沉淀的方法很多，如在蛋白质溶液中加入高浓度的中性盐（如硫酸铵、硫酸钠、氯化钠等），会破坏蛋白质水化膜并中和其表面电荷而导致胶体稳定性去除，使蛋白质从水溶液中沉淀出来，称盐析。盐析法不引起蛋白质变性，只需经透析除去盐分，即可得到较纯的保持原活性的蛋白质。因此，本法常用于酶、激素等具有生物活性的蛋白质的分离制备。有机溶剂（如乙醇、丙酮、正丁醇等）会破坏蛋白质表面水化膜，导致蛋白质相互聚集而沉淀；加热可使蛋白质变性沉淀。如加热灭菌的原理就是使细菌蛋白变性沉淀凝固而失去生物活性。重金属离子（Cu^{2+}、Hg^{2+}、Ag^{2+}）可与呈负电状态的蛋白质结合产生不溶性蛋白盐，进而导致蛋白质沉淀，因此，临床上抢救重金属盐中毒患者时，常通过口服大量蛋白质使产生不溶性沉淀而减少重金属离子的吸收。蛋白质在 $pH < pI$ 的溶液中呈正离子，能与带负电荷的生物碱（如苦味酸、鞣酸、磷钨酸等）结合成不溶性的盐而沉淀。此类反应在实际工作中都有应用，如中草药注射液中蛋白质的检测、鞣酸和苦味酸的收敛作用等都是以此反应为依据。

蛋白质经强酸、强碱作用后仍能溶解于强酸或强碱中，但因其远离蛋白质等电点而不出现沉淀。若将 pH 调至等电点，则蛋白质立即变为絮状沉淀物，此絮状沉淀物仍可再溶于强酸或强碱中。该絮状沉淀物可因加热而变成较坚固的凝块，此凝块不再溶于强酸或强碱中，这种现象称为蛋白质的凝固作用（protein coagulation）。

四、蛋白质的变性

蛋白质在某些理化因素的作用下，其特定的空间结构被破坏，进而导致其理化性质的改变和生物学活性的丧失，称蛋白质的变性（denaturation）。蛋白质变性学说最早由我国生物化学家吴宪在 1931 年提出。现代分析研究的结果表明，蛋白质的变性主要是二硫键和非共价键的破坏，导致有序的空间结构变成无序的空间结构，但不涉及一级结构氨基酸序列的改变。蛋白质变性后，其溶解度降低，易发生沉淀（沉淀的蛋白质不一定变性），但在偏酸或偏碱时，变性的蛋白质仍可保持溶解状态；同时，蛋白质变性后，其黏度增加、扩散系数降低、结晶能力消失；一般蛋白质变性时，分子结构松散，易被蛋白酶水解，因此，食用变性蛋白更有利于消化。变性后蛋白质的生物学活性丧失，是其变性后的另一主要特征，这是因为蛋白质空间结构一旦发生改变，其表现生物学功能的能力也随之丧失。

造成蛋白质变性的因素有很多，常见的物理因素有高温、紫外线、X 线、超声波和剧烈振荡等；化学因素有强酸、强碱、有机溶剂、重金属离子及生物碱试剂等。因此，在临床上常通过使细菌蛋白变性的方法进行消毒和灭菌。而防止蛋白质变性则是有效保存蛋白质制剂（如抗体、疫苗等）和具有生物活性的蛋白质类药物的必要条件。

当蛋白质变性程度较轻时，去除变性因素后，有些变性蛋白质仍可自发地恢复或部分恢复其原有的空间构象和生物学活性，我们把这种现象称为蛋白质的复性（renaturation）。如在核糖核酸酶溶液中加入尿素和β-巯基乙醇使其变性，经透析去除尿素和β-巯基乙醇，核糖核酸酶又可恢复其原有的空间构象和活性。也有些蛋白质在变性后，其空间结构遭到严重破坏而不能恢复其天然性状，这种现象称为不可逆变性。

五、蛋白质的颜色反应

蛋白质分子中的肽键及侧链上的某些基团可以在和有关试剂反应后呈现出一定的颜色反应，这些反应常被用于蛋白质的定性、定量分析。

1. 双缩脲反应 蛋白质、多肽在碱性溶液中加热，可与Cu^{2+}作用产生紫红色反应。其原因在于蛋白质分子含有肽键，且肽键数量与反应颜色深度呈正相关。此反应可用于蛋白质的定性和定量分析。亦可用于检测蛋白质的水解程度。

2. 茚三酮反应 在 pH 5～7 的溶液中，蛋白质分子中的游离α-氨基与茚三酮丙酮溶液加热，可生成紫蓝色化合物。此反应的灵敏度为 1μg。此反应可用于蛋白质的定性和定量测定。

3. Folin-酚试剂反应 蛋白质分子中的酪氨酸、色氨酸残基在碱性条件下能与酚试剂（含磷钨酸-磷钼酸化合物）反应，生成蓝色化合物。颜色的深度与蛋白质的量成正比，可用于蛋白质浓度的测定。该反应的灵敏度比双缩脲反应高 100 倍。

六、蛋白质的紫外吸收特性

大多蛋白质都含有酪氨酸和色氨酸残基，这些氨基酸残基所含共轭双键对紫外光具有吸收能力，最大特征性吸收峰在 280nm 波长处，且A_{280}吸收峰值与浓度成正比，常用此特性测定蛋白质的含量。

七、蛋白质的免疫学性质

凡能诱使机体免疫系统发生免疫反应的物质，皆可称为抗原（antigen）。抗原具有能与相应的特异性抗体和（或）致敏淋巴细胞受体发生特异性结合的性质。蛋白质是大分子物质，异体蛋白具有较强的抗原性，是抗原的主要来源。现代免疫学研究表明，蛋白质的抗原性不仅与分子大小有关，也与其氨基酸组成和结构密切相关。抗原刺激机体的浆细胞（效应 B 细胞），使其分泌产生能与相应抗原特异性结合并具有免疫功能的免疫球蛋白，称抗体（antibody）。抗体具有高度特异性，仅能与相应抗原发生反应，抗体的特异性取决于抗原分子表面的特殊化学基团，即抗原决定簇（antigenic determinant）。由免疫动物产生的抗血清是许多抗体的混合物，称多克隆抗体（polyclonal antibodies，pAb）。单克隆抗体（monoclonal antibodies，mAb）是针对一个抗原决定簇且由单一的 B 淋巴细胞克隆产生的抗体蛋白，是结构和特异性完全相同的高纯度抗体，具有高度特异性和专一性的特点，来源稳定并可大量生产。正是由于蛋白质具有抗原和抗体等免疫学性质，它具有疾病的免疫预防（如各种疫苗）、疾病的免疫诊断（如甲胎蛋白诊断肝癌）、疾病的免疫治疗（如干扰素）、免疫分析（免疫印迹）等临床和科研应用价值。

但有时蛋白质的免疫学性质会带来严重危害，如异体蛋白进入人体诱发过敏等病理性免疫反应，严重时会危及生命。因此，在研制蛋白质类各种生物化学药物、抗生素和基因工程产品时应避免异体蛋白的产生，过敏试验应符合规定，以保证药物的安全性。

第五节　蛋白质的提取、分离纯化和结构鉴定与分析

PPT

一、蛋白质的提取

破碎细胞和组织后，将蛋白质溶解于溶液中的过程称为蛋白质的提取。蛋白质的提取首先要选择适当的材料，选择的原则是保证材料应含有较多量的蛋白质，且来源方便；由于大多数蛋白质存在于细胞内且结合在一些细胞器上，需要破碎细胞，然后以适当的缓冲溶液提取；最后根据所提取蛋白质的性质，选用合适的溶液和适当的提取次数来提高提取效率，所得到的即为蛋白质粗提液。

二、蛋白质的分离和纯化

根据蛋白质的分子量大小、胶体性质、两性解离等性质，可进行蛋白质的分离和纯化。

（一）透析与超滤

1. 透析（dialysis）　是利用具有半透膜性质的透析袋（膜）以及蛋白质大分子对半透膜的不可通透性将蛋白质与其他小分子化合物进行分离的方法。透析袋的截留极限一般在分子量5kD左右。此法简便，常用于蛋白质的脱盐。具体方法是将含有相对分子量较大蛋白质的溶液装入透析袋，再将透析袋放入缓冲液或水中，相对分子量较小的物质（如无机盐、有机溶剂或小分子量的抑制剂）便可透过透析膜而进入缓冲液或水中，分子量较大的蛋白质就储留在透析袋内。反复更换3~5次袋外的透析液，可将透析袋内的小分子物质全部清除掉。

2. 超滤（ultrufiltration）　是依据分子大小和形状，在一定压力下，使蛋白质溶液在通过一定空间的超滤膜时进行选择性分离的技术。其原理是利用超滤膜在一定的压力或离心力的作用下，分子量相对大的物质被截留，分子量相对小的物质则被滤过排出，从而达到分离纯化的目的。选择不同孔径的超滤膜，可截留不同分子量的物质。此法常用于蛋白质溶液的浓缩、脱盐、分级纯化。

（二）离心法

离心（centrifugation）法是利用离心机等机械进行快速旋转产生的离心力，将不同密度的物质分离开的方法。根据实际应用，一般可将离心机分为制备型离心机和分析型离心机。

1. 制备型离心法　主要用于大量样品的分离。如差速离心是对含两种以上大小不同的待分离物质的混合液，以不同离心速率分步骤离心沉淀，使物质相互分离的离心方法。针对不同的亚细胞组分可用不同的离心力，分级逐步沉淀以达到分离的目的。

2. 分析型离心法（分析型超速离心法）　可用于测定蛋白质的相对分子质量。蛋白质在高达 $50000 \times g$（g 为 gravity，即地心引力）的离心力作用下，在溶液中逐渐沉降，直至其浮力（buoyant force）与离心力相等，此时沉降停止。不同蛋白质颗粒的沉降速度取决于它的大小、密度和形态，因此可用上述方法可将它们分开。

蛋白质在离心场中的行为用沉降系数（sedimentation coefficient，S）表示，单位为秒。S使用Svedberg单位来表示，即 $1S = 10^{-11}s$。沉降系数的大小与蛋白质的密度与形状相关。

（三）有机溶剂、盐析及免疫沉淀法

1. 有机溶剂法　乙醇、丙酮、正丁醇和甲醛等有机溶剂的介电常数较水低，如20℃时，水为79、乙醇为26、丙酮为21。因此，可在一定量的有机溶剂中，利用蛋白质分子间极性基团的静电引力增加而水化作用降低的特性，促使蛋白质聚集沉淀。此法沉淀蛋白质的选择性较高，且不需脱盐，但温度高

时可引起蛋白质变性，故应注意低温条件。使用丙酮沉淀时，必须在 0 ~ 4℃ 低温下进行且丙酮用量一般是 10 倍于蛋白质溶液体积。蛋白质经丙酮沉淀后，应立即分离，否则蛋白质将发生变性。

2. 盐析法 盐析（salting out）是利用高浓度的中性盐来中和溶液中蛋白质表面电荷以及破坏蛋白质周围水化膜而导致蛋白质从溶液中析出的方法。常用的中性盐有硫酸铵、硫酸钠和氯化钠等。高浓度的中性盐可以夺取蛋白质周围的水化膜和蛋白质表面相同电荷，破坏蛋白质在水溶液中的稳定性，使其沉淀。对不同蛋白质进行盐析时，需要采用不同的盐浓度和不同的 pH，盐析时的 pH 多选择在蛋白质的等电点附近。如在 pH 7.0 附近时，血清清蛋白溶于半饱和硫酸铵溶液中，球蛋白便沉淀下来；当硫酸铵达到饱和浓度时，清蛋白也沉淀下来。盐析沉淀的蛋白质一般保持着天然构象而不变性，便于进行结构和活性分析。

3. 免疫沉淀法 如前所述，蛋白质具有抗原性，将纯化的蛋白质免疫动物可获得该蛋白的特异抗体。相反，也可利用特异抗体辨认识别抗原蛋白并形成抗原 - 抗体复合物的特性，从含蛋白质的溶液中分离获得抗原蛋白，这一方法称为免疫沉淀法。这一方法在蛋白质研究中经常得到应用。

（四）电泳法

利用带电荷的物质在电场中向电荷相反的方向进行定向泳动来分离各种物质的技术，称电泳（electrophoresis）。蛋白质除在等电点外，均有电泳性质，因此，通过电泳法可将不同蛋白质进行分离。蛋白质在电场中移动的速度和方向主要取决于所带电荷的性质、数量和质量以及形状。

带电荷蛋白质的泳动速度除由本身性质决定外，还受其他很多外界因素的影响，如电场强度以及溶液的 pH、离子强度等。在一定条件下，各种蛋白质因电荷的性质、数量及分子量大小的不同，其电泳迁移率各不相同，可利用这一特点达到分离的目的。电泳法是蛋白质分离和分析的重要方法，根据电泳支持物的不同，可分为薄膜电泳和凝胶电泳等。电泳技术还是临床检验常用的技术，如可以用醋酸纤维薄膜电泳进行血清蛋白电泳，用聚丙烯酰胺凝胶电泳进行尿蛋白电泳及同工酶的鉴定，以帮助疾病诊断。

1. 聚丙烯酰胺凝胶电泳（polyacrylamide gel electrophoresis，PAGE） 是以聚丙烯酰胺凝胶为支持物，达到电泳和凝胶过滤的目的，因而电泳分辨率高。常用十二烷基磺酸钠（SDS）将欲分离的蛋白质分解为亚基，使所有亚基都带上大致相等的负电荷，这样，PAGE 中各种蛋白质的泳动速度仅仅取决于其分子量大小。这种电泳称为 SDS - PAGE 电泳，可用于测定蛋白质的相对分子质量。

2. 等电聚焦 在聚丙烯酰胺凝胶中加入系列两性电解质，可使电场中形成由正极到负极逐渐增加的 pH 梯度，从而将蛋白质按其等电点的不同进行分离，这种电泳技术称为等电聚焦（isoelectric focusing，IEF），可用于蛋白质的分离纯化和分析。

由 IEF 和 SDS - PAGE 组合的双向电泳（two - dimensional electrophoresis，2 - DE）是蛋白质组学研究的重要技术之一。

（五）层析法

层析（chromatography）也是蛋白质分离纯化的重要手段。一般来说，待分离蛋白质溶液（流动相）经过一个固态物质（固定相）时，由于溶液中待分离蛋白质的颗粒大小和电荷多少的不同以及亲和力大小的不同等，待分离的蛋白质组分在两相中反复分配，以不同速度流经固定相而达到分离蛋白质的目的。层析的种类较多，常见的有离子交换层析、分子筛层析（凝胶过滤）和亲和层析等。其中，离子交换层析和分子筛层析的应用最广。

1. 阴离子交换层析 蛋白质是两性化合物，在某一特定 pH 时，各蛋白质的电荷量及性质不同，故可以通过离子交换层析进行分离。但普通的离子交换树脂仅适用于小分子离子化合物的分离（如氨基酸、寡肽等）。阴离子交换层析是将阴离子交换树脂颗粒填充在层析管内，由于阴离子交换树脂颗粒上带有正电荷，能吸引溶液中的阴离子；然后再用含阴离子（如 Cl^-）的溶液洗柱，介质在不溶性惰性载体上共价连接带正电荷的基团，吸附和交换周围环境中的阴离子。若增加 Cl^- 浓度，含正、负两种电荷的蛋白质被分离。而阳离子交换介质是在不溶性惰性载体上共价连接带负电荷的基团，吸附和交换周围环境中的阳离子。图 1－21 为离子交换层析用于大分子物质的分离、纯化和鉴定。

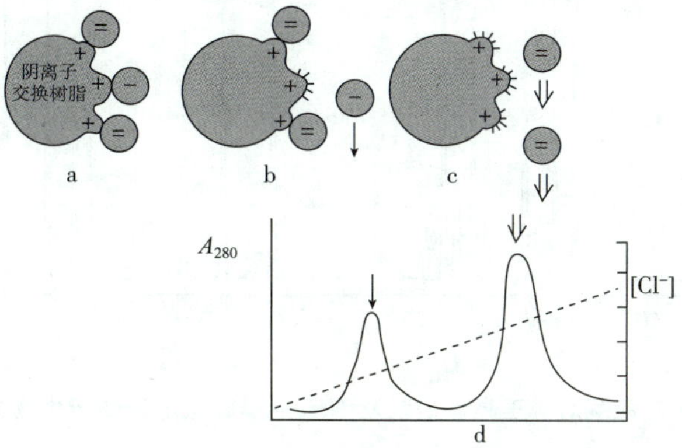

图 1－21　离子交换层析分离蛋白质示意图

a. 样品全部交换并吸附到树脂上；b. 负电荷较少的分子用较稀的 Cl^- 或其他负离子溶液洗脱；
c. 电荷多的分子随 Cl^- 浓度增加而依次洗脱；d. 洗脱图：A_{280} 表示 280nm 的吸光度

2. 分子筛层析　又称凝胶过滤（gel filtration），是将离子交换与分子筛两种作用结合起来的改进技术。一般是在层析柱内填满带有小孔的颗粒，颗粒大多由葡聚糖制成。将蛋白质溶液加于柱的顶部，让其往下渗漏，小分子蛋白质进入孔内，在柱中滞留时间较长，大分子蛋白质不能进入孔内而直接流出，因而大小不同的蛋白质可以分离。

三、蛋白质的含量测定、序列分析和空间结构鉴定

（一）蛋白质的含量测定

蛋白质含量测定是生物化学及其他生命学科最常涉及的分析内容，是临床上疾病诊断及康复情况检查的重要指标。测定蛋白质含量的方法有很多，根据化学性质测定的方法有凯氏定氮法（Kjeldahl 法）、福林－酚试剂法（Lowry 法）、双缩脲法和 BCA 试剂（4,4’－二羧酸－2,2’－二喹啉钠）法等；根据物理性质的紫外－可见分光光度法（蛋白质在 280nm 处有最大吸收峰）；还有根据蛋白质染色原理的考马斯亮蓝法、银染法和 Bradford 蛋白分析法（或称 Bio－Rad 蛋白分析法）等。这些方法各有优缺点，如凯氏定氮法操作繁琐，双缩脲法灵敏度低；BCA 法结果稳定，灵敏度也高，被广泛接受。

（二）多肽链中氨基酸序列分析

蛋白质一级结构的鉴定是研究蛋白质结构及其作用机制的前提。F. Sanger 在 1953 年首次完成了胰岛素的一级结构——氨基酸顺序分析，截至目前，大量多肽链的氨基酸序列分析已完成，数万种蛋白质的氨基酸序列测序清楚，特别是方法学的改进及自动化分析仪器的产生加快了这一进程。在分析原则基本沿用 F. Sanger 提出的 Sanger 测序法的基础上，由 P. Edman 改良的 Edman 降解法（Edman degradation），其基本实验步骤分为以下三步。

1. 测序前的准备工作　在进行氨基酸测序分析之前，首先用 N 末端分析法确定蛋白质所含多肽链的数目，断裂二硫键，分离纯化单一的多肽链，然后再分析已纯化蛋白质的氨基酸残基组成。目前，多采用氨基酸自动分析仪，利用高效液相色谱法（high performance liquid chromatography，HPLC）或离子交换树脂色谱法对游离的氨基酸进行定性和定量分析，算出各氨基酸在蛋白质中的百分比或个数（图 1－22）。各种蛋白质的氨基酸组成可作为辨别不同蛋白质的“指纹”，也可用于比较不同实验室对同一蛋白质测序结果的一致性。

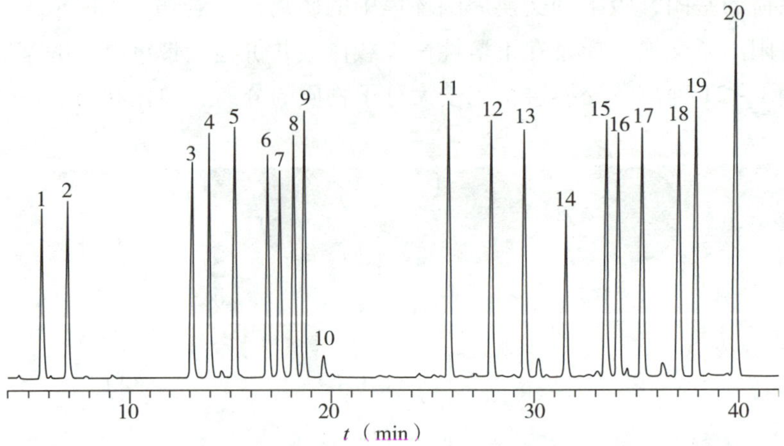

图1－22　18种天然氨基酸、正亮氨酸以及 NH_3－异硫氰酸苯酯衍生物的液相色谱特征图

1. Asp（天冬氨酸）；2. Glu（谷氨酸）；3. Ser（丝氨酸）；4. Gly（甘氨酸）；5. His（组氨酸）；6. Arg（精氨酸）；7. Thr（苏氨酸）；8. Ala（丙氨酸）；9. Pro（脯氨酸）；10. NH_3（氨）；11. Tyr（酪氨酸）；12. Val（缬氨酸）；13. Met（甲硫氨酸）；14. Cys（胱氨酸）；15. Ile（异亮氨酸）；16. Leu（亮氨酸）；17. Nle（正亮氨酸）；18. Phe（苯丙氨酸）；19. Trp（色氨酸）；20. Lys（赖氨酸）

2. 多肽链氨基末端与羧基末端分析　此步骤需测定多肽链中的氨基末端与羧基末端为何种氨基酸残基，即多肽链头和尾的氨基酸残基。此方法最早是用二硝基氟苯与多肽链的 $\alpha-NH_2$ 作用生成二硝基苯氨基酸，然后将多肽链水解而分离出带有二硝基苯基的氨基酸，用标准化合物对比分析此二硝基苯氨基酸是何种氨基酸。现在多采用二甲基氨基萘磺酰氯，使之生成丹酰衍生物，作为氨基末端氨基酸的标记物，该物质具有强烈的荧光，易于辨别，大大提高了检测的灵敏性。羧基末端氨基酸残基可用羧肽酶将羧基末端氨基酸残基水解下来，控制反应条件，使羧基末端氨基酸逐一释放出来，予以检测。鉴定了头和尾两端的氨基酸残基后，该二头可作为整条肽链的标记点。

3. 多肽链的氨基酸序列测定和重叠组合　多肽链的序列测定常采用 Edman 降解法。理论上，此法适用于长度在30～40个氨基酸残基以下的多肽链。所以在对多肽链进行测序前，先用多种方法将多肽链进行限制性水解，生成相互之间有部分重叠序列的一系列短的肽链片段，再用 Edman 降解法对每个短肽分别进行测序。最后，将不同方法水解产生的肽链进行比较，找出重叠部分，进行累加，拼出完整的多肽链序列。

多肽链的水解方法较多，如用胰蛋白酶水解碱性氨基酸羧基形成的肽键以及用胰凝乳蛋白酶水解芳香族氨基酸羧基形成的肽键等。水解后的肽片段可用色谱和电泳加以分析。

然后，测定各肽段的氨基酸排列顺序，一般采用 Edman 降解法。此法是使肽段的N端氨基与异硫氰酸苯酯（phenyl isothiocyanate，PITC）在弱碱性条件下反应，生成苯氨基硫甲酰肽。然后，用冷盐酸水解肽链末端的氨基酸衍生物，生成苯乙内酰硫脲氨基酸（phenylthiohydrantion amino acid，PTH－氨基酸）和N端少一个氨基酸的多肽。此氨基酸衍生物可通过色谱分离，与标准氨基酸衍生物对比，鉴定出N端第一个氨基酸的种类。残留的肽段可继续进行同样的 Edman 降解反应，依次鉴定出氨基酸的排列顺序。

除上述方法外，近年来由于核酸研究在理论及技术上的迅猛发展，现在已广泛应用核酸自动测序仪测定基因组序列，然后通过核酸序列推演出蛋白质的氨基酸序列。

近年来，质谱法还广泛应用于蛋白质序列分析，基质辅助的激光解吸电离飞行时间质谱已成为测定生物大分子特别是蛋白质以及多肽分子量和一级结构的有效工具。目前，质谱主要测定蛋白质一级结构，包括分子量、肽链氨基酸序列以及多肽或二硫键的数目和位置。研究者把 Edman 降解法与质谱分析偶联起来测定蛋白质的氨基酸序列，取得了非常满意的效果。

（三）蛋白质空间结构鉴定

天然蛋白质既有一级结构，也有复杂的三维空间结构。掌握其结构是了解其功能所必需的，也为通过结构改造来增强蛋白质药物的药效、减弱副作用提供了依据。近年来，随着结构生物学的发展，蛋白质二级结构和三维结构的测定已普遍开展。

X 射线衍射分析（X - ray diffraction）是测定晶体蛋白质分子构象的主要方法，可用于分析蛋白质中各原子的空间位置，精确度非常高。首先将蛋白质制成晶体，X 射线光束照射到蛋白质晶体上，部分光束向不同的方向发生散射。这些衍射光点在 X 射线胶片上感光，继而得出衍射图像，这些衍射图就是 X 线穿过晶体的一系列平行剖面所显示的电子密度图。然后，借助计算机绘制出三维空间的电子密度图，确定晶体结构中原子的分布，进而建立蛋白质分子的三维结构。此外，中子衍射法也用于测定蛋白质分子的三维结构，它可检测出多肽链上所有原子的空间排布。

溶液中蛋白质分子构象的测定，多采用磁共振光谱分析法（nuclear magnetic resonance，NMR）、圆二色谱法、荧光光谱法和激光拉曼光谱等技术。磁共振波谱技术的依据是大分子中某些原子核（如氢离子）具有内在磁性，即自旋的特性；通过改变外加磁场或电磁辐射（射频）的强度，可造成这些原子核频谱（即振动）的漂移，这种化学位移（chemical shifts）可被检测并记录出来，经过复杂的分析得出蛋白质的空间结构，主要用于分析小蛋白的结构。近年来，二维磁共振技术也得到了飞速发展，已可用于测定溶液中分子量为 15 ~25kD 蛋白质分子的三维空间结构。

圆二色谱法（circular dichroism，CD）用于测定溶液状态下的蛋白质的二级结构含量。CD 谱对二级结构非常敏感，如 α - 螺旋的 CD 峰有 222nm 处的负峰、208nm 处的负峰以及 109nm 处的正峰三个成分。其原理是利用不对称分子对左、右圆偏振光吸收的不同进行结构分析。用远紫外 CD 数据能快速计算稀溶液中蛋白质二级结构、辨别三级结构的类型，近紫外 CD 光谱可灵敏地反映芳香族氨基酸残基的变化。但该法也有局限性，如 β - 折叠的 CD 谱不很固定。而检测含 α - 螺旋较多的蛋白质，所得结果就更为准确。

第六节　蛋白质组学

PPT

1994 年，澳大利亚 Macquarie 大学的 M. Wilkins 和 K. Williams 首次提出了“蛋白质组”的概念。蛋白质组是指在特定条件下一个细胞内所存在的所有蛋白质。蛋白质组远比基因组复杂，它具有时空特异性，在个体发育过程中的不同阶段，各种基因的表达与关闭各不相同，同一类细胞所包含的蛋白质会有质和量的差异。同一种蛋白质在不同的生理和病理条件下，即使它的一级结构不变，也可能出现空间结构的改变并表现出不同的功能。因此，只有掌握细胞在不同发育阶段、不同生理和病理状态下全部蛋白质的结构与功能，才能阐述清楚基因组中各基因的真正功能。

一、蛋白质组学的概念

蛋白质组学（proteomics）是以细胞、组织或机体在不同条件（特定时间和空间）下表达的全部蛋白质为研究对象，分析其结构、性质与功能、表达水平与修饰状态，了解影响因素以及蛋白质之间的相互作用和联系，并在整体水平研究蛋白质调控的规律，因而又称全景式蛋白质表达谱（global protein expression profile）分析。开展蛋白质组学研究能在细胞和机体的整体水平上阐明生命现象的本质和活动规律，并将提供非常丰富而又重要的数据资料，对于人类疾病的诊断、治疗和预防以及新药的研制均具有重要的意义。

根据研究目的不同，可将蛋白质组学主要分为三大类：表达蛋白质组学（expression proteomics）、结构蛋白质组学（structure proteomics）和功能蛋白质组学（function proteomics）。①表达蛋白质组学：是研究差异样品间蛋白质表达量的变化，如对一个细胞或组织中所有蛋白质进行定性、定量研究，分析机体在生长发育、疾病和死亡的不同阶段蛋白质表达谱的变化，比较正常样品与病理样品、药物治疗前后样品的蛋白质表达或修饰差异，从而在整体水平对蛋白质表达谱进行比较和分析。②结构蛋白质组学：又称细胞谱图蛋白质组学，是对某一特定细胞器中全部蛋白质或蛋白质复合体的结构进行分析，确定它们在细胞中的定位，了解蛋白质之间的相互关系。③功能蛋白质组学：研究执行某种功能的蛋白质复合体，蛋白质－蛋白质相互作用，蛋白质－DNA/RNA 相互作用和翻译后修饰，这些都属于功能蛋白质组学的研究范畴。

二、蛋白质组学的常规研究方法

双向凝胶电泳技术（2－DE）、质谱技术以及大规模数据处理是蛋白质组学的三大主要方法和支撑技术，随着技术的进步，这些已朝着自动化、多维化、信息化的方向发展。

目前，蛋白质组学研究的主要技术路线有以下两条。①以 2－DE 分离蛋白质为核心的研究路线：蛋白质样品首先通过 2－DE 分离，然后进行胶内酶解，再用质谱进行鉴定，这是目前蛋白质组学研究最常用的技术路线。②以色谱分离为核心的技术路线：先酶解蛋白质样品，经色谱或多维色谱分离后，通过对肽段进行串联质谱分析来进行蛋白质的鉴定。其中，质谱是两种路线中必不可少的技术。下面介绍蛋白质组学的主要方法和技术。

1. 双向凝胶电泳 原理是根据蛋白质的两个一级属性，即等电点和分子量（molecular weight，MW）进行蛋白质的分离。通过等电聚焦电泳，进行第一向分离；然后进行第二向的 SDS－PAGE 电泳，把复杂的蛋白质混合物在二维平面上分离开来。目前，2－DE 是常用的唯一能在一块胶上分离数千种蛋白质的方法，其分辨率可达到 10000 个蛋白质点，能较快地获得样品整个蛋白质组变化的宏观信息，同时还可借助后续方法进行微观分析，是蛋白质组学研究中最为有效的蛋白质分离技术。

除 2－DE 外，用于蛋白质组分离的技术还有差异凝胶电泳（DIGE）、亲和层析、色谱分离技术、毛细管区带电泳、毛细管等电聚焦以及反相高效液相色谱等。

2. 质谱（mass spectrum，MS） 如前所述，质谱是蛋白质组学研究中用于分析和鉴定肽和蛋白质的最为重要的技术，可为蛋白质组的分析鉴定提供快速、准确、灵敏和高通量的检测方法。

目前，在蛋白质组学研究中，利用质谱技术鉴定蛋白质的主要方法有两种：一种是通过将肽质量指纹图谱与蛋白质数据库检索匹配的方法；另一种是通过检测出样品中部分肽段串联质谱的信息（即氨基酸序列）与蛋白质数据库检索匹配的方法。

3. 蛋白质芯片（protein chips） 技术原理是利用蛋白质与蛋白质、酶与底物、蛋白质与其他小分子之间的相互作用来检测分析蛋白质的一种高效、高通量、微型化和自动化的分析技术。蛋白质芯片可同时对多种蛋白质进行检测分析，使用常规方法需几千次才能完成的分析可利用蛋白质芯片通过一次检测就可完成，且检测出的平行数据误差更小、更准确。其原理将在第十七章详述。

4. 酵母双杂交（yeast two hybridization） 是一种根据真核细胞转录调控特点建立的分析蛋白质相互作用的技术，将在第十七章详述，在此从略。

5. 生物信息学 蛋白质组学研究中生物信息学的应用主要包括：分析和构建双向凝胶电泳图谱，搜索和构建数据库，蛋白质结构与功能的预测，各种分析与检索软件的应用与开发等。因此，各种不同类型的蛋白质组数据库能对已知和未知蛋白质进行分析与鉴定，还能分析蛋白质的结构、性质和功能，实现模拟和预测。目前除了前面介绍的蛋白质数据库外，还有许多与蛋白质组学研究相关的数据库，其中应用较多的数据库见表 1－6。

表 1－6 蛋白质组学研究相关数据库

数据库名称	网址
蛋白模式数据库（Prosite）	http://www.expasy.ch/sprot/prosite.html
蛋白质三维结构数据库（FSSP）	http://www.embl－ebi.ac.uk/dali
蛋白质翻译后修饰数据库（O－GLYCBASE）	http://www.cbs.dtu.dk/databases/GLYCBASE
基因组数据库（GDB）	http://www.gbd.org
基因组数据库（OMIM）	http://www3.ncbi.nlm.nih.gov/Omim
代谢数据库（ENZYME）	http://www.expasy.ch/sprot/enzyme.html

三、蛋白质组学在医学研究中的应用

由于能摸清各种条件下蛋白质表达情况以及蛋白质之间的相互作用，蛋白质组学在揭示人体各种生理活动及疾病的发病机制、寻找药物作用靶点及耐药病原体等方面都得到了越来越广泛的应用。

1. 蛋白质组学与人体生理活动 包括蛋白质定位研究、用基因过表达/基因敲除（减）技术分析蛋白质活性、酶活性分析和确定酶底物、细胞因子的生物分析、配体－受体结合分析都属于蛋白质功能研究的范畴，在探索人体生命活动的本质时，这些研究都能起到较为关键的作用。同时，细胞信号转导在生命活动、器官发育等过程中也起到很重要的作用，特别是信号传递过程所涉及的蛋白质－蛋白质相互作用发生在细胞内信号传递的所有阶段。因此，在探究人体生理现象时，可通过蛋白质组学研究寻找生命现象的本质以及各种蛋白质在人体细胞、组织、器官功能活动中的作用及相互关系。

2. 蛋白质组学与疾病发病机制研究 蛋白质组学研究可通过比较发病前后以及疾病发生的不同阶段相关器官和细胞中所有蛋白质表达的差异，发现与发病密切相关的异常蛋白质标记物，作为疾病诊断和治疗的理论基础。如蛋白质组学技术在神经系统疾病的研究中有重要的价值，由于蛋白质的翻译后修饰包括磷酸化、磺酸化、糖基化、乙酰化和氧化修饰等在神经退行性疾病的病理机制中有重要作用，一些学者利用二维凝胶电泳、免疫印记技术和质谱（MS）联用，对比了一些 AD 患者和年龄配对的非 AD 患者大脑皮层前部胶质神经酸性蛋白（glial fibrillary acidic protein，GFAP）翻译后修饰的变化，发现利用二维凝胶电泳可分离多达 46 种可溶的 GFAP 各种修饰分子。在这 46 种可溶的 GFAP 修饰分子中，有 11 种在 AD 患者中有明显的升高，利用 λ 蛋白磷酸酶和 P－N－糖苷酶 F 消化蛋白提取液后，再行二维凝胶电泳，证实这 11 种均属于磷酸化或 N－糖基化的 GFAP。这一研究证实，蛋白质的翻译后修饰在 AD 的发病中起着重要作用。

3. 药物作用靶点及新的抗生素研究 蛋白质组学研究可发现与疾病相关的异常蛋白质，这类蛋白质可作为药物候选靶点，对药物发现具有指导意义。如由于恶性肿瘤能快速转移，目前很多实验室开始利用比较蛋白质组学技术，通过对高、低转移肿瘤细胞株蛋白质组的比较研究，寻找与肿瘤转移相关的蛋白质作为新的靶点，开发抑制肿瘤转移的新药。

感染性疾病目前仍然是人类死亡的重要原因，寻找抗生素等抗感染药物一直是各国新药研究和开发的关注热点。蛋白质组学技术可帮助研究者发现病原体内哪些蛋白质在抗生素的作用下发生改变以及发生何种改变，再根据这些变化，以耐药相关蛋白作为新药设计靶点，筛选出新一代有效的抗生素，这是发现新型抗生素最为快速和有效的方法之一。

目标检测

答案解析

一、单项选择题

1. 对稳定蛋白质构象通常不起作用的化学键是（　）

A. 氢键　　B. 盐键　　C. 酯键

D. 疏水键　　E. 范德华力

2. 下列关于谷胱甘肽的描述中，错误的是（　）

A. 是体内重要的还原剂

B. 由谷氨酸、半胱氨酸和甘氨酸缩水形成

C. 有 GSH 和 GSSG 两种存在形式

D. 可保护蛋白质或酶分子中的巯基免遭氧化

E. GSSG 是其活性形式

3. 在 pH 6.0 的缓冲液中电泳，（　）基本不动

A. 精氨酸　　B. 丙氨酸　　C. 谷氨酸

D. 天冬氨酸　　E. 赖氨酸

4. 驱动蛋白质分子自发折叠成特定三维结构的最重要因素是（　）

A. α－螺旋和 β－折叠之间氢键的形成

B. 非极性侧链形成疏水键，避开水分子

C. 侧链之间形成氢键

D. 在紧密堆积的原子之间形成的范德华力

E. 侧链之间形成的离子键

5. 在寡聚蛋白质中，亚基间的立体排布、相互作用以及接触部位间的空间结构称为（　）

A. 一级结构　　B. 二级结构　　C. 四级结构

D. 三级结构　　E. 结构域

6. 下列蛋白质通过凝胶过滤层析柱时，最先被洗脱的是（　）

A. 牛 β－乳球蛋白（分子量 35kD）

B. 肌红蛋白（分子量 16.9kD）

C. 牛胰岛素（分子量 5.7kD）

D. 血清清蛋白（分子量 68.5kD）

E. 超氧化物歧化酶（分子量 32kD）

7. 下列因素中，能够提高血红蛋白与分子氧的亲和力的是（　）

A. 1 分子 O_2 与血红蛋白结合

B. 1 分子 2,3－BPG 与血红蛋白结合

C. 1 个质子与血红蛋白结合

D. 1 分子 CO_2 与血红蛋白结合

E. 1 分子 CO 与血红蛋白结合

8. 蛋白质变性过程与（　）无关
   A. 理化因素致使氢键破坏
   B. 疏水作用破坏
   C. 蛋白质空间结构破坏
   D. 蛋白质一级结构破坏，分子量变小
   E. 亚基解聚

二、简答题

1. 简述蛋白质一、二、三、四级结构涉及的各种概念、主要化学键以及各自之间的联系。
2. 蛋白质的分离纯化方法有哪些？各方法分别基于蛋白质的什么理化性质？

（郝岗平）

书网融合……

本章小结　微课 1　微课 2　题库

第二章　核酸的结构与功能

学习目标

1. 掌握　核苷酸的基本结构和连接方式；DNA 和 RNA 分子组成的异同及功能；DNA 的双螺旋结构模型的要点；真核生物 mRNA、tRNA 和 rRNA 的结构与功能；核酸的理化性质。

2. 熟悉　核酸的一级结构；磷酸二酯键的概念；核酸酶的概念和应用；核小体的结构。

3. 了解　核酸类药物的结构特点和应用。

4. 学会 DNA 和 RNA 的提取和含量测定技术，运用本章所学知识分析相关疾病的发病机制及治疗原理。

核酸是生物体内一类重要的生物大分子。各种生物的生长、繁殖、遗传变异及体现生命的代谢模式等特征都由核酸决定。核酸与蛋白质都是生命活动中的生物信息大分子，具有复杂的结构和重要的功能。核酸包括两大类，一类为脱氧核糖核酸（deoxyribonucleic acid，DNA），另一类为核糖核酸（ribonucleic acid，RNA）。DNA 存在于细胞核和线粒体内，携带并传递遗传信息。RNA 主要存在于细胞质和细胞核内，参与细胞内 DNA 遗传信息的表达及调节，某些病毒的 RNA 也可以作为遗传信息的载体。

第一节　核酸的化学组成及一级结构

PPT

一、核酸的化学组成

核酸由 C、H、O、N、P 元素组成，其中，磷含量为 9% ~10%，因核酸分子的磷含量比较恒定，通过测定生物样品的含磷量，可推算出核酸的含量。

（一）碱基、核苷和核苷酸

核酸是一种多核苷酸，它的基本组成单位是核苷酸。核苷酸水解生成核苷和磷酸，核苷进一步水解生成含氮碱基（嘌呤与嘧啶）和核糖。所以核酸是由核苷酸组成，核苷酸由碱基、戊糖和磷酸组成（图 2－1）。

核酸（DNA、RNA）→ 核苷酸 → { 磷酸；核苷 → { 碱基（嘌呤、嘧啶）；核糖（脱氧核糖、核糖） } }

图 2－1　核酸的组成

1. 碱基　核酸成分中的含氮碱基包括嘌呤碱和嘧啶碱两类。嘌呤碱分为腺嘌呤（adenine，A）与鸟嘌呤（guanine，G）；嘧啶碱分为尿嘧啶（uracil，U）、胞嘧啶（cytosine，C）和胸腺嘧啶（thymine，T）。其中，A、G、C 和 T 是构成 DNA 的碱基，A、G、C 和 U 是构成 RNA 的碱基。另外，核酸中还有一些含量较少的修饰碱基，称稀有碱基，如甲基化修饰碱基：1－甲基腺嘌呤、7－甲基鸟嘌呤、1－甲基次黄嘌呤等。

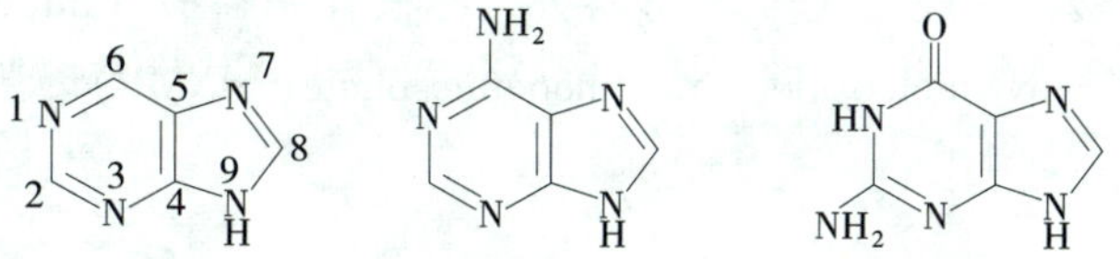

嘌呤　　腺嘌呤　　鸟嘌呤

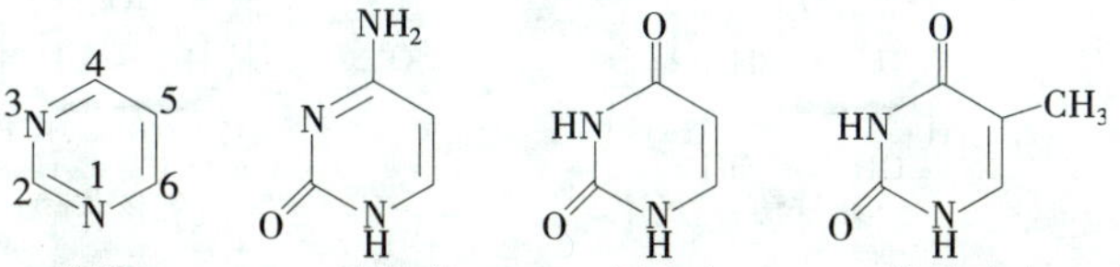

嘧啶　　胞嘧啶　　尿嘧啶　　胸腺嘧啶

2. 戊糖　核酸分子所含的糖是五碳糖，即戊糖，并且都是β-呋喃糖。DNA 和 RNA 两类核酸是因含戊糖不同而命名的。RNA 含β-D-核糖；DNA 含β-D-2-脱氧核糖。

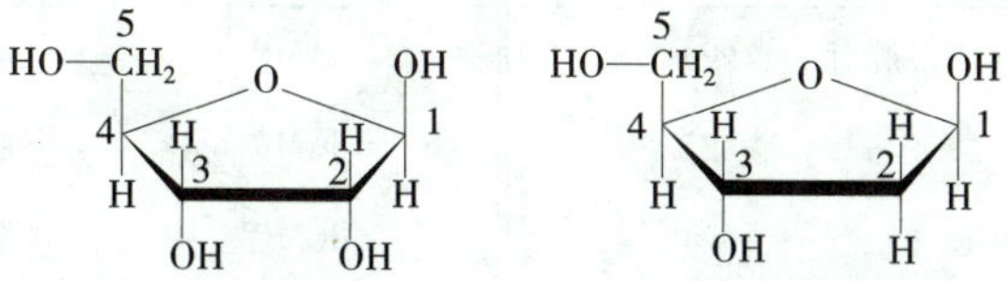

β-D-核糖　　β-D-2-脱氧核糖

3. 核苷　戊糖和碱基通过 C—N 糖苷键缩合而成的糖苷称为核苷（nucleoside）。一般都是戊糖的第 1 位碳原子（C-1）与嘧啶碱的第 1 位氮原子（N-1）或嘌呤碱的第 9 位氮原子（N-9）相连。在为核苷中的各原子编号时，戊糖基的碳原子编号加撇（如 1′或 2′），以便与碱基上各原子的编号相区别。根据核苷所含戊糖的不同，将核苷分为核糖核苷和脱氧核糖核苷两类。

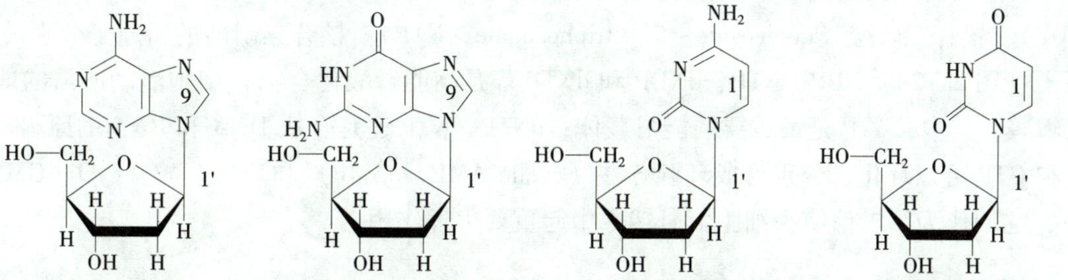

腺嘌呤脱氧核苷（脱氧腺苷）　　鸟嘌呤脱氧核苷（脱氧鸟苷）　　胞嘧啶脱氧核苷（脱氧胞苷）　　尿嘧啶脱氧核苷（脱氧尿苷）

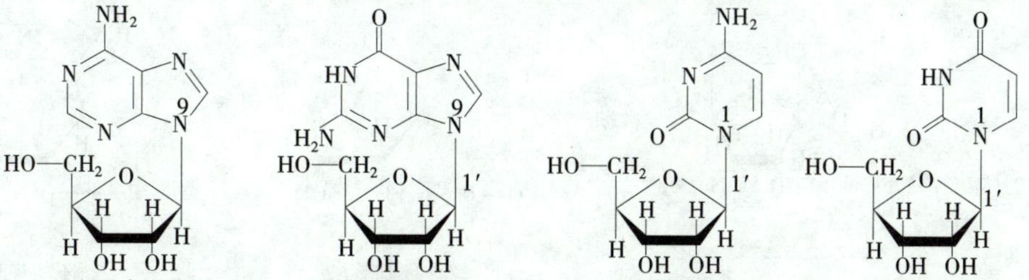

腺嘌呤核苷（腺苷）　　鸟嘌呤核苷（鸟苷）　　胞嘧啶核苷（胞苷）　　尿嘧啶核苷（尿苷）

4. 核苷酸　核苷或脱氧核苷中戊糖的自由羟基与磷酸之间通过脱水缩合，以磷酸酯键相连生成核苷酸（nucleotide）或脱氧核苷酸（deoxynucleotide）。核糖核苷的糖基在 2′、3′、5′位上有自由羟基，故能和磷酸缩合形成 2′-核苷酸、3′-核苷酸或 5′-核苷酸 3 种。而脱氧核糖核苷的糖基只在 3′、5′位上有自由羟基，只能和磷酸缩合形成 3′-脱氧核苷酸或 5′-脱氧核苷酸两种。生物体内游离存在的多是

5′-核苷酸或5′-脱氧核苷酸，一般其代号5′可略去，称核苷一磷酸（nucleoside-5′-monophosphate，NMP）或脱氧核苷一磷酸（deoxynucleoside-5′-monophosphate，dNMP）。常见的核苷酸及其缩写符号见表2-1。

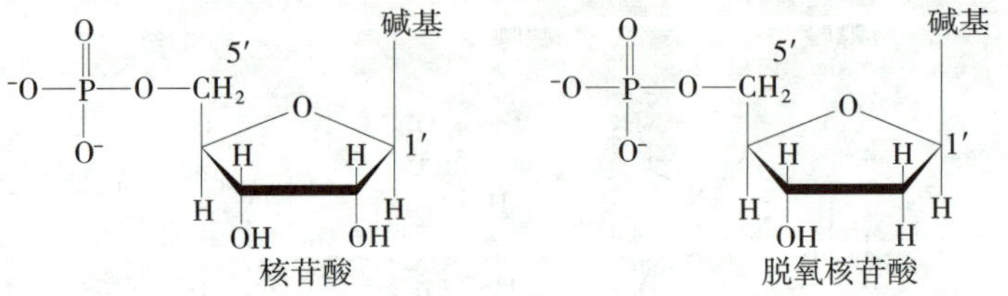

表2-1 常见的核苷酸及其缩写符号

核糖核苷酸（NMP）		脱氧核糖核苷酸（dNMP）	
缩写	名称	缩写	名称
AMP	腺苷酸（腺苷一磷酸）	dAMP	脱氧腺苷酸（脱氧腺苷一磷酸）
GMP	鸟苷酸（鸟苷一磷酸）	dGMP	脱氧鸟苷酸（脱氧鸟苷一磷酸）
CMP	胞苷酸（胞苷一磷酸）	dCMP	脱氧胞苷酸（脱氧胞苷一磷酸）
TMP	胸苷酸（胸苷一磷酸）	dTMP	脱氧胸苷酸（脱氧胸苷一磷酸）
UMP	尿苷酸（尿苷一磷酸）	dUMP	脱氧尿苷酸（脱氧尿苷一磷酸）

（二）体内重要的核苷酸衍生物

在生物体内，核苷酸还会形成多种衍生物，并参与各种物质代谢及其调节。

核苷一磷酸的磷酸基团进一步磷酸化可生成核苷多磷酸，如核苷二磷酸（nucleoside-5′-diphosphate，NDP）、核苷三磷酸（nucleoside-5′-triphosphate，NTP）。核苷三磷酸的磷原子分别命名为α、β和γ磷原子（图2-2）。NDP、NTP、dNDP和dNTP都是高能磷酸化合物，细胞活动所需的能量主要来自核苷三磷酸，其中，ATP是最重要的能量载体；dNTP、NTP还是合成DNA和RNA的原料。

ATP和GTP可以环化，分别形成环腺苷酸（cyclic AMP，cAMP）和环鸟苷酸（cyclic GMP，cGMP）（图2-2），它们作为第二信使在细胞信号转导中起重要生理作用。

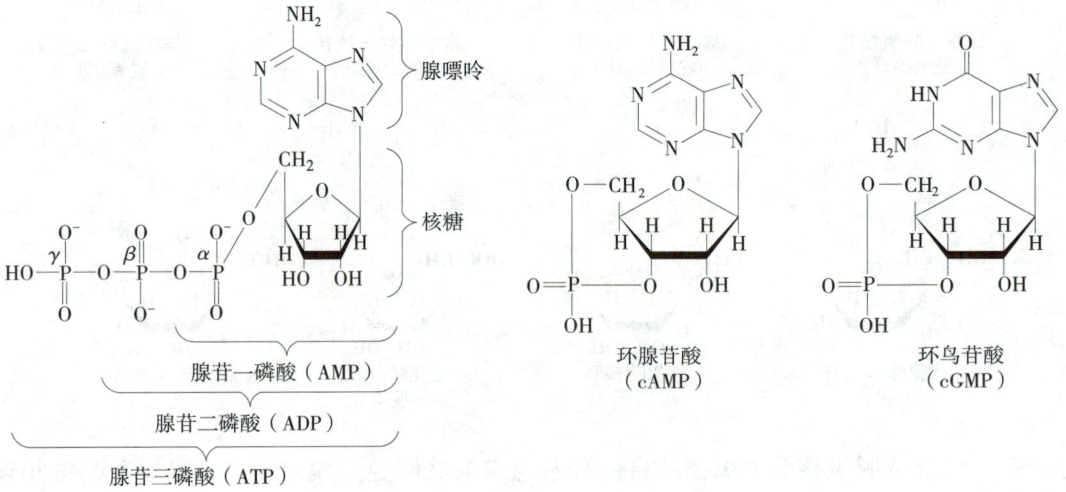

图2-2 核苷多磷酸及环化核苷酸

二、核酸的一级结构

1. 核酸中核苷酸的连接方式——3′,5′－磷酸二酯键　前一个核苷酸 C－3′上的羟基与后一个核苷酸 C－5′上的磷酸脱水缩合生成的酯键称为 3′, 5′－磷酸二酯键。

DNA 是由四种脱氧核苷酸（dAMP、dGMP、dCMP 和 dTMP）通过 3′,5′－磷酸二酯键连接而成的多脱氧核苷酸，具有 5′→3′的方向性。每个 DNA 分子的核苷酸数目、比例都不一样。RNA 是由四种核苷酸（AMP、GMP、CMP 和 UMP）通过 3′,5′－磷酸二酯键连接形成的，也具有 5′→3′的方向性。

2. 核酸一级结构的定义及表示法　核酸的一级结构是指构成核酸的核苷酸或脱氧核苷酸按 5′→3′方向的排列顺序（图 2－3a）。由于核酸中核苷酸之间的差别在于碱基部分，核酸的一级结构即指核酸分子中碱基的排列顺序。

习惯上将 5′端作为多核苷酸链的“头”写在左边，3′端作为“尾”写在右边，即按 5′→3′方向书写。图 2－3b 是简化形式，这几种缩写形式对 RNA 也适用。

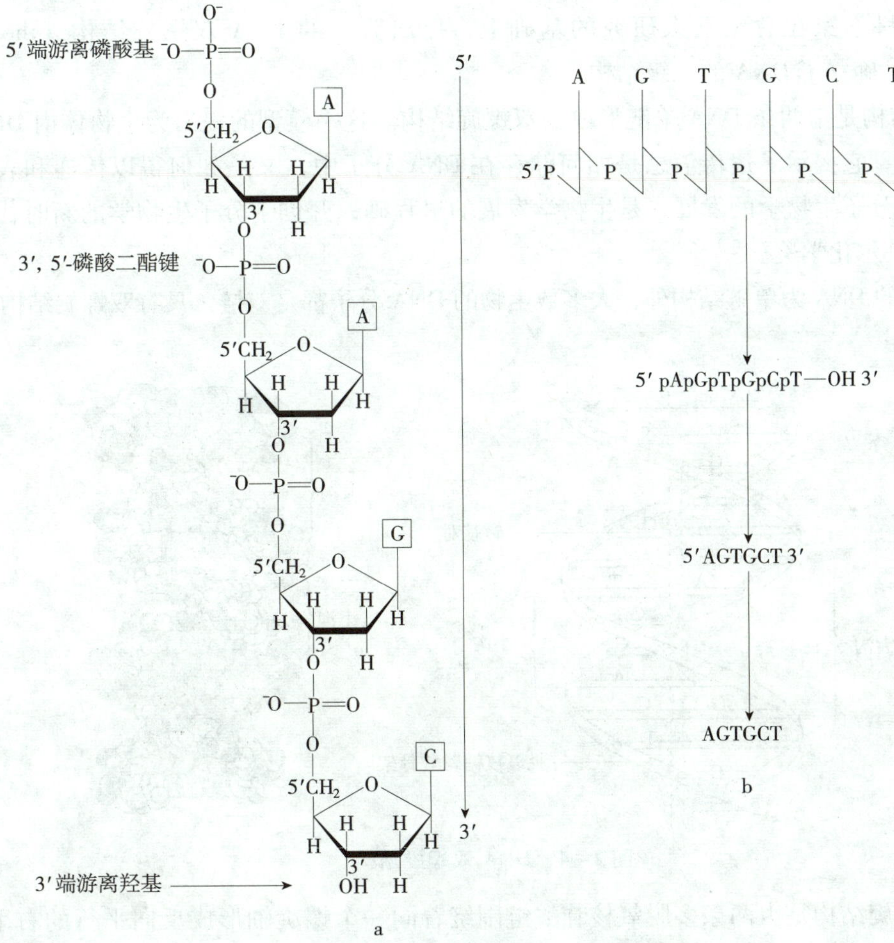

图 2－3　多核苷酸链及其缩写

核酸分子的大小常用碱基（base）、碱基对（base pair，bp）数目或核苷酸（nt）数目来表示。小于 50bp 的核酸片段通常称为寡核苷酸。自然界中 DNA 和 RNA 的长度可以高达几十万个碱基。不同 DNA 的核苷酸数目和排列顺序不同，生物的遗传信息储存于 DNA 的脱氧核苷酸序列中，碱基顺序略有改变，就可能引起遗传信息的巨大变化。因此，对各种生物 DNA 一级结构的分析研究对于阐明 DNA 结构和功能具有重要意义。

第二节 核酸的空间结构与功能

PPT

一、DNA 的空间结构与功能 微课

（一）DNA 的二级结构——双螺旋结构

20 世纪 50 年代，Erwin Chargaff 等人采用薄层色谱和紫外吸收分析等技术，研究了 DNA 分子的碱基成分。他们发现 DNA 分子的组成具有以下特征：①不同生物种属的 DNA 碱基组成不同（有种族特异性）；②同一个体的不同器官、不同组织的 DNA 具有相同的碱基组成（无组织器官特异性）；③某一特定生物，其 DNA 碱基组成恒定，而且嘌呤碱与嘧啶碱的摩尔总数是相等的，即 A + G = T + C 且 A = T，G = C。以上就是 Chargaff 规则。

1951 年 11 月，R. Franklin 和 M. Wilkins 获得了高质量的 DNA 的 X 射线衍射照片。1953 年，Watson 和 Crick 两位青年科学家在总结前人研究的基础上，提出著名的 DNA 双螺旋结构（the double helix structure）的模型，确立了 DNA 的二级结构。

DNA 的二级结构是指两条 DNA 单链形成的双螺旋结构。这一模型的提出为生物体内 DNA 功能的研究奠定了科学基础，它揭示了遗传信息是如何储存在 DNA 分子中，又是如何得以传递和表达的；推动了生命科学与现代分子生物学的发展，是生物学发展的里程碑，开创了分子生物学的新时代，并因此获得了 1962 年的诺贝尔化学奖。

除某些噬菌体的 DNA 为单链结构外，大多数生物的 DNA 分子都是双链，具有双螺旋结构（图 2－4），其特点如下。

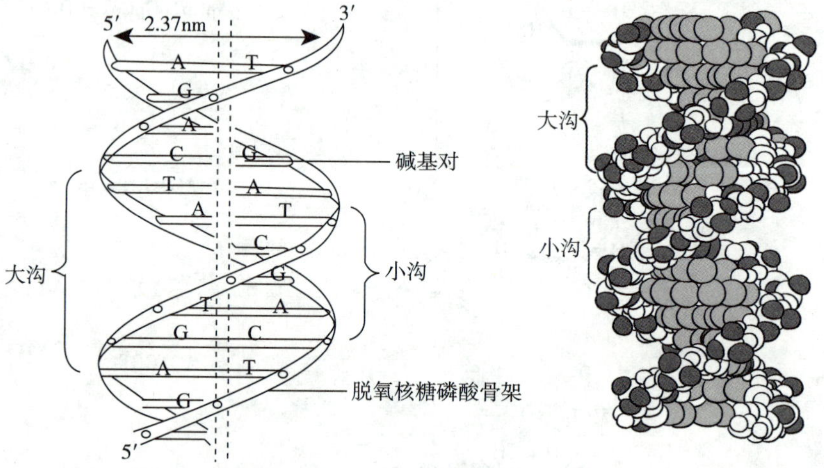

图 2－4 DNA 双螺旋结构

1. DNA 的双螺旋结构是由两条多脱氧核苷酸链围绕着同一个螺旋轴形成反向平行的右手螺旋结构，两条链中，一条链的 5′→ 3′方向是自上而下，而另一条链的 5′→ 3′方向是自下而上。

2. 在两条链中，磷酸与脱氧核糖通过 3′,5′－磷酸二酯键相连，位于螺旋的外侧，形成双螺旋的基本结构骨架，碱基位于螺旋的内侧；螺旋表面形成大沟（major groove）与小沟（minor groove），这些沟状结构通常是 DNA 与蛋白质及其他物质结合的部位。

3. DNA 双螺旋结构的螺旋直径为 2. 37nm，螺旋每旋转一周，螺距为 3. 54nm，其旋转夹角为 36°，每个螺距内包含有 10. 5 个碱基对。碱基对平面之间的垂直距离约为 0. 34nm。

4. 碱基互补配对位于双螺旋结构的内侧，互补碱基间通过氢键相连，A 和 T 配对形成两个氢键，G

和 C 配对形成三个氢键（图 2－5），此两条多核苷酸链称为互补链。

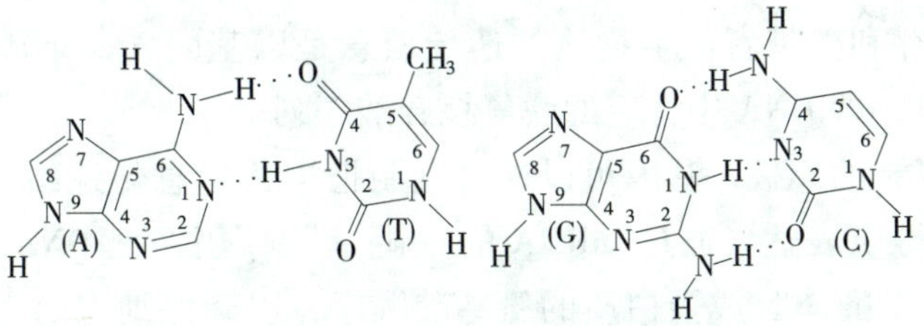

图 2－5 DNA 分子中的碱基配对

5. DNA 分子中碱基的堆积可使碱基缔合，由此产生疏水性的碱基堆积力。DNA 双螺旋结构的稳定主要由碱基堆积力和碱基对间的氢键共同维持。

6. 双螺旋结构具有多样性，当环境的相对湿度改变后，DNA 仍然保持着稳定的右手螺旋结构，但是它的空间结构参数不同于 Watson 和 Crick 提出的双螺旋结构。另外，在自然界原核生物和真核生物基因组中还发现了左手双螺旋 DNA，可能参与基因表达的调控，但其确切的生物学功能尚待研究。

近年来，以 DNA 结构为靶标的药物设计成为抗肿瘤药物设计的研究热点。以 DNA 为作用靶点的药物通过共价键和非共价键与 DNA 结合，非共价结合包括静电作用、沟区（大沟、小沟区）结合和嵌插结合等。铂类化合物与 DNA 反应形成铂链加合物，铂原子能嵌合于 DNA 内部两个相邻鸟嘌呤之间或鸟嘌呤与腺嘌呤之间，形成链内或链间交联并断裂，从而阻断 DNA 复制和转录，产生细胞毒作用和抗肿瘤活性。

（二）DNA 的高级结构

DNA 的三级结构是 DNA 的双螺旋进一步扭曲、盘绕形成更复杂的结构，即 DNA 超螺旋结构。超螺旋的盘绕方向与 DNA 双螺旋方向相同，称正超螺旋；反之，称负超螺旋。绝大部分原核生物的 DNA 是环状的双螺旋分子，真核生物的线粒体 DNA、叶绿体 DNA 也具有封闭环状的双螺旋结构（图 2－6a）。这种环状双螺旋结构再进一步螺旋化形成超螺旋（supercoil），并以负超螺旋的形式存在，平均每200 个碱基就有一个超螺旋形成。

一般来讲，进化程度越高的生物体，其 DNA 分子越大且结构越复杂。真核生物体内的 DNA 以非常致密的形式存在于细胞核内，在细胞生活周期的大部分时间里以染色质的形式出现。染色质的基本组成单位是核小体（nucleosome），核小体由一段 DNA 与 5 种组蛋白构成。组蛋白 H2A、H2B、H3、H4 各两分子共同形成一个八聚体的核心组蛋白，长度约 146bp 的 DNA 双链在核心组蛋白上盘绕形成核小体的核心颗粒，相邻核心颗粒之间由一小段连接区 DNA 和组蛋白 H1 参与连接（图 2－6b）。许多核小体连成串珠状，再经过反复盘绕、折叠和压缩，最后形成染色单体。

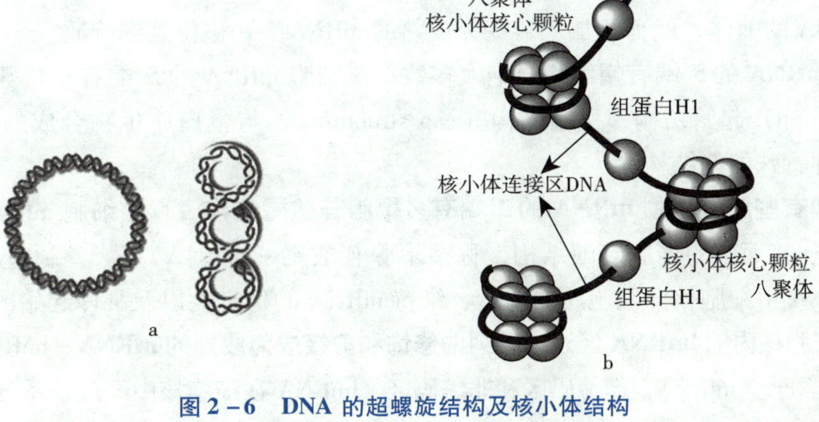

图 2－6 DNA 的超螺旋结构及核小体结构

a. 环状和超螺旋 DNA；b. 核小体

（三）DNA 的生物学功能

DNA 是遗传信息的储存和携带者。生物体的遗传信息是以基因（gene）形式存在的，基因是编码 RNA 或多肽链的 DNA 片段，即 DNA 中特定的脱氧核苷酸序列。

DNA 是细胞内 DNA 复制的模板，基因可以通过复制把遗传信息传递给下一代；DNA 也是 RNA 合成的模板，可使遗传信息得以表达。通过 mRNA 的“翻译”作用，把 DNA 分子上所携带的遗传信息（即脱氧核苷酸排列顺序）“翻译”成蛋白质的氨基酸顺序，以确保细胞内生命活动的有序进行和遗传信息的世代传递。

二、RNA 的空间结构与功能

RNA 参与基因的表达与表达调控，在生命活动中具有十分重要的作用。RNA 的分子量较小，由数十个至数千个核苷酸组成。其种类多，功能各不相同（表 2－2）。

表 2－2　真核细胞内主要 RNA 的种类和功能

RNA 种类	简称	分布	功能
不均一核 RNA	hnRNA	细胞核	成熟 mRNA 的前体
信使 RNA	mRNA	细胞核和细胞质	合成蛋白质的模板
转运 RNA	tRNA	细胞核和细胞质	转运氨基酸
核糖体 RNA	rRNA	细胞核和细胞质	核糖体的组成部分
核小 RNA	snRNA	细胞核	参与 hnRNA 的剪接和转运
核仁小 RNA	snoRNA	细胞核	参与 rRNA 的加工和修饰
胞质小 RNA	scRNA	细胞质	蛋白质内质网定位合成的信号识别体的组成部分
干扰小 RNA	siRNA	细胞质	靶向识别和降解目标 mRNA
微小 RNA	miRNA	细胞质	翻译抑制
催化型小 RNA（核酶）	ribozyme	细胞核和细胞质	具有催化功能，参与 RNA 合成后的剪接修饰

RNA 分子一般比 DNA 分子小得多，主要以单链结构形式存在，但在局部区域可形成双链。双链部位的碱基一般也能形成氢键而相互配对，即 A 和 U 之间形成两个氢键，G 和 C 之间形成三个氢键。双链区有些不配对的碱基被排斥在双链外侧，形成环状突起。

（一）信使 RNA 的结构与功能

信使 RNA（messenger RNA，mRNA）是指导蛋白质生物合成的直接模板。mRNA 占细胞内 RNA 总量的 2%～5%，种类繁多，其分子大小差别非常大，由几百甚至几千个核苷酸构成。

细胞核内新合成的是不均一核 RNA（heterogeneous nuclear RNA，hnRNA），其分子量比成熟的mRNA大，是 mRNA 的前体；经剪接加工转变为成熟的 mRNA，并移位到细胞质。

1. 真核细胞 mRNA 的 5′端有帽结构　绝大多数真核细胞 mRNA 的 5′端有一特殊的 7－甲基鸟嘌呤核苷三磷酸（m^7Gppp）起始结构，称帽结构（cap structure），与蛋白质生物合成的起始有关。原核生物 mRNA 没有这种特殊的帽结构。

2. 真核生物和有些原核生物 mRNA 的 3′端有多聚腺苷酸尾结构　真核细胞 mRNA 的 3′端有一段由 80～200 个核苷酸连接而成的多腺苷酸结构，称多聚腺苷酸尾［poly(A)］。3′端 poly(A)结构与5′端帽结构共同负责 mRNA 由细胞核向细胞质的转运、维持 mRNA 的稳定性以及翻译起始的调控。

3. 真核生物细胞核内的 hnRNA 经过一系列的修饰和剪接成为成熟的 mRNA　hnRNA 分子含有许多外显子（exon）和内含子（intron），即编码区和非编码区。hnRNA 在细胞核中经过一系列的加工过程，内含子被剪掉，外显子连接在一起，再经过加帽和加尾修饰后，转变为成熟的 mRNA，进入细胞质。

4. mRNA 的核苷酸序列决定蛋白质的氨基酸序列 从 mRNA 分子 5′端第一个 AUG 开始，每 3 个相邻的核苷酸为一组，称密码子（codon）或三联体密码（triplet code）。每一个密码子编码一个氨基酸。

AUG 被称为起始密码子。决定肽链合成终止的密码子称为终止密码子。位于起始密码子和终止密码子之间的核苷酸序列称为开放阅读框（open reading frame，ORF），决定了多肽链中氨基酸的序列。

真核生物 mRNA 结构见图 2－7。

图 2－7 真核生物 mRNA 结构示意图

（二）转运 RNA 的结构与功能

转运 RNA（transfer RNA，tRNA）是分子量最小的 RNA，占细胞总 RNA 的 15% 左右，主要功能是活化、搬运氨基酸到核糖体上，参与蛋白质的合成。

细胞内 tRNA 的种类很多，在蛋白质合成过程中作为各种氨基酸的载体，每一种氨基酸由一种或几种相应的 tRNA 携带而转运至核糖体上。大部分 tRNA 具有以下共同特征。

1. tRNA 一级结构的特点 tRNA 是单链小分子，由 74～95 个核苷酸组成。tRNA 分子含有较多的稀有碱基或修饰碱基，占 tRNA 总核苷酸数的 10%～20%，是在转录后经酶促修饰形成的；多数是 A、G、C、U 的甲基衍生物以及二氢尿嘧啶（DHU）、次黄嘌呤（I）、假尿嘧啶（Ψ）等。

2. tRNA 二级结构的特点 tRNA 只由一条单链组成，分子中约半数碱基可通过链内碱基配对相结合，形成局部双链；链内碱基不配对的部分产生突环，从而构成 tRNA 的二级结构，形状类似三叶草的结构（图 2－8）。位于左、右两侧的环状结构根据其含有的稀有碱基，分别称为 DHU 环和 TΨC 环，位于下方（中间）的环称为反密码子环，由 7 个核苷酸（碱基）组成，其中间的三个碱基构成反密码子，不同 tRNA 的反密码子不同。次黄嘌呤核苷酸常出现在反密码子中，携带不同氨基酸的 tRNA 有其特异的反密码子，与 mRNA 上相应的密码子互补。所有 tRNA 的 3′末端都是 CCA 序列，这一序列是 tRNA 结合和转运氨基酸而生成氨酰－tRNA 时所必不可少的，活化的氨基酸连接于 3′端的羟基上。

3. tRNA 三级结构的特点 所有 tRNA 分子都有相似的三级结构，均呈倒 L 型，其中，3′端有结合氨基酸部位的－CCA 结构，为氨基酸臂，另一端为反密码子环。L 型结构的拐角处是 DHU 环和 TΨC 环（图 2－8）。各环的核苷酸序列差别较大，这是各种 tRNA 的特异性所在。

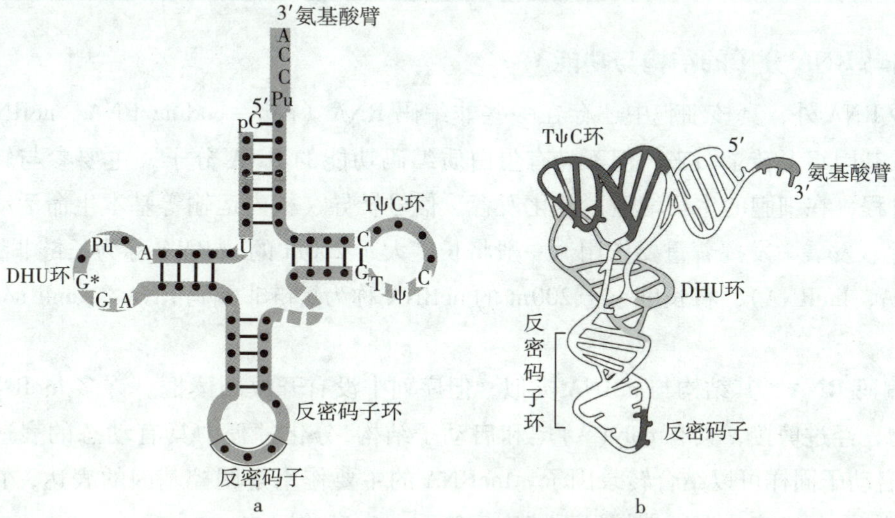

图 2－8 tRNA 的二级结构和三级结构

a. 二级结构；b. 三级结构

知识链接

中国科学家首次人工合成酵母丙氨酸 tRNA

我国于1968年启动人工合成核酸工作，经过长达13年的实验研究，我国科学家王德宝等人利用化学和酶促相结合的方法，于1981年11月成功合成了含76个核苷酸的酵母丙氨酸 tRNA，其化学组成、碱基序列和生物学功能都与天然酵母丙氨酸 tRNA 完全相同。这项工作对于揭示核酸在生物体内的作用、进一步了解遗传和其他生命现象具有重要意义，还带动了包括抗肿瘤药物、抗病毒药物等多种核酸类药物在内的药物研制和应用。这是世界上首次用人工方法合成具有与天然分子相同的化学结构和完整生物活性的核糖核酸，是中国在生命科学领域探索中取得的重大研究成果，标志着中国人工合成核酸的水平已进入世界先进行列。

（三）核糖体 RNA 的结构与功能

核糖体 RNA（ribosomal RNA，rRNA）是细胞内含量最丰富的 RNA，占细胞总 RNA 的 80% 以上。rRNA 是一类代谢稳定且分子量最大的 RNA，各种 rRNA 必须与核糖体蛋白结合构成核糖体才能发挥作用。核糖体是细胞内蛋白质合成的场所。

原核生物和真核生物的核糖体均由易于解聚的大亚基和小亚基组成。核糖体蛋白有数十种，大多是分子量不大的多肽类。核糖体和 rRNA 一般都用沉降系数 S 表示大小（表 2－3）。

表 2－3　核糖体的组成

	原核生物（以大肠杆菌为例）		真核生物（以小鼠肝为例）	
小亚基	30S		40S	
rRNA	16S	1542 个核苷酸	18S	1874 个核苷酸
蛋白质	21 种	占总重量的 40%	33 种	占总重量的 50%
大亚基	50S		60S	
rRNA	23S	2940 个核苷酸	28S	4718 个核苷酸
	5S	120 个核苷酸	5. 8S	160 个核苷酸
			5S	120 个核苷酸
蛋白质	31 种	占总重量的 30%	49 种	占总重量的 35%

（四）非编码 RNA 分子的结构与功能

除上述 3 种 RNA 外，真核细胞中还存在一些非编码 RNA（non－coding RNA，ncRNA），它们是一类内源性的、从基因组上转录而来，但不具有蛋白质编码功能的 RNA 分子，主要参与转录后加工、基因表达调控等过程，在细胞的生长增殖、分化发育、信号转导、核内运输等基本生命活动以及疾病（如肿瘤等）的发生、发展中发挥着重要作用。一般将长度大于 200nt 的 ncRNA 称为长链非编码 RNA（long non－coding RNA，lncRNA），将长度小于 200nt 的 ncRNA 称为短链非编码 RNA（samll non－coding RNA，sncRNA）。

1. 长链非编码 RNA　其结构与 mRNA 类似，但序列中没有开放阅读框。许多 lncRNA 是 RNA 聚合酶Ⅱ转录的产物，经过剪接，具有 poly(A)尾和启动子结构，分化过程中具有动态的表达与不同的剪接方式。lncRNA 启动子同样可以结合转录因子。lncRNA 的主要作用是调控基因的表达，它与人类疾病的发生密切相关，如参与肿瘤、退行性神经系统疾病等重大疾病的调控。

2. 短链非编码 RNA　主要包括核小 RNA（small nuclear RNA，snRNA）、核仁小 RNA（small nucleolar RNA，snoRNA）、胞质小 RNA（small cytoplasmic RNA，scRNA）、催化型小 RNA、干扰小 RNA（small interfering RNA，siRNA）和微小 RNA（microRNA，miRNA），它们的功能见表 2－2。miRNA 是一类高度保守的非编码 RNA，含 21～25 个核苷酸，通过与靶 mRNA 互补结合，在转录后水平降解 mRNA 或抑制翻译使靶基因沉默，参与细胞的增殖、分化、衰老、凋亡、黏附、自噬等众多生命活动。siRNA 有内源性和外源性之分，内源性 siRNA 由细胞自身产生。

第三节　核酸的理化性质

PPT

一、核酸的一般性质

DNA 和 RNA 都是线性生物大分子，均为极性化合物，微溶于水；不溶于乙醇、乙醚、三氯甲烷等有机溶剂。在分离核酸时，加入乙醇即可使之从溶液中沉淀出来。核酸又是两性电解质，通常表现出较强的酸性。核酸中碱基的解离状态与 pH 值有关，所以溶液的 pH 值直接影响核酸双螺旋结构中碱基对之间氢键的稳定性。对 DNA 来说，碱基对在 pH 4.0～11.0 时最为稳定；超越此范围，DNA 容易变性。核酸在溶液中有较大的黏度，但 RNA 的黏度小于 DNA。

二、核酸的紫外吸收性质

核酸分子中的嘌呤和嘧啶含有共轭双键，所以核酸具有紫外吸收的性质。在中性条件下，DNA 和 RNA 溶液的最大吸收值在 260nm 附近，根据 260nm 处的吸光度值（A_{260}）可以进行核酸定量。

天然的 DNA 发生变性时，氢键断裂，双链发生解离，碱基充分外露，所以变性 DNA 的 A_{260} 值显著增加，该现象称为 DNA 的增色效应（hyperchromic effect）。DNA 的 A_{260} 值可作为监测 DNA 变性的指标。

三、DNA 的变性、复性与分子杂交

1. DNA 变性（DNA denaturation）　是指在理化因素作用下，DNA 分子中的氢键断裂，双螺旋结构解体，双链解开形成单链的过程。DNA 变性的本质是双链间氢键的断裂，并不涉及核苷酸间磷酸二酯键的断裂，因而并不引起 DNA 一级结构的改变。

导致 DNA 变性的因素很多，如加热，过量酸、碱，变性试剂如尿素、酰胺以及某些有机溶剂如乙醇、丙酮等。因温度升高而引起的 DNA 变性称为热变性；因 pH 的改变而引起的 DNA 变性称为酸碱变性。

热变性是实验室 DNA 变性的常用方法。DNA 的热变性是指 DNA 溶液加热到 80～100℃，DNA 的双螺旋结构即被破坏，形成无规线团，随着空间构象的改变（图 2－9），引起一系列物理、化学性质的变化，如黏度下降、A_{260} 增高、生物活性改变等。

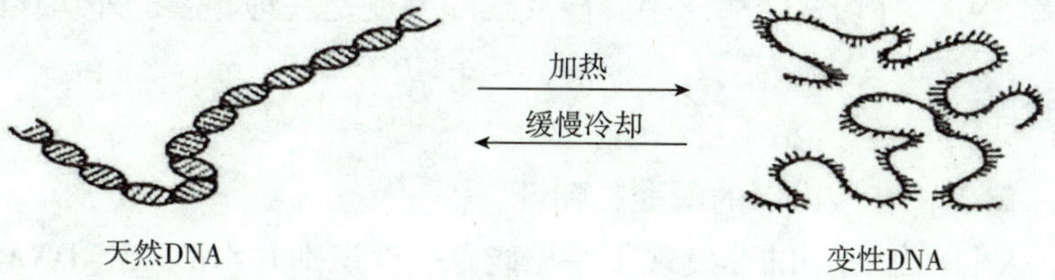

图 2－9　DNA 变性及复性过程

DNA 的热变性是在一个很狭窄的临界温度范围内“爆发式”发生并迅速完成。若以温度相对于 A_{260} 值作图，所得的曲线称为 DNA 的解链曲线（melting curve）（图 2－10）。在解链过程中，紫外吸收

达到最大变化值一半时溶液的温度称为解链温度或熔解温度（melting temperature，T_m）。当温度达到熔解温度时，50%的DNA双链解离成单链。DNA的解链温度与DNA的长短以及GC含量有关，GC含量越高，T_m越高。

2. DNA复性 在适当条件下，变性DNA的两条互补链又可恢复为天然的双螺旋构象，这一现象称为复性（renaturation）。DNA复性时，其溶液A_{260}值降低，称减色效应（hypochromic effect）。热变性的DNA经缓慢冷却后才能复性（图2-9），这一过程称为退火（annealing）。如果迅速冷却至4℃，两条解离的互补链来不及形成双链，DNA不能复性，利用这一特性可以保持解链后DNA的单链状态。

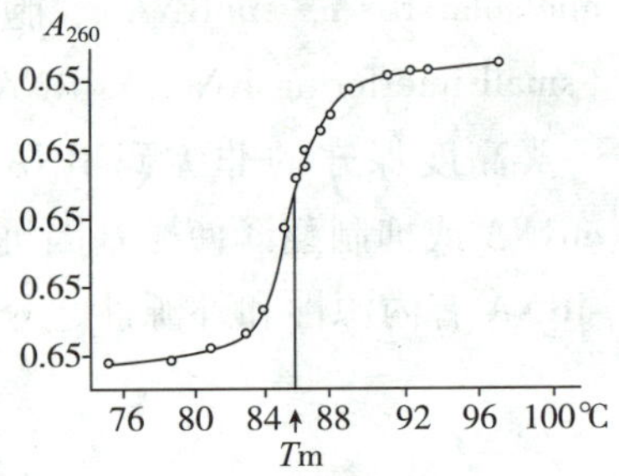

图2-10 DNA的解链曲线

3. 核酸分子杂交 在DNA变性后的复性过程中，如果将不同种类的DNA单链分子或RNA分子放在同一溶液中，只要两种单链分子之间存在一定程度的碱基配对关系，在适宜的条件（温度及离子强度）下，就可以在不同的分子间形成杂化双链（heteroduplex）。这种杂化双链可以在不同的DNA与DNA之间形成，也可以在DNA与RNA之间或RNA与RNA之间形成，这种现象称为核酸分子杂交（hybridization）。DNA印迹法（Southern blotting）就是指DNA与DNA之间的杂交；RNA印迹法（Northern blotting）是指RNA与DNA之间的杂交。核酸分子杂交是研究核酸结构与功能的一种极其有用的方法。

第四节 核酸酶

PPT

核酸酶（nuclease）是指所有可以水解核酸的酶。生物体内的核酸酶负责细胞内外核酸的降解，参与DNA的合成与修复以及RNA合成后的加工等，还负责清除多余的、结构和功能异常的核酸，同时也可以清除侵入细胞的外源性核酸。消化液可降解食物中的核酸以利吸收。

核酸分解的第一步是水解核苷酸之间的磷酸二酯键。不同来源的核酸酶，其专一性、作用方式都有所不同。有些核酸酶只能作用于RNA，称核糖核酸酶（RNase）；有些核酸酶只能作用于DNA，称脱氧核糖核酸酶（DNase）。有些核酸酶专一性较低，既能作用于RNA，也能作用于DNA，因而统称核酸酶（nuclease）。根据核酸酶作用位置的不同，又可将核酸酶分为外切核酸酶（exonuclease）和内切核酸酶（endonuclease）。

一、外切核酸酶

能按DNA或RNA链的5′端→3′端或3′端→5′端逐个水解单核苷酸的酶，称外切核酸酶。从3′端开始逐个水解核苷酸的，称3′→5′外切核酸酶。蛇毒磷酸二酯酶就是一种3′→5′外切核酸酶。从5′端开始逐个水解核苷酸的，称5′→3′外切核酸酶。牛脾磷酸二酯酶就是一种5′→3′外切核酸酶。

二、内切核酸酶

内切核酸酶催化水解多核苷酸内部的磷酸二酯键。

20世纪70年代，人们在细菌中陆续发现了一类能专一性识别并水解双链DNA上的特异核苷酸序列并在识别位点或其周围断开DNA双链的一类内切核酸酶，称限制性内切核酸酶（restriction endonuclease，简称限制性酶）。当外源DNA侵入细菌后，限制性内切核酸酶可将其水解切成片段，从而限制外源DNA在细菌细胞内的表达，而细菌本身的DNA由于在该特异性核苷酸序列处被甲基化酶修饰而不被水解，从而得到保护。

近年来，限制性内切核酸酶的研究和应用发展很快，目前已提纯的限制性内切核酸酶有100多种，许多已成为基因工程研究中必不可少的工具酶。

第五节　临床常用核酸类药物

PPT

一、核酸类药物的概念

核酸类药物是具有药用价值的核酸、核苷酸、核苷或碱基的统称。核酸药物包括天然存在的碱基、核苷、核苷酸和核酸，还包括天然核苷酸或碱基的类似物、衍生物以及这些类似物、衍生物的聚合物。

核酸类药物是从某些动物、微生物的细胞中提取的核酸，或者用人工合成法制备的具有核酸结构同时又具有一定药理作用的物质。

二、核酸类药物的分类

1. 具有天然结构的核酸类物质　如ATP、GTP、CTP、UTP、IMP、辅酶A（coenzyme A，CoA）、肌酐、辅酶Ⅰ（NAD^+）和辅酶Ⅱ（$NADP^+$）等核酸类药物。这类药物有助于改善物质代谢和能量平衡，修复受损组织，促使机体恢复正常生理功能。这些药物大多是生物体能够自身合成的物质；基本上都可以经微生物发酵或从生物资源中提取来生产；临床上广泛用于放射病，血小板减少症，白细胞减少症，急、慢性肝炎，心血管疾病和肌肉萎缩等的治疗。如ATP用于心肌梗死、心力衰竭及动脉或冠状动脉硬化的治疗或辅助治疗；肌苷用于急、慢性肝炎，肝硬化，白细胞或血小板减少，视神经萎缩等症状的治疗。

2. 天然结构碱基、核苷、核苷酸的结构类似物或聚合物　可作为核苷酸的抗代谢物，通过竞争性抑制等方式干扰或阻断核苷酸的正常合成代谢，从而进一步抑制核酸、蛋白质合成及细胞繁殖，是临床上抗肿瘤和抗病毒感染的重要药物；也可作为免疫抑制剂，诱导产生干扰素。这类药物大部分通过半合成生产。

常用的抗肿瘤药有5－氟尿嘧啶（5－FU）、6－巯基嘌呤（6－MP）、阿糖胞苷等，具体机制见第九章核苷酸代谢的相关内容。

临床上用于抗病毒的核酸类药物也很多，如叠氮胸苷、阿糖腺苷和利巴韦林等。阿糖腺苷是广谱DNA病毒抑制剂，临床上用于治疗疱疹性角膜炎、单纯疱疹病毒感染引起的脑炎和乙型肝炎，与干扰素一样，能直接作用于病毒。阿糖腺苷作为dATP的拮抗物，可抑制以dATP为底物的病毒的DNA聚合酶活力。叠氮胸苷（AZT）的商品名为齐多夫定，是一种临床用于治疗艾滋病的药物。在体内可以取代正常的胸腺嘧啶核苷酸（TMP）而参与病毒DNA合成，而含AZT成分的DNA不能继续复制，从而阻止病毒增殖。

诱导产生干扰素的核酸类药物主要有聚肌胞苷酸，它是人工合成的干扰素诱导物，是由多肌苷酸和多胞苷酸组成的双链RNA，有广谱抗病毒作用及抗肿瘤作用。

3. 反义核酸（antisense）　是指能与特定靶mRNA碱基互补，特异性阻断其翻译的一段DNA或RNA分子。具体来说，反义核酸包括反义RNA（antisense RNA）和反义DNA（antisense DNA）、核酶（ribozyme）、反义寡核苷酸（antisense oligonucleotide）。反义核酸作为核酸类治疗药物，具有高度特异性、高生物活性、高效性、低毒和安全等诸多优点。目前应用反义核酸治疗膀胱癌、乳腺癌和胃癌均取得了一定的疗效，其中主要使用的是反义寡核苷酸。福米韦生就是主要用于治疗艾滋病患者并发巨细胞病毒性视网膜炎的反义核酸药物。

第六节　核酸的提取、分离纯化与测定

PPT

DNA 和 RNA 的制备、定量测定及其组成成分的分析是研究核酸的基础，也是分子生物学、分子诊断学和制备核酸类药物最基础的工作。

一、核酸的提取、分离和纯化

在提取分离过程中，应特别注意防止核酸酶和理化因素所引起的核酸降解以及防止其他分子的污染。通常加入核酸酶抑制剂来抑制核酸酶的活性。

1. 核酸提取和分离的一般原则　先破碎细胞，提取核蛋白，使其与其他细胞成分分离；然后用蛋白质变性剂如十二烷基硫酸钠（SDS）或苯酚等去除蛋白质；最后用乙醇或异丙醇沉淀核酸。核酸提取分离一般都经过以下步骤：破碎细胞⟶去除蛋白质和多糖等生物大分子⟶沉淀核酸⟶除去盐类、有机溶质等杂质⟶纯化干燥。

在细胞内，DNA 与蛋白质结合成脱氧核糖核蛋白（DNP），RNA 与蛋白质结合成核糖核蛋白（RNP），在不同浓度的盐溶液中它们的溶解度差别很大，DNP 在纯水或 1mol/L NaCl 溶液中溶解度较大，但在 0.14mol/L NaCl 溶液中溶解度很低；相反，RNP 易溶解。因此，用 0.14mol/L NaCl 溶液可简单地初步分开 DNP 和 RNP。DNP 的蛋白质部分可用苯酚、三氯甲烷－异戊醇、SDS 等物质除去。

RNA 在细胞内也常和蛋白质结合，除去与 RNA 结合的蛋白质的方法主要为应用终浓度在 2mol/L 的盐酸胍以及三氯甲烷－异戊醇、苯酚、十六烷基三甲基溴化铵（CTAB）和 SDS 等试剂。常用于沉淀 RNA 的试剂有乙醇、异丙醇或终浓度在 2mol/L 的氯化锂。制备 RNA 时，常用 0.1% 焦碳酸二乙酯（DEPC）来抑制 RNA 酶。

2. 核酸的纯化　采用密度梯度离心法可按分子的大小和性状分离 DNA，羟甲基磷灰石和甲基清蛋白硅藻土柱色谱也是常用的纯化 DNA 的方法。各种纤维素柱、凝胶过滤法以及亲和色谱法常用于分离各种 RNA。

二、核酸的含量测定和纯度鉴定

利用核酸和蛋白质分别在 260nm 和 280nm 处有最大吸收的特点，可以用紫外分光光度法测定核酸的含量及进行纯度鉴定。利用核酸样品的 A_{260} 值可以判断出 DNA 或 RNA 的含量，实验中常以 $A_{260}=1.0$ 时相当于 50μg/ml 双链 DNA 或者 40μg/ml 的单链 DNA 或 RNA 或者 20μg/ml 寡核苷酸来确定核酸含量。利用 260nm 与 280nm 的吸光度比值（A_{260}/A_{280}）来鉴定核酸纯度。纯度较好的 DNA 的 A_{260}/A_{280} 值为 1.8，纯度较好的 RNA 的 A_{260}/A_{280} 值为 2.0。

目标检测

答案解析

一、单项选择题

1. 组成核酸的基本结构单位是（　）

A. 核糖和脱氧核糖　　B. 多核苷酸　　C. 磷酸和核糖

D. 含氮碱基　　E. 单核苷酸

2. 关于 RNA 和 DNA 彻底水解后的产物，说法正确的是（　）

A. 核糖相同，部分碱基不同
B. 碱基相同，核糖不同
C. 部分碱基不同，核糖不同
D. 碱基不同，核糖相同
E. 碱基相同，核糖相同

3. 核酸中，核苷酸之间的连接键是（　）

A. 糖苷键
B. 2′,5′-磷酸二酯键
C. 2′,3′-磷酸二酯键
D. 3′,5′-磷酸二酯键
E. 肽键

4. DNA 的二级结构是（　）

A. α-螺旋
B. 三叶草型
C. β-转角
D. 双螺旋结构
E. 超螺旋结构

5. tRNA 分子的结构特征是（　）

A. 有反密码环和 3′-CCA 序列
B. 有密码环
C. 有反密码环和 5′-CCA 序列
D. 5′端有-CCA 序列
E. tRNA 二级结构呈倒 L 形

6. 与 mRNA 中的 ACG 密码相对应的反密码子是（　）

A. UGC
B. CGU
C. GCA
D. TGC
E. CGT

7. 核酸对紫外光的最大吸收波长为（　）

A. 230nm
B. 240nm
C. 260nm
D. 280nm
E. 360nm

二、简答题

1. 比较 RNA 和 DNA 在分子组成及结构上的异同点。
2. 简述 DNA 双螺旋结构模型的特点。
3. 简述真核生物成熟 mRNA 的结构特点及功能。

（龙石银）

书网融合……

本章小结　　微课　　题库

第三章　维生素与微量元素及钙、磷代谢

学习目标

1. 掌握　维生素的概念及分类；B族维生素的体内活性形式、生化功能、缺乏症及临床意义；钙、磷在骨骼形成中的作用。

2. 熟悉　各种脂溶性维生素的体内活性形式、生化功能、缺乏症及临床意义；维生素C的主要生化功能与缺乏症；钙、磷代谢及其调控，钙、磷代谢紊乱可引起的疾病；微量元素的作用，缺乏和过量时对机体的影响。

3. 了解　微量元素的运输和储存形式。

4. 学会运用本章所学知识，分析维生素、微量元素、钙和磷缺乏症的发病机制及治疗措施。

维生素（vitamin）是生物体为维持正常的生理功能所必需的一类微量的小分子有机化合物，它是体内不能合成或合成量很少，不能满足正常生理的需求，必须从食物中获得的一类营养素。维生素的每日需求量甚少，它们既不是构成机体组织的成分，也不是功能物质，却在调节物质代谢和维持正常生理功能方面发挥着重要作用。

无机盐对维持人体正常生理功能必不可少，体内的无机元素主要以离子形式存在。按人体每日需要量的多少，无机元素可分为常量元素与微量元素，其中每日需要量在100mg以上的钙、磷、钾、钠、氯、镁、硫等称为常量元素，而每日需要量在100mg以下的铁、碘、铜、锌、锰、钴、钼、硒、铬、镍、硅、氟、钒等元素称为微量元素。

第一节　维生素

PPT

维生素按其溶解性的不同，可分为脂溶性维生素（lipid-soluble vitamin）和水溶性维生素（water-soluble vitamin）两大类。脂溶性维生素包括维生素A、维生素D、维生素E、维生素K。水溶性维生素包括B族（维生素B_1、B_2、B_6、B_{12}，维生素PP，泛酸，生物素，叶酸）和维生素C。维生素常以维生素原（维生素前体）的形式存在于食物中，不具有维生素的活性，只有在体内经过一些代谢反应后才可以转变为维生素形式，如β-胡萝卜素就是维生素A原。人体每天对维生素的需要量很少，常以mg或μg计。当某些维生素在体内摄取量不足、机体发生吸收障碍或利用率低下、某些生理阶段机体需要量相对增加或流失过多时，就会发生维生素缺乏症。

水溶性维生素是构成辅酶和辅基的重要成分，与相应的酶蛋白结合在一起构成全酶，参与体内的物质代谢。脂溶性维生素具有参与蛋白质合成（如维生素A）、作为激素合成的前体（如维生素D）、抗氧化（如维生素E）和参与凝血等功能。

水溶性维生素的代谢产物或多余的维生素大多随尿排出体外，在体内储存很少，一般不易引起人体中毒。而脂溶性维生素可在体内大量储存，排泄率不高，故大剂量服用时易在体内蓄积过多，发生中毒反应。

知识链接

食物可以治疗疾病——维生素的发现

在哥伦布1492年发现美洲大陆后的远渡重洋航行中，船员们主要吃干面包、风干肉等不会腐烂变质的食物，经常出现浑身无力、牙龈出血、肌肉疼痛等症状，这种病被称为“坏血病”。后来，苏格兰医生詹姆士·林德发现柑橘类的水果汁可以治愈“坏血病”，由此人们开始认识到疾病并不都由细菌、病毒等微生物感染引起，人体缺乏某种营养素也会导致疾病的发生。研究证实，“坏血病”的致病原因就是人体长期缺乏维生素C（又称抗坏血酸）。

19世纪末，荷兰科学家艾克曼发现米糠可以治疗脚气病。1911年，波兰化学家丰克发现糙米中能够防治脚气病的药用物质是一种胺，这就是人类第一次获得的维生素B_1。后续研究充分证明，主要存在于食物中的微量物质——维生素在维持正常生命活动中具有重要作用，缺乏任何一种维生素都会引发疾病。如缺乏维生素B_{12}会导致严重贫血，缺乏维生素D会导致佝偻病。

一、脂溶性维生素

脂溶性维生素易溶于脂质及有机溶剂，不溶于水。脂溶性维生素在食物中含量丰富，常与脂质共存，并随着脂质成分一同被吸收。吸收入血的脂溶性维生素在血液中与脂蛋白及某些特殊的结合蛋白特异地结合而运输，从而发挥其生理功能。

（一）维生素A

1. 维生素A的结构与来源 维生素A（vitamin A）又称为视黄醇或称抗眼干燥症维生素，是由1分子β-白芷酮环和2分子异戊二烯构成的不饱和一元醇。天然维生素A包括维生素A_1和维生素A_2两种，其中维生素A_1（视黄醇）主要存在于哺乳动物和咸水鱼的肝中，而维生素A_2（3-脱氢视黄醇）主要存在于淡水鱼的肝中。由于维生素A_2的活性比较低，通常所说的维生素A是指维生素A_1。维生素A极易氧化，对紫外线不稳定，遇光和遇热都会产生氧化损失。

天然维生素A只存在于动物体内，能够直接被人体吸收和利用。而植物性食品含有多种胡萝卜素（carotene），这些胡萝卜素属于维生素A原（provitamin A）物质，其中以β-胡萝卜素（β-carotene）在体内的转换效率最高。β-胡萝卜素本身并无生理活性，但在体内，β-胡萝卜素可被双加氧酶催化分解而转变为2分子的视黄醛，视黄醛在视黄醛还原酶的作用下还原为视黄醇（图3-1）。

2. 维生素A的活性形式与生化功能 维生素A在体内有三种活性形式：视黄醇、视黄醛和视黄酸。维生素A的主要生化功能如下。

（1）视黄醛参与形成视网膜内感光物质，维持正常视觉功能 人眼感受弱光或暗光的光感受器是视网膜中的杆状细胞，即视杆细胞，这种细胞含有感受弱光或暗光的感光色素——视紫红质。视紫红质由11-顺视黄醛与视蛋白组成。当视紫红质感受弱光刺激时，11-顺视黄醛一方面发生构象改变，激发视杆细胞产生神经冲动，传导至大脑产生视觉；另一方面，在异构酶的作用下转化成全反式视黄醛，并与视蛋白分离而失效。若这时候人进入暗处，因对弱光敏感的视紫红质分解失效，人眼就看不到暗处的物体。分离后的全反式视黄醛先被还原为全反式视黄醇，然后在异构酶、氧化酶的催化下重新生成11-顺视黄醛，再与视蛋白重新结合为视紫红质，恢复对弱光的敏感性，从而完成视循环（图3-2），这时，由于视紫红质的重新合成，人能够在一定照度的暗处见到物体，此过程也称为暗适应（dark adaption）。

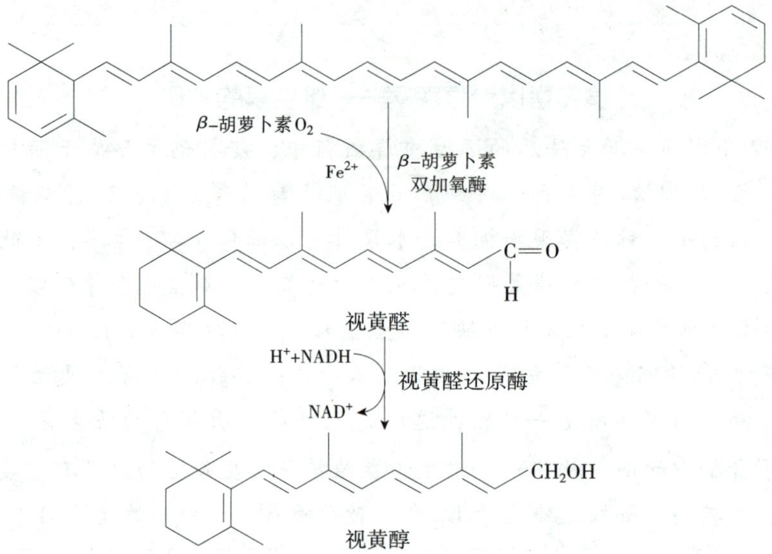

图 3-1　β-胡萝卜素转化为视黄醇的反应

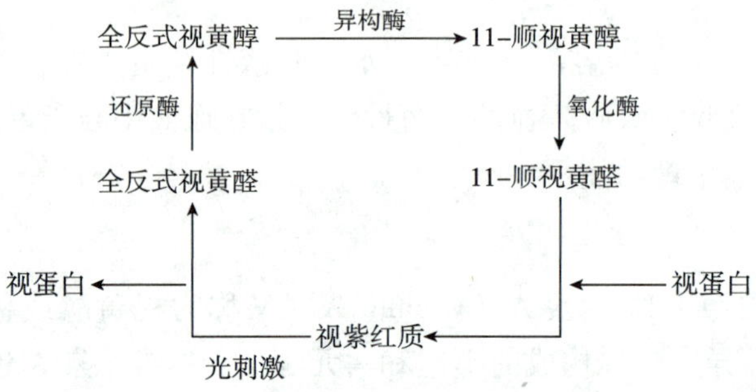

图 3-2　维生素 A 参与视循环

（2）维生素 A 可以维持上皮组织细胞的功能和促进免疫球蛋白的合成　维生素 A 可参与细胞膜糖蛋白的合成，这对于上皮组织的生长、发育和分化十分重要。缺乏维生素 A，就会出现皮肤变厚、干燥和角化，尤其在眼部会出现结膜干燥、失去光泽和弹性，透明度减低，患者眼结膜暴露数秒钟后，则干燥更为明显，角膜也干燥、浑浊，导致视力下降甚至丧失，泪腺萎缩，泪液分泌减少，出现眼睛干涩和怕光等现象，称“眼干燥症”，所以维生素 A 又称为抗眼干燥症维生素。维生素 A 能促进免疫球蛋白的合成，对于机体免疫功能有重要影响，缺乏时，细胞免疫呈现下降趋势，易发生微生物感染而引起呼吸道等的炎症。

（3）维生素 A 促进生长发育和维持生殖功能　维生素 A 衍生物——全反式维甲酸（ATRA）可以参与类固醇激素的合成过程，从而在人体生长、发育和精子产生、黄体酮前体生成、胚胎发育等过程中发挥极其重要的促进作用。维生素 A 还可以促进蛋白质的生物合成和骨细胞的分化，如果孕妇缺乏维生素 A，会直接影响胎儿的正常发育，甚至可能导致死胎。

（4）维生素 A 可抑制肿瘤的生长　维生素 A 及其衍生物能延缓或阻止癌前病变，拮抗化学致癌剂的作用。维生素 A 及 ATRA 可诱导肿瘤细胞分化和凋亡，增加肿瘤细胞对化疗药物的敏感性，可用于治疗急性早幼粒细胞白血病等。β-胡萝卜素也被证明是机体内一种有效的捕获活性氧的抗氧化剂，具有显著的抗氧化作用，对于清除自由基、防止脂质过氧化、预防心血管疾病和肿瘤以及延缓衰老均有重要的意义。

3. 维生素 A 缺乏症及中毒　维生素 A 在体内有蓄积作用，过量服用维生素 A 可降低人体细胞膜和溶酶体膜的稳定性。细胞膜受损，使胞内酶大量释放，引起肝、脑、皮肤和骨骼等组织的病变。维生素A中毒多见于1~2岁的幼儿，原因一般是服用过量鱼肝油，其中毒的主要症状表现为食欲减退、体重减轻、皮肤干燥和脱屑、肝脾肿大、易出血并伴有头痛、恶心、共济失调等中枢神经系统表现。孕妇早期口服大量维生素A，除引起自身出现中毒症状外，亦会危及胎儿，使胎儿出现大脑、心、肾等器官的先天发育缺陷，导致胎儿畸形。

维生素A的主要活性形式——视黄醇可在血浆中被运输至视网膜，参与感光色素——视紫红质的光化学反应。若视黄醇供应充足，则视紫红质重新合成速度快，人眼的暗适应恢复时间较短；若视黄醇供应不足或缺乏，则视紫红质重新合成减缓或停滞，人眼的暗适应恢复时间延长，从明处进入暗处后就会看不清东西，严重的时候会发生“夜盲症”（night blindness）。视网膜杆状细胞没有合成视紫红质的原料是造成夜盲症的主要原因，所以只要多吃一些维生素A含量丰富的食品如猪肝、胡萝卜、鸡蛋、乳制品以及新鲜蔬菜等，必要时口服鱼肝油丸，即可很快恢复夜视功能。

案例引导

临床案例　患者，女，8岁。从小体质较弱，面黄肌瘦，头发稀疏，不喜欢锻炼，有挑食、偏食的习惯，经常感冒、发热、腹泻。近期眼睛干涩，畏光，不断揉眼，视力易疲劳，白天看东西还算正常，夜晚视力则很差，几乎看不清东西，皮肤干燥，多见脱屑。眼部检查显示患者的视力较差，结膜干燥，角膜混浊、软化。入院诊断为夜盲症，采用维生素A软胶囊或鱼肝油治疗。

讨论　1. 夜盲症的发病机制是什么？

2. 为什么服用鱼肝油可以治疗夜盲症？

（二）维生素D

1. 维生素D的结构与来源　维生素D（vitamin D）属于类固醇化合物，又称抗佝偻病维生素，是环戊烷多氢菲类化合物。维生素D有维生素D_2、维生素D_3两种类型，通常天然食物中维生素D含量较低，但维生素D原广泛存在于动、植物体内。其中，维生素D_2（麦角钙化［固］醇，ergocalciferol）主要由植物中的麦角固醇在紫外线照射下转化而成，而维生素D_3（胆钙化［固］醇，cholecalciferol）主要存在于蛋黄、鱼油、动物肝、奶油和奶酪中，人体皮下储存有由胆固醇生成的7－脱氢胆固醇，受紫外线照射后也可转变为维生素D_3（图3－3）。所以麦角固醇又称为维生素D_2原，7－脱氢胆固醇又称为维生素D_3原。一般情况下，适当的日光照射足以满足人体对维生素D的需要，所以人体自身合成维生素D是体内获得维生素D的主要方式。

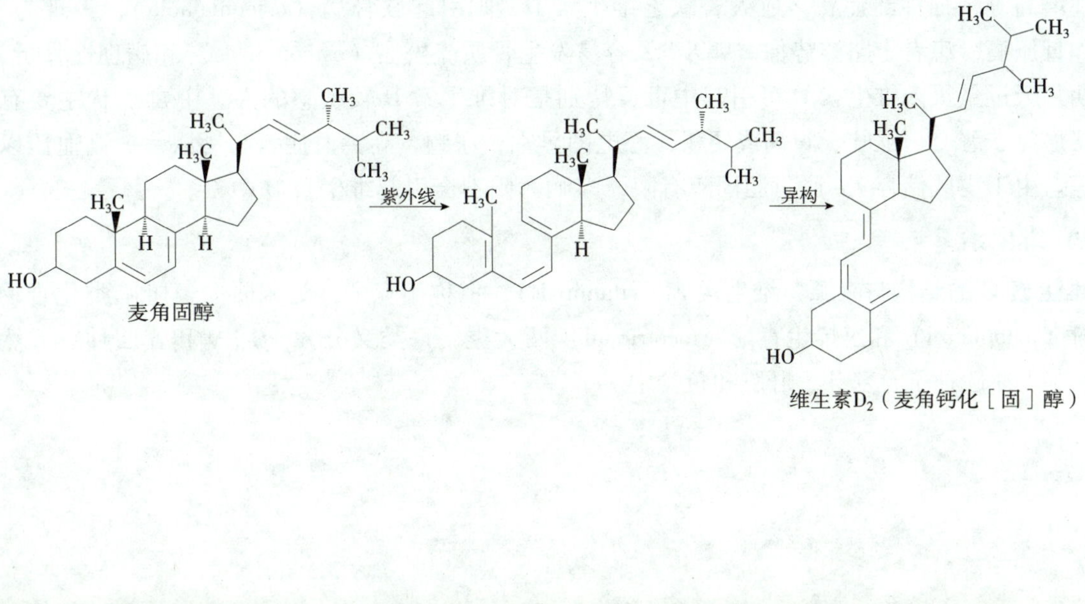

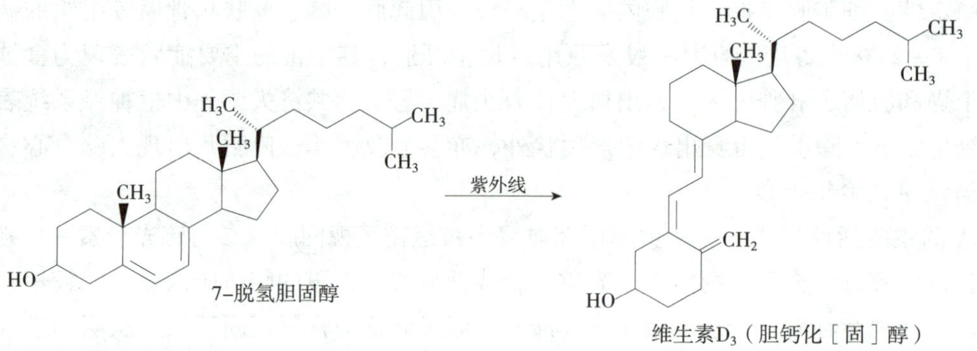

图 3－3　维生素 D 的生成

2. 维生素 D 的活性形式与生化功能　维生素 D 本身没有生物活性，必须经过两次羟化反应后转变成 1,25－二羟维生素 D_3才具有生理功能。首先，维生素 D 在血液中与维生素 D 结合蛋白（vitamin D binding protein，DBP）结合后转运至肝，在肝 25－羟化酶的作用下羟化生成 25－羟维生素 D_3，25－羟维生素 D_3在生理剂量时并无生理功能，它被运输到肾后，在肾小管上皮细胞内经 1α－羟化酶作用，生成维生素 D_3的活性形式——1,25－二羟维生素 D_3。

（1）1,25－二羟维生素 D_3调节钙、磷代谢　1,25－二羟维生素 D_3可与靶细胞内特异的维生素 D 受体（vitamin D receptor，VDR）结合，活化的 VDR 可以作为转录因子，调节钙结合蛋白的表达，进而促进钙、磷的小肠吸收和肾小管重吸收；而且还可促进骨盐溶解，将骨中的钙和磷动员、释放入血，维持血钙、血磷浓度稳定，并在甲状旁腺激素的协同作用下促进牙齿、骨骼的钙化及生长更新。

（2）1,25－二羟维生素 D_3影响细胞分化　单核细胞、T 细胞、B 细胞都表达 VDR，因此，维生素 D 能够干预这些细胞的增殖和分化，对免疫系统起着很强的促进作用。1,25－二羟维生素 D_3可以促进胰岛素的分泌，具有治疗糖尿病的作用；还对某些肿瘤细胞具有抑制增殖、促进分化的作用。

3. 维生素 D 缺乏症及中毒　人体每天必须从饮食中摄取适量的维生素 D，才能维持正常的生理需求。如果日光照射偏少、维生素 D 摄取不足、需求量增加而吸收又发生障碍，使得人体内维生素 D 不足而引起全身性钙、磷代谢失调，影响骨骼生长，亦称维生素 D 缺乏病。维生素 D 缺乏在婴幼儿易导致佝偻病（rickets），其突出的临床表现为婴儿头部颅骨软化，手指压迫时颅骨凹陷而除去压力即可恢复原状，颅骨增长速度减慢，前囟闭合延迟，胸骨前突形成鸡胸，脊柱及四肢可向前后或侧向弯曲，四肢长骨干骺端肥大，手腕及脚踝部易呈膨大隆起状，下肢长骨弯曲，呈 O 型腿或 X 型腿，出牙也较晚，患儿同时还伴有烦躁不安，爱哭闹，睡觉易惊醒，汗多，动作发育迟缓，还可出现手足抽搐症、神经肌肉兴奋性增高等精神神经症状。成人若缺乏维生素 D，则引起软骨病（osteomalacia），表现为肌无力、肌痉挛和骨压痛，患者走路姿势像“鸭步”，容易发生骨质疏松症（osteoporosis）和病理性骨折。

长期每天过量摄入维生素 D 可引起中毒，特别是对维生素 D 较敏感的人。中毒症状主要有食欲减退、皮肤瘙痒、恶心、呕吐、腹泻或便秘，心电图异常，尿频、高钙血症、高钙尿症、高血压以及软组织钙化等。由于皮肤储存 7－脱氢胆固醇有限，多晒太阳不会引起维生素 D 中毒。

（三）维生素 E

1. 维生素 E 的结构与来源　维生素 E（vitamin E），俗称生育酚，为苯骈二氢吡喃类化合物，可分为生育酚（tocopherol）和三烯生育酚（tocotrienol）两大类，每类又分 α、β、γ 和 δ 四种。天然维生素 E 主要存在于油性种子、麦芽、肝脏和鱼类中。

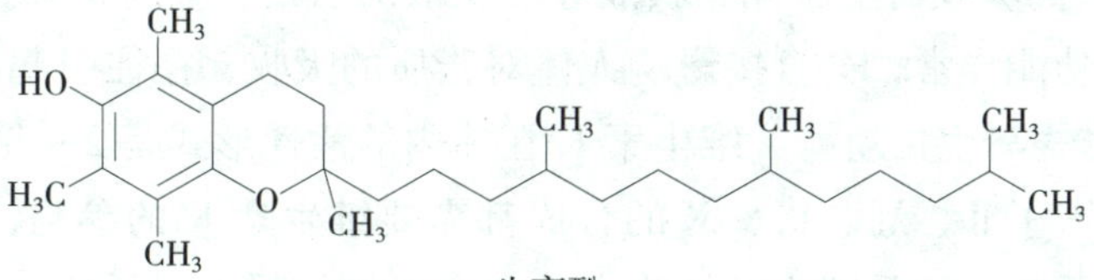

生育酚

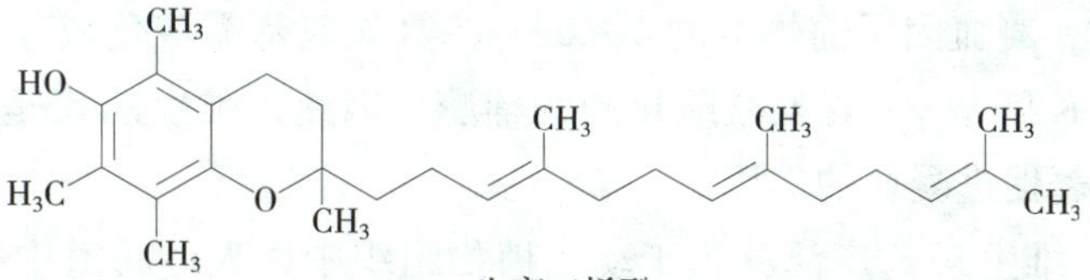

生育三烯酚

2. 维生素 E 的活性形式与生化功能　食物中的维生素 E 主要在人体小肠上部被吸收，由乳糜微粒携带经淋巴系统到达肝和各组织，其中 α - 生育酚是自然界中分布最广、含量最丰富、活性最高的维生素 E 形式。

（1）维生素 E 具有抗氧化作用　维生素 E 可保护机体内维生素 A、不饱和脂肪酸等易被氧化的物质不被氧化，有效清除脂质过氧化所产生自由基对人体的氧化损伤作用，维持细胞膜的完整性，保护细胞膜的结构与功能，具有祛除黄褐斑、延缓皮肤老化等功效。

（2）改善生殖功能　维生素 E 能够促进垂体促性腺激素的分泌，提高男性精子生成数量与活力，促进女性卵巢功能增强，提升生育能力。临床上常用维生素 E 防治先兆流产和习惯性流产。

（3）维生素 E 的其他生化作用　维生素 E 可以保护 T 淋巴细胞和红细胞等细胞的功能，抵抗自由基的氧化伤害，抑制血小板聚集；大剂量可促进毛细血管及小血管的增生，改善外周血液循环，从而降低心脑血管病如心肌梗死、脑卒中的患病率，降低心脏病再次发作的概率。

3. 维生素 E 缺乏症及中毒　维生素 E 一般不易缺乏，在严重的脂质吸收障碍和肝功能损伤时可缺乏。长期每天服用 800mg 以上维生素 E，就有可能出现恶心、呕吐、头痛、倦怠、胃肠功能及性腺功能紊乱、免疫力下降、血栓性静脉炎等毒性症状。

（四）维生素 K

1. 维生素 K 的结构与来源　维生素 K（vitamin K）是一类 2 - 甲基 - 1,4 - 萘醌的衍生物，又称凝血维生素，最早由丹麦化学家达姆于 1929 年从动物肝和麻籽油中发现并提取获得。天然存在的维生素 K_1 又称为叶绿醌，主要存在于绿色蔬菜中，如苜蓿、甘蓝、菠菜、莴苣、花椰菜等；维生素 K_2 主要由肠道细菌（如大肠杆菌）代谢产生。临床使用的是人工合成的维生素 K_3，即水溶性的甲萘醌，其生物学活性高于维生素 K_1 和维生素 K_2，可用于口服与注射。

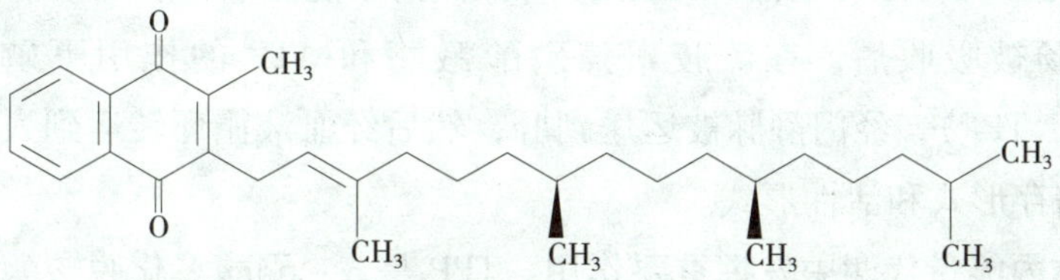

维生素K_1

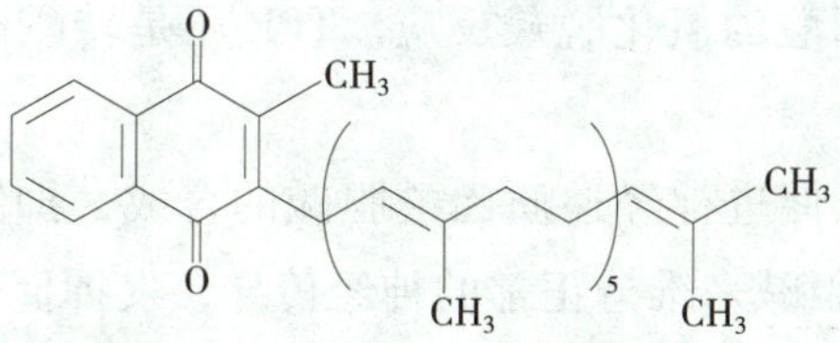

维生素K_2

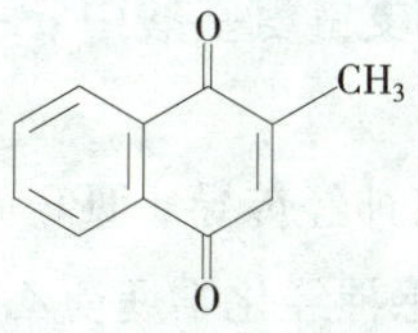

维生素K_3

维生素 K_1 和维生素 K_2 的吸收需要胆汁和胰液等消化液的协助，以乳糜微粒的形式由淋巴系统运输至肝。胰腺和胆囊的消化功能异常，会直接影响人体对脂质的吸收，往往引起维生素 K 缺乏症。

2. 维生素 K 的活性形式与生化功能 维生素 K 在体内的活性形式是 2－甲基－1,4－萘醌，它与人体的凝血功能有关。凝血因子Ⅱ、Ⅶ、Ⅸ、Ⅹ的合成都需要维生素 K 的参与，维生素 K 供应不足会导致上述四种凝血因子合成异常。这是因为肝细胞中首先合成的是凝血因子Ⅱ、Ⅶ、Ⅸ、Ⅹ以及抗凝血因子蛋白 C 和蛋白 S 的前体，凝血因子前体中的 4～6 个谷氨酸残基需羧化成 γ－羧基谷氨酸残基才能转变为活性形式，而维生素 K 就是 γ－谷氨酰羧化酶的辅酶。因此，维生素 K 是凝血因子转化合成与活化所必需的营养素，具有显著促进凝血的作用。

3. 维生素 K 缺乏症 维生素 K 广泛分布于动、植物组织中，人体肠道中的细菌也能合成，所以维生素 K 缺乏较为罕见。但消化道疾病、脂肪吸收障碍会造成维生素 K 的吸收不足；抗生素抑制消化道菌群的生长，也会影响肠道维生素 K 的合成与摄入。由于维生素 K 不能通过胎盘，新生儿出生后又无肠道细菌，也有可能出现维生素 K 缺乏，导致新生儿发生凝血障碍性疾病。维生素 K 缺乏的主要症状是易出血，临床主要表现为皮下、黏膜出血，如皮肤紫癜、瘀斑、鼻出血、牙龈出血等。

二、水溶性维生素 微课

水溶性维生素是一类易溶于水的维生素，主要有 B 族维生素和维生素 C。水溶性维生素在体内主要作为酶的辅酶或辅基，直接影响酶的催化活性。

（一）维生素 B_1

1. 维生素 B_1 的结构与来源 维生素 B_1（vitamin B_1）分子结构含有硫和氨基，故又称硫胺素（thiamine），因其能治疗脚气病，又称抗脚气病维生素，或称抗神经炎维生素。它是由嘧啶环和噻唑环结合而成的一种 B 族维生素，为白色结晶或结晶性粉末，味苦。维生素 B_1 广泛存在于米糠、麦麸、酵母、蛋黄、牛奶、瘦肉、豆类和坚果中，尤其在米糠和麸皮等粮谷类的表皮部分中含量更丰富，故粮食作物加工碾磨时不宜过度精细。

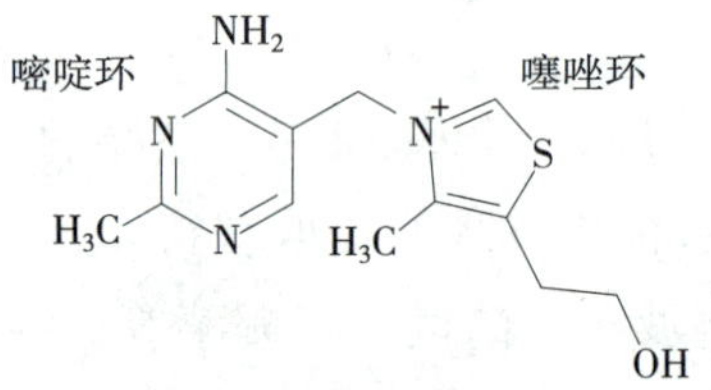

维生素 B_1（硫胺素）

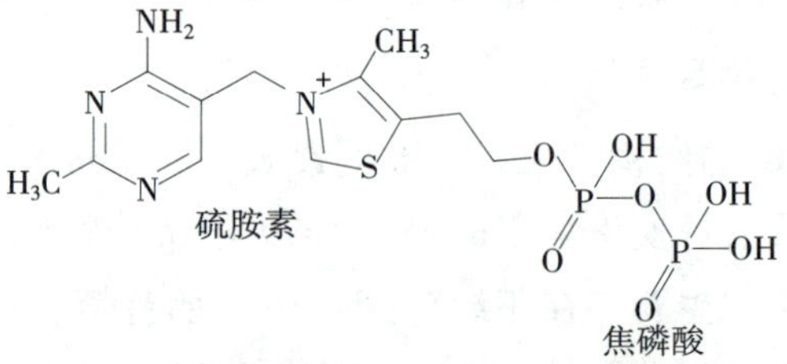

焦磷酸硫胺素（TPP）

2. 维生素 B_1 的活性形式与生化功能 维生素 B_1 在体内不能合成，必须依靠食物的外源性供给。食物中的维生素 B_1 在小肠被吸收后，在硫胺素焦磷酸激酶和 ATP 的作用下磷酸化为焦磷酸硫胺素（thiamine pyrophosphate，TPP），经门静脉被运送到肝，然后经血液循环转运到人体各个组织。TPP 是维生素 B_1 在体内的主要储存形式和活性形式。

（1）维生素 B_1 在体内能量代谢中发挥重要作用 TPP 是 α－酮酸氧化脱羧酶的辅酶，参与线粒体内丙酮酸、α－酮戊二酸和支链氨基酸中 α－酮酸的氧化脱羧反应。TPP 还是转酮醇酶的辅酶，参与磷酸戊糖途径的转酮醇作用。

（2）维生素 B_1 参与神经传导 TPP 可以促进神经递质乙酰胆碱的合成，抑制胆碱酯酶对乙酰胆碱的分解，从而通过副交感神经化学递质乙酰胆碱来维持正常的神经传导，发挥促进胃肠蠕动、增加消化酶分泌量、加强消化系统功能以及改善人体对糖、脂质、蛋白质等营养素的吸收等作用。

3. 维生素 B_1 缺乏症　维生素 B_1 缺乏时，导致丙酮酸转化为乙酰辅酶 A（乙酰 CoA）受阻，丙酮酸和乳酸出现堆积，也减少了 α - 酮戊二酸转化为琥珀酰 CoA 的过程，最终损伤糖的三羧酸循环和氧化磷酸化作用，使 ATP 生成减少，引起神经系统、心肌与大脑等组织器官能量供应不足；同时，磷酸戊糖途径代谢障碍，使核酸合成及神经细胞膜磷脂合成受影响，导致慢性末梢神经炎和其他神经肌肉的变性病变，其典型症状是多发性末梢神经炎，四肢肌肉麻木萎缩，严重时可累及心脏，临床上称为维生素 B_1 缺乏症，又称脚气病（beriberi），主要表现为消化系统、循环系统、神经系统等的症状。

维生素 B_1 缺乏时，乙酰 CoA 生成减少，影响乙酰胆碱的合成；同时，由于维生素 B_1 对胆碱酯酶的抑制减弱，乙酰胆碱分解加强，影响神经传导。主要表现为食欲缺乏、消化不良、便秘等临床症状。

（二）维生素 B_2

1. 维生素 B_2 的结构与来源　维生素 B_2（vitamin B_2）是核糖醇与 6,7 - 二甲基异咯嗪缩合而成的化合物，呈黄色，又称核黄素（riboflavin）。维生素 B_2 分布广泛，主要存在于动物肝、心、肾以及乳制品、蛋、粮食作物、菌类食品、绿叶蔬菜中。

2. 维生素 B_2 的活性形式与生化功能　食物中的维生素 B_2 在小肠上部被吸收后，在黄素激酶的催化下转化为黄素单核苷酸（flavin mononucleotide，FMN），然后进一步在焦磷酸化酶的作用下生成黄素腺嘌呤二核苷酸（flavin adenine dinucleotide，FAD）。FMN 和 FAD 是维生素 B_2 在体内的主要活性形式。FMN 和 FAD 分子中异咯嗪环上的 N_1 和 N_{10} 可以接受氢或释放氢，是活泼的受氢体或供氢体，具有可逆的氧化还原性质。

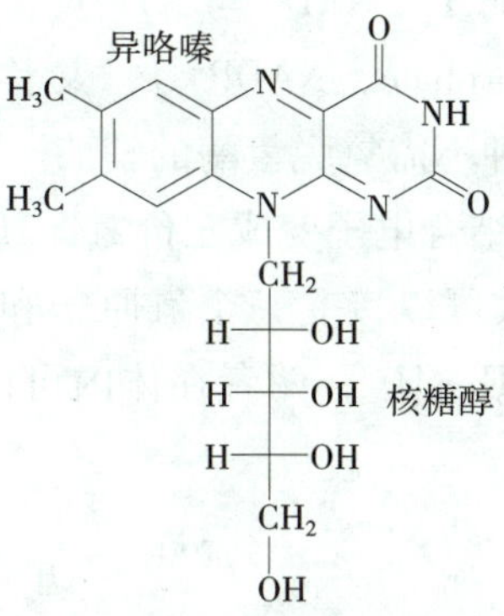

维生素B_2（核黄素）

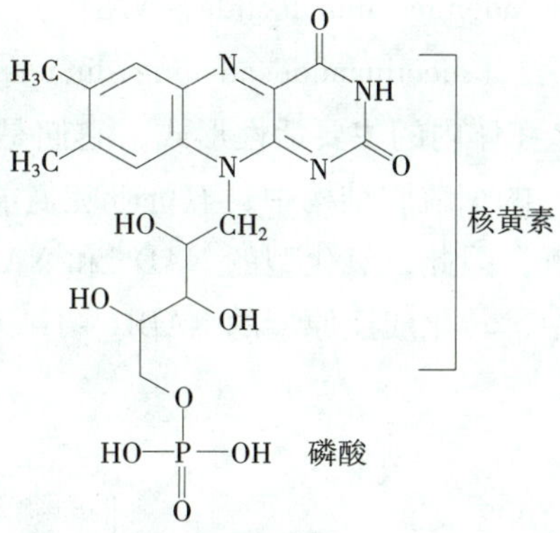

FMN

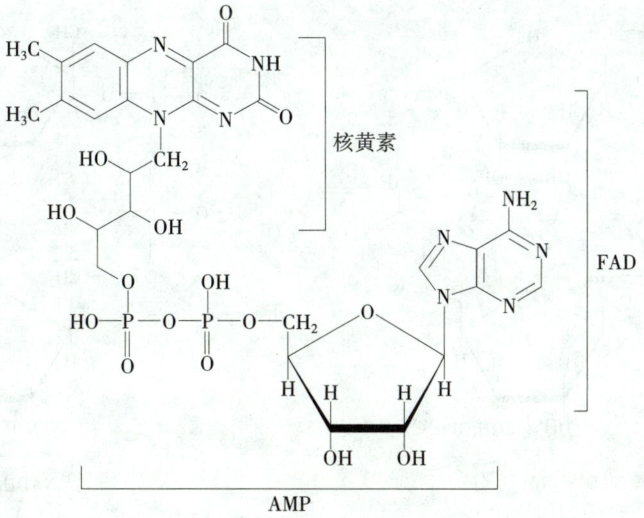

FAD 和 FMN 是体内重要的氧化还原酶（琥珀酸脱氢酶、黄嘌呤氧化酶、脂酰 CoA 脱氢酶等）的辅

基，起传递氢的作用，广泛参与体内各种氧化还原反应，例如参与能量代谢过程、促进物质的生物氧化、支持机体的抗氧化能力等。

3. 维生素 B_2 缺乏症 缺乏维生素 B_2 的情况比较普遍，尤其以小儿和孕期妇女更为常见，会出现口角炎、唇干裂、口腔黏膜溃疡、舌炎、阴囊炎、结膜炎、畏光、脂溢性皮炎等症状，又称核黄素缺乏症。

（三）维生素 PP

1. 维生素 PP 的结构与来源 维生素 PP（vitamin PP）又称为抗癞皮病维生素，包括烟酸（nicotinic acid）和烟酰胺（nicotinamide），曾分别称尼克酸和尼克酰胺，均为吡啶的衍生物。维生素 PP 广泛存在于食物中，动物的肝和肾、谷物种皮、绿叶蔬菜、瘦肉、酵母、鱼、花生、坚果类中含量较为丰富。

烟酸（尼克酸）　　烟酰胺（尼克酰胺）

2. 维生素 PP 的活性形式与生化功能 食物中的烟酸和烟酰胺几乎全部在小肠被吸收入血。人体内的烟酸除了食物来源外，亦可由肝酶系催化色氨酸转化而来。

烟酸进入组织细胞后，首先经氨基转移酶的催化生成烟酰胺，烟酰胺与 5－磷酸核糖－1－焦磷酸（phosphoribosyl pyrophosphate，PRPP）反应形成烟酰胺单核苷酸，后者与 ATP 结合生成烟酰胺腺嘌呤二核苷酸（nicotinamide adenine dinucleotide，NAD^+），又称辅酶Ⅰ。NAD^+ 与 ATP 反应，磷酸化成烟酰胺腺嘌呤二核苷酸磷酸（nicotinamide adenine dinucleotide phosphate，$NADP^+$），又称辅酶Ⅱ。NAD^+ 和 $NADP^+$ 是维生素 PP 在体内的主要活性形式，它们是体内多种不需氧脱氢酶的辅酶。

NAD^+ 和 $NADP^+$ 的烟酰胺结构中，五价吡啶氮能可逆地结合电子变成三价氮，其对侧的活泼碳能可逆地结合氢和脱去氢，因此，氧化型的 NAD^+ 和 $NADP^+$ 每次可以接受一个氢原子和一个电子，另一个氢质子游离在介质中，转化成还原型的 $NADH + H^+$ 和 $NADPH + H^+$，两者在体内可以不断地相互转变，发挥递氢体的作用。

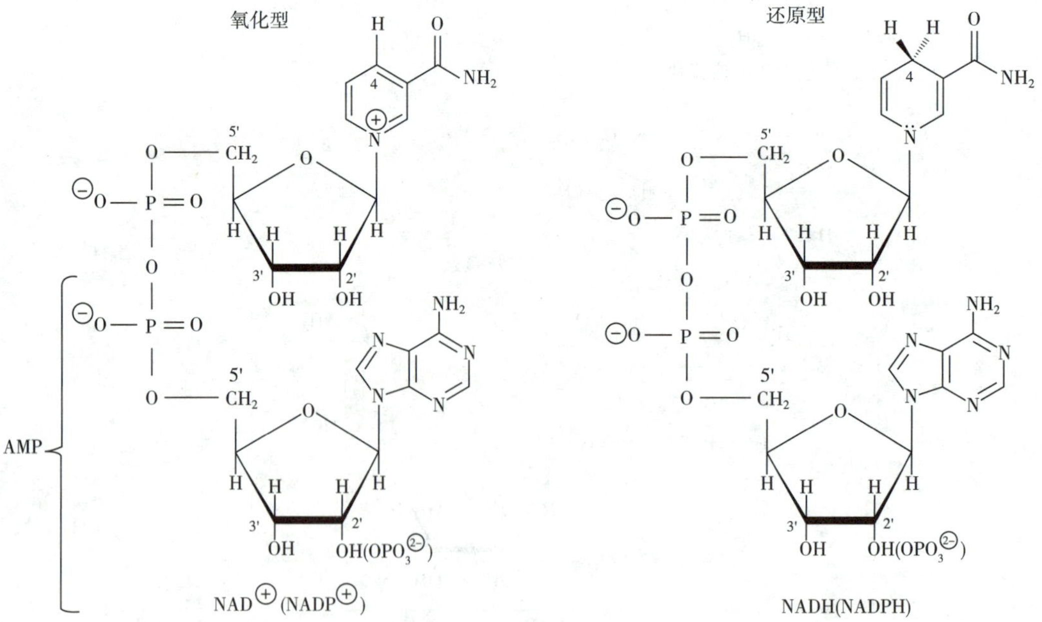

3. 维生素 PP 缺乏症 缺乏维生素 PP 将引起癞皮病，或称糙皮病，主要表现为皮炎、腹泻及痴呆。皮炎常对称地出现于暴露部位，从皮肤红斑开始，有烧灼和瘙痒感，继而皮肤粗糙、变黑、有色素沉着、失去弹性，严重者可发生精神失常、痴呆、昏迷。其他症状可表现为口舌发炎、消化不良、食欲缺乏、腹泻、失眠、困倦。

（四）维生素 B_6

1. 维生素 B_6的结构与来源 维生素 B_6（vitamin B_6）又称为吡哆素，包括吡哆醇（pyridoxine）、吡哆醛（pyridoxal）和吡哆胺（pyridoxamine）。维生素 B_6 在体内通过酶的磷酸化修饰作用，生成活性形式——磷酸吡哆醛及磷酸吡哆胺，两者可相互转变。维生素 B_6广泛存在于动物、植物性食物中，尤其是肉类、小麦、酵母菌、蔬菜、肝、米糠、豆类及花生中含量较高。

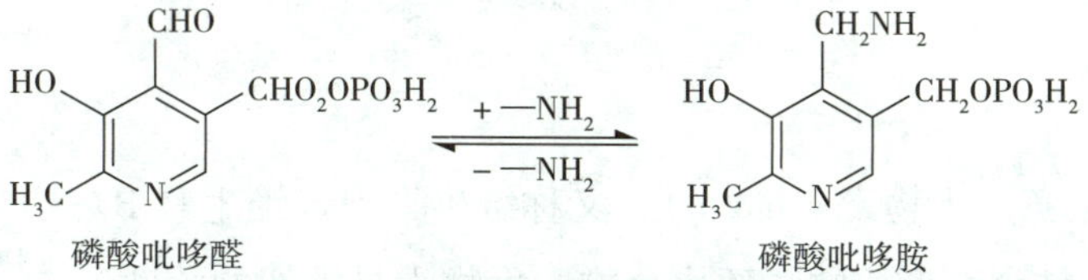

2. 维生素 B_6的活性形式与生化功能 磷酸吡哆醛是体内多种酶的辅酶，参与氨基酸脱氨基与转氨基作用、氨基酸脱羧基作用、鸟氨酸循环、血红素合成和糖原分解等，在代谢中发挥着重要作用。

（1）磷酸吡哆醛是多种氨基酸氨基转移酶的辅酶，通过磷酸吡哆醛和磷酸吡哆胺的相互转化，发挥转移氨基的作用。天冬氨酸氨基转移酶与丙氨酸氨基转移酶的辅酶就是磷酸吡哆醛和磷酸吡哆胺。

（2）磷酸吡哆醛是氨基酸脱羧酶的辅酶，人体通过氨基酸的脱羧作用可以获得多种活性胺类物质。谷氨酸脱羧酶能催化谷氨酸脱羧产生γ-氨基丁酸，而γ-氨基丁酸是抑制性神经递质，故临床上常用维生素 B_6来治疗妊娠呕吐、小儿惊厥、术后呕吐、精神焦虑和神经官能症等。

3. 维生素 B_6缺乏症及中毒 食物富含维生素 B_6，故人类很少发生维生素 B_6缺乏症。当维生素 B_6缺乏时，血红素合成受阻，会造成低血色素小细胞性贫血和血清铁增高。维生素 B_6缺乏的患者还可以出现脂溢性皮炎。此外，抗结核药物异烟肼可以与磷酸吡哆醛的醛基结合，使磷酸吡哆醛失去辅酶作用，故使用异烟肼药物时应适当补充维生素 B_6。

维生素 B_6与其他水溶性维生素不同，过量服用可引起中毒。日摄入量超过 20mg 可引起神经损伤，表现为周围感觉神经病。

（五）泛酸

1. 泛酸的结构与来源 泛酸（pantothenic acid）又称为遍多酸，是2,4-二羟基-3,3-二甲基丁酸与β-丙氨酸以酰胺键连接而成，因广泛存在于动、植物组织中而得名。泛酸在肠道被吸收后，经酶催化分别与磷酸基团、巯基乙胺结合生成4-磷酸泛酰巯基乙胺，后者继续转化为辅酶（coenzyme A，CoA）和酰基载体蛋白（acyl carrier protein，ACP）。

2. 泛酸的活性形式与生化功能 CoA 和酰基载体蛋白是泛酸在体内的主要活性形式。CoA 和酰基载体蛋白是酰基转移酶的辅酶，起传递酰基的作用，在糖、脂质和蛋白质的代谢中发挥重要作用。

3. 泛酸缺乏症 由于泛酸广泛存在于自然界，在人类很少发现其缺乏症。泛酸缺乏可引起胃肠功能障碍等疾病，表现为食欲缺乏、恶心、腹痛、溃疡、便秘等。

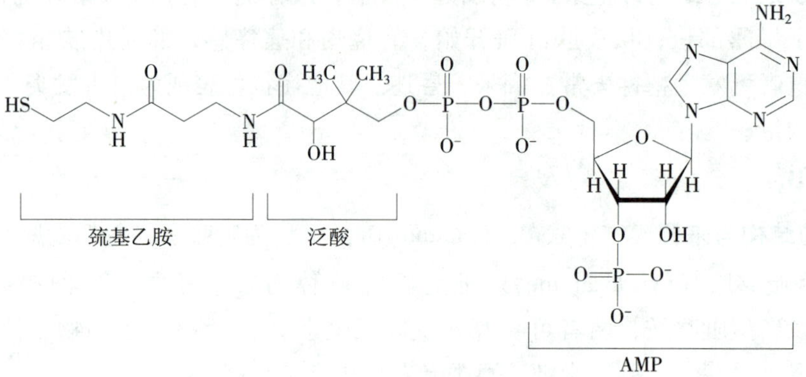

CoA

（六）生物素

1. 生物素的结构与来源 生物素（biotin），又称维生素 H、维生素 B_7、辅酶 R，是噻吩与尿素相结合而形成的骈环化合物。生物素是天然的活性形式，有 α、β 两种异构体。生物素广泛分布于肝、肾、酵母、蛋类、花生、牛奶和鱼类等食物中，肠道细菌也能合成。

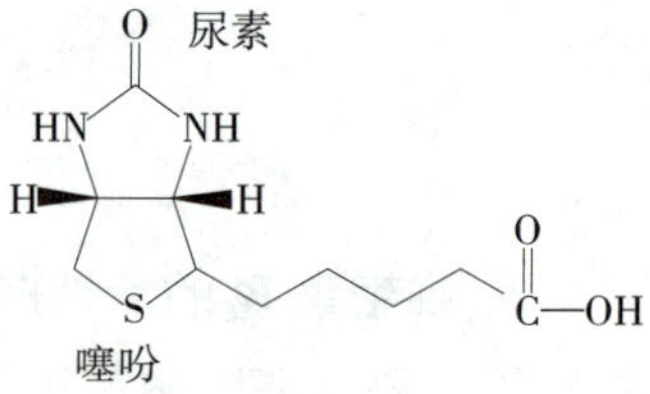

生物素

2. 生物素的活性形式与生化功能 生物素是体内多种羧化酶的辅酶，在羧化酶催化反应中起传递 CO_2 的作用，即可以把 CO_2 由一种化合物转移到另一种化合物上，从而使之发生羧化反应。生物素是丙酮酸羧化酶、乙酰 CoA 羧化酶的辅基，参与 CO_2 的固定，为糖、脂肪和某些氨基酸等物质代谢所必需。

3. 生物素缺乏症 生物素来源广泛，肠道细菌也能合成，很少出现缺乏症。生鸡蛋蛋清含有抗生物素蛋白（avidin），会与生物素结合成为一种非常稳定但无活性、难吸收的化合物，蛋清加热后，这种蛋白因遭破坏而失去作用。长期食用生蛋清可妨碍生物素吸收，导致生物素的缺乏，主要症状是疲乏、恶心、呕吐、食欲不振、皮炎及脱屑性红皮病。

（七）叶酸

1. 叶酸的结构与来源 叶酸（folic acid）又称为蝶酰谷氨酸（pteroylglutamic acid，PGA），由蝶酸和 L－谷氨酸结合而成，叶酸因在绿叶中含量非常丰富而得名。叶酸主要来自绿叶蔬菜、酵母、肝、水果等食物，肠道细菌也能合成。

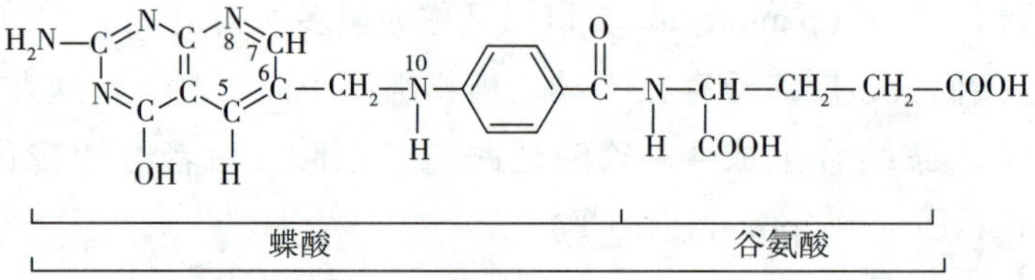

叶酸

2. 叶酸的活性形式与生化功能 食物中的叶酸一般含有 2～7 个谷氨酸残基，蝶酰多谷氨酸在小肠被水解，生成蝶酰单谷氨酸，易被小肠吸收，吸收后在小肠、肝或其他组织中被二氢叶酸还原酶催化生成叶酸的活性形式——5，6，7，8－四氢叶酸（tetrahydrofolic acid，FH_4）。FH_4 作为一碳单位转移酶的辅酶，是转运一碳单位的载体，其分子中的 N^5、N^{10} 能与各种形式的一碳单位结合。一碳单位主要参与嘌呤核苷酸、嘧啶核苷酸等多种物质的合成。

3. 叶酸缺乏症 食物中叶酸含量丰富，肠道细菌也能合成，因而人体一般不易出现缺乏症。当生理需要量增加，如妊娠期和哺乳期时，应适量补充叶酸，可以降低胎儿脊柱裂、先天性神经管畸形的发生。如果长期服用肠道抑菌药及能干扰叶酸吸收和代谢的抗惊厥药、口服避孕药等，应适量补充叶酸。

叶酸缺乏时，嘌呤与嘧啶合成受阻，DNA 合成受到抑制，细胞分裂生长受到影响，骨髓幼红细胞 DNA 合成减少，细胞分裂速度降低，细胞体积变大，导致巨幼细胞贫血。

（八）维生素 B_{12}

1. 维生素 B_{12} 的结构与来源　维生素 B_{12} 含金属元素钴，又称钴胺素（cobalamin），是唯一含金属元素的维生素。维生素 B_{12} 分子中的钴可以与氰基、羟基、甲基或 5′－脱氧腺苷等基团结合，分别形成氰钴胺素、羟钴胺素、甲基钴胺素和 5′－脱氧腺苷钴胺素。维生素 B_{12} 只存在于动物性食物中，植物性食物中基本没有。食物中的维生素 B_{12} 必须与胃黏膜细胞分泌的一种糖蛋白——内因子结合形成复合物后，才能在回肠被吸收入血。

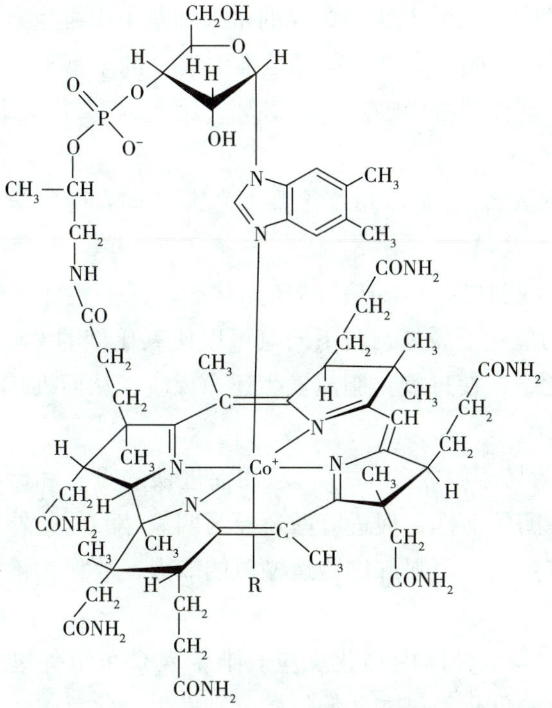

2. 维生素 B_{12} 的活性形式与生化功能　维生素 B_{12} 在体内的活性形式是甲基钴胺素和 5′－脱氧腺苷钴胺素。

（1）甲基钴胺素是甲硫氨酸合成酶的辅酶，从 N^5－甲基四氢叶酸上获得甲基后转而提供给同型半胱氨酸，后者在甲硫氨酸合成酶的作用下甲基化生成甲硫氨酸。所以，维生素 B_{12} 缺乏易造成甲基化过程受阻，甲硫氨酸合成减少，同型半胱氨酸堆积，出现高同型半胱氨酸血症。

（2）5′－脱氧腺苷钴胺素是 L－甲基丙二酰 CoA 变位酶的辅酶，该酶催化琥珀酰 CoA 的生成，若维生素 B_{12} 缺乏，会引起 L－甲基丙二酰 CoA 大量堆积，而 L－甲基丙二酰 CoA 的结构与脂肪酸合成过程中的丙二酰 CoA 相似，故可竞争性抑制脂肪酸的合成过程。

3. 维生素 B_{12} 缺乏症　维生素 B_{12} 广泛存在于动物性食品中，正常膳食者一般不会缺乏，但偶见于有严重吸收障碍疾患的患者及长期素食者。如果维生素 B_{12} 缺乏，因 N^5－甲基四氢叶酸中甲基转移受阻，游离的四氢叶酸减少而致一碳单位的转运障碍，影响嘌呤、嘧啶合成，最终导致 DNA 合成障碍，细胞分裂受阻而产生巨幼细胞贫血，即恶性贫血。此外，维生素 B_{12} 缺乏导致同型半胱氨酸堆积，可引起高同型半胱氨酸血症，增加动脉硬化、血栓生成和高血压的危险性。

（九）维生素 C

1. 维生素 C 的结构与来源 维生素 C（vitamin C）又称为 L－抗坏血酸，是烯醇式己糖酸内酯类化合物。天然存在的维生素 C 有 L 型和 D 型两种异构体，只有 L 型维生素 C 才具有生物学功能。维生素 C 在酶的催化下脱氢生成脱氢维生素 C，还原型和氧化型维生素 C 在体内构成了可逆的氧化还原系统。

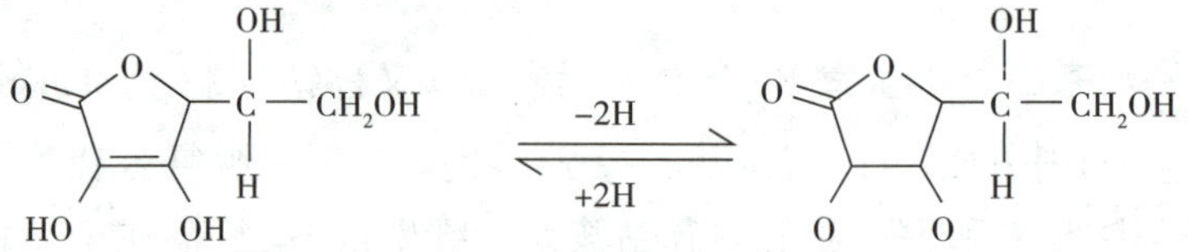

动物体内不能合成维生素 C，必须由食物供给。维生素 C 广泛存在于新鲜蔬菜和水果中，植物中的抗坏血酸氧化酶能将维生素 C 氧化灭活为二酮古洛糖酸，所以久存的水果和蔬菜中维生素 C 含量会减少很多。干种子虽然不含维生素 C，但其幼芽可以合成，所以豆芽等是维生素 C 的丰富来源。维生素 C 对碱和热不稳定，在酸性环境中稳定，在中性、碱性溶液中加热易被破坏，因此，烹饪不当可使维生素 C 大量丧失。

2. 维生素 C 的活性形式与生化功能 还原型维生素 C 和氧化型维生素 C 均有生物学活性，在体内氧化还原过程中发挥重要作用。

（1）维生素 C 是一种抗氧化剂，能维持谷胱甘肽（GSH）的还原状态，保护机体免受自由基的损伤和破坏。维生素 C 可以在谷胱甘肽还原酶的催化下脱氢，脱下的氢可以使氧化型的 GSSG 转化为还原型的 GSH，后者在谷胱甘肽过氧化物酶的催化下，使过氧化脂质发生还原反应，从而维持生物膜正常的结构与功能。

（2）维生素 C 能使难以吸收的 Fe^{3+} 还原为易于吸收的 Fe^{2+}，从而促进铁的吸收和储存；能使亚铁螯合酶等的巯基保持活性状态；维持叶酸还原酶的活性，促进叶酸还原为四氢叶酸。此外，维生素 C 还能把红细胞中的高铁血红蛋白还原成亚铁血红蛋白，增强红细胞运输氧的能力，故作为治疗缺铁性贫血的重要辅助药物。

（3）维生素 C 是羟化酶的辅因子，广泛参与多种体内羟化反应。维生素 C 可以促进胶原蛋白的合成，因为胶原蛋白翻译修饰过程中，需要羟化酶催化脯氨酸和赖氨酸分别发生羟化反应；若维生素 C 缺乏，胶原蛋白的合成受阻。维生素 C 还参与胆汁酸的生成，正常情况下，体内的胆固醇约有 40% 转变为胆汁酸，维生素 C 能增强 7α－羟化酶的活性，促进胆汁酸的生成。维生素 C 参与某些神经递质和激素的生物合成，如苯丙氨酸羟化成酪氨酸、酪氨酸羟化成多巴，多巴胺羟化成去甲肾上腺素，进而生成肾上腺素；色氨酸经羟化脱羧反应生成 5－羟色胺，以及酪氨酸代谢过程中从对羟苯丙酮酸转变为尿黑酸等，都需要维生素 C。

3. 维生素 C 缺乏症 缺乏维生素 C，胶原蛋白的合成受阻，而胶原又是骨、毛细血管和结缔组织的重要成分，因此，维生素 C 缺乏使胶原强度不足，会破坏毛细血管的致密性，使之通透性增高，皮肤、骨骼、血管、韧带等的弹性也随之降低，出现维生素 C 缺乏症，又称坏血病（scurvy），主要表现为全身乏力，出现皮下出血、牙龈腐烂、黏膜易出血、牙齿松动、骨折以及创伤不易愈合等。

第二节 微量元素

PPT

微量元素（microelement）是指体内分布广泛、含量稳定且低于人体体重 0.01% 的无机元素，绝大多数为金属元素，主要包括铁、锌、碘、铜、锰、硒、钴、氟、钼、铬等。微量元素主要来自食物补充，在体内以络合物或化合物的形式存在，发挥多种多样的功能。其主要生理功能有：参与构成酶活性中心或辅酶，如细胞色素氧化酶含 Fe^{2+}；参与体内物质运输，如血红蛋白中的 Fe^{2+} 参与 O_2 运输；参与激素和维生素的形成，如碘是合成甲状腺激素的成分，钴是维生素 B_{12} 的成分。

一、铁

铁元素（iron，Fe）是体内含量最多的微量元素，在成年人体内的含量为 3～5g。铁在人体所有组织中都有分布，其中以肝、脾、骨髓中含量最高。75% 的铁存在于铁卟啉化合物中，如血红蛋白、肌红蛋白、细胞色素及酶类等，25% 存在于黄素蛋白、转铁蛋白、乳铁蛋白、铁硫蛋白等非铁卟啉含铁化合物中。

食物中的铁在胃酸和胃蛋白酶的共同作用下转化为无机三价铁离子（Fe^{3+}），Fe^{3+} 很难被吸收，后续在小肠被维生素 C、谷胱甘肽、柠檬酸、苹果酸等物质还原成二价铁（Fe^{2+}），Fe^{2+} 很容易在十二指肠及空肠上段被吸收入血，然后与转铁蛋白（transferrin）结合而运输。

铁是红细胞中血红蛋白的主要组成成分，Fe^{3+} 和 Fe^{2+} 可以迅速地通过氧化还原反应相互转变，故体内铁元素与血红蛋白运输 O_2 和 CO_2 的能力密切相关，参与人体的呼吸链功能和能量代谢。铁还是细胞色素氧化酶、过氧化氢酶、过氧化物酶和细胞色素等的重要组成部分，在氧化还原反应系统中作为传递电子的载体，参与人体的生物氧化过程以及消除组织代谢产生的毒素。铁缺乏是一种常见的营养缺乏症，儿童、孕妇、哺乳期妇女要注意补充铁。如婴幼儿体内缺乏铁，会出现爱哭闹、生长发育迟缓、注意力不集中、抵抗力下降，并伴有缺铁性贫血（小细胞低色素性贫血）等症状，临床上常用硫酸亚铁或右旋糖酐铁等口服铁剂进行补铁治疗。

二、锌

锌（zinc，Zn）在人体内的含量为 1.5～2.5g，是体内含量仅次于铁的微量元素。锌主要在小肠被吸收，血液中的锌与清蛋白结合后，大部分转运至肝、胰、脾，其中，肝是锌代谢最快的组织。

锌元素是人体组织生长所必需的微量元素，是 80 多种含锌酶的组成成分或激活剂。一旦缺少锌，这些含锌酶的活性就会显著降低，相关的物质代谢过程就会受到影响。由于与核酸和蛋白质合成密切相关，锌是维持海马功能的必需物质，参与神经内分泌活动，增强人体记忆功能和反应能力。缺乏锌会引起蛋白质合成障碍，细胞的分裂和生长异常，从而导致情绪不稳、多疑、抑郁，严重的将会导致人体生长发育、脑部智力发育和性发育迟缓或停止。

三、碘

碘（iodine，I）在人体内的含量为 25～50mg，主要集中在甲状腺内，作为合成甲状腺激素的原料。人类所需碘元素主要来源于食物，碘在海带、紫菜、海鱼、海盐等食物中含量丰富。甲状腺从血液中摄取碘的能力很强，甲状腺中碘的浓度比血浆中的浓度高 25 倍以上。

碘在人体内的主要作用是合成甲状腺激素。甲状腺激素可以增加产热，促进糖、脂肪和蛋白质的代谢，加速机体生长、骨骼发育、大脑成熟。成人缺碘可引起甲状腺肿大，胎儿期缺碘可导致智力及生长发育迟缓，如儿童的呆小症。食用加碘盐可预防碘缺乏症。摄入碘过量引起高碘性甲状腺肿，表现为甲状腺功能亢进及一些中毒症状。

四、铜

铜（cuprum，Cu）在成人体内的含量为 80～110mg，主要分布在肝、骨骼、肌肉与脾中。食物中的铜在小肠被吸收入血后，相继与清蛋白、球蛋白结合，最后在肝中与α－球蛋白合成血浆铜蓝蛋白。

铜是体内多种含铜金属酶的辅因子，如超氧化物歧化酶（SOD）、细胞色素氧化酶、单胺氧化酶、过氧化氢酶、维生素C氧化酶，这些含铜金属酶的酶催化活性依赖于铜离子传递电子给氧，故铜广泛参与机体的能量代谢、物质代谢过程。血浆铜蓝蛋白可以催化体内的Fe^{2+}氧化为Fe^{3+}，并促进铁与转铁蛋白的结合，提高运铁的速度。缺乏铜会导致铁的吸收减少、铁的运输不良，肝中含铁量增加，血红蛋白合成受阻，出现小细胞低色素性贫血。但铜摄入过多也会引起中毒现象。

五、锰

锰在成人体内的含量为10～20mg，主要分布在骨骼、肝、胰、肾中，在心、脑、肺和肌肉中含量较低。食物中的锰在十二指肠被吸收后，与血浆中的运锰蛋白结合而被运输，大部分锰被肝、骨骼摄取，少量分布到肝外组织。

锰是体内含锰金属酶的组成成分及酶的激活剂，丙酮酸羧化酶、磷酸烯醇式丙酮酸羧激酶、精氨酸酶、Mn－超氧化物歧化酶等均为锰金属酶，具有促进糖异生、葡萄糖和脂质生物氧化供能、合成尿素、解氨毒等生化功能。锰是人体骨骼组成结构所必需的物质，妊娠期妇女缺乏锰会导致多种胎儿畸变，特别是骨骼、关节发育异常。

六、硒

硒（selenium，Se）在成人体内的含量为15～20mg，分布于除脂肪组织以外的所有人体组织中。食物中的硒通过十二指肠被吸收入血，与血浆清蛋白结合后，转运至各组织器官。

硒是谷胱甘肽过氧化物酶的重要组成成分，后者催化体内还原性谷胱甘肽（GSH）与过氧化物的氧化还原反应，起高效抗氧化作用，防止过氧化物对机体的损伤。适量补充硒可以清除体内自由基，排除体内毒素，增强人体免疫功能，防止器官老化与病变，延缓衰老，减轻放化疗的毒副作用，防癌抗癌。硒还是人体甲状腺激素合成代谢中必不可少的微量元素，它能催化甲状腺激素T_4向其活性形式T_3的转化。硒缺乏时会引起机体甲状腺激素分泌减少，甲状腺功能下降，免疫力降低。

七、氟

氟（fluorin，F）在成人体内的含量为2～6g，其分布主要集中在牙齿、骨骼，尤以牙釉质中含量最高。食物中的氟主要在小肠被吸收入血，大部分氟与血浆清蛋白结合，小部分形成氟化物并在牙齿、长骨部位大量堆积。

氟能与骨盐（主要是羟基磷灰石）发生反应形成氟磷灰石，从而成为骨盐的组成部分。骨盐的含氟量越多，骨质越坚硬，适量的氟还有助于血钙和血磷的生物利用，促进钙、磷在骨骼中沉积，加速骨骼的生长，维护骨骼的健康。氟被牙釉质摄取后，在牙齿表面形成一层抗酸性腐蚀的、坚硬的氟磷灰石保护层，提高牙齿对细菌、酸性腐蚀物的抵抗力，具有预防龋齿的功效。缺氟可引起骨质疏松，易发生骨折；使牙釉质受损易碎。氟过多可引起骨脱钙和白内障等。

八、钴、钼和铬

钴（cobalt，Co）主要分布在肝、肾和骨等组织中。钴在绿叶蔬菜中含量较多，在乳及乳制品中含量甚微。食物中的钴很容易被小肠吸收，但是游离钴没有功能，必须参与形成维生素B_{12}之后才能以维生素B_{12}和维生素B_{12}辅酶的形式发挥生物学作用。钴通过维生素B_{12}参与血红蛋白的合成，可防治巨幼细胞贫血。

钼（molybdenum，Mo）在肝、肾中含量最高。食物中的钼大多以钼酸盐的形式在小肠被吸收入血。钼是一种过渡元素，在体内有氧化型和还原型两种状态，在体内的氧化还原反应中起着传递电子的作用。钼是黄嘌呤氧化酶、醛氧化酶和亚硫酸盐氧化酶的辅基，催化底物的羟化反应，从而具有增加尿酸合成、加速嘧啶和嘌呤氧化、促进亚硫酸盐向硫酸盐转化等功能。

铬（chromium，Cr）主要分布于骨骼、皮肤、肾上腺、大脑和肌肉之中。食物中的无机铬只有1%被吸收，进入血浆的铬主要以三价铬的形式存在，与转铁蛋白结合后被运输至肝及全身。铬是葡萄糖耐量因子（glucose tolerance factor，GTF）的重要组成成分，能增强胰岛素的生物学作用，促使胰岛素与生物膜上的受体结合，通过胰岛素影响糖、蛋白质、脂肪的代谢过程，发挥调节血糖、降低血浆胆固醇和三酰甘油、预防动脉粥样硬化等作用。

第三节　钙、磷及其代谢与调节

PPT

钙、磷主要以无机盐形式存在于体内，并主要以羟基磷灰石的形式存在于骨骼和牙齿中，骨是人体内的钙、磷储存库和重要代谢场所。钙和磷除作为骨的主要组成成分外，还具有许多重要的生理功能。

一、钙、磷的含量和分布

钙（calcium，Ca）是人体内含量最多的无机元素。其中，99%的钙以骨盐等形式（磷酸钙、碳酸钙）存在于骨骼和牙齿中，1%的钙以溶解状态分布于体液和软组织中。临床上所指的血钙是血浆中所含的钙量。血钙以离子钙（Ca^{2+}）和结合钙两种形式存在，各占50%左右。绝大部分结合钙是与血浆清蛋白结合，小部分结合钙是与柠檬酸、重碳酸盐等化合物结合。血浆蛋白质结合的钙不能透过毛细血管壁，故又称非扩散钙。游离的离子钙（Ca^{2+}）和柠檬酸钙、重碳酸盐钙等含钙化合物可以透过毛细血管壁扩散，故又称可扩散钙。可扩散钙与非扩散钙可互相转化。体内发挥生物学效应的主要为游离的Ca^{2+}，钙离子在细胞内、外的分布相差较大，这与人体内各种体细胞的兴奋与收缩、分裂与增殖、运动与凝集、物质合成与代谢调节等生命基本活动的过程密切相关。

磷（phosphorus，P）是人体内含量仅次于钙的无机元素，约占人体重1%。人体内86%的磷元素以羟基磷灰石（磷酸钙为主）形式存在于骨骼和牙齿中，其余的磷分布于体液和各组织中。血浆中的磷元素以无机磷酸盐（HPO_4^{2-}）和有机磷（有机磷酸酯和磷脂等）两种形式存在。临床上所指的血磷是血浆中无机磷（Na_2HPO_4、$CaHPO_4$、$MgHPO_4$）的含量。

正常人血浆中血钙与血磷的浓度相对恒定，每100ml血液中钙和磷含量之积即[Ca]×[P]在35～40mg/dl。血钙增加时血磷减少，血磷升高时血钙下降，此种关系在骨组织的钙化中有重要作用：若>40mg/dl，则钙、磷以骨盐的形式沉积于骨组织中；若<35mg/dl，则骨骼钙化受阻，骨盐出现溶解。

二、钙、磷的吸收与排泄

人体主要通过牛奶、乳制品、水果与新鲜蔬菜来补充每日所需钙质，钙大部分在十二指肠和空肠被主动吸收，钙的吸收量取决于机体自身条件、肠道pH环境、维生素D和其他食物等因素的影响。随着年龄的增长，人体对钙的吸收率呈现下降的趋势；肠道偏酸能促进钙的吸收；维生素D能够调节钙的主动吸收。人体摄入的钙经体内代谢后，多余的钙需要排出体外，其中80%在肠道随粪便排出体外，20%经肾随尿液排泄。

磷元素广泛存在于各类动、植物食物中，食物中的有机磷酸酯和磷脂在消化液中磷酸酶的作用下水解成无机磷酸盐，并在小肠上段被吸收。无机磷的吸收相对较为容易，吸收量高于钙。磷的吸收率受肠道 pH 环境、血钙和血磷浓度等因素的影响。肠道 pH 下降时，磷酸盐的吸收会增加；钙、镁、铁等离子与磷酸根结合形成难溶的盐类时，磷的吸收会降低；若肠道内钙离子浓度较高，会妨碍磷的吸收。肾和消化道是磷排泄的主要器官，其中 70% 的磷随尿液排出体外，30% 的磷随粪便排泄。

血钙与血磷主要存在于人体骨骼与牙齿中，含量相对稳定，每日人体内钙与磷的摄入量与排泄量之间始终处于一种动态平衡状态。骨组织与细胞外液的钙之间不断进行钙的交换，旧骨不断吸收，新骨不断形成，已形成的骨质仍不断被吸收溶解而进行代谢更新，从而使骨钙与血钙之间处于相对平衡状态。

三、钙、磷的生理功能

1. 钙、磷是骨盐的主要组成成分，共同参与形成骨骼 人体骨组织由骨盐、有机基质和骨细胞等组成。有机基质决定骨的形状及韧性，而骨盐决定骨的硬度。钙和磷在机体内主要以骨盐的形式参与骨骼和牙齿的构成，骨骼中钙、磷含量的比例为 2∶1，使得骨骼具有特殊的硬度和强度，从而可以作为人体的支架。

2. 钙的生理功能 虽然只有不到 1% 的钙以 Ca^{2+} 形式分布于体液和软组织中，但是 Ca^{2+} 参与人体内多种生理功能。Ca^{2+} 可以增加软组织的坚韧性，促进血液凝固过程，降低血管壁的通透性，参与肌肉的收缩和细胞信号的转导，有维持心脏、肌肉、神经正常兴奋性的作用，有激活酶的作用；缺钙时，腺细胞的分泌作用就会减弱。人体长期缺乏钙，会增加各种慢性代谢性疾病如骨质疏松症、高血压、肿瘤、糖尿病等的风险。

3. 磷的生理功能 磷参与体内生物大分子如核酸和蛋白质的组成以及体内重要的代谢过程。磷脂在构成生物膜结构、维持膜的功能以及代谢调控方面均发挥重要作用；酶蛋白磷酸化与脱磷酸化的共价修饰是代谢调节中的重要调节方式；构成 ATP、GTP、UTP、CTP、cAMP、cGMP 等物质，参与体内的能量代谢；构成核苷酸辅酶类如 NAD^+、$NADP^+$、FMN^+、FAD、HSCoA 和含磷酸根的辅酶如 TPP、磷酸吡哆醛等，参与多种酶促反应，协助物质代谢与调控；磷酸盐缓冲体系是人体血液中主要的 pH 缓冲体系，可调节机体酸碱平衡。

四、钙、磷的代谢及其调节

人体钙、磷的代谢平衡受到维生素 D、甲状旁腺激素（parathyroid hormone，PTH）、降钙素（calcitonin，CT）的协同影响。

1. 1,25 - 二羟维生素 D_3 促进小肠吸收钙和骨盐沉积 活性维生素 D 能刺激小肠黏膜细胞中钙结合蛋白的生成，从而促进小肠黏膜对钙的吸收，同时带动磷的吸收，从而使血钙、血磷浓度均升高，有利于骨的正常生长与钙化。1,25 - 二羟维生素 D_3 还可以促进破骨细胞分化，加速骨质吸收、骨盐溶解和骨钙、骨磷释放入血的过程，升高血钙和血磷浓度，利于长骨的生长。1,25 - 二羟维生素 D_3 能促进肾小管对钙、磷的重吸收，降低尿钙、尿磷的排泄量，间接提高血钙、血磷浓度。所以，1,25 - 二羟维生素 D_3 总体上是促进骨的增长与代谢。

2. 甲状旁腺激素具有升高血钙和降低血磷的作用 甲状旁腺激素可以刺激、活化破骨细胞，使骨盐溶解，骨钙与骨磷释放入血；还能促进肾小管对尿钙的重吸收，使尿钙降低，血钙上升；同时又抑制肾小管对尿磷的重吸收，使尿磷增加，血磷降低；还能刺激肾脏合成 1,25 - 二羟维生素 D_3，从而间接促进小肠对钙、磷的吸收。甲状旁腺激素总体上具有升高血钙的作用，是调节血钙的主要内分泌激素。

3. 降钙素是降低血钙浓度的激素 降钙素可以抑制破骨细胞的生成，阻止骨盐的溶解，抑制骨钙与骨磷释放入血，同时激活成骨细胞，促进骨盐沉积，持续从血浆中摄取钙、磷，使血钙与血磷降低；还可以抑制肾小管对钙、磷的重吸收，增加尿钙与尿磷的排出量。所以，降钙素总体上具有降低血钙和血磷的作用。

目标检测

答案解析

一、单项选择题

1. 下列辅酶中，不含维生素的是（　）
   A. CoA　B. CoQ　C. NAD^+　D. FAD　E. TPP
2. 下列维生素中，含有金属的是（　）
   A. VitPP　B. $VitB_1$　C. $VitB_{12}$　D. $VitB_2$　E. VitC
3. 氨基转移酶和氨基酸脱羧酶的作用需要（　）的参与
   A. $VitB_1$　B. $VitB_2$　C. $VitB_6$　D. 泛酸　E. $VitB_{12}$
4. 多晒太阳可预防（　）缺乏
   A. VitA　B. VitD　C. VitE　D. VitK　E. VitPP
5. 夜盲症是由于缺乏（　）
   A. VitA　B. VitE　C. $VitB_2$　D. VitK　E. VitD
6. 甲状旁腺激素对钙、磷浓度调节的结果是（　）
   A. 血钙升高，血磷升高　B. 血钙升高，血磷不变
   C. 血钙降低，血磷升高　D. 血钙升高，血磷降低
   E. 血钙降低，血磷降低
7. 患者，女，35 岁。颈部逐渐变粗，呼吸困难、吞咽困难，触诊发现甲状腺肿大。该患者可能是（　）
   A. 缺硒　B. 缺铁　C. 缺锌　D. 缺钙　E. 缺碘

二、简答题

1. 缺乏维生素 A 为什么能引起夜盲症？
2. 简述 B 族维生素的活化形式及主要生化功能。
3. 维生素 B_6 的活性形式及功能是什么？妊娠呕吐为何用维生素 B_6 治疗？

（龙石银）

书网融合……

本章小结　微课　题库

第四章　酶

学习目标

1. **掌握**　酶的概念；酶的分子组成；酶的活性中心；同工酶的概念和临床意义；酶促反应动力学。

2. **熟悉**　酶促反应的特点；酶促反应机制；酶的调节；酶活性测定。

3. **了解**　酶的命名与分类；酶与医学的关系。

4. 学会应用酶促反应动力学的知识，解决临床及实验室涉及的酶学相关问题。

第一节　概　述

PPT

新陈代谢包括物质代谢和能量代谢，是生命活动最基本的特征。新陈代谢过程几乎都需要酶的催化。生物体的生长发育、遗传、繁殖、运动等生命活动皆与酶的催化作用紧密相关。因此，探讨酶的本质、结构、特征及作用机制对于研究生命活动的本质及规律具有重要意义。

一、酶的概念

生物细胞内存在一类极其重要的生物催化剂，其在化学本质上是以蛋白质为主要成分。但是近年来的研究表明，RNA 也具有生物催化活性。因此，酶（enzyme，E）是由活细胞合成、对特异性底物具有高效催化功能、具有特定空间构象的蛋白质和核酸。本章讨论的主要是化学本质为蛋白质的酶类。酶学与医学关系密切，涉及疾病的发生、诊断以及治疗。此外，随着酶提纯技术的发展，酶还能作为标记酶、工具酶等应用于科学研究和工农业生产。

二、酶催化作用的特点

作为生物催化剂，酶具有一般催化剂的特点：①化学反应前后，本身不发生质和量的改变；②只催化热力学允许的化学反应；③不改变化学反应的平衡点；④通过降低反应活化能，加快反应速率。活化能（activation energy）是指初态底物分子转变为活化分子所需要的能量。初态底物分子所含能量较低，只有那些获得较高能量并达到一定阈值的活化分子才有可能发生化学反应。另外，属于生物大分子的酶还具有独特的催化特点。

（一）高效性

酶催化下的反应速率比无催化剂的自发反应高 $10^8 \sim 10^{20}$ 倍，其催化效率比一般催化剂高 $10^7 \sim 10^{13}$ 倍。其主要原因是酶能极大降低反应活化能。例如蔗糖水解在没有催化剂时所需活化能为 1339. 8kJ/mol，H^+ 作为催化剂时，活化能降低至 104. 7kJ/mol，而蔗糖酶催化时只需要 39. 4kJ/mol。

（二）特异性

酶对其所催化的底物具有较严格的选择性，常将这种选择性称为酶的特异性或专一性（specificity）。根据酶对底物选择的严格程度的不同，酶的特异性分为以下三种。

1. 绝对特异性 一种酶仅催化一种底物发生反应，这种特异性称为绝对特异性（absolute specificity）。如脲酶只能催化尿素（脲）水解成二氧化碳和氨，对甲基尿素则不起作用。

2. 相对特异性 一种酶可作用于一种化学键或一类化合物，这种不太严格的特异性称为相对特异性（relative specificity）。如脂蛋白脂肪酶不仅可以水解三酰甘油，也能水解二酰甘油和一酰甘油等含有酯键的化合物。

3. 立体异构特异性 一种酶仅催化底物立体异构体中的一种，称立体异构特异性（stereo specificity）。如 L－乳酸脱氢酶只能催化 L－乳酸，而不能催化 D－乳酸。

（三）可调节性

酶的活性和酶量受多种因素的调控，以保证代谢活动的动态平衡。调节方式包括酶的化学修饰与变构调节、酶合成与降解的调节、酶原的激活等。

（四）不稳定性

酶的化学本质是蛋白质，高温、强酸、强碱、剧烈震荡、紫外线、有机溶剂及重金属等理化因素都可使酶变性失活。

三、酶的分类与命名

（一）酶的分类

国际酶学委员会根据酶促反应的性质，将酶分为以下六类。

1. 氧化还原酶类（oxidoreductases） 催化底物进行氧化还原反应的酶类。例如乳酸脱氢酶、细胞色素氧化酶、葡萄糖氧化酶等。

2. 转移酶类（transferases） 催化底物之间进行某些基团的转移或交换的酶类。例如乙酰转移酶、氨基转移酶、甲基转移酶等。

3. 水解酶类（hydrolases） 催化底物发生水解反应的酶类。例如蛋白酶、淀粉酶、脂肪酶等。

4. 裂解酶类（lyases） 催化一种化合物裂解成两种化合物或将两种化合物缩合成为一种化合物的酶，又称裂合酶类。例如醛缩酶、柠檬酸合酶等。

5. 异构酶类（isomerases） 催化各种同分异构体之间相互转变的酶类。例如消旋酶、磷酸己糖异构酶等。

6. 连接酶类（ligases） 催化两种底物分子合成一种化合物，同时偶联 ATP 的磷酸键断裂释能的酶类（旧称合成酶类，synthetases）。例如，氨基酰－tRNA 合成酶、谷胱甘肽合成酶等。

（二）酶的命名

生物体内的酶种类繁多，为方便研究和交流，需要对酶进行统一的命名。常用的两大类命名法为习惯命名法和系统命名法。

1. 习惯命名法 ①采用底物名称加反应类型进行命名，如琥珀酸脱氢酶、乳酸脱氢酶等；②对水解酶类，只用底物名称加“酶”，如蛋白酶、淀粉酶等；③有时也可以在酶的名称前标明酶的来源或其他特征，如胃蛋白酶、胰蛋白酶等。习惯命名法命名简单，应用方便，但有时会出现“一酶多名”或“一名数酶”的混乱现象。

2. 系统命名法 1961 年，国际酶学委员会为规范酶的名称，提出了系统命名法。系统命名法的原则是标明酶的所有底物及催化反应的性质。如果一种酶可催化两个以上底物，底物名称之间以“:”分隔。若底物之一是水，则可将水省去不写。同时，按系统名称给每个酶赋一个编号。编号中，EC 代表国际酶学委员会，第一个数字表示该酶属于上述六大类中的哪一类，第二个数字表示该酶属于哪一亚类，第三个数字表示亚亚类，第四个数字表示该酶在亚亚类中的排序。例如乙醇：NAD^+氧化还原酶的国际编号为EC1.1.1.1。由于许多酶促反应为双底物或多底物反应，采用系统命名法使许多酶的名称冗长。为了应用方便，国际酶学委员会又从每种酶的数个习惯命名中选定一个简便实用的推荐名称（表4-1）。

表4-1 酶的分类与命名举例

编号	系统名称	推荐名称	催化反应
EC1.2.3.2	黄嘌呤：氧化还原酶	黄嘌呤氧化酶	黄嘌呤 + H_2O + O_2 ⇌ 尿酸 + H_2O_2
EC2.6.1.1	L-天冬氨酸：α-酮戊二酸氨基转移酶	天冬氨酸转氨酶	L-天冬氨酸 + α-酮戊二酸 ⇌ 草酰乙酸 + L-谷氨酸
EC3.1.1.7	乙酰胆碱乙酰转移酶	乙酰胆碱酯酶	乙酰胆碱 + H_2O ⇌ 胆碱 + 乙酸
EC4.1.2.13	D-果糖-1,6-二磷酸：D-甘油醛-3-磷酸裂合酶	果糖二磷酸醛缩酶	D-果糖1,6-二磷酸 ⇌ 磷酸二羟丙酮 + D-甘油醛-3-磷酸
EC5.3.1.9	D-葡萄糖-6-磷酸酮醇异构酶	磷酸葡萄糖异构酶	D-葡萄糖-6-磷酸 ⇌ D-果糖-6-磷酸
EC6.4.1.2	乙酰CoA：CO_2连接酶	乙酰CoA连接酶	ATP + 乙酰CoA + CO_2 + H_2O ⇌ ADP + 正磷酸 + 丙二酰CoA

第二节 酶的分子结构和功能

PPT

酶的催化活性与其空间构象的完整性密切相关。酶的空间构象被破坏时，酶将会失活。因此，酶的空间构象对其催化活性是必需的。

一、酶的分子组成

（一）单纯酶和结合酶

酶按其分子组成可分为单纯酶和结合酶。单纯酶（simple enzyme）是仅由多肽链构成的酶；结合酶（conjugated enzyme）是指酶分子中除蛋白质部分外，还需要非蛋白质成分参与构成的酶。其中，蛋白质部分称为酶蛋白（apoenzyme），非蛋白质部分称为辅助因子（cofactor），两者结合形成全酶（holoenzyme），只有全酶才具有催化活性，两者各自单独存在时均无催化活性。

（二）酶的辅助因子

辅助因子按其化学本质可分为金属离子和小分子有机化合物两类。常见的金属离子有Fe^{2+}、Fe^{3+}、Mn^{2+}、Zn^{2+}、Cu^{2+}、Cu^+、Mg^{2+}、K^+等。金属离子作为酶的辅助因子，有多种功能：①作为酶活性中心的组成部分参与催化反应；②稳定酶的空间构象；③作为桥梁连接酶与底物；④中和电荷，减小静电斥力，促进底物与酶的结合。小分子有机化合物多数是B族维生素的活性形式，主要起传递氢原子、电子或一些基团（氨基、羧基、酰基、一碳单位等）的作用（表4-2）。

辅助因子按其与酶蛋白结合的紧密程度，分为辅酶（coenzyme）与辅基（prosthetic group）。辅酶与酶蛋白以非共价键结合，结合疏松，可以用透析或超滤方法除去。辅基与酶蛋白以共价键结合，结合紧密，不能通过透析或超滤方法除去。

每一种酶蛋白通常只能与特定的辅助因子结合，但生物体内的辅助因子有限，而酶的种类繁多，同一种辅助因子往往可与不同的酶蛋白结合而表现出不同的催化作用，如乳酸脱氢酶、谷氨酸脱氢酶都需要NAD^+，但各自催化的底物不同。因此，在酶促反应中，酶蛋白决定反应的特异性，辅助因子决定反应的性质和反应类型。

表 4-2 含 B 族维生素的辅酶（辅基）及其作用

辅酶或辅基名称	所含维生素	转移基团或原子
NAD^+（烟酰胺腺嘌呤二核苷酸）	维生素 PP	H 原子、电子
$NADP^+$（烟酰胺腺嘌呤二核苷酸磷酸）	维生素 PP	H 原子、电子
FMN（黄素单核苷酸）	维生素 B_2	H 原子、电子
FAD（黄素腺嘌呤二核苷酸）	维生素 B_2	H 原子、电子
TPP（焦磷酸硫胺素）	维生素 B_1	醛基
CoA	泛酸	酰基
磷酸吡哆醛	维生素 B_6	氨基
生物素	生物素	二氧化碳
甲基钴胺素	维生素 B_{12}	甲基
5′-脱氧腺苷钴胺素	维生素 B_{12}	相邻碳原子上氢原子、烷基、羧基的互换
四氢叶酸	叶酸	一碳单位

（三）单体酶、寡聚酶、多酶复合体和多功能酶

根据分子结构，又可将酶分为以下四类。

1. 单体酶（monomeric enzyme） 由一条多肽链构成的仅具有三级结构的酶。如胃蛋白酶、胰蛋白酶等。

2. 寡聚酶（oligomeric enzyme） 由两个或两个以上亚基以非共价键连接而成的酶。如乳酸脱氢酶、蛋白激酶 A 等。

3. 多酶复合体（multienzyme complex） 由几种具有不同催化活性的酶在空间上靠近而构成的，可依次催化连锁反应的复合物，也称多酶体系（multienzyme system）。如丙酮酸脱氢酶复合体、脂肪酸合成酶复合体等。

4. 多功能酶（multifunctional enzyme） 又称串联酶，指在一条肽链上同时具有多种不同催化活性的酶。如大肠杆菌 DNA 聚合酶 I 具有 5′→3′DNA 聚合酶活性、3′→5′核酸外切酶活性和 5′→3′核酸外切酶活性。

二、酶的结构与功能

1. 酶的活性中心 酶分子氨基酸残基中存在一些与酶的活性密切相关的化学基团，称酶的必需基团（essential group）。这些基团在一级结构上可能相距甚远，但在空间结构上彼此靠近，形成一个能与底物特异性结合并催化其反应生成产物的具有特定三维结构的区域，这一区域称为酶的活性中心（active center），又称活性部位（active site）。

酶活性中心内的必需基团分为两类：能直接与底物结合，形成酶-底物复合物的必需基团称为结合基团（binding group）；催化底物转化为产物的必需基团称为催化基团（catalytic group）。此外，在酶活性中心外也有必需基团，它们主要维持酶活性中心应有的空间构象和（或）作为调节剂的结合部位（图 4-1）。常见的必需基团有丝氨酸残基的羟基、半胱氨酸残基的巯基、组氨酸残基的咪唑基及酸性氨基酸残基的羧基等。

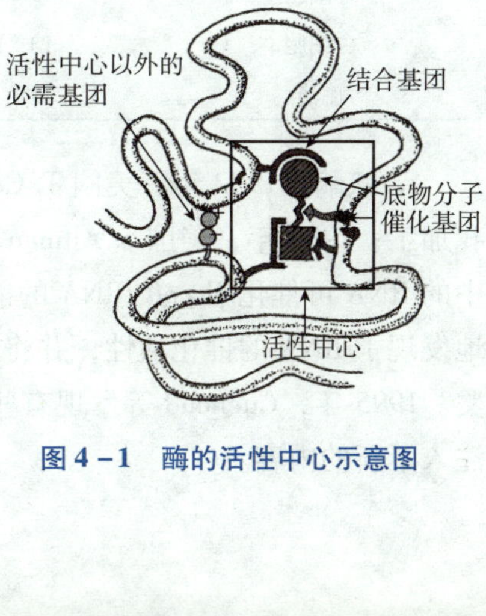

图 4-1 酶的活性中心示意图

2. 酶的活性中心与酶的专一性 酶的专一性主要取决于酶活性中心的结构特异性。酶的活性中心多是由氨基酸的疏水基团构成的

一个疏水区域，多为空穴或裂隙，以便底物与之结合。如胰凝乳蛋白酶凹陷中有非极性氨基酸侧链，可供芳香族侧链或其他非极性侧链伸入，通过疏水作用而结合。不同的酶有不同的活性中心，故酶与底物的结合具有高度特异性。

3. 酶的空间结构与催化活性 酶的催化活性与其空间结构紧密相关。只要酶活性中心各基团的空间位置得以维持，就能保持全酶的活性，有时一级结构的轻微改变并不影响酶的活性。如牛胰核糖核酸酶分子的切断和重组实验证明，酶活性的维持取决于活性中心空间结构的保持。

4. 同工酶（isoenzyme） 是指催化相同的化学反应，但酶蛋白的分子结构、理化性质乃至免疫学性质均不同的一组酶。同工酶存在于同一种属或同一个体的不同组织或同一细胞的不同亚细胞结构中，在代谢中起重要作用。

现已发现百余种同工酶，如葡萄糖-6-磷酸脱氢酶、酸性和碱性磷酸酶、乳酸脱氢酶等。其中以乳酸脱氢酶（lactic acid dehydrogenase，LDH）研究得最多。LDH 是由骨骼肌型（M 型）和心肌型（H 型）两种类型的亚基构成的四聚体酶，两种亚基以不同的比例组成 5 种同工酶，即 LDH_1（H_4）、LDH_2（H_3M）、LDH_3（H_2M_2）、LDH_4（HM_3）、LDH_5（M_4），它们均能催化乳酸与丙酮酸之间的氧化还原反应。通常用电泳法可将 5 种 LDH 分开，其电泳速度由快到慢依次为 LDH_1、LDH_2、LDH_3、LDH_4、LDH_5。

同工酶虽然催化相同的反应，但在不同组织器官中的分布不同，在体内的功能也不同（表 4-3）。如心肌富含 LDH_1，对乳酸有较强的亲和力，主要催化乳酸生成丙酮酸，丙酮酸进一步氧化分解供应能量；而骨骼肌富含 LDH_5，对丙酮酸的亲和力较强，主要催化丙酮酸还原生成乳酸，有利于骨骼肌细胞在缺氧时进行糖酵解。

当组织细胞存在病变时，组织细胞特异的同工酶可释放入血。因此，在临床检验中，可通过检测患者血清中同工酶的电泳图谱，辅助诊断某些器官组织是否发生病变。如生理状态下，血浆中的 L-乳酸脱氢酶主要是 LDH_2；心肌梗死患者血清中 LDH_1 含量上升；肝病患者血清中 LDH_5 含量增高。

表 4-3 人体各组织器官中 LDH 同工酶的分布

组织器官	同工酶百分比				
	LDH_1	LDH_2	LDH_3	LDH_4	LDH_5
心肌	67	29	4	<1	<1
肝	2	4	11	27	56
肾	52	28	16	4	<1
脾	10	25	40	25	5
肺	10	20	30	25	15
胰腺	30	15	50	<1	5
骨骼肌	4	7	21	27	41
红细胞	42	36	15	5	2
白细胞	13	48	33	6	<1
血清	27.1	34.7	20.9	11.7	5.7

5. 核酶 1982 年，美国 T. Cech 等人发现四膜虫的 rRNA 前体能在完全没有蛋白质的情况下进行自我加工；1983 年，美国 S. Altman 等研究 RNaseP（由 20% 的蛋白质和 80% 的 RNA 组成），发现 RNaseP 中的 RNA 可催化 *E. coli* tRNA 的前体加工。这些实验均发现 RNA 有催化活性。Cech 和 Altman 各自独立地发现了 RNA 的催化活性，并将这一类酶命名为核酶（ribozyme），两人共同获得了 1989 年诺贝尔化学奖。1995 年，Cuenoud 等发现有些 DNA 分子亦具有催化活性，称之为脱氧核酶，为生物催化剂的概念注入了新的内容。

核酶研究的意义在于：①核酶的发现，对中心法则做了重要补充；②核酶的发现是对传统酶学的挑战；③利用核酶的结构，可设计合成人工核酶。

PPT

第三节 酶促反应的作用机制

酶促反应的作用机制主要是阐述酶促反应的过渡态中间复合物的形成和高效性的机制。催化化学反应时，酶首先与底物结合形成酶-底物复合物（ES），该复合物再分解释放出酶，同时生成一种或多种产物。酶与底物的结合是放能的过程，释放的结合能可降低反应的活化能。因此，酶能否有效地与底物结合形成过渡态中间复合物，是酶能否发挥催化作用的关键。诱导契合学说可很好地解释过渡态中间复合物的形成。酶促反应的高效性是邻近效应与定向排列、表面效应、共价催化、酸碱催化等多元催化机制综合作用的结果。

一、降低反应的活化能

活化能是指在一定温度下，1 摩尔反应物从基态转变为过渡态所需要的自由能，即过渡态物质比基态物质高出的那部分能量。活化能的高低决定反应体系中活化分子的多少，活化能越低，能达到活化态的分子就越多，反应速率就越快。酶能高效催化的原因之一，就是酶和其他催化剂一样能降低反应的活化能，但酶能使底物分子在获得更少的能量时便可进入过渡态（图 4-2），因而具有极高的催化效率。

二、诱导契合学说

酶催化底物反应时，必须首先与底物结合形成中间产物。这种结合不是钥匙与锁的机械关系，酶与底物结合时，其结构相互诱导、变形、适应从而结合，形成酶-底物复合物，这就是 1958 年 D. E. Koshland 提出的诱导契合学说。他认为酶与底物接近时，酶和底物构象的改变有利于酶与底物的结合，且使底物不稳定从而易受到酶的催化攻击（图 4-3）。

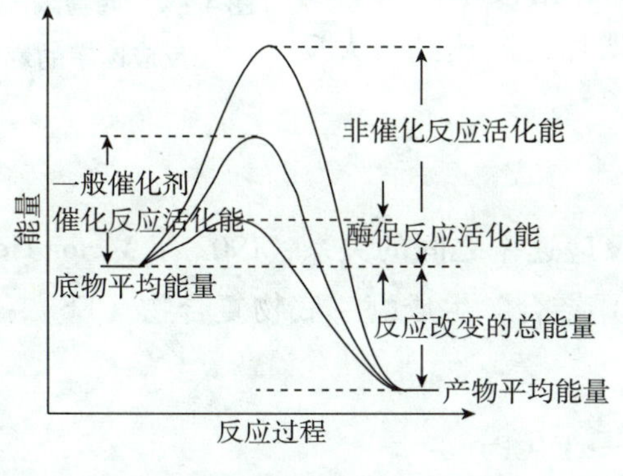

图 4-2 酶与一般化学催化剂降低反应活化能比较

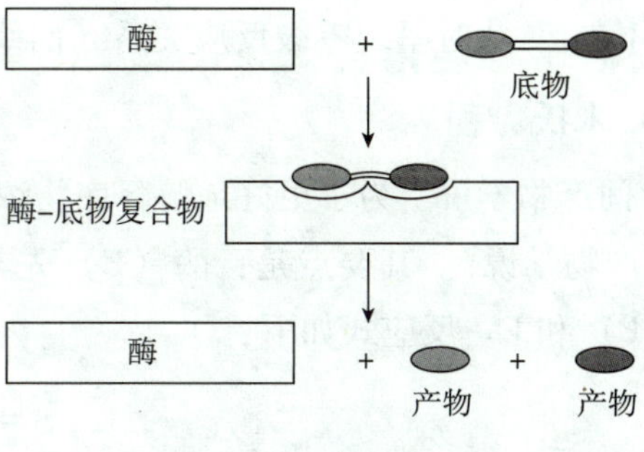

图 4-3 诱导契合学说

三、酶促反应的其他机制

除诱导契合假说和降低活化能外，不同的酶具有不同的作用机制，且存在多种机制共同作用从而发挥其高效率的催化作用。

1. 邻近效应与定向排列 在有两个以上底物参加的反应中，酶与底物形成复合物后，底物之间相互靠近，增加底物分子碰撞的机会，这种催化效应称为邻近效应。另外，底物的反应基团之间及它们与催化基团之间必须呈定向排列，以正确的方向相互碰撞，才有可能发生反应，这种效应称为定向排列。

2. 表面效应 酶的活性中心多为由疏水基团聚集形成的疏水“口袋”，可排除水分子对酶与底物结合的干扰，有利于酶与底物的结合。

3. 共价催化 酶的催化基团与底物通过形成瞬间共价键而将底物激活，并催化底物进一步转化为产物，这种催化机制称为共价催化。

4. 酸碱催化 酶是两性电解质，酶活性中心内的基团有些是质子供体（酸），有些是质子受体（碱）。在体液条件下，这些酸性或碱性基团可以执行与酸碱相同的催化作用。并且，同一种酶常有酸碱双重催化作用，远比一般催化剂单一酸催化或碱催化效率高，这种催化作用称为酸碱催化。

酶促反应常为多元催化机制同时介入，共同完成催化反应，这是酶促反应高效性的重要原因。

第四节 酶促反应动力学

PPT

酶促反应动力学（kinetics of enzyme - catalyzed reaction）是研究酶促反应速率及各种因素（底物浓度、酶浓度、温度、pH、激活剂和抑制剂等）对酶促反应速率的影响并加以定量的阐述。研究某种因素对酶促反应速率的影响时，应注意：①单因素分析，仅变动待研究因素，其他因素保持不变；②测定反应初速率，即底物反应量 $<5\%$ 时的反应速率。

酶促反应动力学在研究酶结构与功能的关系、了解酶在代谢中的作用和某些药物的作用机制等方面具有重要的理论和实际意义。

一、底物浓度对反应速率的影响

在其他条件不变的情况下，将底物浓度（[S]）对反应速率（V）的影响作图，呈矩形双曲线（图4-4）。当底物浓度很低时，反应速率随底物浓度的增加而成正比上升，呈一级反应（曲线的Ⅰ段）；随着底物浓度的不断增加，反应速率不再成正比上升，呈现出介于一级反应与零级反应之间的混合级反应（曲线的Ⅱ段）；当底物浓度增加到一定程度时，溶液中的游离酶全部被底物结合，若继续增加底物浓度，反应速率不再增加，即达到最大反应速率（V_{max}），此时呈现零级反应关系（曲线的Ⅲ段）。

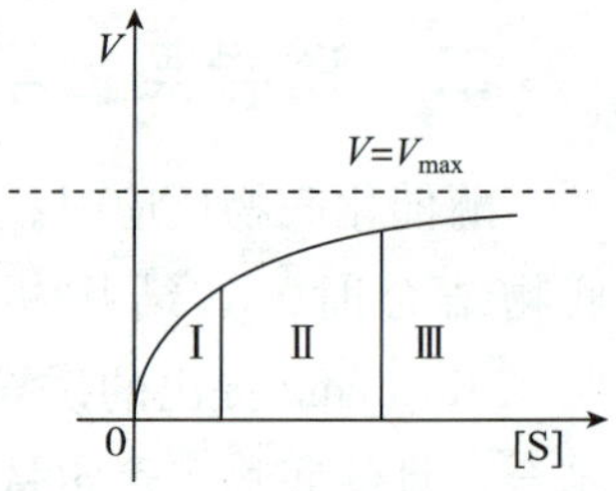

图4-4 底物浓度对酶促反应速率的影响

（一）米氏方程

1. 中间产物学说 为了更好地解释底物浓度与酶促反应速率之间的关系，1902年Victor Henri提出了“中间产物学说”。其要点是：酶（E）先与底物（S）结合，生成酶-底物复合物（ES），ES分解得产物（P）和E。反应式如下：

$$E + S \underset{k_2}{\overset{k_1}{\rightleftharpoons}} ES \xrightarrow{k_3} E + P$$

式中，k_1、k_2、k_3分别为不同反应方向的反应速率常数。

2. 米氏方程 1913年，Leonor Michaelis和Maud Menten根据酶-底物复合物学说，将 V 对[S]的矩形双曲线加以数学处理，得出 V 与[S]的数学关系式，即米氏方程（Michaelis equation）：

$$V = \frac{V_{max}[S]}{K_m + [S]} \tag{4-1}$$

式中，[E]代表酶浓度，[S]代表底物浓度，$[E_1]$ 代表剩余酶浓度，$[S_1]$ 代表剩余底物浓度，[ES]代表中间产物浓度，V 代表反应初速率，V_{max} 代表最大反应速率，K_m 代表米氏常数。

米氏方程只适用于单底物酶促反应，且底物浓度应远远大于酶浓度；对多底物酶促反应，不能用米式方程来表示。米氏方程的推导过程如下：

当酶－底物复合物（ES）生成和分解的速率相等时，ES浓度恒定，此时

$$k_1[E_1][S_1] = k_2[ES] + k_3[ES] \tag{4-2}$$

剩余酶浓度等于总酶浓度减去反应消耗掉的酶浓度，即减去中间产物浓度：

$$[E_1] = [E] - [ES] \tag{4-3}$$

在酶促反应中，底物浓度远大于酶浓度，即[S]≫[E]，而[E]≫[ES]，因此，[ES]与[S]相比可以忽略不计：

$$[S_1] = [S] - [ES] \approx [S] \tag{4-4}$$

将式（4－3）、式（4－4）代入式（4－2）得：

$$k_1([E] - [ES])[S] = k_2[ES] + k_3[ES] \tag{4-5}$$

$$[ES] = \frac{[E][S]}{\frac{k_2 + k_3}{k_1} + [S]} \tag{4-6}$$

而整个反应的速率与ES的浓度成正比，即：

$$V = k_3[ES] \tag{4-7}$$

当所有的酶都被底物饱和时，[E]＝[ES]，酶促反应速率达到最大：

$$V_{max} = k_3[E] \tag{4-8}$$

将式（4－6）、式（4－7）代入式（4－5）得

$$V = \frac{V_{max}[S]}{\frac{k_2 + k_3}{k_1} + [S]} \tag{4-9}$$

令 $K_m = \frac{k_2 + k_3}{k_1}$，代入式（4－9），即得米氏方程：

$$V = \frac{V_{max}[S]}{K_m + [S]} \tag{4-10}$$

3. 米氏方程对 V－[S]曲线的解释 当[S]很低，即[S]≪K_m时，方程中的分母K_m＋[S]≈K_m，方程式可简化为$V = V_{max}[S]/K_m$，此时反应速率与底物浓度成正比关系。随着[S]的增加，方程中的分母不能简化，V不再随[S]的增加而成正比升高，表现为双曲线形式。当[S]非常高时，即[S]≫K_m时，方程中的分母K_m＋[S]≈[S]，方程式可简化为$V = V_{max}$，反应速率不再随底物浓度的增加而增加，呈现为水平线关系。

（二）米氏常数的意义

1. K_m值等于酶促反应速率为最大速率一半时的底物浓度 当反应速率等于最大速率一半时，即将$V = V_{max}/2$代入米氏方程，得$V_{max}/2 = V_{max}[S]/K_m + [S]$，进一步整理可知，此时$K_m$＝[S]。$K_m$的单位与底物浓度一样，用mol/L表示。

2. K_m值可表示酶与底物亲和力的大小 $K_m = (k_2 + k_3)/k_1$，当ES解离成E和S的速率远远超过分解成E和P的速率时，即$k_2 \gg k_3$时，$k_2 + k_3 \approx k_2$。方程可简化为$K_m = k_2/k_1$。K_m越大，意味着k_2越大，k_1越小，说明ES的解离大于形成，表示E与S的亲和力越弱；K_m越小，意味着k_2越小，k_1越大，说明ES的解离小于形成，表示E与S的亲和力越强。若一个酶有几种底物，则它对每一种底物的K_m值都不同，K_m值最小时所对应的底物称为酶的天然底物或最适底物。

3. K_m值是酶的特征性常数 一种酶对不同的底物有不同的K_m值；不同的酶对同一底物亦有不同的

K_m值。K_m值的范围多在10^{-6} ~ 10^{-1}mol/L之间。K_m值与酶的浓度无关，只与酶的结构、酶催化的底物和反应环境（如温度、pH、离子强度）有关，是酶的特征性常数。

（三）V_{max}

V_{max}是所有酶被底物饱和时的反应速率，当底物浓度大于酶浓度时，其大小与酶浓度成正比，即$V_{max}=k_3[E]$。当酶被底物充分饱和时，单位时间内每个酶分子催化底物转变为产物的分子数称为酶的转换数（turnover number，TN），单位是s^{-1}。TN越大，表示酶的催化效率越高。已知酶的总浓度时，便可通过V_{max}计算出酶的转换数（即k_3）。例如，10^{-5}mol/L的碳酸酐酶溶液在2秒内催化生成1.4mol/L H_2CO_3，则酶的转换数$TN=(1.4/2)/(10^{-5})=7\times10^4 s^{-1}$。多数酶的TN在$1s^{-1}$ ~ $10^4 s^{-1}$范围内。

（四）K_m值和V_{max}值的测定

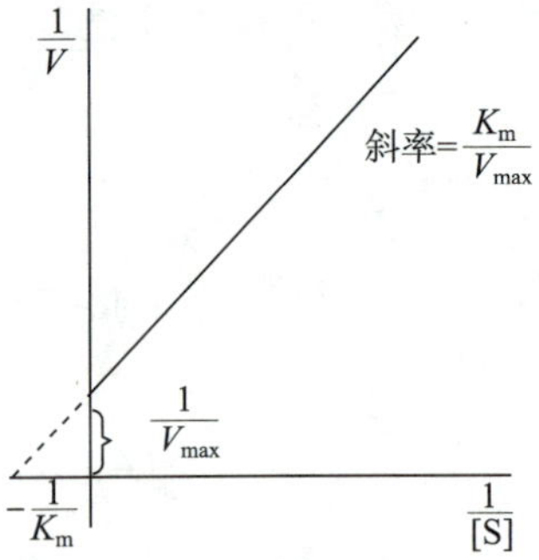

图4-5 双倒数作图法

通过矩形双曲线图很难准确地求出K_m值和V_{max}值。将米氏方程变换成直线方程后，便可测出K_m值和V_{max}值。其中，以Lineweaver-Burk双倒数作图法（简称L-B法）最为常见。将米氏方程的两边同时取倒数，并加以整理，得到林-贝氏方程，即：$1/V=K_m/(V_{max}[S])+1/V_{max}$。

在林-贝氏方程中以1/V对1/[S]作图，以1/V为纵坐标、1/[S]为横坐标作图，便可得一直线：横轴截距为$-1/K_m$，斜率为K_m/V_{max}，纵轴截距为$1/V_{max}$（图4-5）。

L-B法不仅可以测出K_m和V_{max}，还可用于解释可逆性抑制剂对酶促反应的抑制作用。除L-B法外，还有Hanes-Woolf作图法、Eadie-Hofstee作图法和Cornish-Bowden作图法等。

二、酶浓度对反应速率的影响

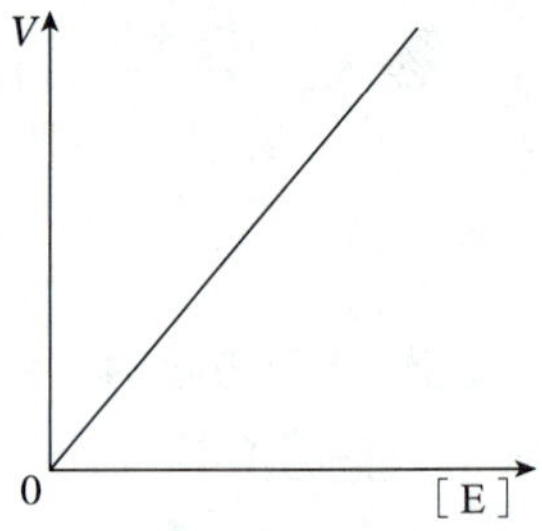

图4-6 酶浓度对酶促反应速率的影响

当酶促反应系统中[S]远远超过[E]（即酶被底物饱和）时，随着酶浓度的增加，酶促反应速率增大，V与[E]成正比关系（图4-6），即$V=k_3[E]$。在细胞内，通过改变酶浓度来改变酶促反应速率，是代谢调节的一个重要方式。

三、温度对反应速率的影响

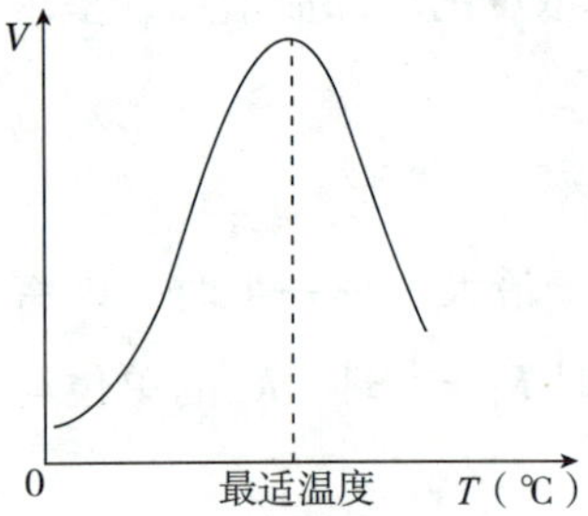

图4-7 温度对酶促反应速率的影响

温度对酶促反应速率具有双重效应。当温度较低时，随着温度的升高，底物分子的热运动加快，分子碰撞的机会增加，酶促反应速率随温度升高而加快。当温度超过一定范围后，高温可使酶变性，反应速率随着温度升高反而减慢。故以温度对酶促反应速率作图，可得峰形曲线（钟形曲线）（图4-7）。酶促反应速率最大时的温度，称酶的最适温度（optimum temperature）。低于或高于最适温度，酶促反应速率都将减慢。哺乳类动物组织中酶的最适温度多在35 ~ 40℃之间。当温度升高到60℃以上时，大多数酶开始变性，80℃以上时，多数酶的变性已不可逆。但生活在温泉和深海中的生物细胞，酶的最适温度差异较大，如广泛用于聚合酶链反应（PCR）的*Taq* DNA聚合酶是从嗜热水生菌（*Thermus aquaticus*）TY1株中提取的，它的最适温度约为72℃，95℃时此酶的半寿期达40分钟。

温度对酶促反应的影响在临床上具有指导意义，如可通过低温麻醉来降低酶的活性，减慢物质代谢速率，使组织细胞对缺氧和营养物质缺乏的耐受提高，对机体具有保护作用。动物细胞、菌种、酶制剂亦通常采用低温或超低温保存。

酶的最适温度不是酶的特征性常数，它与酶促反应的持续时间有关。

四、pH 对反应速率的影响

pH 可影响酶分子，特别是活性中心上必需基团的解离状态；也可影响底物和辅酶的解离状态，从而影响酶与底物的结合。此外，pH 还可影响酶和底物的空间构象，强酸或强碱皆可导致酶变性失活。在某一特定的 pH 条件下，酶活性达到最大，该 pH 值称为酶的最适 pH（optimum pH）。反应体系的 pH 值偏离最适 pH 时会使酶的活性降低，因此在测定酶活性时，宜选最适 pH（图 4-8）。体内大多数酶的最适 pH 接近中性，但也有例外，如碱性磷酸酶的最适 pH 约为 9.7，胃蛋白酶的最适 pH 约为 1.8。临床上配制助消化的胃蛋白酶合剂时往往加入一定量的稀盐酸，就是依据胃蛋白酶的最适 pH 偏酸这一特点。

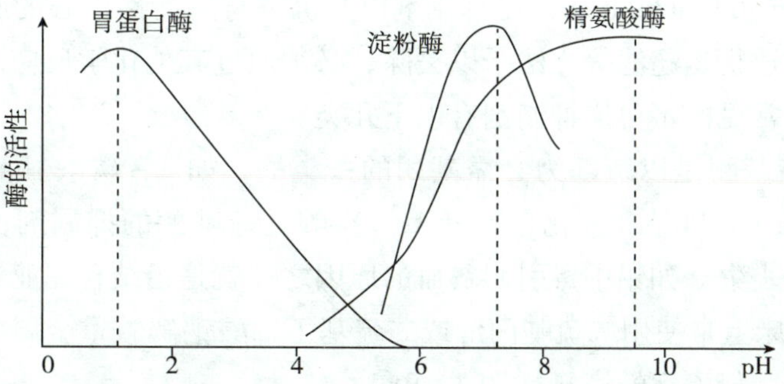

图 4-8　pH 对酶活性的影响

最适 pH 也不是酶的特征性常数，它受底物种类和浓度、反应温度、缓冲液种类、各种防腐剂和添加剂等的影响。

五、激活剂对反应速率的影响

使酶从无活性变为有活性或使酶活性增高的物质称为酶的激活剂（activator）。激活剂大多是金属离子，如 Mg^{2+}、Ca^{2+}、K^{+}、Zn^{2+}、Mn^{2+}、Na^{+} 等；少数为阴离子，如 Br^{-}、Cl^{-} 等。也有小分子有机化合物激活剂，如半胱氨酸是某些含巯基的酶的激活剂。按对酶促反应速率影响的程度，可将激活剂分为必需激活剂和非必需激活剂两大类。使酶由无活性变为有活性的激活剂称为必需激活剂（essential activator），对酶促反应来说不可或缺，多数为金属离子，如 Mg^{2+} 是己糖激酶的必需激活剂。激活剂不存在时，酶仍有一定的催化活性，但催化效率较低，而激活剂存在时酶的催化活性显著提高，这类激活剂称为非必需激活剂（non-essential activator），如 Cl^{-} 是唾液淀粉酶的非必需激活剂。

六、抑制剂对反应速率的影响

案例引导

临床案例　患者，女，28 岁。因与家人发生争吵，饮不明液体数十毫升，后出现头晕、头痛、腹痛、腹泻、呕吐，半小时后言语出现障碍、神志不清，并伴有阵发性抽搐等症状。入院时，患者神志不清，瞳孔小如针孔，鼻翼扇动、口唇干燥、发绀，两肺有啰音。实验室检查：血清胆碱酯酶活力1600U/L（正常参考范围：5900~32000U/L）。

讨论 1. 临床初步诊断该患者患哪种疾病？

2. 该病发生的生化机制是什么？

3. 临床上常用的解毒药物及机制是什么？

凡能使酶催化活性丧失或降低而不引起酶变性的物质称为酶的抑制剂（inhibitor，I）。抑制剂可与酶活性中心或活性中心之外的调节位点结合，从而抑制酶的活性。酶的抑制不同于酶的变性，引起酶变性的因素对酶没有选择性，而抑制剂对酶有一定的选择性。

根据抑制剂和酶结合紧密程度的不同，酶的抑制作用分为不可逆性抑制与可逆性抑制两大类。

（一）不可逆性抑制作用 微课

不可逆性抑制（irreversible inhibition）是抑制剂以共价键与酶活性中心的必需基团相结合，使酶失活。该类抑制剂不能通过透析、超滤等方法予以去除，必须通过其他化学反应才能除去，这种抑制作用称为不可逆性抑制作用。常见的不可逆抑制剂有以下几类。

1. 巯基酶抑制剂 巯基酶是以巯基为必需基团的一类酶，如3－磷酸甘油醛脱氢酶、脂肪酸合酶等。重金属离子 Ag^+、Hg^{2+}、Pb^{2+} 和砷化合物（As^{3+}）等是巯基酶的抑制剂，其作用机制是结合活性中心内的巯基，使酶活性丧失。如铅中毒引起贫血的原因之一就是铅结合在亚铁螯合酶的巯基上，从而导致血红素合成障碍。临床上常使用二巯基丙醇或二巯基丁二酸钠解救重金属中毒，机制是以其分子中的巯基置换出酶蛋白巯基，使酶活性恢复（图4－9）。

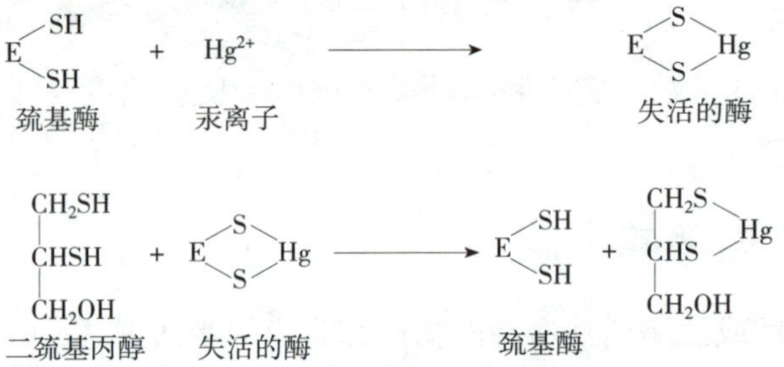

图4－9 巯基酶的抑制与解毒

2. 羟基酶抑制剂 羟基酶是指以丝氨酸羟基（—OH）为必需基团的酶，如乙酰胆碱酯酶、糜蛋白酶等。有机磷化合物，如杀虫剂1605、敌百虫、敌敌畏等是羟基酶抑制剂。如乙酰胆碱在神经－骨骼肌接头完成信息传递后，可被接头后膜表面的乙酰胆碱酯酶水解灭活。敌敌畏、敌百虫等有机磷农药能特异性地与胆碱酯酶活性中心的丝氨酸羟基结合，使胆碱酯酶失活，导致神经末梢分泌的乙酰胆碱不能及时被分解，乙酰胆碱的积累导致胆碱能神经过度兴奋，表现出一系列中毒症状（肌束颤动、瞳孔缩小、胸闷、恶心呕吐、腹痛腹泻、大小便失禁、大汗、流泪流涎、气道分泌物增多、心率减慢等）。临床上用解磷定等治疗有机磷农药中毒，机制是以其分子中电负性较强的肟基（—CH=NOH）置换出酶蛋白的丝氨酸羟基，使酶活性恢复（图4－10）。

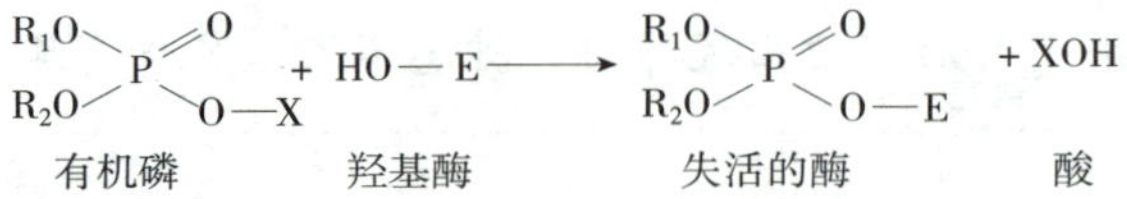

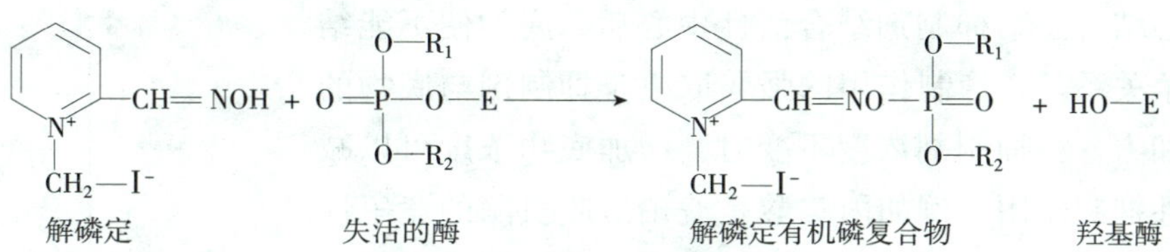

图 4-10 丝氨酸酶的抑制与解毒

知识链接

路易士气中毒

路易士气，是氯乙烯氯砷的俗称，由美国人 Capt. W. Lee Lewis 在 1918 年发明，是战争中常用的一种化学武器，曾长期被人们称为“毒剂之王”“死亡之露”。接触吸入该气体后会令人体的皮肤腐烂，如不做防护和及时治疗，最后会导致患者因呼吸道、皮肤腐烂而死亡。人体在接触后 30 分钟便出现症状。该气体亦会引起低血压症状，又称路易氏休克。其作用机制是砷与酶分子中的巯基不可逆地结合而导致酶活性丧失，其本质是一种巯基酶抑制剂。注射和涂用二巯基解毒剂如二巯丙醇（BAL）和二巯基丁二酸钠等含巯基的化合物，可使酶复活。

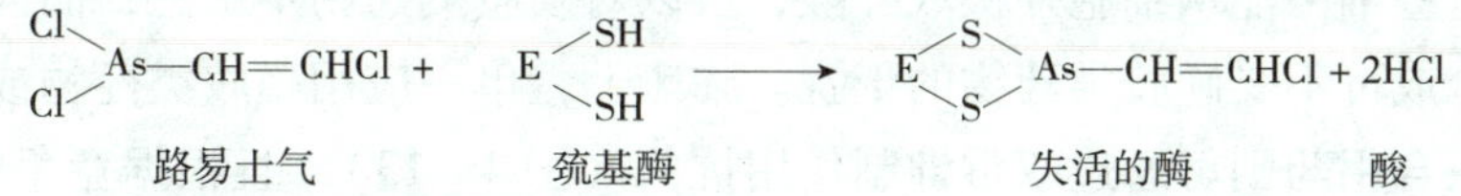

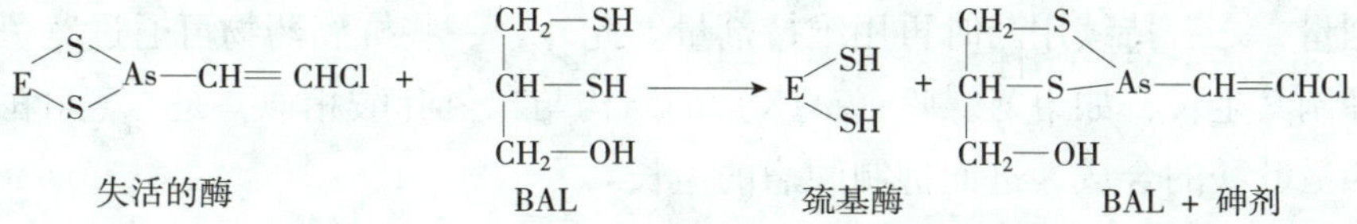

（二）可逆性抑制作用

可逆性抑制（reversible inhibition）是抑制剂通过非共价键与酶或酶-底物复合物可逆性结合，使酶活性降低或丧失。抑制剂可用透析、超滤等物理方法除去而使酶恢复活性。典型的可逆性抑制作用分为竞争性抑制、非竞争性抑制和反竞争性抑制三种类型。

1. 竞争性抑制作用 抑制剂（I）与底物（S）结构相似，二者共同竞争结合酶的活性中心，从而阻碍酶-底物复合物的形成，使酶的活性降低，这种抑制作用称为竞争性抑制作用（competitive inhibition）（图 4-11）。

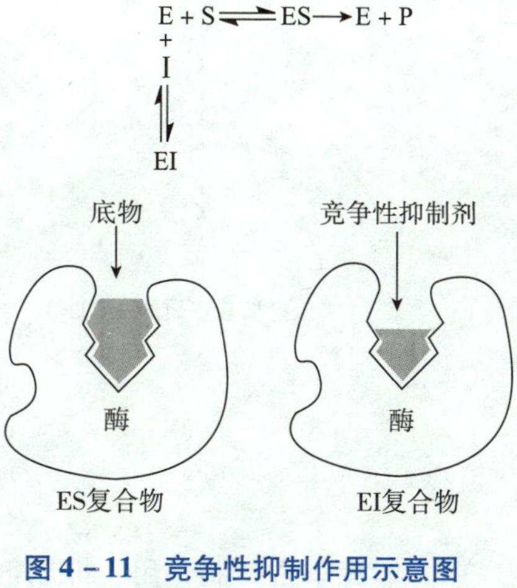

图 4-11 竞争性抑制作用示意图

按米氏方程的推导方法，可得出酶促反应速率、底物浓度和竞争性抑制剂之间的动力学关系，其林-贝氏方程式为：$\frac{1}{V}=\frac{K_m}{V_{max}}\cdot\frac{1}{[S]}\left(1+\frac{[I]}{K_i}\right)+\frac{1}{V_{max}}$。以 $1/V$ 对 $1/[S]$ 作图，得到竞争性抑制时的特征性直线（图 4-12）。由图可见，酶促反应体系中存在竞争性抑制剂时，表观 K_m 值增大，V_{max} 值不变。

竞争性抑制作用作为一种最常见的可逆性抑制作用，具有以下特点。①抑制剂与底物结构相似，都可与酶的活性中心结合。②抑制剂结合活性中心后，底物便不能结合，二者存在竞争关系。③抑制作用的强弱取决于抑制剂与底物的浓度及与酶的亲和力，当抑制剂浓度不变时，增加底物浓度可以减弱甚至消除竞争性抑制作用。例如丙二酸是琥珀酸脱氢酶的竞争性抑制剂，该酶对抑制剂丙二酸的亲和力远远大于对底物琥珀酸的亲和力，当丙二酸浓度仅为琥珀酸的1/50时，酶活性即被抑制50%，增加琥珀酸浓度可以减弱抑制作用。④动力学特征是V_{max}不变，表观K_m增大，表明抑制剂降低了酶和底物的亲和力。

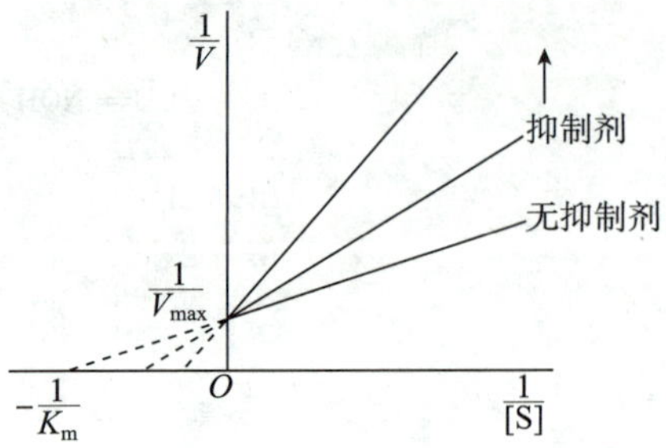

图4-12　竞争性抑制的特征性曲线

酶的竞争性抑制具有重要的实际应用价值，很多临床药物就是酶的竞争性抑制剂。例如，某些细菌利用鸟苷三磷酸（GTP）从头合成四氢叶酸（FH_4），其中以6-羟甲基-7，8-二氢蝶呤焦磷酸和对氨基苯甲酸（PABA）为原料生成7，8-二氢蝶酸这步反应由二氢蝶酸合酶来催化，进而以谷氨酸和7，8-二氢蝶酸为原料，在二氢叶酸合成酶的作用下合成二氢叶酸，后者在二氢叶酸还原酶的作用下转变为四氢叶酸，四氢叶酸是一碳单位代谢不可缺少的辅助因子，而一碳单位是合成核苷酸的原料。磺胺类药物与PABA结构相似，能竞争性抑制二氢蝶酸合酶，从而抑制二氢叶酸的合成；磺胺增效剂与二氢叶酸结构相似，能竞争性抑制二氢叶酸还原酶，抑制二氢叶酸还原成四氢叶酸，最终抑制细菌核酸和蛋白质的合成，发挥抑菌作用。有些细菌能从细胞外摄取叶酸，所以对磺胺类药物不敏感；而人体也能直接利用食物中的叶酸，其核酸合成可不受磺胺类药物的干扰。临床上，单一应用磺胺类药物或磺胺增效剂只能抑制细菌的生长繁殖，联合用药则可通过双重抑制作用抗菌（图4-13）。且根据竞争性抑制作用的特点，在服用磺胺类药物时，必须保持血液中足够高的药物浓度，以有效发挥其竞争性抑制作用。因此，首次用药时要用双倍剂量，之后持续用药时再用维持剂量。此外，一些抗癌药物可通过竞争性抑制作用干扰肿瘤细胞代谢，抑制其生长，如甲氨蝶呤（MTX）的结构与二氢叶酸相似，是二氢叶酸还原酶的竞争性抑制剂，可抑制四氢叶酸的合成，进而抑制肿瘤的生长。

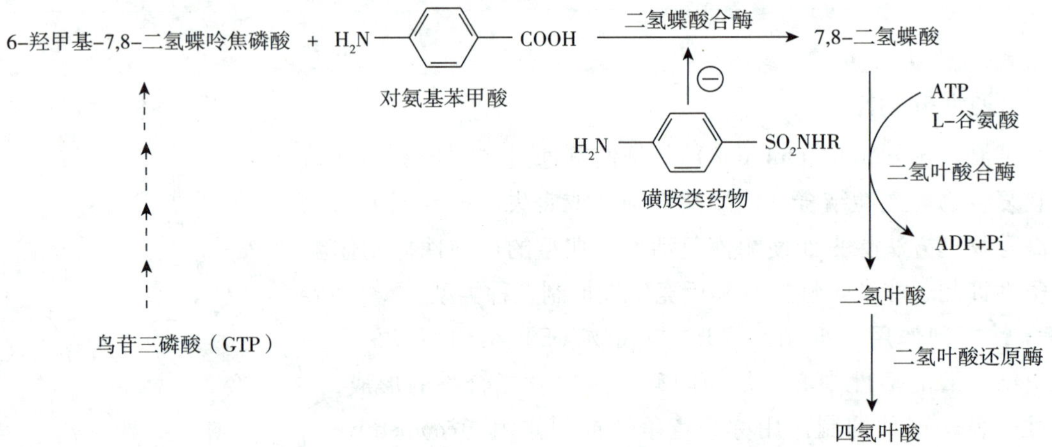

图4-13　磺胺类药物的作用机制

2. 非竞争性抑制作用　抑制剂与酶活性中心以外的必需基团结合，不影响酶与底物的结合，酶与底物的结合也不影响酶与抑制剂的结合。但酶、底物、抑制剂三者形成的ESI复合物不能进一步分解为产物，从而抑制酶的催化作用，这种抑制作用称为非竞争性抑制作用（non-competitive inhibition）（图4-14）。

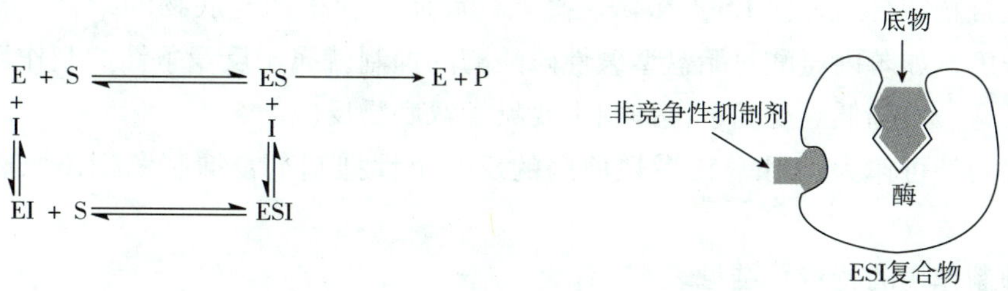

图 4－14　非竞争性抑制作用示意图

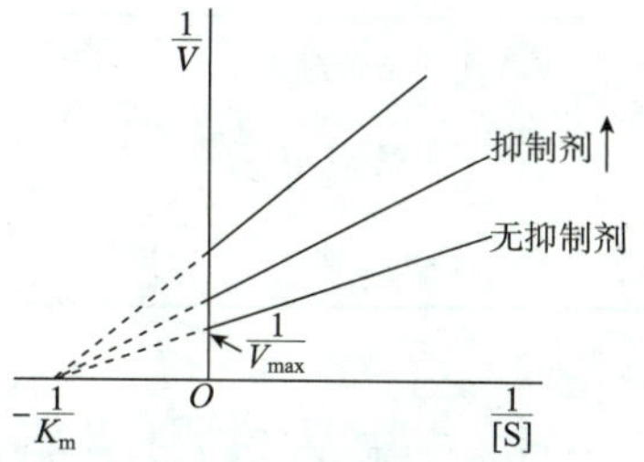

图 4－15　非竞争性抑制的特征性曲线

按米氏方程的推导方法，可得出酶促反应速率、底物浓度和非竞争性抑制剂之间的动力学关系，符合以下林－贝氏方程式：$\frac{1}{V}=\frac{K_m}{V_{max}}\cdot\frac{1}{[S]}\left(1+\frac{[I]}{K_i}\right)+\frac{1}{V_{max}}\left(1+\frac{[I]}{K_i}\right)$，根据该林－贝氏方程作双倒数图，可以得到非竞争性抑制的特征性直线（图4－15）。从图中可见，酶促反应体系中存在非竞争性抑制剂时，表观 K_m 值不变，V_{max} 值降低。

与竞争性抑制作用相比较，非竞争性抑制有以下特点。①抑制剂与底物结构不同，抑制剂结合的是酶活性中心外的部位。②抑制剂和底物可同时与酶结合，二者之间没有竞争作用。③抑制剂既可以与游离酶结合，也可以与酶－底物复合物结合。④抑制作用的强弱取决于抑制剂的浓度，该抑制作用不能通过增加底物浓度而减弱或消除。例如异亮氨酸结合到苏氨酸脱水酶（也称苏氨酸脱氢酶）的活性中心外的必需基团，从而抑制苏氨酸脱水酶的活性，增加苏氨酸浓度亦不能减弱该抑制作用。⑤动力学特征是 V_{max} 下降，表观 K_m 值不变，表明抑制剂降低了酶和底物的亲和力。

非竞争性抑制药物相对较少，如卡泊芬净可作为抗真菌药，非竞争性抑制真菌 β－1，3－葡聚糖合酶的活性，从而干扰真菌细胞壁的形成。

3. 反竞争性抑制作用　抑制剂只与酶－底物复合物结合，三者结合形成的 ESI 三元复合物不能生成产物，从而抑制酶的催化作用。抑制剂与酶－底物复合物结合后，因为降低了复合物的有效浓度，反而会促进底物与酶的结合，这种抑制恰好与竞争性抑制相反，称反竞争性抑制作用（uncompetitive inhibition）（图 4－16）。

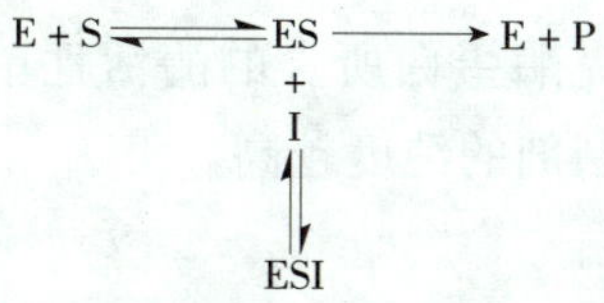

图 4－16　反竞争性抑制作用示意图

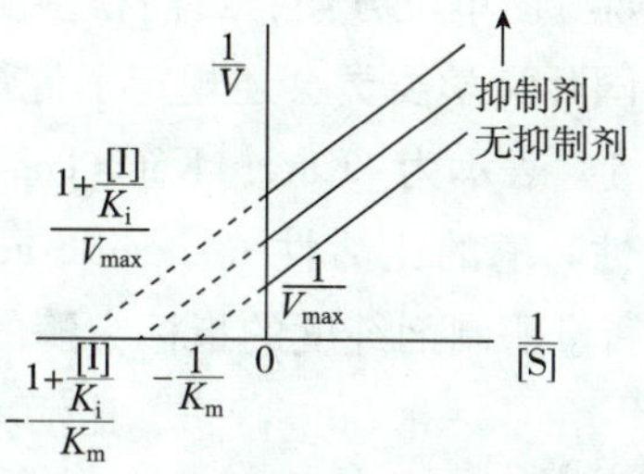

图 4－17　反竞争性抑制的特征性曲线

按米氏方程的推导方法，可得出酶促反应速率、底物浓度和反竞争性抑制剂之间的动力学关系，符合以下林－贝氏方程式：$\frac{1}{V}=\frac{K_m}{V_{max}}\cdot\frac{1}{[S]}\left(1+\frac{[I]}{K_i}\right)+\frac{1}{V_{max}}\left(1+\frac{[I]}{K_i}\right)$。根据该林－贝氏方程作双倒数图，可以得到反竞争性抑制的特征性直线（图 4－17）。从图中可见，酶促反应体系中存在反竞争性抑制剂时，表观 K_m 值减少，V_{max} 值降低。

反竞争性抑制作用相较于前两种抑制作用，有以下特征：①抑制剂只与酶－底物复合物结合；②抑制剂与酶-底物复合物结合后，使ES有效浓度降低，反而会促进酶与底物的结合；③抑制作用的强弱取决于抑制剂的浓度，如苯丙氨酸对胎盘型碱性磷酸酶的抑制就属于反竞争性抑制作用；④动力学特征是表观 K_m 值减少，V_{max} 值降低。反竞争性抑制主要见于双底物反应。

药物中，爱普列特可作为类固醇5α-还原酶的反竞争性抑制剂，抑制睾酮还原成双氢睾酮，治疗良性前列腺增生。

三种可逆性抑制作用的特点总结见表4-4。

表4-4　三种可逆性抑制作用的特点比较

作用特点	竞争性抑制	非竞争性抑制	反竞争性抑制
I的结合对象	E	E、ES	ES
表观 K_m 值	增加	不变	减少
V_{max} 值	不变	降低	降低

七、酶活性测定与酶活力单位

1. 酶活性单位　细胞内酶蛋白的含量很少，很难直接测定其绝对量，尤其是同时存在多种酶时难度更大，故在酶学检测中常用酶活性来表示。

酶活性是指酶催化化学反应的能力，酶活性的大小可用酶在一定条件下所催化化学反应的反应速率表示，二者呈线性关系。酶促反应速率越快，酶活性越高；反之，酶活性越低。酶促反应速率是指在特定反应条件下，单位时间内底物的消耗量或者产物的生成量。由于底物减少的量往往只占总量的极小部分，不易测定，而产物的生成是从无到有的过程，在实际酶活性测定时往往采用测定产物生成量的方法。

酶活性单位是指在一定条件下，单位时间内生成一定量产物或消耗一定量底物所需要的酶量，其表示酶的相对含量。表示酶活性高低的单位有习惯单位和国际单位。习惯单位是依据不同的实验方法表示酶活性的单位。例如，用Mohun法测定血清中丙氨酸氨基转移酶的活性单位时，1个活性单位是指每毫升血清在pH 7.4、37℃保温30分钟，产生2.5μg丙酮酸所需的酶量。国际单位是1961年国际酶学委员会规定的活性单位，指在特定条件下，每分钟催化1μmol底物转变为产物的酶量，为1IU或1U。国际单位在应用中不如习惯单位方便，目前很多实验室仍沿用习惯单位。此外，为了将国际单位与反应速率相联系，1972年国际酶学委员会还规定了催量单位。催量单位是指在特定条件下，每秒钟催化1mol底物转为产物的酶量，表示为1Kat，$1\text{Kat} = 1\text{mol/s} = 6 \times 10^7\text{IU}$。

2. 酶的比活性　酶的比活性（specific activity）是指每毫克酶蛋白所含的酶活性单位数（U/mg），或称比活力，是衡量酶制剂纯度的指标。酶的比活性越高，酶制剂的纯度越高。

比活力＝活力U/mg蛋白

3. 酶活性的测定方法　进行酶活性的测定，有两种方式：一是测定单位时间内酶催化的化学反应量；二是测定完成一定量反应所需的时间。测定酶活性实际上是测定产物的增加量或底物的减少量，因此，主要依据产物或底物的理化性质来决定具体酶促反应的测定方法。常用的方法有分光光度法、荧光法、同位素测定方法、电化学方法等。

第五节　酶的调节

PPT

生物体内绝大多数化学反应都需要酶的催化。酶的重要特征之一就是其催化活性可以受到多种形式的调节。机体可通过调节酶的活性和酶的数量来影响代谢反应速率，从而适应内外环境的改变。

一、酶活性的调节

在一个连续的酶促反应体系中，前一个酶促反应的产物正好是后一个酶促反应的底物，各种酶的活性高低不同，催化单向反应、控制着整个代谢速率的酶促反应称为该途径的关键反应，催化此反应的酶称为关键酶（key enzyme）。关键酶的活性可影响整个代谢速率，甚至改变代谢方向。实际上，机体就是通过调节关键酶的活性来调节代谢速率。这种调节主要是通过改变酶的空间构象或通过修饰作用来改变酶的催化活性，一般在数秒或数分钟内即可完成，属于快速调节。其调节方式包括别构调节、共价修饰调节和酶原激活。

（一）别构调节

特定的小分子物质能与酶分子活性中心之外的部位以非共价键可逆性结合，改变酶蛋白空间构象，从而改变其活性，这种调节称为酶的别构调节（allosteric regulation）。能使酶发生别构调节的特定小分子物质称为别构调节物（allostericeffector）。若引起酶活性增加，称别构激活剂（allosteric activator）；引起酶活性降低，则称别构抑制剂（allosteric inhibitor）。能通过别构调节改变活性的酶称为别构酶（allosteric enzyme）。别构酶与别构调节物结合的部位称为别构部位（allosteric site）。

别构酶往往是具有四级结构的多亚基寡聚酶，酶分子除含有活性中心的催化亚基外，还含有调节部位的调节亚基，用于结合别构剂。当它与别构剂结合后，酶分子的构象就会发生轻微变化，进而影响催化亚基与底物的亲和力以及催化效率。有些酶的调节部位与催化部位存在于同一亚基；有的则分别存在于不同亚基中，故有催化亚基与调节亚基之分。大多数别构酶的初速率-底物浓度的关系不符合典型的米氏方程，不呈一般的矩形双曲线，许多别构酶尤其是同种效应别构酶类，其初速率-底物浓度的关系显示为S形曲线（图4-18）。这种S形曲线是各亚基协同效应的反映，包括正协同和负协同效应。假如酶在结合1分子底物或调节物后，酶的构象发生了改变，且这种改变大大有利于之后的分子与酶的结合，此为正协同效应；反之，如果酶的变构会降低酶对底物的亲和力，则为负协同效应。

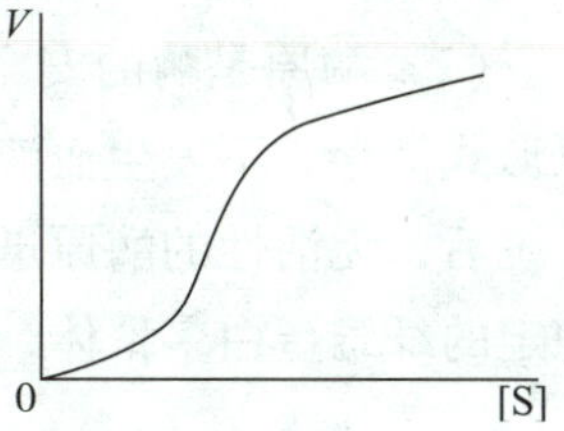

图4-18 别构酶的S形曲线

代谢途径中的关键酶大多是别构酶，别构酶催化的反应常位于代谢途径的上游，而代谢途径中酶作用的底物、终产物或某些中间产物以及ATP、ADP、AMP等一些小分子化合物常可成为别构酶的别构调节物。当产物的生成量超过细胞需要量时，产物就会作为别构抑制剂来抑制酶的活性，降低其催化反应的速率，这种调节称为反馈抑制（feedback inhibition）。

（二）共价修饰调节

酶的共价修饰是体内快速调节酶活性的另一种重要方式。酶蛋白肽链上的某些氨基酸残基在其他酶的催化下发生化学修饰，使其可逆地共价结合或脱去某些化学基团，从而改变酶的活性，这种调节方式称为共价修饰（covalent modification）调节，也称化学修饰（chemical modification）调节。酶的共价修饰包括磷酸化与去磷酸化、乙酰化与去乙酰化、甲基化与去甲基化、腺苷化与去腺苷化等。其中以磷酸化与去磷酸化修饰最为常见，分别需要蛋白激酶和蛋白磷酸酶的催化。蛋白激酶可催化ATP的γ-磷酸基结合至靶蛋白的特定氨基酸残基上；蛋白质磷酸酶使磷酸化的蛋白分子发生去磷酸化，从而使酶在磷酸化与去磷酸化之间相互转化，改变酶的活性。

（三）酶原与酶原激活

1. 酶原的概念 某些酶在细胞内刚合成或初分泌时并没有催化活性，这种没有活性的酶的前体物质称为酶原（zymogen），如胰蛋白酶原、胃蛋白酶原等。

2. 酶原激活的本质 在一定条件下，酶原的部分肽段被水解，使得酶的空间构象发生改变而转化成有活性的酶，这一过程称为酶原的激活（zymogen activation）。酶原激活的实质是形成或暴露出酶的活性中心，往往涉及一级结构的改变。例如，胰蛋白酶原进入小肠后，在肠激酶或胰蛋白酶本身的催化作用下，第六位赖氨酸残基与第七位异亮氨酸残基之间的肽键被切断，水解掉一个六肽，使酶分子空间构象发生改变，形成酶的活性中心，于是胰蛋白酶原变成了有活性的胰蛋白酶（图4－19）。

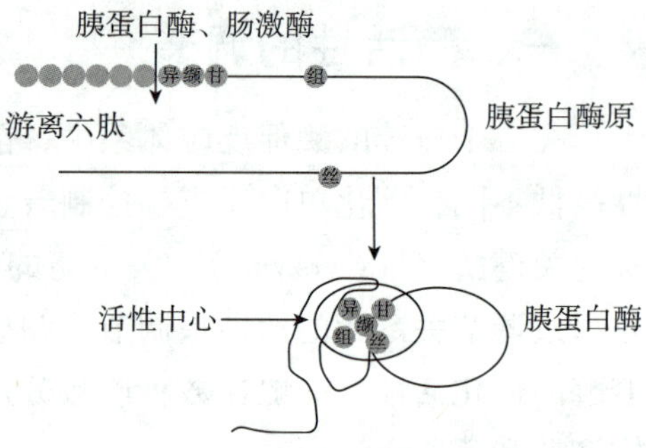

图4－19 胰蛋白酶原激活

3. 酶原激活的生理意义

（1）酶原是酶的安全转运形式 一些消化酶如胰蛋白酶、胃蛋白酶等以酶原的形式分泌入消化道，激活后才成为有活性的酶，这样可以避免蛋白酶在细胞内过早被激活而对细胞自身进行消化，保证酶原在特定部位和特定的生理条件下激活并发挥生理作用。酶原激活异常可导致疾病的发生，如胰蛋白酶原、胰凝乳蛋白酶原等蛋白酶原如果在没进入小肠时被激活，就可以水解胰腺细胞自身，导致胰腺出血、肿胀，严重时可导致死亡，这是急性胰腺炎发生的原因之一。

（2）酶原是酶的安全储存形式 在生理情况下，血浆中大多数凝血因子和纤溶系统以无活性的酶原形式储存，不发生血液凝固，可保证血流畅通。当发生血管破损或者大量内源性促凝血物质进入血液系统后，无活性的酶原迅速激活为有活性的酶，从而触发一系列的级联反应，最终使得纤维蛋白原变为稳定的纤维蛋白多聚体，招募血小板与红细胞等形成血凝块，发挥对机体的保护作用。

二、酶含量的调节

机体各种酶都处于不断合成与降解的动态平衡过程中。因此，除改变酶的活性外，细胞也可通过调节酶蛋白合成与分解的速率来改变酶的含量，从而改变酶促反应速率。酶含量的调节主要发生在基因水平，因而速率较慢，一般需要数小时甚至更长时间才能完成，属于缓慢调节。

1. 酶蛋白合成的调节 某些底物、代谢物、激素、生长因子和药物等可以在转录水平影响酶蛋白的生物合成。其中，能促进酶蛋白合成的称为诱导物（inducer），诱导物促进酶蛋白合成的作用称为诱导作用（induction）；抑制酶蛋白合成的称为阻遏物（repressor），阻遏物抑制酶蛋白合成的作用称为阻遏作用（repression）。例如糖皮质激素可诱导糖异生关键酶——磷酸烯醇式丙酮酸羧激酶的合成，使葡萄糖的合成速率加快；胆固醇可阻遏胆固醇合成关键酶——HMG－CoA还原酶的合成，使胆固醇的合成速率减慢。一旦酶被诱导合成后，即使去除诱导因素，酶的活性仍然持续存在，直到该酶被降解或抑制。

2. 酶蛋白降解的调节 细胞内各种酶的半寿期相差很大，改变酶蛋白的降解速率也是调节酶含量的重要方式。组织蛋白可通过溶酶体途径和泛素－蛋白酶体途径降解。①溶酶体途径：一些膜结合蛋白、长半寿期蛋白及细胞外蛋白在溶酶体中由组织蛋白非特异性降解，该途径不消耗ATP。②泛素－蛋白酶体途径：酶蛋白被泛素化后由蛋白酶体降解，主要是短半寿期蛋白以及异常或损伤的蛋白质，该途径消耗ATP。

第六节 酶在医药学中的应用

PPT

酶通过催化代谢反应，保持体内物质合成与分解、产能与耗能、兴奋与抑制等多方面的动态平衡，对于生命现象的维持必不可少。酶的异常可导致代谢异常和疾病的发生。随着临床实践及酶学研究的发展，酶在医学上越来越受到重视。酶不仅与疾病的发生发展直接相关，而且已成为疾病诊断的重要手段。酶类药物也越来越多地应用于疾病治疗，且随着酶工程的发展，酶已延伸到医学研究中。因此，酶与医学的关系越来越密切。

一、酶与疾病的发生

许多疾病的发生与酶的质和量的异常相关。

1. 遗传性疾病　因编码酶的基因缺陷或异常，导致所表达的酶在质和量上有先天性缺陷，从而影响正常的代谢途径，由此引起的疾病称为酶遗传性缺陷病。酶遗传性缺陷是先天性疾病的重要病因之一。现已发现的140多种先天性代谢缺陷中，大多是因酶的先天性缺陷所致。例如，酪氨酸酶遗传性缺陷时，细胞不能生成黑色素，引起白化病；葡萄糖-6-磷酸脱氢酶遗传性缺陷时，磷酸戊糖途径受阻，不能生成NADPH，导致蚕豆病。

2. 中毒性疾病　临床上有些疾病是由于酶活性受到抑制引起的。例如，有机磷农药中毒是由于胆碱酯酶的活性受到抑制，氰化物中毒是由于细胞色素氧化酶的活性受到抑制，重金属盐中毒则是由于巯基酶的活性受到抑制等。

3. 继发性疾病　许多疾病引起酶活性或量的异常，这种异常继而又使病情加重。例如，许多炎症可以使弹性蛋白酶从巨噬细胞或浸润的白细胞中释放，从而对组织产生破坏。急性胰腺炎时，胰蛋白酶原在胰腺中被异常激活，造成胰腺组织自身被胰蛋白酶水解破坏。

4. 代谢障碍性或营养缺乏性疾病　激素代谢障碍或维生素缺乏可引起某些酶的异常。例如，维生素K缺乏时，凝血因子Ⅱ、Ⅶ、Ⅸ、Ⅹ的前体不能在肝内进一步羧化生成成熟的凝血因子，患者表现出因这些凝血因子异常所导致的临床征象。

二、酶在疾病诊断中的应用

既然酶与疾病的发生发展密切相关，酶活性异常往往提示有相关的疾病发生，测定酶活性有助于对疾病的诊断。血清中酶活性增高可由以下原因引起。

1. 当细胞膜通透性增加或组织器官损伤时，细胞内酶大量流入血液，使血清酶活性增高。如心肌炎和急性心肌梗死患者血清肌酸激酶活性升高，急性胰腺炎时血清淀粉酶活性升高，急性肝炎患者血清丙氨酸氨基转移酶活性升高。

2. 酶因正常排泄途径受阻而逆流入血，使血清酶活性增高。如胆道梗阻患者，碱性磷酸酶由于不能随胆汁排出而在血清中升高。

3. 酶的合成量较正常情况增加。如前列腺癌患者血清酸性磷酸酶含量增高，卵巢癌和睾丸肿瘤患者血中胎盘型碱性磷酸酶升高。

此外，细胞某些病变亦可使其合成酶的能力下降，从而使血清中的酶活性降低。如肝功能障碍患者，凝血酶原、尿素合成酶、卵磷脂胆固醇脂酰基转移酶等在血清中的含量都减少。因此，测定血清（血浆）、尿液等体液中酶活性的变化，可以反映某些疾病的发生和发展，有助于疾病的诊断和预后判断。

三、酶在疾病治疗中的应用

（一）酶可作为药物用于临床治疗

可通过向酶遗传缺陷型患者体内提供外源性的酶制剂来补偿患者缺乏的酶，以达到治疗的目的，这就是“酶替代疗法”。目前常用的酶制剂如下。

1. 消化酶类 可治疗因消化功能失调、消化液分泌不足或其他原因引起的消化系统疾病，如胃蛋白酶、胰蛋白酶、淀粉酶、纤维素酶和木瓜蛋白酶等。

2. 抗炎抑菌类 可将炎症部位的纤维蛋白分解，抗炎抑菌，以利于创口愈合，如糜蛋白酶可用于清除烧伤患者的痂以及防治脓胸患者浆膜粘连；溶菌酶、纤溶酶、木瓜蛋白酶可缓解炎症，促进消肿等；在某些外敷药中加入透明质酸酶可以增强药物的扩散作用。

3. 抗血栓酶类 链激酶、尿激酶、纤溶酶及弹性蛋白酶等既能减少血小板聚集、溶解血栓扩张血管、增加病灶血液供应、改善微循环，又能促进胆固醇转化为胆汁酸，加速胆汁酸的排泄，防止胆固醇在血管壁上沉积，可用于动脉硬化、脑血栓及心肌梗死等疾病的防治。

4. 抗氧化酶类 正常情况下，体内氧自由基的产生和消除处于动态平衡。当自由基产生过多或抗氧化体系出现障碍时，体内氧自由基代谢失衡，从而导致细胞的损伤，引起心脏病、癌症及衰老等疾病。如超氧化物歧化酶、过氧化氢酶等可清除体内的氧自由基，有利于延缓衰老和保持健康。

5. 抗肿瘤酶类 某些酶可干扰肿瘤细胞生长所需的蛋白质的合成，抑制肿瘤细胞的生长。如天冬酰胺可促进白血病细胞的生长，而天冬酰胺酶可分解天冬酰胺，从而抑制白血病细胞的生长。人工合成的6-巯基嘌呤、5-氟尿嘧啶等药物，通过对酶的竞争性抑制作用来抑制肿瘤细胞的异常生长，从而起到抗肿瘤的作用。

（二）通过抑制酶的活性来治疗疾病

许多药物的作用机制是通过抑制体内的某些酶来达到治疗目的。如磺胺类药物是细菌二氢叶酸合成酶的竞争性抑制剂，可抑制细菌的增殖；氯霉素可抑制某些细菌转肽酶的活性，从而抑制细菌蛋白质的合成；洛伐他汀通过竞争性抑制胆固醇合成关键酶——HMG-CoA还原酶的活性，减少胆固醇合成；抗抑郁药通过抑制单胺氧化酶来减少儿茶酚胺的灭活。此外，甲氨蝶呤、5-氟尿嘧啶、6-巯基嘌呤等用于治疗肿瘤的药物的机制也是它们可抑制核苷酸合成途径中的相关酶。

除上述与酶相关的药物外，临床上有时还利用一些辅酶，如辅酶A、辅酶Q等对心、肝、脑、肾等疾病进行辅助治疗。但是酶作为生物大分子，在临床应用上仍有一定的局限性。如酶制剂不易透过细胞膜，难以进入细胞发挥作用；酶具有抗原性，可诱导体相应抗体生成，重复使用可能引起过敏反应，且其有效性也可因机体生成了相应抗体而降低。

四、酶在医药学中的其他应用

酶除了用于疾病治疗外，指示酶及酶标记测定法还广泛应用于科学研究和生产。限制性内切核酸酶和DNA连接酶是基因工程中必不可少的工具酶。抗体酶是人工制备的兼有抗体和酶活性的蛋白质，可用于制造自然界中不存在的新酶种。

（一）酶与医学研究

1. 指示酶 有些初始酶促反应的底物或产物含量极低，不易直接测定。此时，可利用另一些酶的底物或产物可以直接、简便地检测的特性，将这些酶偶联到初始酶促反应体系中，使初始反应产物定量地转变为另一种可直接检测的产物，从而测定初始反应中的底物、产物或酶的活性，该方法称为酶偶联测定法。若一种酶偶联，这个酶即为指示酶（indicator enzyme）；若有两种酶偶联，则前一种酶称为辅助酶（auxiliary enzyme），后一种酶称为指示酶。例如，临床上测定血糖时，利用葡萄糖氧化酶将葡萄糖氧化为葡萄糖酸，并释放 H_2O_2，过氧化物酶催化 H_2O_2 与4-氨基安替比林及苯酚反应生成水和红色醌类化合物，测定红色醌类化合物在505nm处的吸光度，即可计算出血糖浓度。此反应中的过氧化物酶即为指示酶。

2. 标记酶　临床上可利用酶检测的敏感性对无催化活性的蛋白质进行检测。酶可以代替同位素与某些物质相结合，使该物质被酶标记。再通过测定酶的活性来检测被标记物质或与其定量结合的物质是否存在及其含量。目前应用最多的是酶联免疫测定法（enzyme - linked immunosorbent assays，ELISA）。该法是将标记酶与抗体偶联，形成抗体 - 酶复合物，可通过吸光度或荧光度的改变来检测酶催化生成的产物，从而对抗原或抗体的量做出检测。如样品中的抗原与抗体 - 酶复合物定量结合形成抗原 - 抗体 - 酶三元复合物，三元复合物中酶的活性就可以用于表示抗原的量。常用的标记酶有辣根过氧化物酶、碱性磷酸酶、葡萄糖氧化酶、β - D - 半乳糖苷酶等。

3. 工具酶　随着分子生物学的发展，限制性内切核酸酶、DNA 连接酶、逆转录酶、DNA 聚合酶等多种酶已作为工具酶应用于基因工程操作。如利用Ⅱ型限制性内切酶核酸具有高度特异性的特点，在分子水平对 DNA 进行定向切割。

（二）酶的分子工程

酶的分子工程是指用物理、化学或分子生物学方法对酶分子进行改造。

1. 抗体酶　具催化能力的免疫球蛋白称为抗体酶或催化抗体。抗体酶是将抗体的高度特异性与酶的高效催化性相结合的产物，其实质是一类在可变区被赋予酶活性的免疫球蛋白，是一种新型的人工酶制剂。

2. 酶工程　主要研究酶的生产、纯化、固定化技术、酶的修饰和改造以及在医药、工农业和理论研究等方面的应用，是把酶学基本原理与化学工程技术及基因重组技术结合而形成的新技术。

（1）固定化酶　酶在水溶液中不稳定，不可重复利用，也不易与产物分离，不利于产物的纯化。可将水溶性酶经物理或化学方法处理后，连接在载体（如凝胶、琼脂糖、树脂和纤维素）上形成固定化酶。固定化酶在催化反应中以固相状态作用于底物，并保持酶的特异性和催化的高效性，可使生产自动化和连续化，提高酶的使用效率，是近代酶工程技术的主要研究领域。

（2）人工模拟酶　是指在深入了解酶的结构和功能以及催化机制的基础上，模拟酶的催化功能，用化学半合成法或化学全合成法合成的人工酶催化剂。

（3）生物酶工程　是将酶学和以 DNA 重组技术为主的分子生物学技术相结合的产物，包括：对酶基因进行修饰、设计新酶基因以及采用基因工程技术大量生产酶等。

目标检测

答案解析

一、单项选择题

1. 下列关于结合酶的论述中，正确的是（　）

A. 酶蛋白与辅酶共价结合　　B. 酶蛋白具有催化活性
C. 酶蛋白决定酶的专一性　　D. 辅酶与酶蛋白结合紧密
E. 辅酶能稳定酶的分子构象

2. 下列关于酶活性中心的叙述中，正确的是（　）

A. 所有酶的活性中心都含有金属离子
B. 所有的抑制剂都作用于酶的活性中心
C. 所有的酶都有活性中心
D. 所有酶的活性中心都含有辅酶
E. 所有的必需基团都位于酶的活性中心

3. 患者，男，32 岁，中上腹痛伴恶心呕吐 4 天收住入院。4 天前出现中上腹痛，为持续性隐痛，伴有腰背部痛，呕吐 3 次，呕吐物为胃内容物。体格检查：体温 38.2℃，脉搏 128 次/分，血压 85/60mmHg，神志清楚，上腹或全腹压痛明显，并伴有腹肌紧张，反跳痛。肠鸣音减弱，并出现移动性浊音。实验室检查：白细胞 13.6×10^9/L［参考值（4～10）$\times 10^9$/L］，中性粒细胞 77.3%（参考值 50%～70%），尿淀粉酶 748U/L（参考值 0～500U/L）。诊断为急性胰腺炎。急性胰腺炎的主要生化机制可能是（　）的活性升高

A. 丙氨酸氨基转移酶　B. 胰蛋白酶　C. 乳酸脱氢酶
D. 碱性磷酸酶　E. 肌酸激酶

4. 影响酶促反应速率的因素不包括（　）

A. 底物浓度　B. 酶的浓度　C. 反应环境的 pH
D. 酶原的浓度　E. 反应温度

5. 下列物质中，参与体内一碳基团转移的是（　）

A. 硫辛酸　B. 吡哆醇　C. CoA
D. FH_4　E. 烟酸（烟酰胺）

6. 下列酶中，化学毒气路易士气中毒时受抑制的是（　）

A. 碳酸苷酶　B. 琥珀酸脱氢酶　C. 3－磷酸甘油醛脱氢酶
D. 含巯基酶　E. 胆碱酯酶

7. 酶能加快酶促反应的速率，是因为（　）

A. 向反应体系提供能量　B. 降低反应的自由能变化
C. 降低反应的活化能　D. 降低底物的能量水平
E. 提高产物的能量水平

二、简答题

1. 什么是同工酶？同工酶在临床实践中有何应用？
2. 什么是米氏方程？K_m 的意义是什么？
3. 列表比较三种可逆性抑制作用的特点。

（于立娟）

书网融合……

本章小结　微课　题库

第二篇
物质代谢及其调节

第五章　生物氧化

学习目标

1. **掌握**　生物氧化的概念与特点；体内重要呼吸链的组成、排列顺序及其作用；ATP 的生成方式。

2. **熟悉**　影响氧化磷酸化的因素；ATP 的利用与储存。

3. **了解**　确定呼吸链排列顺序的实验依据；非线粒体氧化体系。

4. 学会运用生物氧化的基础知识来处理 CO、氰化物、鱼藤酮等物质中毒的临床病例，具备判断生物氧化在不同生理状态下效率的能力。

第一节　概　述

PPT

一、生物氧化的基本概念

生物氧化（biological oxidation）是指糖、脂质、蛋白质等营养物质在生物体内氧化生成 H_2O、CO_2 并逐步释放能量的过程。生物氧化表现为摄取 O_2 并释放 CO_2，与肺组织吸入 O_2、呼出 CO_2 的过程相似，因而又称细胞呼吸或组织呼吸。在细胞的线粒体内、外均可进行物质的氧化，但氧化过程不同。线粒体内的物质氧化伴有 ATP 的生成；而线粒体外的物质氧化并不生成 ATP，主要与代谢物或药物、毒物的生物转化有关。

二、生物氧化的特点

生物氧化过程遵循氧化还原反应的一般规律。与体外氧化过程相比较，二者的化学反应（加氧、脱氢、失电子）、耗氧量、终产物和释放能量都相同，但表现形式和反应条件则有自身特点。

在体外，有机物氧化过程是分子中的碳和氢与空气中的氧在高温下直接化合生成 CO_2 和 H_2O，并以光和热的形式瞬间释放大量能量。

生物氧化是在细胞内的温和条件（pH 值近中性，温度约 37℃，水溶液）下，经过酶的催化而逐步进行的酶促反应。终产物 CO_2 由有机酸经脱羧反应而生成；H_2O 由有机物分子脱下的氢经一系列传递反应，最终与氧结合而生成。生物氧化过程中，能量逐步释放，使其得到最有效的利用。

三、生物氧化的一般过程

物质的氧化方式有加氧、脱氢、失电子，通过一系列的氧化分解反应，糖、脂、蛋白质等营养物质最终生成 CO_2 和 H_2O。其过程可以分为三个阶段：①营养物质转变为乙酰 CoA；②乙酰 CoA 进入三羧酸循环，脱氢生成 $NADH + H^+$ 和 $FADH_2$，并脱羧生成 CO_2；③$NADH + H^+$ 和 $FADH_2$ 经过呼吸链将成对氢原子（2H）传递给氧，生成 H_2O（图 5－1）。生物氧化过程中常见的加水脱氢反应使物质间接获得氧，并增加脱氢及产生更多还原当量（$NADH + H^+$，$FADH_2$）的机会。

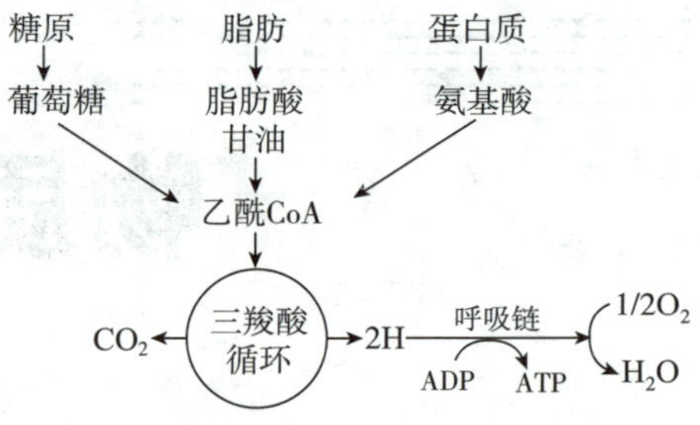

图 5－1　生物氧化的一般过程

1. 二氧化碳的生成　体内二氧化碳全部由代谢中间产物中的有机酸脱羧而生成。根据参与脱羧反应的羧基在有机酸分子中的位置，一般可将脱羧反应分为 α－脱羧和 β－脱羧。根据是否伴随氧化反应，脱羧反应可分为单纯脱羧和氧化脱羧。

2. 水的生成　代谢物脱下的 2H 通过呼吸链逐步传递，最终与氧结合产生 H_2O。

第二节　生成 ATP 的生物氧化体系

PPT

三大营养素氧化分解释放能量（ATP）的代谢过程主要发生在线粒体（mitochondrion）内膜上。线粒体的主要功能是氧化供能，相当于细胞的发电厂。线粒体由两层膜包被，由外至内可划分为线粒体外膜、线粒体膜间隙、线粒体内膜和线粒体基质四个功能区。

一、氧化呼吸链

（一）呼吸链的概念

呼吸链（respiratory chain）是由一组定位于线粒体内膜、排列有序的酶或辅酶所构成的氧化还原连锁反应体系，可将代谢物脱下的成对氢原子（2H）逐步传递，最终与氧结合生成水，由于这一过程与细胞呼吸作用有关，称呼吸链。其中，传递氢的酶或辅酶称为递氢体（hydrogen carrier），传递电子的则称为递电子体（electron carrier）。无论递氢体还是递电子体，都有传递电子的作用（$2H═2H^+ + 2e$），故呼吸链也称为电子传递链（electron transfer chain）。

（二）呼吸链的组成

1. 组成呼吸链的 4 种复合体　呼吸链中的多种成分，在体内以组装成复合体的形式分布于线粒体内膜。Hatefi 等用胆酸、脱氧胆酸等反复处理线粒体内膜，将呼吸链组分分离，得到 4 种仍具有传递电子功能的酶复合体（表 5－1，图 5－2）。

（1）复合体Ⅰ　又称 NADH－泛醌还原酶，含有以 FMN 为辅基的黄素蛋白，以及铁硫蛋白。复合体Ⅰ嵌于线粒体内膜，呈“L”形，一臂朝向基质，包括黄素蛋白和铁硫蛋白两部分；另一臂嵌于内膜，为疏水蛋白部分，也含 1 个铁硫蛋白。复合体Ⅰ接受基质中 $NADH + H^+$ 脱下的 2H，经 FMN、铁硫蛋白等传递至泛醌（又称辅酶 Q，CoQ）。每次电子传递过程偶联 4 个质子从内膜基质侧泵到胞质侧，所以复合体Ⅰ还具有质子泵的功能。

（2）复合体Ⅱ　又称琥珀酸－泛醌还原酶，镶嵌在内膜的内侧，含有以 FAD 为辅基的黄素蛋白以及铁硫蛋白和细胞色素（Cyt b_{560}）。底物如琥珀酸在琥珀酸脱氢酶的作用下脱氢，FAD 接受 H，经铁硫蛋白传递至泛醌。这个过程释放的自由能较小，不能将 H^+ 泵出内膜，因此，复合体Ⅱ没有质子泵的功能。

（3）复合体Ⅲ　又称泛醌－细胞色素 c 还原酶，含有 Cyt b_{562}、Cyt b_{566}、Cyt c_1，铁硫蛋白和其他多种蛋白。这些蛋白质不对称地分布在线粒体内膜上。泛醌接受复合体Ⅰ或复合体Ⅱ的 H，还原成二氢泛醌，二氢泛醌将电子通过铁硫蛋白传递给 Cyt c，被重新氧化成泛醌。每次电子传递过程偶联 4 个质子从内膜基质侧泵到胞质侧，所以复合体Ⅲ也具有质子泵的功能。

（4）复合体Ⅳ　即细胞色素 c 氧化酶，镶嵌在线粒体内膜中。电子从 Cyt c 通过复合体Ⅳ传递至氧，使 $1/2O_2$ 还原并与 H^+ 生成 H_2O，同时引起 H^+ 从基质转移至膜间隙。因此，复合体Ⅳ也具有质子泵的功能。

代谢物脱下的 2H 从复合体Ⅰ或复合体Ⅱ开始，经泛醌到复合体Ⅲ，再经 Cyt c 到复合体Ⅳ，最终转移 2 个电子给 $1/2O_2$。激活后的 O^{2-} 与基质中的 $2H^+$ 结合成水，伴随 H^+ 从基质转移至膜间隙，产生 H^+ 跨膜梯度而储存能量，形成跨膜电位，驱动 ATP 的生成。

表 5－1　人线粒体呼吸链复合体

复合体	酶名称	多肽链数	辅基	作用
复合体Ⅰ	NADH－泛醌还原酶	43	FMN，Fe－S	递氢：将 H^+ 和 e 由 NADH 传递给 CoQ
复合体Ⅱ	琥珀酸－泛醌还原酶	4	FAD，Fe－S	递氢：将 H^+ 和 e 由 $FADH_2$ 传递给 CoQ
复合体Ⅲ	泛醌－Cyt c 还原酶	11	铁卟啉，Fe－S	递电子：将 e 由 CoQ 传递给 Cyt c
复合体Ⅳ	Cyt c 氧化酶	13	铁卟啉，Cu	递电子：将 e 由 Cyt c 传递给 $1/2O_2$

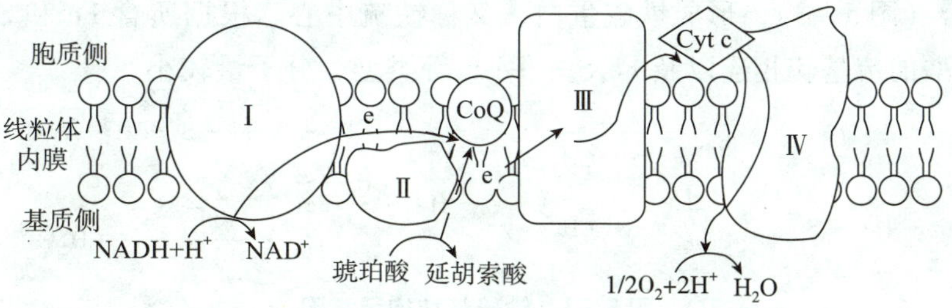

图 5－2　呼吸链组分在线粒体内膜上的定位

2. 组成呼吸链的主要成分及其作用　由上述 4 种复合体的组成可见，组成呼吸链电子传递体的主要成分有 NAD^+、黄素蛋白、铁硫蛋白、细胞色素、辅酶 Q 等。

（1）烟酰胺脱氢酶类　种类很多，所催化的底物多样，但辅酶均为 NAD^+ 或 $NADP^+$ 两种。NAD^+ 或 $NADP^+$ 的分子结构都含有功能部分——烟酰胺（VitPP）。烟酰胺中的吡啶氮为 5 价，能可逆性接受电子而变成 3 价氮，同时对位的碳原子较为活泼，能可逆性接受 1 个氢原子而还原，因此属于递氢体（同时能递电子）。

从代谢物分子（如三羧酸循环和脂肪酸 β－氧化过程中的大部分代谢物）中脱下的 2H（或 $H+H^++e$），吡啶环只能接受其中的 H 与 e，H^+ 则游离在介质中。因此，可将还原型的 NAD^+ 和 $NADP^+$ 分别写成 $NADH+H^+$（简写为 NADH）和 $NADPH+H^+$（简写为 NADPH）。反应如下：

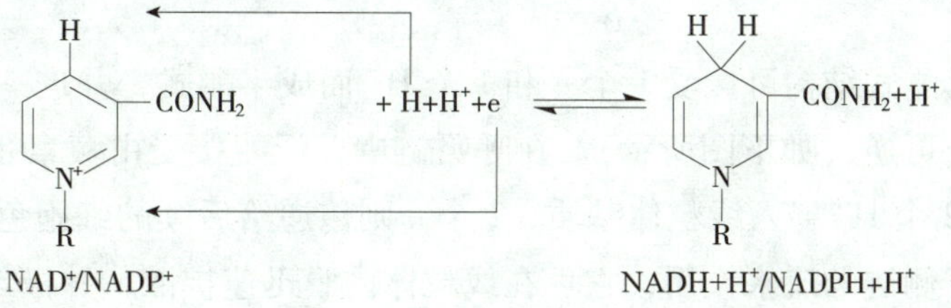

NAD^+ 又称为辅酶Ⅰ（CoⅠ），为多种不需氧脱氢酶的辅酶。另有多种脱氢酶的辅酶为 $NADP^+$，又称辅酶Ⅱ（CoⅡ），当 $NADP^+$ 被还原为 $NADPH + H^+$ 时，须经吡啶核苷酸转氢酶催化后将 H 转移给 $NADP^+$，再通过呼吸链传递。$NADPH + H^+$ 一般是为合成代谢或羟化反应提供氢。在呼吸链中，$NADH + H^+$ 将 2H 传递给后续传递体——黄素蛋白的辅基。

（2）黄素蛋白酶类（flavoprotein，FP） 种类很多，但辅基同样为两种：黄素单核苷酸（FMN）与黄素腺嘌呤二核苷酸（FAD）。两者均含核黄素（$VitB_2$）。FMN 和 FAD 分子中的异咯嗪部分可以进行可逆性脱氢加氢反应。代谢物由黄素蛋白酶催化后脱氢（2H），与异咯嗪环上的 1 位及 10 位的 2 个氮原子分别结合，形成 $FMNH_2$ 或 $FADH_2$，属于递氢体。反应如下：

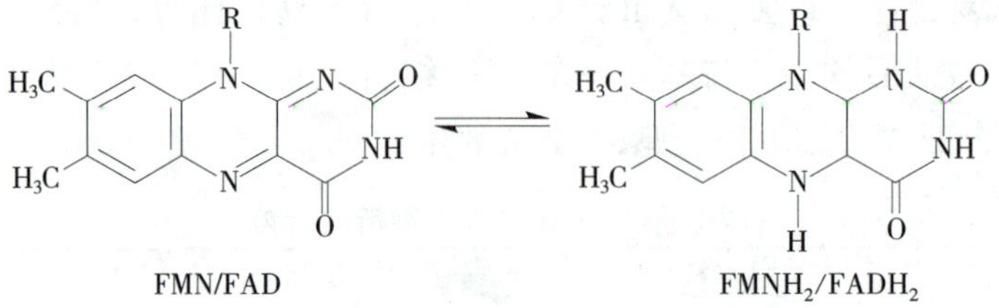

NADH 脱氢酶是黄素蛋白家族的一员，$NADH + H^+$ 将 2H 转移到 NADH 脱氢酶的辅基 FMN 上，使 FMN 还原为 $FMNH_2$，从而将 H 继续往下传递。另有一些脱氢酶以 FAD 为辅基，如琥珀酸脱氢酶、线粒体中的甘油磷酸脱氢酶、脂酰 CoA 脱氢酶等。

（3）铁硫蛋白类（iron－sulfur protein，Fe－S） 若干非血红素铁原子，与等量的无机硫原子结合，可形成铁硫簇（iron－sulfur cluster，Fe－S）。铁硫簇通过其中的铁原子与蛋白中半胱氨酸残基 SH 上的硫进行等量结合（图 5－3），形成铁硫蛋白，又称铁硫中心。根据所含 Fe 和 S 原子的数目，主要有单个 Fe 与半胱氨酸的巯基硫相连以及 Fe_4S_4、Fe_2S_2 等类型，分子量较小。

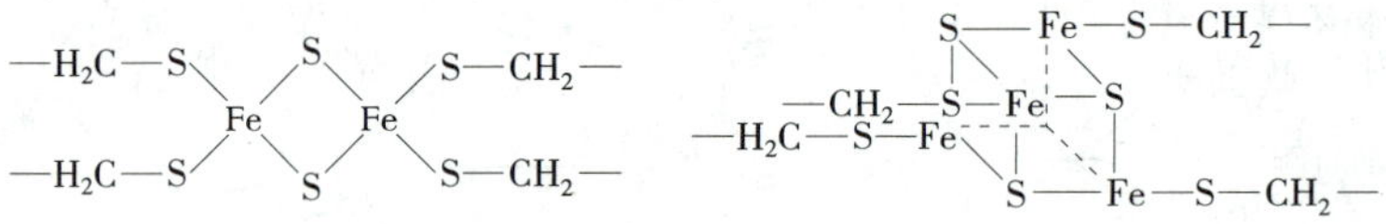

图 5－3 铁硫簇结构示意图

铁硫蛋白广泛分布于呼吸链各复合体中，与其他递氢体或递电子体结合成复合物，通过铁原子的价态变化（$Fe^{2+} \rightleftharpoons Fe^{3+} + e$）能可逆地进行氧化还原反应，将 H 从 $FMNH_2$ 或 $FADH_2$ 中脱下，传递给泛醌。在复合体Ⅰ中，铁硫蛋白将 $FMNH_2$ 中的电子传递给泛醌；在复合体Ⅱ中，将 $FADH_2$ 的电子传递给泛醌。此外，复合体Ⅲ也含有铁硫蛋白，参与传递电子。

（4）泛醌（ubiquinone，UQ 或 Q） 因广泛存在于生物界并具有醌的结构而得名，又称辅酶 Q（CoQ）。泛醌的 6 位碳上带有由若干（n）个异戊烯单位构成的疏水长侧链，异戊烯单位的数目随生物来源的不同而相异，如人体内的泛醌侧链有 10 个异戊烯单位（$n=10$），用 Q_{10} 表示，结构如下：

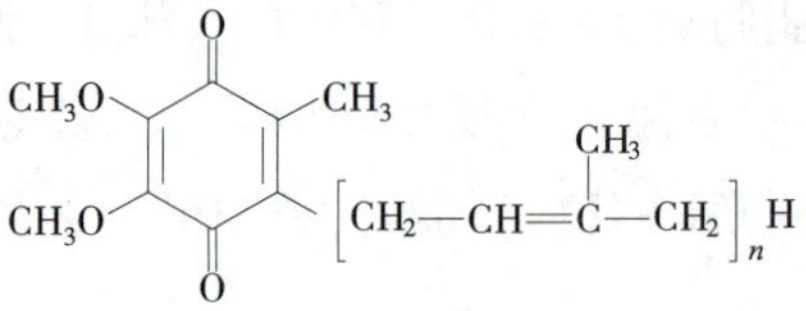

泛醌属于递氢体，其醌式结构可接受 1 个 e 和 1 个 H^+ 而成半醌式，并进一步接受 1 个 e 和 1 个 H^+ 还原成二氢泛醌，该反应可逆（如下图所示）。在呼吸链中，泛醌接受由黄素蛋白与铁硫蛋白传递来的 2H（$2H^+ + 2e$）后，将 2 个 H^+ 释入线粒体基质，2 个 e 则传递给后续的细胞色素。

泛醌为脂溶性，由于侧链的疏水作用，它可在线粒体内膜迅速扩散，并极易分离，游离存在于线粒体内膜中。

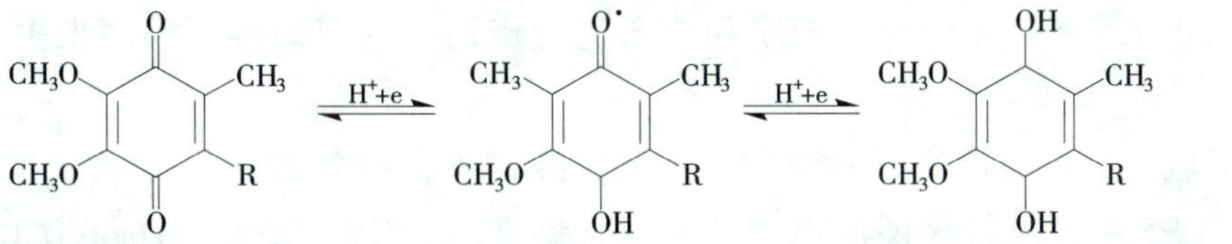

（5）细胞色素类（cytochrome，Cyt） 细胞色素有特殊的吸收光谱，因而得名，是一类以铁卟啉（ferriporphyrin）为辅基的色素蛋白酶，通过铁离子变价接受由泛醌下传的电子并传递到氧。根据吸收光谱的不同，细胞色素可分为三类：即细胞色素 a、b、c，每一类又因其最大吸收峰的微小差别再分为亚类，如 Cyt a 又有 Cyt a、Cyt a_3 等之别。Cyt b 在呼吸链中有 3 种形式，Cyt b_{560}、Cyt b_{562}、Cyt b_{566}。Cyt c 又分为 Cyt c、Cyt c_1 等。其中，Cyt b 和 Cyt c_1 存在于复合体Ⅲ中，Cyt a、Cyt a_3 存在于复合体Ⅳ中。Cyt c 与线粒体内膜外表面疏松结合。

各种细胞色素的主要差别是铁卟啉环侧链以及卟啉环与蛋白质的连接方式（图 5-4）。Fe 位于卟啉的中心，构成血红素（heme）。在呼吸链中，细胞色素依靠卟啉环中铁的价态变化（$Fe^{3+} \rightleftharpoons Fe^{2+}$）而发挥传递电子的作用，为单电子传递体。

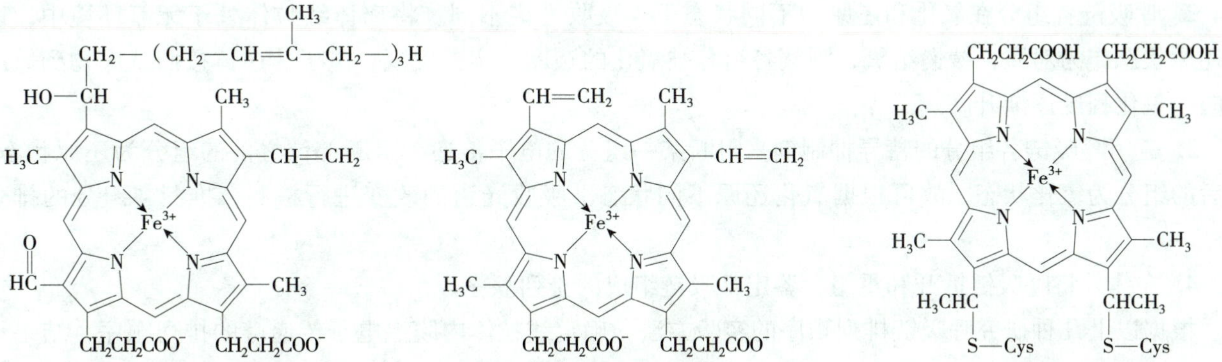

Cyt a_3 的铁原子还保留了一个配位键，其功能是在 Cyt c 和 O_2 之间传递电子，与 $1/2O_2$ 结合并将电子传递给 $1/2O_2$。但该配位键也能和一氧化碳、氰化物等结合，使 Cyt a_3 失去还原氧的能力，阻断 H_2O 的生成，导致机体因不能利用氧而窒息死亡。

Cyt a 与 Cyt a_3 结合紧密，也称 Cyt aa_3（细胞色素 c 氧化酶）。Cyt aa_3 除含 2 个铁卟啉辅基外，还含有 2 个参与传递电子的铜离子（$Cu^+ \rightleftharpoons Cu^{2+}$）。两个铁卟啉辅基和两个铜离子（$Cu_A$、$Cu_B$）共同构成 Cyt aa_3 的活性中心。Cyt aa_3 在呼吸链中传递电子的顺序如下：Cyt c 将 Cyt c_1 传递来的电子交给 Cyt a - Cu_A，向下传递给 Cyt a_3 - Cu_B，最后传递给 $1/2O_2$，形成 O^{2-}，再与 $2H^+$ 化合生成 H_2O。

各种 Cyt 类成员在呼吸链的电子传递过程中发挥极为重要的作用，而且排列有序，电子依次沿着 Cyt b→ Cyt c_1→ Cyt c→ Cyt aa_3→O_2 进行传递。其过程见图 5-4。

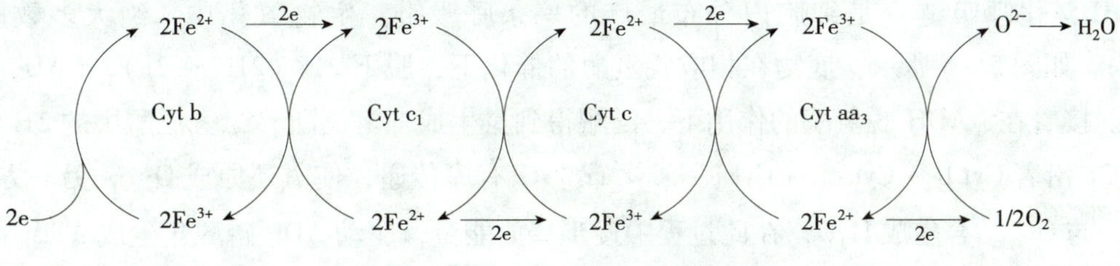

图 5-4 Cyt 系统传递电子的过程

（三）呼吸链中各传递体的排列顺序

呼吸链中，各组分严格按照一定的顺序和方向进行排列，它们的排列顺序根据不同实验结果推断而来。

1. 电子按从低电位向高电位的方向流动，因此，测定呼吸链各组分的标准氧化还原电位，按从低到高的顺序排列（表5-3）。氧化还原电位（$E^{0'}$），即在pH 7.0、25℃、1mol/L底物浓度的条件下，指示电极和标准氢电极构成的化学电池的测定值。数值越低，则物质失去电子的倾向越大，还原性更强，处于呼吸链的前列。在呼吸链中，$NAD^+/NADH$的$E^{0'}$最小，O_2/H_2O的$E^{0'}$最大。

表5-3 呼吸链中各种氧化还原对的标准氧化还原电位

氧化还原对	* $E^{0'}$（V）	氧化还原对	* $E^{0'}$（V）
$NAD^+/NADH+H^+$	-0.32	Cyt c_1 Fe^{3+}/Fe^{2+}	0.22
$FMN/FMNH_2$	-0.30	Cyt c Fe^{3+}/Fe^{2+}	0.25
$FAD/FADH_2$	-0.06	Cyt a Fe^{3+}/Fe^{2+}	0.29
Cyt b Fe^{3+}/Fe^{2+}	0.04（或0.10）	Cyt a_3 Fe^{3+}/Fe^{2+}	0.55
$Q_{10}/Q_{10}H_2$	0.07	$1/2O_2/H_2O$	0.82

* $E^{0'}$表示在pH=7.0、25℃、1mol/L底物浓度条件下测得的标准氧化还原电位。

2. 呼吸链各组分在氧化和还原的不同状态下，吸收光谱不同。将离体线粒体处于无氧环境中，以此还原状态作为对照，缓慢给氧，观察各组分被氧化的顺序。实验发现，电子传递体按照从底物到氧的方向，氧化程度逐渐升高。

3. 应用呼吸链各组分的特异抑制剂来阻断某一组分的电子传递，阻断部位之前的组分为还原状态，之后的组分为氧化状态，故可根据氧化还原不同状态下吸收光谱的改变进行检测，推断各组分的排列顺序。

4. 在体外将呼吸链拆开和重组，鉴定呼吸链组成的排列顺序。

根据以上几种研究呼吸链排列顺序的实验方法，确定线粒体内膜上电子传递链的排列顺序，结果见图5-5。

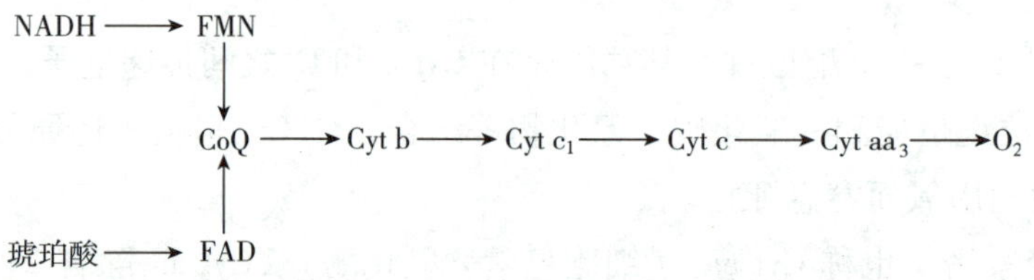

图5-5 电子传递链的排列顺序

（四）主要呼吸链的类型

根据呼吸链各传递体的排列顺序，确定线粒体内的主要呼吸链有两条，即NADH呼吸链和$FADH_2$呼吸链。

1. NADH氧化呼吸链 是细胞内分布最广的一条呼吸链。生物氧化中，绝大多数脱氢酶都以NAD^+为辅酶。如图5-6所示，底物在相应脱氢酶的催化下，脱下2H（$2H^+ + 2e$），NAD^+接受氢生成$NADH+H^+$。接着在NADH脱氢酶的作用下，泛醌得到氢生成二氢泛醌；二氢泛醌中的2H解离为$2H^+$与2e，其中2e沿着Cyt b→ Cyt c_1→ Cyt c→ Cyt aa_3→O_2有序传递，使氧还原成O^{2-}，另一方面，$2H^+$游离于介质中，与O^{2-}结合生成H_2O，在此过程中逐步释放能量，驱动ADP磷酸化生成ATP。每2个H经过NADH呼吸链可生成2.5分子ATP。在线粒体内，由三大营养物质代谢产生的$NADH+H^+$都是经过

NADH 氧化呼吸链来传递氢和电子并合成 ATP 的。

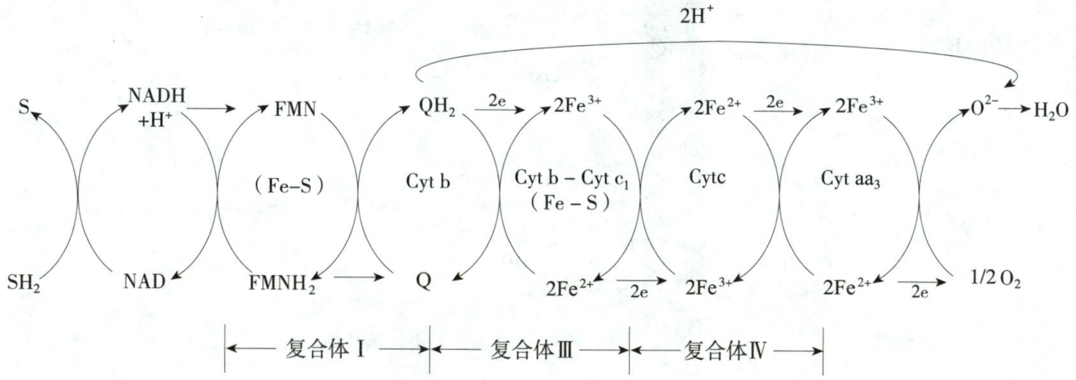

图 5-6 NADH 氧化呼吸链

2. $FADH_2$氧化呼吸链（琥珀酸氧化呼吸链） 部分代谢物如琥珀酸、α-磷酸甘油、脂酰 CoA 等，它们相应的脱氢酶以 FAD 为辅基。如图 5-7 所示，代谢物经催化脱下的 2H 交给 FAD 生成 $FADH_2$，再将氢传给泛醌，生成二氢泛醌。之后传递氢和电子的过程与 NADH 氧化呼吸链相同。每 2 个 H 经过 $FADH_2$呼吸链可生成 1.5 分子 ATP（图 5-7）。

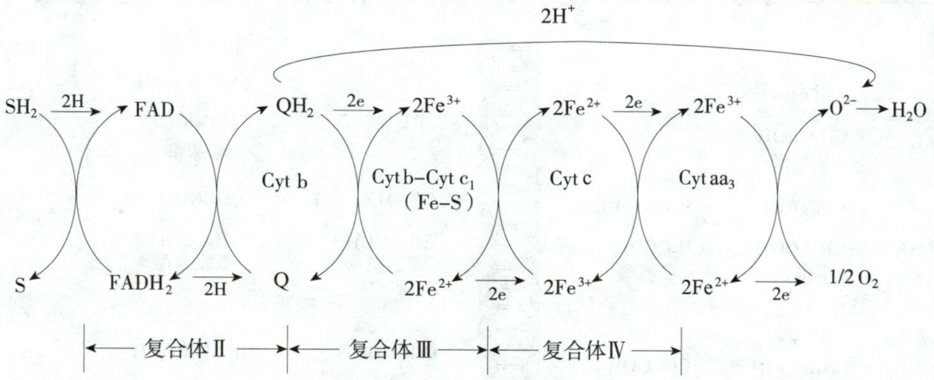

图 5-7 $FADH_2$ 氧化呼吸链

二、细胞质中 NADH 的氧化 微课

如前所述，线粒体内膜对物质的通过有严格选择性。线粒体内生成的 NADH 可直接通过电子传递链进行氧化。但有些物质的脱氢反应在细胞质中进行，所生成的 NADH 则不能自由透过线粒体内膜，因此，线粒体外 NADH 所携带的氢必须通过某种转运机制进入线粒体，再经呼吸链氧化。这种转运机制主要有α-磷酸甘油穿梭和苹果酸-天冬氨酸穿梭。

1. α-磷酸甘油穿梭（glycerophosphate shuttle） 如图 5-8 所示，线粒体外的 NADH 被胞质中的α-磷酸甘油脱氢酶催化，将 2H 转移给胞质中的磷酸二羟丙酮，使其还原成α-磷酸甘油，后者通过线粒体外膜进入线粒体基质，再经位于线粒体内膜表面的α-磷酸甘油脱氢酶催化脱氢生成磷酸二羟丙酮和 $FADH_2$，前者回到胞质中继续进行穿梭，而 $FADH_2$ 则进入琥珀酸氧化呼吸链，生成 1.5 个 ATP。α-磷酸甘油穿梭主要发生在脑和骨骼肌组织中。因此，在这些组织的糖酵解过程中，由 3-磷酸甘油醛脱氢产生的 $NADH+H^+$ 可通过α-磷酸甘油穿梭进入线粒体，1 分子葡萄糖彻底氧化可生成 30 分子 ATP。

2. 苹果酸-天冬氨酸穿梭（malate-asparate shuttle） 又称苹果酸穿梭。如图 5-9 所示，胞质中的 NADH 受苹果酸脱氢酶催化，使草酰乙酸接受 2H 还原成苹果酸，苹果酸通过线粒体外膜，由内膜

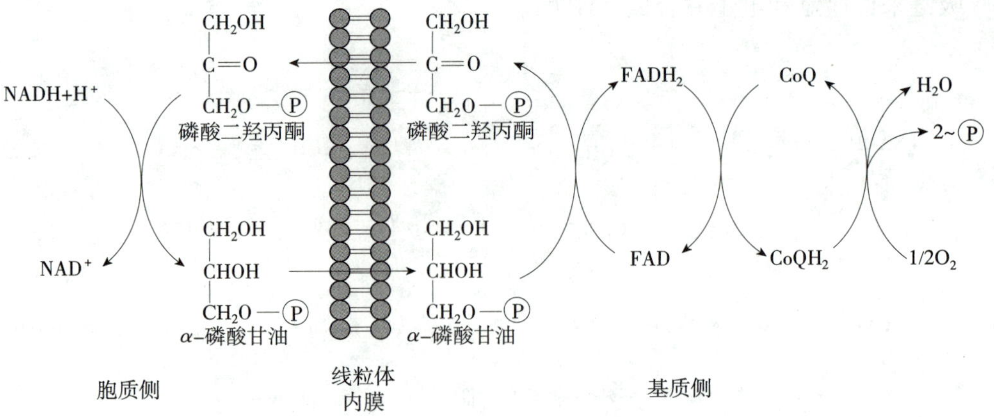

图 5-8　α-磷酸甘油穿梭

上的 α-酮戊二酸转运蛋白载入线粒体，在线粒体内，苹果酸由苹果酸脱氢酶催化重新生成草酰乙酸和 NADH。NADH 进入 NADH 氧化呼吸链，生成 2.5 个 ATP。线粒体内生成的草酰乙酸经天冬氨酸氨基转移酶的作用生成天冬氨酸，天冬氨酸由酸性氨基酸转运蛋白运至胞质再转变成草酰乙酸，继续进行穿梭。这种循环机制主要存在于心肌和肝脏组织中。因此，在这些组织的糖酵解过程中，由 3-磷酸甘油醛脱氢产生的 $NADH + H^+$ 可通过苹果酸穿梭进入线粒体，1 分子葡萄糖彻底氧化可生成 32 分子 ATP。

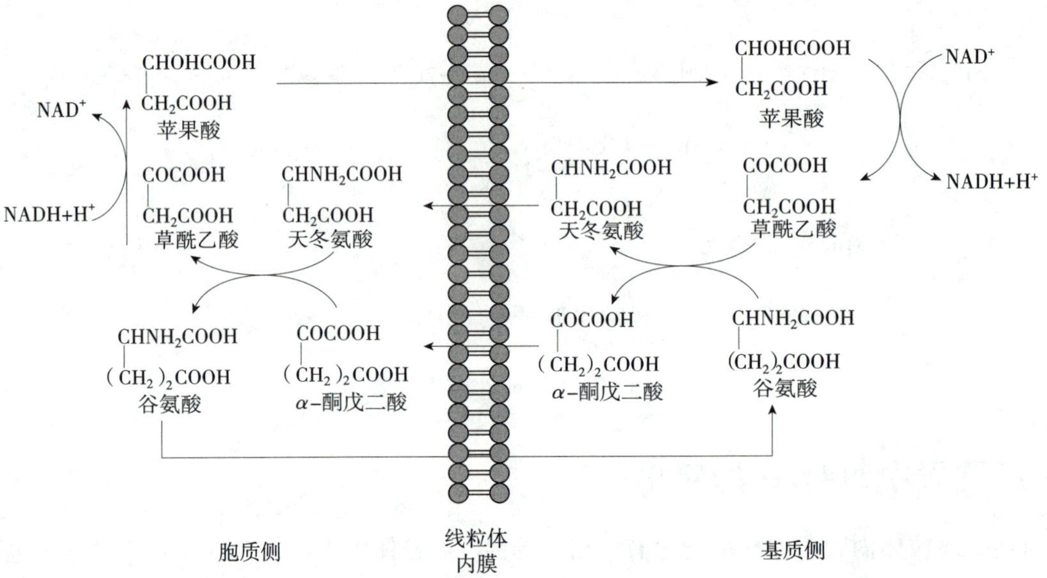

图 5-9　苹果酸-天冬氨酸穿梭

第三节　ATP 的生成、利用与储存

PPT

ATP 是体内主要的高能化合物，在能量代谢中起关键作用。营养物经过生物氧化所释放的能量，约有 40% 以化学能的形式储存在高能化合物中，这些能量逐步释放，满足呼吸、运动、神经传导等各种生命活动所需；剩余约 60% 的能量以热能形式散发，维持机体体温。

一、高能化合物和高能磷酸化合物

营养物分解氧化时释放出来的一部分能量，以化学能的形式储存在某些特殊的有机磷酸酯或硫酯类化合物中。这些化合物可按能量高低分为两类：如果其中所含酯键较稳定，水解时释放的能量低于20.9kJ/mol，称低能化合物；另一类化合物的酯键不稳定，水解时释放的能量为30～60kJ/mol。一般将水解时释放能量大于20.9kJ/mol的有机磷酸酯或硫酯类化合物统称为高能化合物，其中所含的磷酸酯键称为高能磷酸键，硫酯键称为高能硫酯键，一般用符号“～”表示。但这种名称并不完全恰当，因为酯键水解时所释放的能量实际上是整个化合物释放的能量，而化合物水解时所能释放的自由能取决于化合物的整体分子结构以及反应系统中各组分的实际情况；另外，在物理化学上所说的“高能键”是指该键断裂时需要大量能量，键能越高，该键越稳定。此名称虽不够确切，但在解释生物化学反应时较为方便实用，因而在生物化学中仍沿用它。

高能化合物分为高能磷酸化合物与高能硫酯化合物。常见的高能化合物见表5－4。

表5－4 几种常见的高能化合物

通式	高能化合物	在pH 7.0、25℃条件下释放能量［kJ/mol（kcal/mol）］
R—C(=NH)—NH～PO_3H_2	磷酸肌酸	－43.9（－10.5）
R—C(=CH_2)—O～PO_3H_2	磷酸烯醇式丙酮酸	－61.9（－14.8）
R—C(=O)—O～PO_3H_2	乙酰磷酸	－41.8（－10.1）
R—P(=O)(OH)—O～PO_3H_2	ATP、GTP、UTP、CTP	－30.5（－7.3）
R—C(=O)～SCoA	乙酰CoA	－31.4（－7.5）

二、ATP的生成

细胞内ATP的生成方式主要有以下两种。

（一）底物水平磷酸化

底物水平磷酸化（substrate level phosphorylation）是指分解代谢时，底物因脱氢、脱水等作用而使能量在分子内部重新分布，形成高能磷酸化合物，然后直接将高能磷酸基团转移给ADP（或GDP）而形成ATP（或GTP）的过程。可参见糖代谢章节。

（二）氧化磷酸化

氧化磷酸化（oxidative phosphorylation）在生物氧化过程中，代谢物脱氢经呼吸链氧化生成水时，释放出能量以偶联ADP磷酸化生成ATP的过程。如图5－10所示，氧化过程释放能量，由ADP生成ATP则吸收能量。在生物体内，两个过程偶联进行，能提高产能效率。因此氧化磷酸化是细胞内ATP生成的主要方式，约占ATP生成总数的80%。

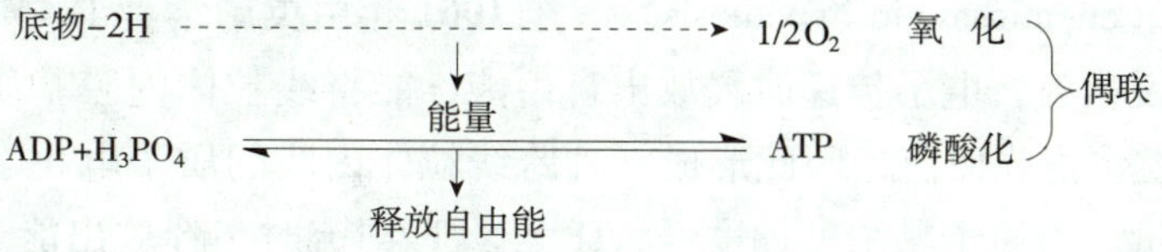

图5－10 氧化磷酸化示意图

1. 氧化磷酸化的偶联部位 氧化磷酸化的偶联部位，即偶联生成 ATP 的部位可通过实验大致测定。

（1）P/O 比值 研究氧化磷酸化最常用的方法是测定线粒体的磷、氧消耗比，即 P/O 比值。P/O 比值指每消耗 1 摩尔氧原子所消耗的无机磷的摩尔数，即合成 ATP 的摩尔数，也可以看作一对电子通过呼吸链传至 O_2所产生的 ATP 分子数。应用离体线粒体实验，使底物、ADP、H_3PO_4、Mg^{2+}和分离得到的线粒体在模拟细胞质的环境中相互作用，分别测定氧和无机磷（或 ADP）的消耗量，即可计算出 P/O 比值。

在离体线粒体实验体系中，加入不同底物测定 P/O 比值，能大致推导出氧化磷酸化的偶联部位（表 5－5）。如 β－羟丁酸经 NADH 呼吸链氧化，实验测得 P/O 比值最大（约 2.5），即可能生成 2.5 分子 ATP；而琥珀酸氧化时，测得其 P/O 值约为 1.5。琥珀酸氧化直接经 FAD 进入泛醌，因此表明在 NADH～CoQ 之间存在偶联部位。维生素 C 氧化时 P/O≈1，与还原型 Cyt c 氧化时的 P/O 比值接近，但维生素 C 通过 Cyt c 进入呼吸链，而还原型 Cyt c 则经过 Cyt aa_3被氧化，表明在 Cyt aa_3～ O_2之间也存在偶联部位。β－羟丁酸、琥珀酸和还原型 Cyt c 氧化时 P/O 比值的比较表明，在 CoQ～Cyt c 之间存在另外一个偶联部位。因此，NADH 氧化呼吸链存在三个偶联部位，琥珀酸氧化呼吸链存在两个偶联部位。

表 5－5 不同底物的线粒体离体实验测得的 P/O 比值

底物	呼吸链的组成	P/O 比值	生成 ATP 数
β－羟丁酸	NAD→FMN→CoQ→Cyt→O_2	2.4～2.8	2.5
琥珀酸	FAD→CoQ→Cyt→O_2	1.7	1.5
抗坏血酸	Cyt c→Cyt aa_3→O_2	0.88	1
Cyt c（Fe^{2+}）	Cyt aa_3→O_2	0.61～0.68	1

（2）自由能变化 呼吸链中有 3 个阶段（即 NAD^+→CoQ，CoQ →Cyt c，Cyt aa_3→$1/2O_2$）存在较大的氧化还原电位差，分别为 0.36V、0.21V、0.53V。

在电子传递过程中，自由能变化（$\Delta G^{0'}$）与电位变化（$\Delta E^{0'}$）的关系为：

$$\Delta G^{0'} = -nF\Delta E^{0'}$$

$\Delta G^{0'}$表示 pH 7.0 时的标准自由能变化；n 为传递电子数；F 为法拉第常数［96.5kJ/(mol · V)］。

由此计算，3 个阶段的自由能变化分别约为 52.1、40.5、102.3kJ/mol，而生成每分子 ATP 约需能 30.5kJ/mol，可见以上 3 处所释放的能量均足够合成 1 分子 ATP，是 ATP 的偶联部位。（其中第三阶段释放的自由能在数值上虽够生成 3 分子 ATP，但实验证明这一阶段亦仅生成 1 分子 ATP）。

由以上实验数据推断：NADH 氧化呼吸链有 3 个偶联生成 ATP 的部位，而琥珀酸氧化呼吸链由于不经过 NAD～FMN 的传递，只有 2 个偶联生成 ATP 的部位。呼吸链中形成 ATP 的偶联部位如图 5－11 所示。

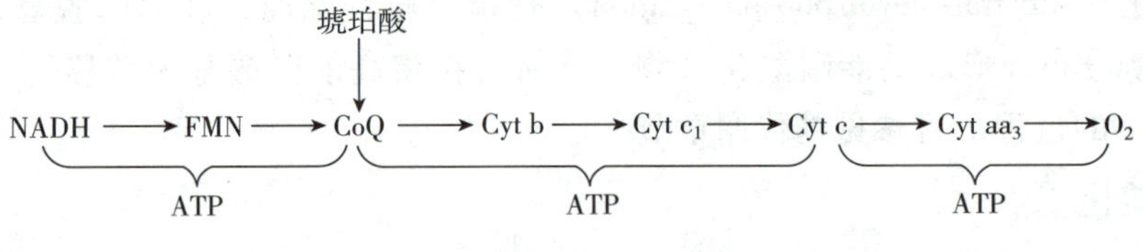

图 5－11 呼吸链形成 ATP 的偶联部位

2. 氧化磷酸化的偶联机制 NADH 的氧化如何与 ADP 磷酸化发生偶联，驱动 ADP 磷酸化形成 ATP？能量如何进行转移？科学家提出诸多假说，其中，化学渗透假说得到普遍承认。

（1）化学渗透学说（chemiosmotic hypothesis） 于 1961 年由英国学者 P. Mitchell（于 1978 年获诺贝尔化学奖）提出。假说认为，电子传递时释放出自由能，能将线粒体内膜基质侧的质子泵到膜间隙，而质子不能自由通过线粒体内膜回流，因此形成一种跨线粒体内膜的质子电化学梯度（H^+浓度梯度和跨膜电位差）以储存能量。当质子顺浓度梯度经 ATP 合酶 F_0回流时，释放出能量用以驱动 ADP 磷酸化生成 ATP，同时跨膜的电化学梯度消失。

实验提示：电子传递链在线粒体内膜上交替排列，复合体Ⅰ、Ⅲ、Ⅳ共构成3个回路，均有质子泵的作用，能将质子从线粒体基质泵出到膜间隙。首先NADH提供1个H^+和2e，加上线粒体基质内1个H^+，使FMN还原成$FMNH_2$。$FMNH_2$向膜间隙侧脱下2个H^+，剩余的2e则用于还原铁硫簇。第二个回路中，泛醌将募集到的基质内的2个H^+和2个电子传递给复合体Ⅲ后，通过"Q循环"（Q cycle）实现电子传递。"Q循环"本质上是发生在双电子携带体的泛醌和单电子携带体（Cyt b_{562}、Cyt b_{566}、Cyt c_1）之间的一系列电子转移反应。首先铁硫簇释放2e，2e与基质内的2个H^+被传递给泛醌，使泛醌还原成二氢泛醌（QH_2）。QH_2在膜脂质内流动，移动至膜间隙时释放2个H^+，并将2e传递给复合体Ⅲ，其中一个e交给Cyt c_1，依次通过复合体Ⅲ的Fe-S、Cyt c_1、Cyt c以及复合体Ⅳ的Cyt aa_3，传递给氧，最终O^{2-}与基质内的$2H^+$生成H_2O；另一个e交给Cyt b，传至基质侧的另外一分子泛醌，该泛醌同时从基质侧获得2个H^+，又被还原成QH_2。该QH_2再将2个H^+泵至膜间隙（图5-12）。

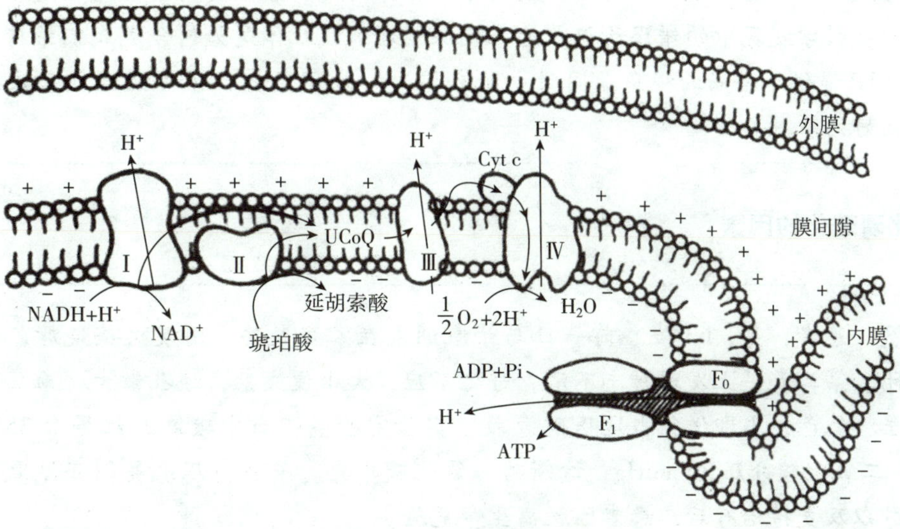

图5-12 氧化磷酸化机制

（2）ATP合酶（ATP synthase） 主要由F_1（亲水部分）和F_0（疏水部分）连接组成（图5-13）。F_1位于线粒体内膜基质侧，形成颗粒状突起，主要由$\alpha_3\beta_3\gamma\delta\varepsilon$亚基复合体和寡霉素敏感蛋白（oligomycin sensitive conferring protein，OSCP）等亚基组成。其中，β亚基中存在催化基团，当β亚基与α亚基结合后才具有活性，能催化ATP合成。γ亚基的主要作用是控制质子的通过。F_0嵌于线粒体内膜上，由a1、b2、c9~c12亚基组成。其中，c亚基与a亚基等构成允许H^+通过的质子通道。当H^+顺浓度梯度经F_0的质子通道回流时，F_1的γ亚基发生旋转，引起β亚基变构，利于结合ADP和Pi，生成ATP并释放ATP循环结合ADP，进行下一轮的ATP合成。

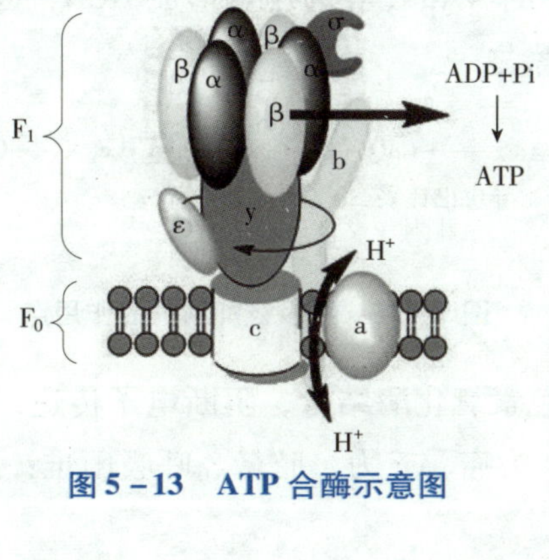

图5-13 ATP合酶示意图

知识链接

清华大学杨茂君教授团队首次获得了高等生物 ATP 合酶的完整结构

ATP 合酶（又称 F_0F_1 - ATP 酶或复合物Ⅴ），是人类线粒体内最重要的分子机器，负责将由生物外界摄入的食物中的能量转化到机体细胞所能利用的 ATP 分子中去。在近六十年的研究过程中，科学家初步揭开了这一重要分子机器的神秘面纱，普遍认为此类分子机器可以在线粒体内膜形成的嵴上以多聚二聚体的形式呈现双排线状排布。2019 年 6 月，清华大学杨茂君教授团队突破性地发现并解析了哺乳动物 ATP 合酶四聚体的构成形式和高分辨率结构，提出了细胞内调控 ATP 合酶的分子机制，为进一步理解哺乳动物 ATP 合酶的亚基组成、调控机制及其对线粒体形态的影响等提供了重要的结构基础。

这一研究成果不仅首次发现、鉴定并解析了线粒体内这一最重要的蛋白超级复合物的完整结构，修正了以往科学发现中的错误认识，为人们深刻理解线粒体是如何合成我们维持生命所必需的能量分子 ATP 提供了全新的视角，同时也为我们进一步研究线粒体呼吸链相关疾病的预防和治疗打下了良好的基础。

3. 影响氧化磷酸化的因素

案例引导

临床案例 患者，男，63 岁。前一日与亲戚朋友在家里聚餐，用炭火锅烧烤，由于天气寒冷，门窗紧闭。第二天早上发现神志不清，呼之不应，大小便失禁，瞳孔散大，血压下降，呼吸微弱，口唇呈樱红色，当即送往当地医院急救。实验室检查：血中碳氧血红蛋白 35%，血氧分压 12.6kPa，二氧化碳分压 30mmHg。诊断为一氧化碳中毒。采用高压氧舱纠正缺氧、20% 甘露醇防治脑水肿以及支持治疗后，患者已脱离生命危险。

讨论 1. 一氧化碳中毒的生化机制是什么？

2. 如何运用科学知识指导日常生活？

（1）呼吸链抑制剂（respiratory chain inhibitory） 通过阻断呼吸链中某些部位氢与电子的传递而发挥作用（图 5 - 14）。如麻醉药异戊巴比妥（amobarbital）、杀虫药鱼藤酮（rotenone）等与复合体Ⅰ中的铁硫蛋白结合，阻断电子传递；抗霉素 A（antimycin A）、二巯基丙醇（dimercaptopropanol）抑制复合体Ⅲ中 Cyt b 与 Cyt c_1之间的电子传递；氰化物（CN^-）、叠氮化物（N_3^-）、一氧化碳和硫化氢等抑制细胞色素氧化酶，电子不能正常传递给氧，导致呼吸链中断。此时即使氧供充足，细胞也不能有效利用，造成组织呼吸停顿。如装饰材料中的 N 和 C 经高温可形成 HCN，因此，火灾中除了因燃烧不完全造成 CO 浓度增高外，CN^- 也是致命因素之一。

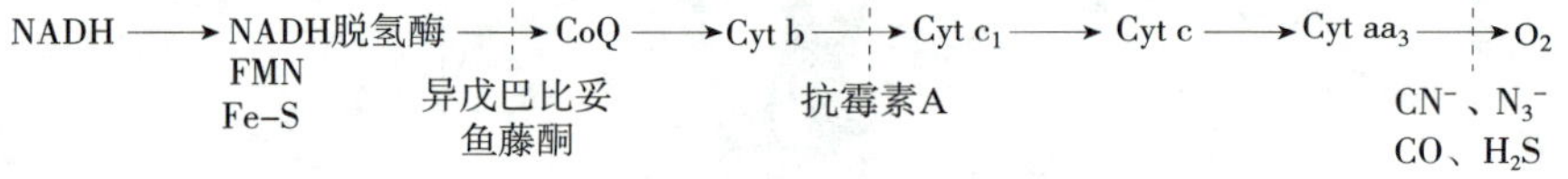

图 5 - 14 呼吸链抑制剂的作用点

CO 中毒后，由于 CO 与细胞色素氧化酶结合，阻断电子传递，使细胞呼吸中断，导致能量代谢障碍，患者主要出现缺氧表现，轻者头痛、乏力、眩晕、呼吸困难；严重时出现恶心、呕吐、意识昏迷，典型体征为口唇樱桃红色。如果重度缺氧或者未得到及时救治，可出现深度昏迷、脑水肿、呼吸抑制甚至死亡。诊断时根据 CO 接触史、皮肤黏膜樱桃红色等体征，血液碳氧血红蛋白、血氧分压等生化指标，结合脑电图等可以做出明确诊断。在明确病因后，主要救治方式是脱离高浓度 CO 环境，纠正缺氧，并根据症状及并发症进行对症治疗，如防治脑水肿、促进神经细胞代谢等治疗。

（2）解偶联剂（uncoupler）　基本作用机制是抑制呼吸链中的 H^+ 经 ATP 合酶的 F_0 质子通道回流，质子只能通过内膜其他途径返回基质，破坏了质子的跨膜电化学梯度，使电化学梯度中储存的能量不能正常驱动 ATP 的合成，而以热的形式散发。即解偶联剂能解离氧化与磷酸化之间的偶联过程，故而得名。在解偶联剂的作用下，线粒体仍有氧的消耗，但磷酸化过程被破坏，会抑制 ATP 的生成。2,4－二硝基苯酚（DNP）是最常见的解偶联剂，由于它是一种脂溶性物质，能在线粒体内膜中自由移动，在线粒体胞质侧结合 H^+，在基质侧释放 H^+，从而降低或消除 H^+ 的跨膜电化学梯度，抑制 ADP 磷酸化生成 ATP。传统中药甘草中的成分——甘草次酸也是氧化磷酸化的解偶联剂。

生理状态下，新生儿皮下存在的棕色脂肪组织含有大量线粒体，这种线粒体的内膜有解偶联蛋白（uncoupling protein），H^+ 通过解偶联蛋白所形成的质子通道从内膜自由返回基质，并释放热能，所以新生儿能通过棕色脂肪组织产热御寒。病理状态下，由于缺乏棕色脂肪组织，新生儿不能维持正常体温而引起皮下脂肪凝固，称新生儿硬肿症。某些病毒或细菌能产生解偶联剂，使氧化作用释放的能量较多地以热能形式散发，所以在罹患感冒或某些传染性疾病时体温会升高。

（3）ATP 合酶抑制剂　能同时抑制电子传递和 ADP 磷酸化过程。如寡霉素（oligomycin）结合于 F_1 单位的 OSCP 并使其失活，二环己基碳二亚胺（dicyclohexyl carbodiimide，DCCP）共价结合 F_0 的 c 亚基上的谷氨酸残基，二者均阻断 H^+ 从 F_0 质子通道回流，抑制 ATP 合成。

（4）ADP　在生理状态下，ADP 或 ADP/ATP 比值是调节氧化磷酸化的主要因素。当 ATP 消耗增加，ADP 浓度升高，转运入线粒体后加快氧化磷酸化速率。当 ADP 浓度下降时，氧化磷酸化速率减慢。这种调节作用使得 ATP 生成速率能更好地适应机体生理需求。

（5）甲状腺激素　能诱导细胞膜 Na^+,K^+－ATP 酶的表达，使 ATP 加速分解为 ADP 和无机磷，ADP 增多则促进氧化磷酸化。三碘甲状腺原氨酸（triiodothyronine，T_3）还能增强解偶联蛋白基因表达。因此，甲状腺激素促使物质氧化分解，增加机体耗氧量和产热量。甲状腺功能亢进患者常出现基础代谢率（basal metabolic rate，BMR）增高如怕热、心率加速、易出汗等症状。

（6）线粒体 DNA 突变　线粒体是直接利用氧气产生能量的部位，同时也不断受到氧毒性（如活性氧自由基）的伤害。同时，线粒体 DNA（mitochondrial DNA，mtDNA）为独立于染色体 DNA 体系之外的裸露环状双链结构，缺乏保护和损伤修复系统，因而易受本身氧化磷酸化过程中产生的氧自由基的损伤而发生突变。人的 mtDNA 含 37 个编码基因，编码呼吸链复合体Ⅰ中的 7 个亚基、复合体Ⅲ的 Cyt b、复合体Ⅳ中的 3 个亚基、ATP 合酶的 2 个亚基以及 22 个 tRNA 和 2 个 rRNA 的基因。因此，其突变将在很大程度上影响氧化磷酸化功能，使得 ATP 生成减少，能量代谢紊乱，导致疾病。耗能较多的器官如骨骼肌、脑更易出现功能障碍，常见的有聋、失明、痴呆、肌无力、糖尿病等，mtDNA 突变呈增龄性升高趋势。

知识链接

mtDNA 病

mtDNA 病会影响诸多组织，其中，典型综合征包括 Kearns – Sayre 综合征（KSS，1958 年首次报道）和 Leber's 遗传性视神经病（LHON，1871 年首次报道）。

KSS 属线粒体脑肌病，病因主要是肌肉组织中单一大片段 mtDNA 缺失，导致能量不足，产生氧化应激，诱导细胞凋亡。LHON 好发于 20～30 岁，男性患病风险是女性的 4～5 倍，首发症状是视物模糊，继而出现无痛性、完全或接近完全的失明，现已明确是编码 NADH 脱氢酶复合物Ⅰ相关基因家族 ND 的点突变，主要累及高度依赖氧化磷酸化的组织。目前，应用基因工程技术将相关基因转移至患者的细胞中进行治疗正处于研究阶段。

三、ATP 的转运

线粒体外膜中存在线粒体孔蛋白，大多数小分子或离子可以自由通过而进入膜间隙，但内膜对物质的通过有严格选择性，从而保证生物氧化的正常进行。ATP、ADP、Pi 等都不能自由通过线粒体内膜，需要经载体转移。其中，ATP、ADP 由腺苷酸载体（adenine nucleotide transporter，又称腺苷酸转运蛋白）转运。胞质中的 $H_2PO_4^-$ 在磷酸盐转运蛋白的作用下，与质子同向转运到线粒体内。转运效率受胞质及线粒体内 ADP、ATP 浓度的调节。当胞质内游离 ADP 水平升高时，ADP 进入线粒体，ATP 转运至胞质，导致基质内 ADP/ATP 比值升高，推动氧化磷酸化。

四、ATP 的储存和利用

机体所需能量主要来自糖、脂类等物质的分解代谢，但主要以 ATP 的形式进行利用，ATP 是机体所需能量的直接提供者。

$$ATP + H_2O \longrightarrow ADP + H_3PO_4 + 能量$$

（一）ATP 的储存

当生物体处于安静状态或体内能量供过于求时，在肌酸激酶（creatine kinase，CK）的催化下，肌酸从经腺苷酸载体转运至膜间隙中的 ATP 处获得一分子～P 生成磷酸肌酸，作为肌肉和脑组织中能量的储存形式。当机体消耗 ATP 过多时，磷酸肌酸经线粒体外膜的孔蛋白进入胞质，在细胞需能部位由相应的 CK 催化，将～P 转移给 ADP 生成 ATP，以供机体需要。因此，磷酸肌酸是肌肉和脑组织中能量的储存形式之一。

肌酸　　　　磷酸肌酸

（二）ATP 的利用

ATP 除了供能外，还参与糖原、磷脂、蛋白质的合成。糖原合成需要 ATP 和 UTP 参与；磷脂合成需要 CTP 参与；蛋白质合成则有 GTP 参与其中。这些三磷酸核苷属于高能磷酸化合物，它们的生成和补充都有赖于 ATP。当 ATP 消耗过多时，ADP 累积，受腺苷酸激酶催化转变为 ATP。当 ATP 需要量降低时，AMP 从 ATP 中获得 ~P 而生成 ADP，进行循环应用。

$$NMP + ATP \rightleftharpoons NDP + ADP$$

$$NDP + ATP \rightleftharpoons NTP + ADP$$

（N：A，C，U，G）

因此，生物体内能量的储存和利用以 ATP 为中心（图 5－15）。

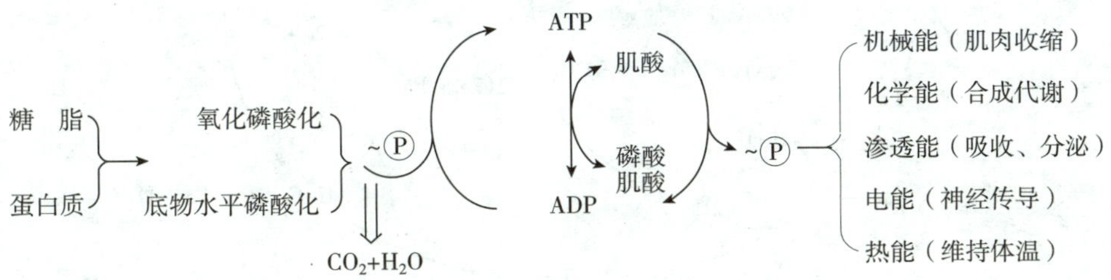

图 5－15　ATP 的生成和利用

PPT

第四节　非 ATP 生成的氧化体系

线粒体中发生的生物氧化伴有 ATP 的合成。此外，微粒体和过氧化物酶体也在时刻进行着生物氧化，但不同于线粒体内的生物氧化，其特点是氧化过程并不偶联磷酸化过程，不能生成 ATP，这是因为所含氧化酶类的不同，导致氧化体系相异。非线粒体氧化体系与过氧化氢、类固醇和儿茶酚胺类化合物以及药物和毒物等的代谢有密切关系，是生物转化作用的重要场所。

一、微粒体氧化体系

1. 单加氧酶（monooxygenase）　又称羟化酶（hydroxylase），也称细胞色素 P_{450} 羟化酶系，主要存在于微粒体内。它的功能不是产生能量，而在于给相关底物分子加上一个氧原子使其羟化（加氧氧化）。该酶能使 O_2 中的 1 个氧原子加入底物，而另一个氧原子被电子传递链传来的 e 还原并与 $2H^+$ 结合成 H_2O，因而又称混合功能氧化酶（mixed－function oxidase，MFO）。其反应通式可以表示为：

$$RH + NADPH + H^+ + O_2 \xrightarrow{\text{单加氧酶}} ROH + NADP^+ + H_2O$$

如图 5－16 所示，在此反应体系中，首先，氧化型 Cyt P_{450} 结合代谢物（A－H）形成 $P_{450}-Fe^{3+}-A-H$ 复合物，由 NAPDH－Cyt $P_{450}-Fe^{3+}$ 还原酶催化，接受由 NADPH 提供的 1 个电子，被还原成 $P_{450}-Fe^{2+}-A-H$，继而结合 O_2 中的一个氧原子并再接受 1 个电子，使底物被羟化（AOH）而释出。另一个氧原子接受电子还原成氧离子，与介质中的 $2H^+$ 结合成 H_2O。如此，可周而复始地进行底物加氧反应的循环。

细胞色素 P_{450} 在生物中广泛分布，体内的 Cyt P_{450} 有 100 多种同工酶，对被羟化的底物各有特异性，参与类固醇激素、胆汁酸及胆色素等重要生物活性物质的生成及活化。这种羟化作用还可以增加许多脂溶性药物或毒物的水溶性，从而利于排泄。

2. 双加氧酶（dioxygenase）　也称转氧酶，能催化两个氧原子转移到底物的特定双键上，使该底物分解为两部分。如色氨酸吡咯酶能催化 L－色氨酸分子中的吲哚核发生开裂，转化为甲酰犬尿酸原。

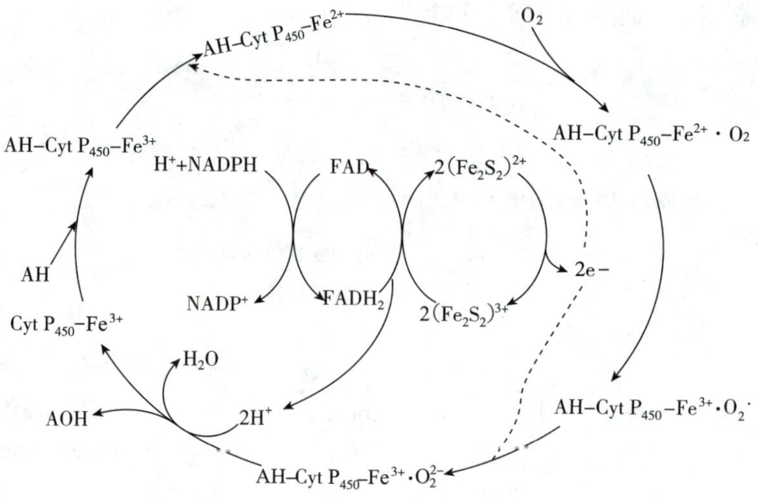

图 5－16　微粒体细胞色素 P_{450} 单加氧酶反应机制

二、过氧化物酶体氧化体系

过氧化物酶体（peroxisome），又名微粒体（microbody），是一种特殊的细胞器，存在于动物组织的肝、肾、中性粒细胞和小肠黏膜细胞中。过氧化物酶体含有多种过氧化物酶类（peroxidase），可以分解 H_2O_2，但也含有多种催化合成 H_2O_2 的酶类。

（一）过氧化氢及超氧阴离子

自由基是指能独立存在且含有不配对电子的原子、离子或原子团，如超氧阴离子（$O_2^{·-}$）、羟自由基（·OH）等。机体的呼吸链电子传递、黄嘌呤氧化和电离辐射等过程均能生成自由基。通常，呼吸链末端每个 O_2 分子需接受 4 个电子才能完全还原成氧离子，进而与质子结合生成水分子。如果还原过程中电子供给不足时，就形成超氧阴离子 $O_2^{·-}$（占呼吸链耗氧的 1% ~4%）或过氧化基团 O_2^{2-}。

$$O_2+4e \longrightarrow 2O^{2-} \xrightarrow{4H^+} 2H_2O \qquad O_2+e \longrightarrow O_2^{-}$$

$$2O_2^{-}+2H^+ \xrightarrow{SOD} H_2O_2+O_2$$

超氧阴离子与 H_2O_2 作用，可生成更活泼的羟自由基（·OH）。$O_2^{·-}$、H_2O_2、·OH 等统称为活性氧，具有极强的氧化作用。

体内多种需氧脱氢酶，如 D－氨基酸氧化酶、胺氧化酶、脂酰 CoA 氧化酶、黄嘌呤氧化酶、尿酸氧化酶、D－葡萄糖氧化酶等，能直接作用于底物而获得 2H，再将 2H 交给氧生成 H_2O_2 及超氧阴离子。微粒体的 NAD(P)H 氧化酶、脱氢酶及细胞色素 P_{450} 还原酶，如果没有合适的电子受体或者在氧应激条件下，也能与 O_2 反应生成 H_2O_2。细胞内产生的超氧阴离子也能由过渡金属离子或超氧化物歧化酶催化发生反应而生成 H_2O_2。

生理量的活性氧在体内行使重要的生理功能，如在粒细胞与吞噬细胞中，H_2O_2 可杀死吞噬的细菌；在甲状腺细胞中，H_2O_2 将 $2I^-$ 氧化成 I_2，参与酪氨酸碘化反应生成甲状腺激素的过程。生理浓度的活性氧还可以作为信号分子，参与调控细胞生长、增殖、分化、凋亡等生理过程。

但过量的活性氧由于其强烈的氧化作用，能产生细胞毒性作用，如高浓度 H_2O_2 能氧化巯基酶和具有活性巯基的蛋白质，使之丧失活性。活性氧可以氧化生物膜中的不饱和脂肪酸形成过氧化脂质，损伤生物膜。此外，活性氧还会氧化 DNA，破坏核酸结构；抑制免疫功能等。目前已知有二十余种疾病与自由基有密切关系，如肿瘤、动脉粥样硬化等，因此必须及时清除多余的活性氧。

（二）过氧化物酶与过氧化氢酶

1. 过氧化氢酶（catalase） 又称触酶，以血红素为辅基，其功能是分解 H_2O_2。辅酶分子含四个血红素，广泛分布于血液、骨髓、黏膜、肾脏及肝脏等组织中，催化效率极高，因此在正常情况下，体内不会发生 H_2O_2的蓄积。其反应通式如下：

$$RH_2 + H_2O_2 \longrightarrow R + 2H_2O$$

$$2H_2O_2 \longrightarrow 2H_2O + O_2$$

RH_2包括酚、醛、醇、甲酸等多种有毒物质，该反应能清除体内的毒性物质。当细胞内 H_2O_2浓度较高时，过氧化氢酶则通过第二步反应对其进行清除。

2. 过氧化物酶（petoxidase） 其辅基也是血红素，但与酶蛋白结合较为疏松。它催化 H_2O_2分解生成 H_2O，并释放出氧原子，直接氧化酚类或胺类化合物。

过氧化物酶主要分布在乳汁、白细胞、血小板等体液或细胞中。临床诊断中观察粪便中有无隐血，就是利用红细胞含有过氧化物酶的活性，将联苯胺氧化成蓝色化合物。

3. 谷胱甘肽过氧化物酶 含硒的谷胱甘肽过氧化物酶能利用还原型谷胱甘肽（GSH）使 H_2O_2或其他过氧化物（ROOH）还原为 H_2O 或醇类（ROH），从而保护生物膜及血红蛋白等免受氧化。生成的氧化型谷胱甘肽（GSSG）又在谷胱甘肽还原酶作用下，由 NADPH 供氢，重新还原成 GSH。

三、超氧化物歧化酶

超氧化物歧化酶（superoxide dismutase，SOD）是人体抵御超氧阴离子（$O_2^{\cdot-}$）损伤的重要酶，于1968 年由 McCord 与 Fridovich 等发现，广泛存在于各组织的细胞质和多种细胞器中。

SOD 是金属酶，包括三种同工酶。在真核细胞胞质中，酶以 Cu^{2+}、Zn^{2+}为辅基，称 CuZn-SOD；在真核细胞线粒体内及原核细胞中以 Mn^{2+}为辅基，称 Mn-SOD；还有一种分泌到胞外的 SOD（extracellular superoxide dismutase，EC-SOD）以 Cu^{2+}、Zn^{2+}为辅基。

SOD 可催化一分子 $O_2^{\cdot-}$氧化生成 O_2，另一分子 $O_2^{\cdot-}$还原生成 H_2O_2，因而称歧化酶。所生成的 H_2O_2则被过氧化氢酶进一步代谢。当 SOD 活性下降或含量减少时，会导致 $O_2^{\cdot-}$堆积，从而引发多种疾病。

答案解析

目标检测

一、单项选择题

1. 生物氧化是指（ ）
   A. 生物体内的脱氧反应
   B. 生物体内释出电子的反应
   C. 营养物氧化成 H_2O 及 CO_2的过程
   D. 生物体内与氧分子结合的反应
   E. 生物体内的加氧反应
2. 下列物质中，只能递电子的是（ ）
   A. NAD^+
   B. FAD
   C. Fe-S
   D. 泛醌
   E. FMN
3. 胞质中，NADH 经苹果酸-天冬氨酸穿梭使线粒体发生氧化磷酸化，其 P/O 比值为（ ）
   A. 1
   B. 1.5
   C. 2
   D. 2.5
   E. 以上都不是

4. 新生儿体内棕色脂肪组织的代谢特点是（　）
A. 可以产生大量 ATP　　B. 能够储存大量 ATP　　C. 含有较多解偶联蛋白
D. 含有丰富的线粒体　　E. 可以储备大量热能

5. 人体内各种活动的直接能量供给者是（　）
A. 葡萄糖　　B. GTP　　C. 乙酰 CoA
D. 脂酸　　E. ATP

6. 氰化物中毒是由于抑制了（　）
A. Cyt a　　B. Cyt b　　C. Cyt c
D. Cyt aa_3　　E. Cyt c_1

7. 患者，女，28 岁。因心悸、怕热、多汗、食欲亢进、消瘦无力、体重减轻来就诊。体格检查：体温 37.3℃，脉率 100 次/分，眼球突出，双侧甲状腺弥漫性对称性肿大，基础代谢率 +57%（正常为 -10% ~ +15%），T_3、T_4 水平升高。结合其他检查，诊断为甲状腺功能亢进症。关于此患者基础代谢率增加的原因，叙述错误的是（　）
A. 甲状腺激素使 ATP 分解加速　　B. 甲状腺激素促进氧化磷酸化
C. 呼吸链电子传递加速　　D. ATP 合成大于分解
E. 甲状腺激素诱导解偶联蛋白的表达

二、简答题

1. 呼吸链中各传递体的排列顺序是怎样的？主要的呼吸链类型有哪些？
2. 影响氧化磷酸化的因素有哪些？
3. 简述 CO 中毒的机制及治疗方案。

（于立娟）

书网融合……

本章小结　　微课　　题库

第六章 糖代谢

学习目标

1. **掌握** 糖酵解、糖无氧氧化、糖有氧氧化及三羧酸循环的概念、基本过程、关键酶、能量变化及生理意义；三羧酸循环的特点；磷酸戊糖途径的生理意义；糖原合成与分解的特点及关键酶；肝糖原和肌糖原的区别；糖异生的概念、基本过程、关键酶及生理意义；血糖的来源与去路。

2. **熟悉** 糖分解代谢、糖异生、糖原合成与分解的调节，蚕豆病的发生机制；血糖的调节，糖代谢紊乱、糖尿病的生化机制及临床表现。

3. **了解** 糖的消化与吸收；体内葡萄糖运载体的种类；糖原贮积症的概念；糖尿病分型。

4. 学会葡萄糖氧化酶法测血糖的操作，具备应用生物化学知识分析糖代谢紊乱症状的能力。

糖类（carbohydrates）是自然界中含量最为丰富的一大类有机化合物，其化学本质是多羟基醛或多羟基酮及其衍生物或多聚物。糖类广泛存在于动、植物体内，以植物体内含量最多，占其干重的85%～95%。糖约占人体干重的2%。体内所有组织细胞都可利用葡萄糖，在糖代谢中，糖的运输、储存、分解供能与转变均以葡萄糖为中心。

第一节 概 述

PPT

一、糖的主要生理功能

1. 氧化供能 糖最主要的生理功能是提供生命活动所需要的能量。正常情况下，人体50%～70%的能量靠糖提供。1mol葡萄糖完全氧化为二氧化碳和水可释放能量2840kJ（679kcal），其中约34%转变成为ATP，以供各种生理活动所需。虽然脂肪、蛋白质也能供能，但人体优先利用糖供能。

2. 提供非糖碳源 糖分解代谢的中间产物如乙酰CoA、草酰乙酸、核糖-5-磷酸等可在体内转变成其他非糖含碳物质，如脂肪酸、非必需氨基酸和核苷等。特别是脂肪，可以说，脂肪是糖在体内储存的主要形式。

3. 构成组织细胞的重要结构成分 糖类也是组成人体组织结构的重要成分，如蛋白聚糖是细胞外基质的主要成分，糖蛋白和糖脂是细胞膜的组成成分等。

4. 合成体内重要的活性物质 糖还参与构成体内某些重要的生物活性物质，如激素、酶、免疫球蛋白、血型物质和血浆蛋白等。

二、糖的消化

食物中的糖类有植物淀粉、纤维素及动物糖原等多糖，还有麦芽糖、蔗糖、乳糖、葡萄糖等寡糖或单糖，其中以淀粉多糖为主。人体利用的糖类物质主要有植物淀粉、动物糖原、蔗糖、麦芽糖、乳糖和葡萄糖等，单糖可以直接被吸收。植物淀粉分子中的葡萄糖通过α-1,4-糖苷键及α-1,6-糖苷键相连，纤维素分子中的葡萄糖通过β－糖苷键相连。人体内只存在α－糖苷酶，无β－糖苷酶，故人只能利用食物中的淀粉，而不能消化纤维素，但后者有促进肠蠕动等作用，为人类健康所必需。

淀粉的消化从口腔开始，唾液含有α－淀粉酶（α－amylase），催化淀粉分子中的α－1,4－糖苷键水解，将淀粉水解为麦芽糖、麦芽三糖及含分支的异麦芽糖和α－临界糊精。食物在口腔中停留的时间很短，食糜进入胃后，胃酸逐渐渗入食糜，使唾液淀粉酶失去活性，故淀粉在胃中基本无消化。淀粉的消化主要在小肠内进行。肠腔中有胰腺分泌的α－胰淀粉酶，小肠黏膜上皮细胞刷状缘含有α－临界糊精酶、异麦芽糖酶、α－葡萄糖苷酶及各种二糖酶（乳糖酶、蔗糖酶和麦芽糖酶），其中，α－临界糊精酶、异麦芽糖酶可水解α－1,4－糖苷键和α－1,6－糖苷键，这些酶能使相应的糖水解为葡萄糖、果糖和半乳糖。淀粉的消化过程见图6－1。有些成人缺乏乳糖酶，在食用牛奶后发生乳糖消化障碍，可引起腹胀、腹泻等症状，此时应停止食用牛奶；改食酸奶能防止其发生。

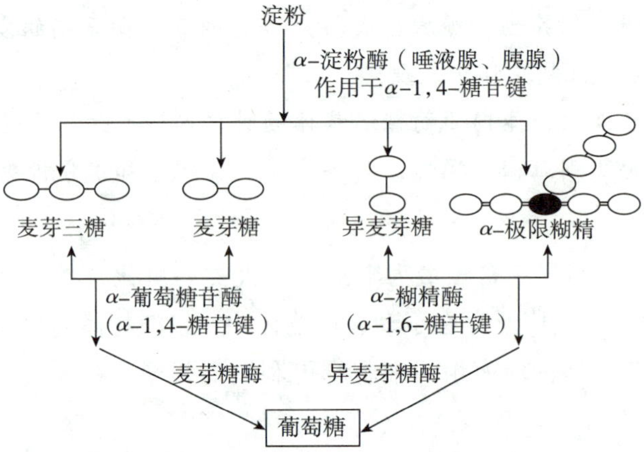

图6－1　淀粉的消化过程示意图

三、糖的吸收与转运

糖的消化产物——单糖主要在小肠上段被吸收，经门静脉入肝。单糖的吸收速率不同，吸收方式除了简单扩散外，主要依靠主动吸收，是一种耗能且同时伴有Na^+转运的特定载体转运过程。这类葡萄糖载体被称为Na^+依赖型葡萄糖转运蛋白（sodium－dependent glucose transporter，SGLT），主要存在于小肠黏膜和肾小管上皮细胞，以主动转运方式逆浓度梯度转运葡萄糖。葡萄糖等与Na^+分别结合在转运蛋白的不同部位，形成葡萄糖－Na^+－转运蛋白复合物（图6－2）。由于肠腔内钠离子浓度高于细胞内浓度而形成钠离子浓度梯度，使葡萄糖－Na^+－转运蛋白复合物顺钠离子浓度梯度转运入细胞，葡萄糖随之由细胞扩散入血液，而Na^+被由ATP供给能量的Na^+泵泵出细胞，K^+则进入细胞，使细胞内、外离子浓度达到平衡。人体中已发现的葡萄糖转运蛋白（glucose transporter，GLUT）有12种，分别在不同的组织细胞中发挥转运葡萄糖的作用，且不同组织中的GLUT分布不同，生物功能不同，决定了各组织的葡萄糖代谢有差异。现已明确功能的GLUT为GLUT1～GLUT5。GLUT1和GLUT3是细胞基本的葡萄糖转运蛋白，广泛分布在全身各组织中。GLUT2主要分布在肝细胞和胰岛β细胞中，因与葡萄糖的亲和力较低，肝细胞能在餐后血液葡萄糖浓度较高时摄取过量葡萄糖，同时调节胰岛素分泌。而GLUT4主要分布在脂肪及肌组织中，依赖胰岛素调节摄取葡萄糖，耐力训练可增加肌组织细胞膜上GLUT4的数量。GLUT5主要分布于小肠，为转运果糖进入细胞的重要载体。转运蛋白对单糖分子结构有选择性，要求单糖为C－2上有自由羟基的吡喃型单糖，故半乳糖、葡萄糖等能与载体蛋白结合而被迅速吸收，而果糖、甘露糖等不能与载体蛋白结合，所以吸收较慢。糖尿病患者要严格控制主食摄入量，尤其是葡萄糖的摄入量，并少摄入动物性脂肪，多进食蔬菜和豆制品，以防止血糖浓度过度升高。

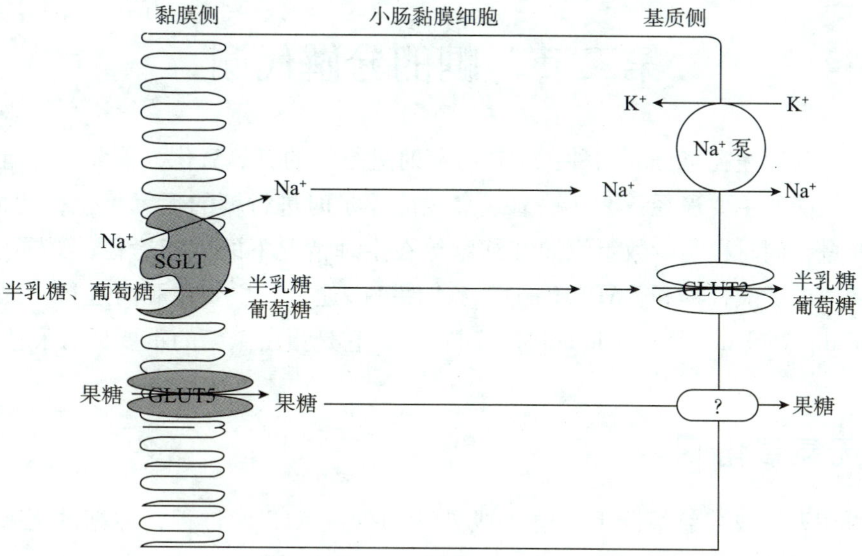

图 6－2　单糖在小肠黏膜的吸收示意图

四、临床常用糖类药物

糖类药物是指以糖类为基础的药物，包括单糖、寡糖、多糖以及糖衍生物，可以来源于动物、植物和微生物。一般来说，普通糖可以被人体小肠消化吸收，提供能量和发挥其他作用。功能性糖，特别是功能性寡糖和功能性多糖，不会被人体消化液所降解而升高血糖和提供热量，而是在机体中发挥多方面的药理作用，如调节肠道菌群、双向调节血糖、抗病毒、提高机体免疫力等。单糖如葡萄糖、甘露醇、木糖醇等早已应用于临床。如 D－甘露醇经静脉注射后，可吸收水分而进入血液，降低颅内压，使脑水肿休克患者神志清醒；还可用于大面积烧伤及烫伤产生的水肿，并有利尿作用。还有葡萄糖代谢过程中的重要中间产物——果糖－1,6－二磷酸（PDF），近年来被广泛应用于心、脑等缺血性疾病的治疗，能够在缺血、缺氧状态下提高细胞的能量代谢和葡萄糖利用。多糖类药物近年来得到迅速发展，很引人注目。常用的如肝素是天然抗凝剂，用于血栓、周围血管病、心绞痛等的辅助治疗，是用猪小肠黏膜提取制成。猪苓多糖能促进抗体的形成，是一种良好的免疫调节剂。还有茯苓多糖、香菇多糖、灵芝多糖、银耳多糖等都已在临床上应用，在降血脂、提高机体免疫和抗肿瘤、抗辐射方面都具有显著的药理作用与疗效。透明质酸作为药物，主要应用于眼科手术治疗，还可用于治疗骨关节炎、外伤性关节炎等。硫酸软骨素有利尿、解毒、镇痛作用。右旋糖酐可以代替血浆蛋白质来维持血浆渗透压，有增加血容量、维持血压、改善微循环、降低血液黏度等作用。

五、糖代谢概况

转运进入细胞的葡萄糖要经历一系列复杂、连锁的化学变化，其代谢过程包括分解、储存、合成三个方面。在不同的生理条件下，葡萄糖在组织细胞内代谢的途径也不同。供氧充足时葡萄糖进行有氧氧化，缺氧时进行无氧氧化。此外，葡萄糖还可通过磷酸戊糖途径及糖醛酸途径代谢。体内血糖充足时，肝、肌肉等组织可以把葡萄糖合成糖原储存，反之则进行糖原分解。有些非糖物质如乳酸、丙酮酸、生糖氨基酸等，能经糖异生转变成葡萄糖或糖原。葡萄糖的分解、储存、合成代谢过程在多种因素的调节下相互协调、相互制约，维持血液中葡萄糖水平的相对稳定。

第二节　糖的分解代谢

PPT

糖在体内的分解代谢途径可分为四种：①在有氧时进行糖的有氧氧化，葡萄糖经有氧氧化生成二氧化碳和水，是体内供能的主要途径；②在缺氧或氧供应不足时进行糖的无氧氧化，葡萄糖转变成乳酸，提供部分急需的能量，同时也是少数组织如红细胞等在生理情况下的供能途径；③通过磷酸戊糖途径，提供有重要生理功能的磷酸核糖和 NADPH + H^+；④糖醛酸途径，主要在肝内进行，提供尿苷二磷酸葡萄糖醛酸（uridine diphosphate glucuronic acid，UDPGA），它是蛋白聚糖的重要成分和生物转化中葡糖醛酸的活性供体。

一、糖的无氧氧化 微课1

葡萄糖或糖原在无氧或缺氧情况下分解生成乳酸和少量 ATP 的过程，称糖的无氧氧化（anaerobic oxidation）。糖的无氧氧化在全身各组织细胞内均可进行，其中以肌肉组织、红细胞、皮肤和肿瘤组织中较为活跃。全过程在细胞质中进行，分为两个阶段：第一阶段为葡萄糖或糖原分解为丙酮酸（pyruvate），称糖酵解（glycolysis）；第二阶段为乳酸（lactric acid）的生成。其反应过程如下。

（一）糖酵解过程

第一阶段：1 分子葡萄糖分解为 2 分子丙酮酸，此阶段包括 10 步反应。

1. 葡萄糖磷酸化生成葡糖 -6 - 磷酸（glucose -6 - phosphate，G -6 - P）　在己糖激酶（hexokinase，HK）的催化下，把 ATP 的磷酸基团转移给葡萄糖，Mg^{2+} 作为激活剂，生成葡糖 -6 - 磷酸。该反应不可逆，已糖激酶是糖酵解过程中的第一个关键酶。哺乳动物体内已发现四种己糖激酶同工酶，分别称为Ⅰ~Ⅳ型。肝细胞中存在的是Ⅳ型，也称葡糖激酶（glucokinase，GK），它对葡萄糖的亲和力很低，K_m 值为 10mmol/L，而其他己糖激酶的 K_m 值约为 0.1mmol/L；另一个特点是受激素调控，对葡糖 -6 - 磷酸的反馈抑制不敏感。这些特点使 GK 在维持血糖水平中起重要的生理作用。

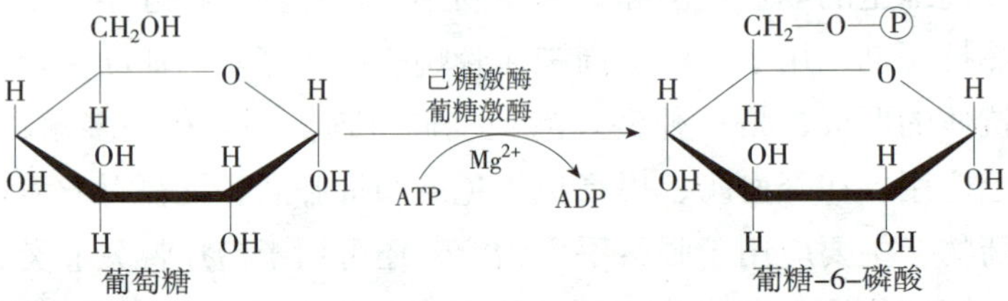

2. 果糖 -6 - 磷酸（fructose -6 - phosphate，F -6 - P）的生成　这是由磷酸己糖异构酶（phosphohexoisomerase）催化的醛糖与酮糖的异构反应，反应是可逆的，需 Mg^{2+} 参加。

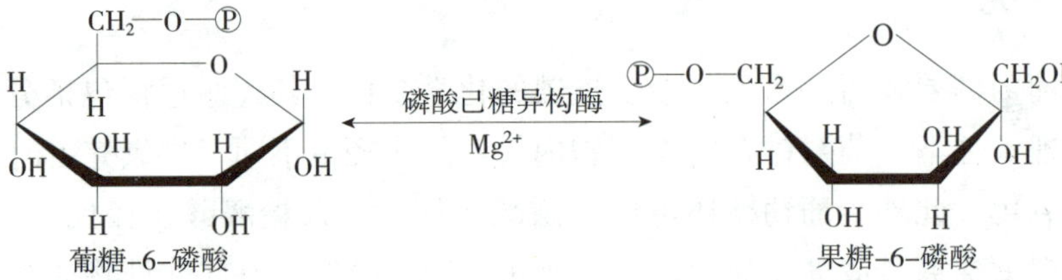

3. 果糖 -6 - 磷酸磷酸化生成果糖 -1,6 - 二磷酸　在磷酸果糖激酶 -1（phosphofructokinase -1，PFK -1）的催化下，同样需要 ATP 和 Mg^{2+} 参与，果糖 -6 - 磷酸磷酸化生成 1,6 - 二磷酸果糖（1,6 - fructose - bisphosphate，F -1,6 - BP 或 FBP）。该反应是糖酵解过程中的第二步不可逆反应，PFK -1 是糖酵解过程中第二个关键酶，也是整个糖酵解过程中最重要的限速酶。

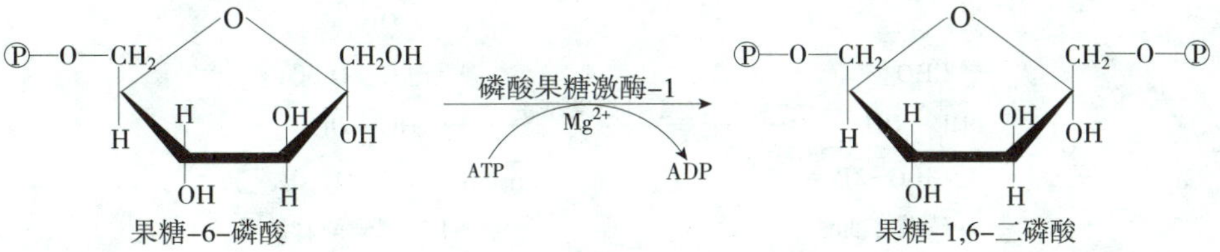

知识链接

果糖-1,6-二磷酸

果糖-1,6-二磷酸是葡萄糖代谢中一种重要的中间产物，有两个高能磷酸键，可加速磷酸烯醇式丙酮酸向丙酮酸转化，增加细胞内能量；抑制甘油利用，促进脂肪酸、三酰甘油及磷脂的合成。

FDP的药理作用十分广泛。外源性FDP能直接进入细胞而供应能量。动物实验及临床研究已证实FDP有独特的作用，在缺血、缺氧状态下能提高细胞的能量代谢和葡萄糖利用，对损伤的细胞和器官起保护和恢复作用。FDP能有效改善心脏内循环，改善心肌缺血、缺氧。FDP具有稳定细胞膜、改善血液流变学参数、改善微循环、增加缺血组织对氧的利用等作用。FDP能调节、改善脑细胞能量代谢，减少氧自由基的生成和有害物质的合成，在缺血、缺氧性脑病的辅助治疗中具有良好的应用前景。FDP还可保护肝、肾等组织免受缺氧的损害，还可以有效防止某些化学物质和药物引起的心肌中毒和其他组织器官的中毒。

通过FDP作为糖代谢的中间产物能挖掘出如此广泛的药理作用，这提示人们应该不断深入地去研究并找出更多、具有更好药理作用的无害物质，为人类健康做出贡献。

4. 果糖-1,6-二磷酸裂解为2分子磷酸丙糖 在醛缩酶的催化下，1分子果糖-1,6-二磷酸裂解为1分子3-磷酸甘油醛和1分子磷酸二羟丙酮，反应是可逆的。

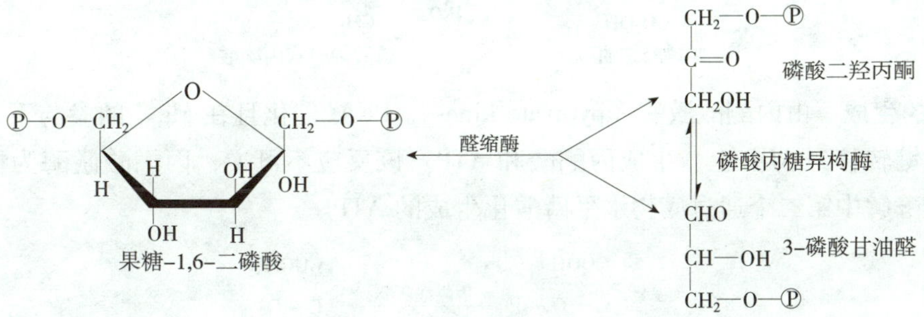

5. 磷酸丙酮之间的互相转变 3-磷酸甘油醛与磷酸二羟丙酮是同分异构体，在磷酸丙糖异构酶的催化下可相互转变。当3-磷酸甘油醛在下一步反应中被消耗时，磷酸二羟丙酮迅速转变成3-磷酸甘油醛，继续进行反应，故相当于1分子果糖-1,6-二磷酸裂解为2分子的3-磷酸甘油醛。其他己糖如果糖、半乳糖和甘露糖等也可以转变成3-磷酸甘油醛。

6. 3-磷酸甘油醛氧化为1,3-二磷酸甘油酸 在3-磷酸甘油醛脱氢酶（glyceraldehyde-3-phosphate dehydrogenase）的催化下，该步反应以NAD^+为辅酶，接受氢和电子生成$NADH+H^+$，这是糖酵解中唯一的一次脱氢反应。参加反应的还有无机磷酸，反应过程可逆。当3-磷酸甘油醛的醛基氧化脱氢为羧基时，就与磷酸形成混合酸酐，此酸酐的水解自由能很高，1,3-二磷酸甘油酸为高能化合物。

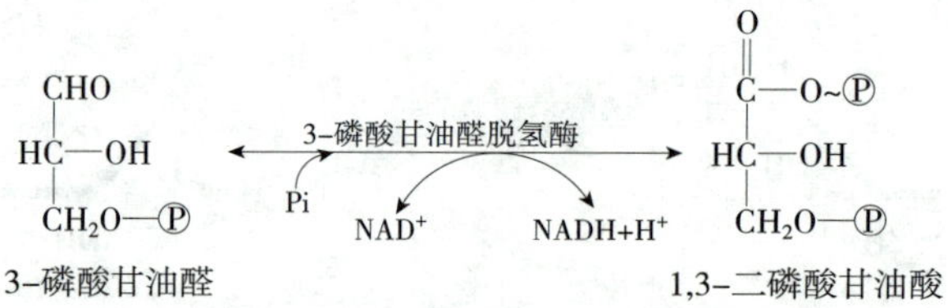

7. 1，3－二磷酸甘油酸转变成 3－磷酸甘油酸　在磷酸甘油酸激酶（phosphoglycerate kinase）和 Mg^{2+}存在时，1，3－二磷酸甘油酸生成 3－磷酸甘油酸，同时，混合酸酐上的磷酸基转移至 ADP 生成 ATP。这是糖酵解过程中第一个通过底物水平磷酸化产生的 ATP。

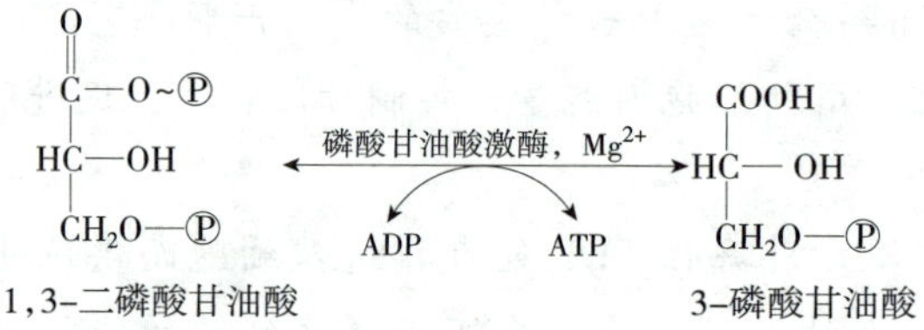

8. 3－磷酸甘油酸转变为 2－磷酸甘油酸　由磷酸甘油酸变位酶（phosphoglycerate mutase）催化，磷酸基团在甘油酸 C－2 和 C－3 上可逆转移，需要 Mg^{2+} 参与。

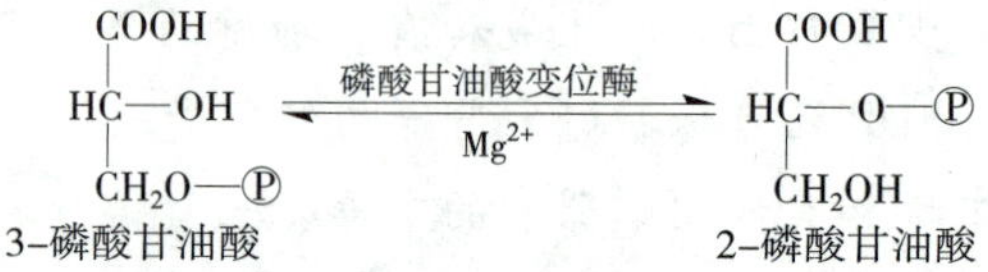

9. 2－磷酸甘油酸脱水生成磷酸烯醇式丙酮酸　在烯醇化酶（enolase）的催化下，2－磷酸甘油酸经过脱水反应，使分子内部的能量重新分布，生成含有高能磷酸键的高能化合物——磷酸烯醇式丙酮酸（phosphoenolpyruvate，PEP）。

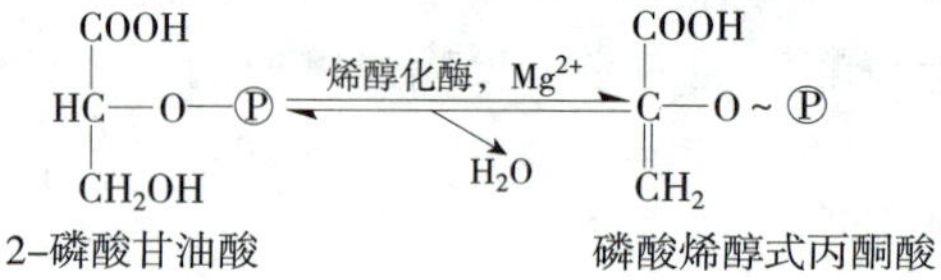

10. 丙酮酸的生成　由丙酮酸激酶（pyruvate kinase，PK）催化且在 Mg^{2+} 的参与下，磷酸烯醇式丙酮酸的高能磷酸键转移到 ADP 上，生成丙酮酸和 ATP。该反应不可逆，丙酮酸激酶为糖酵解的第三个关键酶。这是糖酵解中第二个通过底物水平磷酸化生成的 ATP。

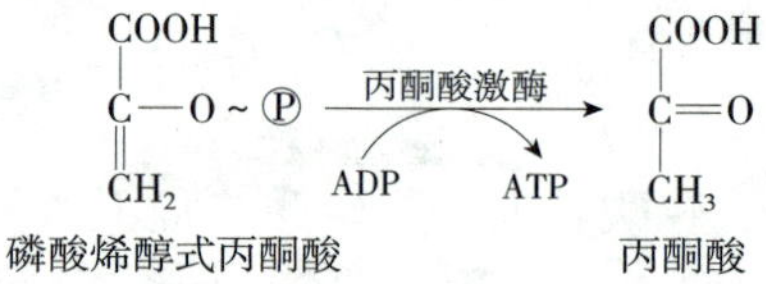

糖酵解的前 5 步反应中有两次活化反应，共消耗 2 分子 ATP，其特点是耗能和碳链断裂；后 5 步反应的特点是产能，2 分子的 3－磷酸甘油醛转变为 2 分子的丙酮酸，通过底物水平磷酸化，共生成 4 分子 ATP。

（二）乳酸的生成

丙酮酸在乳酸脱氢酶（lactate dehydrogenase，LDH）的催化下还原为乳酸，供氢体 $NADH + H^+$来自第 6 步 3－磷酸甘油醛脱下的氢，该反应可逆。故无氧氧化过程中虽然有氧化还原反应，但不需要氧参与。

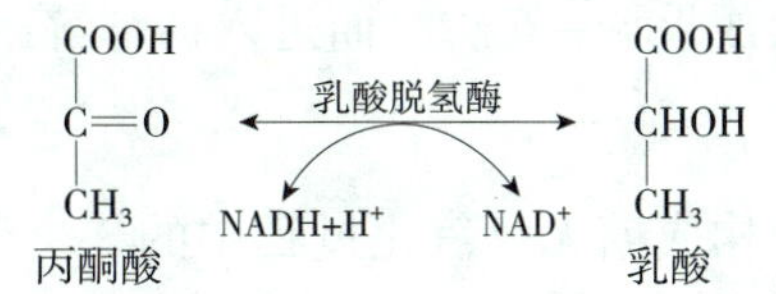

糖无氧氧化的全部反应见图 6－3。

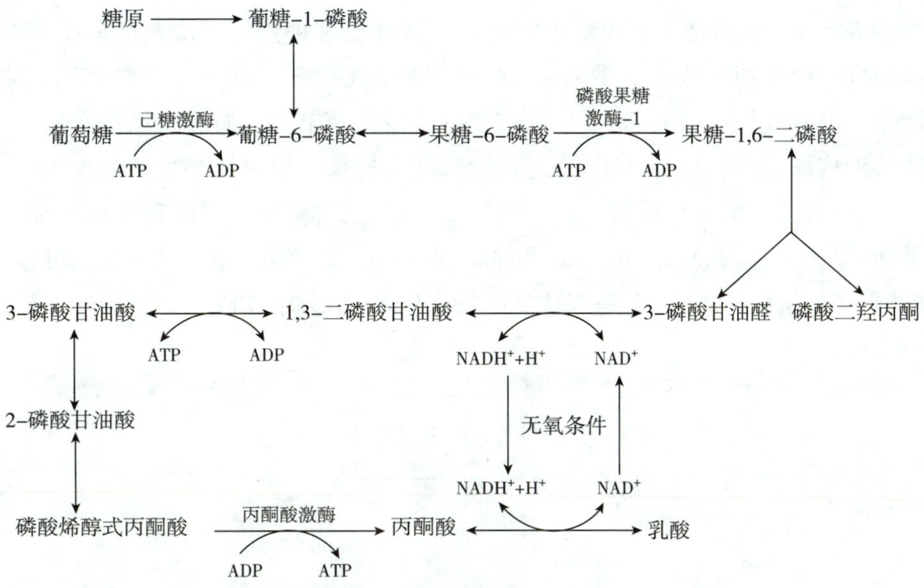

图 6－3　糖无氧氧化全过程

糖无氧氧化的特点如下。①糖无氧氧化的起始物是葡萄糖或糖原，终产物是乳酸和少量 ATP，每分子葡萄糖经过糖酵解净生成 2 分子 ATP；若从糖原开始算起，每个葡萄糖净生成 3 分子 ATP。②反应在细胞质中进行。③在糖酵解途径中，除了己糖激酶、磷酸果糖激酶－1 和丙酮酸激酶催化的反应不可逆外，其他反应均可逆。这 3 个酶都是糖酵解途径的关键酶，其中，磷酸果糖激酶－1 的 K_m 值最大，催化效率最低，为糖酵解过程中最重要的限速酶。

（三）其他单糖在体内的代谢

1. 果糖的代谢　葡萄糖以外的己糖经转变为磷酸化衍生物后，也可以进入糖酵解过程。果糖存在于水果中，也可由蔗糖水解而来。在肌肉和肾中，果糖在己糖激酶的催化下，同样需 Mg^{2+} 激活，消耗 ATP，生成果糖－6－磷酸，进入糖酵解过程。但在肝中，果糖在肝中果糖激酶的催化下，在 C－1 上磷酸化，反应也需要 Mg^{2+}，生成果糖－1－磷酸，随后在果糖－1－磷酸醛缩酶的催化下，裂解为磷酸二羟丙酮和甘油醛。甘油醛再在甘油醛激酶的催化下（也需要 ATP 和 Mg^{2+} 参与），生成 3－磷酸甘油醛，进入糖酵解过程。果糖不耐受是一种遗传病，为 B 型醛缩酶缺乏所致。患者进食果糖会引起果糖－1－磷酸堆积，通过别构抑制磷酸化酶而阻止肝糖原分解，出现低血糖。

2. 半乳糖的代谢　半乳糖和葡萄糖是立体异构体，牛乳中的乳糖是半乳糖的主要来源，半乳糖在肝内转变为葡萄糖。尿嘧啶核苷二磷酸半乳糖是半乳糖转变成葡萄糖的中间产物，也是半乳糖供体，用于合成糖脂、蛋白聚糖和糖蛋白。半乳糖血症（galactosemia）是一种遗传病，是因为缺乏半乳糖－1－磷酸尿苷酰转移酶，半乳糖不能转变为葡萄糖，引起血中半乳糖浓度显著升高，进而还原成有毒副作用的半乳糖醇。半乳糖醇在晶状体中积累，使之吸收水分而发生肿胀、混浊，导致形成白内障。半乳糖血症甚至可引起肝大、智力迟钝等，严重时可因肝损伤致死。

3. 甘露糖的代谢　甘露糖是葡萄糖的立体异构体，在食物中含量甚微，是多糖和糖蛋白的消化产物。甘露糖在体内通过两步反应转变成果糖－6 磷酸而进入糖酵解途径。

（四）糖无氧氧化的调节

糖酵解过程中的 3 步不可逆反应构成糖无氧氧化过程中的 3 个调节点，3 个关键酶分别受到别构效应剂和激素的调节，其中以磷酸果糖激酶－1 活性最低，是糖无氧氧化反应的限速酶，这一步是最主要的调节点。

1. 磷酸果糖激酶－1 该酶是一个四聚体别构酶，活性受多种别构效应剂的调节。ATP 和柠檬酸等是该酶的别构抑制剂，而 AMP、ADP、果糖－1,6－二磷酸和果糖－2,6－二磷酸等则是别构激活剂。果糖－1,6－二磷酸是该酶的反应产物，是少见的产物性正反馈调节剂，有利于糖的分解。果糖－2,6－二磷酸是该酶最强的别构激活剂，可与 AMP 一起消除 ATP、柠檬酸等对该酶的抑制作用。

果糖－2,6－二磷酸由磷酸果糖激酶－2（PFK－2）催化果糖－6－磷酸而生成，而且该酶是一个双功能酶，兼有果糖－2,6－二磷酸酶（fructose bisphosphatase－2，FBP－2）的活性，可催化果糖－2,6－二磷酸转变成果糖－6－磷酸。PFK－2 是双功能酶的去磷酸化形式，PFK－2 是双功能酶的磷酸化形式。其调节如图 6－4 所示。

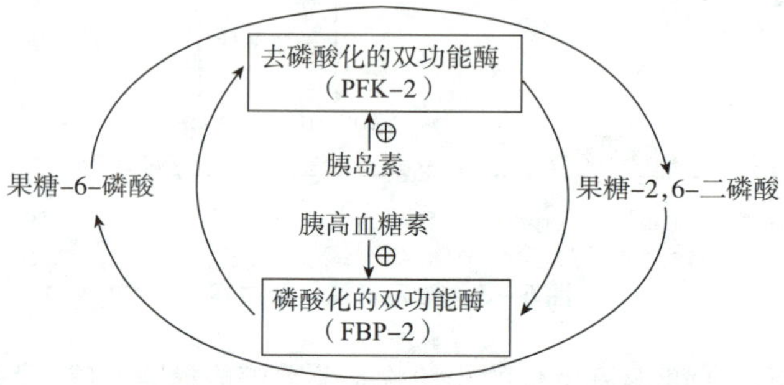

图 6－4　双功能酶 PFK－2 与 FBP－2 的相互转变与调节

2. 丙酮酸激酶 该酶催化的反应是第二个重要的调节点。果糖－1,6－二磷酸是其别构激活剂，而 ATP、丙氨酸、乙酰 CoA 和长链脂肪酸是其别构抑制剂。胰高血糖素可通过 cAMP 抑制该酶的活性。

3. 己糖激酶 该酶有 4 种同工酶。脂肪、脑和肌肉组织中的己糖激酶与底物的亲和力较高，其活性受葡糖－6－磷酸的负反馈调节。肝内为葡萄糖激酶，对底物的亲和力低，而且分子上没有结合葡糖－6－磷酸的别构位点，故其活性不受葡糖－6－磷酸浓度的调节。当葡糖－6－磷酸浓度很高时，肝细胞内的葡萄糖激酶未被抑制，从而保证葡萄糖在肝内将葡糖－6－磷酸转变为糖原储存或合成其他非糖物质以降低血糖浓度，具有生理意义。胰岛素可诱导葡萄糖激酶基因的转录，促进酶的合成，故在肝细胞损伤或糖尿病时，此酶活性降低，影响葡萄糖磷酸化，进而影响糖的氧化分解与糖原合成，使血糖浓度升高。

（五）糖无氧氧化的生理意义

1. 为机体提供能量 当缺氧或氧供应不足，如剧烈运动、心肺疾患、呼吸受阻时，糖无氧氧化可提供一部分急需的能量，这对肌肉收缩极为重要。但当机体缺氧时间较长时，可造成无氧氧化产物——乳酸堆积，可能引起代谢性酸中毒。

2. 作为成熟红细胞供能的主要方式 成熟红细胞由于没有线粒体，以无氧氧化为其唯一供能途径。红细胞内的糖代谢途径存在 2,3－二磷酸甘油酸（2,3－BPG）支路侧支循环，2,3－BPG 对于调节红细胞的携氧功能具有重要意义。

3. 作为某些组织生理情况下的供能途径 少数组织即使在氧供应充足的情况下，仍然主要进行无氧氧化，如视网膜、肾髓质和皮肤等。神经、肿瘤细胞中，无氧氧化活跃。

二、糖的有氧氧化

葡萄糖或糖原在有氧条件下，彻底氧化成二氧化碳和水并产生大量 ATP 的过程称为有氧氧化（aerobic oxidation）。这是葡萄糖氧化分解供能的主要方式，同时也是机体获得能量的主要途径。

（一）有氧氧化的反应过程

糖有氧氧化过程可分为三个阶段。第一阶段，葡萄糖或糖原酵解为丙酮酸，即糖酵解；第二阶段，丙酮酸进入线粒体，氧化脱羧生成乙酰 CoA；第三阶段为乙酰 CoA 进入三羧酸循环及呼吸链氧化磷酸化生成二氧化碳和水，并放出能量（图 6－5）。

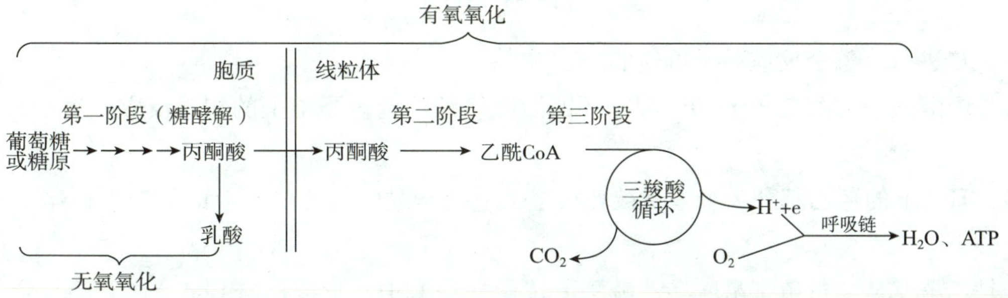

图 6－5 葡萄糖有氧氧化三个阶段及无氧氧化代谢途径

1. 葡萄糖或糖原分解为丙酮酸 此阶段反应与糖酵解基本相同，所不同的是 3－磷酸甘油醛脱氢生成的 NADH + H^+ 不交给丙酮酸还原为乳酸，而是通过穿梭方式从细胞质进入线粒体，经呼吸链传递给氧生成水，同时生成 ATP。

2. 丙酮酸氧化脱羧生成乙酰 CoA 丙酮酸经线粒体内膜上的丙酮酸转运蛋白转运到线粒体内，在丙酮酸脱氢酶复合体（pyruvate dehydrogenase complex）的催化下进行氧化脱羧，并与 CoA 结合生成含有高能键的乙酰 CoA。此反应不可逆，总反应式如下：

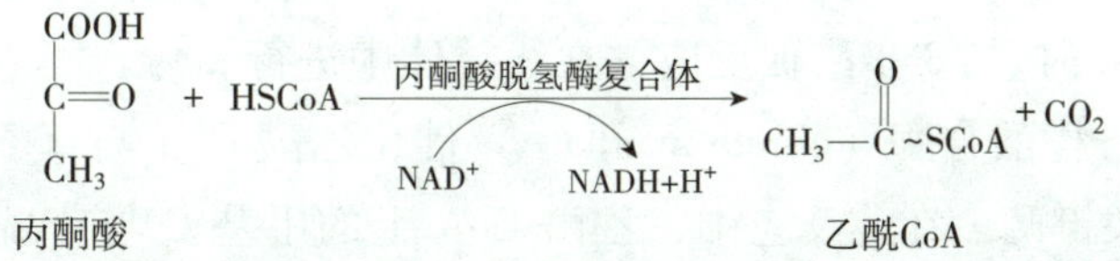

丙酮酸脱氢酶复合体由丙酮酸脱氢酶（pyruvate dehydrogenase，PDH）、二氢硫辛酰胺转乙酰酶（dihydrolipoamide transacetylase，DLT）和二氢硫辛酰胺脱氢酶（dihydrolipoamide dehydrogenase，DLDH）这 3 种酶以及焦磷酸硫胺素（thiamine pyrophosphate，TPP）、硫辛酸、FAD、NAD^+ 和 CoASH 这 5 种辅酶组成，见表 6－2。

表 6－2 丙酮酸脱氢酶复合体的组成

酶	辅酶（辅基）	所含维生素
丙酮酸脱氢酶（PDH）	TPP	维生素 B_1
二氢硫辛酰胺转乙酰酶（DLT）	硫辛酸、CoA	硫辛酸、泛酸
二氢硫辛酰胺脱氢酶（DLDH）	FAD、NAD^+	维生素 B_2、维生素 PP

丙酮酸脱氢酶复合体催化的反应如图 6－6 所示。

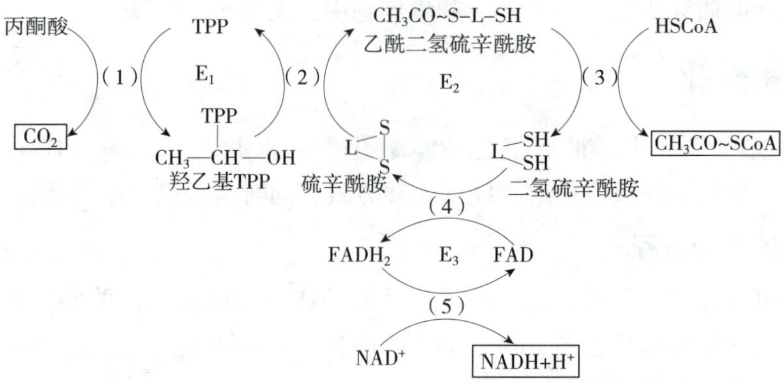

图 6-6 丙酮酸脱氢酶复合体的作用过程

反应分 5 步进行，整个反应是不可逆的。

第 1 步是丙酮酸脱氢酶分子上 TPP 噻唑环的活泼 C 原子与丙酮酸上的酮基反应产生 CO_2，同时形成羟乙基 TPP。

第 2 步，TPP 上的羟乙基和 2 个电子被转移至二氢硫辛酰胺转乙酰酶上的氧化型硫辛酸，形成乙酰还原型硫辛酸。

第 3 步是乙酰基从二氢硫辛酰胺转乙酰酶上转移至 CoASH，形成乙酰 CoA，离开酶复合体。

第 4 步是二氢硫辛酰胺转乙酰酶上的二氢硫辛酸把氢转移至二氢硫辛酰胺脱氢酶上的 FAD，又恢复为氧化型硫辛酸。

第 5 步是二氢硫辛酰胺脱氢酶上的 $FADH_2$ 脱氢交与 NAD^+ 生成 $NADH + H^+$。

从这一阶段的反应可以看到，多种维生素参与辅酶的组成，进而催化反应。故需要通过饮食或药物补充维生素，使代谢正常进行。

3. 乙酰 CoA 进入三羧酸循环彻底氧化 从乙酰 CoA 与草酰乙酸缩合生成含有 3 个羧基的柠檬酸开始，经过一系列反应，最终又生成草酰乙酸而构成循环，故称三羧酸循环（tricarboxylic acid cycle，TCA，或称 TCA cycle、TCA 循环）或柠檬酸循环（citric acid cycle）。由于最早由 Krebs 提出，此循环又称为 Krebs 循环。三羧酸循环包括 8 步酶促反应，在线粒体中进行。

（1）生成柠檬酸　由柠檬酸合酶（citrate synthase）催化乙酰 CoA 与草酰乙酸缩合成柠檬酸，此反应不可逆，柠檬酸合酶为关键酶。在此反应中，乙酰 CoA 上的甲基 C 与草酰乙酸的酰基 C 连接为柠檬酰 CoA，后者迅速水解释放出柠檬酸和 CoASH。这样大的负值自由能改变对循环的进行很重要，因为在生理条件下，草酰乙酸的浓度虽然很低，但柠檬酰 CoA 的不可逆水解会推动柠檬酸的合成。

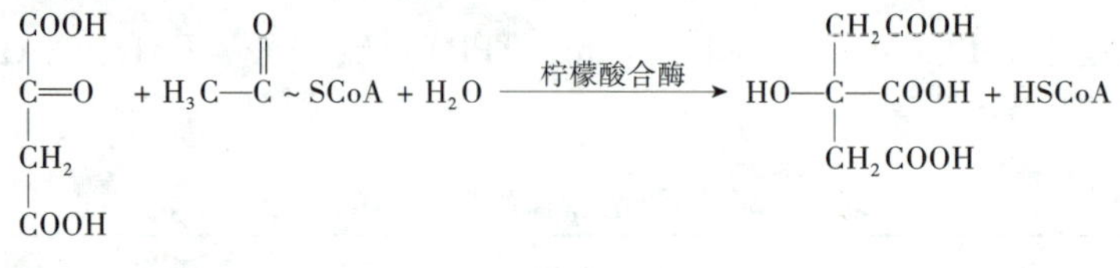

草酰乙酸　乙酰 CoA　柠檬酸

（2）生成异柠檬酸　柠檬酸与异柠檬酸是同分异构体。在顺乌头酸酶的催化下，柠檬酸先脱水生成顺乌头酸，后者再水化成异柠檬酸，反应结果使 C-3 上的羟基转移到 C-2 上，此反应可逆。

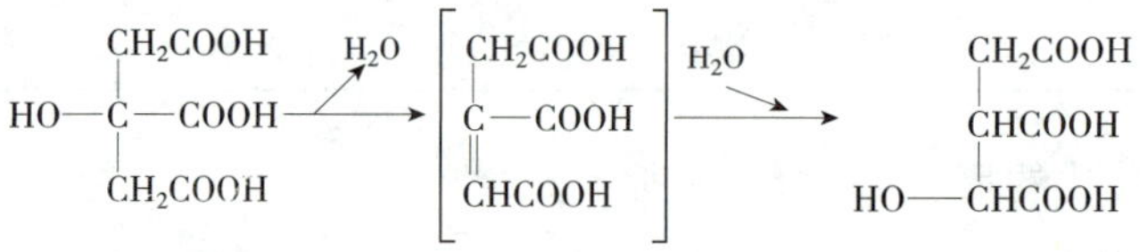

柠檬酸　顺乌头酸　异柠檬酸

（3）生成 α－酮戊二酸　异柠檬酸在异柠檬酸脱氢酶（isocitrate dehydrogenase）的催化下，氧化脱羧转变为 α－酮戊二酸，脱下的氢由 NAD^+ 接受而生成 $NADH+H^+$。此反应不可逆，异柠檬酸脱氢酶是关键酶，也是三羧酸循环中最主要的调节点，许多因素可调节其活性从而控制三羧酸循环的速率。

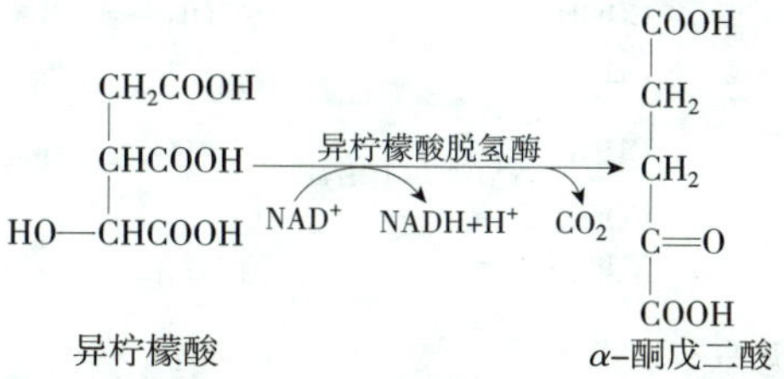

（4）生成琥珀酰 CoA　在 α－酮戊二酸脱氢酶复合体（α－ketoglutarate dehydrogenase complex）的催化下，α－酮戊二酸氧化脱羧生成琥珀酰 CoA、CO_2 和 $NADH+H^+$。其反应过程和机制与丙酮酸氧化脱羧反应类似，酶复合体也由 3 个酶组成，有 5 步反应，所需辅因子相同。该酶复合体为关键酶，催化的反应不可逆，这是三羧酸循环反应中的第二次氧化脱羧。

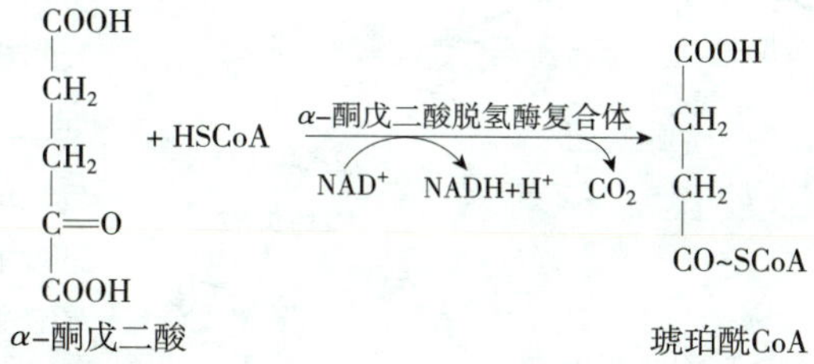

（5）琥珀酰 CoA 转变为琥珀酸　在琥珀酰 CoA 合成酶（succinyl－CoA synthetase）的催化下，琥珀酰 CoA 的硫酯键断开，释放出的能量转移给 GDP 生成 GTP，此为三羧酸循环中唯一的一次底物水平磷酸化。GTP 可以直接利用，也可将其高能磷酸键转给 ADP 生成 ATP。此反应是可逆的。

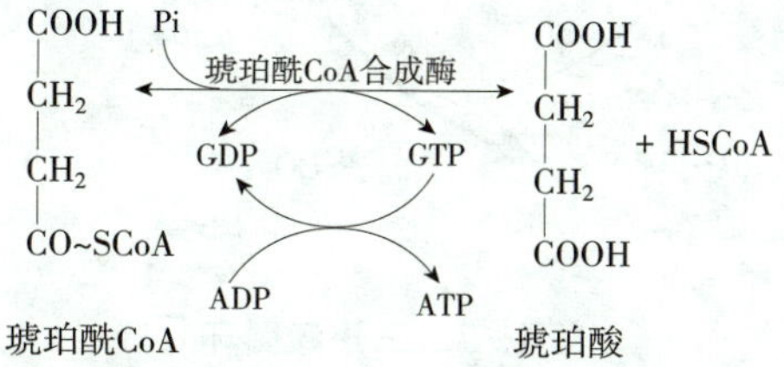

（6）琥珀酸脱氢转变为延胡索酸　由琥珀酸脱氢酶（succinate dehydrogenase）催化，脱下的氢由 FAD 接受生成 $FADH_2$。该酶结合在线粒体内膜上，是三羧酸循环中唯一与内膜结合的酶。此为三羧酸循环中的第三次脱氢，其辅酶为 FAD 及铁硫中心，经电子传递链被氧化，只能生成 1.5 分子 ATP。丙二酸与琥珀酸相类似，能竞争性抑制琥珀酸脱氢酶的活性，阻断三羧酸循环。

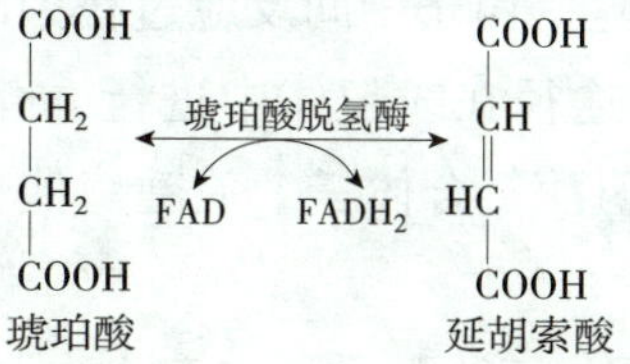

（7）延胡索酸转变为苹果酸　延胡索酸酶（fumarase）催化延胡索酸可逆地加水生成苹果酸。

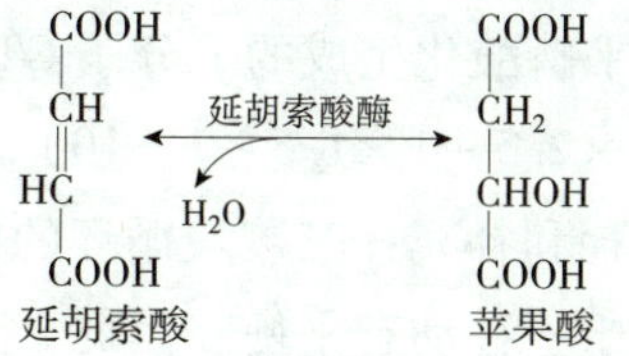

（8）草酰乙酸的再生　苹果酸在苹果酸脱氢酶（malate dehydrogenase）的催化下生成草酰乙酸，脱下的氢由 NAD^+ 接受生成 $NADH+H^+$，为三羧酸循环中的第四次脱氢。在细胞内，草酰乙酸不断地被用于柠檬酸的合成，故这一可逆反应向生成草酰乙酸的方向进行。再生的草酰乙酸可再次进入三羧酸循环。

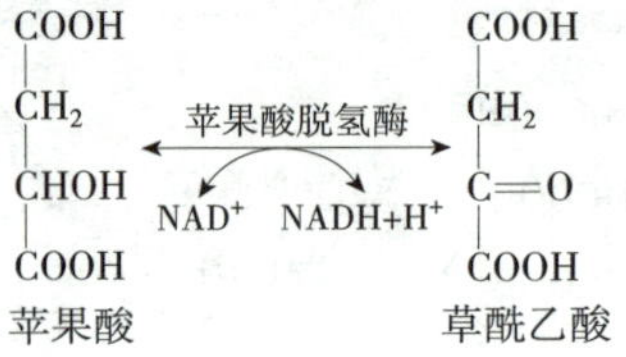

三羧酸循环总反应过程可归纳为图 6 –7。

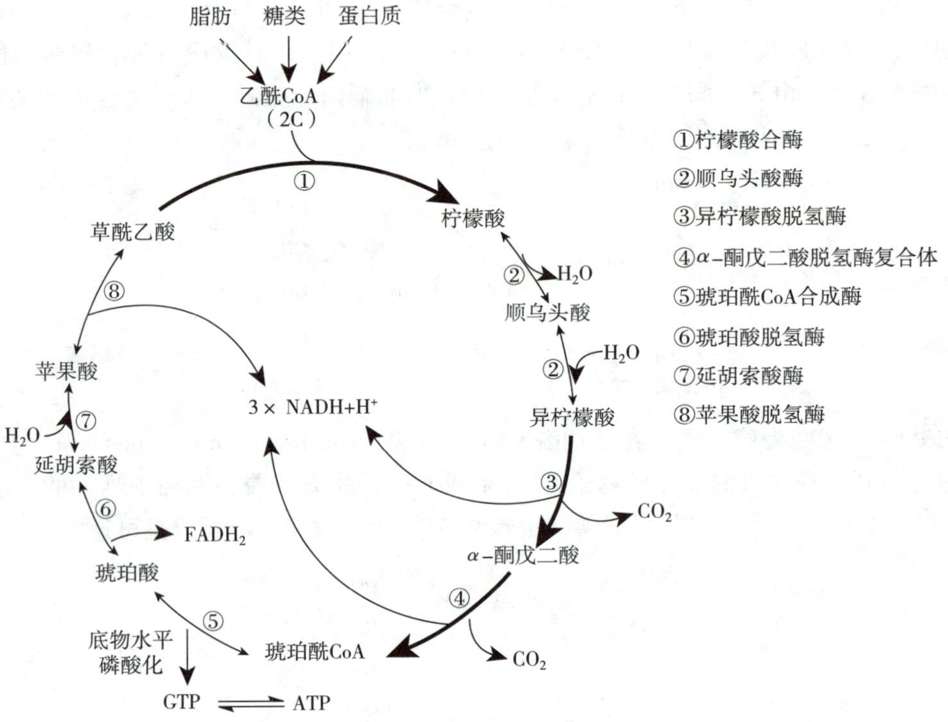

图 6 –7　三羧酸循环

三羧酸循环过程的特点可总结如下。 微课 2

①三羧酸循环一周消耗 1 分子乙酰 CoA：1 分子乙酰 CoA 通过脱氢，经呼吸链传递，与氧生成水，同时放出能量，通过 2 次脱羧，生成 2 分子 CO_2 而消耗。尽管用 ^{14}C 标记乙酰 CoA 的实验发现，CO_2 的碳原子来自草酰乙酸而不是乙酰 CoA，但这是由于中间反应过程中碳原子置换所致。

②三羧酸循环为不可逆循环：整个途径在线粒体中进行，存在三步不可逆反应，分别由柠檬酸合酶、异柠檬酸脱氢酶和 α – 酮戊二酸脱氢酶复合体三个关键酶催化，其中，异柠檬酸脱氢酶是三羧酸循环中最重要的限速酶。

③三羧酸循环一周产生 10 分子 ATP：三羧酸循环中有 4 次脱氢反应，其中 3 次以 NAD^+ 为受氢体，生成的每分子 $NADH+H^+$ 经呼吸链氧化产生 2.5 分子 ATP，1 次以 FAD 为受氢体，生成的 $FADH_2$ 经呼吸链可生成 1.5 分子 ATP，加上底物水平磷酸化生成的 1 分子 GTP（相当 1 分子 ATP），1 分子乙酰 CoA 经三羧酸循环氧化产生 10 分子 ATP（$3\times2.5+1\times1.5+1=10$）。

④三羧酸循环的中间产物可以被消耗和补充：三羧酸循环的中间产物可以参与其他代谢反应而被消耗，也能由其他代谢反应生成补充，处于一种动态平衡。因此，其他物质如氨基酸等可转变成三羧酸循

环中间产物而进入三羧酸循环氧化供能；当三羧酸循环中间产物转变成其他物质而消耗时，可引起三羧酸循环障碍而致产能减少（图6-8）。

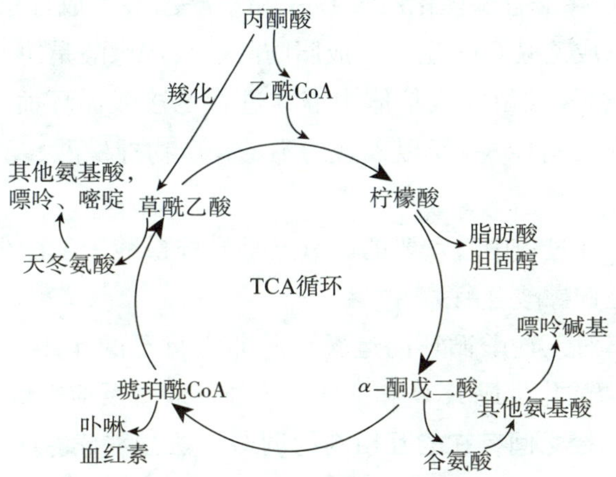

图6-8　三羧酸循环的代谢枢纽功能

（二）有氧氧化的调节

糖有氧氧化是机体获得能量的主要方式，机体对能量的需求量变动很大，因此，有氧氧化的速率和方向必须受到严格的调控。在有氧氧化的几个阶段中，糖酵解途径的调节已如前述，这里主要叙述丙酮酸脱氢酶复合体的调节和三羧酸循环的调节。

1. 丙酮酸脱氢酶复合体的调节　对丙酮酸脱氢酶复合体，可通过别构调节和共价修饰两种方式进行快速调节。别构抑制剂有反应产物乙酰 CoA、NADH + H^+、ATP 及脂肪酸等，别构激活剂有 CoASH、NAD^+、ADP。另外，胰岛素和 Ca^{2+} 促进丙酮酸脱氢酶的去磷酸化作用，使酶转变为活性形式，通过共价修饰，加速丙酮酸氧化（图6-9）。

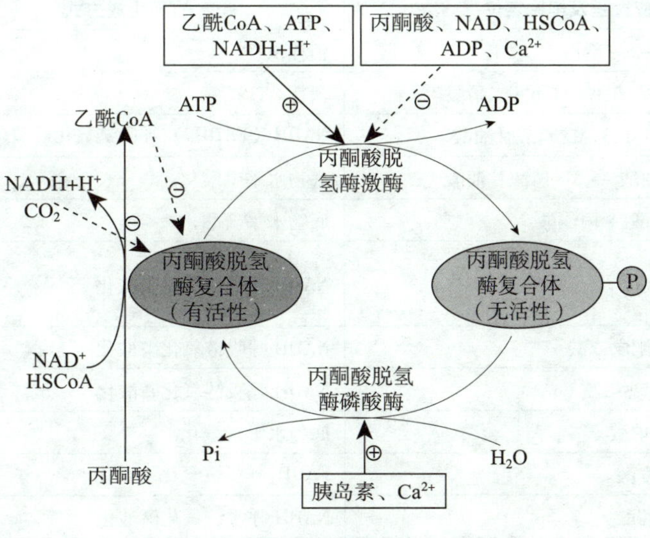

图6-9　丙酮酸脱氢酶复合体的调节

临床上有一些高乳酸血症患者，其病因主要是体内的丙酮酸脱氢酶磷酸酶丧失了活性，导致丙酮酸脱氢酶复合体始终处于无活性的磷酸化状态，丙酮酸生成乙酰 CoA 的途径被阻断，只能被还原生成乳酸，最终出现高乳酸血症。

2. 三羧酸循环的调节 三羧酸循环的速率和流量受多种因素调控。关键酶催化的反应产物如柠檬酸、$NADH + H^+$、ATP、琥珀酰 CoA 或脂肪分解产物长链脂肪酰 CoA 是其别构抑制剂；反之，其底物如 ADP 和 Ca^{2+} 是别构激活剂。柠檬酸合酶催化乙酰 CoA 和草酰乙酸生成柠檬酸，而柠檬酸可进入三羧酸循环，也可转移至胞质，分解成乙酰 CoA 用于合成脂肪酸。故柠檬酸是协调糖代谢和脂质代谢的枢纽物质之一，当能量供应不足时，柠檬酸留在线粒体中继续进行三羧酸循环而产能；当糖氧化过于旺盛时，柠檬酸用于合成脂肪酸。底物乙酰 CoA、草酰乙酸的不足，产物柠檬酸、ATP、琥珀酰 CoA 的堆积，都能抑制柠檬酸合酶。

现在普遍认为，三羧酸循环过程中最重要的调节点是异柠檬酸脱氢酶催化的反应，其次是 α－酮戊二酸脱氢酶复合体，接下来是柠檬酸合酶。

另外，氧化磷酸化的速率对三羧酸循环的运转也起非常重要的作用。三羧酸循环 4 次脱氢产生的 $NADH + H^+$ 或 $FADH_2$ 经氧化磷酸化生成 H_2O 和 ATP，才能使脱氢反应继续进行。

3. 糖有氧氧化和糖酵解途径之间存在的互相制约调节 法国科学家 Pasteur 发现，酵母菌在无氧时可进行生醇发酵；将酵母菌转移至有氧环境，生醇发酵即被抑制。这种有氧氧化抑制生醇发酵的现象称为巴斯德效应（Pasteur effect）。此效应也存在于人体组织中，即在供氧充足的条件下，组织细胞中糖有氧氧化对糖酵解有抑制作用。

与此相反，在少数如视网膜、肾髓质、粒细胞、癌细胞等糖酵解进行较旺盛的细胞及组织中，不论有氧与否，都有很强的糖酵解作用，这种糖酵解抑制糖有氧氧化的作用称为反巴斯德效应或 Crabtree 效应。

（三）有氧氧化的生理意义

1. 有氧氧化是体内供能的主要途径 1 分子葡萄糖经有氧氧化，有 6 次脱氢，其中 5 次以 NAD^+ 为受氢体，1 次以 FAD 为受氢体，1 分子 6 碳的葡萄糖可裂解为 2 分子磷酸丙糖，再加上第一阶段同糖酵解一样，通过底物水平磷酸化净生成 2 分子 ATP，有氧氧化净生成 32 或 30 分子 ATP（表 6－3）。

表 6－3 葡萄糖有氧氧化时 ATP 的生成与消耗

反应阶段	反应过程及细胞定位	ATP 生成方式	ATP 生成数
第一阶段（细胞质）	葡萄糖 → 葡糖－6－磷酸	消耗 ATP	－1
	果糖－6－磷酸 → 果糖－1,6－二磷酸	消耗 ATP	－1
	3－磷酸甘油醛 →1,3－二磷酸甘油酸	NADH（$FADH_2$）呼吸链氧化磷酸化	2.5（1.5）×2①
	1,3－二磷酸甘油酸 → 3－磷酸甘油酸	底物水平磷酸化	1×2②
	磷酸烯醇式丙酮酸→ 丙酮酸	底物水平磷酸化	1×2
第二阶段（线粒体）	丙酮酸 → 乙酰 CoA	NADH 呼吸链氧化磷酸化	2.5×2
第三阶段（线粒体）	异柠檬酸 →α－酮戊二酸	NADH 呼吸链氧化磷酸化	2.5×2
	α－酮戊二酸 → 琥珀酰 CoA	NADH 呼吸链氧化磷酸化	2.5×2
	琥珀酰 CoA→琥珀酸	底物水平磷酸化	1×2
	琥珀酸 → 延胡索酸	$FADH_2$ 呼吸链氧化磷酸化	1.5×2
	苹果酸 → 草酰乙酸	NADH 呼吸链氧化磷酸化	2.5×2
合计			30 或 32

注：①根据 NADH 进入线粒体方式的不同，获得的 ATP 数量不同。若经苹果酸穿梭机制进入线粒体，可产生 2.5 分子；经 3－磷酸甘油酸穿梭机制，可产生 1.5 分子 ATP。②1 分子葡萄糖生成 2 分子 3－磷酸甘油醛，故×2。

2. 三羧酸循环是三大营养物质分解代谢的共同途径 糖、脂肪和蛋白质在代谢过程中均可转变成乙酰 CoA 或三羧酸循环的中间产物如草酰乙酸、α－酮戊二酸等，最后经三羧酸循环彻底氧化生成 CO_2

和 H_2O，脱下的氢经氧化磷酸化生成大量 ATP。

3. 三羧酸循环是三大营养物质分解代谢联系的枢纽 糖分解代谢产生的丙酮酸、草酰乙酸均可通过联合脱氨基作用逆行反应（见第七章氨基酸代谢），分别转变成丙氨酸和天冬氨酸；同样，这些氨基酸也可脱氨基转变成相应的 α－酮酸。脂肪分解产生甘油和脂肪酸，前者在甘油磷酸激酶的催化下生成 α－磷酸甘油，脱氢氧化为磷酸二羟丙酮，后者可降解为乙酰 CoA，进而进入三羧酸循环彻底氧化，故三羧酸循环是糖、脂肪、氨基酸代谢联系的枢纽。

4. 三羧酸循环中间产物可合成其他物质 三羧酸循环中的某些中间产物可用于合成其他物质，如琥珀酰 CoA 可用于合成血红素，草酰乙酸通过糖异生转变为葡萄糖，乙酰 CoA 可用于合成脂肪酸和胆固醇。

三、磷酸戊糖途径

磷酸戊糖途径（pentose phosphate pathway），或称葡糖酸磷酸支路（phosphogluconate shunt），是另一个重要途径。此途径的特点是不产能，但葡萄糖经此条代谢途径可生成具有重要生理功能的核糖－5－磷酸和 $NADPH+H^+$，因此，它的重要性并不亚于糖无氧氧化和有氧氧化。磷酸戊糖途径是指从糖酵解的中间产物葡糖－6－磷酸开始形成旁路，通过氧化、基团转移两个阶段生成果糖－6－磷酸和3－磷酸甘油醛，返回至糖酵解的代谢途径，因而又称磷酸戊糖旁路。

（一）磷酸戊糖途径的反应过程

磷酸戊糖途径在肝、脂肪组织、哺乳期的乳腺、肾上腺皮质、性腺、骨髓和红细胞等组织细胞的胞质中进行，反应过程分为两个阶段。第一个阶段是氧化反应，生成磷酸戊糖、$NADPH+H^+$ 和 CO_2；第二阶段是基团转移反应，最终生成果糖－6－磷酸和3－磷酸甘油醛。

1. 磷酸戊糖和 $NADPH+H^+$ 的生成 1分子葡糖－6－磷酸在葡糖－6－磷酸脱氢酶和6－磷酸葡糖酸脱氢酶的作用下，经过2次脱氢、1次脱羧，生成核酮糖－5－磷酸、2分子 $NADPH+H^+$ 和1分子 CO_2。核酮糖－5－磷酸在异构酶的作用下转变为核糖－5－磷酸，也可在差向异构酶的作用下转变为木酮糖－5－磷酸。催化第一步反应的葡糖－6－磷酸脱氢酶是磷酸戊糖途径的关键酶。本途径的速率由 $NADPH+H^+/NADP^+$ 含量比例调控，比值大，则反馈抑制此途径。$NADPH+H^+$ 对葡糖－6－磷酸脱氢酶有强烈的抑制作用，故磷酸戊糖途径的流量取决于对 $NADPH+H^+$ 的需求。

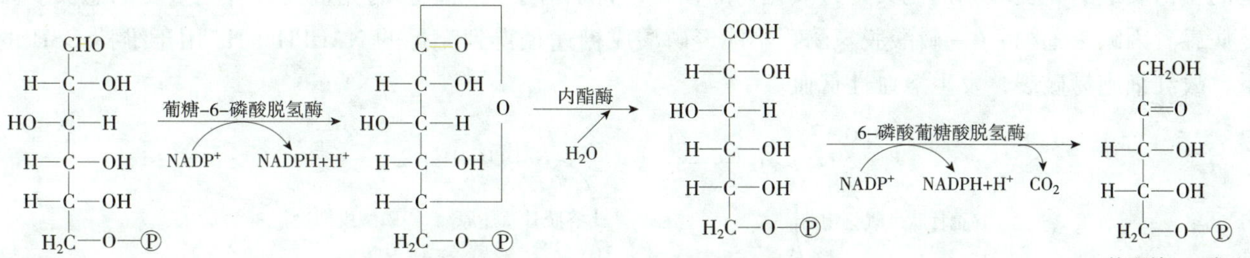

2. 基团转移反应 第一阶段生成的 $NADPH+H^+$ 和核糖－5－磷酸，可作为体内多种合成代谢的原料，但体内细胞对 $NADPH+H^+$ 的需求较大，同时生成的多余的磷酸核糖就会进入第二阶段，通过一系列基团转移反应，进行酮基和醛基的转换，产生含3碳、4碳、5碳、6碳及7碳的多种糖的中间产物，最终都转变为果糖－6－磷酸和3－磷酸甘油醛，再次返回到糖酵解途径被重新利用（图6－10）。

（二）磷酸戊糖途径的生理意义

1. 为核酸的生物合成提供核糖 核糖是核酸的基本组成成分，体内的核糖主要通过磷酸戊糖途径获得。葡萄糖既可经葡糖－6－磷酸脱氢和脱羧氧化反应生成磷酸核糖，又可通过糖酵解途径的中间产

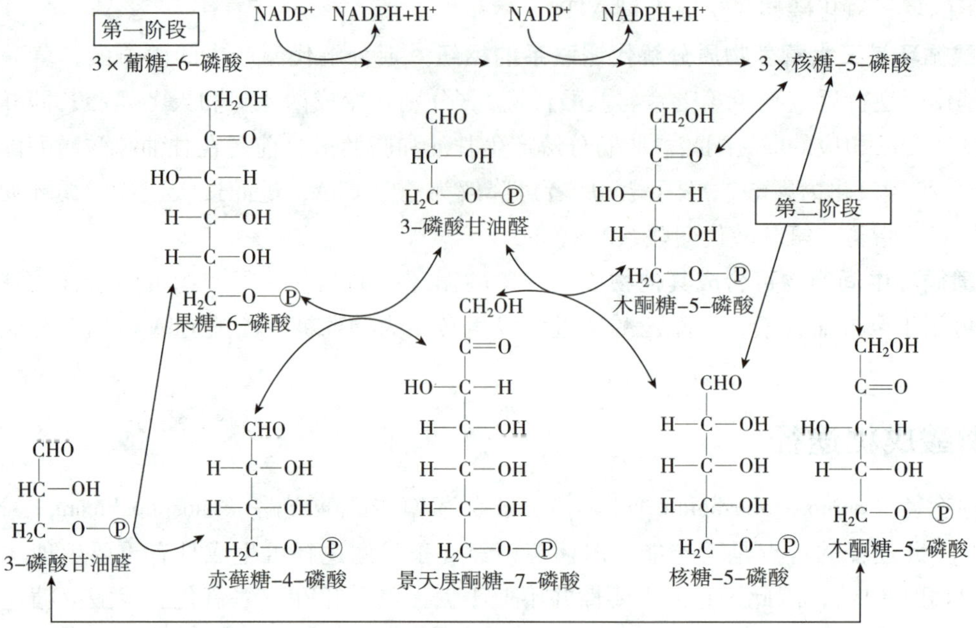

图 6-10　磷酸戊糖途径全过程

物 3-磷酸甘油醛和果糖-6-磷酸经前述的基团转移反应而生成磷酸核糖。肌肉组织中缺乏葡糖-6-磷酸脱氢酶，故骨骼肌中的磷酸核糖可通过磷酸戊糖途径中第二阶段的基团转移反应来获得。

2. 提供 NADPH + H⁺，作为供氢体参与多种代谢反应　与 NADH + H⁺不同，NADPH + H⁺不是作为能量物质来提供能量，而是通过参与许多不同的代谢反应来发挥不同的功能。

（1）作为多种物质合成的供氢体　NADPH + H⁺参与胆固醇、脂肪酸、皮质激素和性激素等的生物合成。因此，生物合成旺盛的组织或细胞内，磷酸戊糖途径比较活跃。

（2）参与羟化反应　NADPH + H⁺是细胞色素 P_{450} 单加氧酶系的组成成分，参与药物、毒物和某些激素等的生物转化反应（详见第十二章肝胆生物化学）。

（3）维持谷胱甘肽还原态　在谷胱甘肽还原酶的催化下，NADPH + H⁺可使氧化型谷胱甘肽（GSSG）转变成还原型谷胱甘肽（GSH）（图 6-11）。GSH 是体内重要的抗氧化剂，可以保护一些含巯基的蛋白质或酶免受氧化剂尤其是过氧化物的损坏，特别对于红细胞膜的完整性具有更重要的意义。蚕豆病患者因缺乏葡糖-6-磷酸脱氢酶，不能经磷酸戊糖途径得到充足的 NADPH + H⁺用于维持 GSH 的量，故红细胞易破裂，发生溶血性贫血。

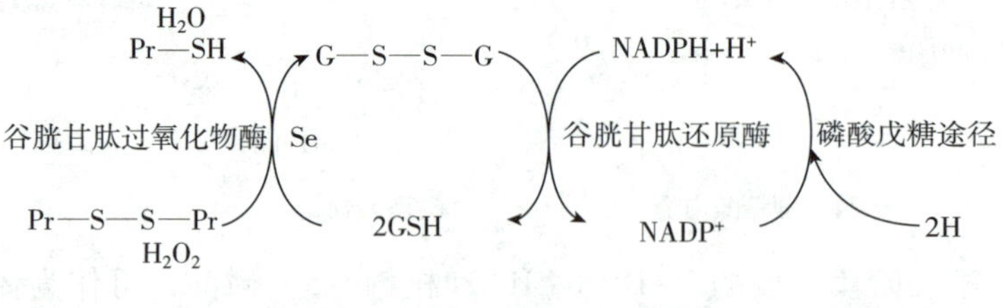

图 6-11　磷酸戊糖途径参与的体内谷胱甘肽的还原反应

四、糖醛酸途径

糖醛酸途径（glucuronate pathway）是指以葡糖醛酸为中间产物的葡萄糖代谢途径，在糖代谢中所占比例很小。该途径主要在肝进行，但仅占很小部分。首先从葡糖-6-磷酸开始，先生成尿苷二磷酸葡萄糖（UDPG），经 UDPG 脱氢酶（NAD^+）催化氧化为尿苷二磷酸葡糖醛酸（uridine diphosphate glucuronic acid，UDPGA），再经酶的作用生成葡糖醛酸，后者代谢生成木酮糖-5-磷酸进入磷酸戊糖途径代谢。

对人类而言，糖醛酸途径的主要生理意义是生成活化的 UDPGA。它是硫酸软骨素、透明质酸、肝素等蛋白聚糖的重要组分。在这些蛋白聚糖的生物合成过程中，UDPGA 为葡糖醛酸的供体。UDPGA 还是生物转化（见第十二章）中最重要的结合剂，可与许多代谢产物（胆红素、类固醇等）、药物和毒物等结合，促进其排泄。

第三节 糖原的合成与分解

PPT

进入体内的糖类除满足供能需求外，大部分转变为脂肪储存于脂肪组织，还有一小部分用于合成糖原。糖原（glycogen）是葡萄糖的多聚体，是动物体内糖的储存形式。糖原主要储存在肝、肌肉组织中，肝糖原约占肝重的5%，总量约100g；肌糖原占肌肉重量的1%～2%，总量约为300g；人体糖原总量约为400g，如仅靠糖原供能，只能消耗8～12小时。肝糖原的主要作用是维持空腹血糖浓度的恒定，供全身利用；而肌糖原的分解则提供肌肉本身收缩所需的能量。

糖原分子为多分枝状结构，是由α-1,4-糖苷键（直链）与α-1,6-糖苷键（分支处）连接形成的大分子葡萄糖聚合物。糖原存在一个还原性末端和多个非还原性末端，糖原的合成与分解均是从非还原端开始的。糖原分子合成与分解的过程，实际是使糖原分子变大与变小的过程。糖原的结构见图6-12。

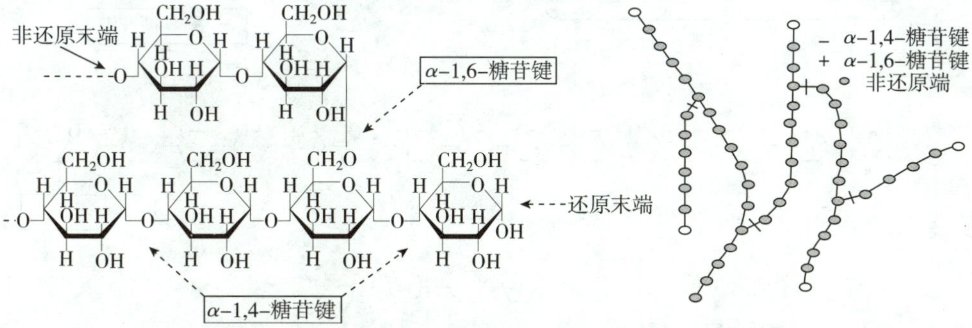

图6-12 糖原结构示意图

一、糖原的合成

体内由葡萄糖合成糖原的过程称为糖原合成（glycogenesis）。

（一）糖原合成的部位

糖原合成主要在肝和肌肉组织的胞质中。

（二）糖原合成的过程

糖原合成过程包括以下4步反应。

1. 葡糖-6-磷酸的生成

$$\text{葡萄糖} \xrightarrow[\text{己糖激酶}]{\text{葡糖激酶(肝)}} \text{葡糖-6-磷酸}$$

2. 葡糖－1－磷酸的生成

葡糖－6－磷酸 $\xrightleftharpoons{\text{磷酸葡糖变位酶}}$ 葡糖－1－磷酸

3. 尿苷二磷酸葡萄糖的生成 在尿苷二磷酸葡萄糖焦磷酸化酶的作用下，葡糖－1－磷酸与 UTP 作用，生成 UDPG，同时释放出焦磷酸。此反应是可逆的，但由于细胞内焦磷酸化酶分布广，活性强，极易将焦磷酸分解为 2 分子磷酸，使反应主要向右进行。这一过程消耗的 UTP 可由 ATP 和 UDP 通过转磷酸基团生成。糖原合成是耗能过程，糖原分子上每增加 1 分子葡萄糖，需消耗 2 分子 ATP。UDPG 在体内作为葡萄糖供体，可看成是“活性葡萄糖”。

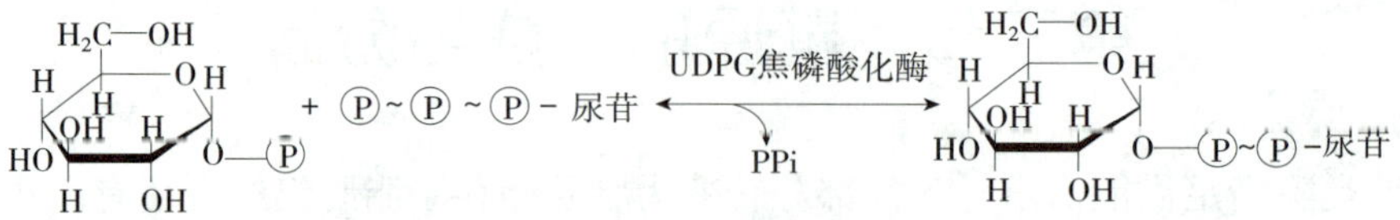

4. 糖原中直链和支链的形成 UDPG 的葡萄糖基在糖原合酶（glycogen synthase）的作用下，转移到细胞内原有的糖原引物上，在非还原端以 α－1,4－糖苷键连接。每进行一次反应，糖原引物上即增加一个葡萄糖单位，使糖链直链不断地延长。糖原引物是指细胞内原有的较小的糖原分子。游离的葡萄糖不能作为 UDPG 的葡萄糖基的接受体。当链长增至超过 11 个葡萄糖残基时，分支酶就将长约 6 个葡萄糖残基的寡糖链转移至另一段糖链上，将 α－1,4－糖苷键转变为 α－1,6－糖苷键，从而形成糖原分子的分支。在糖原合酶和分支酶的交替作用下，糖原分子变长，分支变多，分子变大（图 6－13）。

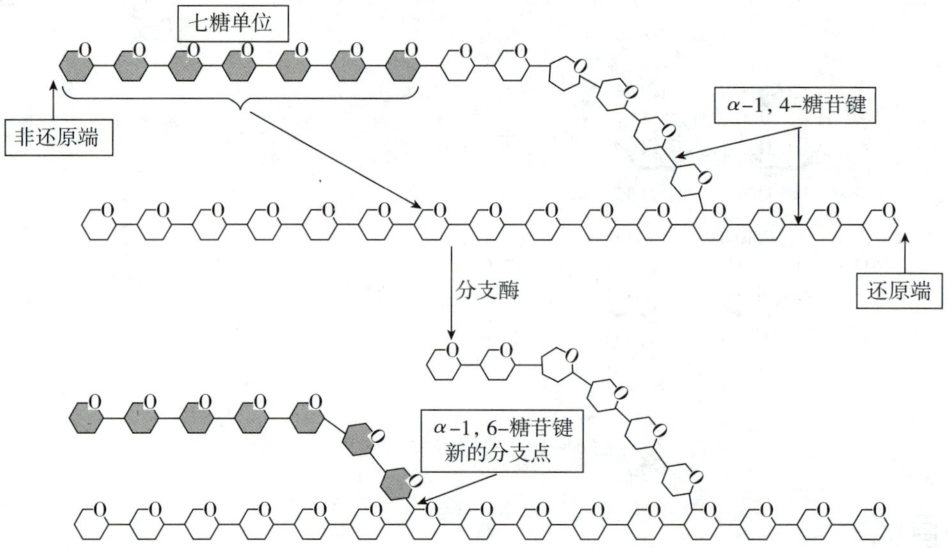

图 6－13 分支酶的作用

糖原合酶是糖原合成过程的关键酶，受胰岛素的调节。糖原合成时需要 K^+，每合成 1g 糖原需要 K^+ 0. 15mmol，用此原理在条件较差的环境抢救急性肾衰竭无尿期患者时，可静脉注射胰岛素和葡萄糖液以促进糖原的合成，使部分血 K^+ 转移至细胞中，可紧急降低血 K^+ 浓度，防止患者因血 K^+ 浓度过高导致心脏停搏而死亡。

在糖原合成过程中，作为引物的第一个糖原分子从何而来，过去一直不太清楚。近来人们在糖原分子的核心中发现了一种名为糖原蛋白（glycogenin）的糖基转移酶，它可对其自身进行共价修饰，将 UDPG 分子的 C－1 结合到糖原蛋白分子的酪氨酸残基上，从而使它糖基化。这个结合上去的葡萄糖分子即成为糖原合成时的引物。

二、糖原的分解

（一）糖原分解的部位及特点

糖原分解（glycogenolysis）是指糖原分解为葡糖－1－磷酸而被机体利用的过程。肝糖原能直接分解成葡萄糖以补充血糖，但因肌肉中缺乏葡糖－6－磷酸酶，肌糖原分解生成的葡糖－6－磷酸不能直接分解而补充血糖，只能通过酵解生成乳酸以利用。糖原分解与糖原合成不是逆反应，是由不同酶催化的两个方向相反而又保持相互联系的反应途径。

（二）糖原分解的过程

1. 糖原分解为葡糖－1－磷酸　从糖原分子的非还原端开始，由糖原磷酸化酶（glycogen phosphorylase）催化，水解α－1,4－糖苷键，生成1分子葡糖－1－磷酸。

$$糖原（G_n）+H_3PO_4 \xrightarrow{糖原磷酸化酶} 糖原（G_{n-1}）+葡糖-1-磷酸$$

糖原磷酸化酶是糖原分解的关键酶，该酶只能水解α－1,4－糖苷键，而对α－1,6－糖苷键无作用。当糖链上的肝糖原葡糖基逐个磷酸化至离开分支点约4个葡糖基时，由脱支酶将3个葡糖基转移到邻近糖链的末端，仍以α－1,4－糖苷键连接。剩下1个以α－1,6－糖苷键与糖链形成分支的葡糖基被脱支酶水解成游离葡萄糖（图6－14）。糖原在磷酸化酶与脱支酶的交替作用下分解，分子越变越小。

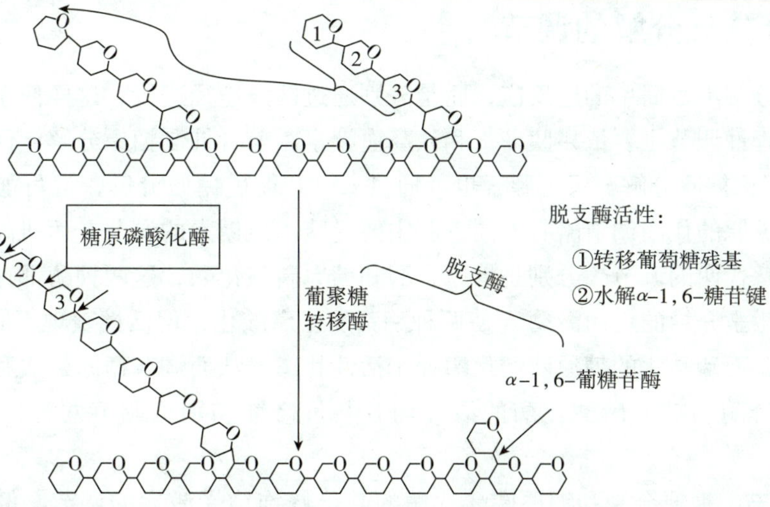

图6－14　脱支酶的作用

2. 葡糖－1－磷酸转变成葡糖－6－磷酸　在变位酶的催化下，葡糖－1－磷酸转变成葡糖－6－磷酸，此步反应可逆。

$$葡糖-1-磷酸 \xrightleftharpoons{葡糖磷酸变位酶} 葡糖-6-磷酸$$

3. 葡糖－6－磷酸水解为葡萄糖　在葡糖－6－磷酸酶的催化下，葡糖－6－磷酸加水、脱磷酸，转变为葡萄糖。葡糖－6－磷酸酶仅存在于肝中，而不存在于肌肉中，所以只有肝糖原可直接补充血糖。在肌肉组织中，肌糖原转变为葡糖－6－磷酸，则进入糖酵解过程，给肌肉组织收缩提供能量。

$$葡糖-6-磷酸+H_2O \xrightarrow{葡糖-6-磷酸酶} 葡萄糖+H_3PO_4$$

糖原合成与分解代谢途径可归纳为图6－15。

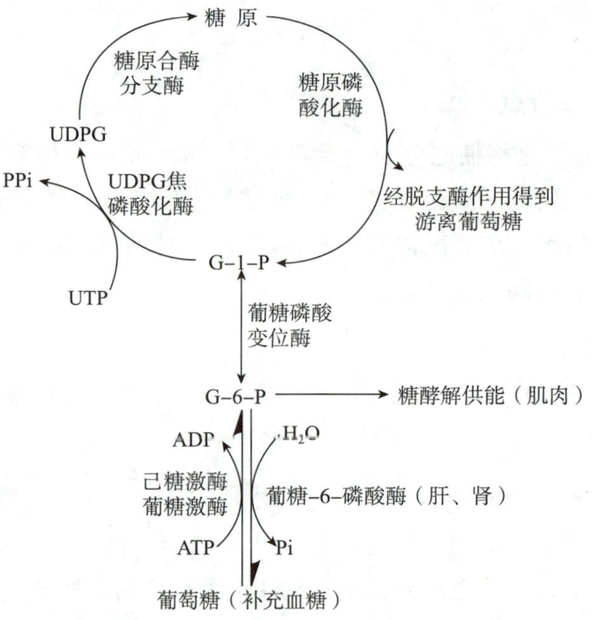

图 6-15　糖原合成与分解示意图

三、糖原合成与分解的调节

糖原的合成与分解不是简单的逆反应，而是分别通过两条途径进行，这样便于进行精细的调节。糖原合成与分解的生理性调节主要依靠胰岛素和胰高血糖素。前者抑制糖原分解，促进糖原合成；后者可诱导生成 cAMP，促进糖原分解。肾上腺素也可通过 cAMP 促进糖原分解，但可能仅在应激状态下发挥作用。肌糖原与肝糖原的代谢调节略有不同，肝主要受胰高血糖素的调节，而肌肉主要受肾上腺素的调节。糖原合成和分解代谢的调节酶分别是糖原合酶和糖原磷酸化酶，这两种酶都存在有活性和无活性两种形式。机体通过激素介导的蛋白激酶 A 使两种酶都发生磷酸化，但活性表现不同，即磷酸化的糖原合酶处于无活性状态，而磷酸化的糖原磷酸化酶处于活性状态，从而调节糖原合成和分解的速率，以适应机体的需要。糖原合酶和糖原磷酸化酶的活性均有共价修饰和别构调节两种快速调节方式，以前者为主。

1. 共价修饰调节　糖原合酶和糖原磷酸化酶的共价修饰均受激素的调节。例如饥饿时，血糖含量下降，可使胰高血糖素和肾上腺素分泌增加，激活腺苷酸环化酶（adenylate cyclase，AC），使 ATP 转变为 cAMP，cAMP 再激活蛋白激酶 A。蛋白激酶 A 既催化有活性的糖原合酶 a 磷酸化后转变为无活性的糖原合酶 b，使糖原合成减少；又通过磷酸化激活磷酸化酶 b 激酶，再催化无活性的磷酸化酶 b 磷酸化后转变为有活性的磷酸化酶 a，促进糖原分解，使血糖浓度上升，从而维持血糖浓度恒定。另外，蛋白激酶 A 还催化磷蛋白磷酸酶抑制剂（胞内的一种蛋白质）磷酸化后转变为其活性形式，活性形式的抑制剂与磷蛋白磷酸酶结合后，可抑制酶活性，这与糖原合酶及糖原磷酸化酶的调节相协调。糖原合成与分解的共价修可归纳为图 6-16。

Ca^{2+} 浓度的升高可引起肌糖原分解增加。当神经冲动使细胞质内 Ca^{2+} 浓度升高时，由于磷酸化酶 b 激酶的 δ 亚基就是钙调蛋白，Ca^{2+} 与其结合即可激活磷酸化酶 b 激酶，促进磷酸化酶 b 磷酸化为磷酸化酶 a，加速糖原分解。这样，神经冲动在引起肌肉收缩的同时，也加速糖原的分解，使肌肉获得收缩所需要的能量。

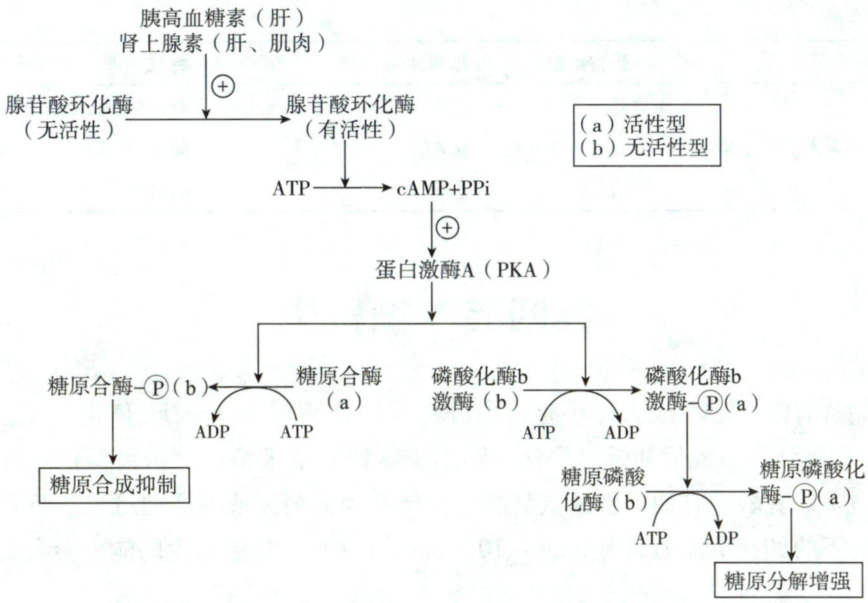

图 6－16　糖原合成与分解的共价修饰调节

2. 别构调节　产物葡萄糖、ATP 是糖原磷酸化酶的别构抑制剂，而 AMP 则是糖原磷酸化酶的别构激活剂。葡糖－6－磷酸和 ATP 是糖原合酶的别构激活剂，使无活性的糖原合酶 b 别构为有活性的糖原合酶 a，糖原合成增加。

四、糖原代谢异常与疾病

糖原贮积症（glycogen storage disease）是与糖原代谢特别是糖原分解有关的酶类先天缺陷所引起的疾病。这是一类遗传性代谢病，其特点为体内某些器官组织中有大量糖原堆积。根据缺陷酶种类的不同，本症可分为 8 型，每型的受累器官部位不同，糖原结构和数量存在差异，对健康或生命的影响程度也不同。糖原贮积症分型见表 6－4。

如常见的Ⅰ型患者，由于缺乏葡糖－6－磷酸酶，使得肝中的糖原分解和糖异生的最后一步受到阻碍，血糖降低，肝组织中葡糖－6－磷酸堆积，糖酵解增强，同时葡糖－6－磷酸堆积使得大部分葡糖－1－磷酸又重新再合成糖原；低血糖使胰岛素降低，促进机体蛋白质和外周脂肪分解；乙酰 CoA 堆积，为脂肪酸和胆固醇的合成提供了原料，导致高脂血症和脂肪肝，葡糖－6－磷酸堆积促进磷酸戊糖途径代谢，生成过量的核糖－5－磷酸，从而促进嘌呤代谢，使其终产物尿酸增多，导致踝关节肿大，严重者出现痛风。为减轻病情，须少量多餐。

表 6－4　糖原贮积症分型

类别	缺陷的酶	受害组织	糖原结构	特点
Ⅰ型	葡糖－6－磷酸酶	肝、肾	正常	肝细胞、肾小管内沉积大量的糖原，伴有低血糖、乳酸血症、酮症、高脂血症
Ⅱ型	溶酶体 α－1,4 和 α－1,6 葡糖苷酶	所有组织	正常	溶酶体内糖原累积，心力衰竭，为致死性
Ⅲ型	脱支酶	肝、肌肉	分支多，外周糖链短	具分支的特征性多糖累积
Ⅳ型	分支酶	所有组织	分支少，外周糖链特别长	几乎无分支点的多糖累积
Ⅴ型	肌磷酸化酶	肌肉	正常	运动的耐受性降低，肌肉内糖原累积，高于正常糖原量。锻炼后血液中几乎没有乳酸的生成

续表

类别	缺陷的酶	受害组织	糖原结构	特点
Ⅵ型	肝磷酸化酶	肝	正常	肝的糖原含量增加，易出现低血糖
Ⅶ型	肌肉和红细胞磷酸果糖激酶	肌肉、红细胞	正常	同Ⅴ型
Ⅷ型	肝磷酸化酶激酶	脑、肝	正常	同Ⅵ型

第四节　糖异生

PPT

体内糖原的储备有限，正常成人每小时可由肝释放出葡萄糖 210mg/kg 体重，在不进食的情况下，8～12 小时肝糖原即被耗尽，此后如继续禁食，则主要靠糖异生维持血糖浓度恒定。糖异生（gluconeogenesis）指非糖物质（乳酸、甘油、生糖氨基酸等）转变为葡萄糖或糖原的过程。糖异生的主要场所是肝，肾在正常情况下的糖异生能力只有肝的 1/10。长期饥饿时，肾糖异生的能力会大大增强。

一、糖异生途径

糖异生与糖酵解过程基本为逆途径，但糖酵解中 3 个限速步骤所对应的逆反应需要由糖异性特有的关键酶来催化。糖酵解途径中，前 2 个关键酶——己糖激酶、磷酸果糖激酶 -1 催化的 2 步不可逆反应，只要以另外的酶催化即能绕过所产生的“能障”；而丙酮酸激酶催化的不可逆反应，由于丙酮酸羧化酶只存在于线粒体内，胞质中的丙酮酸必须进入线粒体后才能羧化生成草酰乙酸，且其产物要再回到胞质，均需通过线粒体膜所产生的“膜障”。即糖异生途径中需要通过 4 个关键酶的催化，来绕过 3 步不可逆反应的“能障”或“膜障”，使非糖物质顺利转变为葡萄糖，这个过程就是糖异生途径。

1. 丙酮酸转变成磷酸烯醇式丙酮酸　此过程由 2 步反应组成，称丙酮酸羧化支路。在线粒体中，丙酮酸在丙酮酸羧化酶（pyruvate carboxylase）的催化下，同时有 CO_2 和 ATP 存在时，羧化为草酰乙酸。一种是草酰乙酸通过苹果酸穿梭作用，从线粒体转移到细胞质，在磷酸烯醇式丙酮酸羧激酶（phosphoenolpyruvate carboxykinase）的催化下，由 GTP 供能，脱羧生成磷酸烯醇式丙酮酸；另一种是草酰乙酸可直接在线粒体中经磷酸烯醇式丙酮酸羧激酶催化，脱羧生成磷酸烯醇式丙酮酸。上述 2 步反应共消耗 2 分子 ATP（图 6 - 17）。

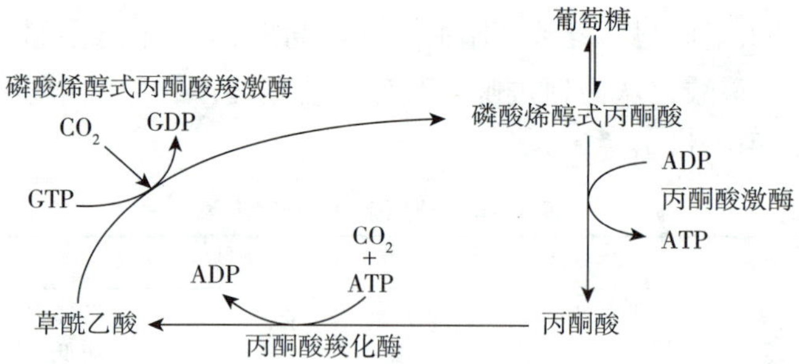

图 6 - 17　丙酮酸羧化支路

2. 果糖 -1,6 - 二磷酸转变为果糖 -6 - 磷酸　这是糖异生途径的第 2 个不可逆反应，在果糖 -1,6 - 二磷酸酶的催化下，果糖 -1,6 - 二磷酸转变为果糖 -6 - 磷酸（图 6 - 18）。

3. 葡糖 -6 - 磷酸水解为葡萄糖　此步反应在葡糖 -6 - 磷酸酶的催化下，葡糖 -6 - 磷酸水解为葡萄糖（图 6 - 18）。与糖原分解的最后一步反应相同，在肝（肾）中进行。

催化上述 3 个不可逆反应的酶就是糖异生途径的关键酶。

糖异生的原料为乳酸、甘油及生糖氨基酸等。乳酸可脱氢生成丙酮酸；甘油来自脂肪，先磷酸化为 α－磷酸甘油，再脱氢生成磷酸二羟丙酮；生糖氨基酸在转氨基或脱氨基后，转变为丙酮酸或三羧酸循环中间产物，再转变为草酰乙酸。三者均可通过糖异生转变为糖，故糖异生是体内维持血糖浓度的最重要途径。糖异生途径可归纳为图 6－18。

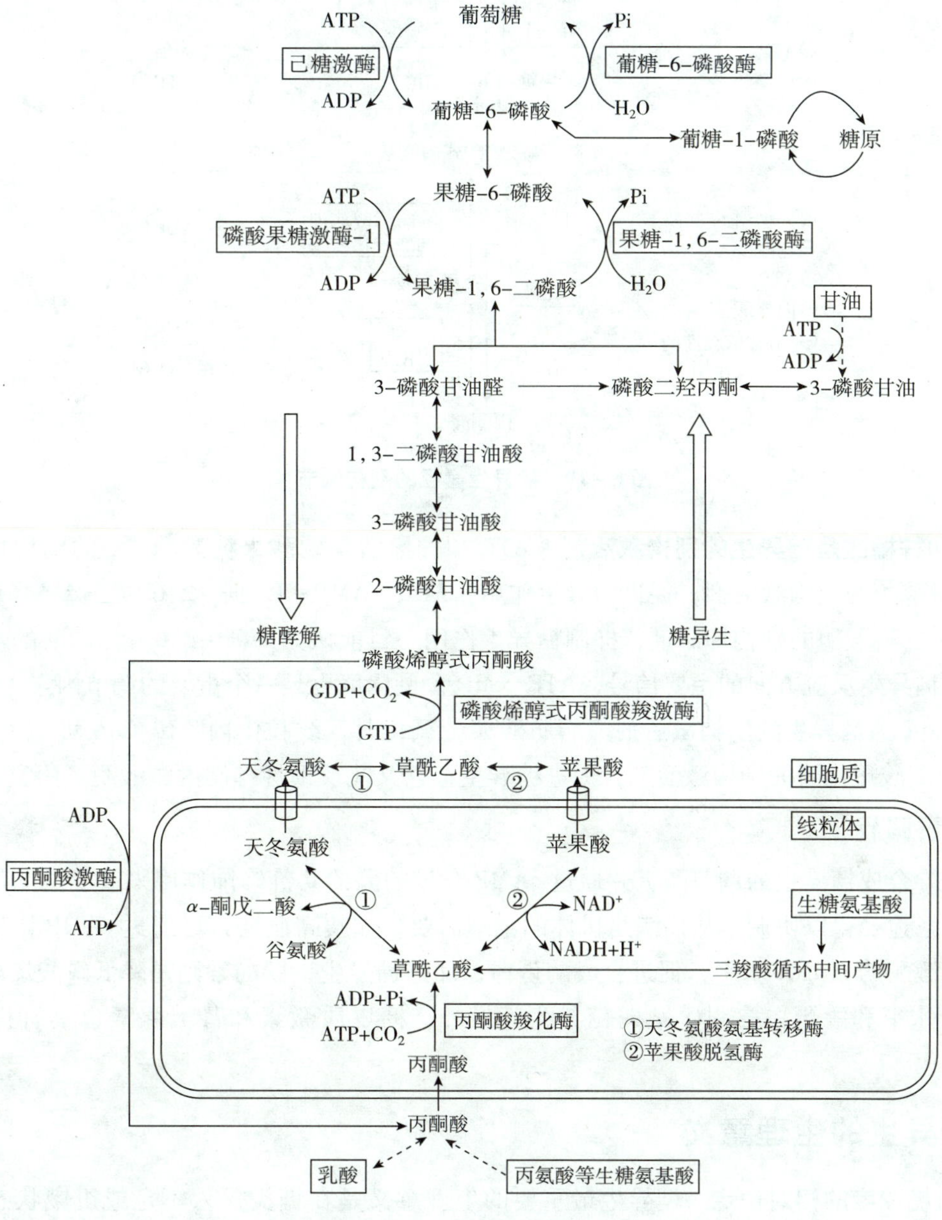

图 6－18　糖酵解与糖异生

二、糖异生的调节

糖异生有 4 个关键酶，即丙酮酸羧化酶、磷酸烯醇式丙酮酸羧激酶、果糖－1,6－二磷酸酶及葡糖－6－磷酸酶，受多种别构效应剂及激素的调节。同时，糖酵解与糖异生是方向相反的两条代谢途径，促进糖异生的别构剂或激素必然抑制糖酵解，以达到最大生理效应。当糖供应充分时，糖酵解有关的酶活性增高，糖异生有关的酶活性降低，因此，作为糖酵解正别构效应物的分子几乎都是糖异生的负别构效应物，反之亦然。这样有利于节约能源。

（一）别构剂的调节

许多代谢的底物或产物如ATP、ADP、AMP都是别构剂，参与别构调节，详见图6-19。

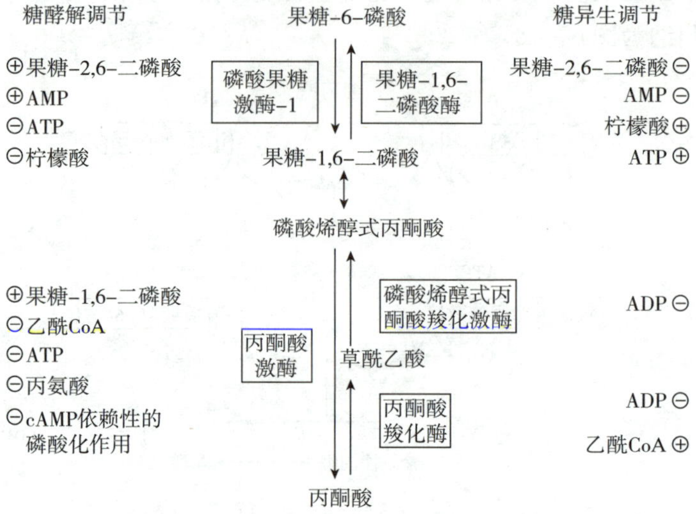

图6-19 糖异生途径的别构调节

1. ATP和柠檬酸是糖异生的别构激活剂 ATP和柠檬酸是磷酸果糖激酶-1的别构抑制剂，是果糖-1,6-二磷酸酶的别构激活剂，促进糖异生作用；ADP、AMP和果糖-2,6-二磷酸（F-2,6-BP）是果糖-1,6-二磷酸酶的别构抑制剂，抑制糖异生作用。目前认为果糖-2,6-二磷酸的水平是肝内调节糖的分解或糖异生反应方向的主要信号，ATP/AMP含量比值也是一个重要的调节因素。

2. 乙酰CoA为糖异生的别构激活剂 脂肪酸大量氧化时，线粒体内乙酰CoA堆积，并释放ATP。乙酰CoA是丙酮酸羧化酶的别构激活剂，促进糖异生；它又能反馈性抑制丙酮酸脱氢酶复合体的活性。

（二）激素调节

激素可诱导合成糖异生的调节酶，并通过cAMP介导的酶的共价修饰作用来改变酶的活性，使糖异生与糖酵解两条途径得以协调，从而满足机体的生理需要。如胰高血糖素可通过cAMP快速提升磷酸烯醇式丙酮酸羧激酶的mRNA水平，促进合成酶蛋白，加强糖异生；胰岛素则是降低磷酸烯醇式丙酮酸羧激酶的mRNA水平和酶蛋白含量，减弱糖异生。另外，糖皮质激素和肾上腺素也具有提高糖异生的作用。

三、糖异生的生理意义

1. 维持血糖浓度的相对恒定 糖异生最重要的生理意义是在糖类摄入不足或饥饿状态下维持血糖浓度的相对恒定，对于维持机体主要器官（如脑、红细胞等）的能量供应十分重要。糖类摄入不足或饥饿时，肝糖原分解产生的葡萄糖仅能维持8～12小时，此后，机体基本依靠糖异生作用来维持血糖浓度。糖异生障碍是致命的，当血糖浓度低于某临界值时会引起大脑功能紊乱，继而导致昏迷和死亡。因为正常成人的脑组织不能直接利用脂肪酸，主要依靠葡萄糖供给能量。红细胞无线粒体，完全通过糖无氧氧化获得能量。骨髓、神经等组织由于代谢活跃，经常进行糖酵解，故即使在饥饿状况下，机体也需要消耗一定量的糖，以维持生命活动。

2. 回收乳酸，补充肝糖原 当肌肉在缺氧或剧烈运动时，肌糖原经无氧氧化产生大量乳酸，但因为肌肉组织内无葡萄糖-6-磷酸酶，不能进行糖异生，所以乳酸经细胞膜弥散入血后再入肝，在肝内异生为葡萄糖。葡萄糖释放入血后又可被肌肉摄取，这就构成了一个循环，称乳酸循环（lactic acid cycle），也称 Cori 循环（Cori cycle）（图 6－20）。乳酸循环的形成是肝和肌肉组织中酶的特点所致。乳酸循环的生理意义是防止和改善乳酸堆积引起的酸中毒及乳酸的再利用。乳酸循环是耗能的过程。糖异生也是肝补充或恢复肝糖原储备的重要途径，这在饥饿后进食中更为重要。长期以来人们认为，进食后肝糖原储备丰富是肝直接利用葡萄糖合成糖原的结果。但后来的放射性核素标记等实验结果表明，摄入的葡萄糖先分解为丙酮酸、乳酸等三碳化合物，后者再异生为糖原。生成糖原的这条途径称为三碳途径或间接途径，而葡萄糖经 UDPG 合成糖原的过程称为直接途径。

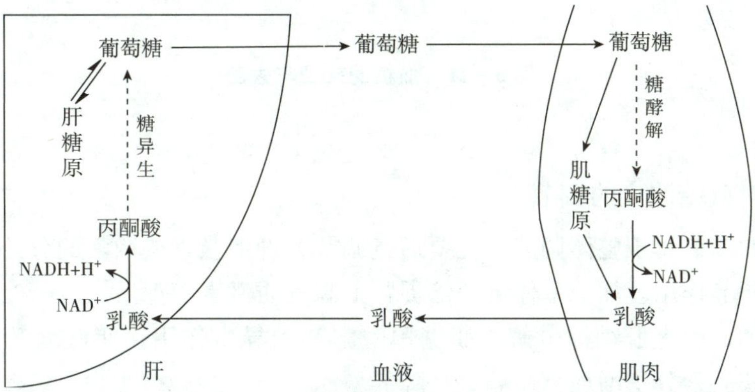

图 6－20 乳酸循环

3. 调节酸碱平衡 长期饥饿造成的机体代谢性酸中毒，可促进肾小管中磷酸烯醇式丙酮酸羧化激酶的合成，从而使肾糖异生增强。当肾中 α－酮戊二酸因异生成糖而减少时，可促进谷氨酰胺、谷氨酸的脱氨反应，肾小管细胞将脱下的 NH_3 分泌入管腔，使 NH_3 与 H^+ 生成 NH_4^+ 排出体外，这有利于肾的排 H^+ 保 Na^+；另外，乳酸经糖异生作用转变为糖，可防止乳酸堆积引起的代谢性酸中毒，这些均对维持机体酸碱平衡有一定意义。

第五节 血糖及其调节

PPT

一、血糖的来源与去路

血糖（blood sugar）指血液中的葡萄糖。血糖是糖的运输形式，可供各组织器官利用。正常人空腹时，血糖浓度较为稳定。临床测定的血糖值因所用方法而异，如用葡萄糖氧化酶法，正常人空腹血糖浓度为 3.89～6.11mmol/L。血糖浓度保持相对恒定具有重要的生理意义，特别是对脑和红细胞来说，它们在生理条件下主要依靠血糖供能。如果血糖过低，会出现脑功能障碍，甚至出现低血糖昏迷。

1. 血糖的来源 ①主要来源于食物中糖的消化、吸收；②在空腹时，来源于肝糖原分解；③在长期饥饿时，肝糖原消耗殆尽，主要来源于非糖物质的异生作用。

2. 血糖的去路 ①主要去路是进入全身各组织细胞氧化分解供能；②多余的糖进入肝、肌肉组织合成糖原而储存；③通过磷酸戊糖途径转变为其他糖及其衍生物，如核糖、糖醛酸等；④转变为非糖物质，如脂肪、非必需氨基酸等。

血糖的来源与去路可总结为图 6－21。

二、血糖浓度的调节

正常人体内血糖浓度的恒定主要是神经系统、激素及组织器官共同调节的结果，其中，激素对血糖

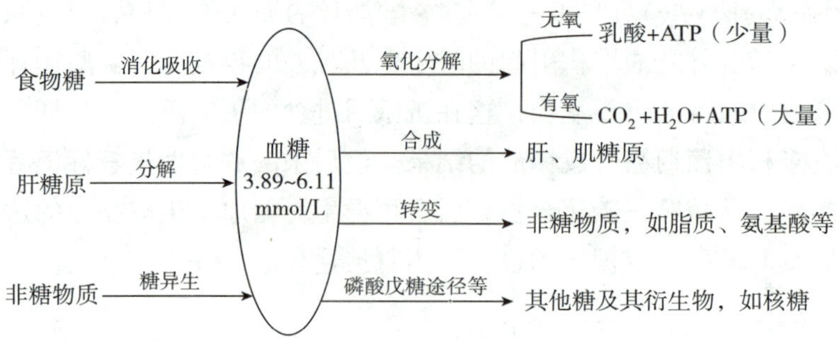

图6-21　血糖的来源与去路

浓度的调节最为重要。

（一）神经系统对血糖浓度的调节

神经系统对血糖的调节属于整体调节，主要通过调节各种促激素或激素的分泌，影响各代谢中的酶活性或酶含量来完成调节作用。如脑垂体可分泌促肾上腺皮质激素等促激素。情绪激动时，交感神经兴奋，肾上腺素分泌增加，促进肝糖原分解、肌糖原酵解和糖异生作用，使血糖升高；当处于静息状态时，迷走神经兴奋，胰岛素分泌增加，血糖水平降低。

（二）激素对血糖浓度的调节

调节血糖的激素分为两大类，一类是降低血糖的激素，即胰岛素（insulin）；另一类是升高血糖的激素，如胰高血糖素、肾上腺素、糖皮质激素及甲状腺激素等。这两类激素的作用是通过对糖代谢各主要途径关键酶活性的影响来实现对血糖水平的调节。

1. 胰岛素　是体内唯一降低血糖的激素，由胰岛β细胞合成分泌，血糖升高是引起胰岛素分泌的主要信号。其降低血糖的机制包括：①促进肌肉、脂肪等组织细胞通过GLUT4摄取葡萄糖；②通过激活丙酮酸脱氢酶磷酸化，加速丙酮酸脱氢酶复合体活化，促进糖的氧化分解；③通过激活磷酸二酯酶来降低cAMP水平，使糖原合酶活性增强、糖原磷酸化酶活性降低，从而加速糖原合成、抑制糖原分解；④通过抑制磷酸烯醇式丙酮酸羧激酶的活性，抑制肝内糖异生，同时促进氨基酸进入肌肉组织合成蛋白质，减少糖异生原料；⑤促进糖的分解代谢产物乙酰CoA和NADPH，有利于合成脂肪。总之，高血糖会导致胰岛素的分泌，胰岛素能促进血液中葡萄糖进入细胞进行代谢，抑制糖异生，并促进多余的血糖转变成糖原和脂肪两种形式储存起来。

2. 胰高血糖素　是升高血糖水平的主要激素，由胰岛α细胞合成分泌，与胰岛素同时在生理水平调节血糖浓度。血糖水平降低或血中氨基酸水平升高能刺激该激素的分泌。其升高血糖的机制如下。①作用于肝细胞膜受体，激活依赖cAMP的蛋白激酶A，通过共价修饰来抑制糖原合酶和激活糖原磷酸化酶，使肝糖原迅速分解，血糖升高。②激活果糖-2,6-二磷酸酶，抑制磷酸果糖激酶-2，降低细胞内果糖-2,6-二磷酸水平，而后者是磷酸果糖激酶-1的最强别构激活剂，故抑制糖酵解、促进糖异生。③诱导肝中磷酸烯醇式丙酮酸羧激酶的合成，抑制丙酮酸激酶，促进糖异生。④激活脂肪组织内的激素敏感性脂肪酶，加速脂肪动员，从而抑制组织摄取葡萄糖，间接升高血糖。所以，胰高血糖素在肝中主要通过刺激肝糖原分解、促进糖异生、抑制糖酵解来升高血糖；动员脂肪释放脂肪酸，作为葡萄糖的替代品给大脑以外的其他组织提供能量。

3. 肾上腺素　能迅速而有力地升高血糖，其机制基本同胰高血糖素，但是主要在应激状态下发挥作用，对生理性如进食引起的血糖波动没有调节作用。肾上腺素可通过级联反应激活糖原磷酸化酶、抑制糖原合酶，从而促进糖原分解、抑制糖原合成。不同的是，胰高血糖素只激活肝糖原的分解，对肌糖原没有作用。而肾上腺素对肝及肌肉的糖原均有促进分解作用；在肝促进肝糖原分解为葡萄糖，在肌肉则促进肌糖原分解产生能量，生成乳酸，乳酸可通过 Cori 循环间接升高血糖。

（三）器官水平的调节

肝是体内调节血糖浓度的主要器官。肝通过肝糖原的生成、分解和糖异生作用维持血糖浓度恒定。

三、糖代谢异常

神经系统疾患，内分泌失调，肝、肾功能障碍及某些酶的遗传缺陷等，均可影响血糖浓度的调节或引起糖代谢障碍，导致高血糖、糖尿病或低血糖等代谢异常。

案例引导

临床案例　患者，女，62岁。主诉：10年前被诊断为2型糖尿病，口服“二甲双胍，消渴丸”治疗，3年前出现视物模糊，半年前间断出现双足针刺样疼痛，双下肢困顿、乏力，半个月前劳累后出现恶心、呕吐。近40天出现血糖控制差，体重下降5kg，40天前无明显诱因出现发热。辅助检查：白细胞 7.5×10^9/L，血红蛋白83g/L。尿液分析：酮体2mmol/L；葡萄糖1mmol/L。血生化：钾3.7mmol/L，钠130mmol/L，氯95mmol/L，HCO_3^- 3.5mmol/L；淀粉酶30U/L，脂肪酶42U/L；空腹血糖10.1mmol/L，餐后血糖15.3mmol/L。诊断：①2型糖尿病；②糖尿病酮症酸中毒；③糖尿病视网膜病变4期；④糖尿病周围神经病变。

讨论　1. 引起高血糖的原因有哪些？

2. 糖尿病患者为什么会出现消瘦、乏力症状？

3. 糖尿病严重者为什么会发生酮症酸中毒（参考第七章脂质代谢的“酮体代谢”部分）？

（一）低血糖

对于健康人群来说，空腹血糖低于2.80mmol/L称为低血糖（hypoglycemia）。脑组织对低血糖极为敏感，低血糖时可出现头晕、心悸、出冷汗等虚脱症状。如果血糖持续下降至低于2.53mmol/L，可出现昏迷，称低血糖休克。如不能及时给患者静脉滴注葡萄糖，可导致死亡。

出现低血糖的病因有：①胰性（胰岛β细胞功能亢进、胰岛α细胞功能低下等）；②内分泌异常（垂体功能低下、肾上腺皮质功能减退等）；③肝性（肝癌、糖原贮积症等）；④饥饿或因病不能进食者等；⑤肿瘤（胃癌等）。

（二）高血糖及糖尿病

空腹血糖浓度超过7mmol/L时称为高血糖（hyperglycemia）。当血糖浓度超过肾糖阈时，葡萄糖从尿中排出，就会出现糖尿。出现高血糖和尿糖的病因可分为生理性和病理性两大类，如进食大量糖或情绪激动时交感神经兴奋，引起肾上腺素分泌增加等，均可导致一过性高血糖甚至尿糖，分别称为饮食性糖尿和情感性糖尿，但这只是暂时的，且空腹血糖浓度正常，属于生理性的。

病理性高血糖及糖尿常见于：①激素分泌异常，升高血糖的激素分泌亢进，胰岛素分泌障碍；②遗传性胰岛素受体缺陷；③血糖正常而出现糖尿，见于慢性肾炎、肾病综合征等引起的肾对糖的吸收障碍。多见于下列两种情况。

1. 肾性糖尿　由于肾脏疾患导致肾小管重吸收葡萄糖的能力下降，即使血糖浓度不高，也因肾糖阈下降而出现尿糖，称肾性糖尿，如慢性肾炎、肾病综合征等。妊娠期妇女有时也会有暂时性肾糖阈降低，出现肾性糖尿，但血糖浓度与糖耐量曲线正常。

2. 糖尿病（diabetes mellitus）　是一种因胰岛素绝对或相对分泌不足或者细胞胰岛素受体减少或受体敏感性降低导致的内分泌紊乱性疾病。该病以持续性高血糖和糖尿为主要症状，特别是空腹血糖和糖耐量曲线异常的疾病。临床上，糖尿病分为胰岛素依赖型（1 型）和非胰岛素依赖型（2 型）两型，它们的病因和发病机制不同。1 型多发生于青少年，主要与遗传有关，是自身免疫性疾病。患者由于胰岛素功能障碍，一方面葡萄糖利用受阻，产能减少；另一方面致使机体脂肪动员加强，蛋白质分解增强，替代葡萄糖给机体提供能量，会出现消瘦、乏力等症状。脂肪动员分解产生的脂肪酸经 β - 氧化产生乙酰 CoA，在肝内合成大量酮体，当超过肝外组织利用时酮体堆积，导致机体酮症酸中毒。2 型多发生于老年，与肥胖关系密切，可能是细胞膜上胰岛素受体丢失或受体敏感性降低所致。

我国糖尿病以成人多发的 2 型糖尿病为主，胰岛细胞功能缺陷和胰岛素作用抵抗性是其基本特征。一般认为 2 型糖尿病具有更强的遗传性。

糖尿病常伴有多种并发症，如足病（足部坏疽）、肾病（肾衰竭、尿毒症）、眼病（视物模糊、失明）、脑病（脑血管病变）、心脏病、皮肤病、性病等，这些并发症是导致糖尿病患者死亡的主要因素，这些并发症的严重程度与血糖水平升高的程度直接相关。

引起糖尿病并发症的生化机制还不太清楚，目前认为是血中血糖水平持续增高刺激细胞生成晚期糖化终产物（advanced glycation end products，AGEs），同时发生氧化应激。其中，如血红蛋白中的氨基酸发生不依赖酶的糖化作用（hemoglobin glycation），生成糖化血红蛋白（glycatcd hemoglobin，GHB），与酶催化的糖基化作用（glycosylation）不同。GHB 可进一步反应转变为 AGEs，如甲基乙二醛、羧甲基赖氨酸等，它们与体内多种蛋白质发生广泛交联，对肾、视网膜、心血管等造成损伤。AGEs 也可被其受体识别，激活信号通路，产生活性氧而诱发氧化应激，影响细胞正常生理功能。氧化应激也可进一步促进 AGEs 的形成及交联，两者交互作用，促进糖尿病并发症的发生与发展。

GHB 可反映近期体内血糖的平均水平，在临床上作为糖尿病监控血糖的指标。此指标比单测血糖更为稳定、准确。目前国外已将 GHB 纳入糖尿病的诊断指标，GHB 超过 6.5% ~7.0% 即可确诊；国内尚未将它纳入诊断指标，只作为评价疗效的参考，治疗目标是将 GHB 控制在 7.0% 以下。

知识链接

尊重糖尿病患者

糖尿病发作时往往具有典型的“三多一少”症状，目前尚无根治糖尿病的方法。患糖尿病后，该病一般都会伴随患者一生，因此，治疗主要依靠控制血糖，减少并发症的发生。治疗手段主要包括 5 个方面：糖尿病患者的教育、自我监测血糖、饮食治疗、运动治疗和药物治疗。其中，教育糖尿病患者懂得糖尿病的基本知识，使之树立战胜疾病的信心，了解如何控制好血糖、减少糖尿病并发症的发生，这一点非常重要。作为医务工作者，更应懂得尊重和理解患者的一些行为。如碰到患者由于想多食而躲着家人、医生偷偷吃含糖较高的食物时，不能言语过激，而是要跟患者好好解释多吃这些食物的坏处，让患者真正懂得家人、医生不让他多吃这些食物是为自己好。这样不仅有助于更好地处理医患关系，更体现出一个医生良好的医德。

目标检测

答案解析

一、单项选择题

1. 关于糖类物质的消化吸收，说法错误的是（　）

   A. 食物中的淀粉主要在小肠中消化

B. 葡萄糖在小肠被吸收入血由转运蛋白 SGLT 实现

C. 葡萄糖在小肠的吸收主要为耗能的主动转运

D. 淀粉可在小肠中直接被吸收

E. 葡萄糖从血液进入细胞由转运蛋白 GLUT 实现

2. 下列各组酶中，参与糖酵解途径中三个不可逆反应的是（　）

A. 葡萄糖激酶、己糖激酶、磷酸果糖激酶

B. 甘油磷酸激酶、磷酸果糖激酶、丙酮酸激酶

C. 葡萄糖激酶、己糖激酶、丙酮酸激酶

D. 己糖激酶、磷酸果糖激酶、丙酮酸激酶

E. 柠檬酸合成酶、丙酮酸脱氢酶复合体、异柠檬酸脱氢酶

3. 从糖原开始转变成 6 分子乳酸，可净生成（　）个 ATP

A. 9　　B. 2　　C. 3

D. 12　　E. 15

4. 下列化合物中，不属于丙酮酸脱氢酶复合体组成成分的是（　）

A. TPP　　B. HS – CoA　　C. FMN

D. FAD　　E. NAD^+

5. 1 分子葡萄糖生成的丙酮酸彻底氧化，可产生（　）个 ATP

A. 10　　B. 12. 5　　C. 15

D. 25　　E. 30

6. 关于三羧酸循环，说法错误的是（　）

A. 为单向循环　　B. 一次循环可产生 2 分子 CO_2，4 次脱氢

C. 一次循环消耗 1 分子乙酰基　　D. 一次循环氧化磷酸化可产生 10 分子 ATP

E. 最重要的限速酶为异柠檬酸脱氢酶

7. 关于糖异生的生理意义，说法错误的是（　）

A. 维持血糖浓度恒定　　B. 补充肝糖原　　C. 调节酸碱平衡

D. 防止乳酸酸中毒　　E. 蛋白质合成加强

8. 关于正常人摄取糖类过多的几种代谢途径，说法错误的是（　）

A. 转变为甘油　　B. 转变为蛋白质　　C. 转变为脂肪酸

D. 氧化分解成 CO_2、H_2O　　E. 转变为糖原

二、简答题

1. 列表比较糖无氧氧化与糖有氧氧化的异同点。

2. α – 酮戊二酸如何彻底氧化成 CO_2 和 H_2O？其氧化过程产生多少分子 ATP？

（江兴林）

书网融合……

本章小结　　微课 1　　微课 2　　题库

第七章 脂质代谢

学习目标

1. 掌握 必需脂肪酸、脂肪动员的概念；脂肪酸 β - 氧化的概念、基本过程；酮体代谢及其意义；胆固醇的合成代谢及其转化；血浆脂蛋白的分类、组成特点及其生理功能。

2. 熟悉 脂肪酸、脂肪合成的基本过程；甘油磷脂的合成及分解代谢；血浆脂蛋白代谢及其代谢异常与相关疾病。

3. 了解 脂类的消化和吸收；鞘磷脂代谢；花生四烯酸的衍生物及其生理意义。

4. 学会脂质代谢异常相关疾病及其诊治相关的基本知识。

第一节 概 述

PPT

一、脂质的组成

脂质（lipids）是脂肪（fat）和类脂（lipoid）的总称，是一类非均一、物理和化学性质接近，难溶于水而易溶于有机溶剂（如乙醚、丙酮、三氯甲烷和苯等）并能为机体利用的有机化合物。其化学本质为脂（肪）酸（通常是14～20个碳原子的长链羧酸）和醇类（包括甘油、高级一元醇、鞘氨醇和固醇类）等缩合形成的酯及其衍生物。脂质主要由碳、氢、氧三种元素组成，有些类脂还含有氮、磷和硫元素。

（一）脂肪

脂肪是由3分子相同或不同的脂肪酸和甘油以酯键连接而成的酯类，因而称甘油三酯（triglyceride，TG），又称三脂酰甘油、三酰甘油（triacylglycerol，TAG），是人体内含量最多的脂质，也是人体储存能量的主要形式。体内还含有二酰甘油（diacylglycerol，DAG），又称二脂酰甘油、甘油二酯（diglyceride）；少量单酰甘油（monoacylglycerol，MAG），又称单脂酰甘油、甘油单酯（monoglyceride）。三酰甘油是非极性、不溶于水的甘油脂肪酸三酯，基本结构为甘油的3个羟基分别被相同或不同的脂肪酸酯化，其脂酰链组成复杂，长度和饱和度多种多样。

（二）脂肪酸

脂肪酸（fatty acid，FA）是由长链脂肪烃基和一个末端羧基所组成的羧酸。烃链多数是线性的，结构通式为 $CH_3(CH_2)_nCOOH$。高等生物中，脂肪酸的碳链长度一般在14～20之间，且多数为偶数碳，尤以16C和18C最多。

不同脂肪酸之间的主要区别在于烃链的长度（碳原子数目）、双键的数目和位置。脂肪酸可以按其所含碳原子数目，分为短链脂肪酸（碳原子数小于6）、中链脂肪酸（碳原子数为6～12）和长链脂肪酸（碳原子数大于12）。烃链不含双键的，称饱和脂肪酸，如软脂酸；含有双键（包括顺式和反式两种构型）的，称不饱和脂肪酸，如油酸、亚油酸等。只含一个不饱和双键的脂肪酸称为单不饱和脂肪酸；含多个不饱和双键的脂肪酸称为多不饱和脂肪酸。

脂肪酸的命名用碳的数目、不饱和键的数目及不饱和键的位置来表示。

1. Δ编码体系　脂肪酸的碳原子从羧基功能团开始计数，羧基碳原子为1，依次编号为2、3、4……。不饱和键的位置用Δ表示，如：油酸（18∶1，Δ9 顺），表示含18个碳原子，1个不饱和键，在第9~10位碳原子之间有一个顺式双键；α-亚麻酸（18∶3，Δ9，12，15），表示含18个碳原子，3个不饱和键，双键位置按碳原子编号依次为9、12、15。

2. *n*或ω编号体系　最远端的甲基碳也称为ω-碳原子，脂肪酸的碳原子从离羧基最远的碳原子即最远端的甲基碳原子ω开始计数，按字母编号依次为$\omega-1$、$\omega-2$、$\omega-3$……。不饱和键的位置用ω来表示，如：油酸（18∶1，$\omega-9$），表示含18个碳原子，1个不饱和键，第一个双键从甲基端数起，在第9碳与第10碳之间；（18∶3，$\omega-3$），表示含18个碳原子，3个不饱和键，第一个双键从甲基端数起，在第3碳与第4碳之间，如亚麻酸、二十二碳六烯酸（DHA）和二十碳五烯酸（EPA），都是对人体非常重要的多不饱和脂肪酸。

哺乳动物缺乏Δ9以上的去饱和酶，因此无法合成亚油酸、α-亚麻酸和花生四烯酸等对于维持人类正常生理功能必不可少的多不饱和脂肪酸。这类人体需要但自身不能合成或合成量不足而必须从膳食中获取的脂肪酸，称必需脂肪酸（essential fatty acid）。必需脂肪酸在体内具有降血脂、抗血小板凝集、延缓血栓形成等功能。

（三）类脂

类脂包括磷脂（phospholipid）、鞘脂（sphingolipid）、糖脂（glycolipid）、胆固醇（cholesterol）和胆固醇酯（cholesterol ester）等。类脂在人体中的含量相对较少，但作用十分广泛。

二、脂质的生物学功能

（一）脂肪的功能

1. 氧化提供能量　脂肪是体内储存和氧化供能的主要物质。健康成人通常每日摄取50~60g脂肪，提供所需能量的20%~25%。首先，1g脂肪完全氧化后可释放38kJ能量，大约是氧化1g糖类（17.2kJ）或1g蛋白质（18kJ）所释出能量的2倍。其次，脂肪是疏水性的，储存时不带水分子，占用储存空间小。最后，脂肪在体内的储量大，并储存在专门的组织——脂肪组织内。

2. 保持体温稳定　脂肪不易传热，分布在皮下的脂肪具有减少体内热量散失和防止外界辐射热侵入的作用。

3. 保护和支撑作用　脂肪可以保护神经末梢、血管、内脏器官。分布在内脏周围的脂肪组织犹如软垫，可以减轻内脏之间的摩擦，缓冲机械性冲击，保护和固定内脏。

（二）类脂的功能

1. 维持生物膜的结构和功能　类脂的主要生理功能是作为细胞膜结构的基本成分，约占细胞膜质量的50%。细胞的各种膜主要是由类脂（磷脂、胆固醇）与蛋白质结合而构成的。

2. 转变为多种重要的生物活性物质　胆固醇在体内可转化为胆汁酸盐、维生素D_3、类固醇激素等。磷脂含有的二十碳多不饱和脂肪酸在体内可衍生为前列腺素（prostaglandin，PG）、血栓素（thromboxane A，TXA）和白三烯（leukotriene，LTs）等生理活性物质。磷脂和胆固醇都是血浆蛋白质的成分，参与脂肪的运输。

3. 作为第二信使参与代谢调节　生物膜上的磷脂酰肌醇经酶水解可生成三磷酸肌醇（IP_3）及二酰甘油（DAG）等，它们均可作为激素作用的第二信使，参与细胞内的信息传递。

三、脂质的消化和吸收

（一）脂质的消化

食物中的脂质主要为脂肪，此外还有少量磷脂、胆固醇等。因唾液中无水解脂肪的酶，故脂肪在口腔中不被消化。脂质不溶于水，而胰液中脂质的消化酶类为水溶性，因此，脂质的消化首先依赖于胆汁中胆汁酸盐的乳化作用。胆汁酸盐是较强的乳化剂，具有较强的界面活性，能降低脂－水界面的表面张力，将脂质乳化成细小微团，使脂质颗粒变小、表面积增大，增加脂质和脂肪酶的接触面积，有利于脂质的消化和吸收。含脂质消化酶的胰液和含胆汁酸盐的胆汁均分泌入十二指肠，因此，小肠上段是脂质消化的主要场所。

胃的酸性食糜运至十二指肠时，可刺激肠促胰液素（secretin）分泌，引起胰腺分泌 HCO_3^- 至小肠；脂肪和氨基酸可刺激十二指肠分泌肠促胰酶素（pancreozymin）和胆囊收缩素（cholecystokinin），前者促使胰腺分泌各种酶原颗粒，后者促使胆囊收缩，引起胆汁分泌。在十二指肠，胃液中的酸性物质被胰液中的碳酸氢盐中和，使小肠液的酸碱度接近中性，有利于消化酶的作用；碳酸氢盐遇酸分解，产生二氧化碳气泡，促使食糜与消化液很好地混合，并协助乳化剂——胆汁酸盐发挥作用，形成分散的细小微团（micelles），增加消化酶与脂质的接触面积，以利于脂肪和类脂的消化和吸收。

食物中的脂质经各种酶作用后，生成的单酰甘油、脂肪酸、胆固醇及溶血磷脂等产物可被胆汁酸盐乳化成更小的混合微团。这种微团体积更小，极性更强，易于为肠黏膜细胞所吸收。

慢性胆囊炎患者，其胆汁中的胆汁酸盐代谢异常，影响脂质的乳化作用，因此，患者表现为厌食油腻食物。

（二）脂质的吸收

脂质的吸收主要在十二指肠下段及空肠上段。脂质含有少量由中短链脂肪酸构成的脂肪，它们经胆汁酸盐乳化后可被肠黏膜细胞直接吸收，接着在胞内脂肪酶的作用下水解为脂肪酸和甘油，通过门静脉进入血液循环。长链脂肪酸、2－单酰甘油、胆固醇及溶血磷脂等其他消化产物随微团吸收入小肠黏膜细胞。长链脂肪酸在胞内脂酰 CoA 合成酶的催化下，首先转变成脂酰 CoA，再经滑面内质网脂酰基转移酶催化，由 ATP 供能，转移至 2－单酰甘油、胆固醇及溶血磷脂的羟基上，重新生成三酰甘油、胆固醇酯和磷脂。这些产物再与粗面内质网上合成的载脂蛋白 ApoB48、ApoC、ApoA Ⅰ 和 ApoA Ⅳ 等共同组装成乳糜微粒（chylomicron，CM），分泌至毛细淋巴管，经淋巴入血，通过胸导管进入血液循环，完成脂质的吸收。

胆固醇作为脂溶性物质，需借助胆汁酸盐的乳化作用才能在肠内被吸收。吸收后的胆固醇约有 2/3 在肠黏膜细胞内经酶的催化作用又重新酯化生成胆固醇酯，然后进入淋巴管。因此，淋巴液和血液循环中的胆固醇大部分以胆固醇酯的形式存在。

未被吸收的类脂进入大肠，被肠道微生物分解成各种组分，并被微生物利用。胆固醇可被还原生成粪固醇而直接排出体外。

第二节　三酰甘油的分解代谢

PPT

一、脂肪动员 微课

脂肪通过氧化分解为机体提供能量。三酰甘油的分解代谢从水解开始。脂肪动员（fat mobilization）

是指储存在脂肪细胞中的脂肪在脂肪酶的作用下，逐步水解为游离脂肪酸和甘油并经血液被转运至其他各组织氧化利用的过程。

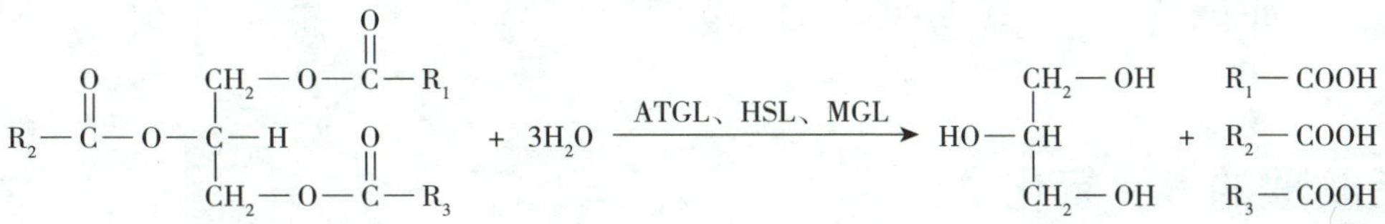

三酰甘油　　　　甘油　　脂肪酸

脂肪动员依次由脂肪组织中的三酰甘油脂肪酶（adipose triacylglycerol lipase，ATGL）、激素敏感性脂肪酶（hormone - sensitive lipase，HSL）和单酰甘油脂肪酶（monoacylglycerol lipase，MGL）催化水解为二酰甘油、单酰甘油，最终为游离脂肪酸（free fatty acid，FFA）和甘油。其中，HSL 是脂肪动员的关键酶，其活性经多种激素通过化学修饰来调节。禁食、饥饿或交感神经兴奋时，胰高血糖素、肾上腺素和去甲肾上腺素、促甲状腺激素、糖皮质激素、生长激素等激素分泌增加，作用于脂肪细胞膜上相应受体，通过 G 蛋白激活腺苷酸环化酶（adenylyl cyclase，AC），将 ATP 转变为 cAMP，cAMP 能够激活 cAMP 依赖性的蛋白激酶——蛋白激酶 A（protein kinase A，PKA），PKA 可磷酸化 HSL 和脂滴包被蛋白（perilipin），导致磷酸化的脂滴包被蛋白上与脂滴紧密相连的蛋白 comparative gene identification - 58（CGI - 58）与脂滴分离，从而募集与激活 ATGL 到脂滴表面，催化三酰甘油水解为二酰甘油和脂肪酸。被磷酸化而激活的 HSL 水解二酰甘油为单酰甘油和脂肪酸，再进一步由 MGL 水解为脂肪酸和甘油，释放入血。这些能够激活 HSL 而促进脂肪动员的激素，称脂解激素；而胰岛素和前列腺素 E_2 等激素能够拮抗脂解激素的作用，抑制脂肪动员，称抗脂解激素。这两类激素的协同作用使体内脂肪的水解速率得到有效的调节。

脂肪动员的过程如图 7 - 1 所示。

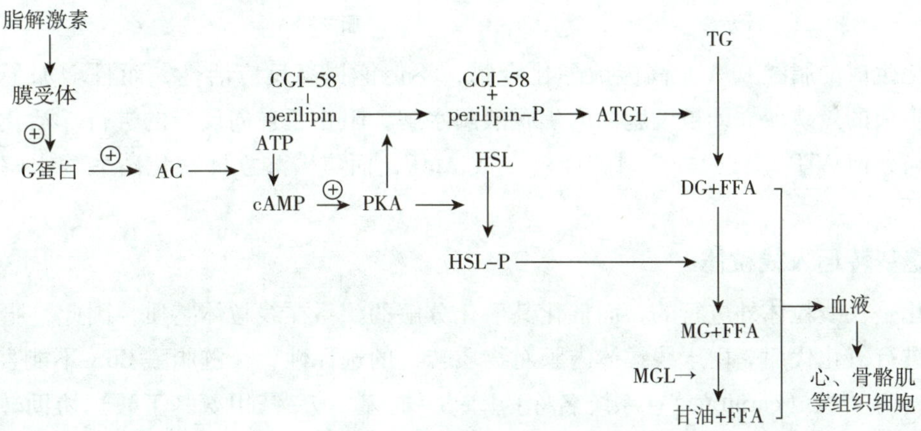

图 7 - 1　脂肪动员过程

二、甘油的分解代谢

脂肪动员产生的甘油易溶于水，可直接由血液循环运送到富含甘油激酶的肝、肾、肠等组织而被摄取利用。甘油在细胞内经甘油激酶（glycerol kinase）催化生成 α - 磷酸甘油，然后脱氢生成磷酸二羟丙酮后，循糖代谢途径继续氧化分解并释放能量；当血糖浓度低时，也可经糖异生途径转变为葡萄糖或糖原。但在肌肉和脂肪组织中，甘油激酶的活性很低，所以，这两种组织摄取和利用甘油极其有限。甘油分解代谢的反应如下：

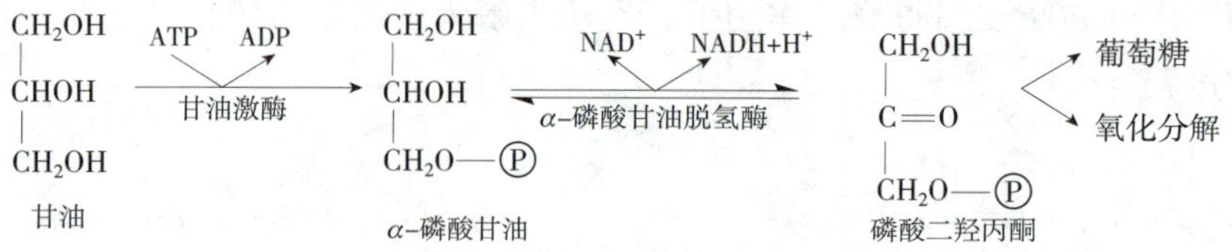

三、脂肪酸的β-氧化

脂肪动员释放的脂肪酸入血后，与清蛋白结合被转运到全身各组织细胞。脂肪酸是人及其他哺乳类动物的主要能源物质。在氧气充足的条件下，脂肪酸可在体内分解成 CO_2 和 H_2O 并释放出大量能量，以 ATP 形式供机体利用。除脑组织和成熟红细胞外，大多数组织均能氧化利用脂肪酸，但以肝、心肌和骨骼肌最为活跃。

1904 年，F. Knoop 根据实验提出脂肪酸在体内氧化分解是从羧基端β-碳原子开始，每次断裂 2 个碳原子，即"β-氧化学说"，这是脂肪酸进行氧化分解代谢的最主要途径。脂肪酸的氧化可以分为脂肪酸活化、脂酰基转运进入线粒体、β-氧化产生乙酰 CoA 及乙酰 CoA 进入三羧酸循环彻底氧化 4 个阶段，最终转变为 CO_2 和 H_2O，并释放出大量 ATP，供机体利用。

（一）脂肪酸的活化——脂酰 CoA 的生成

10 碳及以下的中短链脂肪酸不需膜转运体协助，直接进入线粒体，而 12 碳及以上的长链脂肪酸不能直接通过线粒体膜，需活化后借助载体转运才能进入线粒体进行β-氧化。长链脂肪酸的活化，是由内质网、线粒体外膜上的脂酰 CoA 合成酶（acyl-CoA synthetase）催化生成脂酰 CoA，需 ATP、HSCoA 及 Mg^{2+} 的参与。

$$\underset{\text{脂肪酸}}{\text{RCOOH}} + \text{HSCoA} + \text{ATP} \xrightarrow[Mg^{2+}]{\text{脂酰CoA合成酶}} \underset{\text{脂酰 CoA}}{\text{RCO} \sim \text{SCoA}} + \text{AMP} + \text{PPi}$$

脂肪酸活化生成的脂酰 CoA 是高能硫酯化合物，不但能提高反应活性，而且增加了脂酰基的水溶性。活化反应生成的焦磷酸立即被细胞内的焦磷酸酶水解，阻止了逆向反应的进行。活化反应虽然仅有 1 分子 ATP 参与，但 ATP 却被脱去焦磷酸而转变成 AMP，而焦磷酸立即被焦磷酸酶水解，因此视为消耗了 2 分子 ATP。

（二）脂酰基转运入线粒体

脂肪酸活化是在线粒体外进行的，而催化其氧化分解的酶系在线粒体基质，因此，脂酰 CoA 必须进入线粒体才能进行氧化代谢。由于线粒体内膜对物质转运的选择性，长链脂酰 CoA 不能直接通过线粒体内膜，需要肉（毒）碱（carnitine）（系统名称：L-β-羟基-γ-三甲氨基丁酸）协助转运，才能进入线粒体。首先由定位于线粒体外膜的肉碱脂酰转移酶Ⅰ（carnitine acyl transferase Ⅰ，CAT Ⅰ）将脂酰 CoA 的脂酰基转移至肉碱的羟基上，生成脂酰肉碱（acyl carnitine）。后者在线粒体内膜上的转运蛋白——肉碱-脂酰肉碱移位酶（carnitine-acyl carnitine translocase，CACT）的作用下，通过线粒体内膜进入基质，同时将等分子的肉碱转运出线粒体。进入线粒体的脂酰肉碱再由肉碱脂酰转移酶Ⅱ（carnitine acyl transferase Ⅱ，CAT Ⅱ）催化，将脂酰基转移至 CoA 的巯基而重新生成脂酰 CoA 并释放出肉碱。肉碱转运脂酰基的过程如图 7-2 所示。

脂酰基转运进入线粒体是脂肪酸氧化的限速步骤，肉碱脂酰转移酶Ⅰ是脂肪酸氧化的关键酶。当饥饿、高脂低糖膳食或糖尿病时，机体没有充足的糖供应或不能有效利用糖，需脂肪酸分解供能，肉碱脂酰转移酶Ⅰ活性增加，脂肪酸氧化加强。相反，饱食后脂肪酸合成加强，丙二酸单酰 CoA 含量增加，抑制肉碱脂酰转移酶Ⅰ的活性，抑制脂肪酸氧化。

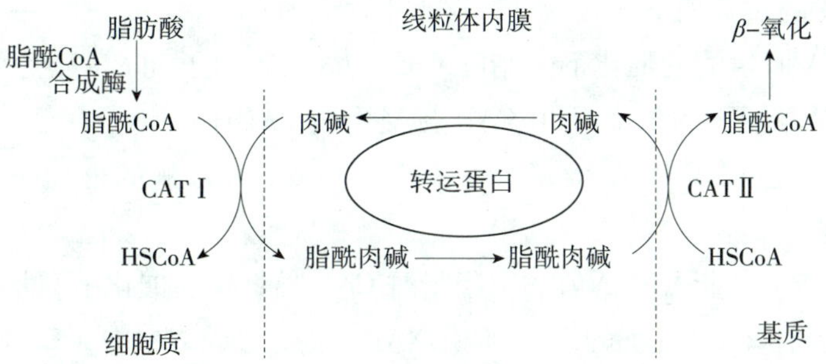

图 7-2 肉碱转运脂酰基进入线粒体

知识链接

肉碱与减肥

肉碱（carnitine）属于类维生素，化学名称为β-羟基-γ-三甲氨基丁酸，有左旋和右旋两种构型，左旋肉碱具有生物活性。肉食中的肉碱是一个主要来源。左旋肉碱能够协助长链脂肪酸进入线粒体氧化分解。可以说，肉碱是转运脂肪酸的载体，可促进体内脂肪燃烧。1985 年在美国芝加哥召开的国际营养学术会议将左旋肉碱指定为“多功能营养品”。肉碱在脂肪代谢中的特殊作用决定了肉碱与减肥的关系很密切，有利于“瘦体重”。补充肉碱有助于提高运动能力，尤其是耐力项目的运动能力，但要想用左旋肉碱减肥，必须配合适当的运动并控制饮食。

（三）脂酰 CoA 的β-氧化

脂酰基转运进入线粒体基质后，在线粒体基质中脂肪酸β-氧化酶系的依次催化下，从脂酰 CoA 的β-碳原子开始，进行脱氢、加水、再脱氢和硫解 4 步反应（图 7-3）。完成 1 次β-氧化（β-oxidation），原脂酰 CoA 的α-碳原子、β-碳原子之间被断开，释放出 1 分子乙酰 CoA 和 1 分子比原脂酰 CoA 少 2 个碳原子的脂酰 CoA。

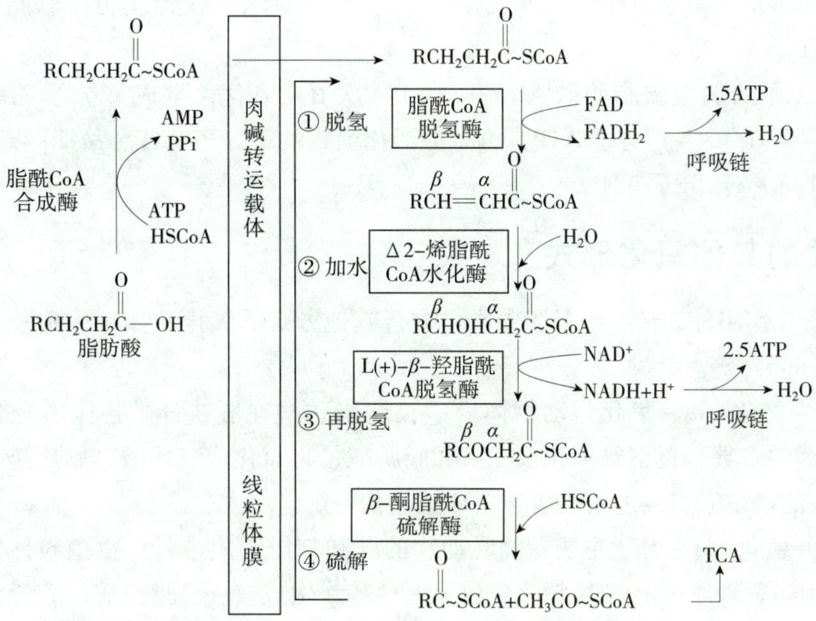

图 7-3 脂肪酸的β-氧化过程

脂酰 CoA 的β－氧化的过程如下。

1. 脱氢 在脂酰 CoA 脱氢酶的催化下，脂酰 CoA 的α－碳原子和β－碳原子上各脱下一个氢原子，生成反－Δ2－烯脂酰 CoA。脱下的 2 个 H 由 FAD 接受生成 $FADH_2$。

2. 加水 反－Δ2－烯脂酰 CoA 在反－Δ2－烯脂酰 CoA 水化酶的催化下，在其双键上加水生成 L(＋)－β－羟脂酰 CoA。

3. 再脱氢 L(＋)－β－羟脂酰 CoA 在β－羟脂酰 CoA 脱氢酶的催化下，脱去β－碳原子以及羟基上的氢原子，生成β－酮脂酰 CoA。脱下的 2 个 H 由 NAD^+ 接受生成 $NADH + H^+$。β－羟脂酰 CoA 脱氢酶具有绝对专一性，只催化 L(＋)－β－羟脂酰 CoA 的脱氢。

4. 硫解 β－酮脂酰 CoA 在β－酮脂酰 CoA 硫解酶的催化下，需 1 分子 CoA 参与，硫解产生 1 分子乙酰 CoA 和 1 分子比原来少 2 个碳原子的脂酰 CoA。

因此，通过 1 次β－氧化，可生成 $FADH_2$、$NADH + H^+$、乙酰 CoA 和少 2 个碳原子的脂酰 CoA 各 1 分子。新生成的脂酰 CoA，可继续重复脱氢、加水、再脱氢和硫解 4 步反应。如此反复进行，直至生成丁酰 CoA，再进行一次β－氧化，生成 2 分子乙酰 CoA。

（四）乙酰 CoA 进入三羧酸循环彻底氧化

脂肪酸β－氧化产生大量乙酰 CoA，在肝外组织同其他代谢途径（包括糖代谢及氨基酸分解代谢）产生的乙酰 CoA 一样，大部分直接进入三羧酸循环被彻底氧化，最终转变为 CO_2和 H_2O，并释放出大量 ATP。在肝组织，除了进入三羧酸循环外，部分乙酰 CoA 转变成酮体，通过血液循环转运至肝外组织氧化利用。

脂肪酸彻底氧化分解可以产生大量 ATP，是机体 ATP 的重要来源。以 16C 的软脂酸为例，1 分子软脂酸需经 7 次β－氧化循环，共产生 8 分子乙酰 CoA。一次β－氧化有两步脱氢反应，分别产生1 分子 $FADH_2$和 1 分子 $NADH + H^+$。1 分子乙酰 CoA 进入 TCA，可产生 3 分子 $NADH + H^+$、1 分子 $FADH_2$ 和 1 分子 GTP（与 1 分子 ATP 等价）。在标准条件下，1 分子 NADH＋H＋进入电子传递链可以生成 2.5 分子 ATP，1 分子 $FADH_2$ 进入电子传递链可以生成 1.5 分子 ATP，故 1 分子软脂酸彻底氧化分解可生成 $7\times(2.5+1.5)+8\times(3\times2.5+1\times1.5+1)=7\times4+8\times10=108$ 分子 ATP。脂肪酸活化生成脂酰 CoA 时，1 分子 ATP 被水解成 1 分子 AMP，可视为消耗了 2 分子 ATP，因此，1 分子软脂酸彻底氧化分解可净生成 106 分子 ATP。

同理，$2n$ 个碳原子的偶数碳脂肪酸需经（$n-1$）次β－氧化，生成 n 分子乙酰 CoA，故共生成 $(n-1)\times4+n\times10=(14n-4)$ 分子 ATP，再减去活化消耗的 2 分子 ATP，故 $2n$ 碳原子的脂肪酸彻底氧化分解净生成（$14n-6$）分子 ATP。

四、脂肪酸的其他氧化形式

除了进行β－氧化作用外，还有少量脂肪酸可进行其他方式的氧化，如α－氧化（α－oxidation）和ω－氧化（ω－oxidation）等。

1. 脂肪酸的ω－氧化 ω－氧化是动物体内中长链脂肪酸在肝、肾微粒体中羟化酶的作用下，其ω端（即距羧基最远的一端）的氢被氧化成ω－羟脂肪酸，再氧化成二羧酸，然后进入线粒体，再进行β－氧化，最后剩下的琥珀酸直接进入三羧酸循环被氧化分解。

2. 脂肪酸的α－氧化 α－氧化主要在哺乳动物的肝和脑组织内进行，由微粒体氧化酶系催化。在羟化酶的作用下，其α－碳原子上的 H 氧化生成α－羟基，生成α－羟脂肪酸，后者继续氧化脱羧生成比原来少 1 个碳原子的脂肪酸，最后再进行β－氧化。

3. 奇数碳脂肪酸的氧化 人体含有的极少量奇数碳原子脂肪酸经β－氧化后，除了生成乙酰 CoA

外，最后还可以得到1分子丙酰CoA。丙酰CoA经丙酰CoA羧化酶、异构酶以及甲基丙二酸单酰CoA变位酶催化，转变为琥珀酰CoA，通过三羧酸循环彻底氧化。

4. 不饱和脂肪酸的氧化 生物体内的不饱和脂肪酸约占脂肪酸总数的半数以上。它们与饱和脂肪酸的氧化途径基本相似，在胞质中活化，通过肉碱转运进入线粒体后进行β-氧化。但区别在于，饱和脂肪酸β-氧化中产生反式烯脂酰CoA，而天然不饱和脂肪酸中的双键均为顺式，因此，当不饱和脂肪酸在氧化过程中产生顺式Δ3中间产物时，β-氧化则不能进行，在线粒体内特异的异构酶的催化下，将Δ3顺式构型转变为Δ2反式构型，后者可再继续进行β-氧化。

五、酮体的生成和利用

在骨骼肌、心肌等肝外组织中，脂肪酸β-氧化产生的乙酰CoA直接进入三羧酸循环彻底氧化生成二氧化碳和水。而在肝细胞中，因含有活性较强的合成酮体的酶系，脂肪酸β-氧化产生的乙酰CoA仅有部分进入三羧酸循环，其余部分则在线粒体中转变成酮体（ketone bodies），作为肝输出能源的一种方式。酮体是脂肪酸在肝中氧化分解特有的中间代谢物，包括约30%的乙酰乙酸（acetoacetate）、70%的β-羟丁酸（β-hydroxybutyrate）和微量丙酮（aceton）。

（一）酮体的生成

酮体生成是以脂肪酸在肝线粒体中经β-氧化生成的大量乙酰CoA为原料，在线粒体酮体合成酶系的催化下完成。合成过程包括下列几个步骤（图7-4）。

1. 2分子乙酰CoA在肝线粒体乙酰乙酰CoA硫解酶（thiolase）的催化下，缩合成乙酰乙酰CoA，并释出1分子CoA。

2. 乙酰乙酰CoA在羟甲基戊二酸单酰CoA（3-hydroxy-3-methyl glutaryl CoA，HMG-CoA）合酶的催化下，再与1分子乙酰CoA缩合，生成HMG-CoA，并释放出1分子CoA。

3. HMG-CoA在HMG-CoA裂解酶的作用下，裂解生成乙酰乙酸和乙酰CoA。

4. 乙酰乙酸在线粒体内膜β-羟丁酸脱氢酶的催化下，由NADH+H^+供氢，还原生成β-羟丁酸。

5. 少量乙酰乙酸可缓慢地自发脱羧生成丙酮。

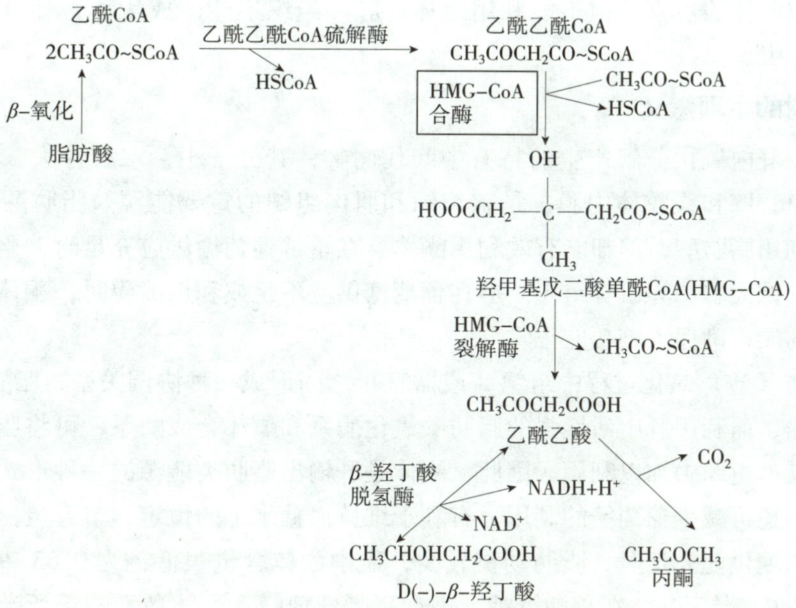

图7-4 酮体的生物合成

（二）酮体的利用

肝线粒体含有活性较强的酮体合成酶系，但肝缺乏氧化利用酮体的酶系。肝外许多组织的线粒体中具有活性很强的利用酮体的酶系，能使酮体重新转变成乙酰 CoA 并进入三羧酸循环彻底氧化分解。因此，肝内生成的酮体需经血液运输到肝外组织氧化利用。

心、肾、脑及骨骼肌的线粒体具有较高的琥珀酰 CoA 转硫酶活性，此酶可催化琥珀酰 CoA 与乙酰乙酸之间的基团转移反应，生成乙酰乙酰 CoA 和琥珀酸。肾、心肌和脑的线粒体还含有乙酰乙酸硫激酶，可直接由 ATP 供能，活化乙酰乙酸生成乙酰乙酰 CoA。乙酰乙酰 CoA 再由乙酰乙酰 CoA 硫解酶催化生成 2 分子乙酰 CoA，进入三羧酸循环彻底氧化。

β-羟丁酸在β-羟丁酸脱氢酶的催化下，脱氢生成乙酰乙酸，再转变成乙酰 CoA 而被氧化（图 7-5）。

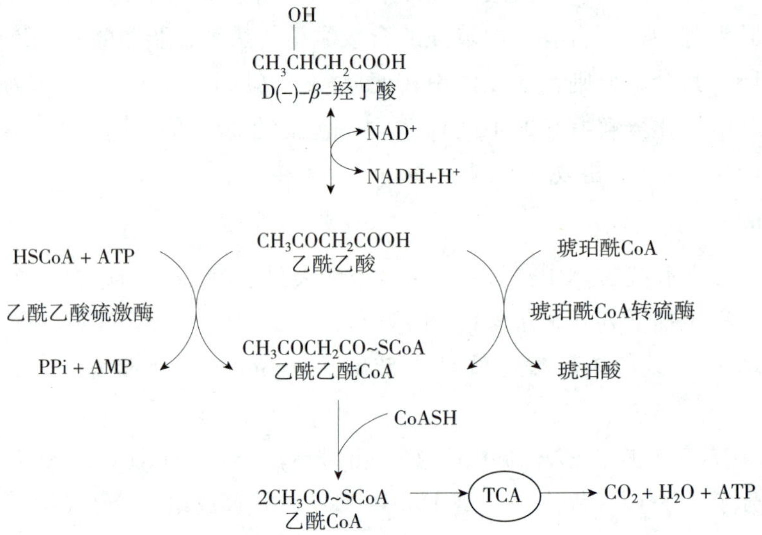

图 7-5　酮体的利用

正常情况下，丙酮生成量很少，易挥发，可通过呼吸经肺排出体外。

总之，肝是生成酮体的器官，但不能利用酮体；肝外组织不能生成酮体，却可以利用酮体，亦即“肝内生酮，肝外利用”。

（三）酮体代谢的生理意义

酮体是脂肪酸在肝内氧化分解产生的特有中间代谢物，其分子小，水溶性大，易于通过血-脑屏障、肌肉组织毛细血管壁和线粒体内膜，是脑组织和肌肉组织的重要能源。脂肪酸无法透过血-脑屏障，故脑组织无法利用脂肪酸，但却能有效利用酮体。在正常葡萄糖供应充足时，生物体主要依靠糖的有氧氧化供能，尤其像大脑和心肌等组织。但在葡萄糖供应不足或利用障碍时，酮体可代替葡萄糖作为脑组织的主要能源物质，确保大脑功能正常。

酮体使体内脂肪（酸）氧化过程中组织（或器官）之间形成一种协调关系，脂肪（酸）不溶于水，不易于在血液中运输，而利用肝中活性强的脂肪酸氧化酶系和酮体合成酶系，可将脂肪酸快速氧化分解为酮体，再转运到其他组织中加以利用。因此，酮体是肝输出脂肪类能源的一种形式。

酮体的利用增加还可减少葡萄糖的利用，有利于维持血糖水平的恒定，节省蛋白质的消耗。

正常情况下，当糖供能充足时，脂肪动员较少，血中酮体含量很低，为 0.03～0.5mmol/L（0.3～5.0 mg/dl），主要是β-羟丁酸。在长期饥饿、进食高脂低糖膳食、胰岛素缺乏所致的糖尿病时，体内糖氧化供能不足，于是脂肪动员加强，血中游离脂肪酸增多，脂肪酸分解加强，酮体生成增加。大量酮体入血，超过肝外组织的利用能力，血液中酮体浓度升高，称酮血症（ketonemia）。血液中酮体浓度超过肾阈值，便随尿液排出，称酮尿症（ketonuria）。酮血症和酮尿症统称为酮症（ketosis）。严重糖尿病患者血液中酮体浓度可高出正常值数十倍，此时，丙酮含量也大大增加，经呼吸道排出，产生特殊的烂苹果味。

体内酮体过多的危害之一是引起酮症酸中毒（ketoacidosis）。酮体的两个主要成分——乙酰乙酸和β-羟丁酸都是较强的有机酸，若在体内蓄积过多，就会造成血液 pH 值下降，由此引起的酸中毒称为酮症酸中毒，是一种常见的代谢性酸中毒。对于酮症酸中毒的处理，除了给予纠正酸碱平衡的药物外，还应针对其病因，采取减少脂肪酸过多分解、建立和恢复机体正常糖代谢的措施。

（四）酮体代谢的调节

1. 肝中糖代谢的影响　糖代谢旺盛时，3-磷酸甘油及 ATP 充足，脂肪酸合成增多，脂肪酸酯化增多，氧化减少，酮体生成减少。

2. 饱食与饥饿的影响　饱食或糖供应充足时，胰岛素分泌增加，抑制脂肪分解，脂肪动员减少，进入肝的脂肪酸减少，脂肪酸β-氧化减少，酮体生成减少；饥饿或糖供应不足或糖尿病患者，胰高血糖素等脂解激素分泌增加，脂肪动员增加，进入肝的脂肪酸增加，脂肪酸β-氧化增加，酮体生成增加。

3. 丙二酸单酰 CoA 的影响　糖代谢过程中的乙酰 CoA 和柠檬酸能别构激活乙酰 CoA 羧化酶，促进丙二酸单酰 CoA 合成，而后者能抑制肉碱脂酰转移酶Ⅰ，进入线粒体的脂肪酸减少，阻止β-氧化的进行，酮体生成减少。

第三节　三酰甘油的合成代谢

PPT

脂肪主要储存在脂肪组织中，人体内的三酰甘油一部分来源于食物，但主要在体内合成。许多组织都可以合成三酰甘油，最主要的合成部位是肝、脂肪组织和小肠黏膜。体内三酰甘油的合成是以脂酰 CoA 和α-磷酸甘油作为直接原料，通过 3 个阶段即脂肪酸的合成、α-磷酸甘油的合成、三酰甘油的合成来完成。

一、脂肪酸的合成

（一）脂肪酸的合成场所

脂肪酸的合成发生在细胞质中。哺乳类动物体内的大多数组织，如肝、肾、脑、肺、乳腺及脂肪等组织均含有脂肪酸合成酶系，因而均能合成脂肪酸，其中，肝是人体内脂肪酸合成最活跃的部位。

（二）脂肪酸的合成原料

乙酰 CoA 是合成脂肪酸的主要原料，糖、脂肪和蛋白质分解代谢均可产生乙酰 CoA，但用于脂肪酸合成的乙酰 CoA 主要来自葡萄糖的有氧氧化，在线粒体内生成，而脂肪酸合成的酶系全部存在于细胞质中，因此，线粒体内合成的乙酰 CoA 必须进入细胞质才能用于脂肪酸的合成。乙酰 CoA 不能自由透过线粒体内膜，需通过柠檬酸-丙酮酸循环，才能将线粒体内生成的乙酰 CoA 转移到细胞质。柠檬酸-丙酮酸循环见图 7-6。

此循环中，在线粒体内柠檬酸合酶的催化下，乙酰 CoA 首先与草酰乙酸缩合，生成柠檬酸，通过线粒体内膜上转运载体的转运进入细胞质；在细胞质中，柠檬酸裂解酶使柠檬酸裂解，重新生成草酰乙酸和乙酰 CoA。进入胞质的乙酰 CoA 作为脂肪酸合成的原料，而草酰乙酸被苹果酸脱氢酶还原生成苹果酸，再经线粒体内膜载体转运至线粒体内。苹果酸也可在苹果酸酶的作用下氧化脱羧，产生 CO_2 和丙酮酸，脱下的氢将 $NADP^+$ 还原成 NADPH，丙酮酸经线粒体内膜上的载体再转运入线粒体，最终转变成线粒体内的草酰乙酸，以补充线粒体内草酰乙酸的消耗，再参与转运乙酰 CoA。

脂肪酸合成的原料除乙酰 CoA 外，还需要供氢体 $NADPH + H^+$、ATP、生物素、HCO_3^-（CO_2）和 Mn^{2+}。$NADPH + H^+$ 主要来自磷酸戊糖途径，在上述循环中，细胞质中的苹果酸酶催化苹果酸氧化脱羧也可提供少量 NADPH。

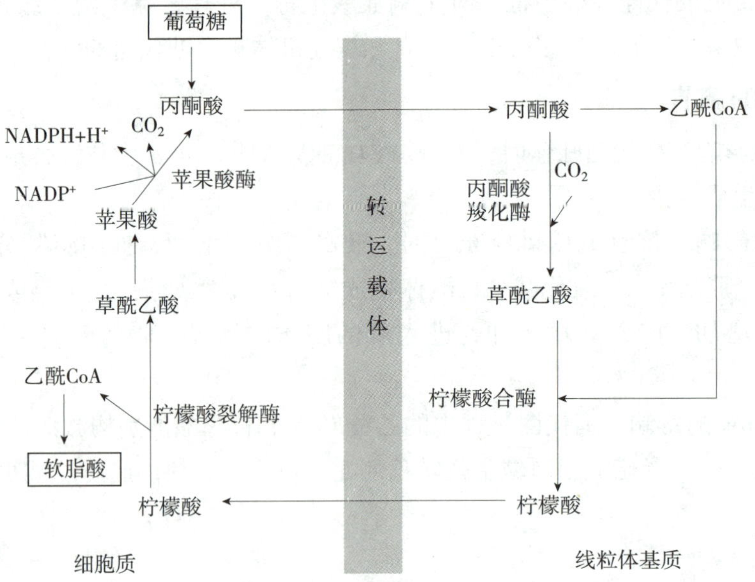

图 7-6　柠檬酸-丙酮酸循环

（三）脂肪酸的合成过程

1. 丙二酸单酰 CoA 的生成　即乙酰 CoA 羧化生成丙二酸单酰 CoA，是脂肪酸合成的第一步反应。反应由乙酰 CoA 羧化酶催化，该酶是脂肪酸合成的关键酶，以生物素为辅酶，Mn^{2+} 为激活剂。其反应式如下：

$$\text{乙酰 CoA} + HCO_3^- + ATP \xrightarrow[\text{生物素}, Mn^{2+}]{\text{乙酰CoA羧化酶}} \text{丙二酸单酰 CoA} + ADP + Pi$$

乙酰 CoA 羧化酶的活性受膳食成分和体内代谢物的调节和影响，高糖膳食可促进酶蛋白的合成，增加酶活性。此酶活性还受别构调节和化学修饰调节的影响，柠檬酸与异柠檬酸是该酶的别构激活剂，而长链脂酰 CoA 为别构抑制剂。

2. 软脂酸的合成　软脂酸是人体内首先合成的脂肪酸，由 1 分子乙酰 CoA 和 7 分子丙二酸单酰 CoA 合成，经历 7 次重复加成反应过程，每次循环（缩合—还原—脱水—再还原）延长 2 个碳原子，经历 7 次循环，最终被加长成 16 碳的软脂酸。此加成过程由脂肪酸合酶催化，$NADPH + H^+$ 供氢。总反应式为：

$$\text{乙酰 CoA} + 7\,\text{丙二酸单酰 CoA} + 14\,(NADPH + H^+) \xrightarrow{\text{脂肪酸合酶复合物}} \text{软脂酸} + 7CO_2 + 8HSCoA + 6H_2O + 14NADP^+$$

（1）脂肪酸合酶　哺乳动物脂肪酸合酶是一种多功能酶，分子结构含有 1 个酰基载体蛋白（acyl carrier protein，ACP）结构域（其巯基直接参与催化反应，以 ACP-SH 表示）和 7 种酶的活性中心：乙酰 CoA-ACP 转酰基酶（acetyi-ACP transacylase，AT；以下简称乙酰基转移酶）、β-酮脂酰-ACP 合酶（β-ketoacyl-ACP synthase，KS；β-酮脂酰合酶）、丙二酸单酰 CoA-ACP 转酰基酶（malonyl-CoA-ACP transacylase，MT；丙二酸单酰转移酶）、β-酮脂酰-ACP 还原酶（β-ketoacyl-ACP reductase，KR；β-酮脂酰还原酶）、β-羟脂酰 ACP 脱水酶（β-hydroxyacyl-ACP dehydratase，HD；β-羟脂酰脱

水酶）、烯脂酰-ACP还原酶（enoyl-ACP reductase，ER；烯脂酰还原酶）和硫酯酶。这7种酶和ACP在一条多肽链上，全酶是由两个完全相同的多肽链（亚基）首尾相连组成的二聚体，二聚体解聚则活性丧失（图7-7）。每个亚基中的ACP，均连接着一个4′-磷酸泛酰氨基乙硫醇作为辅基，可表示为ACP-泛-SH，它是脂肪酸合成中脂酰基的载体，可与脂酰基相连。此外，每一亚基的酮脂酰合酶结构域中的一个半胱氨酸残基的巯基，也能与脂酰基相连，可表示为E-半胱-SH。

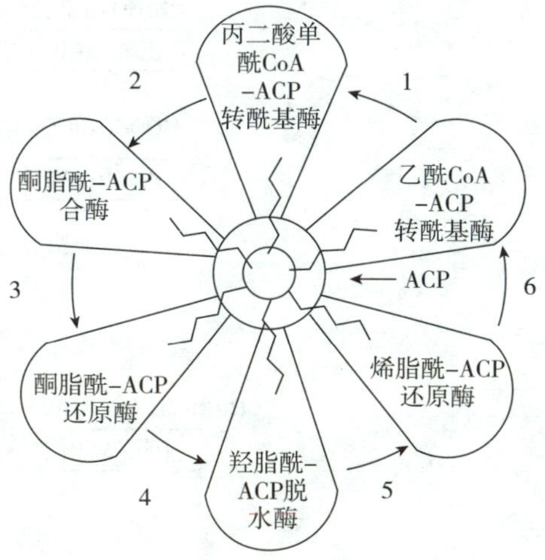

图7-7 脂肪酸合酶复合物

大肠杆菌脂肪酸合酶是一个多酶复合体，由7种独立的酶/蛋白质组成其核心（除硫酯酶外），包括ACP、AT、KS、MT、KR、HD、ER，此外，复合体还包含少数其他成分。

（2）软脂酸合成的循环步骤 细菌与动物的脂肪酸合成过程相似，整个过程以ACP结构域为核心，完成7种酶催化的合成反应，合成步骤如下。

① E-半胱-*S*-乙酰基的形成：乙酰CoA的乙酰基在乙酰基转移酶的催化下被转移到脂肪酸合酶的ACP上，再从ACP转移到β-酮脂酰合酶的半胱氨酸残基的—SH上，形成E-半胱-*S*-乙酰基。

② 丙二酸单酰-ACP的形成：丙二酸单酰辅酶A的丙二酸酰基在丙二酸单酰转移酶的作用下与ACP上的-SH连接，脱掉CoA，形成丙二酸单酰-ACP。

③ 在脂肪酸合酶二聚体上进行一个复杂的循环过程，可以分为缩合、加氢、脱水和再加氢四个反应阶段。

A. 缩合：在β-酮脂酰合酶的催化下，第一步形成的E-半胱-*S*-乙酰基上的乙酰基与第二步形成的丙二酸单酰-ACP上的丙二酸单酰基缩合生成β-酮丁酰-ACP，并释出CO_2。

B. 加氢：由$NADPH+H^+$供氢，β-酮丁酰-ACP由β-酮脂酰还原酶催化，加氢还原成β-羟丁酰-ACP。

C. 脱水：在脱水酶的作用下，β-羟丁酰-ACP脱水生成烯丁酰-ACP。

D. 再加氢：在烯脂酰还原酶的作用下，NADPH将烯丁酰-ACP还原成比原来多2个氢的丁酰-ACP。

丁酰-ACP是脂肪酸合酶复合物催化合成的第一轮产物，通过这一轮反应，即酰基转移、缩合、加氢、脱水和再加氢反应，碳原子数由2个增加至4个。然后，丁酰-ACP的丁酰基在脂酰基转移酶的作用下再转移到β-酮脂酰合酶的-SH上，此时，ACP-SH又可与另一分子丙二酸单酰基结合，重复上述缩合、加氢、脱水和再加氢的过程，每重复一次使碳链延长2个碳原子，经7次循环，延长至16碳时，16碳软脂酰基由硫酯酶催化从酶复合物上脱下，生成软脂酸（图7-8）。

（四）脂肪酸碳链的延长

人体内的脂肪酸，其碳链长短不一，但脂肪酸合酶复合物催化只能合成软脂酸，更长脂肪酸的合成是由其他酶系通过对软脂酸进行加工、延长而完成的，延长反应发生在滑面内质网或线粒体内。

1. 脂肪酸碳链在线粒体中的延长 乙酰CoA提供碳源，与软脂酰CoA缩合，生成β-酮硬脂酰CoA，由线粒体脂肪酸延长酶体系催化，由NADPH提供还原当量，还原为β-羟硬脂酰CoA，脱水成α，β-烯硬脂酰CoA，再由NADPH提供还原当量，还原为硬脂酰CoA，反应过程类似软脂酸的合成，即通过缩合、加氢、脱水和再加氢的过程，每一轮可延长2个碳原子，一般可延长脂肪酸碳链至24或26碳，但以18碳的硬脂酸为主。

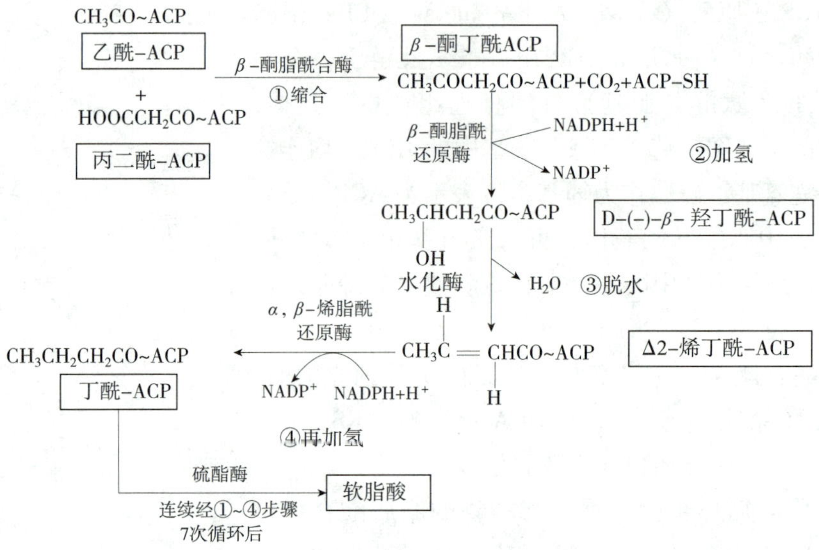

图7-8 软脂酸的生物合成

2. 脂肪酸碳链在内质网中的延长 丙二酸单酰CoA提供碳源，NADPH供氢，反应过程与软脂酸的合成相似，不同的是CoA代替ACP作为酰基载体，每循环一次可增加两个碳原子，一般可延长至22或24碳，但也以硬脂酸为主。

（五）不饱和脂肪酸的合成

上述合成的均为饱和脂肪酸，哺乳动物中有Δ^9、Δ^6、Δ^5、Δ^4去饱和酶，可将饱和脂肪酸转化成不饱和脂肪酸。在动物体内的肝或脂肪组织中，单不饱和脂肪酸通过需氧途径合成。多烯不饱和脂肪酸在厌氧细菌中基本不存在，但在高等动、植物体内含量丰富，它们由单烯脂肪酸继续去饱和而产生。哺乳动物细胞中缺乏Δ9以上的去饱和酶，所以仅能合成单不饱和脂肪酸，不能合成多不饱和脂肪酸，后者必须从食物中摄取，这些多不饱和脂肪酸称为必需脂肪酸。

（六）脂肪酸合成的调节

乙酰CoA羧化酶是脂肪酸合成的关键酶，其活性受到多种机制的调节。

1. 代谢物调节 主要是高脂肪和高糖膳食的调节。

（1）进食高脂肪食物后或饥饿致脂肪动员加强时，肝细胞内的软脂酰CoA增多，可别构抑制乙酰CoA羧化酶，从而抑制体内脂肪酸的合成。

（2）进食高糖膳食时，糖代谢加快，NADPH及乙酰CoA供应增多，有利于脂肪酸的合成，同时糖代谢加强，使细胞内ATP增多，可抑制异柠檬酸脱氢酶，造成异柠檬酸及柠檬酸堆积，渗透出线粒体，可别构激活乙酰CoA羧化酶，使脂肪酸合成增加。

2. 激素调节 主要指胰岛素和胰高血糖素的调节。

（1）胰岛素是调节脂肪酸合成的主要激素，它能诱导乙酰CoA羧化酶、脂肪酸合酶等的合成；此外，还能促进脂肪酸合成磷脂酸，增加脂肪合成。胰岛素还能加强脂肪组织中脂蛋白脂肪酶的活性，促进脂肪酸进入脂肪组织，促进脂肪组织合成脂肪而储存。

（2）胰高血糖素通过增加蛋白激酶A的活性使乙酰CoA羧化酶磷酸化而降低其活性，故能抑制脂肪酸的合成；也能抑制三酰甘油的合成，甚至减少肝脂肪向血中释放。

二、α－磷酸甘油的合成

合成三酰甘油所需的甘油是其活化形式α－磷酸甘油，其来源有两条途径（图7－9）。

1. 细胞内甘油再利用　肝、肾等组织含有甘油激酶，可催化游离甘油磷酸化形成α－磷酸甘油。肌肉和脂肪组织中甘油激酶的活性很低，故不能直接利用甘油合成α－磷酸甘油。

2. 糖酵解途径　葡萄糖通过分解代谢生成的中间产物——磷酸二羟丙酮，经α－磷酸甘油脱氢酶催化还原生成α－磷酸甘油，这是α－磷酸甘油的主要来源。

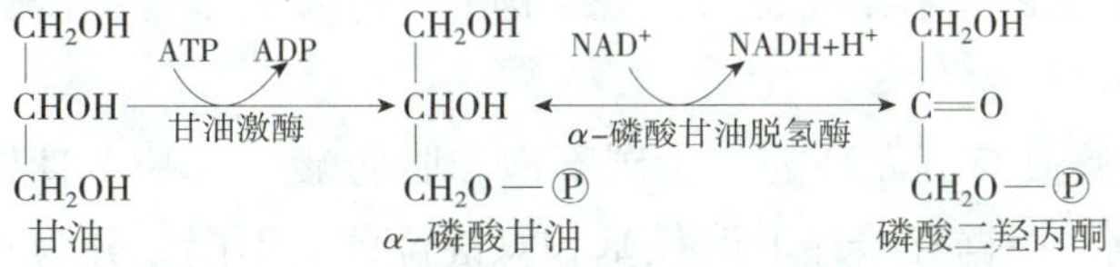

图7－9　α－磷酸甘油的来源

三、三酰甘油的合成

1. 三酰甘油的合成场所　体内三酰甘油合成在细胞质内完成。肝、脂肪组织和小肠是合成三酰甘油的主要场所，其中以肝的合成能力最强。

2. 三酰甘油的合成途径　α－磷酸甘油和脂肪酸作为三酰甘油合成的基本原料，可以通过单酰甘油和二酰甘油两条途径合成三酰甘油，但脂肪酸必须先活化，变成脂酰CoA才能参与三酰甘油合成。

（1）单酰甘油途径　小肠黏膜利用消化吸收的单酰甘油，在脂酰CoA转移酶的催化下，将脂酰CoA的脂酰基转移至2－单酰甘油的羟基上而合成三酰甘油。

（2）二酰甘油途径　肝和脂肪组织通过二酰甘油途径合成三酰甘油，合成过程如图7－10所示。首先，在脂酰CoA转移酶的催化下，α－磷酸甘油与脂酰CoA缩合成1－脂酰－3－磷酸甘油；然后，继续在脂酰CoA转移酶的催化下，1－脂酰－3－磷酸甘油再与脂酰CoA缩合成磷脂酸；磷脂酸经磷脂酸磷酸酶水解生成二酰甘油；最后，由脂酰CoA转移酶催化，二酰甘油再与1分子脂酰CoA作用，生成三酰甘油。

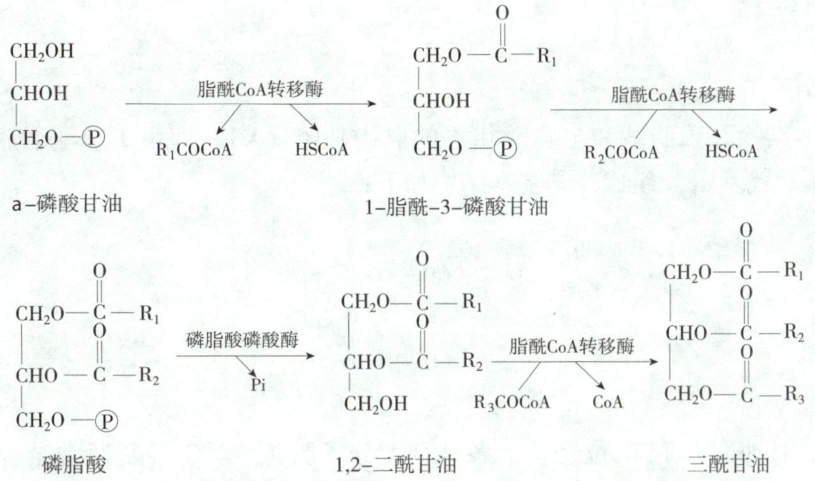

图7－10　二酰甘油途径

三酰甘油的3个脂酰基可来自同一脂肪酸，也可来自不同的脂肪酸，可以是饱和脂肪酸，也可是不饱和脂肪酸，其中，β位的脂肪酸多为不饱和脂肪酸。

四、多不饱和脂肪酸的重要衍生物

多不饱和脂肪酸（polyunsaturated fatty acids，PUFAs）主要指花生四烯酸或其他二十碳多不饱和脂肪酸。哺乳动物体内的大部分组织，都能以花生四烯酸作为初始原料，合成前列腺素、血栓烷、白三烯等前列腺素类化合物，它们可作为短程信使参与几乎所有细胞的代谢活动，与炎症、过敏及心血管疾病等重要病理过程有关。

前列腺素类化合物主要通过两条代谢途径合成：一是通过环加氧酶途径合成前列腺素、血栓烷等五元环结构物质，反应速率可被非甾体类抗炎药乙酰水杨酸、吲哚美辛等抑制；二是通过脂加氧酶途径合成线形的白三烯和脂氧素等。

1. 前列腺素（PG） 是具有五元环的二十碳不饱和脂肪酸，其基本骨架为前列腺烷酸，可在除红细胞外的全身各组织中合成，根据五碳环上取代基和双键位置的不同，分为9型。其中，PGE_2可诱发炎症，促使局部血管扩张；PGE_2、PGA_2可使动脉平滑肌舒张而降低血压；PGE_2、PGI_2可抑制胃酸分泌，促进胃肠平滑肌蠕动；$PGF_{2\alpha}$可使卵巢平滑肌收缩而引起排卵，可使子宫体收缩加强而促进分娩。

2. 血栓烷（TX） 在血小板合成。PGF_2、TXA_2强烈促进血小板聚集，并使血管收缩，促进凝血及血栓形成；血管内皮细胞产生的PGI_2与TXA_2拮抗。若血管内皮细胞损伤，PGI_2合成减少，PGA_2相对过多，可能与冠心病血栓形成有关。

3. 白三烯（LT） 分子中有4个双键。其中，LTC_4、LTD_4及LTE_4被证实是过敏反应的慢反应物质，使支气管平滑肌收缩的作用较组胺强100～1000倍，作用缓慢而持久；LTD_4还可使毛细血管通透性增加；LTB_4还能调节白细胞的功能，促进白细胞游走及趋化等功能，促进炎症及过敏反应的发展。

第四节 磷脂代谢

PPT

分子中有磷酸基的类脂称为磷脂，磷脂组成复杂、种类繁多，广泛分布于动、植物体内，特别是动物的脑组织及其他神经组织、肝及肾等组织器官内。磷脂是组成生物膜的主要成分，分为甘油磷脂与鞘磷脂两大类。人体中含量最多的磷脂是甘油磷脂，本节重点介绍甘油磷脂的代谢。

一、磷脂的结构

（一）甘油磷脂

甘油磷脂的基本结构是磷脂酸和与磷酸相连的取代基团（X），即由1分子甘油、2分子脂肪酸、1分子磷酸和1分子取代基团X组成，其基本结构如下：

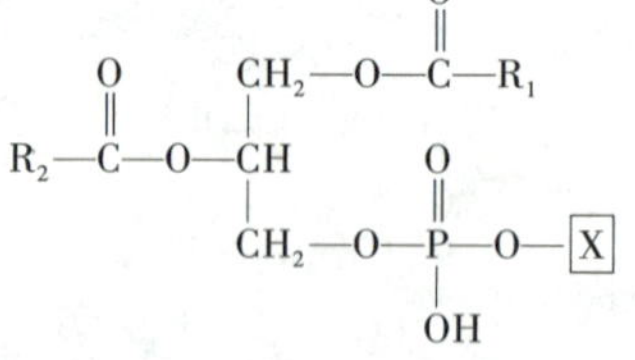

在甘油磷脂中，甘油的C_1和C_2位羟基上各结合1分子脂肪酸。C_1羟基通常结合硬脂酸或软脂酸；C_2羟基通常结合18C～20C的不饱和脂肪酸，以花生四烯酸最为常见；C_3羟基上结合1分子磷酸。

甘油磷脂具有两亲性，所含的磷酸基和取代基X构成整个分子的极性部分，称极性头，是亲水的；所含的酰基长链构成整个分子的非极性部分，称非极性尾，是疏水的。甘油磷脂在水中可形成脂质双层结构，极性头位于脂质双层表面，指向水相，非极性尾位于脂质双层内部，避开水相。这一结构是其形成生物膜结构的化学基础。

根据与磷酸羟基相连的取代基团X的不同，可将甘油磷脂分为多种，常见的有：磷脂酸（X = H）、磷脂酰胆碱（X = 胆碱）、磷脂酰乙醇胺（X = 乙醇胺）、磷脂酰丝氨酸（X = 丝氨酸）、磷脂酰肌醇（X = 肌醇）和二磷脂酰甘油（俗称心磷脂，X = 磷脂酰甘油）（表7－1）。磷脂酰胆碱和磷脂酰乙醇胺是人体内含量最多的甘油磷脂，约占磷脂总量的75%。磷脂酸是最简单的甘油磷脂。

表7－1　甘油磷脂的分类

X—OH	X取代基	甘油磷脂的名称
H_2O	—H	磷脂酸
胆碱	$—CH_2CH_2N^+(CH_3)_3$	磷脂酰胆碱（卵磷脂）
乙醇胺	$—CH_2CH_2NH_3^+$	磷脂酰乙醇胺（脑磷脂）
丝氨酸	$—CH_2CHNH_2COOH$	磷脂酰丝氨酸
甘油	$—CH_2CHOHCH_2OH$	磷脂酰甘油
磷脂酰甘油	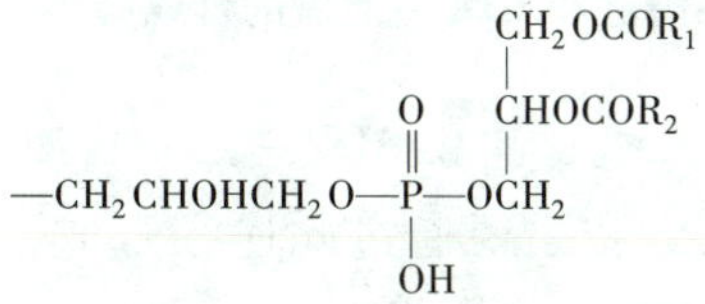	二磷脂酰甘油（心磷脂）
肌醇	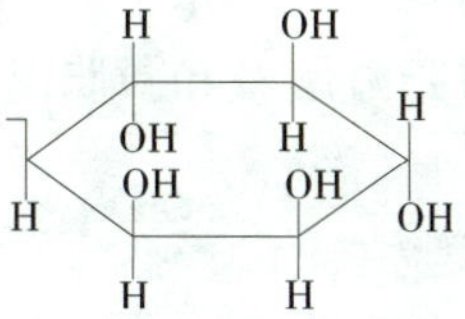	磷脂酰肌醇

1. 磷脂酰胆碱（phosphatidylcholine，PC）　又称卵磷脂，是构成各种生物膜的主要成分，存在于动物各组织器官中，在脑、肝、心、肾上腺、骨髓和神经组织中含量最多。磷脂酰胆碱参与包括协助脂质运输在内的各种生命活动。肝合成磷脂酰胆碱不足是脂肪肝形成的原因之一，所以，磷脂酰胆碱及其合成原料可用于治疗脂肪肝。另外，磷脂酰胆碱在真核生物细胞膜中含量丰富，在细胞增殖和分化过程中发挥重要作用，对维持正常细胞周期也具有重要意义。一些疾病如肿瘤、阿尔茨海默病等与磷脂酰胆碱代谢异常密切相关。

2. 磷脂酰乙醇胺（phosphatidylethanolamine，PE）　又称脑磷脂，主要存在于脑和神经组织中。

（二）鞘磷脂

由神经鞘氨醇构成的磷脂，称鞘磷脂（sphingolipid），由1分子鞘氨醇、1分子脂肪酸、1分子磷酸、1分子取代基团X（胆碱或乙醇胺）组成，是构成生物膜的重要磷脂。鞘磷脂的结构与甘油磷脂相似，因而性质与甘油磷脂基本相同。

二、甘油磷脂的代谢

（一）甘油磷脂的合成

1. 合成场所　人体各组织细胞的内质网均有合成甘油磷脂的酶系，以肝、肾及小肠等最为活跃。

2. 合成原料　甘油磷脂的合成需要甘油、脂肪酸、磷酸、胆碱、丝氨酸、肌醇等；此外，还需要ATP和CTP参与。

甘油、脂肪酸主要由葡萄糖代谢转化而来，但甘油磷脂C－2位的必需脂肪酸必须从食物中摄取。

胆碱可由食物供给，亦可由丝氨酸和甲硫氨酸在体内合成。丝氨酸脱羧生成乙醇胺。乙醇胺从 *S* – 腺苷甲硫氨酸获得 3 个甲基而合成胆碱。ATP 供能，CTP 用于乙醇胺、胆碱等物质的活化，合成 CDP – 乙醇胺和 CDP – 胆碱等活性中间产物（图 7 – 11）。

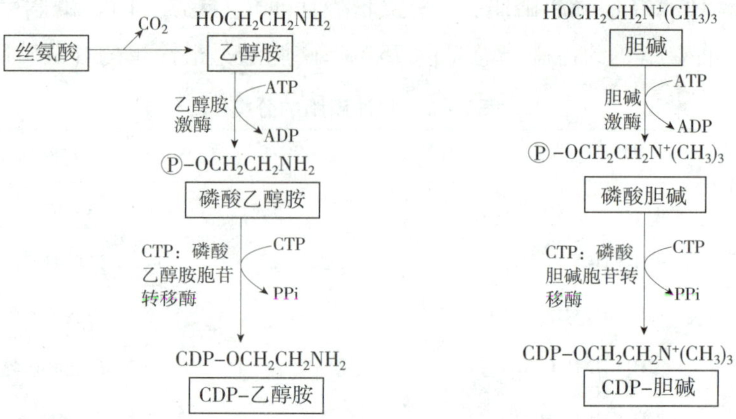

图 7 – 11　CDP – 乙醇胺和 CDP – 胆碱的合成

3. 合成途径　甘油磷脂的合成主要通过二酰甘油和 CDP – 二酰甘油两条途径进行。

（1）二酰甘油途径　磷脂酰胆碱和磷脂酰乙醇胺主要通过此途径合成，二酰甘油是该途径的重要中间物。胆碱和乙醇胺分别活化成 CDP – 胆碱和 CDP – 乙醇胺，在磷酸胆碱脂酰甘油转移酶和磷酸乙醇胺脂酰甘油转移酶的催化下，分别与二酰甘油作用，生成磷脂酰胆碱和磷脂酰乙醇胺（图 7 – 12）。

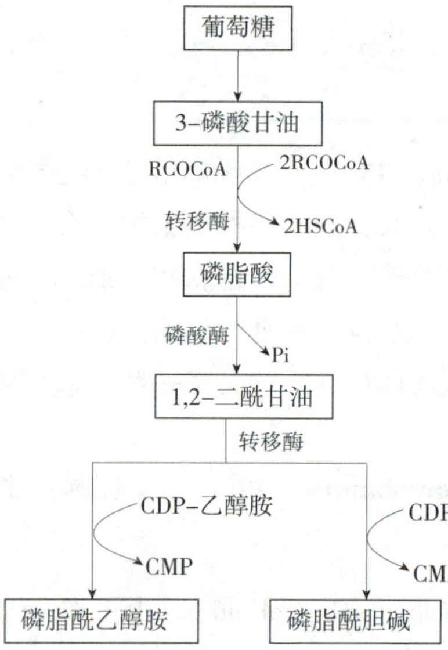

图 7 – 12　磷脂酰胆碱和磷脂酰乙醇胺的合成

（2）CDP – 二酰甘油途径　磷脂酰肌醇和心磷脂主要通过此途径合成。三酰甘油合成过程产生的磷脂酸可以通过该途径合成甘油磷脂，磷脂酸先与 CTP 反应，生成 CDP – 二酰甘油，然后，CDP – 二酰甘油与肌醇反应生成磷脂酰肌醇，或与磷脂酰甘油反应生成心磷脂（图 7 – 13）。

（二）甘油磷脂的分解

生物体内存在一些能够水解甘油磷脂的酶类，总称磷脂酶（phospholipase），其中主要的有磷脂酶 A_1（PLA_1）、磷脂酶 A_2（PLA_2）、磷脂酶 B（PLB）、磷脂酶 C（PLC）和磷脂酶 D（PLD），它们特异性地作用于磷脂分子内部的各个酯键，形成不同的产物（图 7 – 14）。

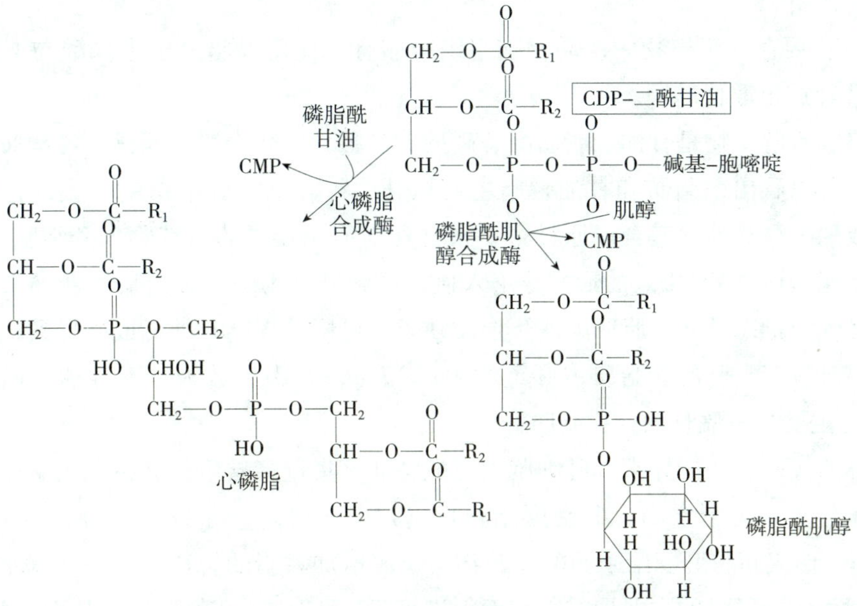

图 7-13 磷脂酰肌醇和心磷脂的合成

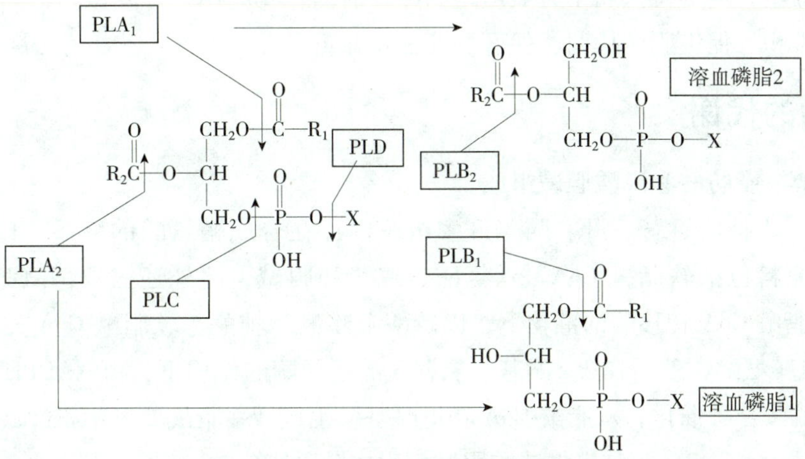

图 7-14 磷脂酶 A、磷脂酶 B、磷脂酶 C、磷脂酶 D 的作用部位

1. 磷脂酶 A_1 主要存在于细胞的溶酶体内，蛇毒及某些微生物中亦有，可催化甘油磷脂的第 1 位酯键断裂，产物为脂肪酸和溶血磷脂 2。

2. 磷脂酶 A_2 普遍存在于动物各组织的细胞膜及线粒体膜中，能使甘油磷脂分子中第 2 位酯键水解，产物为溶血磷脂 1、脂肪酸和甘油磷酸胆碱或甘油磷酸乙醇胺等。PLA_2 也广泛存在于多种毒蛇毒液中，例如毒性很强的五步蛇，人被其咬伤后，蛇毒中高活性的 PLA_2 迅速分解红细胞膜的磷脂双分子层，皮下常见大面积血斑，出现溶血，严重者可导致死亡。人胰腺细胞含有大量磷脂酶 A_2 原，急性胰腺炎时，磷脂酶 A_2 原被激活，水解膜上的磷脂酰胆碱，引起胰腺细胞溶解，导致胰腺炎病变。

溶血磷脂 1 是一类具有较强表面活性的物质，能使红细胞及其他细胞膜破裂，引起溶血或细胞坏死。当溶血磷脂经磷脂酶 B_1（溶血磷脂酶）作用脱去脂肪酸后，转变成甘油磷酸胆碱或甘油磷酸乙醇胺，即失去溶解细胞膜的作用。

3. 磷脂酶 C 存在于细胞膜及某些细胞中，特异性水解甘油磷脂分子中第 3 位磷酸酯键，其结果是释放磷酸胆碱或磷酸乙醇胺，并余下作用物分子中的其他组分。磷脂酶 C 能水解溶血磷脂的酯键，使其失去溶解细胞膜的作用。

4. 磷脂酶 D 主要存在于植物中，动物脑组织中亦有，催化磷脂分子中磷酸与取代基团（如胆碱等）之间的酯键，释放出取代基团。

甘油磷脂最终的水解产物是甘油、脂肪酸、磷酸和各种含氮化合物如胆碱、乙醇胺、丝氨酸等。

从上述代谢中可以看出，脂肪和甘油磷脂主要在肝、肾、脂肪等组织中合成，合成原料及来源不同。脂肪组织合成的三酰甘油，其合成原料主要来自食物消化吸收的营养物。肝细胞不储存三酰甘油，合成后以极低密度脂蛋白（VLDL）的形式分泌入血，运到肝外组织。如果肝中脂肪合成过多，输出不全，或者营养不良、中毒以及必需脂肪酸或蛋白质缺乏，可影响 VLDL 的形成，导致三酰甘油在肝细胞中蓄积，发生脂肪肝。正常肝所含脂质占肝重的 4% ~7%，其中半数为三酰甘油。如果肝中脂质达肝重的 10% 以上，且主要为三酰甘油，称脂肪肝。

脂肪肝是因肝的代谢和功能异常，肝细胞内三酰甘油聚集过多导致，又称肝脂肪浸润。患者体力活动少，长期饮酒，超重，血脂增高，低密度脂蛋白（LDL）增高，导致三酰甘油（TG）和总胆固醇（TC）在肝内蓄积，形成脂肪肝。给予胆碱类药物后，能增加磷脂的合成，进一步增加 VLDL 合成，而 VLDL 是运输内源性 TG 和 TC 的主要形式，因而促进可 TG 和 TC 向肝外运输，从而缓解脂肪肝的形成。针对患者情况，一般可采取下列治疗措施：①戒酒；②控制总热量摄入，限制动物脂肪和含高胆固醇食物的摄入；③控制体重，增加一些属于有氧运动的体育活动；④应用一些降血脂、降血糖及降血压的药物，也即抑制脂肪堆积、促进脂肪代谢、保肝护肝三者并重。

三、鞘磷脂的代谢

鞘磷脂由鞘氨醇、脂肪酸和磷酸胆碱组成。

1. 鞘磷脂合成 人体心、肾、肝、脑等许多组织内存在合成鞘氨醇的酶系，以脑组织活性最高。鞘氨醇合成的基本原料包括软脂酰 CoA、丝氨酸、磷酸和胆碱，此外还需要 NADPH、磷酸吡哆醛和 Mn^{2+} 等参与。在软脂酰 CoA 转移酶的催化下，以磷酸吡哆醛为辅酶，软脂酰 CoA 先与丝氨酸缩合、脱羧生成 3－酮基二氢鞘氨醇，然后在 3－酮基二氢鞘氨醇还原酶的作用下，由 NADPH 供氢，生成二氢鞘氨醇，继续由神经酰胺合酶催化，从脂酰 CoA 获得酰基，生成 *N*－脂酰二氢鞘氨醇后，氧化脱氢，生成 *N*－脂酰鞘氨醇，最后由 CDP－胆碱提供磷酸胆碱而生成鞘磷脂。

2. 鞘磷脂分解 脑、肝、脾等组织细胞的溶酶体内存在神经鞘磷脂酶，可使磷酸酯键水解，生成磷酸胆碱和神经酰胺。先天性缺乏此酶会导致 Niemann－Pick 病，临床表现有肝、脾肿大及神经系统症状。

第五节　胆固醇代谢

PPT

胆固醇（cholesterol）是人体重要的类脂之一，其结构特点为含有环戊烷多氢菲骨架。人体胆固醇为含有 27 碳的环戊烷多氢菲结构，有两种来源，即体内合成的内源性胆固醇和食物来源的外源性胆固醇，膳食中的胆固醇主要来自动物内脏、奶油、蛋黄及肉类等。体内的胆固醇有游离胆固醇及胆固醇酯两种形式，广泛分布于全身各组织中，约 1/4 分布在脑及神经组织；肾上腺等内分泌腺的胆固醇含量达 1% ~5%，肝、肾、肠等内脏器官及脂肪组织也含有较多的胆固醇，以肝最多。

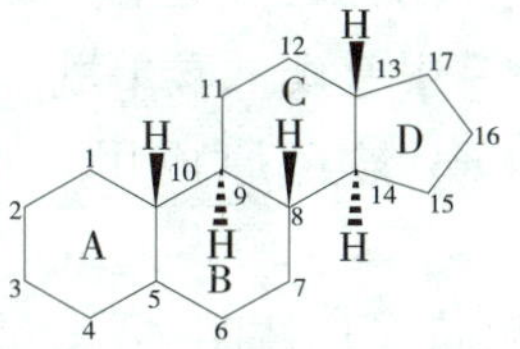

环戊烷多氢菲

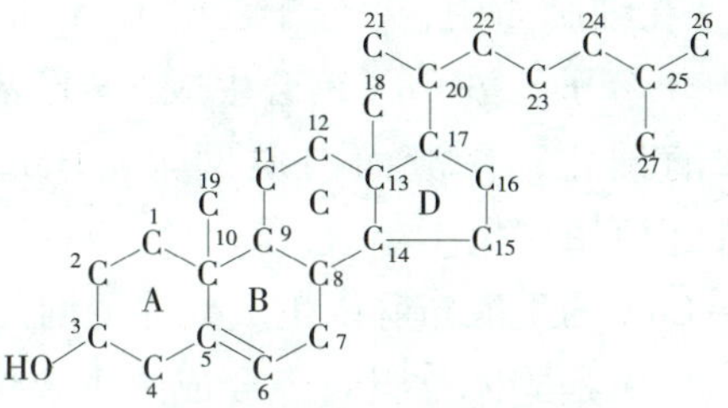

人体胆固醇（27碳）

一、胆固醇的合成

（一）胆固醇的合成场所

成年动物除脑组织及成熟红细胞外，几乎各组织均可合成胆固醇。肝是合成胆固醇的主要器官，合成量占自身合成胆固醇的70% ~80%；其次为小肠，合成量约占总量的10%。胆固醇合成主要在细胞质及滑面内质网中进行。

（二）胆固醇的合成原料

胆固醇的合成需要乙酰 CoA，NADPH + H$^+$供氢，ATP 供能。乙酰 CoA 主要是在线粒体内由葡萄糖分解代谢产生，而合成胆固醇的酶系分布在胞质及内质网上，因此，乙酰 CoA 需通过柠檬酸 - 丙酮酸循环机制（图 7 -6），由线粒体内被转运到胞质，用于胆固醇的合成。

合成 1 分子胆固醇需 18 分子乙酰 CoA、36 分子 ATP 及 16 分子 NADPH + H$^+$。乙酰 CoA 和 ATP 主要来自线粒体中葡萄糖的有氧氧化，NADPH + H$^+$主要来自磷酸戊糖途径，因此，糖是胆固醇合成原料的主要来源。

（三）胆固醇的合成过程

胆固醇的合成过程较复杂，有近 30 步酶促反应，大概可以分为 3 个阶段（图 7 -15）。

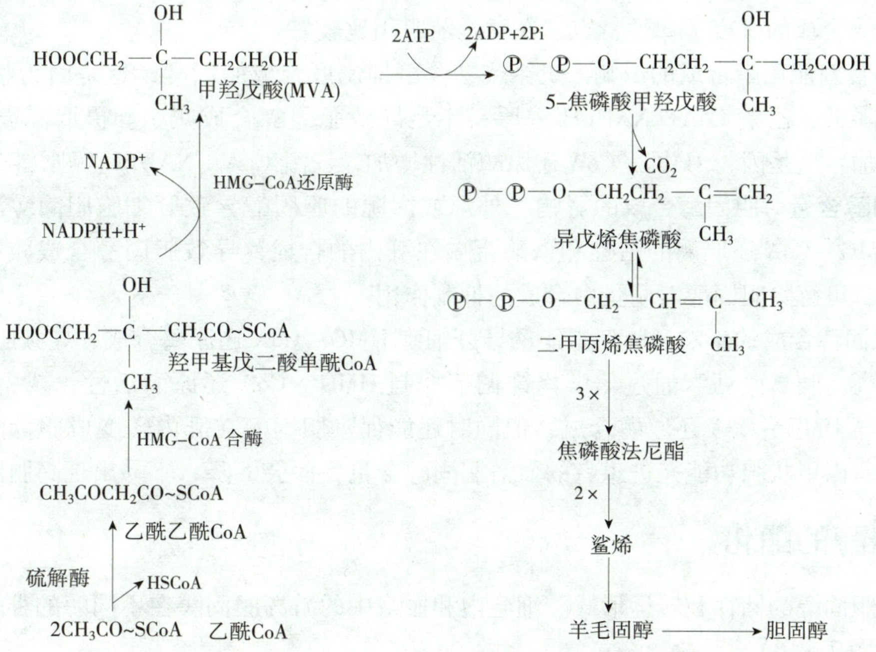

图 7 -15 胆固醇的生物合成

1. 合成甲羟戊酸 在细胞质中，2 分子乙酰 CoA 缩合成 1 分子乙酰乙酰 CoA，此反应由硫解酶催化；乙酰乙酰 CoA 再与 1 分子乙酰 CoA 缩合生成 β - 羟基 - β - 甲基戊二酸单酰 CoA（HMG - CoA），此反应由 HMG - CoA 合酶催化；在滑面内质网上，HMG - CoA 被还原成甲羟戊酸（mevalonic acid，MVA），由 HMG - CoA 还原酶催化。

在此阶段，HMG - CoA 的生成与肝内生成酮体的前几步相同（比较图 7 - 4 和图 7 - 15），但合成部位不同。因此，HMG - CoA 是酮体及胆固醇合成的重要中间产物，前者是 HMG - CoA 在线粒体中裂解生成酮体，后者是 HMG - CoA 在胞质中还原生成 MVA。HMG - CoA 还原酶是胆固醇合成的关键酶。

2. 合成鲨烯 甲羟戊酸经磷酸化、脱羧生成活泼的 5 碳焦磷酸化合物——异戊烯焦磷酸和二甲基丙烯焦磷酸，然后，3 分子 5 碳焦磷酸化合物缩合成 15 碳的焦磷酸法尼酯，2 分子 15 碳焦磷酸法尼酯再经缩合、还原成 30 碳的烯烃化合物——鲨烯。

3. 合成胆固醇 鲨烯经固醇载体蛋白携带从胞质进入内质网，经加氧酶等多种酶的催化，环化成 30 碳羊毛固醇。后者再经氧化、脱羧和还原等反应，脱去 3 分子 CO_2，最后生成 27 碳的胆固醇。

（四）胆固醇合成的调节

胆固醇合成过程的关键酶是 HMG - CoA 还原酶，对胆固醇合成的调节具有重要意义，营养状况、胆固醇、激素等各种因素对胆固醇合成的调节主要是通过影响 HMG - CoA 还原酶实现的。HMG - CoA 还原酶存在于肝、肠等组织的内质网中，是由 887 个氨基酸残基组成的糖蛋白，通过别构调节和磷酸化修饰可调节其活性。

1. HMG - CoA 还原酶的调节 胆固醇合成中间产物甲羟戊酸以及终产物胆固醇和胆固醇的氧化产物 25 - 羟胆固醇、7β - 羟胆固醇是 HMG - CoA 还原酶的别构抑制剂。细胞质中的 cAMP 依赖性蛋白激酶可通过使 HMG - CoA 还原酶磷酸化而失活，磷酸酶可使磷酸化的 HMG - CoA 还原酶脱去磷酸而重新恢复活性。

动物实验发现，胆固醇的合成具有昼夜节律性，中午最低，午夜最高。这与肝 HMG - CoA 还原酶的活性具有昼夜节律性一致，也是中午最低，午夜最高。他汀类药物（洛伐他汀、普伐他汀及塞伐他汀）通过抑制 HMG - CoA 还原酶，抑制内源性胆固醇的合成，从而使血浆胆固醇浓度降低，根据肝 HMG - CoA 还原酶合成的昼夜节律性特点，在睡觉前服用比较好。

2. 饥饿与饱食对胆固醇合成的影响 饥饿或禁食可抑制肝合成胆固醇，这是因为禁食导致 HMG - CoA 还原酶活性降低，乙酰 CoA、NADPH 等原料不足导致胆固醇合成减少。摄取高糖、高脂饮食后，胆固醇的合成增加，这是因为 HMG - CoA 还原酶活性增加，乙酰 CoA、NADPH 等原料充足。

3. 细胞胆固醇含量对胆固醇合成的影响 外源或内源的胆固醇导致肝细胞胆固醇浓度升高后，可反馈性抑制肝 HMG - CoA 还原酶的活性和该酶蛋白在肝内的合成，导致胆固醇合成减慢。反之，细胞胆固醇含量降低，可解除胆固醇对酶蛋白合成的抑制作用。

4. 激素对胆固醇合成的影响 胰岛素能诱导肝细胞 HMG - CoA 还原酶合成，导致胆固醇合成增加，使血浆胆固醇升高。胰高血糖素通过化学修饰调节抑制 HMG - CoA 还原酶活性，减少胆固醇的合成。甲状腺激素能诱导 HMG - CoA 还原酶合成，但同时还能促进胆固醇在肝内转变成胆汁酸，且后一作用较前一作用强，所以甲状腺功能亢进患者的血清胆固醇含量反而会下降，不易出现高胆固醇血症。

二、胆固醇的酯化

胆固醇酯是胆固醇的储存和转运形式。细胞内和血浆中的游离胆固醇在不同酶的催化下，均可被酯化成胆固醇酯（图 7 - 16）。

1. 细胞内胆固醇的酯化 组织细胞内的游离胆固醇，在脂酰 CoA - 胆固醇脂酰转移酶（acyl - CoA cholesterol acyl transferase，ACAT）的催化下，从脂酰 CoA 获得一个脂酰基，形成胆固醇酯。

2. 血浆内胆固醇的酯化　血浆中的游离胆固醇，在卵磷脂-胆固醇脂酰转移酶（lecithin cholesterol acyl transferase，LCAT）的催化下，从卵磷脂获得一个脂酰基，生成胆固醇酯和溶血卵磷脂。胆固醇酯占血浆胆固醇总量的70%～80%，均由LCAT催化生成。肝实质细胞病变或损伤时合成LCAT减少，进入血浆的LCAT减少，引起血浆胆固醇酯含量下降。

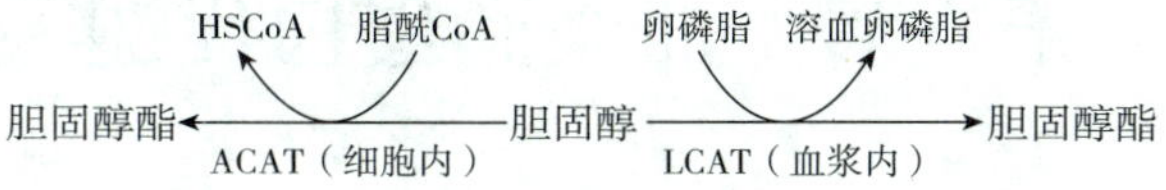

图7-16　胆固醇的酯化

三、胆固醇的转化和排泄

（一）胆固醇的转化

胆固醇不能像糖、脂肪那样在体内彻底氧化分解生成CO_2和H_2O，而是经氧化还原或降解转变成某些重要的生理活性物质。

1. 转变为胆汁酸　在肝被转变为胆汁酸是胆固醇在体内的主要代谢去路，是体内胆固醇清除的主要方式。正常人每天合成的胆固醇约2/5在肝中转变为胆汁酸，随胆汁排入肠道。胆汁酸含有亲水面和疏水面，是很好的乳化剂，在促进脂质的乳化和吸收中发挥重要作用。

2. 转变为类固醇激素　胆固醇在肾上腺皮质、睾丸、卵巢等内分泌腺中作为合成类固醇激素的原料，主要合成肾上腺皮质激素和性激素。

（1）肾上腺皮质激素　包括糖皮质激素和盐皮质激素。皮质醇、皮质酮是典型的糖皮质激素，在肾上腺皮质束状带中合成，具有调节血糖的作用。醛固酮属于盐皮质激素，在肾上腺皮质球状带中合成，具有调节水盐平衡的作用。

（2）性激素　包括孕激素、雄激素和雌激素。主要在卵巢和睾丸合成，它们对机体的生长和发育、第二性征的成熟起重要作用。

3. 在皮肤中转化为7-脱氢胆固醇　胆固醇经紫外线照射转变为维生素D_3，维生素D_3在肝和肾内转变成活性产物1,25-二羟维生素D_3，调节钙、磷代谢。

（二）胆固醇的排泄

体内大部分胆固醇在肝中转变为胆汁酸，随胆汁排出，这是胆固醇排泄的主要途径，还有一部分胆固醇直接随胆汁或通过肠黏膜排入肠道。在肠道内，部分胆固醇可被肠黏膜重吸收入血；部分则被肠道细菌还原成粪固醇，随粪便排出。

四、胆固醇代谢异常与疾病

胆固醇代谢异常可引起许多疾病，如高胆固醇血症（见第六节），进而导致的脂肪肝、动脉硬化和胆结石等。

胆结石是指发生在胆囊或胆管内的结石所引起的疾病，是一种常见病，可以引起剧烈的腹痛、黄疸、发热等症状，又称“胆石症”。胆结石的产生往往是血浆胆固醇过高引起的。胆结石主要由胆固醇、胆色素、胆酸和脂肪酸等物质组成。胆汁中的胆汁酸和磷脂可以助溶，将胆固醇分散形成稳定的微团，抑制其析出，增加其排泄。一旦胆汁酸、磷脂不足，相对过饱和的胆固醇就会形成不稳定的小泡，易产生胆固醇晶核，形成结石。胆囊结石的具体形成原因至今尚未完全清楚，目前考虑与胆固醇过饱和、胆汁酸分泌不足、胆囊功能异常等多种因素密切相关。胆结石根据形成部位分为胆管结石和胆囊结石，按照结石的化学成分可分为胆固醇结石、胆色素结石和混合结石三类。大多数胆囊结石患者都为以胆固醇结石为主的混合型结石。临床上采用利胆药——去氢胆酸进行治疗，其作用是促进胆汁酸分泌，增加胆汁中的水分及胆汁总量，使胆汁稀释而有利于排空胆汁；或用鹅去氧胆酸等改变胆酸的成分，减少胆固醇的合成和分泌，促进胆结石的溶解。

第六节 血浆脂蛋白代谢

PPT

一、血脂

血脂是血浆所含脂质的统称，主要包括三酰甘油、总胆固醇、磷脂及游离脂肪酸等，其中，总胆固醇包括游离胆固醇和胆固醇酯。磷脂主要包括磷脂酰胆碱（约 70%）、神经鞘磷脂（约 20%）及脑磷脂（约 10%）。血脂的来源和去路形成动态平衡。血脂的来源有：① 食物中的脂质经消化吸收进入血液，属于外源性脂质；② 体内合成及脂库中脂肪动员释放的脂质，属于内源性脂质。血脂的去路主要包括四个方面：① 氧化分解；② 进入脂库储存；③ 构成生物膜；④ 转变为其他物质。血脂的来源和去路如图 7－17 所示。

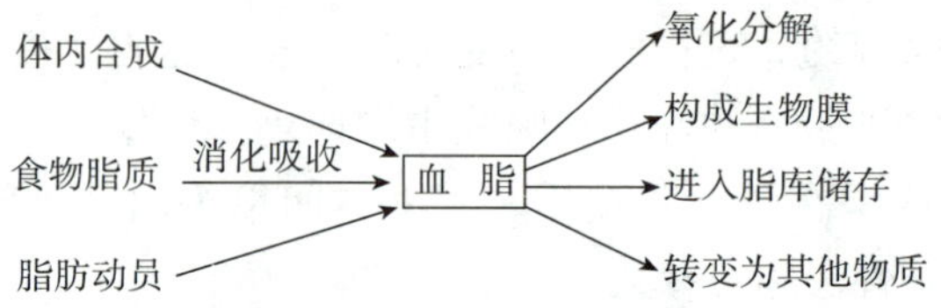

图 7－17　血脂的来源和去路

血脂水平受膳食、种族、年龄、职业、运动状况以及生理状态等因素的影响，波动范围较大。空腹时血脂含量相对恒定，其水平可反映全身脂质代谢情况（表 7－2）。某些疾病影响血脂水平，如动脉粥样硬化患者血脂水平明显偏高，所以血脂测定具有重要的临床意义。

表 7－2　正常成人 12～14 小时空腹血脂的组成和含量

组　成	血浆含量	
	mg/ml	mmol/L
总脂	400～700（500）	
三酰甘油	10～150（100）	0.11～1.69（1.13）
总胆固醇	100～250（200）	2.33～5.69（4.47）
胆固醇酯	70～200（145）	1.81～5.17（3.75）
游离胆固醇	40～70（55）	1.03～1.81（1.42）
总磷脂	150～250（200）	48.44～80.73（64.58）
磷脂酰胆碱	50～200（100）	16.1～64.6（32.3）
神经磷脂	50～130（70）	16.1～42.0（22.6）
脑磷脂	15～35（20）	4.8～13.0（6.4）
游离脂肪酸	5～20（15）	

注：括号内为均值。

二、血浆脂蛋白的结构、分类和组成

脂质难溶于水，所以必须与蛋白质结合，以脂蛋白的形式才能在血浆中运输。

（一）血浆脂蛋白的结构

各种脂蛋白的基本结构近似球形（新生高密度脂蛋白除外），主要由脂质（总胆固醇、三酰甘油、磷脂）和蛋白质通过非共价结合形成。疏水性的三酰甘油和胆固醇酯形成脂核，具有极性及非极性基团的蛋白质、磷脂及游离胆固醇覆盖于脂蛋白的表面，其疏水基团与脂蛋白内核疏水性的 TG 及胆固醇酯（CE）通过疏水作用相连，极性基团朝外，形成亲水性的外壳。这种结构保证不溶于水的脂质能在水相的血浆中被运送到全身组织进行代谢。

（二）血浆脂蛋白的分类

不同脂蛋白所含脂质和蛋白质的多少不同，因而其密度、颗粒大小、表面电荷等均不同，可根据电泳或离心沉降特征对脂蛋白进行分类。

1. 电泳分类法　各种血浆脂蛋白所带电荷和颗粒大小不同，因而在电场中移动快慢不同。据此，可将血浆脂蛋白分为乳糜微粒（chylomicron，CM）、β－脂蛋白（β－lipoprotein）、前β－脂蛋白（pre β－lipoprotein）和α－脂蛋白（α－lipoprotein）四种（图7－18）。α－脂蛋白移动最快，对应血浆蛋白质电泳时 α_1－球蛋白的位置；前β－脂蛋白对应 α_2－球蛋白的位置；β－脂蛋白对应β－球蛋白的位置；乳糜微粒位于点样处，不移动。

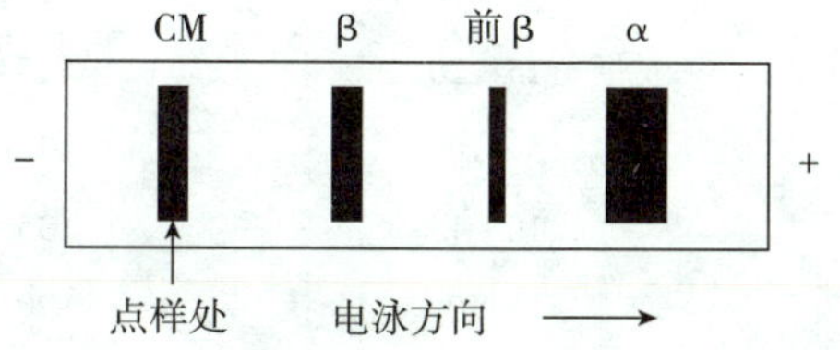

图7－18　血浆脂蛋白琼脂糖凝胶电泳图谱

2. 超速离心法　不同脂蛋白中，蛋白质和脂质所占的比例不同，因而其密度不同。脂质含量少，蛋白质含量多，脂蛋白密度就高；反之，脂蛋白密度就低。将血浆在一定密度的介质中进行超速离心时，脂蛋白会因密度不同而漂浮或沉降，从而得以分离。血浆脂蛋白按密度由小到大（离心管内由上至下）依次为乳糜微粒（chylomicron，CM）、极低密度脂蛋白（very low density lipoprotein，VLDL）、低密度脂蛋白（low density lipoprotein，LDL）和高密度脂蛋白（high density lipoprotein，HDL），依次对应电泳分类法中的CM、前β－脂蛋白、β－脂蛋白和α－脂蛋白。

除上述脂蛋白外，血浆中还有中间密度脂蛋白（intermediate density lipoprotein，IDL）和脂蛋白a [lipoprotein（a），Lp(a)]。IDL是VLDL在血浆中代谢的中间产物，Lp(a)的脂质成分与LDL相似，但含载脂蛋白(a)。

知识链接

Lp(a)与冠心病

近年发现，血浆Lp(a)与动脉粥样硬化关系密切，是动脉粥样硬化、冠心病的独立危险因子。Albers等在1977年发现，男性心肌梗死患者无论血脂正常与否，其血浆Lp(a)水平均显著高于正常对照。1984年Kostner等认为，Lp(a)是冠心病的独立危险因子。1986年Armonstrong等分析了西德428例冠状动脉造影证实的冠心病患者及造影阴性的对照组的血浆Lp(a)水平，发现Lp(a) > 30mg/dl时，与冠心病呈高度正相关。有研究表明，血液胆固醇浓度正常，而Lp(a)浓度升高，患心脑血管疾病的危险性比正常人高2倍；如LDL和Lp(a)都增高，则危险性为8倍。Lp(a)是冠心病的一个独立危险因素，其水平与人种及遗传有关，而与吸烟、高血压、性别、LDL－C和HDL－C以及ApoA－1与ApoB等均无关。环境、饮食、药物等因素对Lp(a)水平无明显影响。

（三）血浆脂蛋白的组成

各类血浆脂蛋白都含有蛋白质和脂质。脂蛋白中的脂质包括三酰甘油、磷脂、胆固醇和胆固醇酯，但含量和比例在不同脂蛋白中不同。如 CM 的颗粒最大，含三酰甘油最多，蛋白质含量最少，密度最小；VLDL 也以三酰甘油为主要成分，但磷脂、胆固醇及蛋白质的含量均比 CM 多；LDL 含胆固醇最多；HDL 含蛋白质最多，三酰甘油含量最少，颗粒最小，密度最大。血浆脂蛋白的分类、性质、组成和功能见表 7－3。

表 7－3　血浆脂蛋白的分类、性质、组成和功能

分类	离心法	CM	VLDL	LDL	HDL
	电泳法		前 β－脂蛋白	β－脂蛋白	α－脂蛋白
性质	密度	<0.95	0.95～1.006	1.006～1.063	1.063～1.210
	颗粒直径（nm）	80～500	25～80	20～25	5～17
组成（%）	总脂质	98～99	90～95	75～80	50
	三酰甘油	80～95	50～70	7～10	3～5
	磷脂	7～9	15～20	15～20	20～35
	游离胆固醇	1～3	5～10	7～10	2～4
	胆固醇酯	3～5	10～15	35～40	12～15
	蛋白质	1.5～2.5	5～10	20～25	40～55
	主要载脂蛋白				
	ApoA－ApoⅠ	7	<1	—	65～70
	ApoA－ApoⅡ	5	—	—	20～25
	ApoA－ApoⅣ	10	—	—	—
	ApoB－ApoB100	—	20～60	95	—
	ApoB－Apo48	9	—	—	—
	ApoC－ApoⅠ	11	3	—	6
	ApoC－ApoⅡ	15	6	微量	1
	ApoC－ApoⅢ	41	40	—	4
	ApoE	微量	7～15	<5	2
	ApoD	—	—	—	3
合成部位		小肠黏膜	肝	血浆	肝、小肠、血浆
功能		转运外源性三酰甘油和胆固醇	转运内源性三酰甘油和胆固醇	向肝外转运内源性胆固醇	向肝内转运胆固醇

载脂蛋白（apolipoprotein，Apo）是指血浆脂蛋白中的蛋白质成分。载脂蛋白种类很多，已发现有 20 多种，主要有 ApoA、ApoB、ApoC、ApoD 及 ApoE 等五大类，其中，某些载脂蛋白由于氨基酸组成的差异又可分为若干亚类。如 ApoA 分为 ApoAⅠ、ApoAⅡ、ApoAⅣ；ApoB 分为 ApoB48 及 ApoB100；ApoC 分为 ApoCⅠ、ApoCⅡ、ApoCⅢ。不同脂蛋白所含载脂蛋白的种类不尽相同。如 HDL 主要含 ApoAⅠ、ApoAⅡ、ApoC 和 ApoE；LDL 几乎只含 ApoB100；VLDL 除含 ApoB100 以外，还有 ApoCⅠ、ApoCⅡ、ApoCⅢ及 ApoE；CM 含 ApoB48 而不含 ApoB100。各种载脂蛋白的主要功能是转运脂质，此外也有其他功能（表 7－4）。

表 7-4 载脂蛋白的分布及功能

分类	分子量（kD）	分布	合成部位	主要功能
ApoA Ⅰ	28.3	HDL	肝、小肠	激活 LCAT，识别 HDL 受体
ApoA Ⅱ	17.5	HDL	肝、小肠	稳定 HDL 结构，激活 HL
ApoA Ⅳ	46	CM、HDL	小肠	辅助激活 LPL
ApoB100	512.723	VLDL、LDL	肝	识别 LDL 受体
ApoB48	264	CM	小肠	促进 CM 合成
ApoC Ⅰ	6.5	CM、VLDL、HDL	肝	激活 LCAT
ApoC Ⅱ	8.8	CM、VLDL、HDL	肝	激活 LPL
ApoC Ⅲ	8.9	CM、VLDL、HDL	肝	抑制 LPL 和 HL
ApoD	22	HDL	肝、肾、肠	转运胆固醇酯
ApoE	34	CM、VLDL、HDL	肝、脑、脾	识别 LDL 受体
Lp(a)	500	Lp（a）	肝	抑制纤溶酶活性

注：HL，肝脂肪酶；LPL，脂蛋白脂肪酶。

三、血浆脂蛋白的代谢

不同血浆脂蛋白转运的脂质各不相同，因而代谢过程也不同。

1. 乳糜微粒（CM） 合成于小肠黏膜细胞。食物中的脂质被消化吸收后，小肠黏膜细胞摄取的中长链脂肪酸重新酯化成三酰甘油，连同合成及吸收的磷脂、胆固醇，加上 ApoB48、ApoA Ⅰ、ApoA Ⅱ、ApoA Ⅳ等，在小肠黏膜细胞内形成新生的 CM。新生的 CM 经淋巴系统进入血液，从 HDL 中获得 ApoC 和 ApoE，同时将部分 ApoA Ⅰ、ApoA Ⅱ、ApoA Ⅳ转移给 HDL，形成成熟的 CM。

新生 CM 获得 ApoC 后，循血液循环流经心肌、骨骼肌及脂肪等组织时，其 ApoCⅡ激活这些组织毛细血管内皮细胞表面的脂蛋白脂肪酶（lipoprotein lipase，LPL），ApoCⅡ存在时可使 LPL 的活性增加10～50 倍，因而是 LPL 必不可少的激活剂。在 LPL 的催化下，CM 中的 TG 及磷脂逐步水解，产生甘油、游离脂肪酸和溶血磷脂。在 LPL 的反复作用下，CM 内核中的 TG 不断减少，释出的脂肪酸被心肌、骨骼肌、肝组织及脂肪组织摄取利用，CM 体积明显缩小，同时 CM 表面的 ApoAⅠ、ApoAⅡ、ApoAⅣ、ApoC、磷脂、胆固醇不断向 HDL 转移，CM 最后成为含有胆固醇酯、ApoB48 和 ApoE 的 CM 残粒。CM 残粒流向肝，通过其 ApoE 与肝细胞膜上的 ApoE 受体结合，被肝细胞以受体介导的内吞方式摄取（图 7-19）。

CM 经过新生 CM、成熟 CM 及 CM 残粒 3 个阶段后，最终将食物来源的 TG 及胆固醇从小肠运输到肝外组织中被利用，因此，CM 是运输外源性 TG 及胆固醇的主要形式。餐后，大量 CM 进入血液，血浆暂时变得浑浊，但 CM 在血浆中代谢迅速，半衰期为 5～15 分钟，饭后 12～14 小时血浆中便不能检出 CM。

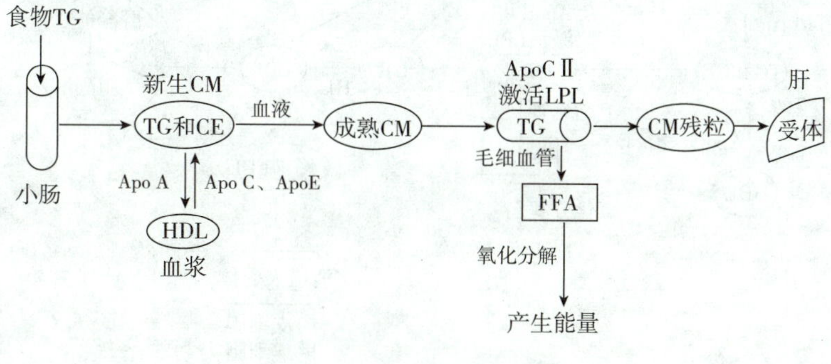

图 7-19 CM 代谢过程

2. 极低密度脂蛋白（VLDL） 主要在肝细胞内形成。肝除利用食物来源的脂肪酸和脂肪动员的脂肪酸合成 TG 外，主要以葡萄糖分解代谢中间产物为原料合成 TG，再与 ApoB100、ApoE、磷脂和胆固醇等形成新生 VLDL。

新生 VLDL 分泌入血后，同 CM 一样，从 HDL 中获得 ApoC，成为成熟的 VLDL，ApoC Ⅱ激活肝外组织毛细血管内皮细胞表面的 LPL，在 LPL 的反复作用下，VLDL 中的 TG 不断水解，释出的脂肪酸和甘油被肝外组织摄取利用；同时将表面的 ApoC、磷脂及胆固醇转移给 HDL，而 HDL 的胆固醇酯则转移给 VLDL。该过程反复进行，导致 VLDL 中 TG 不断减少，CE 不断增加，使得 VLDL 的颗粒逐渐变小，密度逐渐增加，进而转变为 VLDL 残粒（又称 IDL）。IDL 中 TG 及胆固醇含量大致相等，载脂蛋白主要是 ApoB100 和 ApoE。部分 IDL 表面的 ApoB100、ApoE 可直接与肝细胞相应受体结合，进入肝细胞代谢。未被肝细胞摄取的 IDL（约占 50%），其中的 TG 被 LPL 及肝脂肪酶（hepatic lipase，HL）继续水解，同时 ApoE 向 HDL 转移，最后，IDL 中剩下的脂质主要是 CE，载脂蛋白是 ApoB100，而转变成 LDL（图 7－20）。VLDL 在血浆中半衰期为 6～12 小时。

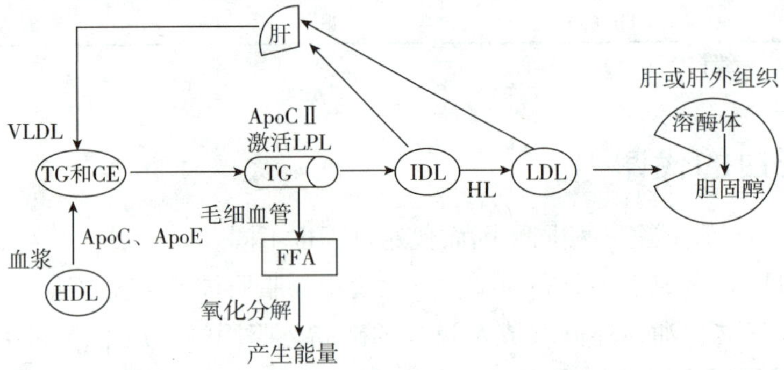

图 7－20　内源性 VLDL 代谢过程

3. 低密度脂蛋白（LDL）　如上所述，是在血浆中由 VLDL 转变来。LDL 主要含胆固醇，其中 2/3 为胆固醇酯。它是转运肝合成的内源性胆固醇到肝外组织的主要形式。LDL 代谢可通过两条途径进行，70% 通过 LDL 受体途径进行，30% 通过单核－吞噬细胞系统的清道夫受体进行，在血浆中的半衰期为 2～3 天。

LDL 的分解主要通过与 LDL 受体结合后进入肝或肝外细胞来进行。LDL 受体广泛分布于肝、肾上腺皮质、睾丸、卵巢等全身各组织的细胞膜表面，该受体特异性地识别并结合含 ApoB100 或 ApoE 的脂蛋白，故又称 ApoB/ApoE 受体。当血浆中的 LDL 与 LDL 受体结合后，即进入细胞，与溶酶体融合，在溶酶体内蛋白水解酶的作用下，ApoB100 被水解成氨基酸，在胆固醇酯酶的作用下，CE 被水解为游离胆固醇及脂肪酸（图 7－21）。

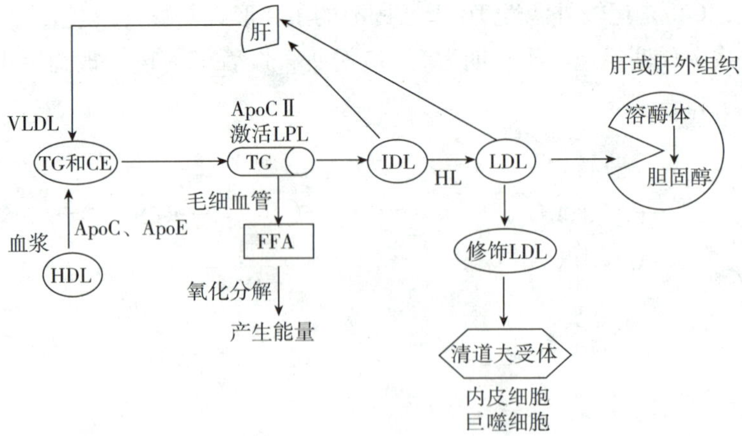

图 7－21　内源性 LDL 代谢过程

游离胆固醇对细胞内胆固醇代谢有重要的调节作用，主要表现在：①抑制 LDL 受体基因表达，减少 LDL 受体蛋白合成，减少 LDL 进入细胞；②反馈抑制 HMG - CoA 还原酶的活性，减少细胞内胆固醇的合成；③激活脂酰 CoA - 胆固醇脂酰转移酶，将大量胆固醇酯化成胆固醇酯储存。同时，胆固醇还可被细胞膜摄取，构成细胞膜的组成成分。部分胆固醇也可被肾上腺、性腺等组织摄取，合成类固醇激素，由此控制细胞内胆固醇含量。

另外，血浆中约 1/3 的胆固醇被修饰后进入单核 - 吞噬细胞系统而清除。

4. 高密度脂蛋白（HDL） 主要在肝内合成，其次在小肠黏膜细胞中也可合成。血浆中 CM 和 VLDL 代谢时，其表面的 ApoAⅠ、ApoAⅡ、ApoAⅣ、ApoC 及磷脂和胆固醇等脱离也可形成 HDL。HDL 可按密度分为 HDL_1、HDL_2 和 HDL_3。HDL_1 仅存在于高胆固醇膳食后的血浆中，正常人血浆主要含 HDL_2 和 HDL_3。

新生的 HDL 是主要含磷脂、游离胆固醇和 ApoA、ApoC、ApoE 的圆盘状脂质双层结构，合成后分泌入血。刚入血的 HDL 主要为 HDL_3，一方面可作为载脂蛋白供体将 ApoC 和 ApoE 等转移到新生的 CM 和 VLDL 上，同时在 CM 和 VLDL 代谢过程中再将载脂蛋白运回到 HDL 上，不断与 CM 和 VLDL 进行载脂蛋白的变换；另一方面，HDL 可摄取血中肝外细胞释放的游离胆固醇，在血浆中的卵磷脂 - 胆固醇脂酰转移酶（LCAT）的作用下，催化游离胆固醇生成 CE，此酶在肝中合成，分泌入血后发挥活性，可被 HDL 中的 ApoAⅠ激活，生成的胆固醇酯进入 HDL 的核心，表面可继续接受肝外细胞胆固醇，消耗的卵磷脂也可从肝外细胞补充。在 LCAT 反复的作用下，进入 HDL 内核的 CE 逐渐增多，使新生圆盘状 HDL 逐渐膨胀为球状成熟 HDL。随着该过程的不断进行，HDL 内核的 CE 不断增加，使 HDL 的颗粒逐渐增大，密度逐渐减小，因而由 HDL_3 转变为密度更小、颗粒更大的 HDL_2。HDL 的成熟过程是多种酶和蛋白质参与的逐渐演变的过程。成熟的 HDL 主要被肝细胞通过受体介导摄取，其中的胆固醇转化成胆汁酸或直接通过胆汁排出体外；另外，HDL 中的 CE 大部分在胆固醇酯转运蛋白（cholesterol ester transfer protein，CETP）的介导下，交换到 VLDL 和 LDL，进一步代谢。HDL 在血浆中的半衰期为3～5 天。HDL 的代谢过程如图 7 - 22 所示。

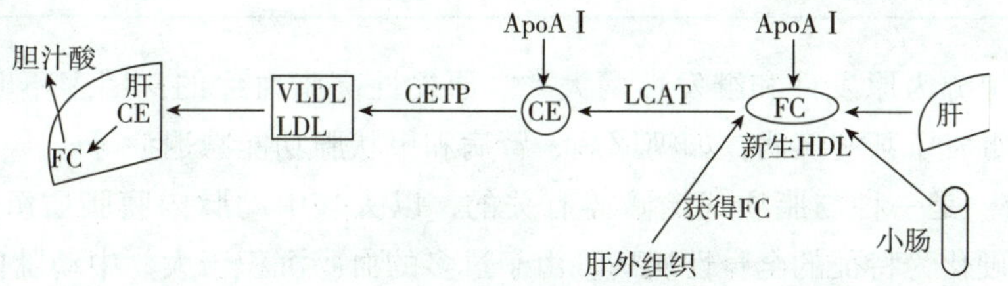

图 7 - 22 HDL 代谢过程

综上所述，HDL 的功能是将肝外组织、其他血浆脂蛋白以及动脉壁中的胆固醇逆向转运至肝进行转化或排出体外，防止胆固醇在动脉壁等组织中沉积，因而有对抗动脉粥样硬化形成的作用。

四、血浆脂蛋白代谢与疾病

案例引导

临床案例 患者，男，55 岁，高脂饮食多年。因心前区疼痛 6 年，加重伴呼吸困难 10 小时入院。入院前 6 年感心前区疼痛，痛系压迫感，多于劳累、饭后发作，每次持续 3～5 分钟，休息后减轻。入院前 2 个月，痛渐频繁，且休息时也发作，入院前 10 小时，于睡眠中突感心前区剧痛，并向左肩部、臂部放射，且伴大汗、呼吸困难，急诊入院。体格检查：体温 37.8℃，心率 130 次/分，血压 80/40mmHg。呼吸急促，口唇及指甲发绀，不断咳嗽，皮肤湿冷，心界向左扩大，心音弱。实验室检查：外周血白细胞 20×10^9/L，中性粒细胞 0.89；尿蛋白（+），血中尿素氮 30.0mmol/L；总胆固醇 14.7mmol/L，三酰甘油 3.23mmol/L，两者均超过参考值约 2.5 倍，HDL 含量低下。入院后经治疗无好转，于次日死亡。尸检结果确诊患者为动脉粥样硬化伴冠状动脉粥样硬化性心脏病及心力衰竭，死因为冠心病、心肌梗死伴心力衰竭。

讨论 根据患者临床症状及体征，分析其发生动脉粥样硬化的生化机制。

1. 高脂血症（hyperlipidemia） 是指空腹血脂浓度持续高于正常水平，临床上主要指血浆中三酰甘油和（或）胆固醇水平超过正常上限的异常状态。正常人血浆中三酰甘油和胆固醇的上限标准因地区、种族、年龄、职业、膳食及测定方法的不同而有所差异。一般以成人空腹 12～14 小时后，血浆三酰甘油超过 2.26mmol/L（200mg/dl），胆固醇超过 6.21mmol/L（240mg/dl），儿童胆固醇超过 4.14mmol/L（160mg/dl）作为正常上限。由于脂质在血浆中以脂蛋白形式存在和运输，高脂血症通常又称为高脂蛋白血症（hyperlipoproteinemia）。1970 年，世界卫生组织（WHO）建议将高脂蛋白血症分为六型，具体见表 7－5。我国临床上以Ⅳ型高脂蛋白血症（高三酰甘油血症）和Ⅱ型高脂蛋白血症（高胆固醇血症）最为常见。

表 7－5 高脂蛋白血症分型

分型	脂蛋白变化	血脂变化	分布（%）
Ⅰ	CM ↑↑	TG ↑↑↑，TC ↑	<1
Ⅱa	LDL ↑↑	TC ↑↑	10
Ⅱb	LDL ↑，VLDL ↑	TG ↑↑，TC ↑↑	40
Ⅲ	IDL ↑	TG ↑↑，TC ↑↑	<1
Ⅳ	VLDL ↑↑	TG ↑↑	45
Ⅴ	CM ↑↑，VLDL ↑↑	TG ↑↑↑，TC ↑	5

高脂血症在病因上分为原发性和继发性两大类。原发性高脂血症的病因多不明确，有一定的遗传性。继发性高脂血症继发于某些疾病，如糖尿病、肾病和甲状腺功能减退症等。

2. 动脉粥样硬化 是一种与脂质代谢障碍有关的，以大、中动脉内膜脂质沉着、粥样斑块形成、纤维组织增生、管壁硬化为特征的全身性疾病。由于过多的血脂沉积于大、中动脉内膜下，粥样斑块形成，导致管壁变硬，管腔狭窄甚至阻塞，从而影响受累器官的血液供应，动脉内皮细胞损伤，脂质浸润，可发生出血、血栓形成、溃疡及钙化等继发性改变。冠状动脉如有上述变化，会引起心肌缺血甚至心肌梗死，称冠状动脉粥样硬化性心脏病，简称冠心病。

近年来的研究表明，HDL 的水平与冠心病的发病率呈负相关。这是因为 HDL 能将外周组织中过多的胆固醇转化成胆固醇酯，转运到肝进一步转化和排泄，防止胆固醇在动脉壁上的沉积。因此，HDL 含量较高者，其冠心病的发病率较低。实验证实，粥样斑块中的胆固醇来自 LDL，而 VLDL 是 LDL 的前体，因此，血浆 LDL 和 VLDL 含量高的患者，其冠心病的发病率显著增高。因此，降低血浆 LDL 和 VLDL 水平以及提高 HDL 水平是防治动脉粥样硬化、冠心病的基本原则。

降低血脂可采取控制饮食、服用降脂药、适当运动等措施。避免过量饮食，少吃含高胆固醇、高糖高脂的食物。增加膳食中蔬菜、水果、豆类等的比例。服用辛伐他汀等降血脂的药物。另外，运动可以增加心肌和骨骼肌细胞中脂肪酸的氧化，同时能升高血浆中 HDL 的含量，促进胆固醇的逆向转运。

3. 遗传性缺陷引起的脂蛋白代谢疾病 现已发现，参与脂蛋白代谢的关键酶如 LPL，某些载脂蛋白如 ApoAⅠ、ApoB、ApoCⅡ和 ApoE 以及 LDL 脂蛋白受体的遗传性缺陷，都能导致脂蛋白代谢异常，引起脂蛋白异常血症（表7－6）。

表7－6　高脂蛋白血症的基因分型法

常用名	基因缺陷	临床特征	表型分类
家族性高胆固醇血症	受体缺陷	以Ch升高为主，可伴轻度TG升高，LDL明显增加，可有肌腱黄色瘤，多有冠心病和高脂蛋白血症家族史	Ⅱa/Ⅱb
家族性载脂蛋白B100缺陷症	ApoB缺陷	Ch升高为主，可伴轻度TG升高，LDL明显增加，可有肌腱黄色瘤，多有冠心病和高脂蛋白血症家族史	Ⅱa/Ⅱb
家族性混合型高脂蛋白血症	不清楚	以Ch和TG均升高，VLDL和LDL都增加，无黄色瘤，家族成员中有不同的高脂蛋白血症，有冠心病家族史	Ⅱb
家族性异常β－脂蛋白血症	ApoE异常	Ch和TG均升高，CM和VLDL残粒以及IDL明显增加，可有掌皱黄色瘤，多为ApoE2表型	Ⅲ
家族性高三酰甘油血症	不清楚	以TG升高为主，可有轻度Ch升高，VLDL明显增加	Ⅳ

注：Ch，胆固醇。

目标检测

答案解析

一、选择题

（一）单项选择题

1. 下列属于人体必需脂肪酸的是（　）

A. 亚油酸　　B. 油酸　　C. 软脂酸
D. 硬脂酸　　E. 花生酸

2、脂肪酸的β－氧化、酮体生成及胆固醇合成的共同中间产物是（　）

A. 乙酰乙酰CoA　　B. 甲羟戊酸　　C. HMG－CoA
D. 乙酰乙酸　　E. 丙酮

3. 导致糖尿病酮症的主要脂质代谢紊乱是（　）

A. 脂肪动员减少　　B. 三酰甘油合成增加
C. 脂肪酸β－氧化增强　　D. 乙酰乙酸和β－羟丁酸合成增加
E. 胆固醇合成增加

4. 肝中的乙酰CoA不可以合成（　）

A. 脂肪酸　　B. 乙酰乙酸　　C. 甘油
D. 胆固醇　　E. β－羟丁酸

5. 下列脂蛋白中，其血浆浓度增加可能具有抗动脉粥样硬化作用的是（　）

A. LDL　　B. VLDL　　C. HDL
D. IDL　　E. CM

（二）配伍题

[6～8]

A. 乙酰乙酰CoA硫解酶　　B. 脂酰CoA合成酶
C. HMG－CoA还原酶　　D. 肉碱脂酰转移酶Ⅰ
E. 肉碱脂酰转移酶Ⅱ

6. 脂肪酸β－氧化的关键酶是（　）
7. 胆固醇合成的关键酶是（　）
8. 参与酮体分解的酶是（　）

二、简答题

1. 1分子软脂酸（棕榈酸）彻底氧化分解可以净生成多少分子ATP？请写出主要过程。
2. 请写出胆固醇合成的基本原料及关键酶。胆固醇在体内可转变成哪些物质？

（钱荣华）

书网融合……

本章小结　　微课　　题库

第八章 氨基酸代谢

学习目标

1. 掌握 营养必需氨基酸的概念及种类；脱氨基作用的方式、基本过程；血氨的来源、去路及运输方式；尿素的合成过程；一碳单位的定义、种类及生理功能。

2. 熟悉 蛋白质的生理功能及氨基酸代谢库；个别氨基酸的代谢及功能；肝昏迷的生物化学机制。

3. 了解 蛋白质的消化、吸收与腐败；细胞内蛋白质的降解。

4. 学会血清氨基转移酶在疾病鉴别诊断中的应用及氨基转移酶活性测定的操作，具备应用所学生物化学知识分析高血氨、肝昏迷、癫痫、过敏等临床症状的能力。

第一节 蛋白质的营养功能

PPT

一、蛋白质的生理功能

蛋白质是生命的物质基础，蛋白质代谢在生命活动过程中具有十分重要的作用，是其他物质无法取代的，可以说没有蛋白质，就没有生命。蛋白质的重要生理功能主要如下。

1. 维持组织细胞的生长、更新和修补 蛋白质是组织细胞的主要组成成分，参与构成各种组织细胞是蛋白质最重要的功能。人体各组织细胞的蛋白质不断进行更新，成人体内每天约有 2 % 的蛋白质更新，其中主要更新的是肌肉蛋白质，其释放的游离氨基酸占体内氨基酸库中氨基酸总量的一半以上，只有摄入足够的蛋白质方能维持组织的更新。组织受损（包括外伤）后，如不能及时得到高质量蛋白质的修补，便会加速机体衰退。

2. 参与多种重要生理活动 蛋白质参与构成体内众多具有重要生理功能的物质，如酶、肽类激素、抗体、受体、某些调节蛋白等。物质代谢与调节、机体的运动与支撑、血液的运输、血液的凝固、免疫、调节或控制细胞的生长、分化及遗传信息的表达等几乎所有的生命活动都离不开蛋白质的参与。

3. 氧化供能 蛋白质也是能源物质，每克蛋白质在体内彻底氧化分解能产生约 17.19kJ（41kcal）的能量。一般来说，成人每日约 18 % 的能量来自蛋白质的分解。在饥饿或高蛋白进食的情况下，蛋白质的氧化分解成为机体重要的能量来源。但是蛋白质的这种功能可由糖和脂肪代替，因此，氧化供能仅是蛋白质的一种次要功能。

二、人体氮平衡

机体内蛋白质的代谢状况可用氮平衡（nitrogen balance）来描述，即每日氮的摄入量与排出量之间的关系。这是因为摄入氮主要来自食物蛋白质，用于体内蛋白质的合成；排出氮主要来自尿液和粪便中的含氮化合物，是体内蛋白质分解的终产物。人体氮平衡有三种情况。

1. 总氮平衡 摄入氮 = 排出氮，蛋白质的合成与分解处于动态平衡。氮的收支平衡是正常成人的蛋白质代谢状况。

2. 正氮平衡 摄入氮 > 排出氮，蛋白质的合成代谢大于分解代谢，见于儿童、孕妇以及疾病恢复期的患者等。

3. 负氮平衡 摄入氮 < 排出氮，蛋白质的合成代谢小于分解代谢，饥饿、严重烧伤或消耗性疾病患者属于这种情况。

三、蛋白质的需要量及营养价值

1. 蛋白质的需要量 根据氮平衡实验计算，在不进食蛋白质时，成人每天最低分解约20g 蛋白质。由于食物蛋白质与人体蛋白质组成的差异，无法全部被利用，因此，成人每天蛋白质最低需要量为30～50g。为了保持长期的总氮平衡，我国营养学会推荐成人每日蛋白质需要量为80g。

2. 蛋白质的营养价值 蛋白质的营养价值（nutrition value）即食物蛋白质在体内的有效利用率，与其所含有的必需氨基酸密切相关。

组成蛋白质的20 种氨基酸中，有9 种无法由人体自身合成。这种体内需要而自身不能合成，必须由食物供给的氨基酸称为营养必需氨基酸（nutritionally essential amino acid），包括甲硫氨酸、色氨酸、缬氨酸、异亮氨酸、亮氨酸、苯丙氨酸、苏氨酸、赖氨酸和组氨酸。其余 11 种不一定需要由食物供给，可在体内合成，称营养非必需氨基酸（nutritionally non－essential amino acid）。其中，精氨酸虽然能在人体内合成，但合成量不多，长期缺乏也会造成负氮平衡，故有人将精氨酸也视为营养必需氨基酸。酪氨酸和半胱氨酸在体内分别由苯丙氨酸和甲硫氨酸转化而来，因此又称营养半必需氨基酸（nutritionally semiessential amino acid）。

食物蛋白质所含有的必需氨基酸在种类、含量、比例上越接近人体蛋白质，其利用率越高，营养价值就越高，因此，动物性蛋白质的营养价值高于植物性蛋白质。

营养价值低的蛋白质混合食用，营养必需氨基酸的相互补充提高了营养价值，称食物蛋白质的互补作用。例如大米中色氨酸丰富但赖氨酸含量低，大豆蛋白则富含赖氨酸而色氨酸相对不足，玉米中色氨酸含量丰富，当大豆、玉米、大米单独食用时，其蛋白质的营养价值相对较低，但当三者混合食用时，其营养价值就显著提高了。

在某些疾病情况下，为保证患者氨基酸的需要，可输入氨基酸混合液，以防止病情恶化。

第二节　蛋白质的消化、吸收与腐败

PPT

一、蛋白质的消化

蛋白质具有高度的种属特异性，必须要消化成小分子氨基酸和少量多肽后，才能被吸收进入体内，否则会因为蛋白质的抗原性而导致过敏反应和毒性反应。

唾液中没有水解蛋白质的酶类，所以食物蛋白质的消化由胃开始，主要场所是小肠。

1. 蛋白质在胃中的消化 食物蛋白质进入胃后停留时间较短，消化不完全，在胃蛋白酶的作用下水解生成多肽及少量氨基酸。胃黏膜主细胞分泌的胃蛋白酶原（pepsinogen）在胃酸或胃蛋白酶的自身激活作用（autocatalysis）下，水解掉酶原 N 端碱性前体片段，生成有活性的胃蛋白酶（pepsin）。胃蛋白酶的最适 pH 值是1.5～2.5，酸性的胃液能使食物蛋白质变性，有利于蛋白质的水解。胃蛋白酶的特异性较差，主要水解芳香族氨基酸或亮氨酸等所形成的肽键。胃蛋白酶还具有凝乳作用，能够使乳汁中的酪蛋白（casein）与 Ca^{2+} 凝集成乳凝块，使乳汁在胃中停留时间延长，有利于乳汁中蛋白质的消化。

2. 蛋白质在小肠中的消化 小肠是蛋白质的主要消化场所，在胰和肠黏膜细胞分泌的多种蛋白酶和肽酶的作用下，未经消化或消化不完全的蛋白质被进一步水解成氨基酸和寡肽。当酸性的胃内容物进入小肠后，低 pH 值促使小肠分泌促胰液素（cecretin）并进入血液，同时刺激胰腺向小肠分泌 HCO_3^-，中和胃液中的盐酸。

胰液中的蛋白酶基本上分为两大类，即内肽酶（endopeptidase）和外肽酶（exopeptidase）。内肽酶主要包括胰蛋白酶（trypsin）、糜蛋白酶（chymotrypsin）和弹性蛋白酶（elastase），能特异性地水解蛋白质内部的一些肽键（图 8－1）。这些酶对不同氨基酸组成的肽键有一定的专一性，胰蛋白酶水解由碱性氨基酸的羧基组成的肽键，胰凝乳蛋白酶水解由芳香族氨基酸的羧基组成的肽键，而弹性蛋白酶主要水解由脂肪族氨基酸的羧基组成的肽键。外肽酶主要是羧肽酶，包括羧肽酶 A（carboxyl peptidase A）和羧肽酶 B 两种，能特异性地水解蛋白质或多肽羧基末端的肽键，每次水解脱去一个氨基酸。前者主要水解除脯氨酸、精氨酸、赖氨酸以外的多种氨基酸残基组成的 C 端肽键，后者主要水解由碱性氨基酸组成的 C 端肽键。

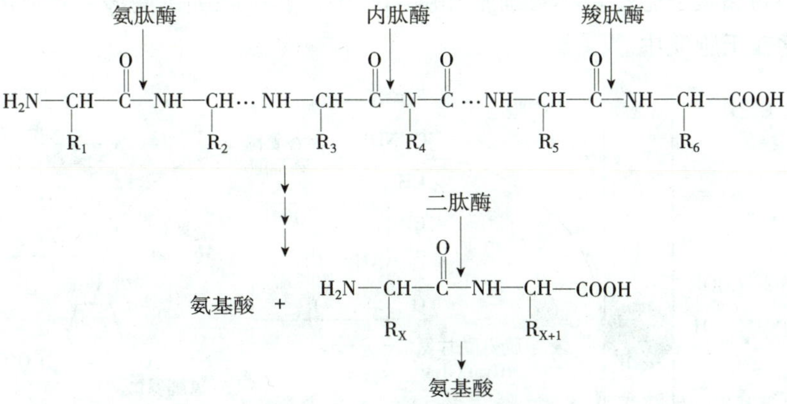

图 8－1 肽链水解示意图

无论是内肽酶还是外肽酶，最初都是以酶原的形式由胰腺细胞分泌。由十二指肠黏膜细胞分泌的肠激酶被胆汁激活后，特异性地作用于胰蛋白酶原，从 N 端水解掉 1 分子的六肽，使其转变成为有活性的胰蛋白酶；然后胰蛋白酶又能激活糜蛋白酶原、弹性蛋白酶原和羧肽酶原（图 8－2）。胰蛋白酶的自身激活作用较弱。胰液中各种蛋白酶以酶原的形式存在，同时胰液中又存在胰蛋白酶抑制剂，因此，能保护胰腺组织免受蛋白酶的自身消化。

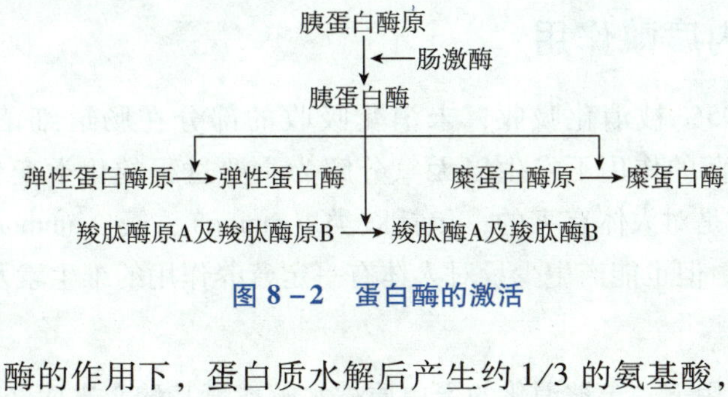

图 8－2 蛋白酶的激活

在胃液和胰液中蛋白酶的作用下，蛋白质水解后产生约 1/3 的氨基酸，其余 2/3 为寡肽。寡肽的水解主要在小肠黏膜细胞内进行。小肠黏膜细胞中存在两种寡肽酶（oligopeptidase），即氨肽酶（aminopeptidase）和二肽酶（dipeptidase）。前者也属于外肽酶，从氨基末端逐步水解寡肽生成二肽，二肽再经二肽酶水解，最终生成氨基酸。

二、肽和氨基酸的吸收和转运

肠黏膜上有转运氨基酸和小肽的载体蛋白（carrier protein），能与氨基酸或小肽和 Na^+ 形成三联体，将氨基酸或小肽和 Na^+ 转运进入细胞，Na^+ 则在钠泵的作用下消耗 ATP 排出细胞，该过程与葡萄糖的吸收载体系统类似。由于氨基酸结构的差异，在小肠黏膜刷状缘至少有 7 种转运蛋白（transporter）参与不同侧链结构的氨基酸和小肽的吸收。它们是中性氨基酸转运蛋白、碱性氨基酸转运蛋白、酸性氨基酸转运蛋白、亚氨基酸转运蛋白、β－氨基酸转运蛋白以及二肽、三肽转运蛋白。当具有相似结构的氨基酸共用同一载体时，吸收过程中就会出现相互竞争与载体结合的现象。

氨基酸的主动转运不仅存在于小肠黏膜细胞，在肾小管细胞、肌细胞等细胞膜上也存在着类似的现象。

除了上述主动吸收机制外，Meister 还提出了 γ－谷氨酰基循环（γ－glutamylcycle）。其反应过程是首先由谷胱甘肽对氨基酸进行转运，然后再进行谷胱甘肽的重合成，构成一个循环（图 8－3）。催化上述反应的酶存在于小肠黏膜细胞、肾小管细胞和脑细胞中，其中除关键酶 γ－谷氨酰基转移酶位于细胞膜外，其余的酶均存在于胞质中。

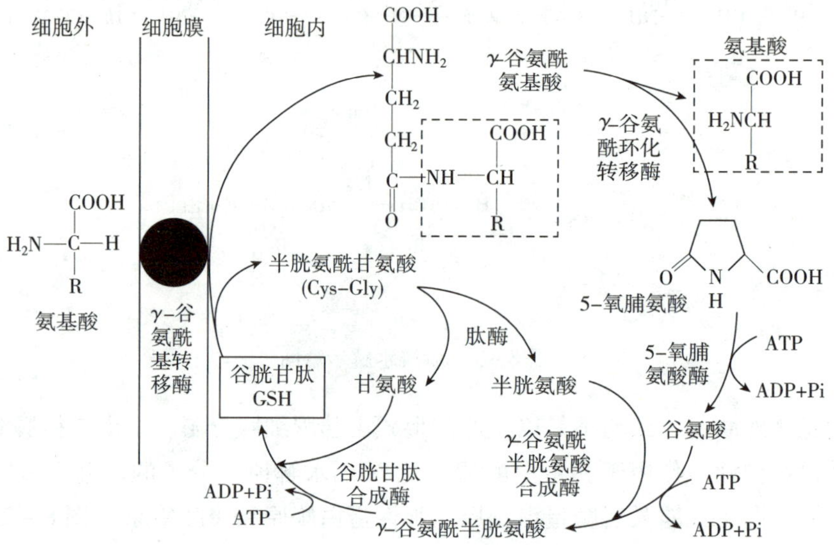

图 8－3　γ－谷氨酰基循环

三、蛋白质的肠内腐败作用

食物中的蛋白质大约 95% 被消化吸收，未消化吸收的部分在肠道细菌的作用下发生腐败作用（putrefaction），即在肠道细菌的作用下发生以无氧分解为主要过程的化学变化，是细菌本身的代谢过程。腐败作用的产物大多数是对人体有害的，包括胺类（amine）、氨（ammonia）、酚类（phenol）、吲哚（indole）以及硫化氢等，但也能产生少量对人体有一定营养作用的维生素及脂肪酸。

（一）胺类物质的产生

在肠道细菌蛋白酶的作用下，未被消化的蛋白质被水解成氨基酸，进而经氨基酸脱羧酶的作用脱去羧基生成胺类。例如组氨酸脱羧基生成组胺，色氨酸脱羧基生成色胺，赖氨酸脱羧基生成尸胺，酪氨酸脱羧基生成酪胺，苯丙氨酸脱羧基生成苯乙胺。这些腐败产物大多数具有毒性，如尸胺、组胺具有舒张小血管、降低血压的作用，色胺和酪胺则相反。

酪胺和苯乙胺若不能进入肝中及时代谢转化，则易进入脑组织，分别羟化形成 β－羟酪胺（octopamine）和苯乙醇胺，其化学结构类似于儿茶酚胺（多巴胺、去甲肾上腺素、肾上腺素），因而称假神经递质（false neuro-transmitter）。假神经递质增多时，会竞争性干扰神经递质儿茶酚胺，阻碍神经冲动的传导，使大脑发生异常的抑制，这可能是肝昏迷发生的生化机制之一。

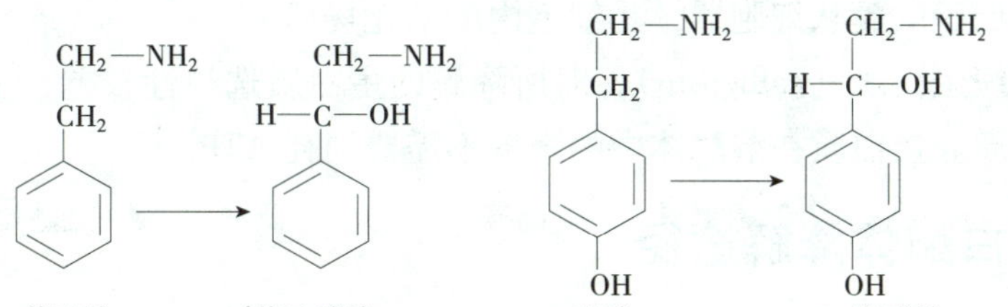

（二）氨的产生

在肠道细菌的作用下，未被吸收的氨基酸发生脱氨基作用而生成氨，这是肠道内氨的最主要来源。其次，血液中的尿素渗入肠道，在肠道细菌尿素酶的作用下水解生成氨。NH_3 比 NH_4^+ 更易于穿过细胞膜进入细胞而被吸收入血，NH_3 与 NH_4^+ 的互变受肠液 pH 的影响，故降低肠道的 pH 值可减少氨的吸收。因此，在对高血氨患者进行结肠透析时，要使用弱酸性透析液，禁止错误地使用碱性肥皂水灌肠，而导致血氨水平的进一步升高。

（三）其他有害物质的产生

除胺类和氨以外，通过腐败作用还可以产生一些其他有害物质，例如苯酚、吲哚、甲基吲哚及硫化氢等。正常情况下，这些有害物质大部分随粪便排出，只有小部分被吸收，经过肝的生物转化作用而解毒，因此不会出现中毒现象。但在长期便秘或肠梗阻时，由于肠道吸收的腐败产物增加，可引起头晕、头痛、血压波动等中毒症状。

知识链接

胃的消化之谜

Spallanzani Lazzaro（1729—1799）是意大利生物学家，他研究动物和人的消化过程。他首先引入“消化液”一词，认为消化液含有某种能分解食物的化学成分，所谓消化就是消化液对食物的分解过程。这同腐败现象有本质的区别，他指出消化液是强烈防腐的。Spallanzani 将食物密封在小的亚麻袋中，然后自己吞下袋子，在消化进行的不同时段经直肠排出袋子。通过检查袋子里的食物在胃中停留一小时、两小时等时间后的情况，他就能理解食物是怎样被消化的。

Spallanzani 用实验证明，消化速度不但同食物的性质和消化液的多少有关，而且还与温度的高低有关，而体温是最适宜的温度。他还指出，小肠的分泌物或许能完成全部消化过程。由于当时的实验条件和实验方法较落后，他并没有弄清楚胃液中究竟是什么物质将食物消化了。直到 50 多年后，也就是 1836 年，德国生理学家 Theodor Schwann 从胃液中提取出了消化蛋白质的物质，后来称为“胃蛋白酶”，从而揭开了胃的消化之谜。

第三节 细胞内蛋白质的降解

PPT

体内的蛋白质处于不断合成与降解的动态平衡。每天成人体内有 1% ~2% 的蛋白质被降解（主要是骨骼肌中的蛋白质），70% ~80% 降解产生的氨基酸被重新利用合成新的蛋白质。真核细胞内有两条重要的蛋白质降解途径。

一、溶酶体降解途径

溶酶体是细胞中单层膜的囊状细胞器，是细胞内的消化场所。

溶酶体含有多种组织蛋白酶（cathepsin），对所降解的蛋白质选择性较差，主要降解外源性蛋白质、膜蛋白和胞内长寿蛋白质。蛋白质在溶酶体中的降解不需要消耗 ATP。

二、泛素 - 蛋白酶体降解途径

蛋白质通过此途径降解需要泛素的参与。泛素（ubiquitin）是一种由 76 个氨基酸组成的小分子蛋白质，因广泛存在于真核细胞中而得名。泛素与被选择降解的蛋白质共价结合，这种标记作用被称为泛素化（ubiquitination）（图 8 -4）。蛋白酶体（proteasome）则特异性地识别被泛素标记的蛋白质并将其降解。蛋白质通过泛素 - 蛋白酶体降解途径降解是依赖 ATP 的主动降解。

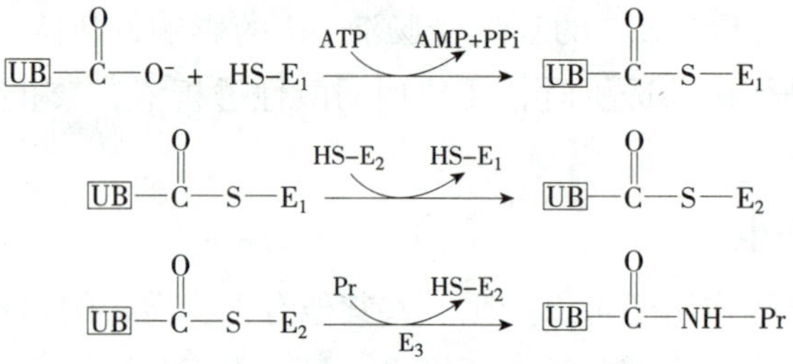

图 8 -4　泛素化过程

蛋白酶体存在于细胞核和细胞质内，主要降解异常蛋白质和短寿蛋白质。从结构上看，蛋白酶体是一个 26S 的桶状蛋白质复合物，由 20S 的核心颗粒（core particle，CP）和 19S 的调节颗粒（regulatory particle，RP）组成。CP 由 2 个 α 环和 2 个 β 环组成中空圆柱体，每个环由 7 个亚基构成，2 个 α 环分别位于圆柱体上、下两端，2 个 β 环夹在 2 个 α 环之间。β 环的 7 个亚基中，有 3 个亚基具有蛋白酶活性，能催化不同蛋白质的降解。2 个 RP 分别位于柱形 CP 的两端，形成空心圆柱的盖子，是蛋白质进入“空腔”的必由之路，由 18 个亚基组成（图 8 -5）。RP 可以识别连接在蛋白质上的多泛素链标签，并启动降解过程。

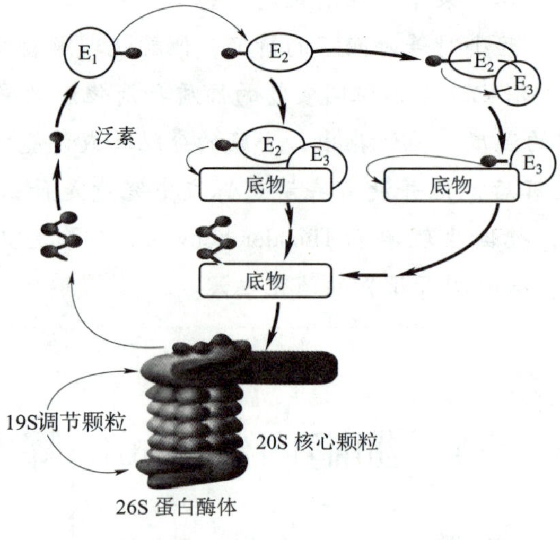

图 8 -5　蛋白酶体结构示意图

泛素控制的蛋白质降解具有重要的生理意义，它不仅能够清除错误的蛋白质，而且参与如基因表达、细胞增殖、炎症反应、诱发肿瘤（促进抑癌蛋白 p53 降解）等多种生理和病理调节作用。2004 年，以色列科学家 A. Hershko 和 A. Ciechanover 以及美国科学家 I. Rose 因最早发现泛素调节的蛋白质降解而被授予诺贝尔化学奖。

第四节　氨基酸的一般代谢

PPT

一、氨基酸代谢库

体内各种来源的氨基酸混合在一起，通过血液循环在各组织之间转运，构成氨基酸代谢库（metabolic pool），由于氨基酸不能自由通过细胞膜，其在体内的分布是不均匀的，骨骼肌中氨基酸量占总代谢库的 50% 以上，是支链氨基酸分解代谢的主要场所；肝中氨基酸约占总代谢库的 10%，丙氨酸和芳香族氨基酸主要在肝中分解；肾中氨基酸约占总代谢库的 4%；血浆占 1% ~6%。

体内氨基酸的主要功能是合成蛋白质或转变成其衍生物，正常人尿中排出的氨基酸极少。正常情况下，体内氨基酸的来源和去路保持动态平衡（图 8-6）。

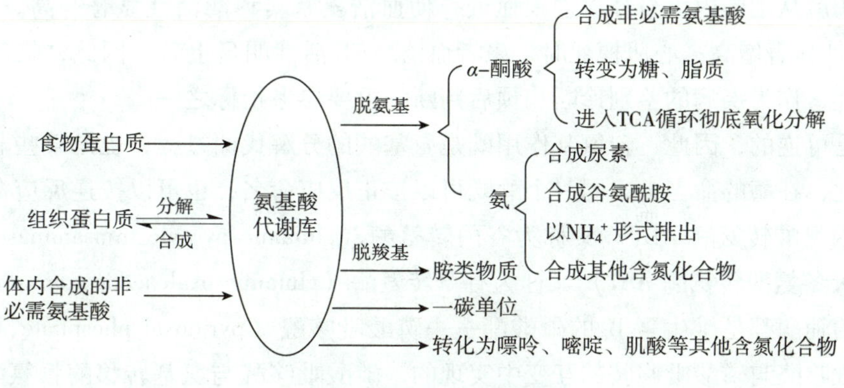

图 8-6　氨基酸代谢概况

二、氨基酸的脱氨基作用

氨基酸在酶的催化下脱去氨基生成 α-酮酸的过程称为脱氨基（deamination）作用，是体内氨基酸分解代谢的主要途径，能在大多数组织中进行，包括转氨基作用、氧化脱氨基作用和联合脱氨基作用，其中以联合脱氨基作用最为重要。

1. 转氨基作用　转氨基（transamination）作用是指 α-氨基酸的氨基在氨基转移酶（aminotransferase）[简称转氨酶（transaminase）] 的催化下转移至 α-酮酸的酮基上，生成另一种相应的 α-氨基酸，而原来的 α-氨基酸转变成另一种相应的 α-酮酸。

除赖氨酸、苏氨酸、脯氨酸和羟脯氨酸外，大多数氨基酸都能进行转氨基作用。转氨基作用中生成了一个新的氨基酸，所以并未发生真正的脱氨基作用，没有游离的氨产生。

体内氨基转移酶众多，分布广，具有高度的特异性，不同氨基酸与 α-酮酸之间的转氨基作用只能由专一的氨基转移酶催化，其中以丙氨酸氨基转移酶（alanine transaminase，ALT）和天冬氨酸氨基转移酶（aspartate transaminase，AST）最重要，这两种酶在体内广泛存在，但在各组织中的含量不同，前者在肝细胞内含量最高，后者在心肌细胞内含量较高。

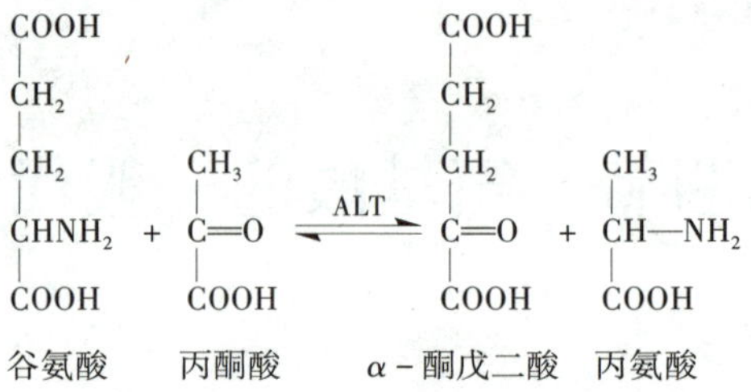

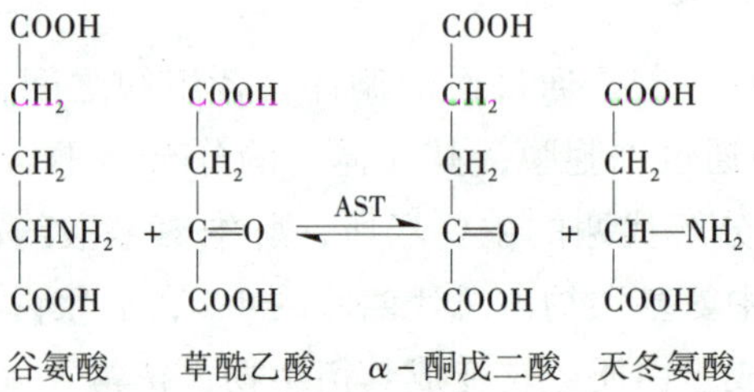

正常时，氨基转移酶主要存在于细胞内，血清中的活性很低。任何原因使细胞膜通透性增高或细胞破坏，氨基转移酶就从细胞内大量释放进入血液，使血清氨基转移酶活性显著升高。如在急性肝炎时，患者血清 ALT 活性显著增高；心肌梗死时，患者血清 AST 活性明显上升。因此，临床上常通过测定血清氨基转移酶活性，作为疾病的鉴别诊断和预后判断的重要参考指标之一。

转氨基反应是可逆的，因此，转氨基作用既是氨基酸的分解代谢过程，也是某些非必需氨基酸的重要合成途径。因此，在酶的命名上，同一个酶既可以按正反应命名，也可以按逆反应命名。例如，丙氨酸氨基转移酶（丙氨酸转氨酶 ALT）又称为谷丙转氨酶（glutamic pyruvic transaminase，GPT），天冬氨酸氨基转移酶（天冬氨酸转氨酶 AST）又称为谷草转氨酶（glutamic oxaloacetic transaminase，GOT）。

氨基转移酶的辅酶都是维生素 B_6 的磷酸酯——磷酸吡哆醛（pyridoxal phosphate，PLP），转氨基作用是在辅酶磷酸吡哆醛与磷酸吡哆胺的互变中实现的。磷酸吡哆醛与氨基转移酶赖氨酸的 ε-氨基形成 Schiff 碱。氨基酸与磷酸吡哆醛结合后，经脱水、分子重排以及水化等反应，生成相应的 α-酮酸以及磷酸吡哆胺；磷酸吡哆胺再与另一分子 α-酮酸结合形成 Schiff 碱，进而生成第二种氨基酸和磷酸吡哆醛（图 8-7）。

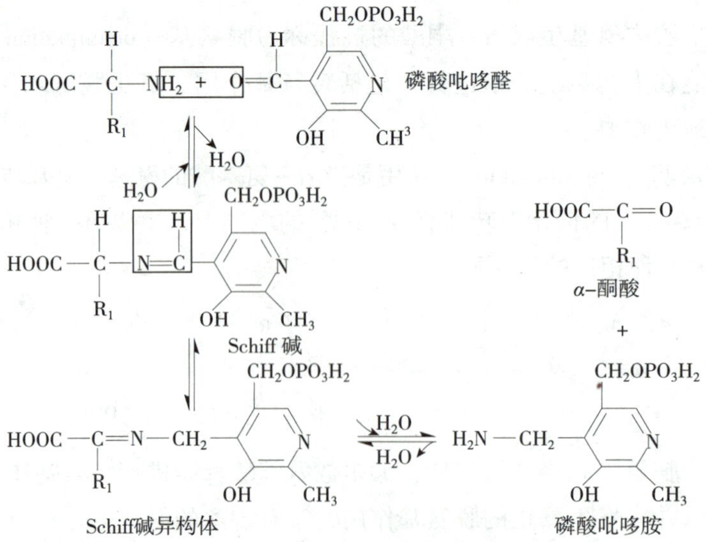

图 8-7　转氨基作用机制

2. 氧化脱氨基作用 氧化脱氨基（oxidative deamination）作用是指在酶的催化下氨基酸在氧化脱氢的同时脱去氨基的过程。

L－氨基酸氧化酶和 D－氨基酸氧化酶是两种以黄素辅酶（FMN 或 FAD）为辅基的脱氨酶，黄素辅酶在脱氨基过程中起着递氢体的作用。将氨基酸底物脱下的氢传递给氧生成过氧化氢，后者进一步在过氧化氢酶的催化下分解为水和氧气，过氧化氢酶存在于体内大多数组织中，尤其是肝（图 8－8）。

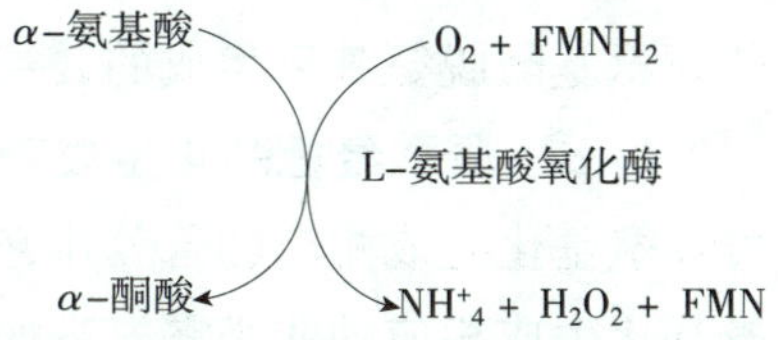

图 8－8 氧化脱氨基作用

这两种氨基酸氧化酶都能催化多种氨基酸的氧化脱氨。但是，L－氨基酸氧化酶在体内分布不广泛（主要在哺乳动物的肝和肾组织），而且活性不高；D－氨基酸氧化酶的活性虽然较高，分布广泛，但体内缺少 D－氨基酸。因此，它们都不是体内氨基酸脱氨的主要承担者。

体内最重要的氧化脱氨酶是 L－谷氨酸脱氢酶（L－glutamate dehydrogenase），广泛存在于肝、脑、肾等组织中，以 NAD^+ 或 $NADP^+$ 为辅酶，催化 L－谷氨酸氧化脱氨生成 α－酮戊二酸，并生成游离的氨。值得注意的是，L－谷氨酸脱氢酶只特异性地使 L－谷氨酸脱去氨基，L－谷氨酸是哺乳动物组织中唯一能以相当高的速率进行氧化脱氨反应的氨基酸。

L－谷氨酸脱氢酶催化的反应为可逆反应，反应倾向于合成谷氨酸，但在体内，由于所生成的氨迅速参与其他的反应，此反应趋向于谷氨酸分解。该酶是一种别构酶，由 6 个相同的亚基聚合而成，ATP、GTP 是其别构抑制剂，ADP、GDP 是其别构激活剂。因此，当体内能量供应不足时，谷氨酸氧化脱氨基作用加快，从而有利于氨基酸氧化供能，对机体的能量代谢起着重要的调节作用。

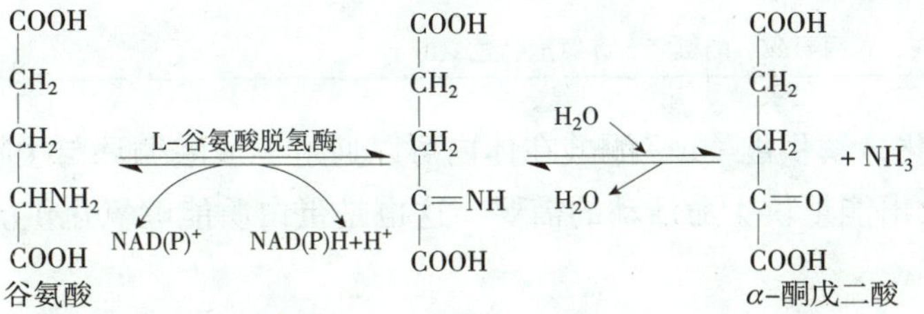

3. 联合脱氨基作用 转氨基偶联氧化脱氨基作用，即转氨脱氨作用（trans－deamination）。转氨基作用只能把氨基酸分子中的氨基转移给 α－酮戊二酸或其他 α－酮酸，并没有将氨基真正脱去，而 L－谷氨酸脱氢酶只能特异性地使 L－谷氨酸脱去氨基。因此，将氨基转移酶与 L－谷氨酸脱氢酶联合作用，则能实现体内氨基酸脱去氨基的要求，这就是转氨基偶联氧化脱氨基作用形式的联合脱氨基。而且这两种酶催化的反应都是可逆的，因此，联合脱氨基作用的逆反应也是体内非必需氨基酸合成的重要方式（图 8－9）。

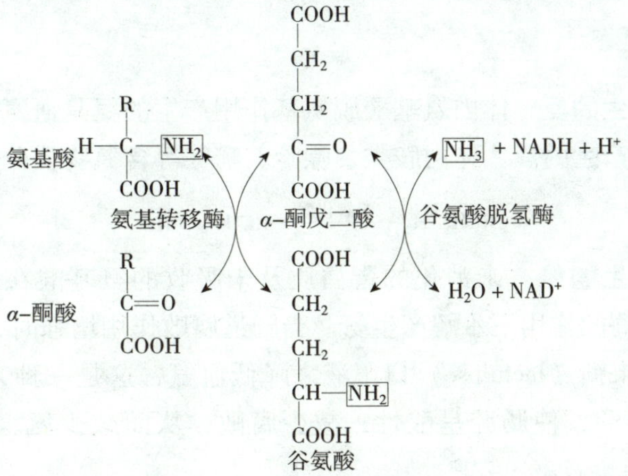

图 8－9 联合脱氨基作用

三、氨基酸的脱氨基产物 α－酮酸的代谢

氨基酸脱氨基后生成的 α－酮酸可进一步进行代谢。

1. α－酮酸经氨基化生成营养非必需氨基酸 哺乳动物体内，氨基酸脱去氨基之后生成的 α－酮酸可以氨基化生成相应的营养非必需氨基酸。除此之外，糖代谢和三羧酸循环中形成的 α－酮酸也能通过氨基化生成相应的非必需氨基酸，例如丙氨酸、草酰乙酸、α－酮戊二酸可分别转变为丙氨酸、天冬氨酸和谷氨酸。

2. α－酮酸可转变成糖和脂质 实验证实，用不同的氨基酸饲养人工糖尿病犬时，大多数氨基酸能使尿中葡萄糖排出量增加，少数几种可使葡萄糖和酮体的排出同时增加，而亮氨酸和赖氨酸只能使酮体排出增加。因此，将在体内可以转变成糖的氨基酸称为生糖氨基酸（glucogenic amino acid）；能转变成酮体的氨基酸称为生酮氨基酸（ketogenic amino acid）；两者兼有者称为生糖兼生酮氨基酸（glucogenic and ketogenic amino acid）。各种氨基酸脱氨基后生成的 α－酮酸结构相差很大，代谢途径不完全相同，其代谢中间产物主要是乙酰 CoA（生酮氨基酸）、丙酮酸以及三羧酸循环中间产物（生糖氨基酸）（表 8－1）。

表 8－1 氨基酸生糖及生酮性质的分类

类别	氨基酸
生糖氨基酸	甘氨酸、丝氨酸、缬氨酸、组氨酸、精氨酸、羟脯氨酸、丙氨酸、谷氨酸、谷氨酰胺、甲硫氨酸、天冬氨酸、天冬酰胺、脯氨酸、半胱氨酸
生酮氨基酸	亮氨酸、赖氨酸
生糖兼生酮氨基酸	异亮氨酸、苯丙氨酸、酪氨酸、苏氨酸、色氨酸

3. α－酮酸可彻底氧化分解供能 α－酮酸在体内可以通过三羧酸循环与生物氧化体系彻底氧化生成二氧化碳和水，同时释放出能量供生命活动的需要，这也是蛋白质能够氧化供能的根本。

第五节 氨的代谢

PPT

氨有毒性，中枢神经系统对其极为敏感。氨是体内含氮物质的重要代谢产物，正常生理情况下，血氨水平为 47～65μmol/L。

一、血氨的来源和去路

（一）血氨的来源

1. 氨基酸脱氨基作用产生的氨 体内氨基酸脱氨基作用产生的氨是血氨的主要来源。

2. 体内含氮化合物分解产生的氨 体内胺类、嘌呤、嘧啶等含氮物质分解也能够产生氨。

$$RCH_2NH_2 \xrightarrow{\text{胺氧化酶}} RCHO + NH_3$$

3. 肠道细菌腐败作用产生的氨 未消化的蛋白质及未吸收的氨基酸在肠道细菌的作用下产生氨；渗入肠道的尿素在细菌尿素酶的作用下水解产生氨。当肠道腐败作用增强时，氨的生成量增多。

高氨血症患者可服用乳果糖（lactulose）口服液来降低血氨，这是一种人工合成的含酮双糖，在结肠中被细菌分解为乳酸和乙酸，使肠腔呈酸性，减少腐败，从而减少氨、胺、硫醇等物质的生成和吸收。

4. 肾小管上皮细胞产生的氨 肾小管上皮细胞中，谷氨酰胺在谷氨酰胺酶的作用下水解生成谷氨

酸和氨。

$$谷氨酰胺 \xrightarrow[H_2O]{谷氨酰胺酶} 谷氨酸 + NH_3$$

（二）血氨的去路

1. 合成尿素 正常情况下，血氨在肝中合成无毒的尿素是其最主要的代谢去路。

2. 合成谷氨酰胺 在脑和肌肉等组织中，有毒的氨与谷氨酸在谷氨酰胺合成酶的催化下合成无毒的谷氨酰胺。

3. 合成含氮化合物 如嘌呤碱、嘧啶碱、非必需氨基酸等。

4. 肾小管泌氨 肾小管上皮细胞通过谷氨酰胺水解产生的氨与尿中的 H^+ 结合生成 NH_4^+，以铵盐形式排出体外，有助于机体调节酸碱平衡。但在碱性尿液中，肾小管上皮细胞产生的氨被重吸收入血，使血氨水平升高。因此，临床上肝硬化腹水的患者不宜使用碱性利尿剂，而是使用酸性利尿剂，有助于肾小管细胞中氨扩散进入尿中而排出体外，降低血氨水平。

二、氨的转运

因氨是人体的有毒物质，各组织中产生的氨必须以无毒的形式通过血液运输到肝中进行代谢转化，或运输到肾以铵盐的形式排出体外。氨在血液中主要以丙氨酸和谷氨酰胺两种形式进行转运。

（一）丙氨酸－葡萄糖循环

肌肉组织中蛋白质分解产生的氨基酸，经丙氨酸氨基转移酶的作用，将氨基转移给肌肉组织中葡萄糖分解代谢产生的丙酮酸而生成丙氨酸，丙氨酸再经血液运输到达肝。在肝中，丙氨酸通过联合脱氨基作用生成丙酮酸，释放氨；氨用于合成尿素，而丙酮酸经糖异生途径重新生成葡萄糖，然后再释放入血液被肌肉摄取，经糖分解代谢途径再次转变为丙酮酸后，接受氨基又生成丙氨酸。丙氨酸与葡萄糖在骨骼肌和肝之间进行氨的转运，这一过程称为丙氨酸－葡萄糖循环（alanine－glucose cycle）。

这一循环对机体的意义是：①使肌肉中有毒的氨以无毒的丙氨酸形式运往肝；②肝为骨骼肌提供了生成丙酮酸的葡萄糖，保证了再循环的需要（图 8－10）。

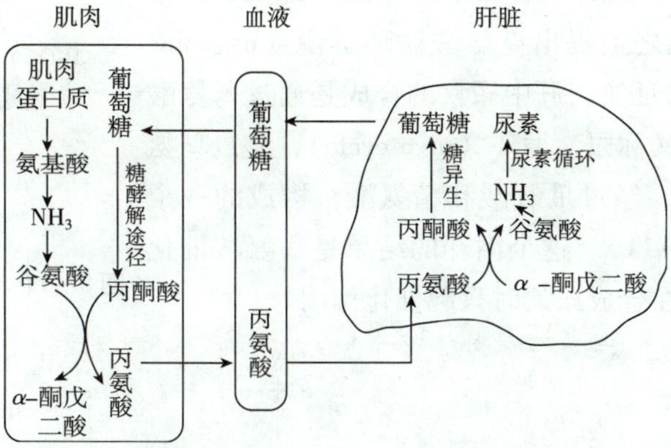

图 8－10 丙氨酸－葡萄糖循环

（二）谷氨酰胺的运氨作用

谷氨酰胺是血液中氨的另一种转运形式。在脑和肌肉等组织细胞中，氨和谷氨酸在谷氨酰胺合成酶的催化下合成谷氨酰胺，再由血液运送到肝或肾，经谷氨酰胺酶（glutaminase）水解生成谷氨酸和氨。在肝中，氨被转化生成尿素而解毒；在肾中，氨被分泌，最后以铵盐的形式排泄。所以，谷氨酰胺既是氨的解毒产物，又是氨的储存和运输形式。尤其在脑组织中，以谷氨酰胺的形式固氮和运氨，对于维持正常的脑功能具有重要意义。因此，临床上对氨中毒的患者可采取服用或输入谷氨酸盐的方式，达到降低氨浓度的目的。

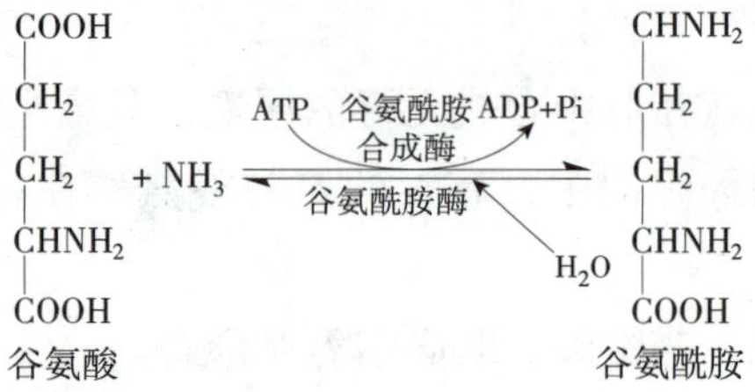

来源于大肠杆菌的天冬酰胺酶属于酶制剂类抗肿瘤药物，能将血清中的天冬酰胺水解为天冬氨酸和氨，而天冬酰胺是细胞合成蛋白质及增殖生长所必需的氨基酸。正常细胞有自身合成天冬酰胺的能力，而急性白血病等肿瘤细胞则无此功能。因此，当用天冬酰胺酶使天冬酰胺急剧减少时，肿瘤细胞因既不能从血中获得足够天冬酰胺，也不能自身合成，其蛋白质合成受阻，增殖受限，细胞大量破坏而不能生长、存活。由此，临床上应用天冬酰胺酶（asparaginase）使天冬酰胺水解成天冬氨酸，从而减少血中的天冬酰胺，达到治疗白血病的目的。

三、尿素的生成

尿素是蛋白质含氮部分在体内的最终代谢产物，也是解氨毒的最主要方式。

（一）肝是尿素合成的主要器官

实验证实，切除实验犬的肝，血和尿中尿素水平都明显下降，若饲喂氨基酸，则血氨和氨基酸水平均升高；切除实验犬的肾而保留肝，饲喂氨基酸后，血中尿素水平明显升高；同时切除实验犬的肝和肾后，饲喂氨基酸，血中尿素含量较低，但是血氨水平升高。在临床上，急性肝坏死患者血及尿中几乎无尿素。由此可见，肝是尿素合成的主要器官，肾有少量合成。

（二）尿素循环的概念

肝如何合成尿素？德国科学家 Hans krebs 和 Kurt Henseleit 于 1932 年在一系列实验的基础之上提出鸟氨酸循环学说（ornithine cycle），后经同位素示踪实验证实，肝中尿素的合成是通过鸟氨酸循环进行的。鸟氨酸循环，又称尿素循环（urea cycle），是以鸟氨酸为起点，氨和 CO_2 为原料，经过瓜氨酸和精氨酸，构成的一个尿素生成的循环过程（图 8-11）。这个循环的结果是鸟氨酸催化氨和 CO_2 生成尿素，鸟氨酸在合成尿素时只起催化作用。

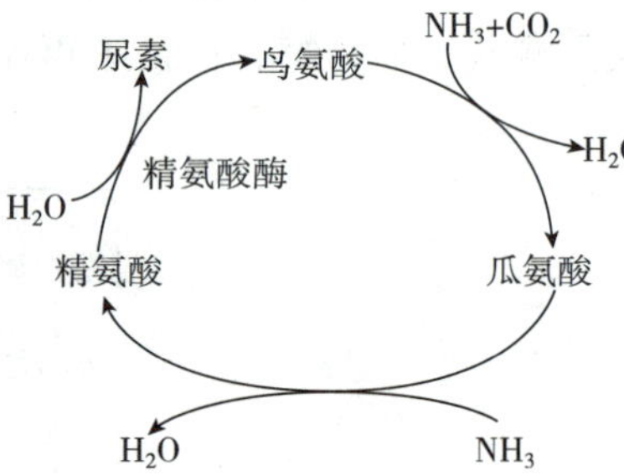

图 8-11 尿素合成的鸟氨酸循环示意图

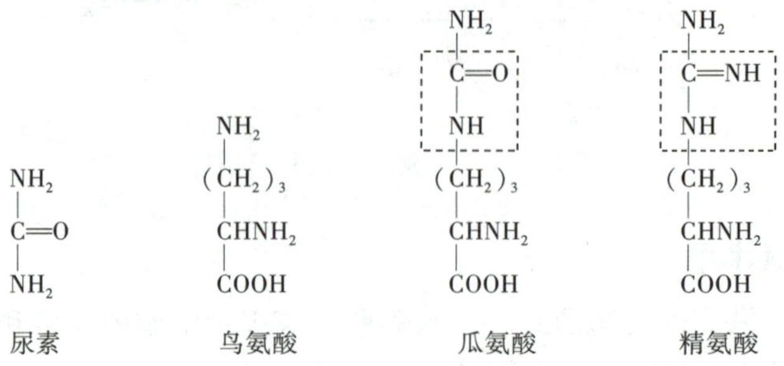

（三）鸟氨酸循环的详细反应过程

鸟氨酸循环的具体过程比较复杂，大体可分为以下五步。

1. 氨基甲酰磷酸的生成 线粒体中，在 Mg^{2+}、ATP、*N*－乙酰谷氨酸存在的条件下，NH_3 与 CO_2 在氨基甲酰磷酸合成酶Ⅰ（carbamoyl phosphate synthetase Ⅰ，CPS－Ⅰ）的催化下生成氨基甲酰磷酸（carbamoyl phosphate）。该反应不可逆，需要 2 分子 ATP 参与，以 *N*－乙酰谷氨酸为关键酶 CPS－Ⅰ的别构激活剂。

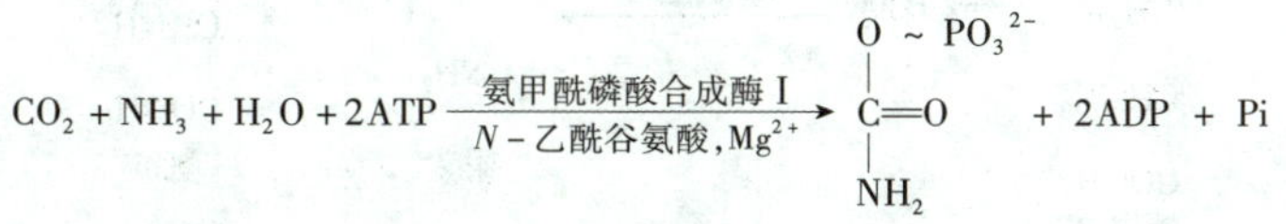

2. 瓜氨酸的生成 在 L－鸟氨酸氨甲酰基转移酶（ornithine carbamoyl transferase，OCT）的作用下，氨基甲酰磷酸上的氨基甲酰部分转移到鸟氨酸上，生成瓜氨酸和磷酸，此反应也是不可逆的。CPS－Ⅰ和 OCT 往往以复合体的形式共存于线粒体内。

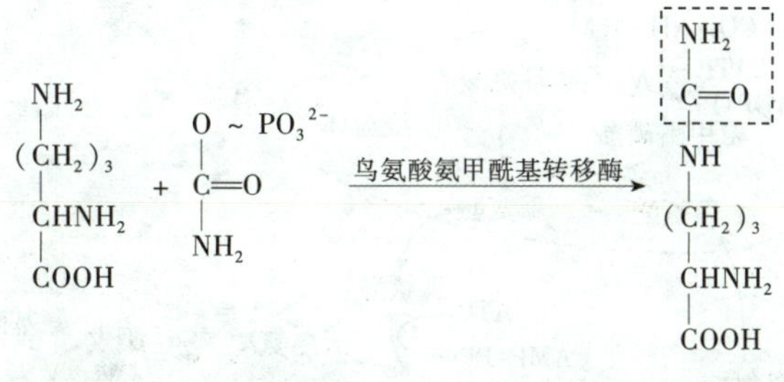

鸟氨酸　氨基甲酰磷酸　瓜氨酸

3. 精氨基琥珀酸的生成 瓜氨酸在线粒体内合成后，被转运至线粒体外，然后与天冬氨酸在精氨基琥珀酸合成酶（argininosuccinate synthetase）的作用下，由 ATP 供能生成精氨基琥珀酸（argininosuccinic acid），天冬氨酸提供了尿素分子中的第二个氮原子。精氨基琥珀酸合成酶是尿素合成的限速酶。

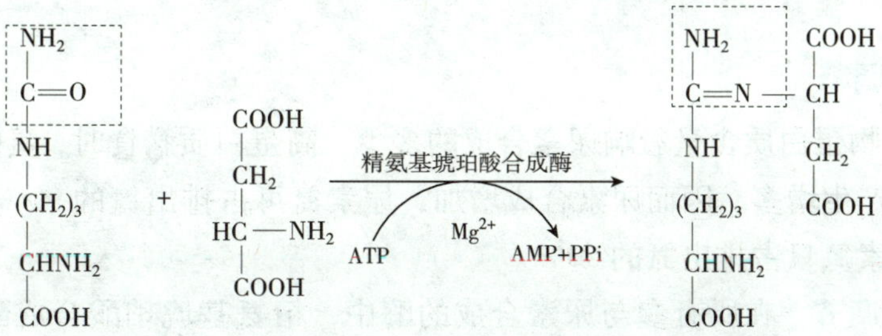

瓜氨酸　天冬氨酸　精氨基琥珀酸

4. 精氨酸的生成 精氨基琥珀酸在精氨基琥珀酸裂解酶的作用下，裂解生成精氨酸与延胡索酸。延胡索酸加水生成苹果酸，苹果酸脱氢生成草酰乙酸，与三羧酸循环中步骤类似，然后草酰乙酸在 AST 的作用下再生成天冬氨酸，参与下一轮反应。

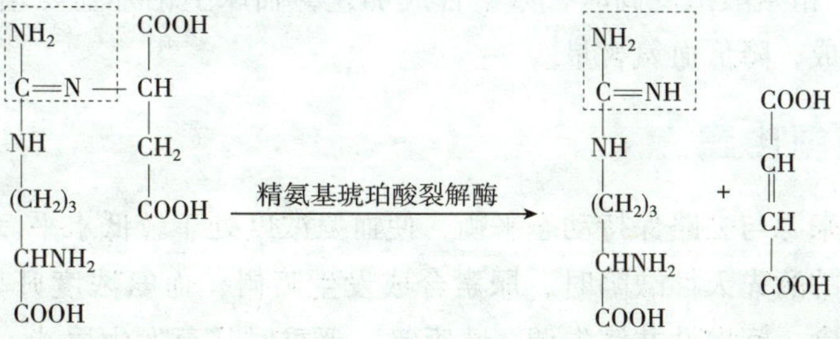

精氨基琥珀酸　精氨酸　延胡索酸

5. 尿素的生成 在精氨酸酶的作用下，精氨酸水解释放出尿素并再生成鸟氨酸，鸟氨酸在线粒体内膜载体的作用下重新进入线粒体进行下一轮尿素循环。在皮肤、乳腺、肾、脑以及睾丸等组织中也有少量精氨酸酶。

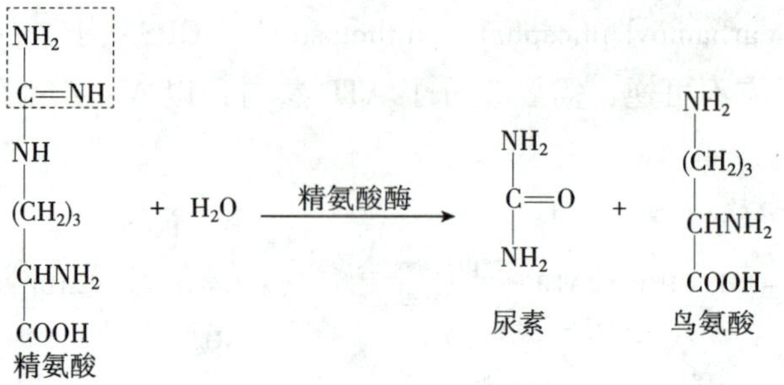

尿素作为代谢终产物被排出体外，目前未发现它在体内有何特殊生理功能，其合成总反应过程见图8-12。

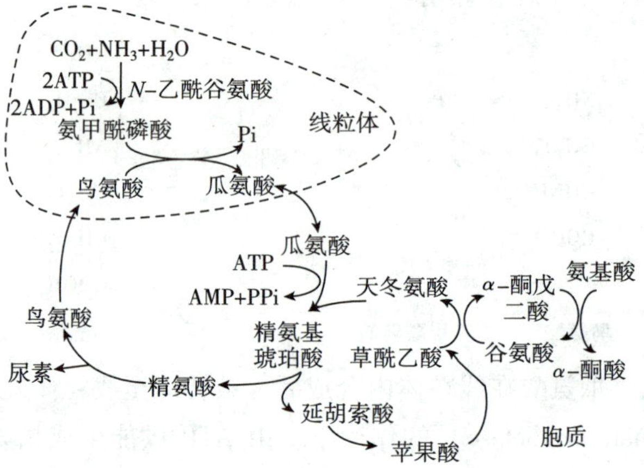

图8-12 尿素合成总反应过程

（四）尿素合成的调节

1. 膳食的影响 食物蛋白质含量影响尿素合成的多少。高蛋白质膳食时，蛋白质分解增多，氨基酸脱氨基作用增加，氨的产生增多，因而尿素合成增加，尿素氮可占排出氮的90%；而低蛋白质膳食时，尿素合成明显减少，尿素氮只占排出氮的60%。

2. 尿素生成酶系的调节 在所有参与尿素合成的酶中，精氨基琥珀酸合成酶的活性最弱，是尿素合成启动之后的限速酶，其活性的增加能促进尿素的合成。

3. CPS-Ⅰ的调节 乙酰谷氨酸（AGA）是尿素循环启动的限速酶——氨基甲酰磷酸合成酶-Ⅰ（CPS-Ⅰ）的别构激活剂，能使CPS-Ⅰ的构象改变，暴露酶分子中的某些巯基，增加酶与ATP的亲和力。AGA是由乙酰CoA与谷氨酸在AGA合成酶的催化下生成的。精氨酸又是AGA合成酶的激活剂，促进AGA的生成。因此，精氨酸浓度高时，尿素合成加速，临床上治疗血氨增高甚至肝昏迷患者常需补充精氨酸，促进尿素合成，降低血氨含量。

四、高氨血症与氨中毒

正常情况下，血氨的来源与去路保持动态平衡，使血氨浓度处于较低水平。当肝功能严重受损时或尿素合成过程中任一环节的酶先天性缺陷时，尿素合成发生障碍，血氨浓度升高，称“高氨血症”。临床表现主要是：呕吐、厌食、间歇性共济失调、嗜睡等，严重时甚至发生昏迷。目前由高氨血症引起的氨中毒的确切机制还不完全清楚。我们把这种由肝疾病引起的昏迷现象称为肝昏迷（hepatic coma）。

肝昏迷的发病机制还未完全明确，目前提出的假说主要有三个，均与氨基酸代谢有关：氨中毒学说、假神经递质学说以及血浆氨基酸失衡学说。

（一）氨中毒学说与肝昏迷

在肝功能不全的情况下，血氨来源增多或去路减少，都会引起血氨水平的增高，由于脑组织对氨毒性非常敏感，会出现脑功能障碍而导致昏迷。

氨对脑组织的毒性作用表现在氨干扰了脑的能量代谢，使主要供能物质 ATP 浓度降低。氨对脑细胞代谢的干扰包括以下几方面。

1. 氨通过抑制丙酮酸脱氢酶的活性，影响乙酰 CoA 的生成，从而干扰三羧酸循环的起始步骤，同时又影响了神经递质乙酰胆碱的生成。

2. 氨与α－酮戊二酸结合生成谷氨酸，大量消耗三羧酸循环中的α－酮戊二酸，影响了三羧酸循环的正常进行，妨碍了供能物质在脑细胞中能量的释放与转换。由于α－酮戊二酸和草酰乙酸很难通过血－脑屏障，而脑内氨基转移酶活性低，使得脑中α－酮戊二酸等难以得到补充，因此，氨中毒导致脑细胞三羧酸循环障碍，ATP 的生成减少，脑细胞能量供应不足（图 8－13），进而引起大脑功能障碍。

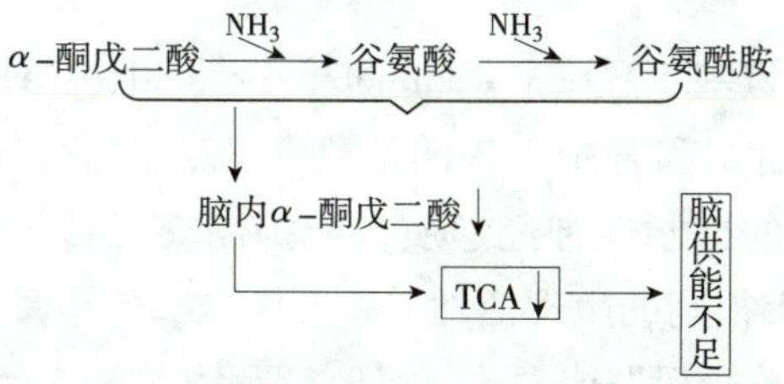

图 8－13　高氨血症引起肝昏迷的可能机制

3. 氨与谷氨酸结合生成谷氨酰胺是一个耗能的反应，增加了 ATP 消耗，进一步减少了脑组织的能量供应。

4. 谷氨酸是大脑中重要的兴奋性神经递质，其缺少会使大脑抑制增加。谷氨酰胺合成酶存在于星形胶质细胞中，星形胶质细胞的谷氨酰胺受体有调节神经兴奋性的作用，在肝性脑病的形成中也起重要作用。另外，谷氨酰胺是一种很强的细胞内渗透剂，其增加导致星形胶质细胞肿胀，星形胶质细胞中增加的谷氨酰胺同时可进入神经元细胞，使之发生肿胀。

但是，氨中毒现象并不能解释所有肝昏迷的发生，有些病例血氨水平并不高，降血氨疗法亦不一定有效。

（二）假神经递质学说与肝昏迷

儿茶酚胺如去甲肾上腺素和多巴胺是正常的神经递质，通常血液中的儿茶酚胺不能通过血－脑屏障，因此，脑内儿茶酚胺必须依靠神经组织自身合成。当肝功能不全时，会导致芳香胺类直接经体循环进入脑组织，生成假神经递质。

假神经递质被释放后，引起神经系统某些部位（如脑干网状结构上行激动系统）功能发生障碍，使大脑发生深度抑制而出现昏迷。同样，假神经递质学说也不能解释全部肝昏迷的发生机制。

（三）血浆氨基酸失衡学说与肝昏迷

严重肝病时，苯丙氨酸、酪氨酸、色氨酸等芳香族氨基酸在肝中分解减少，造成血浆以及脑组织中芳香族氨基酸增多，进一步形成假神经递质。另外，色氨酸浓度升高，进入脑组织后，经羟化、脱羧转变为 5－羟色胺这种抑制性神经递质，因而对大脑也有抑制作用。

PPT

第六节 个别氨基酸的代谢

上述讨论的是氨基酸的一般代谢过程，但是由于侧链基团的不同，某些氨基酸存在一些特殊的代谢方式，其产物往往具有特殊的生理功能。

一、氨基酸的脱羧基产物与相关疾病

有些氨基酸可以通过脱羧基作用（decarboxylation）生成相应的胺类物质。催化氨基酸脱羧基反应的酶是氨基酸脱羧酶（amino acid decarboxylase），辅酶是磷酸吡哆醛。在胺氧化酶（amineoxidase）的作用下，胺氧化生成醛，释放出 NH_3，同时生成 H_2O_2。醛可继续氧化成羧酸，羧酸进一步氧化成 CO_2 和水或随尿液排出，从而避免胺类的蓄积。氨基酸脱羧基反应如下所示：

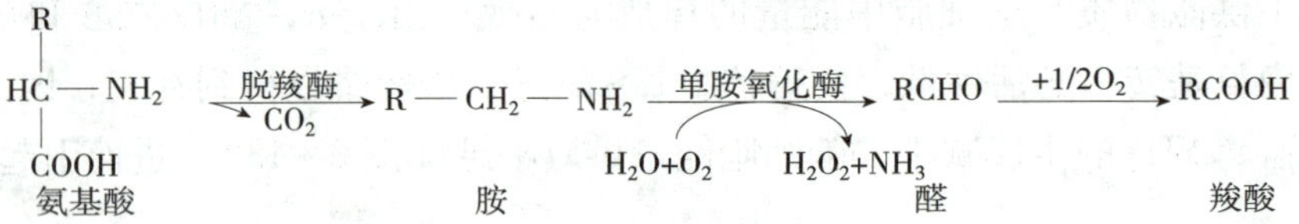

1. γ－氨基丁酸与癫痫 γ－氨基丁酸（γ－aminobutyric acid，GABA）是由谷氨酸在 L－谷氨酸脱羧酶的作用下脱羧形成的。在脑组织和肾中，该酶活性很高，因此，脑组织中 γ－氨基丁酸的浓度较高。γ－氨基丁酸是脑组织中重要的抑制性神经递质，能抑制突触传导，降低神经元活性，防止神经细胞过热，参与多种代谢活动，具有很高的生理活性。

癫痫（epilepsy）即俗称的“羊角风”或“羊癫风”，是大脑神经元突发性异常放电，导致短暂的大脑功能障碍的一种慢性疾病，与 γ－氨基丁酸介导的抑制性突触传递作用的降低有关。由于异常放电起始部位和传递方式的不同，癫痫发作的临床表现复杂多样，可表现为发作性运动、感觉、自主神经、意识及精神障碍。

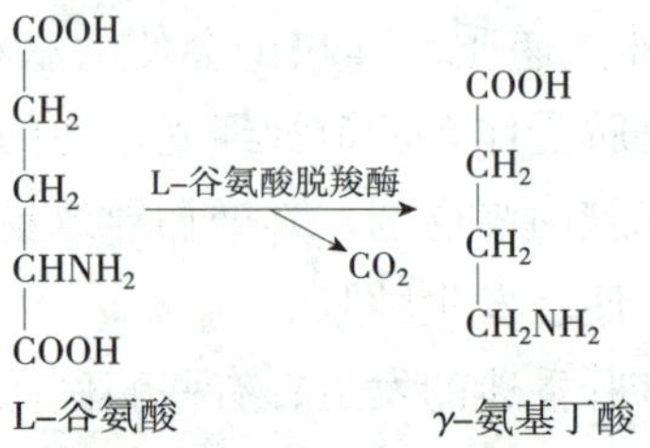

癫痫性放电与神经递质关系极为密切，正常情况下，兴奋性与抑制性神经递质的含量保持平衡状态，神经元膜稳定。当任何一种神经递质过多或过少，都能使兴奋与抑制间失衡，使膜不稳定并产生癫痫性放电。当星形神经胶质细胞对谷氨酸或 γ－氨基丁酸的摄取能力发生改变时，可导致癫痫发作。因此，在癫痫的治疗中，γ－氨基丁酸具有重要作用，如普罗加比（Progabide）等 γ－氨基丁酸衍生物通过作用于 γ－氨基丁酸受体来治疗癫痫。

2. 5－羟色胺与精神类疾病 在色氨酸羟化酶的催化下，色氨酸首先生成 5－羟色胺酸（5－hydroxytryptophane），然后再经 5－羟色胺酸脱羧酶的催化脱去羧基生成 5－羟色胺（5－hydroxytryptamine，5－HT；或称血清素，serotonin）。

5－HT 广泛存在于哺乳动物的脑、血小板、胃等中，特别在脑组织中含量很高，它也是一种抑制性神经递质。在外周组织中，5－HT 是一种强血管收缩剂和平滑肌收缩刺激剂。

5－HT 胺作为神经递质，主要分布于松果体和下丘脑，可能参与痛觉、睡眠和体温等生理功能的调节。中枢神经系统5－HT含量及功能异常可能与精神病和偏头痛等多种疾病的发病有关，脑中的5－HT水平降低会引起偏头痛。近年来研究发现了多种5－HT受体的亚型，舒马曲坦就是以5－HT为先导化合物修饰而成的针对5－$HT_{1B/1D}$受体亚型的受体激动药，是临床上治疗偏头痛急性发作的有效药物。

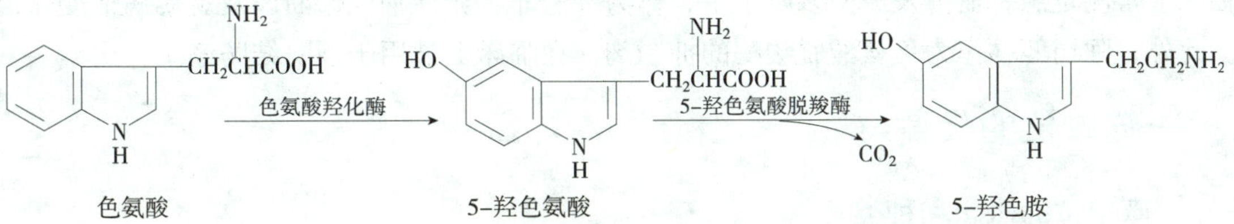

3. 组胺与过敏反应　组氨酸在组氨酸脱羧酶的催化下，脱羧基生成组胺（histamine）。组织中的组胺是以无活性的结合型存在于肥大细胞和嗜碱性粒细胞的颗粒中，在体内分布广泛，以乳腺、肝、肌肉、皮肤、支气管黏膜、胃黏膜、肠黏膜和神经系统中含量较多，可以影响许多细胞的反应，包括过敏反应、炎性反应、胃酸分泌等，也可以影响脑部神经传导，会造成想睡觉等效果。

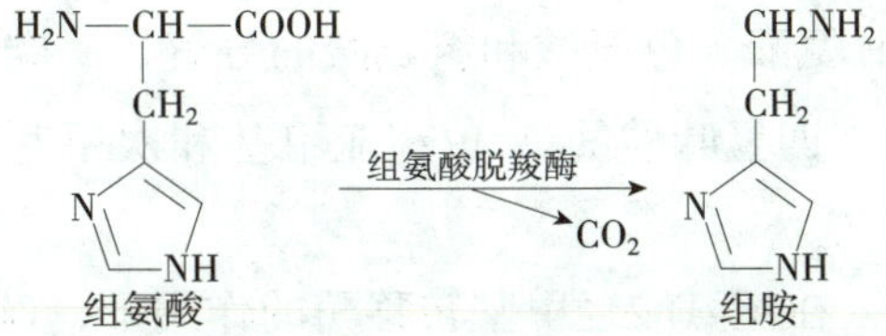

当机体受到理化刺激或发生过敏反应时，肥大细胞的细胞膜通透性改变，释放出组胺，与组胺受体结合产生病理、生理效应，引起发痒、打喷嚏、流鼻涕等现象。此外，组胺是强烈的血管舒张剂，引起毛细血管通透性增加，使血压下降，甚至发生休克。在组织创伤或炎症部位，组胺结合到血管平滑肌上的接受器（H_1受体）后，会导致血管扩张，因而产生局部水肿。组胺会使肺的气管平滑肌收缩而引起支气管痉挛，呼吸道狭窄进而呼吸困难，导致哮喘。组胺还能促进胃黏膜细胞分泌胃蛋白酶和胃酸，因而常作为研究胃功能活动的重要物质。

目前发现的组胺受体亚型有3型（H_1～H_3），临床采用苯海拉明通过阻断H_1受体来对抗过敏反应；西咪替丁通过阻断H_2受体来抑制胃酸分泌；潜药BP2－94是H_3受体的激动药，用于治疗哮喘。

4. 多胺与肿瘤　多胺（polyamine）是指腐胺（putrescine）、精脒（spermidine）、精胺（spermine）等含有两个或更多氨基的化合物，其合成的原料为鸟氨酸。鸟氨酸在鸟氨酸脱羧酶（ornithine decarboxylase）的催化下首先生成腐胺，然后腐胺在丙胺转移酶的作用下依次生成精脒和精胺（图8－14）。精脒和精胺是调节细胞生长的重要物质。

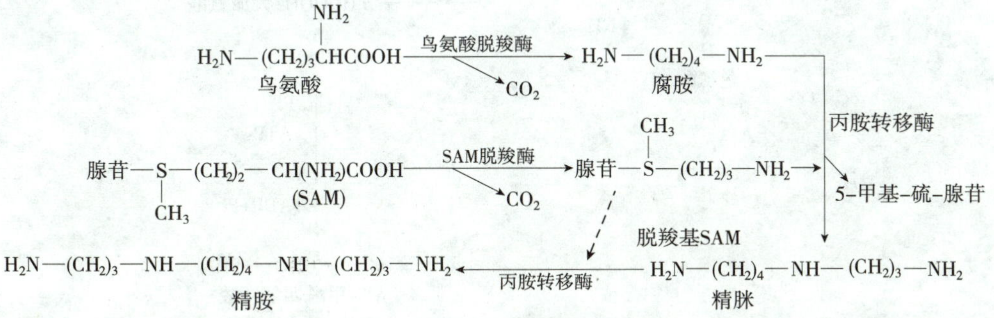

图8－14　多胺的生成

多胺在哺乳动物体内分布广泛，尤其在生长旺盛的组织，如胚胎、再生肝以及肿瘤组织中含量较高，这是因为这些组织中多胺合成的关键酶——鸟氨酸脱羧酶活性较高。由于多胺带有大量的正电荷，核酸带有较多的负电荷，两者容易结合；此外，多胺还具有稳定细胞结构、促进蛋白质与核酸生物合成的作用，这些可能在转录和细胞分裂的调控中起作用。

多胺在体内大部分与乙酰基结合随尿液排出，小部分氧化为 CO_2 和 NH_3。由于肿瘤组织的多胺含量较高，临床上常测定患者血清及尿中多胺水平，作为肿瘤非特异性辅助诊断以及观察病情变化的生化指标之一。此外，阿司匹林作为鸟氨酸脱羧酶的抑制剂，在临床上被用于预防结肠癌。

二、一碳单位的代谢

（一）一碳单位的概念和种类

一碳单位（one carbon unit）是指某些氨基酸在分解代谢过程中生成的含有一个碳原子的有机基团。体内常见的一碳单位包括：甲基（$—CH_3$）、甲烯基或亚甲基（$—CH_2—$）、甲炔基或次甲基（—CH=）、甲酰基（O=CH—）以及亚氨甲基（HN=CH—）。

（二）一碳单位的生成

一碳单位主要来自丝氨酸、甘氨酸、色氨酸和组氨酸的分解，一碳单位生成的同时即结合在 FH_4 的 N^5、N^{10} 位。甲基和亚氨甲基结合在四氢叶酸的 N^5 位，亚甲基和次甲基结合在 N^{10} 位，甲酰基结合在 N^5 或 N^{10} 位。

1. 丝氨酸与一碳单位的生成 在丝氨酸羟甲基转移酶的作用下，丝氨酸分子上的 β - 碳原子转移到四氢叶酸（FH_4）上，同时脱去一分子水生成 N^5，N^{10} - 甲烯四氢叶酸以及甘氨酸。

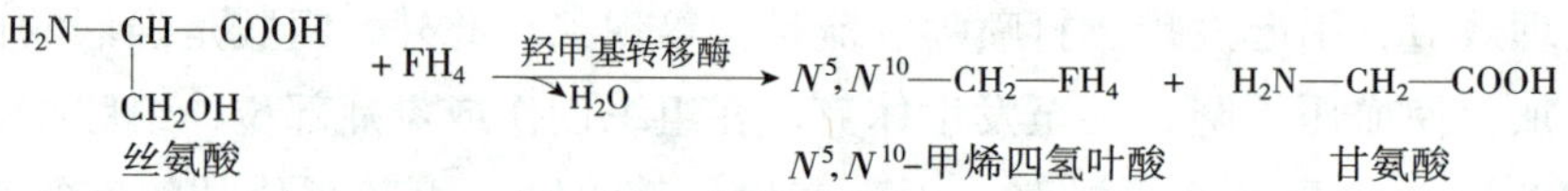

2. 甘氨酸与一碳单位的生成 在甘氨酸裂解酶的催化下，甘氨酸氧化脱羧并脱去氨基，生成 N^5，N^{10} - 亚甲基四氢叶酸以及 CO_2 和 NH_3。

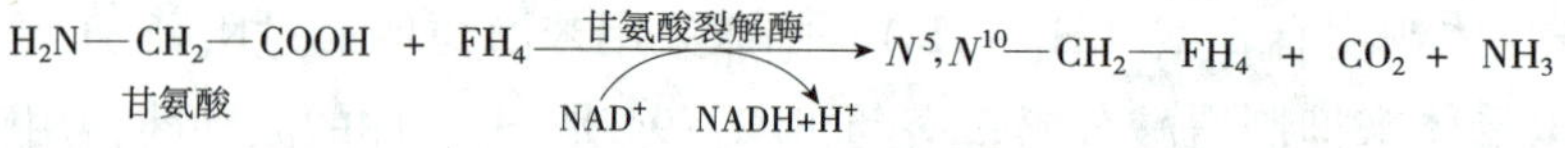

3. 色氨酸与一碳单位的生成 色氨酸在色氨酸吡咯酶及犬尿氨酸甲酰胺酶的催化下，生成甲酸和犬尿氨酸。甲酸在消耗 ATP 的条件下，与 FH_4 在 N^{10}—CHO—FH_4 合成酶的作用下生成 N^{10}—CHO—FH_4（图 8 - 15）。

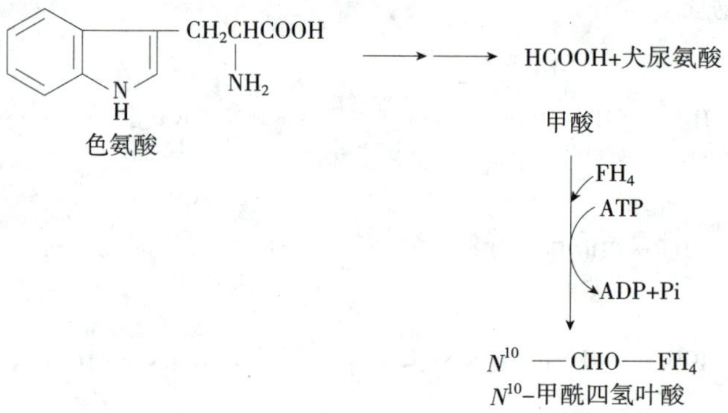

图 8 - 15 色氨酸与一碳单位的生成

4. 组氨酸与一碳单位的生成 组氨酸能在组氨酸酶的作用下水解脱氨生成亚氨甲基谷氨酸，后者提供亚氨甲基给 FH_4 生成 N^5 - 亚氨甲基四氢叶酸（N^5—CH=N—FH_4）（图 8 - 16）。

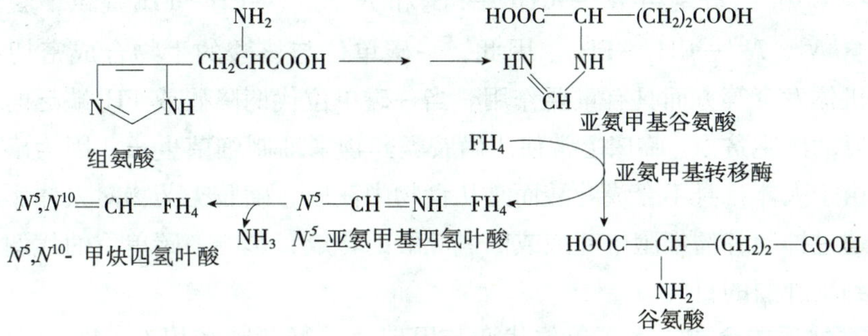

图 8－16 组氨酸与一碳单位的生成

（三）一碳单位的相互转变

来自以上几种氨基酸分解代谢的各种一碳单位，其碳原子的氧化状态是不相同的。在适当的条件下，它们能通过氧化还原反应实现相互转变。但是在所有这些反应中，N^5－甲基四氢叶酸的生成是不可逆的（图 8－17）。

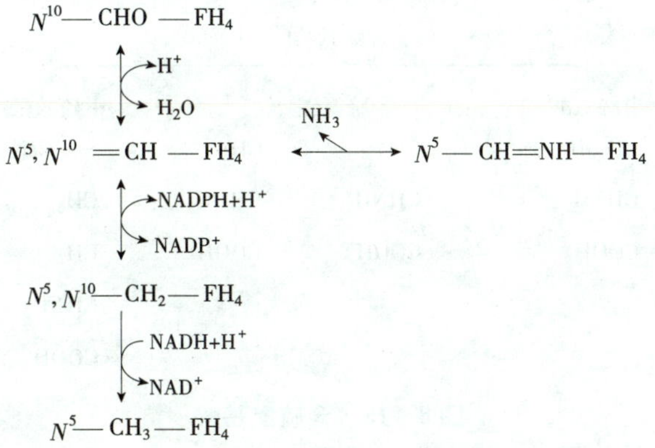

图 8－17 一碳单位的相互转变

（四）一碳单位代谢的载体

一碳单位无法游离存在，必须与四氢叶酸（tetrahydrofolic，FH_4）的 N^5 或 N^{10} 相结合进行转运，并参与嘌呤、嘧啶、胆碱、肾上腺素等重要物质的合成代谢。四氢叶酸是一碳单位的载体，由叶酸在二氢叶酸还原酶（dihydrofolate reductase）的催化下还原生成。

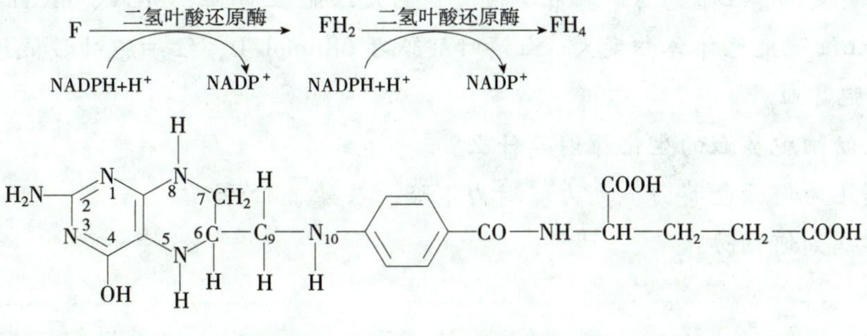

5,6,7,8-四氢叶酸(FH_4)

（五）一碳单位的生理功能

1. 用于合成嘌呤和嘧啶 一碳单位作为嘌呤和嘧啶合成的原料，将氨基酸代谢与核酸代谢紧密联系在一起。嘌呤碱中 C_2 和 C_8 分别由 N^{10}—CHO—FH_4 和 N^5，N^{10}=CH—FH_4 提供，脱氧胸腺嘧啶核苷酸（dTMP）的甲基来自 N^5，N^{10}—CH_2—FH_4。因此，一碳单位与核酸的生物合成密切相关，在细胞的增殖、组织生长以及机体发育等方面具有重要作用。当一碳单位代谢障碍或 FH_4 缺乏时，会引起红细胞核酸合成障碍，导致巨幼细胞贫血。临床上常使用磺胺类药物来抑制细菌生长，因为磺胺类药物能抑制细菌的叶酸合成，而由于人体自身不合成叶酸而是从食物中获取，磺胺类药物对人体影响不大。某些抗肿瘤药物如甲氨蝶呤通过抑制肿瘤细胞中叶酸或四氢叶酸的合成，影响一碳单位的代谢，进而影响核酸合成、细胞分裂，达到抗肿瘤的目的。

2. 参与其他重要物质的合成 一碳单位代谢与甲硫氨酸循环紧密相连，N^5—CH_3—FH_4 保证了甲硫氨酸的再生成，并通过 *S*-腺苷甲硫氨酸（SAM）参与体内多种甲基化反应，间接参与肌酸、胆碱、肾上腺素等的合成以及核酸的甲基化修饰等代谢过程。

三、含硫氨基酸的代谢

含硫氨基酸主要包括甲硫氨酸、半胱氨酸和胱氨酸（图 8-18）。其代谢相互联系，甲硫氨酸可以转变为半胱氨酸，半胱氨酸与胱氨酸可以相互转变，但是半胱氨酸和胱氨酸不能转变为甲硫氨酸。

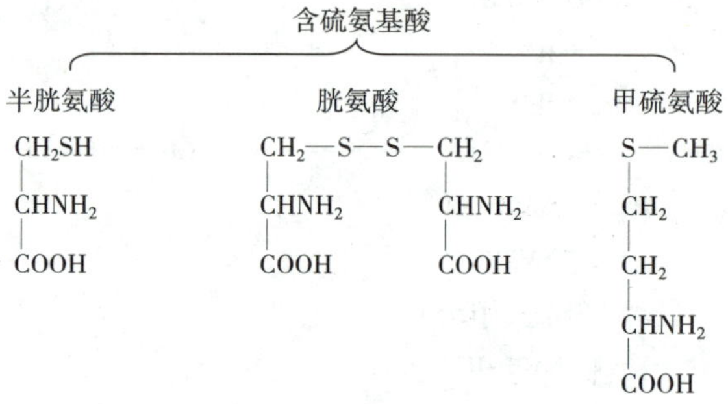

图 8-18 含硫氨基酸

（一）甲硫氨酸的代谢

案例引导

临床案例 患儿，女，14 岁。因乏力数月，近 20 天腹胀、腹泻，前来就诊。患儿数月来不明原因地面色苍白、乏力，耐力下降，头晕、心悸、食欲缺乏，恶心、腹胀、腹泻。近 20 天上述症状加重，并且出现视力下降、黑矇等症状。该患儿偏食，喜欢吃零食、小食品等，很少吃新鲜水果、蔬菜及肉类食品，经常感冒。血常规检查：呈大细胞性贫血，MCV、MCH 均增高。网织红细胞计数稍低，红细胞染色体体积变大。血清叶酸低于 68nmol/L，红细胞叶酸低于 227nmol/L。初步诊断：巨幼细胞贫血。

讨论 1. 巨幼细胞贫血的生化原因是什么？

2. 患儿为何面色苍白、乏力、耐力下降、头晕、心悸？

3. 该病如何预防？

1. 甲硫氨酸与转甲基作用 在腺苷转移酶（adenosyl transferase）的作用下，甲硫氨酸接受 ATP 提供的腺苷，生成 *S*-腺苷甲硫氨酸（*S*-adenosyl methionine，SAM）。SAM 中的甲基称为活性甲基，SAM 称为活性甲硫氨酸。SAM 是体内甲基的直接供体，参与体内多种生理活性物质的甲基化过程。

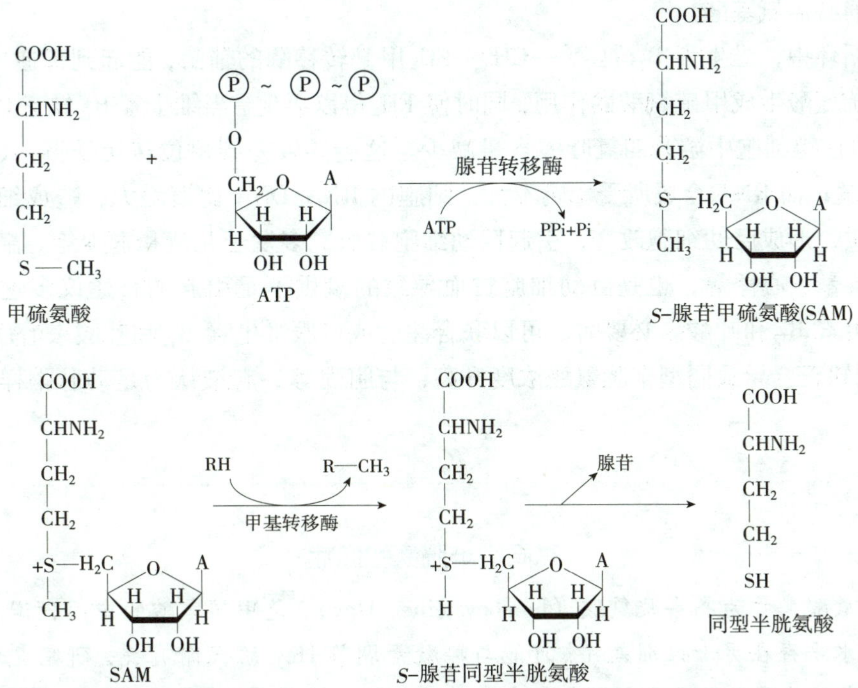

2. 甲硫氨酸循环 甲硫氨酸转变为 S－腺苷甲硫氨酸后，在甲基转移酶（methyl transferase）的催化下，S－腺苷甲硫氨酸将甲基转移至另一物质使其发生甲基化，而 S－腺苷甲硫氨酸去甲基后转变为 S－腺苷同型半胱氨酸，后者脱去腺苷转变为同型半胱氨酸（homocysteine）。在维生素 B_{12} 的参与下，由 $N^5—CH_3—FH_4$ 甲基转移酶催化，同型半胱氨酸接受 $N^5—CH_3—FH_4$ 提供的甲基重新生成甲硫氨酸，这一过程称为甲硫氨酸循环（methionine cycle）（图 8－19）。

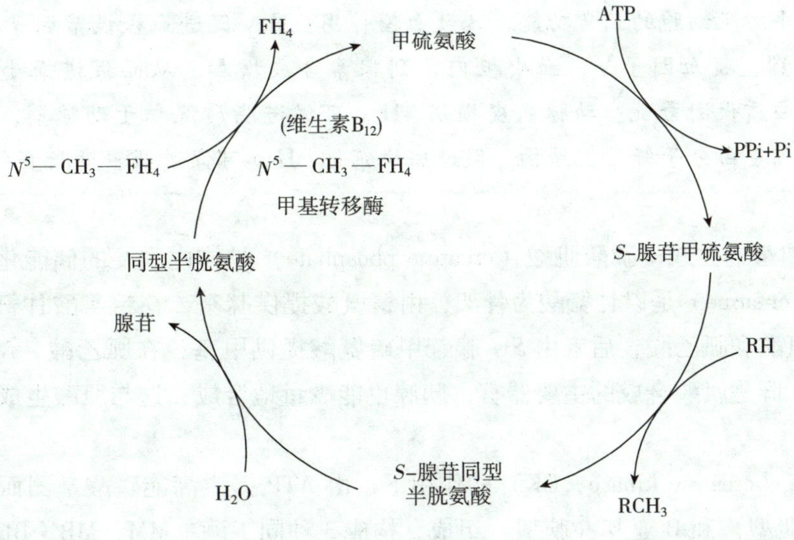

图 8－19 甲硫氨酸循环

甲硫氨酸循环的意义在于 S－腺苷甲硫氨酸提供甲基参与体内众多的甲基化反应，而 $N^5—CH_3—FH_4$ 能提供甲基给同型半胱氨酸而重新生成甲硫氨酸，保证体内广泛的甲基化反应正常进行。因此，$N^5—CH_3—FH_4$ 可以看作体内甲基的间接供体。

在甲硫氨酸循环中，甲硫氨酸可以由同型半胱氨酸接受 $N^5—CH_3—FH_4$ 的甲基而生成，但机体自身不能合成同型半胱氨酸，它只能由甲硫氨酸转变而来，因此，甲硫氨酸还是不能在体内合成，必须由食物供给，属于营养必需氨基酸。

在甲硫氨酸循环中，维生素 B_{12} 是 $N^5—CH_3—FH_4$ 甲基转移酶的辅酶，能起到传递 $N^5—CH_3—FH_4$ 上的甲基给同型半胱氨酸生成甲硫氨酸的作用，同时使 FH_4 得以再生。当维生素 B_{12} 缺乏时，会影响甲硫氨酸的生成，同时也使得细胞中游离四氢叶酸含量减少。这会导致一碳单位转运受阻，导致 DNA 合成障碍，DNA 复制延缓；而 RNA 合成所受影响不大，细胞内 RNA/DNA 比值增大，造成细胞体积增大，胞核发育滞后于胞质，形成巨幼细胞改变，引起巨幼细胞贫血，多发于儿童和青少年。患儿面色苍白、乏力、耐力下降、头晕、心悸等，也是巨幼细胞贫血导致的氧供不足引起的。建议多吃肉类和蔬菜、水果，用于补充维生素 B_{12} 和叶酸。必要时，可以联合注射或口服维生素 B_{12} 和叶酸来治疗。

维生素 B_{12} 的缺乏会导致同型半胱氨酸浓度升高，与胆固醇一起被认为是动脉粥样硬化和冠心病的独立危险因素。

知识链接

高同型半胱氨酸血症

同型半胱氨酸又称为高半胱氨酸（homocysteine，Hcy），是甲硫氨酸的中间代谢产物。血浆总同型半胱氨酸水平存在男女性别差异，可能与雌激素调节 Hcy 的代谢有关，研究发现，女性的水平低于男性。高动物蛋白饮食中甲硫氨酸含量较高，摄入过多易引起 Hcy 水平升高，蔬菜和水果中叶酸和维生素 B 含量高，往往有助于降低 Hcy 水平。高同型半胱氨酸尿症患者尸检病理可见动脉内膜纤维性斑块，弹力层破坏，疏松结缔组织增生，间质细胞部分溶解，线粒体破坏。同型半胱氨酸水平升高引起动脉粥样硬化和冠心病的作用机制可能有以下几种。①内皮毒性作用：同型半胱氨酸可引起内皮细胞损伤，尤其合并高血压时更易损伤，并且破坏血管壁弹力层和胶原纤维。②刺激血管平滑肌细胞增生：同型半胱氨酸可直接诱导血管平滑肌细胞增殖，并通过信号传导方式干扰血管平滑肌细胞的正常功能。③致血栓作用：Hcy 促进血栓调节因子的表达，激活蛋白 C 和凝血因子Ⅻ、凝血因子Ⅴ，血小板内前列腺素合成增加，从而促进血小板黏附和聚集。④脂肪、糖、蛋白质代谢紊乱：动脉内皮损伤，Hcy 可促进脂质沉积于动脉壁，泡沫细胞增加，还可改变动脉壁糖蛋白分子纤维化结构，促进斑块钙化，Hcy 可促进低密度脂蛋白氧化。

3. 甲硫氨酸与肌酸的生成 磷酸肌酸（creatine phosphate）是体内重要的储能化合物，是由肌酸磷酸化而生成。肌酸（creatine）是以甘氨酸为骨架，由精氨酸提供脒基，在精氨酸甘氨酸脒基转移酶的作用下，首先生成鸟氨酸和胍乙酸，后者由 *S*－腺苷甲硫氨酸提供甲基，在胍乙酸－*N*－甲基转移酶的作用下甲基化而生成。肝是肌酸合成的主要器官，胰腺也能少量地合成，这与肌酸生成过程中两种酶的组织分布特异性有关。

肌酸在肌酸激酶（creatine kinase，CK）的作用下，由 ATP 提供高能磷酸基团而形成磷酸肌酸。肌酸激酶由 M 亚基（肌型）和 B 亚基（脑型）组成，构成 3 种同工酶：MM、MB、BB。它们分布在不同的组织中，MM 主要在骨骼肌中，MB 主要在心肌中，BB 主要在脑中。心肌梗死时，短时间内（4 小时）MB 型肌酸激酶就会出现在血清中，16～24 小时升至最高峰，48 小时以后消失。因此，测定血清 MB 型肌酸激酶对于急性心肌梗死的早期诊断具有重要临床意义。

肌酸和磷酸肌酸的代谢终产物都是肌酸酐（creatinine），即肌酐。在肌肉中，磷酸肌酸经非酶促反应生成肌酐。肌酸、磷酸肌酸以及肌酐的代谢见图 8－20。肌酐生成后随尿液排出，人体每日肌酐生成量相对恒定，约为 14g，血浆肌酐浓度为 50～120μmol/L。肾功能障碍时，肌酐经尿液排出受阻，导致血中肌酐水平升高。因此，血中肌酐水平的测定可用于肾功能不全的诊断。

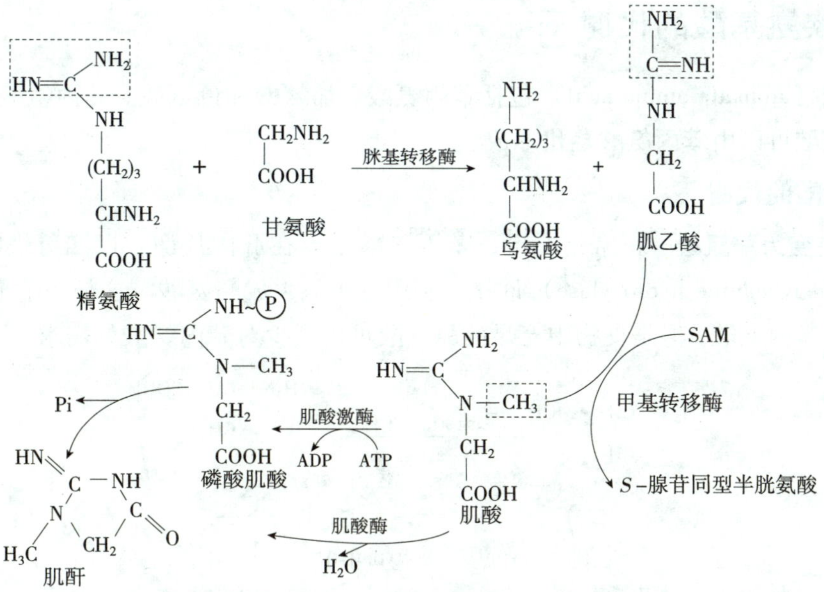

图 8-20 肌酸的合成及降解

（二）半胱氨酸与胱氨酸的代谢

1. 半胱氨酸与胱氨酸的相互转变 半胱氨酸与胱氨酸都是营养非必需氨基酸，半胱氨酸含有巯基（—SH），而胱氨酸含有二硫键（—S—S—），两者可以相互转变。

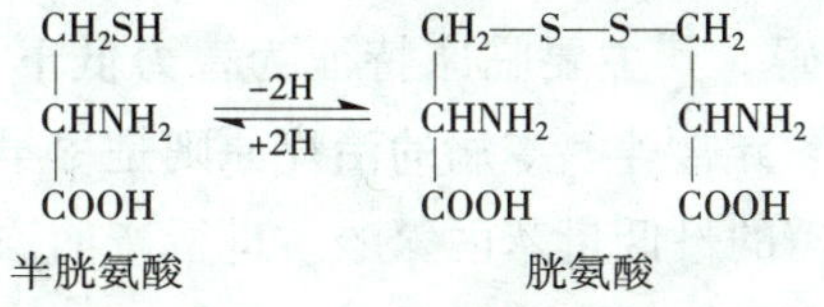

半胱氨酸上的巯基具有以下功能：是许多蛋白质的功能基团；参与构成众多酶的活性中心；谷胱甘肽结合反应以及还原型谷胱甘肽对酶分子上巯基的保护作用也都与半胱氨酸的巯基密切相关（详见第十二章“肝胆生物化学”）。而半胱氨酸之间形成的二硫键对于维持蛋白质空间构象的稳定具有重要作用，如胰岛素的 A、B 链之间由二硫键连接，当二硫键断裂后，胰岛素失去其生物学活性。

2. 半胱氨酸可转变为牛磺酸 半胱氨酸首先氧化为磺基丙氨酸，然后在磺基丙氨酸脱羧酶的作用下，脱去羧基生成牛磺酸（taurine）。牛磺酸是结合型胆汁酸的重要组成成分之一。脑组织及心肌中牛磺酸含量较高，可能与脑的发育及心肌保护作用有关。

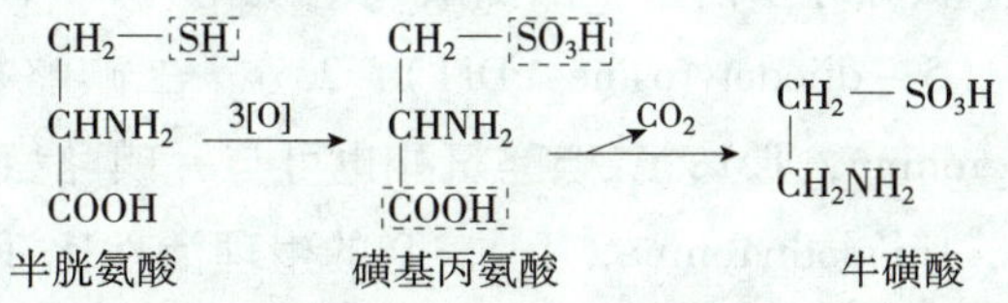

3. 半胱氨酸可生成活性硫酸根 含硫氨基酸中，半胱氨酸是活性硫酸根的主要来源。半胱氨酸脱去氨基和巯基后，生成丙酮酸、NH_3 和 H_2S。硫酸根由 H_2S 氧化生成。体内一部分硫酸根以无机盐的形式随尿液排出体外，一部分由 2 分子 ATP 提供 1 分子腺苷酸和 1 分子磷酸基团，活化生成活性硫酸根，即 3′-磷酸腺苷-5′-磷酰硫酸（3′-phosphoadenosine-5′-phosphosulfate，PAPS）。

SO_4^{2-} + ATP ⟶ AMP—SO_3^-（腺苷-5′-磷酰硫酸）

↓

3-PO_3H_2-AMP-SO_3^-
（3′-磷酸腺苷-5′-磷酰硫酸，PAPS）

四、芳香族氨基酸的代谢 微课

芳香族氨基酸（aromatic amino acid）包括苯丙氨酸、酪氨酸和色氨酸。苯丙氨酸与色氨酸属于营养必需氨基酸，酪氨酸可以由苯丙氨酸羟化形成。

（一）苯丙氨酸的代谢

1. 苯丙氨酸转变为酪氨酸 正常情况下，苯丙氨酸主要在肝内代谢，以四氢蝶呤为辅酶，经肝苯丙氨酸羟化酶（phenylalanine hydroxylase）催化，利用分子氧生成酪氨酸。这是一个不可逆反应，因此，酪氨酸不能转变为苯丙氨酸，但是食物中充足的酪氨酸可以减少对苯丙氨酸的需求。

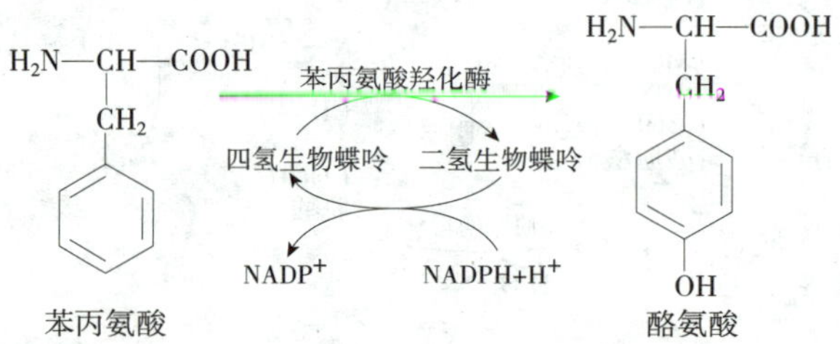

2. 苯丙酮尿症 如上所述，正常情况下苯丙氨酸的主要代谢途径是转变为酪氨酸，但当苯丙氨酸羟化酶先天性缺陷时，苯丙氨酸无法羟化形成酪氨酸，这时在苯丙氨酸氨基转移酶的催化下，生成大量苯丙酮酸，后者进一步分解为苯乳酸及苯乙酸。此时，尿中出现大量的苯丙酮酸等代谢产物，称苯丙酮尿症（phenylketonuria，PKU）。本病为遗传性氨基酸代谢缺陷疾病，其遗传方式为常染色体隐性遗传，约 20000 个新生儿中有 1 人存在苯丙氨酸羟化酶缺乏。苯丙酮酸堆积对中枢神经系统具有毒性作用，影响脑的发育，导致患儿智力发育障碍。其主要临床特征为智力低下、精神神经症状、湿疹、皮肤抓痕症、色素脱失以及鼠尿气味和脑电图异常等。本病的治疗原则是尽早发现，控制食物中苯丙氨酸的摄入量，在婴儿膳食中供给婴儿发育所需的最低量苯丙氨酸。进行产前诊断和新生儿筛查可以尽早预防和发现 PKU 胎儿和婴儿，做出早期诊断和及时治疗。

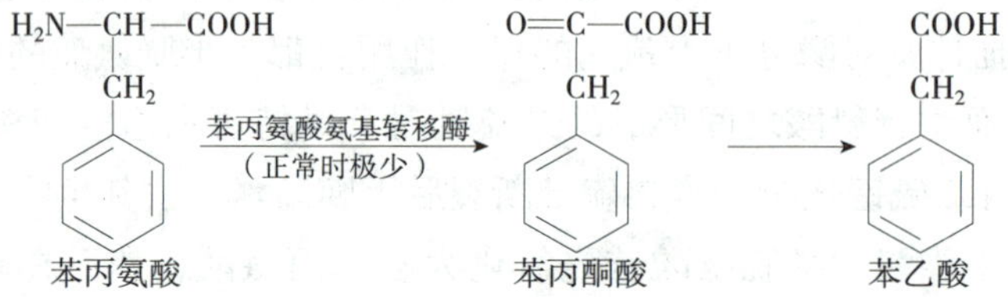

（二）酪氨酸的代谢

1. 甲状腺激素的合成 在甲状腺球蛋白中，酪氨酸残基碘化为 3 - 碘酪氨酸（3 - monoiodotyrosine，MIT）和 3，5 - 二碘酪氨酸（3，5 - diiodotyrosine，DIT），2 分子二碘酪氨酸缩合生成甲状腺素（3，5，3′，5′ - 四碘甲状腺原氨酸，thyronine，T_4）；二碘酪氨酸也可与一碘酪氨酸缩合生成三碘甲状腺原氨酸（3，5，3′ - 三碘甲状腺原氨酸，triiodothyronine，T_3）。T_3的生理活性比 T_4强 3 ~5 倍。

2. 儿茶酚胺的合成 在肾上腺髓质和神经组织中，酪氨酸经酪氨酸羟化酶（tyrosine hydroxylase）催化生成3，4 - 二羟苯丙氨酸（3，4 - dihydroxyphenylalanine，DOPA，又称多巴），酪氨酸羟化酶与苯丙氨酸羟化酶类似，也是一个以四氢生物蝶呤为辅酶的单加氧酶。多巴在多巴脱羧酶的作用下脱羧生成多巴胺（dopamine）。在肾上腺髓质中，多巴胺侧链上的 β - 碳原子羟化生成去甲肾上腺素，后者再由 *S* - 腺苷甲硫氨酸提供甲基而生成肾上腺素。多巴胺（dopamine）、去甲肾上腺素（norepinephrine）和肾上腺素（epinephrine）合称为儿茶酚胺（catecholamine）。酪氨酸羟化酶是儿茶酚胺合成的限速酶，受终产物的反馈调节。

多巴胺是一种神经递质，帕金森病（Parkinson's disease）是最常见的神经退行性疾病之一，患者体内多巴胺生成减少。该病主要影响中老年人，多在 60 岁以后发病。其症状表现为静止时手、头或嘴不自主地震颤，肌肉僵直、运动缓慢以及姿势平衡障碍等，导致生活不能自理。因此，针对多巴胺进行抗帕金森病药物的研究是一个热点课题。左旋多巴等多巴胺替代物、司来吉米和镰孢菌素等多巴胺保留剂、盐酸金刚烷胺等促多巴胺释放剂，这些抗帕金森病药物相继上市。

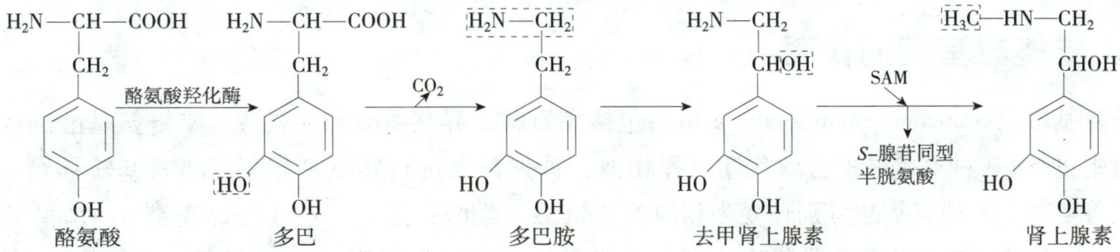

3. 黑色素的合成　黑色素细胞含有酪氨酸酶（tyrosinase），这是一种含铜的氧化酶，首先羟化酪氨酸为多巴，多巴氧化为活泼的多巴醌，后者再进一步脱羧、脱氨转变为吲哚醌，最后环化聚合生成黑色素（melanin）。酪氨酸酶先天性缺陷时，由于黑色素合成障碍，导致白化病（albinism）。白化病属于家族遗传性疾病，为常染色体隐性遗传，常发生于近亲结婚的人群中。白化病患者全身皮肤由于缺乏黑色素而呈乳白或粉红色，柔嫩发干，毛发变为淡白或淡黄色。由于缺乏黑色素的保护，患者皮肤对光线高度敏感，日晒后易发生晒斑和各种光感性皮炎而皮肤晒后不变黑，极容易被日光中的紫外线晒伤，经常暴露在太阳光下可能会导致皮肤癌的发生，因此他们不适合暴露于阳光下的室外作业。白化病对患者的影响以眼损害最为明显。眼部由于色素缺乏，虹膜为粉红或淡蓝色，常有畏光、流泪、眼球震颤及散光等症状，看东西时总是眯着眼睛。多数患者视力严重低下，大部分患者接近或达到法定“盲”的范围（0.05 以下），可有近视、远视、散光、眼球震颤等表现，且难以通过佩戴眼镜等有效矫正，严重者可能失明，这使得他们的学习和生活极不方便，也难适应多种工作和职业的要求。

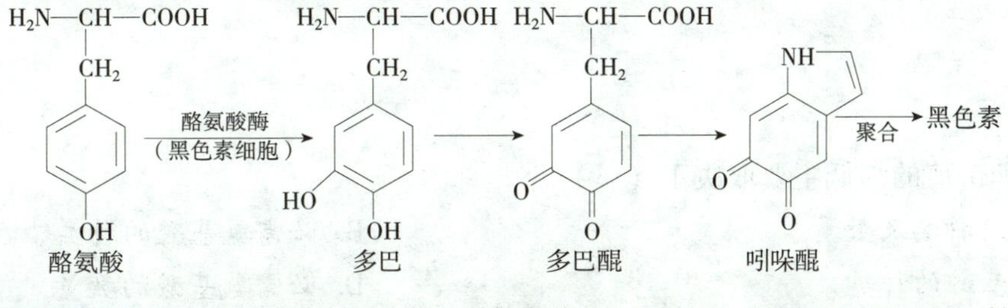

4. 酪氨酸的分解代谢　酪氨酸在酪氨酸氨基转移酶（tyrosine aminotransferase）的作用下生成对羟基苯丙酮酸，后者进一步氧化成尿黑酸（homogentisic acid），尿黑酸可继续分解生成乙酰乙酸和延胡索酸，然后分别参与酮体或糖代谢。因此，苯丙氨酸和酪氨酸都属于生糖兼生酮氨基酸。由于先天性缺乏尿黑酸氧化酶，尿黑酸降解受阻，大量尿黑酸经尿液排出，尿液接触空气后尿黑酸被氧化形成黑色而使尿液呈棕色，称尿黑酸尿症（alcaptonuria）。对于尿黑酸尿症目前尚无有效治疗方法，主要通过减少膳食中苯丙氨酸和酪氨酸的摄入量来达到减少尿黑酸生成的目的。

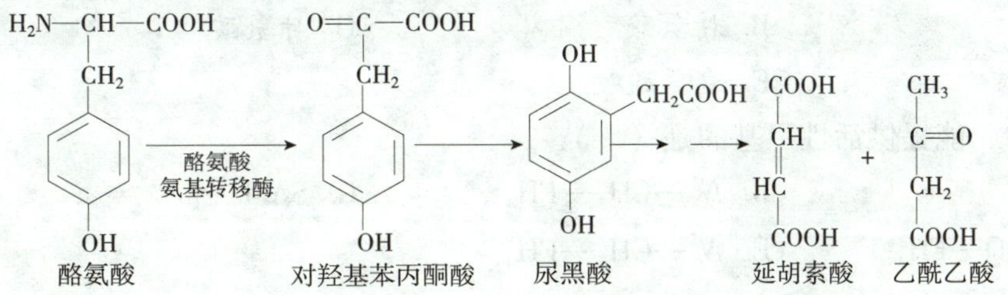

（三）色氨酸的代谢

色氨酸可羟化脱羧转变为5－羟色胺，还能代谢生成一碳单位 N^5—CHO—FH_4。色氨酸分解最后可生成丙酮酸和乙酰乙酰 CoA，所以色氨酸是生糖兼生酮氨基酸。少部分色氨酸还能转变为烟酸，但是合成量少，无法满足机体的需要。色氨酸代谢过程中有多种维生素的参与（维生素 B_1、维生素 B_2、维生素 B_6 等），当这些维生素缺乏时，可引起色氨酸代谢障碍。

五、支链氨基酸的代谢

支链氨基酸（branched chain amino acid）包括亮氨酸、异亮氨酸和缬氨酸。支链氨基酸的代谢主要在骨骼肌中进行。3 种氨基酸的分解代谢过程相似，首先都是进行转氨基作用，将氨基转移给 α－酮戊二酸生成谷氨酸，3 种氨基酸分别转变为相应的支链 α－酮酸；然后，在线粒体支链 α－酮酸脱羧酶的催化下，3 种支链 α－酮酸氧化脱羧生成丁酰或戊酰 CoA，以类似脂酰 CoA 进行 β－氧化的方式脱氢，分别生成 β－甲基巴豆酰 CoA、α－甲基巴豆酰 CoA 和甲基丙烯酰 CoA；最后，3 种脂酰 CoA 经过脂肪酸 β－氧化过程代谢，分别生成不同的中间产物而参加三羧酸循环，亮氨酸产生乙酰乙酸和乙酰 CoA；异亮氨酸产生乙酰 CoA 和琥珀酰 CoA；缬氨酸产生琥珀酰 CoA。所以，这三种氨基酸分别属于生酮氨基酸、生糖兼生酮氨基酸以及生糖氨基酸。

由于支链 α－酮酸脱羧酶先天性缺乏，体内支链氨基酸和支链酮酸在血和脑脊液中蓄积，并早期出现智力发育迟滞和其他神经症状；患儿尿中排出大量的 α－酮－β－甲基戊酸，带有类似“枫糖浆”的特异气味，称枫糖尿症（maple syrup urine disease），是一种常染色体隐性遗传性代谢病。

目标检测

答案解析

一、选择题

（一）单项选择题

1. 蛋白质生理价值的高低主要取决于（ ）

A. 氨基酸的种类及数量　　B. 必需氨基酸的种类、数量及比例

C. 必需氨基酸的种类　　D. 必需氨基酸的数量

E. 非必需氨基酸的种类

2. 体内氨基酸脱氨基的主要方式是（ ）

A. 氧化脱氨基　　B. 还原脱氨基　　C. 直接脱氨基

D. 转氨基　　E. 联合脱氨基

3. 通过鸟氨酸循环生成尿素时，其分子中的两个氮原子，一个直接来自游离的氨，另一个直接来源于（ ）

A. 瓜氨酸　　B. 精氨酸　　C. 甘氨酸

D. 天冬氨酸　　E. 鸟氨酸

4. 下列物质中，能提供活性甲基的是（ ）

A. 蛋氨酸　　B. N^5—CH_3—FH_4　　C. SAM

D. N^5—CHO—FH_4　　E. N^5—CH_2—FH_4

5. 氨基酸脱羧酶的辅酶是（　）

A. 四氢叶酸　　B. 生物素　　C. 焦磷酸硫胺素

D. 磷酸吡哆醛　　E. 磷酸吡哆胺

（二）配伍题

[6～8]

A. α－酮酸与尿素　　B. α－酮酸与谷氨酰胺　　C. CO_2与H_2O

D. α－酮酸与NH_3　　E. α－酮酸与α－氨基酸

6. 氨基酸转氨基作用的产物是（　）
7. 氨基酸氧化脱氨基作用的产物是（　）
8. 氨基酸联合脱氨基作用的产物是（　）

二、简答题

1. 简述氨的来源与去路。
2. 一碳单位是如何将氨基酸代谢与核苷酸代谢联系起来的？

（王海英）

书网融合……

本章小结　　微课　　题库

第九章　核苷酸代谢

学习目标

1. 掌握　嘌呤和嘧啶核苷酸从头合成的原料、部位、关键酶、合成特点；嘌呤核苷酸分解代谢终产物及其与痛风症的关系，痛风症治疗的生化机制；脱氧核苷酸的生成过程；核苷酸抗代谢物的作用机制及其在临床上的应用。

2. 熟悉　嘌呤和嘧啶核苷酸补救合成的过程及意义；嘌呤和嘧啶核苷酸从头合成的调节。

3. 了解　核酸的消化吸收；嘧啶核苷酸的分解代谢过程及产物。

4. 学会将核苷酸代谢的调节机制应用到临床课程的学习和临床实践中。

核苷酸是核酸的基本组成单位，其最主要的功能是作为体内合成 DNA 和 RNA 的基本原料。其次，游离的核苷酸及其衍生物还有多种重要的生理功能：①作为体内能量的储存和利用形式，ATP 是机体所需能量的直接来源，其他 NTP 也可供能；②某些核苷酸参与构成多种辅酶，如 NAD^+、$NADP^+$、FAD、HSCoA 等都含有腺苷酸结构；③参与代谢和生理调节，如 ATP、ADP 可以调节营养物质的代谢，cAMP 和 cGMP 则是重要的胞内第二信使物质；④活化中间代谢物，核苷酸可以活化多种中间代谢物，如 UDP－葡萄糖和 CDP－二酰甘油分别是合成糖原和磷脂的活性原料，*S*－腺苷甲硫氨酸是活性甲基的载体等。

人类食物一般含有足量的核酸类物质，食物中的核酸多以核蛋白的形式存在，经胃酸作用分解为核酸和蛋白质。核酸的消化主要在小肠进行，在胰液和肠液中各种核酸酶的作用下水解为核苷酸，核苷酸进一步在核苷酸酶的作用下水解为核苷和磷酸，核苷再经核苷磷酸化酶催化而生成碱基和戊糖（或磷酸戊糖）。核酸的消化过程见图 9－1。核酸及其水解产物均可被细胞吸收，戊糖和磷酸可再被机体利用，其中，戊糖参与体内的戊糖代谢，少量嘌呤和嘧啶碱基被机体利用，大量的则被分解而排出体外。尽管食物中的核酸含量丰富，但人体内的核苷酸主要由细胞以戊糖和氨基酸等为原料自身合成，少部分由食物核酸降解而来，所以核苷酸不属于营养必需物质。本章主要讲述核苷酸的合成代谢和分解代谢。

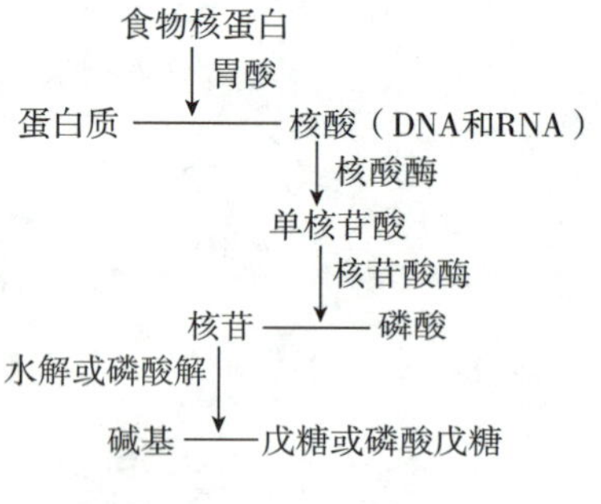

图 9－1　核酸的消化

PPT

第一节　核苷酸的合成代谢

体内核苷酸的合成有两条途径：从头合成途径和补救合成途径。利用磷酸核糖、氨基酸、一碳单位和 CO_2 等小分子原料，经过一系列酶促反应，合成核苷酸的过程称为从头合成（*de novo* synthesis）途径。肝是从头合成核苷酸的主要组织，其次是小肠黏膜及胸腺等其他组织，但并不是所有组织细胞都具有从头合成核苷酸的能力。利用体内游离的碱基或核苷，经简单的酶促反应，生成相应核苷酸的过程称为补救合成（salvage pathway）途径。骨髓和脑组织采取补救合成途径，因其不具备从头合成的能力。一般来说，从头合成是合成核苷酸的主要途径。

一、嘌呤核苷酸的合成代谢 微课

（一）嘌呤核苷酸的从头合成

除某些细菌外，几乎所有生物都能合成嘌呤碱。

1. 合成的原料　同位素示踪实验证明，人体内合成嘌呤的原料均为简单的小分子物质，包括核糖-5-磷酸、氨基酸（谷氨酰胺、天冬氨酸和甘氨酸）、一碳单位和 CO_2（图9-2）。

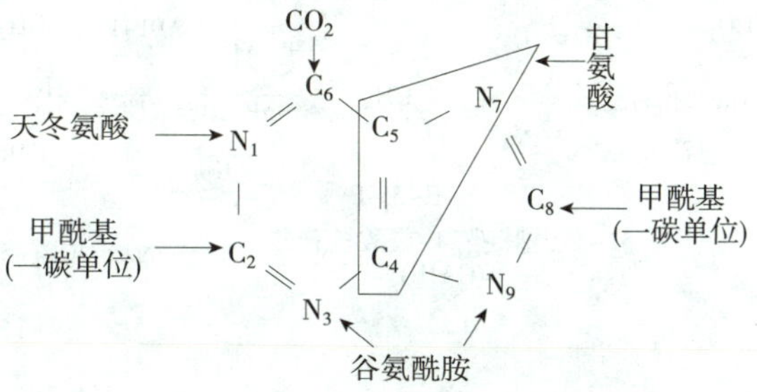

图9-2　嘌呤碱合成的元素来源

2. 合成的过程　嘌呤核苷酸的从头合成过程比较复杂，在胞质中进行，为讲述方便，将合成过程分为两个阶段：首先合成次黄嘌呤核苷酸（inosine monophosphate，IMP）；然后以IMP作为共同前体，转变为腺嘌呤核苷酸（AMP）和鸟嘌呤核苷酸（GMP）。

（1）IMP的合成　IMP是嘌呤核苷酸合成的重要中间产物，因而IMP合成是从头合成过程的核心过程，比较复杂，经过11步反应（图9-3）。①磷酸戊糖途径来源的核糖-5-磷酸与ATP反应，活化生成5-磷酸核糖焦磷酸（phosphoribosyl pyrophosphate，PRPP），此步反应由磷酸核糖焦磷酸合成酶催化。②谷氨酰胺上的酰基取代PRPP上的焦磷酸，形成5-磷酸核糖胺（PRA），磷酸核糖酰胺转移酶催化此步反应。③由ATP供能，在甘氨酰胺核苷酸合成酶的催化下，甘氨酸与PRA缩合生成甘氨酰胺核苷酸（GAR）。④由 N^{10}-甲酰四氢叶酸提供甲酰基，使GAR甲酰化，生成甲酰甘氨酰胺核苷酸（FGAR），催化的酶为GAR甲酰基转移酶。⑤谷氨酰胺提供酰胺氮，在FGAR酰胺转移酶的催化下，使FGAR生成甲酰甘氨脒核苷酸（FGAM），反应消耗1分子ATP。⑥在AIR合成酶的催化下，FGAM经过耗能的分子内重排，环化生成5-氨基咪唑核苷酸（AIR），至此，合成了嘌呤环中的咪唑环。⑦AIR羧化酶催化AIR与 CO_2 生成5-氨基咪唑-4-羧酸核苷酸（CAIR）。⑧、⑨这两步反应与尿素循环中精氨酸生成鸟氨酸的反应相似，由天冬氨酸提供氨基，经过缩合和裂解，生成5-氨基咪唑-4-甲酰胺核苷酸（AICAR）。⑩在AICAR甲酰基转移酶的催化下，由 N^{10}-甲酰四氢叶酸提供甲酰基，AICAR甲酰化生成5-甲酰氨基咪唑-4-甲酰胺核苷酸（FAICAR）。⑪在IMP环水解酶的作用下，FAICAR脱水环化生成IMP。

（2）AMP和GMP的合成　IMP是合成AMP和GMP的共同前提。IMP由天冬氨酸提供氨基，脱去延胡索酸，则生成AMP；IMP先氧化生成黄嘌呤核苷酸（XMP），然后再由谷氨酰胺提供氨基生成GMP，合成过程由ATP供能，具体反应过程见图9-4。AMP和GMP在激酶的作用下，经过两步磷酸化反应，分别生成ATP和GTP，从而参与核酸的合成。

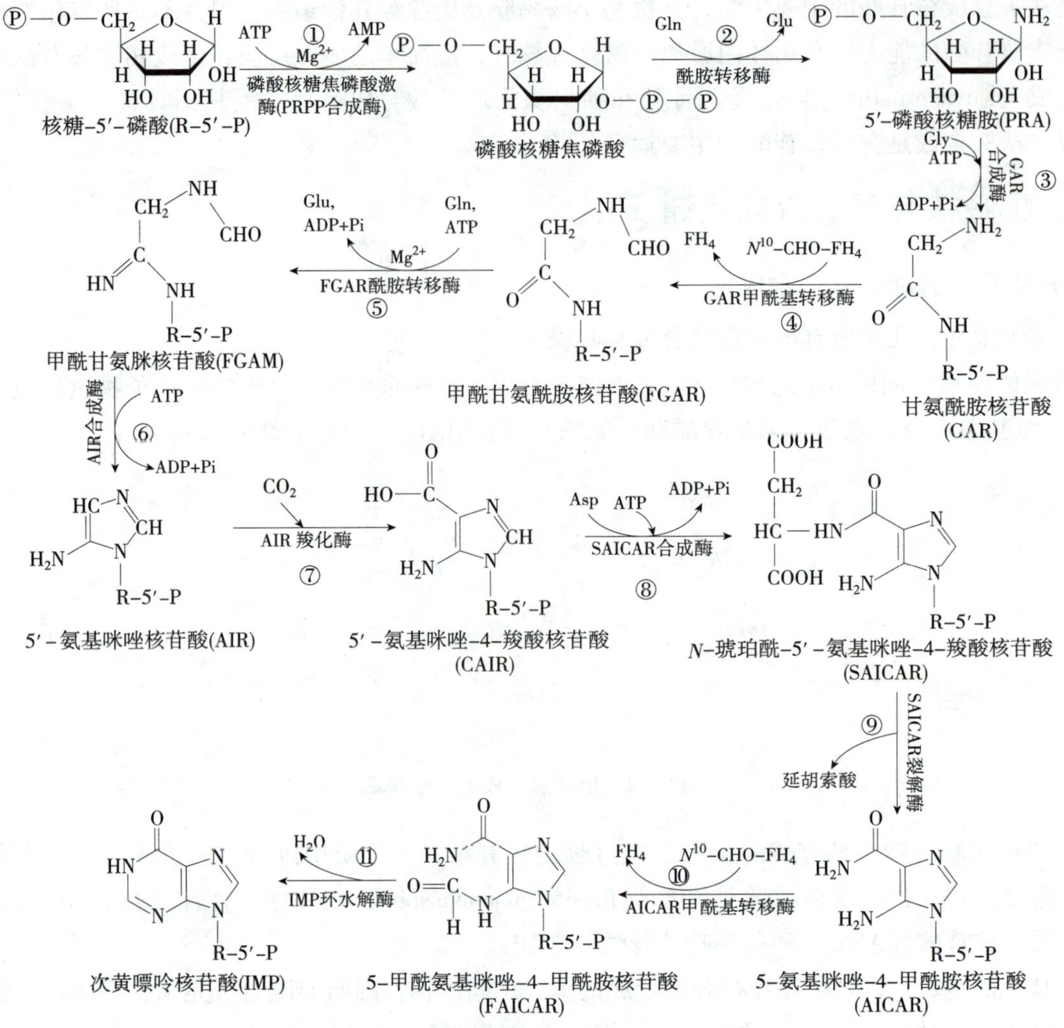

图 9-3 次黄嘌呤核苷酸（IMP）的合成途径

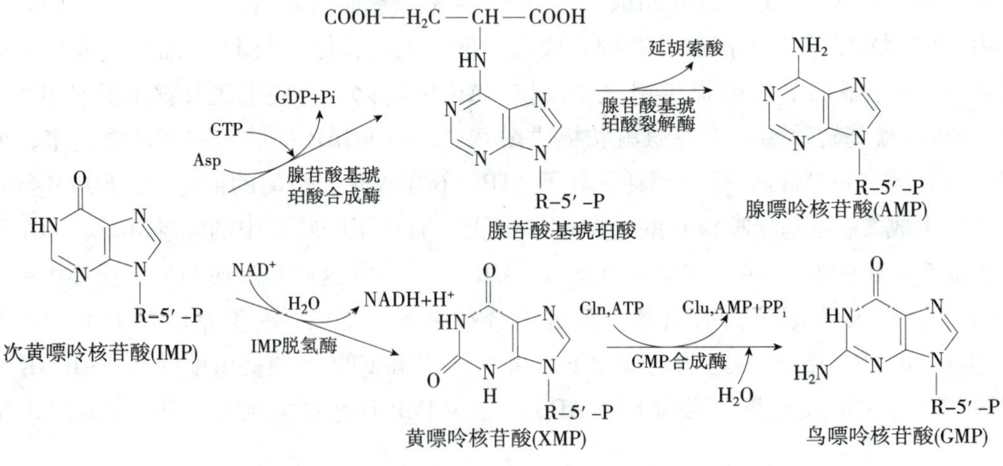

图 9-4 IMP 起始的 AMP 及 GMP 的合成途径

3. 嘌呤核苷酸从头合成的特点 从上述反应过程中可以看到，嘌呤核苷酸是在核糖磷酸分子上逐步合成嘌呤环，而不是先合成嘌呤环后再与核糖磷酸结合。这与嘧啶核苷酸的合成不同，这也是嘌呤核苷酸从头合成的主要特点。

4. 嘌呤核苷酸从头合成的调节 从头合成途径是体内嘌呤核苷酸的主要来源，此合成途径受到精细的调节，以满足核酸生物合成对嘌呤核苷酸的需要，又不会“供过于求”，避免营养物质及能量的无谓消耗。调节机制采用的是反馈抑制调节，PRPP 合成酶和 PRPP 酰胺转移酶是嘌呤核苷酸从头合成途径起始反应的两个关键酶，合成产物 IMP、AMP 和 GMP 均可反馈抑制这两个酶，而核糖 -5- 磷酸和 PRPP 则分别增强 PRPP 合成酶和 PRPP 酰胺转移酶的活性。在 AMP 和 GMP 的生成过程中，AMP 也可通过反馈抑制腺苷酸基琥珀酸合成酶来抑制 AMP 的合成，GMP 也可通过反馈抑制 IMP 脱氢酶来抑制 GMP 的合成。此外，GTP 可促进 AMP 的生成，而 ATP 可促进 GMP 的生成，这种交叉调节可维持体内 ATP 和 GTP 合成量的平衡（图 9-5）。

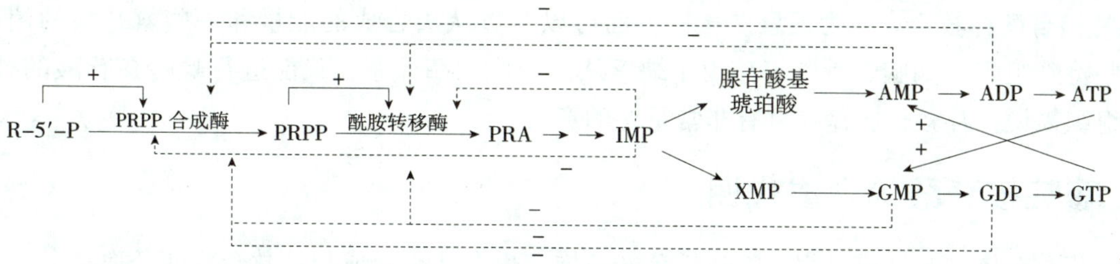

图 9-5 嘌呤核苷酸从头合成的调节

（二）嘌呤核苷酸的补救合成

嘌呤核苷酸的补救合成主要在某些不能进行从头合成的组织（如脑和骨髓）中进行，必须依靠从肝运来的嘌呤和核苷合成核苷酸，合成过程简单，能量和营养物质消耗少。

1. 利用嘌呤合成嘌呤核苷酸 合成所需的磷酸戊糖也由 PRPP 提供，并有两种酶参与，即腺嘌呤磷酸核糖转移酶（adenine phosphoribosyl transferase，APRT）和次黄嘌呤 - 鸟嘌呤磷酸核糖转移酶（hypoxanthine - guanine phosphoribosyl transferase，HGPRT），前者催化 AMP 的合成，后者催化 IMP 和 GMP 的合成。

$$\text{腺嘌呤} + \text{PRPP} \xrightarrow{\text{APRT}} \text{AMP} + \text{PPi}$$

$$\text{次黄嘌呤} + \text{PRPP} \xrightarrow{\text{HGPRT}} \text{IMP} + \text{PPi}$$

$$\text{鸟嘌呤} + \text{PRPP} \xrightarrow{\text{HGPRT}} \text{GMP} + \text{PPi}$$

上述反应中 APRT 受 AMP 的反馈抑制，HGPRT 受 IMP 和 GMP 的反馈抑制。HGPRT 的遗传性缺陷可导致 Lesch - Nyhan 综合征，患者在 2~3 岁时就表现出运动障碍、智力低下、自残甚至自毁容貌，故也称自毁容貌症，并伴有高尿酸血症。

知识链接

Lesch - Nyhan 综合征

Lesch - Nyhan 综合征是由于 HGPRT 的遗传性缺陷所致。此种疾病是一种 X 染色体连锁的遗传代谢病，常见于男性。由于 HGPRT 缺乏，分解产生的鸟嘌呤和次黄嘌呤不能通过补救合成途径合成核苷酸而代谢生成尿酸；同时，PRPP 不能被利用而堆积，PRPP 促进嘌呤的从头合成，从而使嘌呤分解产物——尿酸增高。患者表现为尿酸增高及神经异常，如脑发育不全、智力低下、有攻击和破坏性行为，常咬伤自己的嘴唇、手和足趾，故该病亦称为自毁容貌症。患者大多死于儿童时期，现在科学家正研究借助基因工程的方法将 HGPRT 基因转移至患者的细胞中，以达到基因治疗的目的。同时应对患儿应加强护理，保证营养，防止自残。对该病的早期识别、早期诊治不仅有助于改善预后，也可为家庭的再生育风险评估提供依据。

2. 利用嘌呤核苷合成嘌呤核苷酸 人体的腺苷激酶催化相应的嘌呤核苷的磷酸化，生成相应的核苷酸。

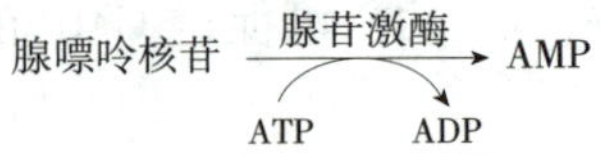

3. 嘌呤核苷酸补救合成的生理意义 一方面可以节省从头合成的能量和一些氨基酸的消耗；另一方面，一些特殊组织（如脑、骨髓等）由于缺乏从头合成的酶体系，只能进行嘌呤核苷酸的补救合成，对于这些组织来说，补救合成途径具有非常重要的意义。

二、嘧啶核苷酸的合成代谢

嘧啶核苷酸在体内的合成过程与嘌呤核苷酸一样，也有从头合成与补救合成两条途径。

（一）嘧啶核苷酸的从头合成

1. 合成的原料和部位 核糖核酸、谷氨酰胺、天冬氨酸和 CO_2 作为合成嘧啶核苷酸的原料，其中，谷氨酰胺、天冬氨酸和 CO_2 作为嘧啶碱基合成的原料（图 9－6），PRPP 提供核糖磷酸。合成反应主要在肝细胞胞质中进行。

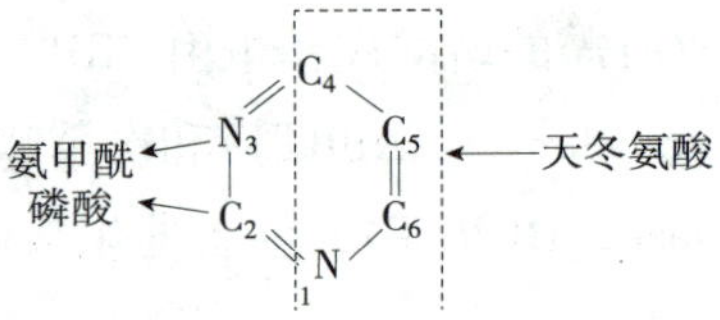

图 9－6 嘧啶环合成的元素来源

2. 合成途径 反应过程与嘌呤核苷酸合成途径不同，首先由谷氨酰胺、CO_2 和天冬氨酸合成嘧啶环，再与核糖磷酸相连而形成尿嘧啶核苷酸（UMP），并以 UMP 作为嘧啶核苷酸合成的共同前体。

（1）UMP 的合成 此过程有 6 步反应。①谷氨酰胺、CO_2 和 ATP 在氨甲酰磷酸合成酶Ⅱ（CPS－Ⅱ）的催化下生成氨甲酰磷酸，此酶存在于肝细胞胞质中，可受 UMP 的别构抑制和 PRPP 的别构激活。需要注意的是，氨甲酰磷酸也是尿素合成的中间物质，但是尿素合成所需的氨甲酰磷酸是在肝线粒体中由氨甲酰磷酸合成酶Ⅰ（CPS－Ⅰ）催化合成的，以 NH_3 为氮源，*N*－乙酰谷氨酸是其必不可少的别构激活剂。可见，这两种合成酶具有不同的性质和功能。②在天冬氨酸氨甲酰基转移酶的催化下，氨甲酰磷酸与天冬氨酸结合生成 *N*－氨甲酰天冬氨酸。③*N*－氨甲酰天冬氨酸在二氢乳清酸酶的催化下转变为二氢乳清酸。④二氢乳清酸脱氢生成乳清酸（orotic acid），反应由二氢乳清酸脱氢酶催化。⑤由 PRPP 提供核糖磷酸，在乳清酸磷酸核糖转移酶的催化下，乳清酸转变为乳清酸核苷酸（OMP）。⑥乳清酸核苷酸脱羧生成尿苷一磷酸（UMP），反应由 OMP 脱羧酶催化（图 9－7）。

（2）CTP 的合成 UMP 在尿苷酸激酶和二磷酸核苷激酶的连续催化下，生成 UTP。UTP 接受谷氨酰胺提供的氨基，在 CTP 合成酶的催化下生成 CTP，反应由 ATP 提供能量（图 9－8）。

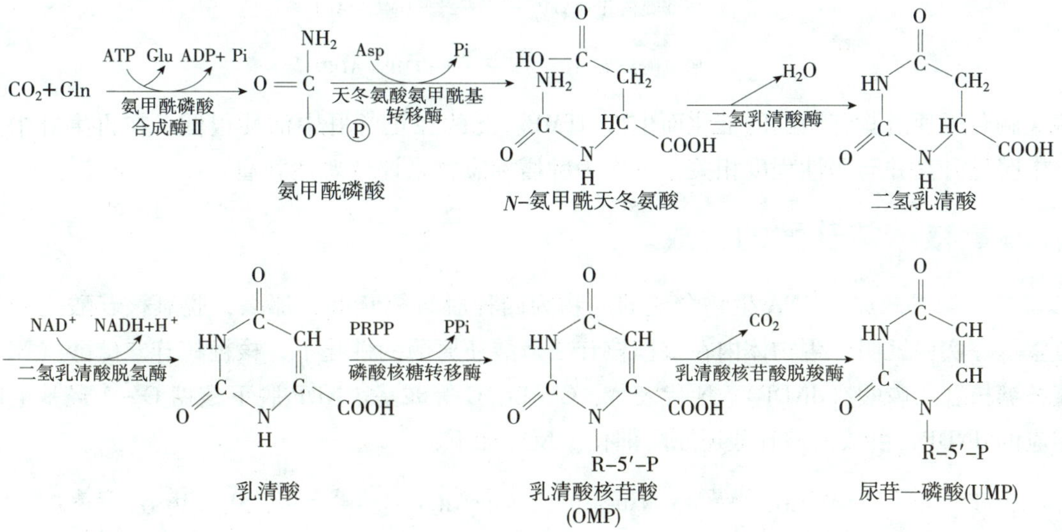

图 9-7　尿嘧啶核苷酸的从头合成

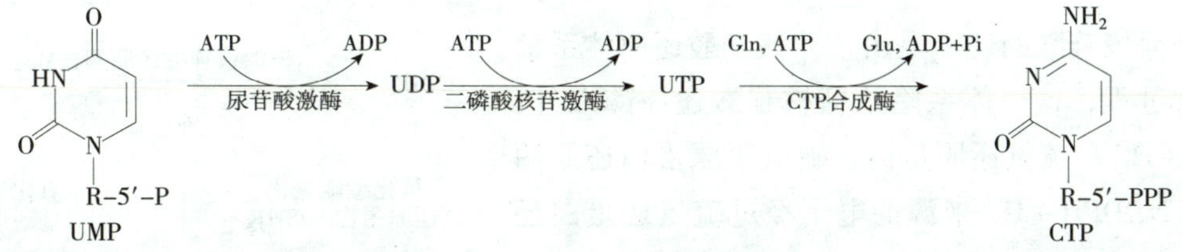

图 9-8　UTP 和 CTP 的合成

3. 从头合成的调节　研究表明，催化嘧啶合成的前三个酶，即 CPS-Ⅱ、天冬氨酸氨甲酰基转移酶和二氢乳清酸酶，位于分子量约 200kD 的同一条多肽链上，是一个多功能酶；后两个酶（即磷酸核糖转移酶和 OMP 脱羧酶）也是位于同一条多肽链上的多功能酶。这种多功能酶的形式有利于他们以均匀的速率参与嘧啶核苷酸的合成，也便于调节。在哺乳动物中，CPS-Ⅱ是主要的调节酶，受反馈机制的调节。嘧啶与嘌呤合成产物可相互调控合成的过程，使两者的合成速率均衡。这是由于 PRPP 合成酶是嘧啶和嘌呤两类核苷酸合成过程中共同需要的酶，它可同时接受嘧啶核苷酸和嘌呤核苷酸的反馈抑制。嘧啶核苷酸合成的调节部位如图 9-9 所示。

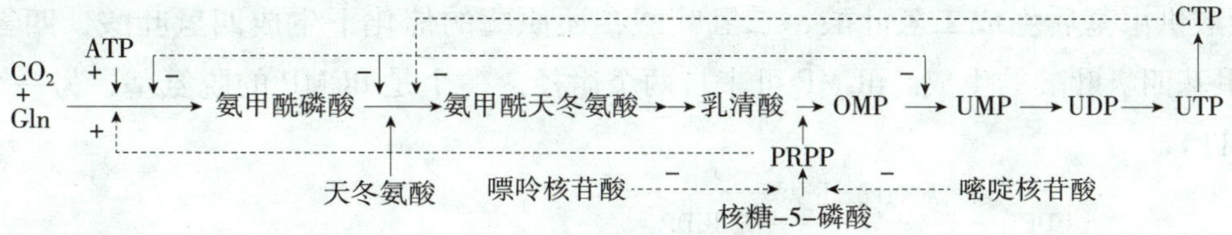

图 9-9　嘧啶核苷酸合成的调节

（二）嘧啶核苷酸的补救合成

嘧啶核苷酸的补救合成利用嘧啶磷酸核糖转移酶，以尿嘧啶、胸腺嘧啶和乳清酸为底物，但不能利用胞嘧啶作为底物，催化的反应通式如下。

$$\text{嘧啶} + \text{PRPP} \xrightarrow{\text{嘧啶磷酸核糖转移酶}} \text{磷酸嘧啶核苷} + \text{PPi}$$

各种嘧啶核苷也可在相应的核苷激酶的催化下，与 ATP 作用生成嘧啶核苷酸和 ADP。

$$\text{尿嘧啶核苷} + \text{ATP} \xrightarrow{\text{尿苷激酶}} \text{UMP} + \text{ADP}$$

$$\text{脱氧胸苷} + \text{ATP} \xrightarrow{\text{胸苷激酶}} \text{dTMP} + \text{ADP}$$

如脱氧胸苷可通过胸苷激酶的催化而生成 dTMP。此酶在正常肝中活性很低，在再生肝中升高，在恶性肿瘤中明显升高并与恶性程度相关，可作为肿瘤标志物来评估恶性肿瘤。

三、脱氧核糖核苷酸的合成

1. 核糖核苷酸的还原 DNA 生物合成的底物为四种脱氧核苷酸，那么，脱氧核苷酸是如何合成的呢？同位素示踪实验证明，生物体内在核糖核苷二磷酸还原酶的催化下，核糖核苷二磷酸（NDP）可转变为脱氧核糖核苷二磷酸（dNDP）。N 代表 A、G、U、C 等碱基。NDP 脱下核糖 C－2 羟基上的氧而直接生成相应的 dNDP，由核糖核苷酸还原酶催化。反应如下：

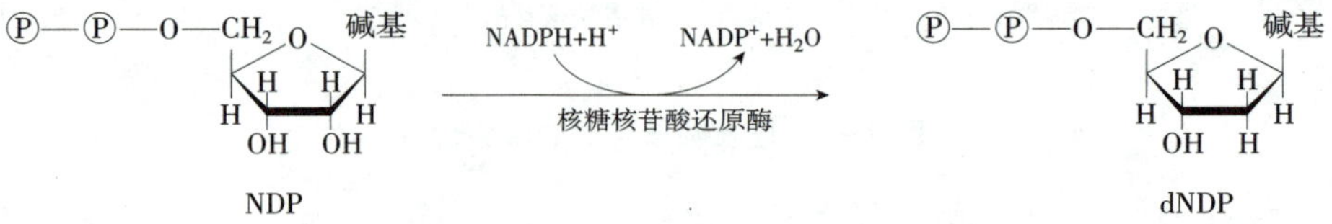

其实，核糖核苷酸的还原是由核糖核苷酸还原体系催化的一个复杂过程，这一体系除核糖核苷酸还原酶以外，还有 NADPH＋H^+、硫氧还原蛋白、硫氧还原蛋白还原酶的共同参与。NADPH＋H^+ 来源的电子经过硫氧还蛋白还原酶和硫氧还蛋白的作用，再传递给核糖核苷酸还原酶（图 9－10）。

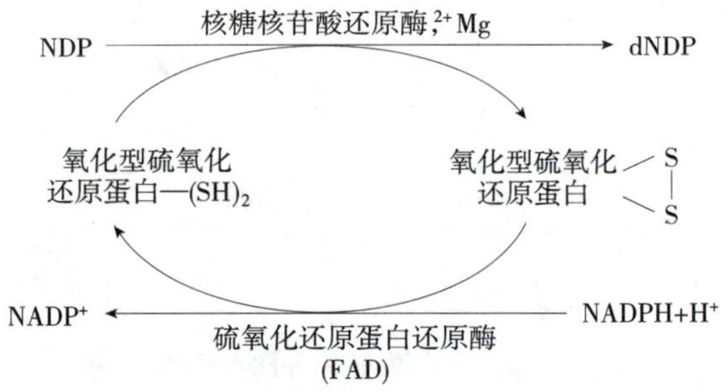

图 9－10 脱氧核苷酸的生成

核糖核苷酸还原酶是一种别构酶，包括 R1、R2 两个亚基，只有两亚基结合时才具有酶活性。在 DNA 合成旺盛和分裂速度较快的细胞中，核苷酸还原酶体系活性较强。

上述生成的 dNDP 经激酶催化，与 ATP 反应生成 DNA 生物合成的原料——dNTP。

2. 脱氧胸腺嘧啶核苷酸（dTMP）的生成 dTMP 是 DNA 特有的组分，在体内主要由 dUMP 经甲基化而生成，由胸苷酸合酶（thymidylatesynthase）催化，N^5，N^{10}－亚甲基四氢叶酸作为甲基供体。N^5，N^{10}－亚甲基四氢叶酸供甲基后生成二氢叶酸，二氢叶酸在还原酶的催化下生成四氢叶酸，四氢叶酸再参与 N^5，N^{10}－亚甲基四氢叶酸的生成。dUMP 可来自两个途径，一个是 dCMP 的脱氨基，另一个是 dUDP 的水解（图 9－11）。

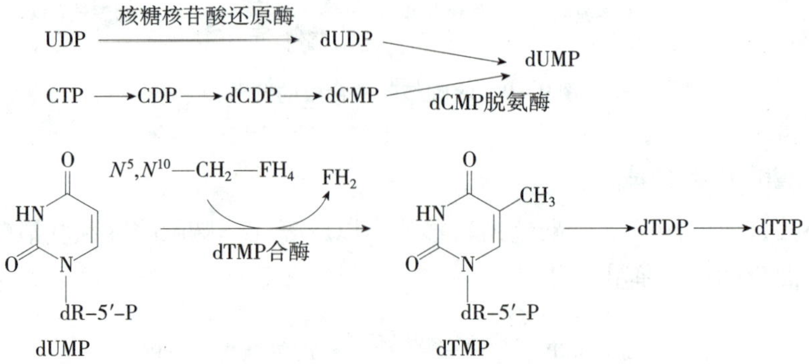

图 9－11 dTTP 的合成

dTMP 是 DNA 的特有组成成分之一，所以，降低 dTMP 水平的物质可明显影响细胞的分裂。四氢叶酸携带的一碳单位既是嘌呤从头合成的原料，又参与脱氧胸苷酸合成，因此，快速分裂的细胞特别依赖于胸苷酸合酶和二氢叶酸还原酶的活性，这两个酶常被用作肿瘤化疗的靶点。抑制这两个酶中的一个或两个，都会阻断 dTMP 的合成，进而阻断 DNA 的合成。

PPT

第二节　核苷酸的分解代谢

人体内核苷酸的分解代谢类似于食物中核苷酸的消化过程，主要在肝、小肠和肾中进行。在核苷酸酶的催化下，核苷酸水解释放磷酸而生成核苷，核苷进一步水解为碱基和核糖 - 1 - 磷酸。核苷和碱基可以进一步分解，也可进入补救合成途径。

一、嘌呤核苷酸的分解代谢

案例引导

临床案例　患者，男，52 岁。3 年前出现四肢关节肿痛，无发热。当地医院按照关节炎治疗，症状缓解，但总是反复。近一年来跖趾关节、掌指关节处出现肿块，行走时疼痛。医院对双侧处跖趾关节肿块行手术治疗，病理检查示“痛风石”。实验室检查：尿酸 836μmol/L。诊断为痛风症。患者经手术切除痛风石后，继续服用别嘌呤醇治疗。

讨论　别嘌呤醇治疗痛风症的生化机制是什么？

嘌呤核苷酸首先水解为嘌呤核苷。腺苷在腺嘌呤核苷脱氨酶的催化下转化为次黄嘌呤核苷，脱磷酸生成次黄嘌呤。在黄嘌呤氧化酶的催化下，次黄嘌呤先转化为黄嘌呤；在核苷磷酸化酶的催化下，鸟苷转变为鸟嘌呤，继续脱氨基变为黄嘌呤；共同来源的黄嘌呤继续在黄嘌呤氧化酶的催化下，最终转变为尿酸（图 9 - 12）。

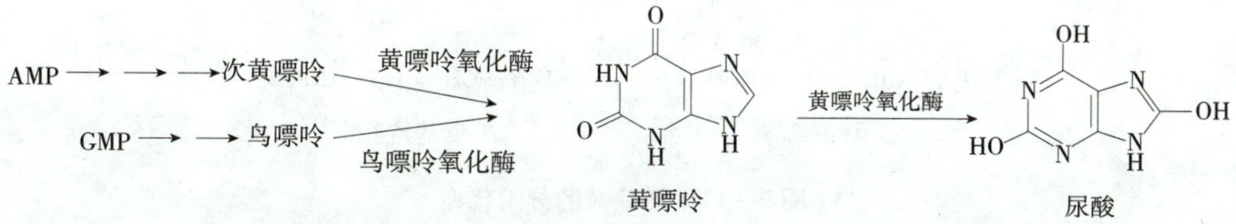

图 9 - 12　嘌呤核苷酸的分解代谢

尿酸是人体嘌呤核苷酸分解代谢的终产物，由肾排泄。正常人血浆尿酸含量为 120 ~ 360μmol/L，主要以尿酸盐形式存在。由于尿酸的水溶性小，当体内尿酸浓度过高（超过 480μmol/L）时，可以尿酸盐结晶形式沉积于关节、软骨组织处，出现关节肿痛、尿路结石等表现，即为痛风，多见于男性。痛风石是痛风的一种特征性损害，为尿酸沉积于组织所致，受累关节可表现为以骨质缺损为中心的关节肿胀、僵硬及畸形，无一定形状且不对称。痛风的原因分为原发性和继发性两种，原发性主要是由于嘌呤核苷酸代谢酶的遗传性缺陷，导致尿酸异常增多，引起高尿酸血症；继发性则多因过量进食高嘌呤食物、体内核酸大量分解（如白血病、恶性肿瘤等）或肾疾病导致的排尿酸障碍，这些均可导致血尿酸升高。前面讲过的自毁容貌症也属于继发性痛风症。别嘌呤醇是次黄嘌呤的结构类似物，次黄嘌呤与别嘌呤醇的 8 号与 7 号元素进行了互换，其余部位没有差异，能竞争性抑制黄嘌呤氧化酶，抑制尿酸生成（图 9 - 13），临床上用于治疗痛风症。别嘌呤醇与 PRPP 反应生成的别嘌呤核苷酸与 IMP 结构相似，能反馈抑制 PRPP 酰胺转移酶，阻断嘌呤核苷酸的从头合成，从而减少尿酸的合成。黄嘌呤和次黄嘌呤的水溶性较尿酸大得多，不会沉积形成结晶。

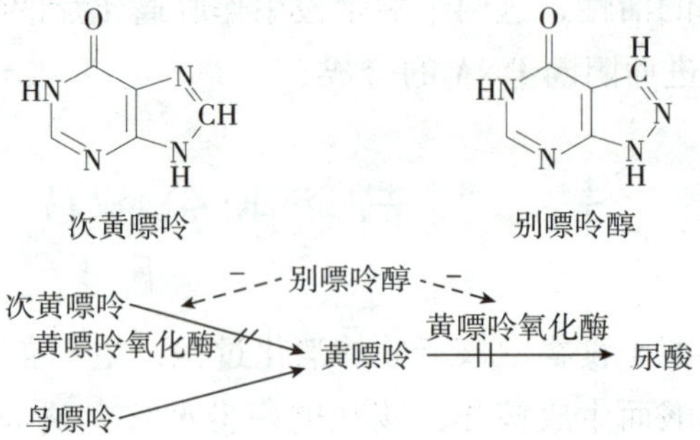

图 9－13　别嘌呤醇治疗痛风症的机制

二、嘧啶核苷酸的分解代谢

人体内嘧啶的分解过程与嘌呤不同，嘧啶环可被打开。经核苷酸酶催化，嘧啶核苷酸水解生成核苷，核苷经核苷磷酸化酶催化，生成核糖磷酸和嘧啶，嘧啶碱在肝细胞内进一步开环分解。胞嘧啶脱氨基转变为尿嘧啶，而后还原为二氢尿嘧啶，开环水解，最终生成 NH_3、CO_2 和 β－丙氨酸。胸腺嘧啶则降解生成 NH_3、CO_2 和 β－氨基异丁酸（图 9－14）。嘧啶碱的降解产物与嘌呤不同，均溶于水，可直接随尿排出。食入含 DNA 丰富的食物、经放射线或化疗的癌症患者，尿中 NH_3、CO_2 和 β－丙氨酸排出量增多。

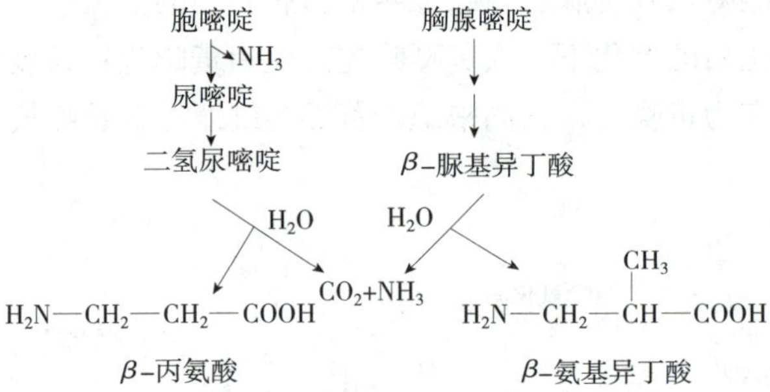

图 9－14　嘧啶碱的分解代谢

第三节　核苷酸的抗代谢物

PPT

核苷酸的抗代谢物是指一些人工合成的化学结构与核苷酸合成代谢的嘌呤、嘧啶及其核苷或核苷酸、氨基酸和叶酸等类似的化合物，主要通过竞争性抑制核苷酸合成代谢相关的酶来干扰或阻断核苷酸及核酸的生物合成。肿瘤细胞和病毒的核酸合成十分旺盛，因此，这些抗代谢物主要用于抗肿瘤和抗病毒。该类药物的作用缺乏特异性，对某些正常组织细胞的代谢及增殖也产生影响，因而有较大的副作用。

一、嘌呤类似物

嘌呤类似物主要有 6－巯基嘌呤（6－MP）、6－巯基鸟嘌呤（6－TG）、8－氮杂鸟嘌呤（8－AG）

等，临床上应用较多的是6－MP，它是次黄嘌呤的结构类似物。6－MP在体内经磷酸核糖化生成6－MP核苷酸，并以这种形式抑制IMP转变为AMP及GMP的反应；6－MP核苷酸的结构与IMP相似，可反馈抑制PRPP酰胺转移酶，从而抑制嘌呤核苷酸的从头合成；6－MP核苷酸竞争性抑制HGPRT，从而抑制嘌呤核苷酸的补救合成（图9－15）。

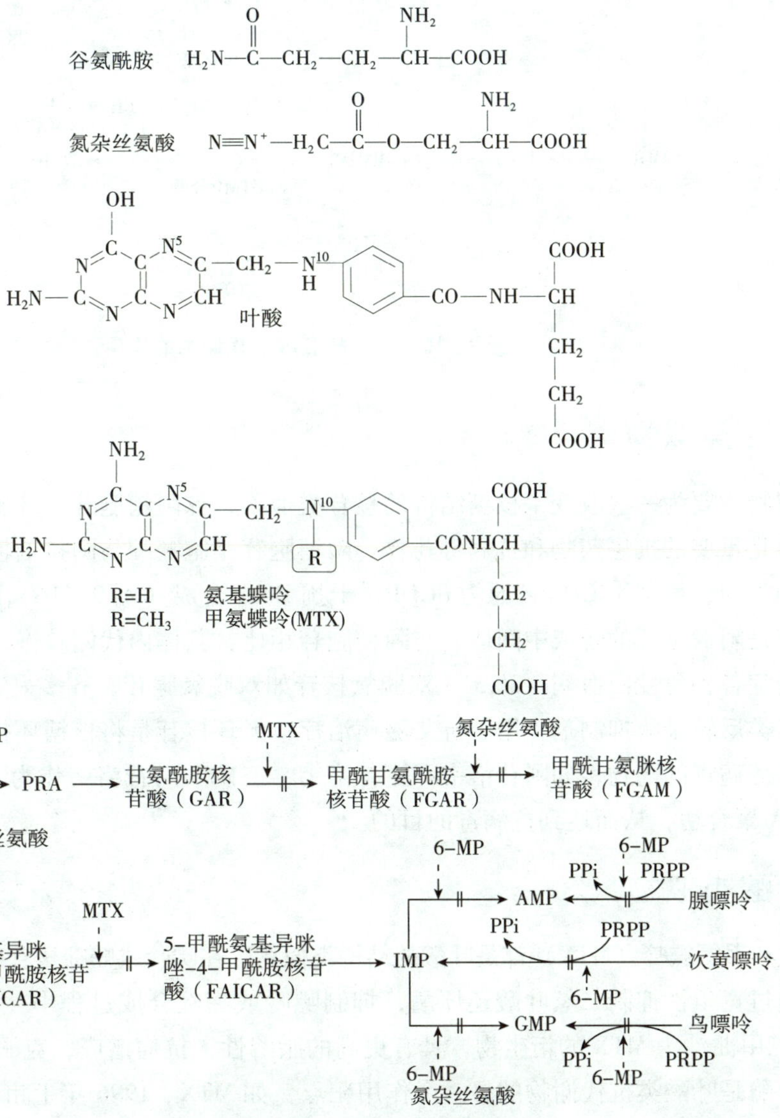

图9－15　嘌呤核苷酸抗代谢物的作用

二、嘧啶类似物

临床常用抗肿瘤的嘧啶类似物有5－氟尿嘧啶（5－FU），它是胸腺嘧啶的结构类似物，其本身没有生物学活性，必须在体内转变为氟尿苷三磷酸（FUTP）及氟脱氧尿苷一磷酸（FdUMP）后才发挥药理作用。FdUMP与dUMP的结构相似，是胸苷酸合成酶抑制剂，使dTMP的合成受到阻断（图9－16），从而干扰DNA的生物合成；在RNA生物合成中，FUTP以假乱真，作为合成原料以FUMP的形式掺入RNA分子，破坏RNA的结构与功能，从而干扰蛋白质的生物合成。

三、氨基酸类似物

氨基酸类似物主要有氮杂丝氨酸，它是谷氨酰胺的结构类似物，可通过对酶的竞争性抑制作用，干扰谷氨酰胺参与的嘌呤和嘧啶核苷酸合成代谢的反应步骤（图9－15，图9－16）。

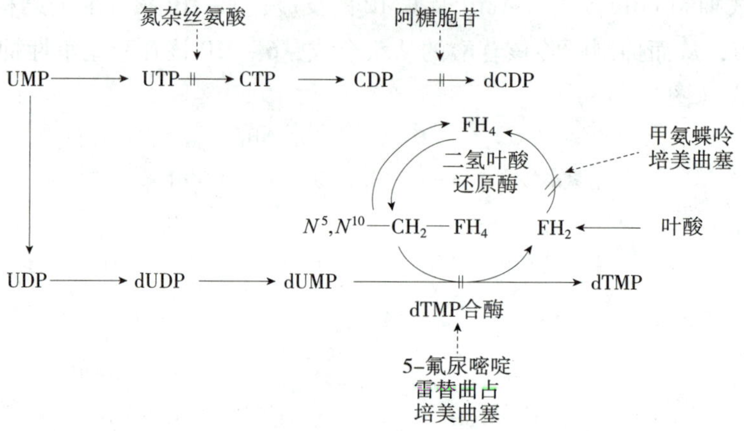

图9－16　嘧啶核苷酸抗代谢物的作用

四、核苷类似物

核苷类似物主要为一些改变了核糖结构的核苷类似物，如阿糖胞苷、环胞苷、2′,3′－双脱氧核苷和无环核苷，也是重要的抗癌药物和抗病毒药物。阿糖胞苷是胞嘧啶与阿拉伯糖结合而成的核苷，与胞嘧啶核苷的结构类似，可抑制CDP还原为dCDP，干扰DNA合成（图9－16），临床主要用于治疗急性白血病。环胞苷是阿糖胞苷的合成中间体，与阿糖胞苷相比，其体内代谢较慢，作用时间长，副作用也较轻，也用于治疗各种急性白血病。2′,3′－双脱氧核苷如双脱氧腺苷、齐多夫定和阿巴卡韦等，它们都属于二脱氧核苷类反转录酶抑制剂，用于抗艾滋病治疗；无环核苷是将核糖环打开的核苷类药物，作为一大类具有抗疱疹病毒的药物，如阿昔洛韦和更昔洛韦，三磷酸阿昔洛韦作为dGTP的竞争性抑制剂，抑制病毒的DNA聚合酶，从而达到抗病毒的目的。

五、叶酸类似物

氨基蝶呤和甲氨蝶呤（MTX）都是叶酸的结构类似物。在嘌呤或嘧啶核苷酸的从头合成中，氨基蝶呤和甲氨蝶呤通过竞争性抑制二氢叶酸还原酶，抑制嘌呤或嘧啶合成过程中一碳单位的供应（图9－15、图9－16）。三甲曲沙为MTX的衍生物，具有更高的脂溶性，抗瘤谱广，克服了MTX的耐药性。

胸苷酸合酶是叶酸类抗代谢物的另一个作用靶点，如MTX、1996年上市的雷替曲占和2004年上市的培美曲塞都是叶酸类似物，通过抑制胸苷酸合酶来发挥抗肿瘤作用，主要用于治疗晚期结肠癌和恶性胸膜间皮瘤。

知识链接

不同生物的嘌呤最终代谢产物

不同生物分解嘌呤碱的最终产物不同，人类和其他灵长类动物的嘌呤代谢产物一般为尿酸，灵长类以外的哺乳动物可生成尿囊素，多数鱼类则生成尿素，某些海洋脊椎动物可生成氨。微生物能将嘌呤分解成氨及某些有机酸，如甲酸、乙酸、乳酸等。植物体内广泛存在尿囊素酶、尿囊酸酶和脲酶等，因此，植物还能将尿酸进一步分解为尿囊素、尿囊酸、尿素等。

答案解析

目标检测

一、单项选择题

1. 5－氟尿嘧啶的抗癌作用机制是（　）
   A. 抑制胸苷酸的合成　　B. 抑制尿嘧啶的合成
   C. 抑制胞嘧啶的合成　　D. 合成错误的 DNA
   E. 抑制二氢叶酸还原酶
2. 核糖核苷酸的还原是由核糖核苷酸还原体系催化的一个复杂过程。下列物质中，不属于这一体系的是（　）
   A. 核糖核苷酸氧化酶　　B. $NADPH + H^+$　　C. 硫氧还蛋白
   D. 硫氧还蛋白还原酶　　E. 核糖核苷酸还原酶
3. 下列不属于 RNA 中的核苷酸的是（　）
   A. UMP　　B. AMP　　C. GMP
   D. CMP　　E. TMP
4. 最直接联系核苷酸合成与糖代谢的物质是（　）
   A. 葡萄糖　　B. 6－磷酸葡萄糖
   C. 1－磷酸葡萄糖　　D. 1,6－二磷酸葡萄糖
   E. 5－磷酸核糖
5. 同位素示踪实验证明，人体内合成嘌呤的原料均为简单小分子物质。下列不属于合成嘌呤的原料的是（　）
   A. 核糖－5－磷酸　　B. 氨基酸　　C. 一碳单位
   D. 核糖核酸　　E. CO_2
6. 关于嘌呤核苷酸补救合成的生理意义，描述错误的是（　）
   A. 可以节省从头合成的能量消耗
   B. 可以节省从头合成的氨基酸消耗
   C. 某些组织器官优先选用补救合成途径合成嘌呤核苷酸
   D. 某些组织器官如脑、骨髓等，只能进行嘌呤核苷酸的补救合成
   E. HGPRT 缺陷时会导致自毁容貌症
7. 关于核苷酸的生理功能，叙述错误的是（　）
   A. 生物界中最主要的直接供能物质
   B. 作为辅酶的成分
   C. 作为质膜的基本结构成分
   D. 生理性调节物
   E. 多种核苷酸衍生物为生物合成过程中的活性中间物
8. 下列抗代谢药物中，不属于核酸组成成分类似物的是（　）
   A. 嘌呤类似物　　B. 嘧啶类似物　　C. 磷酸类似物
   D. 核苷类似物　　E. 叶酸类似物

二、简答题

1. 脱氧核苷酸是如何合成的？
2. 简述嘌呤核苷酸的分解代谢。
3. 痛风症的发病机制是什么？

（何海伦）

书网融合……

本章小结　　微课　　题库

第十章　物质代谢的联系与调节

学习目标

1. 掌握　糖、脂质、氨基酸代谢途径的相互联系；细胞水平调节中关键酶的定义及所催化反应的特点；别构调节、化学修饰调节的概念、调节机制、特点和生理意义。

2. 熟悉　肝在物质代谢中的作用；心肌、脑、骨骼肌、成熟红细胞、脂肪组织的物质代谢特点；短期饥饿、长期饥饿及应激状态下机体整体水平代谢调节的过程。

3. 了解　物质代谢的特点；代谢组学的概念。

4. 学会从整体上分析物质代谢联系的动态调节，体会整体水平的代谢联系，分析物质代谢发生的变化与临床疾病之间关联性。

物质代谢是生命的基本特征，是一切生命活动的物质基础。从有生命的单细胞到复杂的人体，都与周围环境不断地进行物质交换，这种物质交换称为物质代谢或新陈代谢。

糖、脂质、蛋白质及核酸等各种物质在体内均有各自的代谢途径，机体需对各物质的代谢过程进行调节和整合，通过代谢调节和整合，使合成代谢与分解代谢之间、各代谢途径之间、各组织器官之间能够相互协调，以适应机体内、外环境变化。如果物质代谢调节发生障碍，就会造成相应的物质代谢紊乱，引起疾病。

第一节　物质代谢的特点

PPT

一、代谢的整体性

体内糖、脂质、蛋白质、水、无机盐、维生素等各种物质的代谢不是孤立的，而是在细胞内同时进行，且又互相联系、相互转变、相互依存、相互制约、相互协调，构成统一的整体，以确保细胞乃至机体的正常功能。实际上，人类摄取的食物同时都含有蛋白质、脂质、糖类、水、无机盐及维生素等，这些物质从消化吸收、合成代谢、分解代谢到转化与排泄的代谢活动都是同时进行的，并且互有联系、互有依存。不同的物质分子在进行代谢时，常可利用或共享同一代谢途径，分享部分代谢途径。例如，由糖、脂肪酸及氨基酸分解生成的乙酰 CoA，均可经三羧酸循环彻底氧化；另一方面，当脂肪酸分解代谢旺盛时，所生成的大量乙酰 CoA 可抑制丙酮酸脱氢酶等，制约糖的分解代谢。

二、代谢途径的多样性

体内的物质代谢通常是通过许多酶促反应组成的代谢途径进行。代谢途径纷繁复杂。

1. 直线途径　一般指从起始物到终产物的整个反应过程中无代谢分支，例如 DNA 的生物合成、RNA 的生物合成及蛋白质的生物合成等。

2. 分支途径　是指代谢物可通过某个共同中间物进行代谢分支，产生 2 种或更多种反应产物。例如在胞质中，由糖酵解产生的丙酮酸在无氧时进行乳酸发酵，还原为乳酸；有氧时进入线粒体内氧化脱羧生成乙酰 CoA，后者通过柠檬酸循环及氧化磷酸化彻底氧化，生成 H_2O 和 CO_2 并释放出能量；还可经转氨基作用生成丙氨酸；还可羧化成草酰乙酸。草酰乙酸作为中间代谢物，也有自己的代谢分支，如异生为糖、经转氨基作用转变成天冬氨酸等。

3. 循环途径 循环途径中的中间产物可反复生成、反复利用，使机体能够经济、高效地进行代谢反应，而且循环途径可以从任一中间物起始或终止，大大提高了代谢反应的灵活性，例如三羧酸循环、鸟氨酸循环、甲硫氨酸循环等。

三、代谢的组织特异性

由于各组织、器官的分化不同，所含酶的种类和含量各有差异，形成了各组织、器官的代谢特点，即代谢具有组织特异性。例如，肝既能进行糖原合成，也能进行糖原分解，还能进行糖异生作用，是维持血糖水平恒定的重要器官，这是因为肝含有丰富的相应代谢途径的酶；再如，储存能量是脂肪组织的重要功能，这是因为脂肪组织含有脂蛋白脂肪酶及特有的三酰甘油脂肪酶，既能水解血液循环中脂蛋白的脂肪来合成脂肪细胞内的脂肪而储存，也能根据机体需要进行脂肪动员，释放脂肪酸，供其他组织利用。

四、代谢的可调节性

代谢调节普遍存在于生物界，是生物的重要特征。要确保机体的正常功能，就必须保证糖、脂质、蛋白质等营养物质在体内的代谢能够根据机体的代谢状态和功能的需要有条不紊地进行。这就需要对物质代谢的速率、强度和方向进行精细的调节，以适应内、外环境的变化，从而顺利完成各种生命活动。物质代谢调节一旦失衡，机体不能适应内、外环境的改变，就会使细胞、机体的功能失常，导致人体疾病的发生。

五、ATP 是能量代谢的中心

各种生命活动如生长、发育、繁殖、运动、修复，包括各种生命物质的合成等均需要能量。人体能量的来源是糖、脂质、蛋白质等营养物质，但营养物质中的化学能不能直接用于各种生命活动，机体需要对其进行氧化分解释放化学能，并将其部分储存在可供生命活动利用的 ATP 中。ATP 作为机体可直接利用的主要能量载体，将产能的营养物质分解代谢和耗能的物质合成代谢及生命活动联系在一起，其他核苷三磷酸也大都是由 NDP 接受 ATP 提供的能量和磷酸基转变而来。所以，ATP 是体内生物能代谢或能量流通的“通用货币”。

六、NADPH 是合成代谢的供氢体

体内的氧化反应，主要是脱氢反应，以 $NADP^+$ 为辅酶的脱氢酶有葡糖 -6- 磷酸脱氢酶、胞质中的苹果酸酶等，它们催化底物脱氢生成的 $NADPH + H^+$ 可为合成脂肪酸、胆固醇、脱氧核苷酸等化合物提供还原当量。NADPH 也是偶联分解代谢与合成代谢的特殊功能分子。

第二节 物质代谢的相互联系

PPT

如前所述，体内的物质代谢是一个整体。各种物质代谢不仅同时进行，而且通过它们的共同中间代谢物和共同通路相互联系和转变。所以，虽然膳食中提供的糖、脂质和蛋白质等的比例可以千差万别，

但它们在体内代谢时，除少数必需氨基酸和必需脂肪酸外，大多数代谢物可相互转变、相互补充，一种物质代谢障碍时，可引起其他物质代谢的紊乱。

一、糖、脂质和蛋白质代谢的相互联系

（一）糖代谢与脂质代谢的相互联系

1. 糖可以转变为脂肪　脂肪是机体能量储存的主要形式。当人体摄取的糖量超过机体能量消耗时，除糖原合成增强外，主要转变为脂肪。此时，一方面，糖分解产生的磷酸二羟丙酮可以转变为 α - 磷酸甘油；另一方面，葡萄糖氧化分解过程中生成的柠檬酸及终产物 ATP 增多，可别构激活乙酰 CoA 羧化酶，使葡萄糖分解产生的乙酰 CoA 羧化生成丙二酰 CoA，进而合成脂肪酸并活化成脂酰 CoA。然后，脂酰 CoA 与 α - 磷酸甘油合成脂肪而储存于脂肪组织中。这正是摄取高糖膳食可使人肥胖的原因。

2. 脂肪中的甘油部分可以转变为糖　脂肪中的甘油可在肝、肾、肠等组织中被甘油激酶催化而生成 α - 磷酸甘油，进而异生成糖，但与脂肪中大量脂肪酸分解生成的乙酰 CoA 相比，其量是微不足道的。体内的脂肪酸主要是偶数碳原子的，而偶数碳的脂肪酸 β - 氧化生成的乙酰 CoA 不能逆转生成丙酮酸，也就不能经糖异生途径生成糖，所以脂肪酸不能转变为糖。

3. 糖可以转变为胆固醇，也能为磷脂合成提供原料　胆固醇合成的原料——乙酰 CoA 和 NADPH + H^+，主要由糖代谢产生。当进食高糖膳食后，血糖升高，胰岛素分泌增加，糖的分解加强，为合成胆固醇提供更多的乙酰 CoA 和 NADPH + H^+，这正是高糖膳食后，不仅脂肪合成增加，而且胆固醇合成也增加的原因。但是，胆固醇不能转变为糖，胆固醇主要转变为胆汁酸、类固醇激素和维生素 D_3。甘油磷脂的合成需要甘油、脂肪酸，鞘磷脂的合成也需要脂肪酸。甘油和脂肪酸可由糖代谢转变。所以，糖能为磷脂合成提供原料。甘油磷脂中的甘油部分可以转变成糖。

4. 糖代谢的正常进行是脂肪分解代谢顺利进行的前提　脂肪酸氧化的产物——乙酰 CoA 必须与草酰乙酸缩合成柠檬酸后进入柠檬酸循环，才能被彻底氧化，而草酰乙酸主要靠糖代谢产生的丙酮酸羧化生成。当糖代谢障碍时，引起脂肪大量动员，脂肪酸 β - 氧化加强，生成的大量乙酰 CoA 不能进入柠檬酸循环而在肝细胞线粒体内转变成酮体。生成的酮体也因糖代谢的障碍而不能被有效利用，造成血酮体升高，甚至尿中有酮体排出。

（二）糖代谢与氨基酸代谢的相互关系

1. 糖可以转变为非必需氨基酸　糖代谢的一些中间产物，如丙酮酸、α - 酮戊二酸、草酰乙酸可以氨基化生成相应的非必需氨基酸——丙氨酸、谷氨酸和天冬氨酸。但 9 种必需氨基酸不能由任何物质转变而来，只能由食物供给，所以食物蛋白质的营养不能被糖和脂质替代。

2. 除生酮氨基酸外的其他氨基酸可转变为葡萄糖　生酮氨基酸亮氨酸和赖氨酸分解代谢的中间产物是乙酰 CoA 和（或）乙酰乙酰 CoA，因此，它们只能转变为酮体而不能转变为糖。其他氨基酸经脱氨基作用或特殊代谢，都能转变为丙酮酸或柠檬酸循环中的中间产物，因此都可以作为糖异生原料而异生为糖。如缬氨酸、甲硫氨酸、异亮氨酸和苏氨酸可生成琥珀酸，进一步生成草酰乙酸，草酰乙酸生成磷酸烯醇式丙酮酸，经糖异生途径生成糖。

（三）脂质代谢与氨基酸代谢的相互联系

1. 脂肪中的甘油部分可以转变为氨基酸　正如脂肪很少能转变为糖一样，仅脂肪中的甘油可以转变为非必需氨基酸碳架，用以合成非必需氨基酸，偶数碳脂肪酸不能转变为任何氨基酸，所以脂肪也不能替代食物蛋白质。

2. 氨基酸可以转变为脂肪　生酮氨基酸亮氨酸和赖氨酸能转变为脂肪酸，但不能转变为甘油，因

此，它们不能转变为脂肪；其他 18 种生糖及生糖兼生酮氨基酸都可以转变为糖，自然也就可以转变成脂肪。

3. 氨基酸可以转变为胆固醇 所有氨基酸的分解代谢都可以为胆固醇合成提供乙酰 CoA，从而参与促进胆固醇合成。

4. 个别氨基酸参与磷脂代谢 丝氨酸参与磷脂酰丝氨酸的合成；丝氨酸可为脑磷脂合成提供胆胺；胆胺由 *S* – 腺苷甲硫氨酸提供甲基而生成胆碱，进而参与卵磷脂合成。

二、核酸与三大类营养物质代谢的相互联系

嘌呤的合成需要谷氨酰胺、甘氨酸、天冬氨酸和某些氨基酸分解代谢产生的一碳单位；尿嘧啶和胞嘧啶的合成需要谷氨酰胺和天冬氨酸，胸腺嘧啶的合成除需天冬氨酸和谷氨酰胺外，还需要一碳单位。

此外，所有核苷酸的合成都需要磷酸戊糖途径提供的核糖 – 5 – 磷酸，脱氧核苷酸合成需要的 $NADPH + H^+$ 主要也是由磷酸戊糖途径提供。

所以，葡萄糖和某些氨基酸可在体内转化为核酸分子的组成成分。

糖、脂质、氨基酸及核苷酸代谢途径之间的相互关系见图 10 – 1。

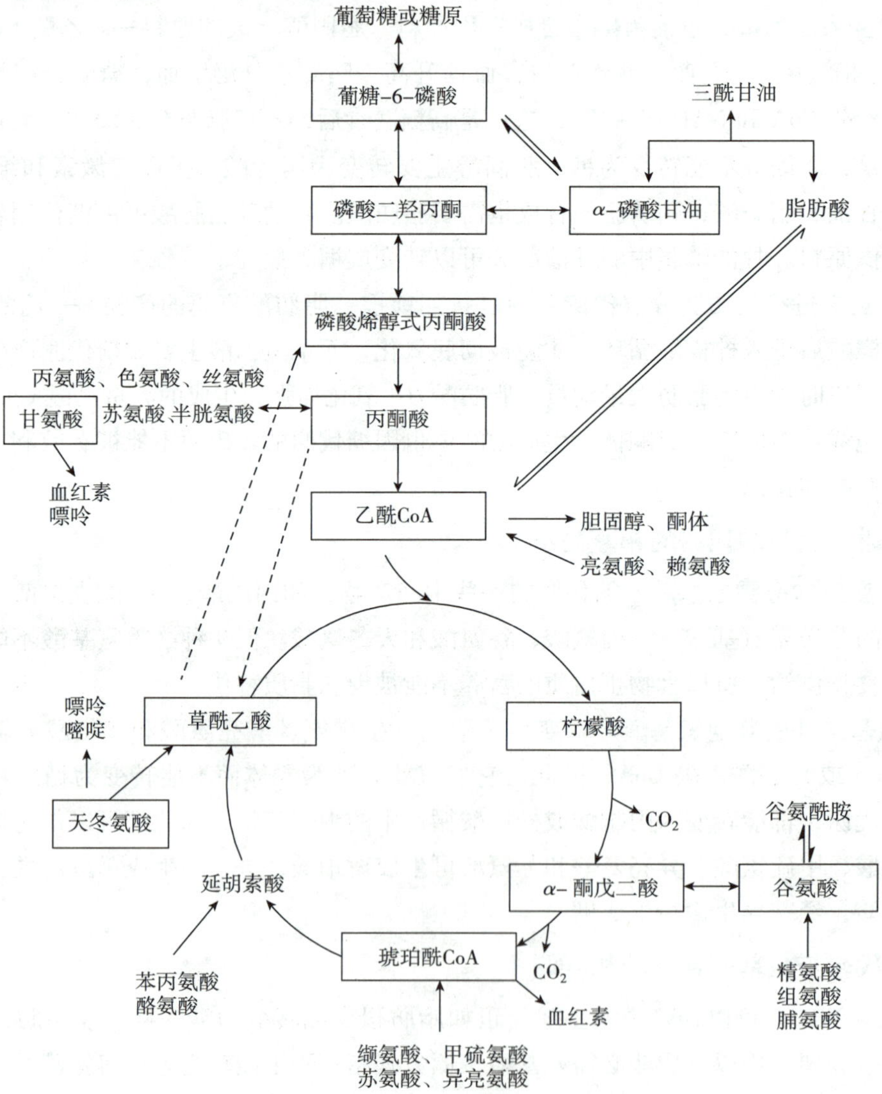

图 10 – 1 糖、脂质、氨基酸及核苷酸代谢途径之间的相互联系

三、三大类营养物质在能量代谢上的相互联系

生物体的能量主要来自糖、脂肪、蛋白质三大营养物质在体内的分解氧化。虽然它们在体内分解氧化的反应途径各不相同，但都会生成共同的中间代谢物——乙酰 CoA，后者通过共同途径——三羧酸循环和氧化磷酸化彻底氧化分解，释出的能量主要以 ATP 形式供机体利用。

从提供能量方面看，三大营养物质可以互相补充、互相制约。通常情况下，人体摄取的食物中，糖类含量最多，人体所需要能量的 50% ~70% 由糖提供，糖是体内的“燃烧材料”；其次是脂肪，占总热量的 10% ~40%，但它是机体储能的主要形式，是生物体的“储能材料”；蛋白质氧化分解提供的能量可占总能量的 18%，但机体尽可能节省蛋白质的消耗，因为蛋白质是机体的“建筑材料”，其主要功用是组成组织细胞最重要的成分，维持组织细胞的生长、更新、修补和执行各种生命活动，而且通常无多余储存，蛋白质若持续减少将威胁生命，蛋白质的氧化供能可由糖、脂肪所代替。

三大营养物质最终都要通过三羧酸循环和氧化磷酸化的共同通路才能彻底氧化。当任一营养素的氧化分解占优势时，就会抑制和节省其他供能物质的降解。例如脂肪动员加强，ATP 生成增多，ATP/ADP 比值增高时，可别构抑制糖分解代谢最重要的关键酶——磷酸果糖激酶 -1 的活性，从而抑制糖的分解；相反，若 ATP 生成减少，ATP/ADP 比值降低时，磷酸果糖激酶 -1 的活性被别构激活，从而加速糖的分解。

第三节　组织器官的代谢特点与联系

PPT

人体是由不同组织、器官构成的，满足机体各组织器官基本细胞功能所需要的代谢基本相同。但人体各组织器官高度分化，各具代谢特点，从而实现各器官独特的生理功能。这是由于组织器官代谢途径酶体系的种类和含量存在特异性。各器官的代谢并非孤立进行，不同组织、器官的代谢中间物及终产物通过血液循环、神经系统及激素的调节相互联系，形成一个完整统一的有机整体。

一、肝组织

肝具有特殊的组织结构和化学构成，是人体中代谢最活跃也最具特色的器官，耗氧量也大，占静息状态下全身耗氧量的 20%。它不仅在糖、脂质、蛋白质、水、无机盐及维生素等营养素的代谢中，而且在胆汁酸等非营养物质的代谢中均具有独特而重要的作用。所以，它是机体物质代谢的枢纽，人体的“中心生化工厂”。例如，肝通过糖原合成、糖原分解和糖异生作用，维持血糖浓度的相对恒定。肝细胞中的己糖激酶为葡糖激酶，该酶对葡萄糖的亲和力低，K_m 值较高，为 10mmol/L，故肝糖原的合成通常不是直接利用葡萄糖，而是经过三碳途径合成；而肌糖原的合成是直接途径。肝糖原可以直接分解生成葡萄糖，而肌糖原只能进行糖酵解，不能直接转变为葡萄糖，这是因为肌肉细胞中缺乏葡糖 -6 -磷酸酶，该酶只存在于肝和肾皮质中。又如酮体的代谢，肝细胞线粒体中有较强的合成酮体的酶类，但缺乏利用酮体的酶类，故有“肝内生酮肝外用”之说。肝的脂肪、胆固醇、磷脂合成非常活跃，但合成之后很快以 VLDL 形式释放入血，不能在肝中储存；否则，脂质在肝中大量储存，会造成脂肪肝。肝还有分泌、排泄、生物转化等重要功能。

二、肾组织

与肝一样，肾是一个可以进行糖异生和生成酮体两种代谢的器官。正常情况下，肾糖异生产生的葡萄糖量仅占肝糖异生的 10%，但饥饿 5 ~6 周后，肾糖异生产生的葡萄糖量基本与肝相等。另外，肾髓

质无线粒体，主要由糖酵解供能，而肾皮质则主要由脂肪酸及酮体的有氧氧化供能。

三、心肌

心脏具有泵出血液的作用，心肌的持续性、节律性收缩为心脏输出血液提供了重要保障。心肌具有极为丰富的线粒体，可氧化利用多种能源物质。在供氧充足的条件下，主要通过有氧氧化获得大量ATP。通常心肌细胞的ATP主要来源于脂肪酸的氧化分解，依次消耗自由脂肪酸、酮体、乳酸和葡萄糖等能源物质，以提供能量。另外，心肌细胞还储存有很少量的磷酸肌酸和糖原。因此，心肌细胞具有多渠道的能源供给方式，能够充分保证心脏搏动时的ATP需要。心肌从血液中摄取各种营养物质有一定阈值限制，营养物质在血液中的水平超过阈值越高，摄取越多。因此，心肌在饱食状态下可以氧化利用葡萄糖，空腹或饥饿时主要利用脂肪酸和酮体，运动中或运动后则可利用乳酸。

四、脑组织

脑功能复杂，活动频繁，能量消耗多且连续，耗氧量占全身耗氧量的20%～25%，是静息状态下单位重量组织耗氧量最大的器官。脑无糖原储备，也不能利用脂肪酸，通常以血液葡萄糖为唯一能源。脑组织具有很高的己糖激酶活性，即使在血糖水平较低时也能有效地利用葡萄糖；但在长期饥饿、血糖供应不足时，可将肝生成的酮体作为能源。饥饿3～4天，脑每天消耗约50g酮体；饥饿2周后，消耗酮体可达100g。综上，脑组织在不同营养状况下可以寻求利用不同的能源，以保障其作为重要器官的能量供给。

脑组织与血液之间易于进行氨基酸交换，但氨基酸在脑内的含量有限。脑中游离氨基酸主要为谷氨酸、天冬氨酸、谷氨酰胺、*N*－乙酰天冬氨酸和γ－氨基丁酸，以谷氨酸含量最多。脑通过特异的氨基酸及其代谢调节机制，维持脑内特有的氨基酸含量谱。

五、成熟红细胞

成熟红细胞没有线粒体，不能进行糖的有氧氧化，也不能氧化利用脂肪酸及其他非糖物质，所以只能通过糖酵解途径分解葡萄糖来获取ATP，这几乎是成熟红细胞唯一的获能途径。成熟红细胞每天经过此途径消耗血糖15～20g，这也是维持血糖浓度稳定的重要原因之一。

六、肌肉组织

一般情况下，肌肉的能量主要来自脂肪酸的氧化分解，肌肉也部分利用葡萄糖和酮体。但在剧烈运动时，骨骼肌耗氧量可高达全身的90%，ATP需求量明显增加，短暂的骨骼肌剧烈收缩活动后，储存于肌肉内的高能物质——磷酸肌酸将能量与～P转移给ADP，生成的ATP被直接利用；肌肉组织供氧相对不足，糖酵解途径会暴发性增强，并通过此途径分解肌糖原和葡萄糖提供ATP，糖酵解的终产物乳酸也随之增加。除肝外，肌肉也能合成和分解糖原，但肌肉在分解糖原时，由于缺乏葡萄糖－6－磷酸酶，肌糖原不能直接分解成葡萄糖而提供血糖，只能进行糖酵解。

七、脂肪组织

脂肪组织是合成、储存脂肪的重要场所，机体从食物中摄取的能源物质主要是脂肪和糖，正常情况下，食后吸收的脂肪和糖部分氧化供能，部分主要以脂肪形式储存于脂肪组织中，供饥饿时利用。食物脂肪以乳糜微粒的形式运输至脂肪组织，经脂蛋白脂肪酶水解后的脂肪酸被脂肪细胞摄取，合成脂肪储存于脂肪细胞内。食物中的糖主要运输至肝转化成脂肪，以VLDL的形式运输至脂肪组织，同样在脂蛋白脂肪酶的作用下被水解摄取，合成脂肪。脂肪细胞也能将糖和一些氨基酸转化为脂肪而储存于其中。

饥饿时，机体通过代谢调节，激活激素敏感性三酰甘油脂肪酶，通过脂肪动员将储存于脂肪组织中的能量以脂肪酸和甘油的形式释放入血，供其他组织氧化利用。肝还可以将脂肪酸代谢生成酮体，经血液循环供肝外组织氧化利用。所以，饥饿时血中游离脂肪酸和酮体水平升高。

第四节　物质代谢的调节

PPT

正常情况下，体内千变万化的物质代谢和错综复杂的代谢途径所构成的代谢网络能有条不紊地进行，并且物质代谢的强度、方向和速率能适应内、外环境的不断变化，以保持机体内环境的相对恒定和动态平衡，这是因为体内存在着完善、精细、复杂的调节机制。

代谢调节是生物体的基本特征，是生物进化过程中逐步形成的一种适应能力。生物进化程度越高，其代谢调节越精细、复杂。单细胞生物因直接与外界环境接触，主要通过细胞内代谢物浓度的变化对酶的活性和（或）含量进行调节，这种调节称为原始调节或细胞水平的代谢调节。从单细胞生物进化至高等生物，在细胞水平调节的基础上，又出现了激素水平的代谢调节，这种调节通过内分泌细胞或内分泌器官分泌的激素来影响细胞水平的调节，所以更为精细而复杂。高等动物不仅有完整的内分泌系统，而且还有功能十分复杂的神经系统，在中枢系统的控制下，或通过神经纤维及神经递质对靶细胞直接产生影响，或通过某些激素的分泌来调节某些细胞的代谢与功能，并通过各种激素的互相协调对机体代谢进行综合调节，这种调节称为整体水平的代谢调节。细胞水平的代谢调节、激素水平的代谢调节及整体水平的代谢调节统称为三级水平的代谢调节。在这三级水平的代谢调节中，细胞水平的代谢调节是基础，激素水平和整体水平的代谢调节最终是通过细胞水平的代谢调节实现的。所以，本节的重点是细胞水平的代谢调节。

一、细胞水平的代谢调节 微课

（一）细胞酶系的区域化分布

体内的代谢途径纷繁复杂，参与同一代谢途径的酶相对独立地分布在细胞特定区域或亚细胞结构中，形成区域化分布，有的甚至结合在一起，形成多酶体系。区域化分布一方面使同一代谢途径的一系列酶促反应连续进行，提高反应速率；另一方面使各种代谢途径互不干扰、彼此协调，更有利于各代谢途径的特异调节。例如胞质中主要分布的是糖酵解酶系、糖原合成与分解酶系、脂肪酸合成酶系，线粒体中主要有三羧酸循环酶系、脂肪酸β-氧化酶系和氧化磷酸化酶系，而细胞核内主要是核酸合成酶系（表10-1）。

表10-1　主要多酶体系的区域化分布

代谢酶系	分布部位	代谢酶系	分布部位
DNA及RNA合成	细胞核	生物转化	内质网、胞质、线粒体
蛋白质合成	内质网、胞质	糖酵解	胞质
糖原合成	胞质	磷酸戊糖途径	胞质
脂肪酸合成	胞质	糖异生	胞质、线粒体
胆固醇合成	内质网、胞质	脂肪酸β-氧化	线粒体
磷脂合成	内质网	多种水解酶	溶酶体
鸟氨酸循环	线粒体、胞质	三羧酸循环	线粒体
血红素合成	线粒体、胞质	酮体代谢	线粒体
类固醇激素合成	内质网、胞质	呼吸链	线粒体

每条代谢途径由一系列酶促反应组成，其反应速率和方向由其中一个或几个具有调节作用的关键酶活性来决定。这些在代谢过程中具有调节作用的酶称为关键酶（key enzymes）、限速酶（limiting velocity enzymes）或调节酶（regulatory enzymes）。关键酶催化反应的速率是由酶而非作用物浓度决定，关键酶所催化的反应具有下述特点：①催化的反应速率最慢，酶活性决定整个代谢途径的总速率；②常催化单向反应或非平衡反应，酶活性决定整个代谢途径的方向；③酶活性受底物、多种代谢物或效应剂等多种因素的调节控制；④通常位于代谢途径的上游，或作为代谢分支点的第一步反应。表 10－2 列出了一些重要代谢途径的关键酶。

表 10－2　某些重要代谢途径的关键酶

代谢途径	关键酶	代谢途径	关键酶
脂肪酸合成	乙酰 CoA 羧化酶	血红素合成	ALA 合酶
胆固醇合成	HMG－CoA 还原酶	糖有氧氧化	丙酮酸脱氢酶复合体
尿素合成	精氨基琥珀酸合成酶		柠檬酸合酶
糖原分解	磷酸化酶		异柠檬酸脱氢酶
糖原合成	糖原合酶		α－酮戊二酸脱氢酶复合体
糖酵解	己糖激酶	糖异生	丙酮酸羧化酶
	磷酸果糖激酶－1		磷酸烯醇式丙酮酸羧激酶
	丙酮酸激酶		果糖二磷酸酶－1
脂肪动员	激素敏感脂肪酶		葡糖－6－磷酸酶

细胞水平的代谢调节主要通过对关键酶活性的调节来实现。关键酶的调节有两类主要方式。第一类属于结构调节，含别构调节和化学修饰调节，是通过改变固有酶的分子结构来改变酶的活性，以此调节酶促反应的速率，此类调节作用较快，发生在分秒之间，又称快速调节。第二类属于含量调节，通过改变酶蛋白分子的合成或降解速率来改变酶的含量，以改变酶的总活性，进而调节酶促反应速率，这类调节一般需几小时至数天，因而又称迟缓调节。

（二）别构调节

1. 别构调节的概念　酶的别构调节（allosteric regulation）是指某些小分子化合物与酶蛋白分子活性中心以外的特定部位特异结合，改变酶蛋白分子构象，从而改变酶活性的调节，又称变构调节。受调节的酶称为别构酶（allosteric enzyme），使酶分子发生别构效应的物质称为别构效应剂（allosteric effector）。代谢途径中的关键酶大多是别构酶，内源性、外源性小分子化合物都可作为别构效应剂。别构调节在生物界中普遍存在，表 10－3 列出了主要代谢途径中的别构酶及其别构效应剂。

表 10－3　主要代谢途径中的别构酶及其别构效应剂

代谢途径	别构酶	别构激活剂	别构抑制剂
糖酵解	己糖激酶	AMP、ADP、FDP、Pi	G－6－P
	葡糖激酶（肝）		长链脂酰 CoA
	磷酸果糖激酶－1	AMP、ADP、FDP	ATP、柠檬酸
	丙酮酸激酶	AMP	ATP、乙酰 CoA
三羧酸循环	柠檬酸合酶	AMP	ATP、长链脂酰 CoA
	异柠檬酸脱氢酶	AMP、ADP	ATP
糖异生	丙酮酸羧化酶	乙酰 CoA、ATP	AMP
	果糖－1,6－二磷酸酶－1	AMP、G－1－P、Pi	ATP、G－6－P

续表

代谢途径	别构酶	别构激活剂	别构抑制剂
糖原分解	磷酸化酶	AMP、G－1－P、Pi	ATP、G－6－P
脂肪酸合成	乙酰 CoA 羧化酶	柠檬酸、异柠檬酸	长链脂酰 CoA
氨基酸代谢	谷氨酸脱氢酶	ADP、亮氨酸、甲硫氨酸	GTP、ATP、NADH
嘌呤合成	谷氨酰胺 PRPP 酰胺转移酶	PRPP	AMP、GMP
嘧啶合成	天冬氨酸氨甲酰基转移酶		CTP、UTP
核酸合成	脱氧胸苷激酶	dCTP、dATP	dTTP

2. 别构调节的机制　别构酶通常是由两个以上亚基构成的具有四级结构的寡聚蛋白质。亚基包含两种形式：一种含有催化部位，可与底物结合起催化作用，称催化亚基；另一种含有调节部位，能与别构效应剂结合起调节作用，称调节亚基。别构效应剂与调节亚基结合后可改变酶分子的构象，进而影响其催化活性。应该指出的是，一些别构酶的催化部位和调节部位位于同一个亚基上。

别构调节的机制有四种。

（1）别构酶的调节亚基含有一个“假底物”序列　当调节亚基的“假底物”序列结合催化亚基的催化部位时，能阻止底物与催化亚基结合，抑制酶活性。当效应剂分子结合调节亚基后，“假底物”序列构象变化，释放催化亚基，使其发挥催化作用。例如 cAMP 激活 cAMP 依赖的蛋白激酶的机制。

（2）别构酶的构象在“T”与“R”之间互变　别构效应剂与调节亚基结合，能引起酶分子三级和（或）四级结构在“T”构象（紧密态）与“R”构象（松弛态）之间的互变，从而影响酶活性。例如氧对脱氧血红蛋白构象变化的影响机制。

（3）别构酶的亚基聚合与解聚　别构效应剂还可通过引起酶分子构象的改变，使酶分子中的亚基聚合、解聚，从而改变酶的活性。例如果糖－2,6－二磷酸可使磷酸果糖激酶－1 解聚而激活，而 ATP 则使磷酸果糖激酶－1 聚合而抑制。

（4）别构酶的原聚体与多聚体的互变　有的别构效应剂可以使酶的原聚体与多聚体相互转化，从而引起酶活性的改变。例如乙酰 CoA 羧化酶与柠檬酸或异柠檬酸结合后，就由无活性的 4 种不同亚基构成的原聚体，转变成为由 10～20 个原聚体聚合而成的多聚体，活性增加 10～20 倍；而 ATP－Mg^{2+} 可使多聚体又解聚为原聚体，使酶失活。

别构效应剂通过与酶的调节亚基结合，使酶的构象发生改变，引起酶结构的松弛、紧密和亚基聚合、解聚甚至酶分子的多聚化，进而改变酶的活性，调节代谢活动。

3. 别构调节的生理意义　别构调节是细胞水平的代谢调节中一种较常见的快速调节，其生理意义有以下三点。

（1）终产物作为别构抑制剂　代谢途径的终产物作为别构抑制剂反馈抑制该途径起始反应的关键酶，从而可使代谢产物的生成不至于过多，也避免原材料的不必要浪费。例如，长链脂酰 CoA 可反馈抑制乙酰 CoA 羧化酶，从而抑制脂肪酸的合成，也避免了乙酰 CoA 的消耗。

（2）别构调节可使能量得以有效储存　例如，正常情况下，当血糖升高，G－6－P增多时，G－6－P别构抑制糖原磷酸化酶，使糖原分解减少，同时又激活糖原合酶使过多的葡萄糖转变为糖原，从而使能量得以有效储存。

（3）别构调节使不同代谢途径相互协调　例如，乙酰 CoA 既可抑制丙酮酸脱氢酶复合体，又可激活丙酮酸羧化酶，从而协调糖的分解代谢与合成代谢。再如，血糖升高时，柠檬酸生成增多，柠檬酸既可别构抑制磷酸果糖激酶－1，又可别构激活乙酰 CoA 羧化酶，使大量的乙酰 CoA 用于合成脂肪酸，进而合成脂肪。

别构酶的底物动力学不符合米-曼方程式，其底物动力学曲线也不是矩形双曲线，当别构酶底物本身是其别构激活剂时，此别构酶的底物动力学曲线呈现“S”形。在代谢途径中，别构调节常与化学修饰等调节结合，组成整个通路的更精细、更有效的调节。

知识链接

可逆蛋白质磷酸化的发现

20世纪40年代，Cori夫妇发现磷酸化酶有a和b两种形式，并可相互转化，他们夫妇因此荣获1947年诺贝尔生理学或医学奖。1953年，Krebs联合Edmond. H. Fischer证明了磷酸化酶通过加入磷酸而由无活性的b型转变为有活性的a型，磷酸是由ATP提供的。同时他们还发现，磷酸化的磷酸化酶（a型）去掉磷酸后又重新变成无活性的b型。后来，Krebs和Fisher首次分离出第一种蛋白激酶（protein kinase），此激酶能将ATP的γ-磷酸键转移到蛋白质分子上。同时，他们还发现了能将蛋白质分子上的磷酸除去的酶，称蛋白磷酸酶（protein phosphatase）。由蛋白激酶催化蛋白质磷酸化和由蛋白磷酸酶催化磷蛋白脱磷酸化的过程称为“可逆蛋白质磷酸化作用”。Krebs和Fischer因此荣获1992年诺贝尔生理学或医学奖。“可逆蛋白质磷酸化作用”的发现揭示了外界生物信息在细胞内传递的基本原理和方式，开创了细胞代谢、生长、增殖、癌变调控的研究，具有重大的理论和实践意义。

（三）化学修饰调节

1. 化学修饰调节的概念 酶蛋白分子上的某些氨基酸残基侧链可在不同酶催化下发生可逆的共价修饰，从而引起酶活性变化的这种调节称为酶的化学修饰调节（chemical modification），也称共价修饰调节。

2. 化学修饰调节的方式 有磷酸化与脱磷酸、乙酰化与脱乙酰、甲基化与脱甲基、腺苷化与脱腺苷及—SH与—S—S—互变等，其中以磷酸化与脱磷酸为最常见、最重要的化学修饰。酶蛋白分子中丝氨酸（Ser）、苏氨酸（Thr）及酪氨酸（Tyr）残基的羟基是磷酸化修饰的常见位点，可被蛋白激酶（protein kinase）催化而磷酸化，磷酸基供体是ATP；脱磷酸是磷蛋白磷酸酶（phosphoprotein phosphatase）催化的水解反应（图10-2）。不同的酶经共价修饰后，其有活性（或高活性）形式的不同，例如糖原磷酸化酶是磷酸化形式有活性，而糖原合酶是脱磷酸的形式有活性。代谢途径中的关键酶有些可以受到化学修饰调节的影响（表10-4）。

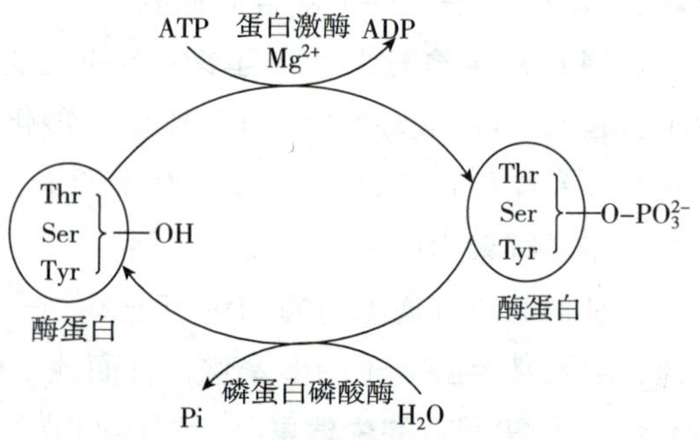

图10-2 酶的磷酸化与脱磷酸化

表10-4 磷酸化/脱磷酸修饰对酶活性的调节

激活（磷酸化）/抑制（脱磷酸）	抑制（磷酸化）/激活（脱磷酸）
糖原磷酸化酶	糖原合酶
磷酸化酶b激酶	磷酸果糖激酶-2
果糖二磷酸酶-2	丙酮酸脱氢酶系
HMG-CoA还原酶激酶	HMG-CoA还原酶
激素敏感性三酰甘油脂肪酶	乙酰CoA羧化酶

3. 化学修饰调节的特点 主要体现在以下几个方面。

（1）绝大多数化学修饰的酶都具有无活性（或低活性）与有活性（或高活性）两种形式，它们之间的互变由两种不同的酶催化。

（2）化学修饰的调节效率比别构调节高，因为化学修饰是酶促反应，而酶促反应具有高度催化效率。催化互变反应的酶又受其他因素如激素的调节，形成由信号分子（激素等）、信号转导分子和效应分子（关键酶）组成的级联反应，使细胞内酶活性调节不但更加精细，而且形成级联放大效应，只需少量激素即可产生迅速而强大的调节效应，以满足机体的需要。

（3）磷酸化与脱磷酸是最常见的化学修饰方式。磷酸化修饰仅需以 ATP 供给磷酸基团，其耗能远少于合成酶蛋白，且作用迅速，又有级联放大效应，因而是体内调节酶活性经济而有效的方式。

（4）细胞内同一关键酶常同时受到化学修饰与别构调节的双重调节，两种调节方式的相互协作、相辅相成进一步增强了调节因子的作用。例如，肌肉磷酸化酶 b 无活性，可被 AMP 别构激活成活性较低的磷酸化酶 b，后者更易受到有活性的磷酸化酶 b 激酶催化而磷酸化，形成活性更强的磷酸化酶 a，且不易受磷蛋白磷酸酶催化而脱磷酸，从而增强了磷酸化酶 a 的稳定性。只有当 ATP 或 G－6－P 增多时，有活性的磷酸化酶 a 别构转变为活性较低的磷酸化酶 a，才能被磷蛋白磷酸酶催化而脱磷酸，回到无活性的磷酸化酶 b 形式。

（四）酶含量的调节

酶含量的调节是调节酶活性的另一种重要方式。它是通过改变酶的合成或降解速率来调节酶的含量，从而改变酶的活性，进而调节代谢的速率和强度。但酶合成或降解所需的时间较长，消耗 ATP 量较多，通常要数小时甚至更长时间，调节效应显现较晚，所以酶含量调节属于迟缓调节。

1. 酶蛋白合成的调节 是通过诱导或阻遏酶蛋白基因表达，改变酶蛋白合成数量而实现的。通常将能增加酶蛋白合成的化合物称为酶的诱导剂（inducer），减少酶蛋白合成的化合物称为酶的阻遏剂（repressor）。激素、底物、产物及药物等均可作为诱导剂或阻遏剂，影响酶蛋白合成的转录或翻译过程。

（1）激素的作用 激素诱导酶的表达是较为常见的调节方式。比如胰岛素能诱导糖酵解和脂肪酸合成途径的关键酶合成，从而促进糖的分解和脂肪的合成；糖皮质激素则能诱导糖异生关键酶的合成，进而加快糖异生过程。

（2）底物的作用 底物对酶合成的诱导普遍存在于生物界。比如增加摄食蛋白质能够诱导尿素合成酶的合成增加。若将鼠饲料中蛋白质含量从 8% 增至 70%，则可显著诱导鼠肝精氨酸酶的合成，并使其活性增加 3 倍。

（3）产物的作用 代谢产物常常会阻遏代谢关键酶的合成。如胆固醇可阻遏肝胆固醇合成的关键酶——HMG－CoA 还原酶的合成。但这种现象在肠黏膜细胞中并不存在，所以摄取高胆固醇食物后，血胆固醇仍可能升高。

（4）药物的作用 很多药物和毒物可诱导肝细胞微粒体中单加氧酶（或称混合功能氧化酶）或其他药物代谢酶的合成，进而增加酶活性，促进生物转化作用，改变毒物和药物的活性。

2. 酶蛋白降解的调节 酶蛋白降解速率的快慢也是影响酶蛋白含量进而改变酶活性的重要因素。降解酶蛋白的途径有两条，一条是溶酶体的 ATP 非依赖途径，另一条是蛋白酶体的 ATP 依赖途径，后者需要泛素介导。通过这两条途径，酶蛋白被水解成肽，再被肽酶降解成氨基酸，从而减少酶的含量，降低酶的活性（详见第八章“氨基酸代谢”）。

凡是能改变或影响这两条蛋白质降解途径的因素，均可影响酶蛋白的降解速率，从而调节物质代谢。

二、激素水平的代谢调节

激素能与其特定的靶组织或靶细胞的受体（receptor）特异性结合，通过细胞信号转导机制引起代谢改变，实现代谢调节作用。激素与受体的相互作用具有高度的专一性、高度的亲和力、可饱和性、可逆性及特定的作用模式等特点。由于激素受体在细胞内存在部位和特性的不同，激素信号转导途径和生物学效应也有所不同。

按照激素受体在细胞中部位的不同，可将激素分为两大类：一类激素的受体位于细胞膜上，称膜受体激素；另一类激素的受体位于细胞内，称胞内受体激素。

1. 膜受体激素的调节 是较多的一种调节方式。膜受体是存在于细胞膜上的跨膜糖蛋白，与其特异性结合而发挥作用的激素包括胰岛素、生长激素、促性腺激素等蛋白质和肽类激素以及肾上腺素等儿茶酚胺类激素，这些激素亲水，不能透过脂质双层构成的细胞膜，而是作为第一信使与其靶细胞膜受体结合后，通过跨膜传递将激素所携带的信息传递到细胞内，由第二信使将信号逐级放大，产生代谢调节效应。

2. 胞内受体激素的调节 胞内受体激素具有脂溶性，能透过细胞表面的脂质双层进入细胞，与胞内受体结合。这类激素受体大部分位于细胞核内，激素可与细胞核内受体结合，也有的激素可先与胞质受体结合，再进入核内。激素与受体结合可引起受体构象改变，形成激素－受体复合物的二聚体，接着再与DNA的特定序列——激素反应元件（hormone response element，HRE）结合，促进或抑制相应基因转录，进而诱导或阻遏蛋白质（包括酶蛋白）的合成，调节酶的含量与活性，从而调节细胞代谢。胞内受体激素主要包括类固醇激素、甲状腺激素、1,25－二羟维生素 D_3 及视黄酸等。

总之，激素可通过cAMP、磷酸化等途径间接地以别构调节、化学修饰调节等方式改变固有酶的结构以调节酶的活性，亦可作用于染色质中的基因，通过对基因表达的调控来调节酶量，由此调节代谢。

激素水平代谢调节异常引起的疾病相当常见，原因较多，表现为功能亢进、功能减退等。根据其病变发生在下丘脑、垂体或周围靶腺而分为原发性和继发性，靶细胞对激素的敏感性或应答反应降低也可导致疾病，非内分泌组织恶性肿瘤可异常地产生过多激素。此外，接受药物或激素治疗也可导致医源性内分泌系统疾病。如生长激素分泌过多在骨骺闭合之前引起巨人症，在骨骺闭合之后导致肢端肥大症，同一患者可兼有巨人－肢端肥大症。

三、整体水平的代谢调节

人体为适应内、外环境变化在接受相应刺激后，可将其转换成各种信号，通过神经体液途径将代谢过程进行适当的整体调整，以保持内环境的稳定，维持机体的健康。在整体调节中，神经系统的主导作用十分重要。神经系统可通过协调各内分泌腺的功能状态间接调节代谢，也可以直接影响器官、组织的代谢。这种整体调节在饥饿及应激状态时表现尤为明显。

（一）饥饿状态的调节

饥饿时，降低的血糖可刺激间脑的糖中枢，通过交感神经的兴奋来影响肾上腺素、生长素、胰岛素、甲状腺激素等的分泌，调整供能物质的组成，减少葡萄糖的消耗，保障葡萄糖供应，转变能量利用形式等，在整体水平调节物质代谢，使血糖浓度有所回升，以确保生命活动的进行。

1. 短期饥饿 1～3天不能进食为短期饥饿。此期间，肝、肌糖原接近耗竭，血糖浓度降低，引起胰岛素分泌减少、胰高血糖素等分泌增加，进而发生一系列代谢改变。

（1）脂肪动员增强，酮体生成增多 激素作用于三酰甘油脂肪酶，使其活性增高，脂肪动员加快，血浆甘油和游离脂肪酸含量升高。脂肪酸通过氧化生成的大量乙酰CoA进入柠檬酸循环，产生ATP。肝内的部分乙酰 CoA 会转而生成酮体。据估计，脂肪组织动员出的脂肪酸约有 25% 在肝内生成酮体。显然，脂肪酸和酮体成了心肌、骨骼肌和肾皮质等的重要燃料，大脑也可以利用一部分酮体。所以，饥饿时脑对葡萄糖的利用减少，利用酮体供能的作用显著提高，但饥饿初期的大脑仍主要由葡萄糖供能，利用酮体供能是组织适应饥饿环境的主要代谢改变。

（2）糖异生作用加强　肝是饥饿初期糖异生的主要场所，量约占 80%，其余约 20% 在肾皮质中进行。饥饿 2 天后，肝糖异生明显增加，每天约生成 150g 葡萄糖，原料的 40% 甚至更多来自蛋白质降解后生成的氨基酸，其余部分来自乳酸及甘油等。

（3）肌肉蛋白质分解增多　肌肉蛋白质分解增加出现的时间较晚，且主要分解为丙氨酸和谷氨酰胺。饥饿第 3 天时，肌肉释放出的丙氨酸占其输出总氨基酸的 30% ~40%。这些氨基酸随后经血液循环进入肝氧化供能，并成为糖异生的原料。

总体来说，短期饥饿时，蛋白质的分解和脂肪的动员大大增加，二者成为主要能源。其中，脂肪的作用最为显著，占能量来源的 85% 以上。此时若能及时给予葡萄糖补充能源，则可防止体内脂肪、蛋白质的消耗，从而减少酮体的生成，降低酮症酸中毒的发生率，并避免蛋白质消耗对机体造成的伤害。据估算，每输入 100g 葡萄糖可减少约 50g 组织蛋白质的消耗。这对肿瘤晚期等消耗性疾病患者显然非常重要。

2. 长期饥饿　指机体未进食 3 天以上，机体各组织出现与短期饥饿不同的代谢变化，主要表现如下。

（1）脂肪动员进一步加强　脂肪酸的 β – 氧化增强，肝酮体生成大量增加，脑组织转而主要利用酮体供能。肌肉以脂肪酸为主要能源，以优先保证酮体供应脑组织。长期饥饿时，酮体生成和利用都明显加强。

（2）肾糖异生作用明显增强　肾每日可异生约 40g 葡萄糖，几乎和肝的糖异生量相等，乳酸和丙酮酸成为肝糖异生的主要原料来源。

（3）组织蛋白质分解下降　组织蛋白质尤其是肌肉蛋白质分解下降，释出氨基酸减少，负氮平衡有所改善。

一般来说，一个正常成人脂肪的储备可维持 3 个月基本代谢的能量需要；但长期饥饿时，脂肪动员过度增强，会伴有过量酮体的生成聚积，可引起酸中毒。另外，因大量蛋白质分解以及机体维生素、矿物质等的缺乏，可严重危害生命。

（二）应激状态的调节

应激（stress）是指机体由异常刺激如创伤、寒冷、中毒、感染、缺氧以及剧烈的情绪激动等引起的“紧张状态”。应激会引起一系列神经体液的变化，如交感神经兴奋，肾上腺髓质及皮质激素、胰高血糖素及生长激素分泌增多，胰岛素分泌减少，进而出现多种代谢改变，致使氧摄入增多，能源储存减少，能源供应增加。

1. 血糖升高　是多种激素共同作用的结果。肾上腺素及胰高血糖素分泌增加，激活糖原磷酸化酶，促进肝糖原分解，抑制糖原合成；肾上腺皮质激素及胰高血糖素分泌增多，可加快糖异生；肾上腺皮质激素及生长激素分泌增加，可降低组织对糖的利用。激素总的作用保证了应激时的血糖水平升高，进而保证了大脑、红细胞等的能量供给。

2. 脂肪动员增强　胰高血糖素、肾上腺素分泌增多，胰岛素分泌减少，均可通过 cAMP 蛋白激酶系统作用于激素敏感性三酰甘油脂肪酶，使脂肪动员加强，血浆游离脂肪酸升高，脂肪酸的氧化分解为心肌、骨骼肌及肾等组织提供了主要能源。

3. 蛋白质分解加强　肌肉组织蛋白质分解，释出丙氨酸等氨基酸增加，同时尿素生成及尿氮排出增加，机体呈负氮平衡。

总之，应激时的代谢变化主要是三大营养物质——糖、脂质、蛋白质的分解代谢增强，合成代谢减弱。血液中各类分解代谢产物如葡萄糖、氨基酸、游离脂肪酸、甘油、乳酸、酮体以及尿素等的含量增加。机体应激状态下的物质代谢改变见表 10－5。

表 10－5　应激状态下体内的代谢改变

内分泌腺或组织	激素分泌与代谢变化	血液含量变化
胰岛 α 细胞	胰高血糖素分泌↑	胰高血糖素↑
胰岛 β 细胞	胰岛素分泌↓	胰岛素↓
肾上腺髓质	去甲肾上腺素及肾上腺素分泌↑	肾上腺素↑
肾上腺皮质	肾上腺皮质激素等皮质醇分泌↑	皮质醇↑
肝	糖原分解↑	葡萄糖↑
	糖原合成↓	葡萄糖↑
	糖异生↑	葡萄糖↑
	脂肪酸 β－氧化↑	酮体↑
	酮体生成↑	酮体↑
肌肉组织	葡萄糖的摄取及利用↓	葡萄糖↑
	糖原分解↑	乳酸↑
	蛋白质分解↑	氨基酸↑
	脂肪酸 β－氧化↑	酮体↑
脂肪组织	葡萄糖的摄取及利用↓	甘油↑
	脂肪分解↑	游离脂肪酸↑
	脂肪合成↓	游离脂肪酸↑

（三）食欲与进食的调节

胃、肝、胰腺、脂肪组织等可分泌多种激素。机体能够通过复杂的神经内分泌系统来调节这些组织和器官的激素分泌，进而调节正常食欲和进食行为。涉及调节食欲和进食的激素可分为两类，即短期进食调节激素和长期进食调节激素，前者主要调节具体进食行为，后者主要稳定脂肪储存水平。

短期进食调节激素主要包括生长激素释放肽（growth hormone－releasing peptide）和胆囊收缩素（cholecystokinin，CCK）。生长激素释放肽由 28 个氨基酸残基组成，由胃黏膜细胞分泌，具有刺激食欲的功能，胃排空时生成最多，而食物被耗尽时其水平迅速下降。CCK 是进食时小肠上段细胞分泌的肽类激素，可引起厌腻、饱胀感，具有终止进食的作用。

长期进食调节激素包括胰岛素和瘦蛋白（leptin），两者都可抑制进食，促进能量消耗，并具有维持体重及热量平衡的作用。

案例引导

临床案例　患者，女，31 岁。某次地震发生时，被埋在废墟下，所幸并未受外伤，因空间狭小而一直保持趴在地上的姿势，在废墟中坚持了 5 天多。经过消防救援人员夜以继日的营救，在被埋 124 小时后，该患者毫发无损地被营救了出来，创造了生命的奇迹。

讨论　代谢怎样变化以应对长期饥饿？

四、代谢组学

1. 代谢组学的概念　代谢组学是继基因组学和蛋白质组学之后新近发展起来的一门学科，是系统生物学的重要组成部分。基因组学和蛋白质组学分别在基因和蛋白质层面探寻生命活动，而实际上细胞内许多生命活动是发生在代谢物层面的，如细胞信号（cell singaling）释放、能量传递、细胞间通信等都是受代谢物调控的。代谢组学正是研究代谢组（metabolome）——在某一时刻细胞内所有代谢物的集合的一门学科。基因与蛋白质的表达紧密相连，而代谢物则更多地反映细胞所处的环境，这又与细胞的营养状态、药物和环境污染物的作用以及其他外界因素的影响密切相关。因此有人认为，“基因组学和蛋白质组学告诉你什么可能会发生，而代谢组学则告诉你什么确实发生了。”

2. 代谢组学的研究方法　与蛋白质组学的方法类似，通常有两种方法。一种方法称为代谢物指纹（metabolomic fingerprinting）分析，是采用液相色谱 - 质谱联用（LC - MS）的方法，比较不同血样中各自的代谢产物，以确定其中所有的代谢产物。从本质上来说，代谢指纹分析涉及比较不同个体中代谢产物的质谱峰，最终可了解不同化合物的结构，建立一套完备的识别这些不同化合物特征的分析方法。另一种方法是代谢轮廓（metabolomic profiling）分析，研究人员假定一条特定的代谢途径，并对此进行更深入的研究。

3. 代谢组学的应用　与基因组学和蛋白质组学相比，代谢组学的研究侧重于相关特定组分的共性，最终是要研究每一个代谢组分的共性、特性和规律，目前距此目标相距甚远。尽管充满了挑战，研究人员仍然坚信，与基因组学和蛋白质组学相比，代谢组学与生理学的联系更加紧密。疾病导致机体病理、生理过程的变化，最终引起代谢产物发生相应的改变，通过对某些代谢产物进行分析并将之与正常人的代谢产物进行比较，可寻找疾病的生物标志物，提供一种较好的疾病诊断方法。

答案解析

目标检测

一、单项选择题

1. 关于糖、脂、氨基酸代谢，说法错误的是（　）
   A. 糖、脂不能转变为氨基酸
   B. 三羧酸循环是糖、脂、氨基酸分解代谢的最终途径
   C. 当摄入糖量超过体内消耗时，多余的糖可转变为脂肪
   D. 当摄入大量脂类物质时，脂类可大量异生为糖
   E. 乙酰 CoA 是糖、脂、氨基酸分解代谢共同的中间代谢物
2. 下列属于人体物质代谢中心和枢纽的器官是（　）
   A. 大脑　　B. 心脏　　C. 肾
   D. 肝脏　　E. 胃
3. 物质代谢调节的基础是通过（　）发挥作用
   A. 神经　　B. 内分泌腺　　C. 激素
   D. 核酸　　E. 酶

4. 关于别构调节，叙述错误的是（　）
   A. 变构酶常由两个以上亚基组成
   B. 变构调节剂常为小分子代谢物
   C. 变构剂通常与酶活性中心以外的某一特定部位结合
   D. 代谢途径的终产物通常是该途径起始反应酶的变构抑制剂
   E. 变构调节具有放大效应
5. 关于酶含量调节，叙述错误的是（　）
   A. 属细胞水平的调节　　B. 属快速调节
   C. 底物常可诱导酶的合成　　D. 产物常阻遏酶的合成
   E. 激素或药物也可诱导某些酶的合成
6. 激素必须与靶细胞的（　）结合才能发挥调节作用
   A. 受体　　B. 配体　　C. 核小体
   D. 质膜　　E. 线粒体
7. 关于饥饿时体内的代谢变化，叙述错误的是（　）
   A. 胰岛素分泌增加　　B. 胰高血糖素分泌增加　　C. 脂肪动员加强
   D. 酮体生成增加　　E. 糖异生加强
8. 物质代谢调节中，最原始、最基本的调节是（　）的调节
   A. 分子水平　　B. 细胞水平　　C. 器官水平
   D. 整体水平　　E. 激素水平

二、简答题

1. 试述人体在长期饥饿状态下物质代谢的变化。
2. 糖、脂、蛋白质在机体内是否可以相互转变？简要说明可转变的途径及不能转变的原因。

（李红梅）

书网融合……

本章小结　　微课　　题库

第十一章　血液生物化学

学习目标

1. 掌握　成熟红细胞能量代谢的特点、糖代谢的特点；红细胞中 ATP 的主要生理功能；血红素生物合成的部位、原料、合成调节。

2. 熟悉　血清与血浆的区别；血浆蛋白质的分类；血红蛋白合成的基本过程；清蛋白的主要功能。

3. 了解　血浆清蛋白合成的主要组织；白细胞的代谢特点；血浆所含的非蛋白质含氮化合物；血浆非蛋白氮测定的临床意义。

4. 学会血细胞代谢的基础知识，能够利用生化机制分析血细胞代谢紊乱疾病的特点。

血液（blood）是流动于心血管系统内的一种黏稠液体，正常人体的血液总量约占体重的8%。血液由血浆（plasma）和血细胞组成。将一定量的血液与抗凝剂混匀后离心，可以观察到血液被分为两层，上层淡黄色透明的液体为血浆，占全血容积的55%～60%；下层红色的为红细胞，占全血容积的40%～50%；红细胞层与血浆交界之间的灰白色薄层是白细胞和血小板，约占血液总量的1%，故在计算容积时常忽略不计。血液凝固后析出的淡黄色透明液体，称血清（serum）。血液凝固时，凝血酶原作用于纤维蛋白原使其生成纤维蛋白，使血液由液体状态转变为凝胶状态，故血清中无纤维蛋白原。

正常人血液的相对密度为1.050～1.060，它主要取决于血液内的血细胞数和蛋白质的浓度。血液的pH值为7.40±0.05，37℃时血液的渗透压约为770kPa。

血浆和淋巴液、组织间液以及其他细胞外液共同构成机体的内环境。血液的功能包含血细胞功能和血浆功能两部分，在机体内物质运输、内环境调节（如pH、渗透压、体温、酸碱平衡等）、异物防御（免疫）以及防止出血（血液凝固）等方面都起着重要作用。

第一节　血液的化学成分　微课

PPT

生理情况下，血液中各种化学成分的含量相对恒定，仅在有限范围内变动。如果这种变动超出正常范围，则表示机体有某些代谢过程的失常。机体内各组织器官与血液之间不断地进行物质交换，机体的生理变化和病理变化往往引起血液成分的改变，所以通过血液成分的检测可以了解体内物质代谢的状况，对临床诊断及预后等有实际意义。

一、正常人血液的化学成分

正常人血液的含水量为77%～81%，其余为固体成分和少量的O_2、CO_2等气体。血浆的固体成分可分为有机物和无机物两大类：有机物包括蛋白质、非蛋白质类含氮化合物、糖类、脂质、微量的酶、激素和维生素等；无机物以电解质为主，血浆含有多种无机盐，它们多以离子状态存在，主要的阳离子有Na^+、K^+、Ca^{2+}、Mg^{2+}，主要的阴离子有Cl^-、HCO_3^-、HPO_4^{2-}等，它们在维持血浆晶体渗透压、酸碱平衡及神经肌肉的兴奋性等方面起着重要作用。

由于血液的某些成分受食物的影响，常抽取餐后8～12小时的空腹血液进行分析。血浆各成分的参考值因所用测定方法的不同而略有差异，有些成分还与年龄、性别、身体的活动状况有关，临床工作者在分析化验结果时，应了解各项测定指标所用的方法及参考值范围。血浆比较重要的化学成分及其含量参见表11－1。

表11－1 正常人血浆的主要化学成分

成分	参考值
血红蛋白	男性，7.4～9.9mmol/L（12～16g/100ml）血液 女性，6.8～9.3mmol/L（11～15g/100ml）血液
总蛋白	6～7.5g/100ml 血浆
清蛋白	3.5～5.5g/100ml 血浆
球蛋白	2～3g/100ml 血浆
清蛋白与球蛋白的比例	1.5：1～2.5：1
纤维蛋白原	5.9～11.8μmol/L（200～400mg/100ml）血浆
非蛋白氮	14.28～24.99mmol/L（20～40mg/100ml）血液
尿素氮	3.0～7.1mmol/L（8～20mg/100ml）血液
尿酸	0.15～0.42mmol/L（3～5mg/100ml）血液
肌酐	0.1～0.2mmol/L（1～2mg/100ml）血液
血氨	5.9～35.2μmol/L（10～60μg/100ml）血液（Nessler 试剂显色法）
葡萄糖	4.4～6.6mmol/L（80～120mg/100ml）血液（福吴法） 3.9～6.1mmol/L（70～110mg/100ml）血液（邻甲苯胺法）
总胆固醇	2.85～5.69mmol/L 血清
胆固醇酯	2.34～3.38mmol/L 血清
磷脂	110～230mg/100ml 血清
三酰甘油	90～130mg/100ml 血清（占总胆固醇量的60%～75%）
β－脂蛋白定量	男性，1.16～1.42mmol/L 血浆 女性，1.29～1.55mmol/L 血浆
氯化物（以 NaCl 计）	98～106mmol/L（570～620mg/100ml）血清
Na^+	135～145mmol/L（310～330mg/100ml）血清
K^+	4.1～5.6mmol/L（16～22mg/100ml）血清
Ca^{2+}	2.3～2.8mmol/L（9～11mg/100ml）血清
P（无机磷）	1.0～1.6mmol/L（3～5mg/100ml）血清
丙氨酸氨基转移酶	5～25U（连续监测法）
天冬氨酸氨基转移酶	8～28U（赖氏法）
CO_2结合力	22～30mmol/L

二、血液非蛋白含氮化合物

血液中除蛋白质以外的含氮化合物主要有尿素、尿酸、肌酸、肌酐、氨基酸、氨、多肽、胆红素等，它们中的氮总量称为非蛋白氮（non－protein nitrogen，NPN）。

非蛋白含氮化合物主要是蛋白质及核酸代谢的产物，它们由血液运到肾脏并排出体外。正常人血中NPN 含量为14.28～24.99mmol/L，其中，尿素氮（blood urea nitrogen，BUN）占1/3～1/2，故临床上测定血中 BUN 的意义和测定 NPN 的意义大致相同。肾功能严重下降时，可阻碍血中 NPN 的排出，以致血中 NPN、BUN 升高。

血中 NPN 和 BUN 的浓度还受体内蛋白质分解及失水情况的影响，当蛋白质分解加强（如高热、糖尿病）或消化道大量出血时，也可引起血中 NPN、BUN 增加；NPN、BUN 的排泄与尿量关系密切，当肾血流量下降时，尿量减少，则 NPN、BUN 排泄量也减少。因此，脱水、循环功能不全等引起肾血流量下降的状况也是促进血中 NPN 及 BUN 升高的因素。肾功能不全时，此种升高更为显著。

尿酸是嘌呤化合物代谢的终产物，正常人血浆中尿酸含量为 0.15 ~ 0.42mmol/L。当核酸大量摄入及大量分解（如白血病、恶性肿瘤等）或者排泄障碍（如肾疾病）时，血中尿酸含量升高，称高尿酸血症。当血中尿液含量超过 0.48 mmol/L 时，可出现尿酸盐结晶形成和沉积，并引起特征性急性关节炎、痛风石、关节畸形和尿酸性尿路结石，即痛风。如沉积于肾，可导致肾结石。

肌酸是精氨酸、甘氨酸和甲硫氨酸等在体内代谢的产物，出现肌萎缩等广泛性肌病变时，血中肌酸增多，尿中排出量也增加。肌酐是肌酸代谢的终产物，全部由肾排出。血中肌酐含量不受食物蛋白质的影响，故临床上检测肌酐含量较 BUN 更能正确地了解肾的排泄功能。肝功能严重损伤时，血液中氨、胆红素等可升高。胆红素的升高还可见于胆道梗阻等。

PPT

第二节 血浆蛋白质

蛋白质是血浆中含量最多的物质，其含量为 60 ~ 80g/L，是血浆的主要固体成分。大部分血浆蛋白质由肝脏合成，并通过肝血窦和中央静脉进入血液。血浆蛋白质的种类繁多，各类蛋白质含量差异很大。不同血浆蛋白质具有其独特的作用，但许多血浆蛋白质均具有营养修补、载体运输、维持胶体渗透压和缓冲酸碱物质的功能。

一、血浆蛋白质的组成

通常按分离方法、来源和生理功能对血浆蛋白质进行分类。

血浆蛋白质按不同的分离方法可分为不同的类型。①用盐析法（例如硫酸铵或硫酸钠盐析）可将血浆蛋白质分为清蛋白、球蛋白及纤维蛋白原三类，并可进行定量测定，正常值为：清蛋白 35 ~ 55g/L，是血浆中含量最多的蛋白质，约占血浆总蛋白的 50%，成熟的清蛋白是一个含有 585 个氨基酸残基的单一多肽链，外观呈椭圆形；球蛋白 15 ~ 30g/L；两者比值，即清蛋白与球蛋白比值（A/G ratio），为 1.5 ~ 2.5。②用滤纸或醋酸纤维素薄膜电泳，可将血清蛋白质分为清蛋白、α1 - 球蛋白、α2 - 球蛋白、β - 球蛋白及 γ - 球蛋白共 5 类（图 11 - 1）。电泳是最常用的分离蛋白质的方法，血浆蛋白电泳也是临床常用的辅助诊断方法。用分辨率高的电泳法如聚丙烯酰胺凝胶电泳或免疫电泳能分出更多类别。③超速离心法可根据蛋白质的密度将其分离，如血浆脂蛋白被分离为 CM、VLDL、LDL、HDL 共 4 类。

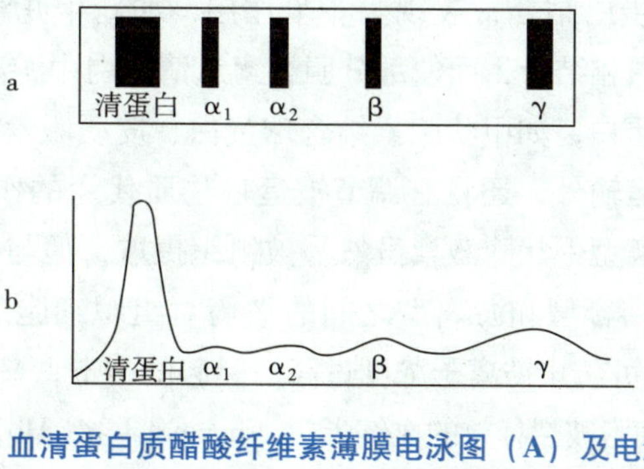

图 11 - 1 血清蛋白质醋酸纤维素薄膜电泳图（A）及电泳峰（B）

血浆蛋白质根据来源的不同分为两类。一类是由各种组织细胞合成后分泌入血，在血浆中发挥作用的血浆功能性蛋白质，如凝血酶原、抗体、补体、生长调节因子、转运蛋白等，这类蛋白质的质量变化可反映机体组织细胞的代谢状况。另一类是细胞更新或破坏时溢入血浆的蛋白质，如淀粉酶、血红蛋白、氨基转移酶等，这类蛋白质在血浆中出现或含量升高可反映有关组织细胞的更新、破坏或细胞通透性的改变情况。

血浆蛋白质根据功能的不同分为8类：①凝血和纤溶系统的蛋白质，包括各种凝血因子（除凝血因子Ⅳ外）、纤溶酶等；②免疫防疫系统的蛋白质，包括各种抗体和补体；③载体蛋白，包括清蛋白、脂蛋白、转铁蛋白、铜蓝蛋白等；④酶，包括血浆功能酶和非血浆功能酶；⑤蛋白酶抑制剂，包括酶原激活抑制剂、血液凝固抑制剂、纤溶酶抑制剂、激肽释放抑制剂、内源性蛋白酶及其他蛋白酶抑制剂等；⑥激素，包括促红细胞生成素、胰岛素等；⑦参与炎症应答的蛋白质，包括C－反应蛋白、α2－酸性糖蛋白等；⑧未知功能的血浆蛋白质。目前已知的血浆蛋白质有200多种，有些蛋白质的功能尚未阐明。

二、血浆蛋白质的功能

血浆蛋白质各组分的功能目前尚未充分阐明，现将已知的功能概括如下。

1. 稳定内环境的作用 血浆胶体渗透压和血液pH的稳定对于机体内环境的稳定具有重要意义。血浆蛋白质的含量和分子大小决定血浆胶体渗透压的大小。清蛋白是血浆中含量最多的蛋白质，占血浆总蛋白的50%左右。多数血浆蛋白质的分子量在160～180kD之间，而清蛋白的分子量仅为69kD。清蛋白含量多而分子小，因而在维持血浆胶体渗透压方面起着主要作用，血浆胶体渗透压的75%左右由清蛋白维持。清蛋白由肝细胞合成，正常成人每日每千克体重合成120～200mg，占肝合成分泌蛋白质总量的50%。清蛋白含量下降会导致血浆胶体渗透压下降，使水分向组织间隙渗出而产生水肿。血清清蛋白增高仅见于严重失水，没有重要的临床意义。血浆清蛋白含量降低的主要原因是：①合成原料不足（如严重营养不良等）；②合成能力降低（如重症肝病等）；③丢失过多（如严重肾疾病、大面积烧伤等）；④代谢分解增加（如甲状腺功能亢进、感染性炎症疾病等）；⑤分布异常（如肝硬化门脉高压时，清蛋白大量漏入腹水）。

正常人血液pH为7.35～7.45，大多数血浆蛋白质的等电点在pH 4.0～7.3之间。血浆蛋白质为弱酸，其中一部分与Na^+结合成弱酸盐，弱酸与弱酸盐组成缓冲对，如蛋白质钠盐/蛋白质是血浆中的主要缓冲对之一，发挥维持血浆正常pH值的作用。

2. 运输作用 血浆蛋白质表面有许多亲脂性和亲水性的结合位点，体内许多物质通过与血浆蛋白质结合而运输。例如视黄醇（维生素A的一种形式）在血浆中的运输，首先与视黄醇结合蛋白结合形成复合物，再与前清蛋白以非共价键缔合成视黄醇－视黄醇结合蛋白－前清蛋白复合物，可避免小分子视黄醇结合蛋白从肾小球滤过。血浆中的清蛋白可与脂肪酸、二价金属离子（Ca^{2+}等）、胆红素以及药物等多种物质结合。许多物质与清蛋白结合常表现为竞争作用，如新生儿溶血性黄疸，当应用磺胺类药物时，因药物和胆红素竞争与清蛋白相结合，而使部分胆红素从清蛋白中游离出来，进入脑组织而加重毒性。

球蛋白中有多种特异性载体蛋白，如甲状腺素结合球蛋白、皮质激素传递蛋白、转铁蛋白等。各种物质与血浆蛋白质的结合，除利于运输外，还具有调节被运输物质代谢的作用，且使之不易从肾小球滤出，故能减少有用物质的丢失。如游离型甲状腺激素虽然易被组织摄取，但与血浆蛋白质结合后，游离型浓度减少，可防止被组织过多摄取。结合型和游离型之间的平衡对组织细胞的摄取量起调节作用。转铁蛋白（transferrin，Tf）与铁结合后，既可防止铁离子浓度过高而引起的中毒，又能阻止铁从尿中丢失。结合珠蛋白（haptoglobin，Hp）能结合红细胞破裂释放的血红蛋白（hemoglobin，Hb），并将之运输到肝脏降解，其氨基酸和铁可被机体再利用，既能防止Hb从肾脏丢失而为机体有效地保留铁，又能避免Hb对肾脏的损伤。

3. 营养作用 正常成年人3000ml左右的血浆中约有200g蛋白质，它们起着营养储备的作用。体内某些吞噬细胞，例如巨噬细胞，可吞噬完整的血浆蛋白质，然后由细胞内的酶类将其分解为氨基酸，用于蛋白质的合成，或转变成其他含氮物质，或氧化分解提供能量。

4. 凝血作用和抗凝血作用 血浆中存在许多参与凝血过程的蛋白质，如凝血因子、抗凝血和纤溶的物质，它们在生理性止血、病理性出血和血栓形成过程中起着重要作用。

当血管内皮损伤、血液流出时，血液内发生一系列酶促级联反应，使血液由液态转变为凝固状态，其过程可分为三个阶段：①血管损伤后加速收缩，以减少血液的流出；②血管受损部位内皮细胞产生一种大分子糖蛋白 von Willebrand factor（vWF），能与血小板糖蛋白Ⅰb 和内皮下胶原结合，使其成为血小板黏附在内皮层下的桥梁，血小板受到皮下组织或凝血酶刺激后释放产物，引起血小板与纤维蛋白原凝聚成团，形成白色血栓；③水溶性的纤维蛋白原转变成纤维蛋白，互相连接形成比较牢固、呈网状结构的交联纤维蛋白多聚体，血细胞黏附其上，形成不溶于水的血纤维，即红色血栓。

5. 参与机体免疫作用 机体对入侵的病原体或异体蛋白质能产生特异的抗体，抗体即属于血浆蛋白质。血浆中另有一组被称为补体的蛋白质酶系，可协助抗体完成免疫作用。

免疫球蛋白（immunoglobulin，Ig）是具有抗体活性或化学结构，与抗体分子相似的球蛋白，主要存在于血液中，约占血浆蛋白总量的20%。Ig 能特异地与相应抗原结合形成抗原-抗体复合物，从而阻断抗原对人体的危害作用。此外，抗原-抗体复合物能够激活补体系统，产生溶菌和溶细胞现象，将带有抗原的细菌溶解而消除。因此，免疫球蛋白是机体免疫系统重要的组成部分。

6. 催化功能 血浆中的酶可分为三类。

（1）血浆功能酶 大多以酶原的形式存在于血浆内，在一定条件下被激活后发挥催化作用。如止凝血系统中的多种蛋白水解酶，以酶原的形式存在于血浆内，在一定条件下被激活后发挥作用。

（2）外分泌酶 由外分泌腺分泌的一些酶类，如胃蛋白酶、胰蛋白酶、胰淀粉酶、唾液淀粉酶等，在生理条件下少量逸入血浆，当脏器受损时，逸入血浆的量增加，使得血浆内相关酶活性增加，检测这类酶的含量能辅助临床诊断。

（3）细胞酶 存在于细胞和组织内，参与物质代谢。当特定的器官发生病变时，这类酶可释放入血，使血浆内相应酶的活性增高，可用于临床酶学检验。如丙氨酸氨基转移酶（alanine aminotransferase，ALT）和天冬氨酸氨基转移酶（aspartic transaminase，AST）主要存在于肝细胞内，细胞内、外酶活性之比为5000：1，只要有1%的肝细胞破坏，其释放入血的氨基转移酶能升高一倍，被认为是肝细胞损伤的灵敏指标。

第三节 血细胞的代谢特点

PPT

一、红细胞代谢

案例引导

临床案例 患者，女，56岁。5年前因乏力、食欲缺乏伴颜面部浮肿就诊，诊断为“慢性肾衰竭”，一直口服尿毒清、金水宝及复方α-酮酸等药物进行治疗。近一年开始逐渐出现面色苍白、乏力加重伴活动后心悸、气短，偶有头晕、耳鸣。实验室检查：血常规显示，白细胞 $5.6\times10^9/L$，血红蛋白 62g/L，血小板 $214\times10^9/L$。肾功能显示：肌酐 354μmol/L，尿酸 540μmol/L。诊断为“慢性肾衰竭肾性贫血”，给予继续积极保肾、降肌酐等治疗，同时应用促红细胞生成素积极纠正贫血，3个月后患者乏力、活动后心悸、气短症状明显好转。复查血常规示：白细胞 $6.4\times10^9/L$，血红蛋白75g/L，血小板 $226\times10^9/L$。

讨论 重组促红细胞生成素治疗慢性肾衰竭所致贫血的生化机制是什么？

红细胞是血液中含量最多的细胞，在体内具有运输 O_2 和 CO_2 的作用。红细胞是在骨髓中由造血干细胞定向分化而成的红系细胞，在成熟过程中会发生一系列形态和代谢的改变（表11－2），经历原始红细胞、早幼红细胞、中幼红细胞、晚幼红细胞、网状红细胞阶段，最后才成为成熟红细胞。原始红细胞、早幼红细胞、中幼红细胞及晚幼红细胞属于有核红细胞，与一般体细胞一样，有细胞核、内质网、线粒体等细胞器，具有合成核酸和蛋白质的能力，可进行有氧氧化而获得能量，而且有分裂繁殖的能力；网织红细胞无细胞核，含少量线粒体和RNA，不能合成核酸，但可合成蛋白质；成熟红细胞的结构和一般体细胞不同，直径为7～8μm，其形态呈双凹圆盘形，周边较厚，中央较薄。成熟红细胞除细胞膜外，没有细胞核和线粒体等细胞器，不能进行核酸和蛋白质的生物合成，没有线粒体氧化途径等代谢过程，糖酵解是其获得能量的唯一途径。

表11－2 红细胞成熟过程中的代谢变化

代谢能力	有核红细胞	网织红细胞	成熟红细胞
分裂增殖能力	+	－	－
DNA合成	+*	－	－
RNA合成	+	－	－
RNA存在	+	+	－
蛋白质合成	+	+	－
血红素合成	+	+	－
脂质合成	+	+	－
柠檬酸循环	+	+	－
氧化磷酸化	+	+	－
糖酵解	+	+	+
磷酸戊糖途径	+	+	+

注：+和－分别代表该途径有或无；*晚幼红细胞为“－”。

（一）血红蛋白的合成与调节

血红蛋白（hemoglobin，Hb）是红细胞中最主要的成分，约占其湿重的32%，干重的97%，是血浆运氧功能的物质基础。血红蛋白主要在骨髓内由有核红细胞合成，网织红细胞也能少量合成。血红蛋白由珠蛋白和血红素组成，珠蛋白的合成与一般蛋白质相同，因此，这里着重介绍血红素的合成。

1. 血红素的生物合成 血红素（heme）是含铁卟啉化合物，卟啉由四个吡咯环组成，铁位于其中，由于血红素具有共轭结构，性质较稳定。血红素不仅是血红蛋白的辅基，也是肌红蛋白（myoglobin）、细胞色素（cytochrome）、过氧化氢酶（catalase）、过氧化物酶（peroxidase）的辅基，具有重要的生理功能。血红素可在体内由多种组织细胞合成。用于组成血红蛋白的血红素则主要由骨髓的幼红细胞和网织红细胞合成。

合成血红素的基本原料是甘氨酸、琥珀酰CoA和 Fe^{2+}。合成过程的起始和终末阶段在线粒体中进行，中间阶段在胞质中进行。血红素的生物合成可分为四个步骤。

（1）δ－氨基－γ－酮戊酸（δ－aminolevulinicacid，ALA）的生成　在线粒体内，甘氨酸和琥珀酰CoA在ALA合酶的催化下，脱羧生成δ－氨基－γ－酮戊酸。ALA合酶是血红素生物合成的限速酶，受血红素的反馈调节，辅酶是磷酸吡哆醛。

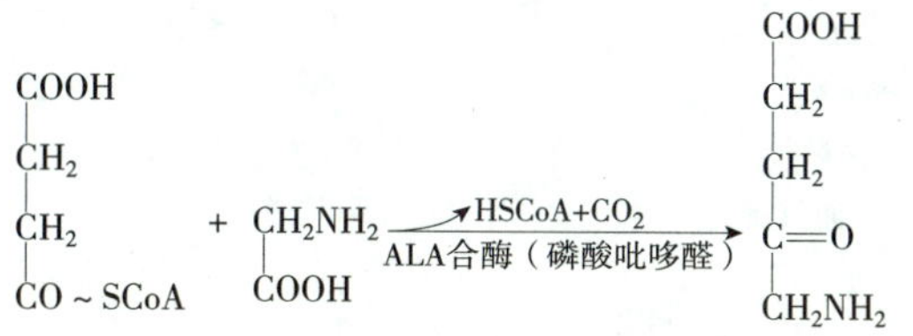

（2）胆色素原的生成　ALA生成后，从线粒体扩散到胞质中，在ALA脱水酶的催化下，2分子ALA脱水生成1分子胆色素原。

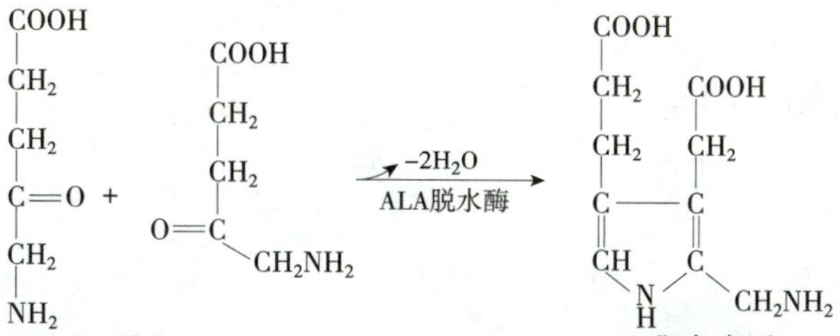

ALA　　胆色素原

（3）尿卟啉原Ⅲ及粪卟啉原Ⅲ的生成　在胞质中，在胆色素原脱氨酶的催化下，4分子胆色素原脱氨生成线状四吡咯，然后经尿卟啉原Ⅲ同合酶的催化生成尿卟啉原Ⅲ，尿卟啉原Ⅲ再经尿卟啉原Ⅲ脱羧酶催化，其4个乙酸基脱羧，生成粪卟啉原Ⅲ。

（4）血红素的生成　在胞质中生成的粪卟啉原Ⅲ扩散进入线粒体，在粪卟啉原Ⅲ氧化脱羧酶的催化下，脱羧、脱氢生成原卟啉原Ⅸ，再经原卟啉原Ⅸ氧化酶催化生成原卟啉Ⅸ，随后在亚铁螯合酶的催化下，原卟啉Ⅸ和Fe^{2+}结合，生成血红素（图11－2）。

血红素生成后从线粒体转入细胞质，与珠蛋白结合，并使珠蛋白折叠成立体结构，再形成稳定的αβ二聚体，最后由两个二聚体构成有功能的$\alpha_2\beta_2$四聚体，即血红蛋白。正常成人每天合成6g血红蛋白，相当于210mg血红素。

血红素合成的特点可归纳如下：①血红素合成的原料是琥珀酰CoA、甘氨酸及Fe^{2+}等小分子物质，其中间产物主要是进行脱氢、脱羧反应；②体内合成血红素的主要部位是肝和骨髓细胞，成熟红细胞不含线粒体，所以不能合成；③血红素合成过程的亚细胞定位主要经过线粒体—胞质—线粒体，这种定位对终产物血红素的反馈调节具有重要意义。

2. 血红素合成的调节　ALA合酶是血红素合成的限速酶，血红素对此酶具有反馈抑制作用。正常情况下，血红素生成后很快与珠蛋白结合。当血红素的合成速度大于珠蛋白的合成速度时，过多的血红素被氧化为高铁血红素，高铁血红素一方面与阻遏蛋白结合，抑制ALA合酶的合成；另一方面又能负反馈调节ALA合成酶从而抑制此酶的活性，最终减少血红素的生成。此外，促红细胞生成素、雄激素、铁对血红素的合成具有促进作用。

成人促红细胞生成素（erythropoietin，EPO）主要由肾生成，当血液红细胞容积减低或机体缺氧时，肾分泌EPO增加，释放入血并到达骨髓，诱导ALA合酶的合成，从而促进血红素及血红蛋白的生物合成。EPO是红细胞生成的主要正性调节剂，能促使原始红细胞繁殖和分化，加速有核红细胞的成熟，目前临床上采用基因工程方法制造的EPO可治疗肾疾病所引起的贫血。

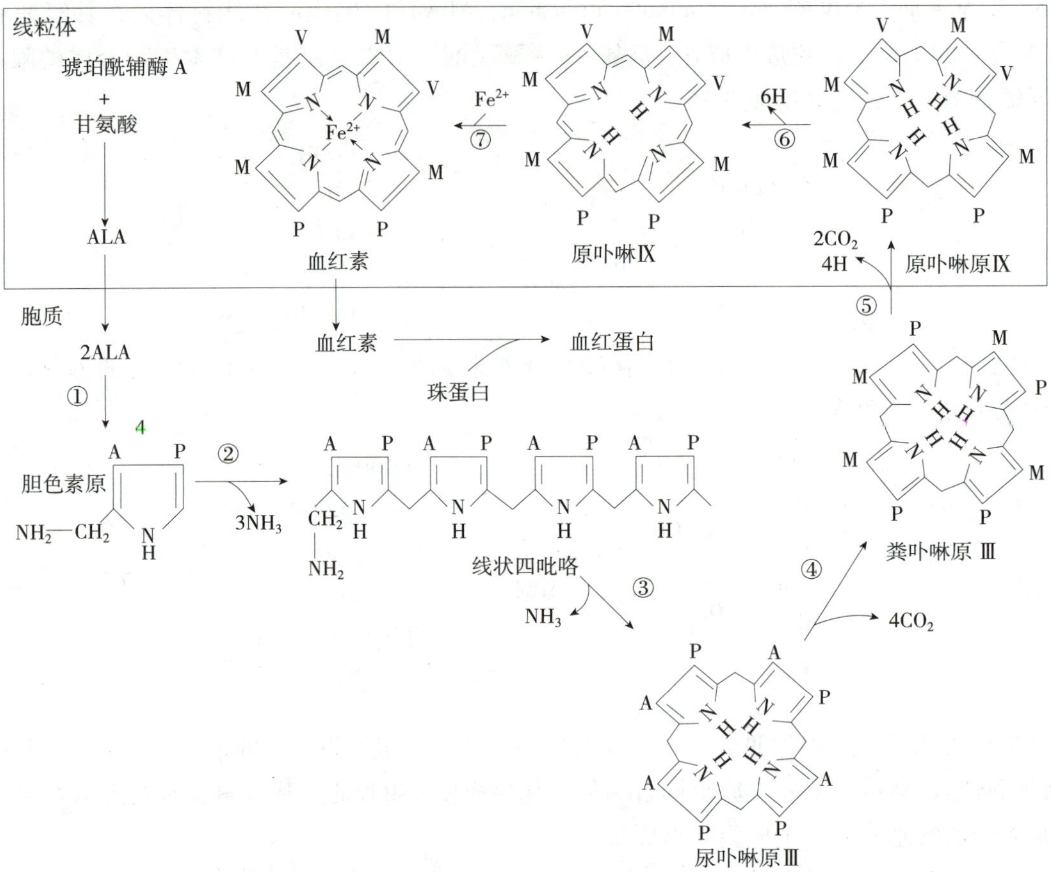

图 11-2　血红素的生物合成

A：CH_2COOH；P：CH_2CH_2COOH；M：CH_3；V：$CHCH_2$

①ALA 脱水酶；②卟胆原脱氨酶；③尿卟啉原Ⅲ同合酶；④尿卟啉原Ⅲ脱羧酶；

⑤粪卟啉原Ⅲ氧化脱羧酶；⑥原卟啉原Ⅸ氧化酶；⑦亚铁螯合酶

知识链接

促红细胞生成素

促红细胞生成素（EPO）是一种可以增加人体血液中红细胞数量、提高血液含氧量的激素，在正常人体内有一定的含量，用于维持和促进正常的红细胞代谢。促红细胞生成素正是因为有这样的功能，可用于增加贫血患者体内的红细胞数量，从而改善贫血状况。同样依靠这种能力，在运动项目中，人为地增加血液中 EPO 的浓度，对提高运动员的耐力和运动成绩也能起到一定的作用，因此，EPO 是反兴奋剂检测中最主要的项目之一。

某些固醇类激素，例如睾酮在体内的 5β 还原物，能诱导 ALA 合酶的合成，从而促进血红素和血红蛋白的生成。许多在肝中进行生物转化的物质（如致癌剂、药物、杀虫剂等）均可导致肝 ALA 合酶显著增加，这是因为这些物质的生物转化作用需要细胞色素 P_{450}，后者的辅基是铁卟啉化合物，通过肝 ALA 合酶的增加来适应生物转化的需要。细胞色素 P_{450} 的生成要消耗血红素，使红细胞中血红素下降，故它们对 ALA 合酶的合成具有去阻抑作用。

血红素合成代谢异常而导致卟啉或其他中间代谢物排出增多，称卟啉症（porphyria）。先天性卟啉症是由某种血红素合成酶遗传性缺陷引起，后天性卟啉症主要是由于铅或某些药物中毒而引起血红素合成障碍。铅等重金属能抑制 ALA 脱水酶、亚铁螯合酶及尿卟啉合成酶，从而抑制血红素的合成。

（二）成熟红细胞的代谢

1. 能量代谢　成熟红细胞除胞膜和胞质外，无其他细胞器，其代谢比一般细胞单纯。成熟红细胞的主要供能物质是血糖，每天消耗 25～30g 葡萄糖，其中 90%～95% 进入糖酵解途径，5%～10% 进入磷酸戊糖途径。成熟红细胞没有线粒体，所以虽携带氧但自身并不消耗氧，糖酵解是其产生 ATP 的唯一途径。红细胞中存在催化糖酵解所需要的全部酶，通过糖酵解可使红细胞内 ATP 的浓度维持在 1.85×10^{3}mol/L 这一水平，这些 ATP 对于维持红细胞的正常形态和功能具有重要意义。具体作用是：①维持红细胞膜上的脂质与血浆脂蛋白中的脂质进行交换，这是红细胞膜上脂质更新的主要形式，尽管其机制还不清楚，但这种交换是耗能过程，因此，缺少 ATP 时其更新受阻，红细胞膜可塑性降低，易被破坏；②维持细胞膜上钠泵（Na^+,K^+－ATP 酶）的转运功能，钠泵通过消耗 ATP 将 Na^+ 泵出、将 K^+ 泵入红细胞，以保持红细胞的离子平衡、细胞容积以及双凹圆盘状的形态；③维持红细胞膜上钙泵（Ca^{2+}－ATP 酶）的运行，将 Ca^{2+} 泵出红细胞进入血浆，缺乏 ATP 时细胞内 Ca^{2+} 聚集并沉积在膜上，使膜失去柔韧性而趋于僵硬，变形能力降低；④少量 ATP 可用于谷胱甘肽、NAD^+ 等的生物合成，这些在红细胞代谢中都有重要意义；⑤用于葡萄糖的活化，启动糖酵解过程。

2. 2,3－二磷酸甘油酸旁路　红细胞内糖酵解过程中生成的 1,3－二磷酸甘油酸（1,3－BPG）有 15%～50% 可转变为 2,3－BPG，后者在磷酸酶的催化下脱磷酸变成 3－磷酸甘油酸而返回糖酵解。这一糖酵解的侧支循环称为 2,3－二磷酸甘油酸旁路（2,3－BPG shuntpathway）（图 11－3）。由于 2,3－BPG 对 BPG 变位酶的负反馈作用大于对 3－磷酸甘油酸激酶的抑制作用，红细胞中的葡萄糖主要经糖酵解生成乳酸。又由于 2,3－BPG 磷酸酶的活性较低，2,3－BPG 的生成大于分解，红细胞中 2,3－BPG 的浓度远远高于糖酵解其他中间产物。

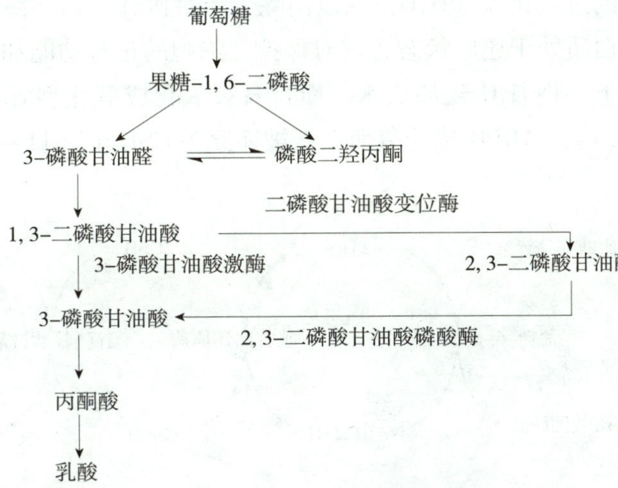

图 11－3　2,3－二磷酸甘油酸旁路

红细胞内 2,3－BPG 的主要功能是调节血红蛋白的运氧功能。2,3－BPG 是一个电负性很高的分子，可与血红蛋白结合，结合部位在 Hb 分子 4 个亚基的对称中心孔穴内。2,3－BPG 的负电基团与孔穴侧壁 2 个 β 亚基的正电基团形成盐键（图 11－4），使血红蛋白分子的紧密态构象更趋稳定，降低与 O_2 的亲和力。BPG 变位酶及 2,3－BPG 磷酸酶的活性受血液 pH 的调节，在肺泡毛细血管中，血液 pH 高，BPG 变位酶受抑制而 2,3－BPG 磷酸酶活性强，使红细胞内 2,3－BPG 的浓度降低，有利于 Hb 与 O_2 结合；在外周组织毛细血管中，血液 pH 下降，2,3－BPG 的浓度升高，有利于 HbO_2 释放氧，借此调节 O_2 的运输和利用。人在短时间内由海平面上升至高海拔处或高空时，可通过红细胞中 2,3－BPG 浓度的改变来调节组织的供氧状况。

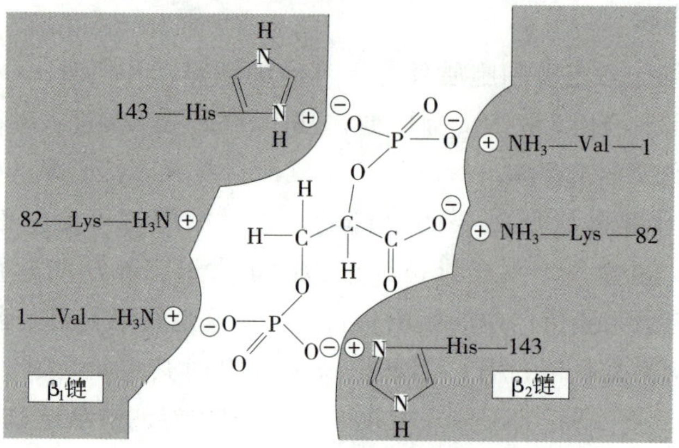

图 11－4　2,3－BPG 与血红蛋白的结合

红细胞中无葡萄糖储存，但含有较多的 2,3－BPG，它氧化时可生成 ATP，因此，2,3－BPG 也是红细胞中能量的储存形式。

3. 脂质代谢　成熟红细胞缺乏线粒体，所以不能从头合成脂肪酸。成熟红细胞中的脂质几乎都位于细胞膜。红细胞通过主动摄取和被动交换不断与血浆进行脂质交换，以满足其膜脂的不断更新，维持其正常的脂质组成、结构和功能。

4. 氧化还原系统　红细胞中存在着一系列还原机制，它们具有对抗氧化剂，保护细胞膜蛋白、血红蛋白及酶蛋白不被氧化的作用，从而维持细胞的正常功能。

（1）谷胱甘肽－NADPH 还原系统　还原型谷胱甘肽（GSH）是一种强抗氧化剂，它能通过谷胱甘肽过氧化物酶还原体内生成的过氧化氢（H_2O_2），以消除后者对血红蛋白、酶和膜蛋白上的巯基的氧化作用，因而可以维持这些蛋白质处于还原状态，这对保持红细胞的正常功能和寿命有重要意义。GSH 在谷胱甘肽过氧化物酶的作用下，将 H_2O_2 还原成水，而自身被氧化成氧化型谷胱甘肽（GSSH）。后者又在谷胱甘肽还原酶的作用下，从 NADPH 接受氢而重新被还原为 GSH（图 11－5）。

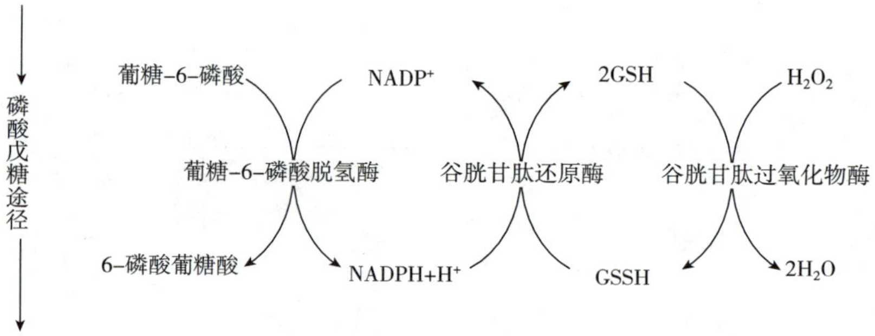

图 11－5　谷胱甘肽－NADPH 还原系统

反应中的 NADPH 来源于磷酸戊糖途径，如果此途径功能低下，会使红细胞遭受外源性和内源性氧化剂的损害。如葡糖－6－磷酸脱氢酶缺乏症（俗称蚕豆病）患者因红细胞中磷酸戊糖途径关键酶缺乏而导致红细胞中 NADPH 不足，无法维持 GSH 的还原状态，含巯基的膜蛋白和酶等得不到保护，因此在接触强氧化因子时，红细胞的细胞膜破裂而导致溶血。

（2）高铁血红蛋白还原系统　由于各种氧化作用，细胞内经常有少量高铁血红蛋白（methemoglobin，MHb）产生。但因红细胞中有一系列酶促及非酶促的 MHb 还原系统，正常红细胞内

MHb 只占 Hb 总量的 1% ~2%。MHb 分子中的铁是三价铁，不能带氧。但红细胞内有 NADH－高铁血红蛋白还原酶及 NADPH－高铁血红蛋白还原酶，它们都能催化 MHb 还原成 Hb。另外，GSH、抗坏血酸也能直接还原 MHb。上述高铁血红蛋白的还原反应中，以 NADH－高铁血红蛋白还原酶反应最为重要，约占其总反应的 60%。红细胞糖酵解过程中生成的 NADH 主要用于丙酮酸的还原；还原 MHb 所需的 NADH 主要来自糖醛酸途径，也是红细胞中提供 NADH 的主要途径。

二、白细胞代谢

白细胞是血液中一种重要的细胞，通常被称为免疫细胞，作为免疫系统的一部分帮助机体抵抗病原体的入侵。白细胞经复合染料染色后，根据其形态差异和胞质颗粒可分为粒细胞和无粒细胞。粒细胞根据颗粒着色性质的不同，分为中性粒细胞、嗜酸性粒细胞和嗜碱性粒细胞。无粒细胞又分为单核细胞与淋巴细胞两种，单核细胞是巨噬细胞的前体。白细胞中的中性粒细胞和单核细胞的吞噬作用很强，因而也称吞噬细胞。这里主要介绍中性粒细胞和巨噬细胞的代谢特点。

中性粒细胞属于可游走的巨噬细胞，它在急性炎症中起关键作用。急性炎症时，激活的中性粒细胞通过毛细血管间隙从血管内渗出，在组织间隙中游走，并移行到炎症部位，吞噬杀菌，并在杀死细菌后自行消亡。中性粒细胞中有活跃的糖酵解代谢和磷酸戊糖途径代谢；但是细胞内线粒体极少，氧化磷酸化反应较弱。因此，白细胞在有氧条件下主要依靠糖酵解获得 ATP，为细胞的活动和代谢提供能量。

中性粒细胞和巨噬细胞吞噬细菌时，其耗氧量急剧增加。随着氧的迅速利用，大量的反应活性氧类产生，如超氧阴离子（$O_2^{\cdot-}$）、过氧化氢（H_2O_2）、羟自由基（·OH）和次氯酸根（ClO^-），这些产物均具有杀菌作用。与 $O_2^{\cdot-}$ 耗氧量急剧增加相关的 NADPH 氧化酶递电子体系的成分有 NADPH 氧化酶、细胞色素 b_{558} 和两种胞质多肽等。这一递电子体系可将氧单电子还原为超氧阴离子（$O_2^{\cdot-}$），消耗 NADPH。

$$O_2 + NADPH + H^+ \longrightarrow O_2^{\cdot-} + NADP^+$$
$$\quad \llcorner\!\!\longrightarrow H_2O_2$$

因此在吞噬作用时，磷酸戊糖途径活性显著增加，上述反应产物 $O_2^{\cdot-}$ 又可以自发歧化为 H_2O_2，$O_2^{\cdot-}$ 也可以被释放到细胞外或进入巨噬细胞溶酶体，与吞噬的细菌接触。杀死巨噬细胞溶酶体中的细菌需要升高的 pH、$O_2^{\cdot-}$ 和其他氧的衍生物如·OH、H_2O_2 和 ClO^- 的联合作用，以及一些杀菌肽和其他蛋白质（如组织蛋白酶 G 和一些阴离子蛋白质等）的作用。任何进入巨噬细胞的 $O_2^{\cdot-}$ 均被超氧化物歧化酶催化转变为 H_2O_2。

$$2O_2^{-} + 2H^+ \xrightarrow{\text{超氧化物歧化酶}} H_2O_2 + O_2$$

而 H_2O_2 在髓过氧化物酶的催化下用于次氯酸的生成，次氯酸是强杀菌化合物。中性粒细胞的颗粒中有大量髓过氧化物酶，另外，H_2O_2 也可以在谷胱甘肽过氧化物酶或过氧化氢酶的作用下被清除掉。

$$H_2O_2 + Cl^- + H^+ \xrightarrow{\text{髓过氧化物酶}} HClO + H_2O$$

$$2H_2O_2 \xrightarrow{\text{过氧化氢酶}} 2H_2O + O_2$$

$$2GSH + H_2O_2 \xrightarrow{\text{谷胱甘肽过氧化物酶}} GSSG + 2H_2O$$

静止巨噬细胞中的 NADPH 氧化酶递电子体系无活性。当细胞膜上的受体与配体结合后，经过一系列细胞内反应，引起细胞内钙离子浓度升高，导致颗粒内容物分泌、细胞移行以及 NADPH 氧化酶递电子体系的活化。缺乏 NADPH 氧化酶递电子体系中的任一组分，个体都会患一种慢性肉芽肿，以反复感染及皮肤、肺和淋巴结中广泛分布的颗粒状结节为特征。这种结节生成的原因是，NADPH 氧化酶递电子体系缺陷，$O_2^{\cdot-}$ 和其他反应活性氧类物质减少，使白细胞的杀菌能力下降，出现反复感染，为了包围存活的细菌，在组织中形成颗粒状的结节。

目标检测

答案解析

一、单项选择题

1. 血浆胶体渗透压的大小取决于（ ）
A. 清蛋白浓度 B. 球蛋白浓度
C. 葡萄糖浓度 D. 脂类的含量
E. 无机盐的含量

2. 血红素合成的限速酶是（ ）
A. ALA 脱水酶 B. ALA 合酶
C. 尿卟啉原Ⅰ合成酶 D. 血红素合成酶
E. 尿卟啉原Ⅲ合成酶

3. 血液内的非蛋白氮化合物中，含量最多的是（ ）
A. 肌酐 B. 肌酸 C. 蛋白质
D. 尿酸 E. 尿素

4. 干扰血红素合成的物质是（ ）
A. 维生素 C B. 铅 C. 氨基酸
D. Fe^{2+} E. 葡萄糖

5. 红细胞代谢所需能量的来源主要是（ ）
A. 脂质 B. 葡萄糖代谢产生的 ATP
C. 蛋白质 D. 无机离子
E. Na^+-K^+泵

6. 在红细胞代谢中，NADPH 产生的途径是（ ）
A. 糖酵解途径 B. 磷酸戊糖旁路途径
C. 2,3－DPG 支路途径 D. Touster 通路代谢途径
E. 有氧氧化

7. 下列不属于血浆蛋白生理功能的是（ ）
A. 运输 O_2和 CO_2 B. 缓冲功能
C. 参与生理性止血 D. 参与机体的免疫功能
E. 维持血浆胶体渗透压

8. 血红素合成的步骤是（ ）
A. ALA→胆色素原→尿卟啉原Ⅲ→血红素
B. 胆红素原→ALA→尿卟啉原Ⅲ→血红素
C. ALA→粪卟啉原Ⅲ→尿卟啉原Ⅲ→血红素
D. ALA→原卟啉原Ⅸ→尿卟啉原Ⅲ→血红素
E. 胆色素→原卟啉原Ⅹ→粪卟啉原Ⅲ→血红素

二、简答题

1. 血浆所含的非蛋白质含氮化合物有哪些？血浆非蛋白氮测定的临床意义是什么？
2. 血红素生物合成的部位在哪里？合成的原料和关键酶是什么？如何进行血红素合成的调节？

（杨军平）

书网融合……

本章小结　　微课　　题库

第十二章　肝胆生物化学

学习目标

1. **掌握**　肝在物质代谢中的作用，肝功能受损时物质代谢紊乱的表现；生物转化作用的概念、反应类型、特点和意义；胆色素的基本代谢过程，两种胆红素理化性质的比较。

2. **熟悉**　胆汁酸的来源和分类；肠－肝循环及其生理意义。

3. **了解**　胆红素在肠道中的变化，胆素原的肠－肝循环；血清胆红素与黄疸；常见几种肝功能检查的生化基础及临床意义。

4. 学会运用肝脏代谢胆色素的生化知识，鉴别黄疸类型。

肝是人体内最大的实质性器官和代谢器官，几乎人体内的所有物质代谢都有肝脏的参与。从食物的消化吸收到代谢废物的解毒排泄；从糖、脂质、蛋白质、维生素和激素的代谢到各种代谢途径的相互联系，肝都起着十分重要的作用，而且在胆汁酸、胆色素代谢和生物转化中也发挥重要作用。

肝脏独特的组织结构，赋予了它复杂多样的生物化学功能。①肝在形态结构方面的显著特点是具有肝动脉及门静脉的双重血液供应。门静脉是肝的功能血管，收集来自肠道、脾、胰、胆囊的血液，携带丰富的营养物质输送入肝代谢；通过肝动脉血可获得充足的氧及一些营养物质，为肝脏的各种物质代谢奠定物质基础。②肝有肝静脉和胆道系统两条输出通道，由肝静脉与体循环相连，将肝细胞代谢的产物运往肝外组织继续利用（如酮体等），或运往某些组织器官排出体外（如尿素等）；又可以通过胆道系统与肠道相通，使得一些肝内代谢产物或进入机体的某些异源物可以随胆汁的分泌而排入肠道，随粪便排出体外。③肝细胞膜的通透性较高，分子量高达40kD的蛋白质仍可通过。④肝有丰富的血窦，面向血窦的肝细胞膜上有很多突起的“微绒毛”，使肝细胞与血液的接触面积大大增加，血窦中血流速度较慢，使得肝细胞与血液之间的物质交换能够顺利进行。⑤肝细胞含有多种细胞器，如有丰富的线粒体、内质网、高尔基体和溶酶体等，以适应肝细胞活跃的生物氧化和生物转化等多种功能。肝细胞还含有数百种活性较高的酶，其中有些酶是其他组织所没有或含量极少的。基于肝脏的以上组织结构特点，正常情况下，各种代谢反应在肝脏中相互配合、有条不紊地进行。肝脏是全身物质代谢的中枢。

第一节　肝在物质代谢中的作用

PPT

一、肝在糖代谢中的作用

血糖是人体各组织器官能量的主要来源，是维持生命活动的重要物质。肝在糖代谢中的主要作用就是维持血糖浓度的恒定。肝主要通过肝糖原的合成、分解与糖异生作用来维持血糖浓度的相对恒定，确保全身各组织，特别是脑及成熟红细胞的能量来源。

1. 葡糖－6－磷酸是肝内糖代谢的枢纽物质　肝细胞膜含有GLUT2，可使肝细胞内的葡萄糖浓度与血糖浓度保持一致。当肠道吸收入血的葡萄糖浓度增高时，人体一些组织能利用血糖合成糖原而储能，其中，肝与肌肉的储量最大。肝细胞含有特异的葡糖激酶（即己糖激酶同工酶Ⅳ），K_m 值较高

(10mmol/L)，使得肝细胞在饱食状态下血糖浓度较高时，可不停地将摄取的葡萄糖转变为葡糖-6-磷酸，进一步合成肝糖原而储存。一般饱食后肝糖原总量可达75~100g，占肝重的5%~6%。血糖高时，肝中由葡萄糖转变来的葡糖-6-磷酸也可以转化为脂肪，以极低密度脂蛋白（VLDL）形式输出肝外，储存于脂肪组织。

人体组织不能直接利用外源性半乳糖、甘露糖等其他单糖，须经肝将其转变成葡糖-6-磷酸后方能供机体利用。

2. 可通过糖异生补充血糖　饥饿时，由于肝含有葡糖-6-磷酸酶，肝糖原能直接分解补充血糖，但由于肝糖原储存有限，肝糖原分解仅能维持10~16小时。较长时间禁食后，肝主要通过糖异生将氨基酸、乳酸及甘油等非糖物质转变为葡萄糖来补充血糖，其主要原料来源是肌肉分解的氨基酸。因病禁食或反复呕吐，糖来源减少，机体处于饥饿状态时，糖异生作用增加，以维持血糖恒定。在这种情况下，为了减少组织蛋白质的消耗和避免动用体脂可能引起的酮症酸中毒，对患者静脉滴注葡萄糖是非常必要的。肌肉内没有葡糖-6-磷酸酶，故肌糖原不能直接补充血糖，只能通过酵解生成乳酸，再经糖异生作用转变成葡萄糖。

肝对糖代谢的调节具有相当大的代偿能力，轻度肝损伤时不易出现糖代谢紊乱。当发生严重肝损伤时，由于肝糖原合成障碍，进食后不能及时地把摄入的葡萄糖合成为肝糖原，因而引发血糖升高；空腹时因储存的肝糖原较少，导致血糖降低，从而出现糖耐量异常，可通过糖耐量试验来帮助诊断。

二、肝在脂质代谢中的作用

肝细胞的滑面内质网富含催化脂质代谢的酶类，是进行脂质代谢的重要场所。

1. 在脂质消化吸收中的作用　肝细胞通过合成和分泌胆汁酸，帮助脂质消化、吸收；并帮助脂溶性维生素吸收。故患有肝、胆疾病时，胆汁酸代谢紊乱，引起胆汁中胆汁酸含量下降及分泌量减少，出现脂质消化不良症状，如恶心、厌油腻以及水性腹泻或脂肪泻。

2. 在三酰甘油代谢过程中的作用　肝细胞富含合成脂肪酸和促进脂肪酸β-氧化的酶，而且只有肝含有合成酮体的酶。故肝是脂肪酸合成、β-氧化最主要的场所，也是酮体生成的主要器官。饥饿时β-氧化进行得非常活跃，产生大量的乙酰CoA，一部分通过三羧酸循环释放能量供肝利用，另一部分在肝内转变为酮体，供肝外组织利用。酮体是脂肪酸在肝外组织氧化供能的另一种形式，心、肾、骨骼肌尤其是脑在血糖浓度过低时利用酮体供能，仍能维持生命。饥饿时，酮体可占大脑供能的60%~70%。

进食后，肝可将大量过剩的葡萄糖通过乙酰CoA转变成脂肪酸，将能量储存在三酰甘油中，并与肝合成的ApoB100等载脂蛋白、胆固醇和磷脂一起，组装成VLDL分泌入血，经血液运至肝外组织利用。所以，肝起到协调三酰甘油合成和脂肪酸氧化供能的作用。

3. 在磷脂代谢中的作用　磷脂（尤其是卵磷脂）主要通过肝利用糖及氨基酸等物质合成。磷脂与不同的载脂蛋白结合生成多种脂蛋白。血浆中的VLDL和高密度脂蛋白（HDL）主要在肝细胞中合成。肝功能受损时，VLDL合成障碍，导致肝细胞合成的三酰甘油无法运输至肝外，从而形成脂肪肝。

4. 在胆固醇代谢中的作用　肝负责合成人体3/4的胆固醇，是空腹血浆胆固醇的主要来源。VLDL在血浆中可转变为低密度脂蛋白（LDL），LDL是转运肝合成的内源性胆固醇的主要工具。血浆胆固醇酯的生成需要卵磷脂-胆固醇酰基移换酶（LCAT），它也是由肝细胞合成的。当肝功能障碍时，血浆总胆固醇含量变化不大，但胆固醇酯的含量必然减少，血浆胆固醇与胆固醇酯的比值升高。因此，在肝病诊断中，测定血清胆固醇酯的含量较测定总胆固醇更有意义。

肝还是胆固醇转化和排泄的器官，体内约有一半的胆固醇在肝内转变成胆汁酸盐，经胆道排出，并可通过肠-肝循环反复利用。所以，肝在调节胆固醇合成、转化与排泄而维持胆固醇平衡的过程中起重要作用。

三、肝在蛋白质代谢中的作用

肝细胞的粗面内质网含有丰富的核糖体，是合成蛋白质的重要场所。而丰富的高尔基体则与一些蛋白质在合成后的加工和成熟有密切关系。

1. 作为体内合成蛋白质的主要器官 肝内蛋白质代谢极为活跃，更新速度约为肌肉蛋白质的18倍。它除能合成满足自身结构和功能的蛋白质外，还能合成多种血浆蛋白质。肝在维持血浆蛋白质与全身组织蛋白质之间的动态平衡中起重要作用。除γ-球蛋白外，几乎所有的血浆蛋白均来自肝，如清蛋白、纤维蛋白原、凝血酶原、部分凝血因子、血浆脂蛋白所含的多种载脂蛋白（ApoA、ApoB、ApoC、ApoE）和部分球蛋白（α1-球蛋白、α2-球蛋白、β-球蛋白）等。因此，通过测定血浆蛋白质，可帮助了解肝合成蛋白质的功能是否正常。

在血浆蛋白质中，清蛋白含量最多，分子量又较小，所以清蛋白是维持血浆胶体渗透压的主要因素。当肝功能严重受损时，由于肝合成蛋白质的功能障碍，清蛋白含量降低，引起血浆胶体渗透压降低，出现水肿或腹水；由于纤维蛋白原和凝血酶原合成减少，出现各脏器的出血倾向，甚至发生大出血。

2. 作为氨基酸分解代谢的重要器官 肝细胞含有丰富的氨基酸代谢酶类，如丙氨酸氨基转移酶（ALT）和天冬氨酸氨基转移酶（AST），使得联合脱氨基作用在肝中进行得非常活跃。此外，转甲基、脱硫及脱羧基作用等都能在肝内进行。肝疾病时，肝细胞膜通透性增加或肝细胞坏死，使血中某些酶（如ALT）的活性测定值增高，临床生化中常以此作为诊断肝疾病的辅助指标。

3. 在解“氨毒”代谢中的作用 肝通过鸟氨酸循环，使有毒的氨合成为无毒的尿素随尿排出。鸟氨酸氨甲酰基转移酶和精氨酸酶主要存在于肝中，故肝是合成尿素的主要器官。当肝功能严重衰竭时，尿素合成发生障碍，使血氨升高，是引起肝性脑病的原因之一。

晚期肝病患者利用血氨合成尿素的能力低下，引起血浆氨值增高，是肝性脑病的诱因。大多数氨基酸如芳香族氨基酸主要在肝内降解，而支链氨基酸主要在肌肉、肾及脑中降解。肝功能衰竭时，芳香族氨基酸在肝中的降解减少，引起血浆芳香族氨基酸含量增高，从而使血浆中支链氨基酸/芳香族氨基酸比值降低；当病情改善或神志恢复时，血中支链氨基酸/芳香族氨基酸比值有所增高。因此，支链氨基酸/芳香族氨基酸比值可作为肝功能受损的一个指标，对慢性肝病的诊断、鉴别诊断以及判断肝功能受损程度均有一定的临床价值。

四、肝在维生素代谢中的作用

肝除分泌胆汁酸帮助脂溶性维生素吸收之外，在维生素的储存和转化等方面也起着重要作用。维生素A、维生素D、维生素E、维生素K和维生素B_{12}的主要储存场所都是肝。例如95%的维生素A都储存在肝内，胡萝卜素转化为维生素A也是在肝细胞内进行的。维生素A是视紫红质的组分，与暗视觉有关，所以，严重肝细胞损害时，由于维生素A的吸收、储存和转化障碍，可发生维生素A缺乏症（如夜盲症）。

胆道梗阻或肝细胞功能损伤时，胆汁不能进入肠道或胆汁酸盐合成量不足，导致脂溶性维生素吸收障碍。维生素K参与肝细胞中凝血酶原及凝血因子Ⅶ、凝血因子Ⅸ和凝血因子Ⅹ的合成。故维生素A和维生素K吸收障碍可使有出血倾向和夜盲症同时发生。

肝细胞含25-羟化酶，可催化维生素D的C_{25}位羟化而促进活性维生素D的生成。

一些B族维生素可在肝内转化成辅酶。如维生素PP转化为NAD^+或$NADP^+$，维生素B_1转化为TPP，泛酸转化为CoA，这些辅酶组成的各种结合酶是物质代谢中不可缺少的生物催化剂。

五、肝在激素代谢中的作用

许多激素在发挥其调节作用后，在体内被分解、转化，从而降低或失去活性，此过程称为激素的灭活。肝是多种激素灭活的主要器官。灭活后的产物大部分随尿排出。肝功能障碍时，激素灭活作用减弱，血中相应激素的水平就会升高，导致出现某些临床症状。例如，醛固酮主要在肝中灭活，其半衰期为20～30分钟。严重肝病时，由于该作用减弱，常可引起机体出现水钠潴留，这也是发生水肿和肝硬化腹水的重要原因之一。再如，雌激素也主要在肝中灭活。严重肝病时，血中雌激素水平升高，可出现男性乳房发育、“肝掌”和上腔静脉分布区的蜘蛛痣。此外，还有多种类固醇激素和含氮类激素的灭活也在肝内进行。

第二节　肝的生物转化作用

PPT

一、生物转化作用的概念和进行生物转化的物质

（一）生物转化作用的概念

机体中存在一些非营养性物质（xenobiotics），既不能作为构建组织细胞的成分，又不能作为能源物质。机体在排出这些物质前，需要通过肝脏对进行化学转变，使脂溶性较强的物质获得极性基团，水溶性（或极性）增加，从而易于随胆汁或尿液排出体外，这一过程称为肝的生物转化（bio－transformation）作用。由于肝中酶的含量高、种类多，肝是体内进行生物转化作用最重要的器官；其他组织如肠、肾、肺等肝外器官也有一定的生物转化能力。

（二）进行生物转化的物质

1. 内源性非营养物质　体内代谢生成的，如氨基酸分解产生的氨、胺类；体内合成的激素、神经递质、胆色素等。

2. 外源性非营养物质　外界进入体内的，如药物、毒物、致癌物、有机农药、食品添加剂、环境污染物质等；肠道吸收而来的腐败产物，如在肠菌作用下产生的胺、酚、吲哚和硫化氢等。便秘或肠梗阻时，粪便不易排出，大量腐败产物被重吸收进入人体。

二、生物转化作用的两相反应及酶系

通常将生物转化作用分为两相，氧化、还原和水解反应称为第一相反应，结合反应称为第二相反应。有的物质只经过第一相反应即可大量排出体外；而大多数物质需再经过第二相反应，改变其毒性，进一步增加水溶性才能排出体外。

（一）第一相反应——氧化、还原、水解

一般来讲，经过第一相反应后，作用物分子上的非极性基团转变为极性基团，从而增加水溶性；同时，原来的功能基团改变或产生新的基团，使毒物解毒或活化。

1. 氧化反应　氧化是生物转化中最重要和多见的反应。肝细胞的微粒体、线粒体及胞质含有参与生物转化的不同氧化酶系，催化不同类型的氧化反应。

（1）单加氧酶系（cytochrome P_{450} monooxygenase，CYP）　是参与生物转化第一相反应最重要的酶。该酶系存在于肝细胞微粒体中，以细胞色素 P_{450} 构成该酶系为特点，具体反应机制见第五章图5－16。该酶系可催化多种化合物的羟化，能使多种脂溶性物质如药物、毒物、类固醇激素等化合物发生氧化。

作用时，氧分子中的一个氧原子掺入底物，而另一个氧原子被 NADPH 还原为水分子。由于一个氧分子发挥了两种功能，故该酶系又称为混合功能氧化酶（mixed function oxidase，MFO）；又因底物的氧化产物是羟化物，也称羟化酶。其反应通式如下：

$$RH + O_2 + NADPH + H^+ \xrightarrow{\text{单加氧酶}} ROH + NADP^+ + H_2O$$

单加氧酶系是人体内一种重要的氧化酶系，也是目前已知底物最广泛的生物转化酶类。此酶系特异性低，可催化多种底物进行不同类型的反应，其中最常见的是羟化反应，并且能催化一种物质生成多种物质，进行多次羟化。底物通过羟化，极性增加，溶解度增大，易于随尿排出。如水溶性小的苯胺被单加氧酶羟化为对氨基苯酚后，水溶性增加。

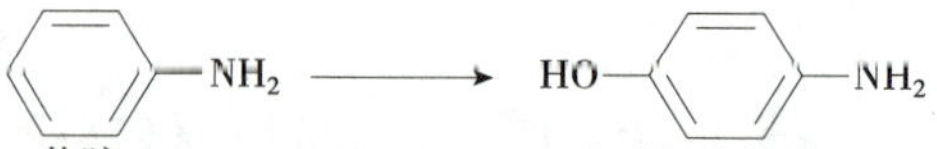

苯胺　　对氨基苯酚

（2）单胺氧化酶（monoamine oxidase，MAO）　存在于肝细胞线粒体中，属于黄素酶类。此酶催化蛋白质腐败作用等产生的组胺、酪胺、尸胺、腐胺和体内许多生理活性物质如 5－羟色胺、儿茶酚胺类进行氧化脱氨基反应，生成相应的醛类，其通式如下：

$$\underset{\text{胺类}}{RCH_2NH_2} + H_2O + O_2 \xrightarrow{\text{单胺氧化酶}} \underset{\text{醛}}{RCHO} + NH_3 + H_2O_2$$

（3）脱氢酶系　醇脱氢酶（alcohol dehydrogenase，ADH）及醛脱氢酶（aldehyde dehydrogenase，ALDH）存在于胞质及微粒体中，均以 NAD^+ 为辅酶，分别作用于醇类或醛类，催化醇类氧化成醛或催化醛类生成酸。其通式如下：

$$\underset{\text{醇类}}{RCH_2OH} + NAD^+ \xrightarrow{\text{醇脱氢酶}} \underset{\text{醛类}}{RCHO} + NADH + H^+$$

$$\underset{\text{醛类}}{RCHO} + NAD^+ + H_2O \xrightarrow{\text{醛脱氢酶}} \underset{\text{酸}}{RCOOH} + NADH + H^+$$

例如喝酒后，乙醇进入肝细胞后发生以下转变：

$$\underset{\text{乙醇}}{CH_3CH_2OH} \xrightarrow[NAD^+ \quad NADH+H^+]{\text{乙醇脱氢酶}} \underset{\text{乙醛}}{CH_3CHO} \xrightarrow[NAD^+ \quad NADH+H^+]{\text{乙醛脱氢酶}} \underset{\text{乙酸}}{CH_3COOH}$$

该过程导致肝细胞胞质 $NADH/NAD^+$ 比值升高，过多的 NADH 可将胞质中的丙酮酸还原成乳酸。酒精中毒时，乳酸和乙酸产生过多引起酸中毒和电解质平衡紊乱，且糖异生障碍容易导致低血糖。因此，肝病患者最好不喝酒，以免增加肝负担，加重病情。

另外，长期饮酒和慢性酒精中毒的人在乙醇浓度很高时，体内除了 ADH 氧化乙醇外，还可诱导 CYP2E1 的合成和活性升高，进而启动微粒体乙醇氧化系统（microsomal ethanol oxidizing system，MEOS）。MEOS 的产物也是乙醛，同时此过程还可引起肝对氧和 NADPH 的消耗，进一步促进脂质过氧化，引发肝细胞氧化损伤。

上述两途径产生的 90% 以上的乙醛在 ALDH 的催化下转化为乙酸。部分人 ALDH 基因有突变，体内 ALDH 活性低下，导致这些人饮酒后乙醛在体内堆积，引起血管扩张、面部潮红、脉搏加快和心动过快。

2. 还原反应　肝微粒体含有需 NADPH 或 NADH 供氢的硝基还原酶（nitroreductase）和偶氮还原酶（azoreductase），一般活性不高，分别将硝基化合物和偶氮化合物还原为胺类。例如，硝基苯和偶氮苯经还原反应均可生成苯胺，后者再在单胺氧化酶的作用下生成相应的酸。硝基化合物多见于工业试剂、杀虫剂、食品防腐剂，主要用作医药、染料、香料、炸药等工业的化工原料及有机合成试剂。偶氮化合物常见于食品色素、化妆品、药物、纺织和印刷工业等。有些可能是前致癌物。很多偶氮化合物如曾用于人造奶油着色的奶油黄能诱发肝癌，属于禁用；作为指示剂的偶氮化合物甲基红可引起膀胱和乳腺肿瘤。有些偶氮化合物虽不致癌，但毒性与硝基化合物和芳香胺相近。

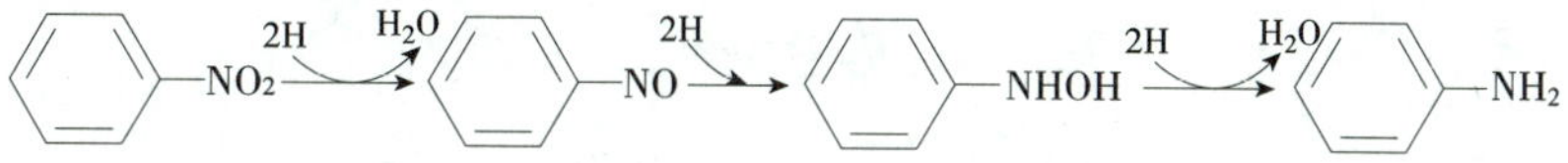

硝基苯　亚硝基苯　苯胲　苯胺

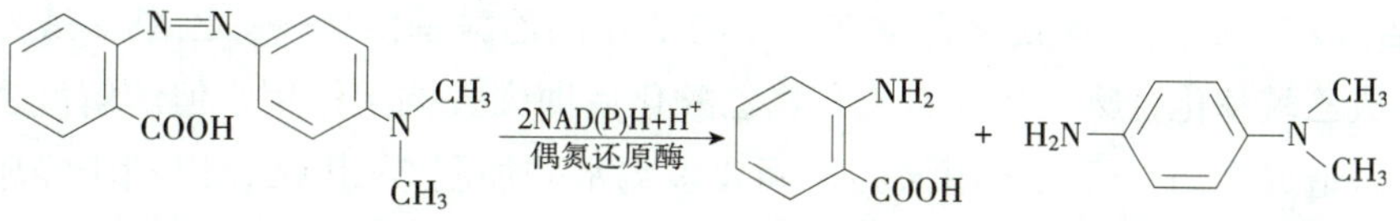

甲基红　邻氨基苯甲酸　N-二甲基氨基苯胺

3. 水解反应　肝细胞的胞质和微粒体含有多种酯酶、酰胺酶及糖苷酶等水解酶，它们分别催化酯类、酰胺类、糖苷类化合物的水解，以减低或消除底物的生物活性。这些水解产物通常还需要进一步进行第二相的结合反应，才能完成生物转化作用。如：

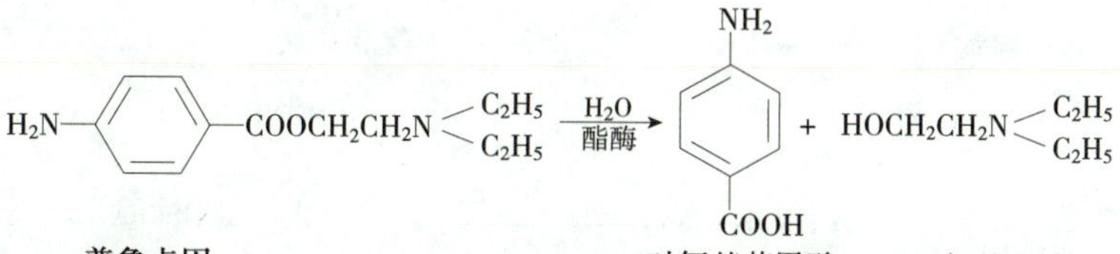

普鲁卡因　对氨基苯甲酸　二乙氨基乙醇

（二）第二相反应——结合反应

第一相反应生成的产物，其水溶性不够大的，还需要进行第二相反应，即各种结合反应，生成极性更强的化合物。具有极性基团的药物、毒物等物质在肝内催化结合反应的酶类的催化下与葡糖醛酸、硫酸、乙酰基、甲基、氨基酸或肽等水溶性强的物质结合，进一步增强水溶性，有利于排泄；同时掩盖了作用物上原有的功能基团，故还有解毒作用。其中，葡糖醛酸结合反应在肝细胞微粒体内进行，其余的则全在肝细胞胞质中进行。结合反应是体内最重要的生物转化方式。

1. 葡糖醛酸结合反应　是第二相反应中最普遍和重要的结合方式。肝细胞微粒体含有非常活跃的葡糖醛酸基转移酶（UDP-glucuronyl transferase，UGT），它以尿苷二磷酸葡糖醛酸（UDPGA）为供体，催化葡糖醛酸基转移至多种含极性基团的醇、酚、胺等化合物，生成相应的葡糖醛酸苷。如吗啡、可卡因、胆红素、类固醇激素等，经结合反应生成相应的β-D-葡糖醛酸苷，使其极性增加，易排出体外。

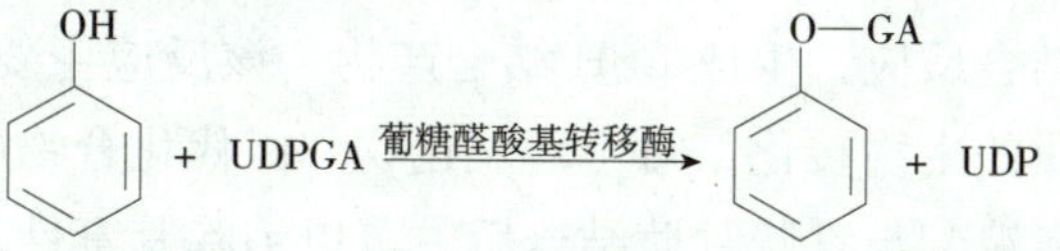

苯酚　苯-β-葡糖醛酸苷(醚型)

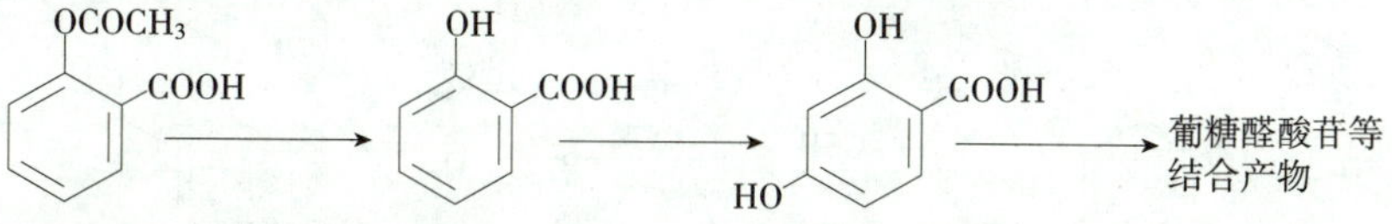

乙酰水杨酸　水杨酸　羟基水杨酸

2. 硫酸结合反应　在肝细胞胞质中硫酸转移酶（sulfate transferase）的催化下，各种醇、酚或芳香族胺类化合物与活性硫酸（3′-磷酸腺苷-5′-磷酰硫酸，简写为PAPS）反应生成相应的硫酸酯，既可增加其水溶性使易于排出，又可促进其失活，这也是较常见的一种结合反应。如雌酮形成硫酸酯而灭活。严重肝病患者的肝生物转化功能下降，血中雌激素过多，出现“蜘蛛痣”或“肝掌”。

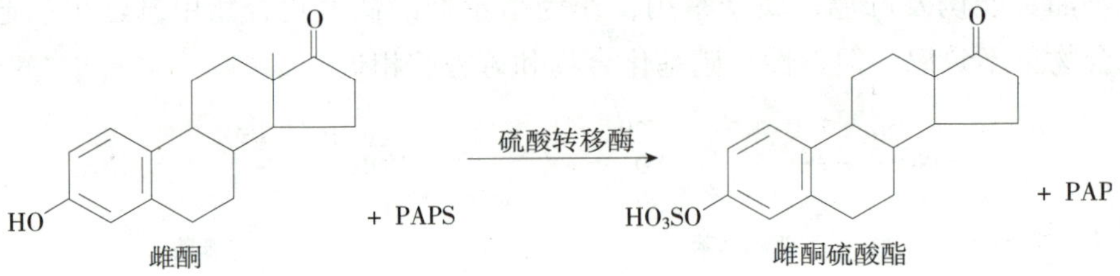

3. 乙酰基结合反应 有些芳香族化合物在肝中与活化的乙酰基供体——乙酰 CoA 结合，在乙酰基转移酶的催化下，生成乙酰基化合物。如磺胺类药物乙酰化后即失去抗菌作用，但溶解度也降低，在酸性尿中易形成结晶，对肾造成损伤，所以服用该药期间要多喝水并加服 $NaHCO_3$，以利于经尿排泄。反应通式如下：

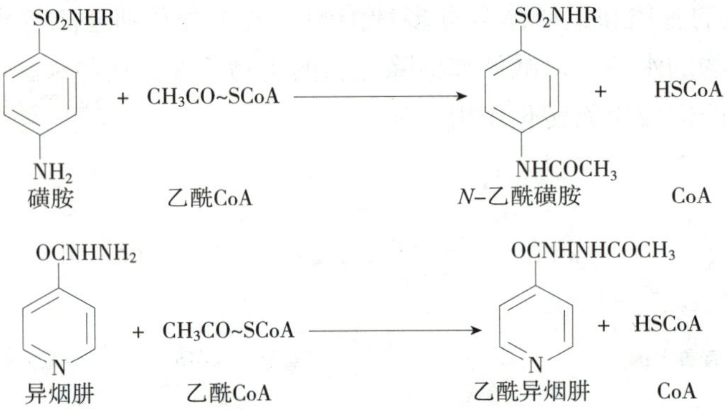

4. 甲基结合反应 肝细胞胞质和微粒体含有多种甲基转移酶，可催化含有羟基、巯基或氨基的化合物的甲基化反应，由 *S*-腺苷甲硫氨酸（SAM）提供甲基，生成相应的甲基化衍生物。如儿茶酚胺、5-HT 及组胺等，可通过甲基化而改变或丧失其生物活性。

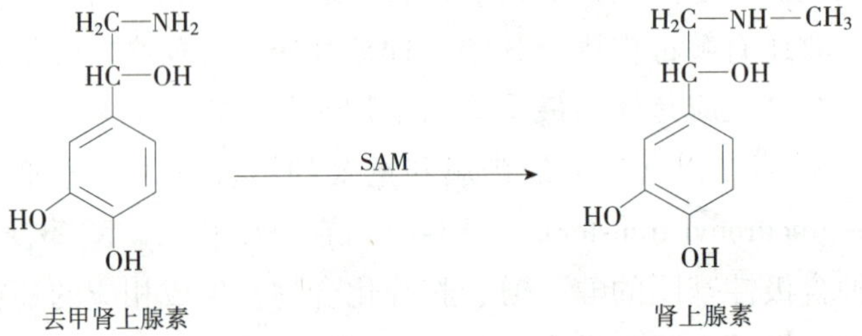

5. 谷胱甘肽结合反应 肝细胞胞质含有谷胱甘肽-*S*-转移酶（glutathiones-transferase，GST），可使环氧化物和卤代化合物进行结合反应，生成 GSH 结合产物。该反应主要参与对致癌物、环境污染物、抗肿瘤药物以及内源性活性物质的生物转化，对于环氧化物和卤代化合物的解毒很重要。这也是细胞自我保护的重要反应，例如使环氧溴苯与谷胱甘肽结合后，可以消除其毒性。

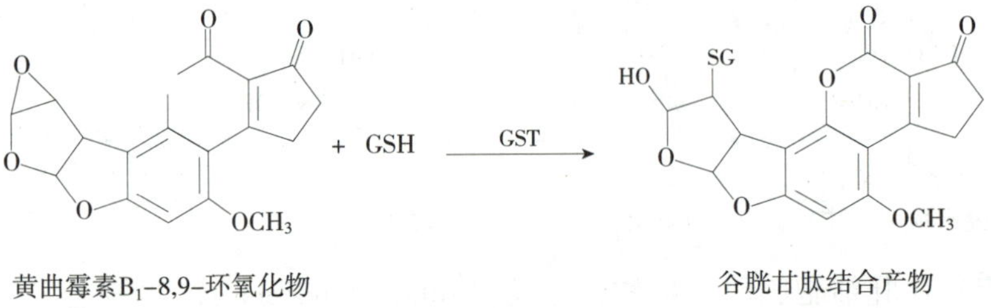

6. 其他结合反应 某些氨基酸可与异源物的羧基结合，如甘氨酸主要参与含羧基异源物的结合转化。

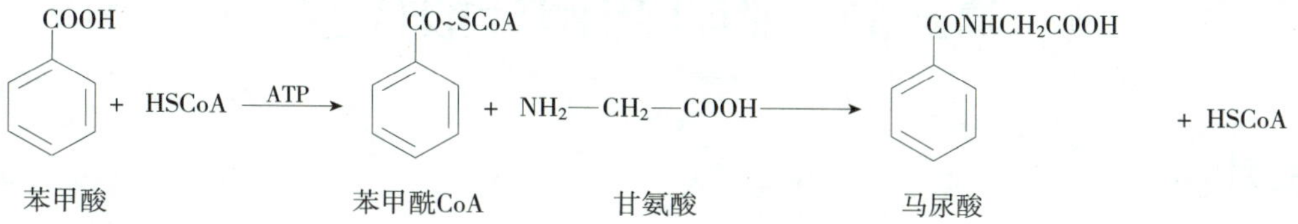

三、生物转化反应的特点

1. 转化反应的连续性 一种物质的生物转化常需连续地进行几种反应，且大多数物质往往经过氧化、还原或水解反应后，仍需进行结合反应才能完成生物转化作用。如乙酰水杨酸（阿司匹林）先被水解为水杨酸，但是直接以水杨酸形式排出甚少；大部分水杨酸仍需在肝内进行结合反应，或先经氧化再行结合，最后由肾排出。

2. 反应类型的多样性 同一类作用物可因结构上的差异而进行不同类型的反应，同一种物质在体内也可进行多种生物转化反应。苯甲酸与苯乙酸不仅同属羧基酸，而且结构也极相似，但在人体内，苯甲酸结合甘氨酸产生马尿酸，而不能与谷氨酰胺结合；苯乙酸则只能与谷氨酰胺结合，生成苯乙酰谷氨酰胺，而不能与甘氨酸结合。

3. 解毒与致毒的双重性 经过生物转化作用，各种物质的生物活性发生改变。其药理活性或毒性多数是减弱、消失，但也有少数物质反而出现毒性或毒性增强。例如香烟所含的3，4 - 苯并芘并无直接致癌作用，但进入人体后，经肝微粒体中的单加氧酶作用后，生成有很强致癌作用的7，8，9，10 - 四氢 -9，10环氧苯并芘二醇。再如一些药物如非那西丁、水合氯醛、百浪多息以及有机磷农药，在体内经过氧化或还原反应后，药理活性或毒性增高，再通过乙酰基结合或葡糖醛酸结合使其活性或毒性降低。

四、生物转化作用的影响因素

生物转化作用受性别、年龄、肝疾病、营养和药物等体内、外多种因素的影响。

1. 药物代谢酶的诱导与抑制作用 某些药物如利福平、乙醇、卡马西平等的反复应用，能诱导参与第一相反应的细胞色素 P_{450} 单加氧酶系和第二相反应的结合酶的活性。由于生物转化酶的专一性不高，当某一种药物使酶量增多后，其他合用的多种药物的代谢速率加快，因而药理作用和毒性反应增强或减弱。这也是机体对外源性毒物的适应。

单加氧酶系特异性较差，能催化多种物质进行不同类型的氧化反应。如长期服用苯巴比妥的患者，该药可诱导肝微粒体单加氧酶系的合成，使机体对苯巴比妥类催眠药的转化能力增强，是耐药性产生的重要因素之一。另外，苯巴比妥还能增强机体对其他某些药物的代谢以达到解毒的效果，如苯巴比妥能缓解地高辛中毒。因此，用药时还应考虑用药配伍对药物生物转化的影响。

2. 年龄、性别、种族、个体差异的影响 生物转化作用常受年龄、性别、疾病及诱导物等体内、外各种因素的影响。例如新生婴儿最容易发生氯霉素中毒，原因之一就在于肝内生物转化酶系发育不完全。肝微粒体葡糖醛酸转移酶在出生后才逐渐增加，8周才达到成人水平。90%的氯霉素是与葡糖醛酸结合后解毒，故新生儿禁用氯霉素。老年人对药物的转化能力降低，如对氨基比林、保泰松等的转化作用差，因此，药物副作用较大，用药要慎重。女性转化能力一般比男性强，例如女性体内醇脱氢酶的活性高于男性，因此，女性对乙醇的代谢能力比男性强。

肝受损严重，如肝炎、肝硬化时，肝血流量减少，生物转化功能降低。故患者最好忌烟、酒，注意避免使用对肝有损伤作用的药物，以免增加肝负担，加重病情。

第三节 胆汁与胆汁酸代谢

PPT

一、胆汁

胆汁（bile）由肝细胞分泌，正常成人每日分泌胆汁300～700ml。人胆汁呈黄褐色或金黄色，有苦味，稍偏碱性。从肝细胞初分泌的胆汁透明澄清，固体物含量较少，称肝胆汁。使之肝胆汁进入胆囊后，储存在胆囊，胆囊吸收部分水分并分泌黏液渗入胆汁，使之浓缩成为胆囊胆汁，再经胆总管流入十二指肠。胆汁中的主要固体成分是胆汁酸盐，占固体物质总量的50%～70%，可促进脂质的消化吸收。其他为胆色素、胆固醇、脂肪、磷脂、核蛋白及黏蛋白等，能将体内一些代谢产物（胆色素、胆固醇、类固醇激素等）或生物转化后的产物运送至肠道，随粪便排出。无机成分主要有钠、氯化物和重碳酸盐，还有钾、钙、镁和硫酸盐以及微量磷酸盐。某些进入体内的异物如药物、毒物、染料、重金属化合物等也可随胆汁排入肠道，再排出体外。

胆汁酸在胆汁中以钠盐或钾盐的形式存在，称胆汁酸盐。正常人胆汁的化学组成见表12－1。

表12－1 正常人胆汁的组成及性质

类别	肝胆汁	胆囊胆汁
相对密度	1.009～1.013	1.026～1.040
pH	7.1～8.5	5.5～7.7
水（%）	97	86
总固体（%）	1.0～3.5	4.0～17.0
胆汁酸盐（%）	0.2～2.0	1.5～10.0
胆固醇（%）	0.05～0.17	0.2～0.9
胆色素（%）	0.05～0.17	0.2～1.5
黏蛋白和色素（%）	0.1～0.9	1.0～4.0
磷脂（%）	0.05～0.08	0.2～0.5
无机盐（%）	0.2～0.9	0.5～1.1

二、胆汁酸的代谢

胆汁酸是胆固醇在体内代谢的主要终产物，正常成人每天合成胆固醇1～15g，其中0.4～0.6g在肝内转变成胆汁酸。在肝细胞内由胆固醇转变为初级胆汁酸的过程很复杂，需经过羟化、加氢、侧链氧化断裂和修饰等多步反应才能完成。正常人胆汁中的胆汁酸按照来源可分为初级胆汁酸（primary bile acid）和次级胆汁酸（secondary bile acid）。初级胆汁酸由肝细胞合成，包括胆酸（cholic acid）、鹅脱氧胆酸（che－nodeoxycholic acid）；次级胆汁酸由初级胆汁酸在肠道细菌的作用下转变生成，包括脱氧胆酸和石胆酸。胆汁酸按是否与甘氨酸及牛磺酸结合又分为游离胆汁酸和结合胆汁酸，后者如甘氨胆酸、牛磺胆酸、甘氨鹅脱氧胆酸和牛磺鹅脱氧胆酸（图12－1），正常人胆汁中的胆汁酸几乎都是结合型（占90%以上）。胆汁酸在脂质的消化吸收、抑制胆固醇结石的形成及调节胆固醇代谢方面起重要作用。

（一）初级胆汁酸的生成

1. 游离型初级胆汁酸的生成 在肝微粒体和胞质中，胆固醇在7α－羟化酶的催化下生成7α－羟胆固醇；再进行3α－羟化及12α－羟化，然后经侧链氧化、断裂，生成胆酰CoA和鹅脱氧胆酰CoA，再经加水，CoA被水解下来，分别形成胆酸与鹅脱氧胆酸。7α－羟化酶是胆汁酸生成的关键酶，受胆汁酸的负反馈调节，但受甲状腺激素的激活，所以甲状腺功能亢进患者的血浆胆固醇水平偏低。

2. 结合型初级胆汁酸的生成　侧链修饰过程中生成的胆酰 CoA 和鹅脱氧胆酰 CoA 可分别与甘氨酸或牛磺酸通过酰胺键形成结合型初级胆汁酸。健康成人胆汁中，甘氨胆酸与牛磺胆酸的比例为 3∶1。结合型胆汁酸以钠盐（胆盐）形式在胆汁中起作用。

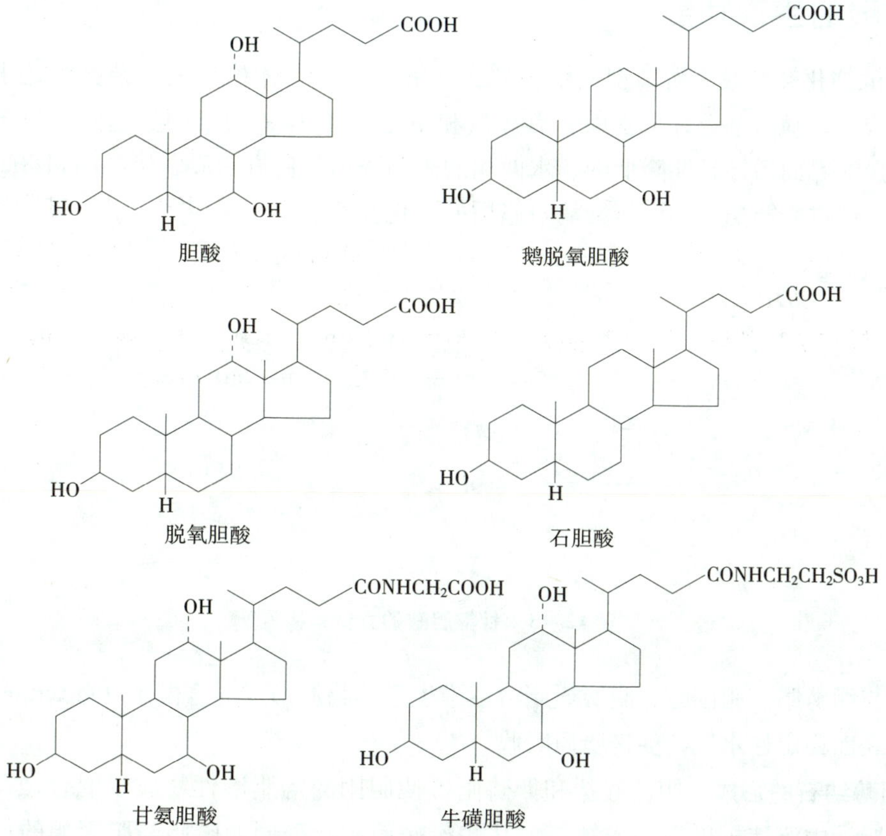

图 12－1　几种常见胆汁酸的结构

（二）次级胆汁酸的生成

初级胆汁酸随胆汁分泌进入肠道后，在小肠下段及大肠中经肠道细菌的作用，发生水解和 7α－脱羟基作用，转变为次级胆汁酸。胆酸和鹅脱氧胆酸分别脱去 7α－羟基，生成脱氧胆酸（deoxycholic acid）和石胆酸（lithocholic acid）（图 12－1）。石胆酸溶解度小，不与甘氨酸或牛磺酸结合；脱氧胆酸与甘氨酸或牛磺酸结合，生成结合型次级胆汁酸，即甘氨脱氧胆酸和牛磺脱氧胆酸。

（三）胆汁酸的肠－肝循环

由肝分泌进入肠道的各种胆汁酸，约 95% 在回肠末端以上被重吸收，经门静脉入肝，被肝细胞迅速摄取，并由游离型胆汁酸重新转变成结合型胆汁酸，同新合成的结合型胆汁酸一起再次排入肠道，此循环过程称为胆汁酸的肠－肝循环（图 12－2）。脱氧胆酸吸收较好；石胆酸（约为 5%）由于溶解度小，一般不被重吸收，直接随粪便排出。正常人每日有 0.4 ～0.6g 胆汁酸随粪便排出。

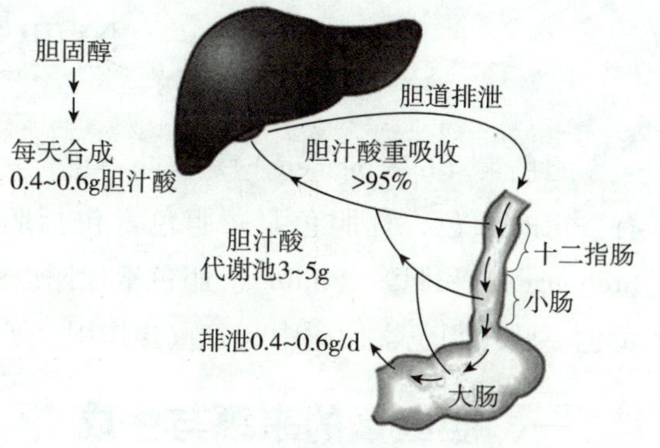

图 12－2　胆汁酸的肠－肝循环

人体肝胆内的胆汁酸代谢池有 3 ～ 5g 胆汁酸，而要维持正常人体脂质的消化吸收，需要肝每天生产胆汁酸 16 ~ 32g。肠 – 肝循环可以弥补胆汁酸合成的不足，故每天需进行肠 – 肝循环 6 ~ 10 次，使有限的胆汁酸发挥最大限度的乳化作用，以满足形成混合微团的需要，保证脂质的消化吸收。胆汁酸的重吸收也有利于胆汁分泌，并使胆汁中胆汁酸与胆固醇的比例恒定，不易形成胆固醇结石。

三、胆汁酸的生理功能

1. 促进脂质的消化和吸收 游离型或结合型胆汁酸分子在立体构型上有亲水和疏水两个侧面。亲水面含有羟基、羧基、磺酸基等，疏水面含有烃核和甲基（图 12 – 3）。两类基团恰位于环戊烷多氢菲核的两侧，有很强的界面活性，能降低油、水两相的表面张力，促进脂质乳化（emulsification），扩大脂质与酶的接触面，促进脂肪酶、胆固醇酯酶对脂质的消化。

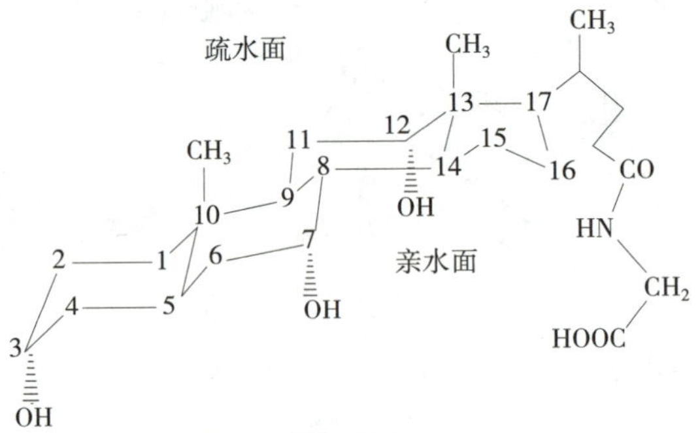

图 12 – 3　甘氨胆酸的立体结构

胆汁酸盐能与卵磷脂、胆固醇、脂肪或脂溶性维生素等物质形成混合微团（mixed micelle），有利于脂质通过肠黏膜表面稳定性水层，促进脂质吸收。

2. 抑制胆固醇结石的形成 胆汁酸盐和卵磷脂可使胆固醇等脂溶性物质以混合微团形式溶解于胆汁中，而不至在胆汁中沉淀析出而形成结石。某些疾病使胆汁酸同卵磷脂与胆固醇的比值降低（小于 10∶1），则可使胆汁中的胆固醇因过饱和而析出，形成结石。另外，鹅脱氧胆酸可使胆固醇结石溶解，但胆酸和脱氧胆酸无溶石作用。

3. 对胆固醇代谢的调控作用 胆汁酸对胆汁酸生成的关键酶——7α – 羟化酶和胆固醇合成的关键酶——HMG – CoA 还原酶均有抑制作用。半数的胆固醇被转变为胆汁酸而排泄；另一半胆固醇与胆汁酸盐等形成混合微团分散在胆汁中，随胆汁分泌而直接由肠道排出。因此，胆汁酸的生成、调控及排泄对胆固醇代谢的调控有重要作用。

第四节　胆色素代谢

PPT

胆色素（bile pigment）是铁卟啉化合物在体内分解代谢的主要产物，正常时主要随胆汁排泄，因具有一定的颜色，称胆色素。胆色素包括胆绿素（biliverdin，BV）、胆红素（bilirubin，BR）、胆素原（bilinogen）和胆素（bilin）。胆色素代谢以胆红素代谢为中心，胆红素是人体胆汁中的主要色素，呈橙黄色。肝在胆色素代谢中起着重要作用，了解有关胆红素的知识对于认识肝病具有重要意义。

一、胆红素的来源与生成

1. 胆红素的来源 体内含铁卟啉的化合物有血红蛋白、肌红蛋白、细胞色素、过氧化氢酶和过氧化物酶等。胆红素主要来源于衰老红细胞中血红蛋白的分解，约占80%；还有一小部分来源于组织（特别是肝细胞）中血红蛋白以外的上述含铁卟啉化合物的分解。正常成人每天生成250～350mg胆红素。

2. 胆红素的生成　人体红细胞的平均寿命约为120天，每天大约有6g血红蛋白来自衰老红细胞的分解。衰老红细胞由于细胞膜的变化而被肝、脾、骨髓等中单核－吞噬细胞系统的细胞识别并吞噬。血红蛋白分解为珠蛋白和血红素。珠蛋白按一般蛋白质代谢途径进行分解，血红素则经过一系列的反应转变成胆红素。

在单核－吞噬细胞系统细胞的微粒体血红素加氧酶（heme oxygenase，HO）的催化下，血红素环上的α－次甲基桥（CH—）在O_2和NADPH＋H^+的参与下，被氧化断裂，释放出CO、Fe^{2+}和胆绿素（图12－4）。

内源性CO可排出体外，Fe可与转铁蛋白结合再利用。胆绿素在胆绿素还原酶（biliverdin reductase）的作用下，迅速被还原为胆红素。这一反应也需要NADPH＋H^+的参与。正常情况下，胆绿素还原酶的活性很高，故胆绿素一般不会堆积或进入血中。

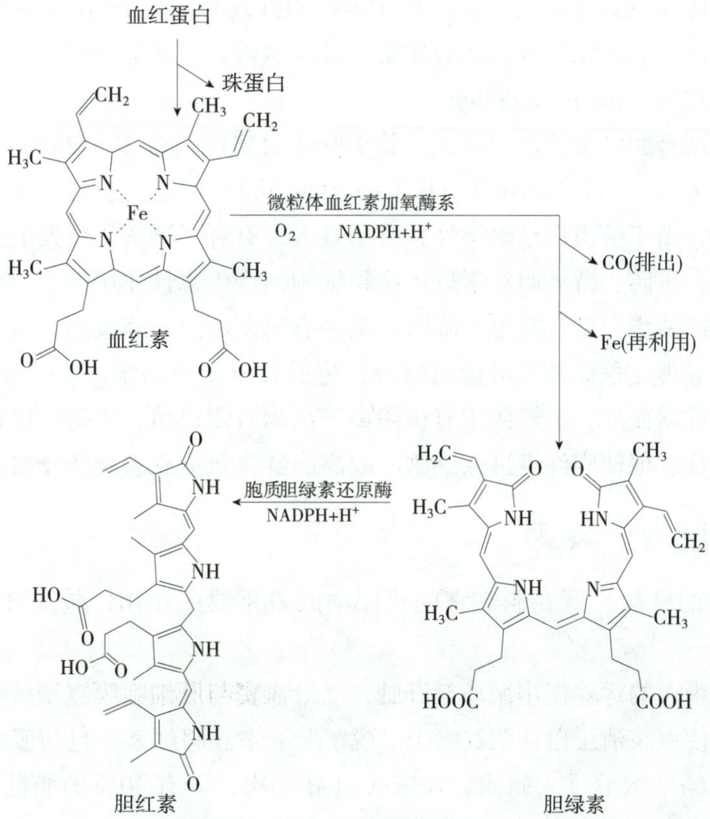

图12－4　胆红素的生成

血红素加氧酶是胆红素生物合成的限速酶，有3种异构体，即诱导型的HO－1和组成型的HO－2、HO－3。其中，HO－1为热休克蛋白32（HSP32），主要分布于肝、脾、骨髓等降解衰老红细胞的组织器官中，血红素、血红蛋白、缺氧、内毒素、NO、炎症因子等许多能引发细胞氧化应激的因素均可诱导此酶表达增高，从而增加CO和胆红素的产生。所以与HO－2和HO－3相比，HO－1在应激状态下对胆红素生成的影响更大。HO－1作为一种应急蛋白，其诱导因素的多样性也体现出这是对细胞的一种重要保护机制。如近年来的研究表明，其产物CO在低浓度时，发挥类似NO作为信息分子和神经递质的作用，所以人们试图通过诱导血红素加氧酶的表达来达到治疗心血管等疾病的目的。

在生理 pH 条件下，胆红素是难溶于水的脂溶性物质，极易透过各种生物膜，也可透过血－脑屏障。胆红素在体内蓄积过多时有很强的毒性，特别是在脑细胞内与一些神经核团结合，干扰脑细胞的正常代谢及功能，临床上称核黄疸（kernicterus），所以胆红素是人体的一种内源性毒物。正常情况下，胆红素主要经肝的生物转化作用解除其毒性并从胆汁中排泄。

胆红素过量时对人体有害，但适宜水平的胆红素是人体内强有力的内源性抗氧化剂，可有效地清除超氧化物和过氧化自由基，是血清中抗氧化活性的主要成分。这种抗氧化作用是通过胆绿素还原酶循环来实现的。有研究表明，适量的胆红素可以降低心脑血管疾病的患病概率。

二、胆红素在血中的运输

在单核－吞噬系统中生成的胆红素是亲脂的，能自由透过胞膜而进入血液。胆红素与血浆清蛋白有极高的亲和力，在血中，它们以结合为复合体（血胆红素）的形式存在并进行运输。这种结合不仅使胆红素具有亲水性，有利于运输，而且分子量变大又限制了它自由透入细胞，从而降低了毒性。胆红素与清蛋白结合后分子量变大，不能经肾小球滤过而随尿排出，故尿中无血胆红素。血胆红素尚未进入肝进行生物转化的结合反应，故又称未结合胆红素（游离胆红素）。未结合胆红素因分子内氢键的存在而不能直接与重氮试剂反应，只有在加入乙醇或尿素等破坏氢键后，才能与该试剂反应生成紫红色偶氮化合物，因而又称间接胆红素（indiret bilirubin）。

正常人血浆清蛋白结合胆红素的潜力很大，每 100ml 血浆能结合 20～25mg 游离胆红素，而正常人血浆中胆红素的含量仅为 3.4～17.1μmol/L（0.2～1.0mg/dl），所以，正常人血浆中的胆红素在血液中几乎全部与清蛋白结合，由于清蛋白呈水溶性且分子量大，有利于游离胆红素的运输，又限制了游离胆红素透过细胞膜的能力，可防止游离胆红素进入组织细胞而产生毒性作用。

当血中胆红素过高或清蛋白结合能力下降时，某些有机阴离子如磺胺药、水杨酸、利尿剂、甲状腺激素、胆汁酸及脂肪酸等可竞争性地与清蛋白结合，将胆红素游离出来，容易导致胆红素脑病的发生。因新生儿较易发生高胆红素血症，需要使用有机阴离子药物时需谨慎，以防胆红素脑病发生。酸中毒会影响胆红素与清蛋白结合，促使胆红素进入细胞，故高胆红素血症患者要防止酸中毒。

三、胆红素在肝内的转变

1. 肝细胞对胆红素的摄取 肝在胆红素的代谢中起着重要的作用，包括肝细胞对胆红素的摄取、结合、排泄三个过程。

血胆红素经血浆清蛋白的运输作用循环至肝脏，经肝血窦与肝细胞膜直接接触，此时肝细胞的膜载体蛋白和胆红素结合，使血浆清蛋白从胆红素上“脱落”下来。胆红素一旦与膜载体蛋白结合，就被转运到细胞膜的内表面，经微绒毛进入胞质。血液通过肝一次，即有 40% 的胆红素被肝摄取。丙磺舒、利福平等药物可与胆红素竞争肝细胞膜上的受体，影响胆红素进入肝细胞。

胆红素一进入胞质，即与 Y 蛋白或 Z 蛋白结合成为胆红素－Y 蛋白或胆红素－Z 蛋白，这增加了它的水溶性。Y 蛋白对胆红素的亲和力比 Z 蛋白强，故胆红素优先与 Y 蛋白结合。只有当 Y 蛋白结合达饱和时，Z 蛋白的结合量才增加。甲状腺激素、溴磺酞钠（BSP）、某些胆道造影剂均可竞争性地与Y 蛋白结合，影响肝细胞对胆红素的摄取。

2. 肝细胞对胆红素的转化作用 胆红素的进一步代谢在肝细胞内进行。胆红素与 Y 蛋白或 Z 蛋白在胞质中结合，形成相应的复合体后，即被运到内质网。在内质网中，未结合胆红素（uncojugated bilirubin）进行生物转化的第二相反应。大部分未结合胆红素在葡糖醛酸基转移酶的催化下，与尿苷二磷酸葡糖醛酸（UDPGA）结合，生成胆红素葡糖醛酸酯，即水溶性的结合胆红素，糖皮质激素和苯巴比妥等药物可促进此结合反应。由于胆红素分子中两个丙酸基的羧基均可与葡糖醛酸 C-1 上的羟基结合，可形成胆红素双葡糖醛酸酯和胆红素单葡糖醛酸酯，在人体内，前者是主要形式，占70%~80%。还有小部分胆红素可分别与活性硫酸、甲基、乙酰基和甘氨酸进行结合反应，生成结合胆红素（conjugated bilirubin）。故在肝生成的胆红素葡糖醛酸酯又可称为结合胆红素、直接胆红素或肝胆红素。结合胆红素溶于水，易溶于胆汁，由胆道排泄。故正常情况下血、尿中无结合胆红素，只有当胆道阻塞、毛细胆管因压力过高而破裂时，它才可能逆流入血，在尿中出现。两种胆红素的理化性质比较见表 12-2。

表 12-2　两种胆红素的理化性质比较

项目	未结合胆红素	结合胆红素
常见其他名称	间接胆红素	直接胆红素
水溶性	小	大
与血浆清蛋白的亲和力	大	小
分子量	大	小
与葡糖醛酸结合	未结合	结合
与重氮试剂反应	慢或间接反应阳性	迅速、直接反应阳性
通过肾随尿排出	不能	能
细胞膜通透性及毒性	大	小
进入脑组织产生毒性	大	无
生成部位	单核-吞噬细胞系统	肝细胞内质网

3. 肝对胆红素的排泄　未结合胆红素在内质网经结合转化后，水溶性增加，被肝细胞分泌到毛细胆管，随胆汁排入小肠，定位于肝细胞膜胆小管域的多耐药相关蛋白 2（MRP2）是该分泌过程的转运蛋白。但是，结合胆红素从肝细胞毛细胆管面排出，必须克服浓度梯度。由于毛细胆管中的结合胆红素浓度远高于细胞内浓度，胆红素由肝内排出是一个较复杂的耗能过程，被认为是肝处理胆红素的关键步骤。糖皮质激素和苯巴比妥等药物可促进结合胆红素的排出，因此可用于治疗高胆红素血症。

肝排泄胆红素的能力远不如摄取、结合强，因此，肝内、外的阻塞或肝炎往往首先破坏肝的排泄功能，导致排泄障碍，使结合胆红素逆流入血，血中结合胆红素升高，尿中出现胆红素。另外，胆汁酸盐可增加胆红素、胆固醇等成分在胆汁中的溶解度，如果胆汁酸盐与胆红素比例失调，也可引起胆红素性结石。

未结合胆红素如沉着在皮肤中，暴露于强烈蓝光（波长为 440~500nm）时，则产生光照异构（photoisomerization）作用，分子中双键构型转向内侧，会影响分子内氢键的产生，使极性增加，水溶性增大。此种异构体称为光胆红素（photobilirubin），可迅速释放到血浆中，不经结合即可排出。因此，临床上用蓝光照射来治疗新生儿黄疸。

知识链接

新生儿黄疸

新生儿黄疸是新生儿期常见症状。新生儿体内红细胞数量相对较多，寿命短，破坏增多，可引起胆红素产生过多；此外，新生儿肝细胞内葡萄醛酸基转移酶的活性不高，且母乳中的孕二醇对葡糖醛酸基转移酶有抑制作用；新生儿肝细胞内缺乏 Y 蛋白，这些因素使得新生儿肝细胞对胆红素的摄取不及成人，从而使血清中未结合胆红素浓度增高，出现以皮肤、黏膜及巩膜黄染为特征的病症。一般而言，生理性黄疸是单纯因胆红素代谢异常而引起的暂时性黄疸，对机体不构成损害。

四、胆红素在肠中的转变

结合胆红素随胆汁排入肠道后，在回肠末端及结肠中细菌的作用下，先脱去葡糖醛酸，生成未结合胆红素。肠道细菌对未结合胆红素逐步进行还原反应，生成无色的尿（粪）胆素原。胆素原在肠道下段被空气氧化成黄褐色的胆素，这是粪便颜色的来源。当胆道完全梗阻时，因结合胆红素不能排入肠道，不能生成胆素原和胆素，粪便呈灰白色。

生理情况下，小肠下段生成的胆素原约80%被氧化为胆素随粪便排出；另有10%～20%被肠道重吸收，再经门静脉进入肝，此部分胆素原大部分以原型经胆汁再次排入肠道，构成胆素原的肠－肝循环；还有小部分进入体循环而经肾随尿排出，即为尿胆素原，正常成人每天排出的尿胆素原为0.5～4.0mg。无色的尿胆素原与空气接触后被氧化成黄色的尿胆素，成为尿中的主要有色成分。临床上将尿胆素原、尿胆素和尿胆红素合称为尿三胆，是黄疸类别诊断的常用指标。正常人尿中检测不到尿胆红素。

一些因素可影响尿胆素原的排泄。例如碱性尿可促进尿胆素原的排泄；当胆红素来源增加时，在肠道产生的及重吸收入血的胆素原都增加，因而随尿排出的尿胆素原量也增加，反之亦然。当肝功能障碍时，从肠道重吸收的胆素原不能有效地随胆汁再排入肠道，于是血及尿中胆素原浓度也会增加；当胆道完全阻塞时，由于结合胆红素不能顺利排入肠道，胆素原的形成发生障碍，尿胆素原的量可明显降低甚至完全消失。因此，测定尿胆素原有助于黄疸的鉴别诊断。胆色素的生成及转变可概括为图12－5。

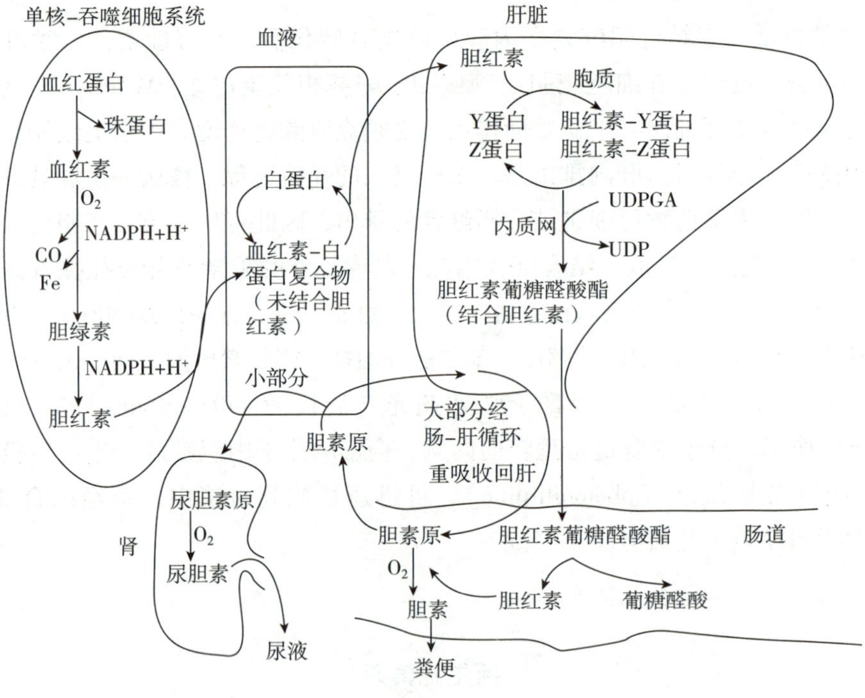

图12－5 胆红素的生成及转变的代谢过程

五、血清胆红素与黄疸

案例引导

临床案例 患儿，男，早产15天出生，出生体重2.6kg。出生后24小时内出现全身皮肤黄染，并逐渐加深。母亲妊娠期无疾病及药物史，无输血、流产及接受血制品疗法史。母亲为O型血，患儿为B型血。查体：体温36℃，脉搏120次/分，全身皮肤黏膜重度黄染，肝脾肋下未及。实验室检查：血红蛋白126g/L，血清总胆红素208.2μmol/L，结合胆红素2.4μmol/L，重氮试剂反应呈间接反应阳性，尿中胆红素阴性，粪便颜色加深。初步诊断为母婴血型不合产生的ABO溶血性黄疸，立刻进行蓝光和糖皮质激素等一系列治疗。

讨论 医生根据哪些指标诊断该患儿为溶血性黄疸？治疗的生化机制是什么？

正常人血清中胆红素的正常值为3.4～17.1μmol/L（0.2～1mg/dl），总量小于17.1μmol/L（1mg/dl），其中未结合胆红素约占4/5，其余为结合胆红素。当血清总胆红素 > 17.1μmol/L时，胆红素扩散入组织，因其与弹性蛋白质有较高亲和力，可将巩膜、皮肤染黄，即黄疸。血清总胆红素浓度为17.1～34.2μmol/L（1～2mg/dl）时，肉眼不易观察到黄染，称隐性黄疸；当大于34.2μmol/L时，黄染十分明显，称显性黄疸。

血清胆红素浓度增高，不外乎胆红素来源增多（先天或后天原因引起红细胞破坏过多，如镰状细胞贫血、血型不匹配的输血等）、去路不畅（各种原因引起的肝内外胆道堵塞，如胆道结石、肿瘤等）或肝疾病（各种原因如感染、药物、毒物、肿瘤等引起的肝细胞病变等）这三种情况。这三种不同原因引起的血清总胆红素浓度增高，临床上分别称为溶血性黄疸、阻塞性黄疸和肝细胞性黄疸。三种黄疸的鉴别总结于表12－3。

表12－3 三种黄疸的鉴别

类型	血液		尿液		粪便颜色
	未结合胆红素	结合胆红素	结合胆红素	胆素原	
正常	有	无或极微	无	少量	黄色
溶血性黄疸	增加	不变或微增	无	显著增加	加深
阻塞性黄疸	不变或微增	增加	有	减少或无	变浅或陶土色
肝细胞性黄疸	增加	增加	有	不定	变浅

第五节 常用的肝功能检验

PPT

肝是人体重要脏器之一，与全身物质代谢的变化、储存、运输、调节、排泄等方面密切相关。当肝脏发生病变或肝内、外胆道梗阻时，易引起肝细胞内物质代谢紊乱，导致血液中某些生物化学成分的改变。因此，检测相应生物化学指标以评价肝脏的生理或病理状况，对于确定肝胆系统有无功能障碍及其障碍性质以及疾病的预后判断和病程的观察等方面都有重要意义。

肝功能试验方法都是以肝的某种代谢功能为依据而设计的。所以，一种肝功能试验只能反映肝功能的某一侧面。目前尚无一种理想的方法能够完整地反映出肝功能的全貌。还应考虑到，肝有再生能力和代偿功能，故当轻度或局部性病变时，肝功能检查可能出现假阴性；另一方面，肝的功能大都与全身物质代谢密切相关，而目前常用的化验中，能特异性反映肝功能的较少，肝外器官的病变也可导致假阳性。因此，实验室检查并不能确切反映肝病及其病因，还需要配合影像学检查（如超声检查、CT、血管造影、同位素扫描、磁共振等）以及肝穿刺活检组织细胞学检查，这对肝病的诊断、疗效观察和预后估计都具有积极意义。但是，目前使用的一些肝功能生化试验仍然是最简便、最常用的检查方法，所以临床上已将常用的一些肝功能试验列为常规检验项目。

常用的以某种代谢功能为依据的肝胆功能检验有如下几种。

1. 反映肝的胆色素代谢功能 血清胆红素测定，黄疸指数、尿液胆红素和胆素原、粪便内胆素原的测定和重氮试验等。

2. 反映肝的蛋白质代谢功能 血清蛋白质测定，血清 A/G 比值测定，血氨、血液尿素氮、血液和尿内氨基酸含量的测定及其他。

3. 反映肝的糖代谢功能 半乳糖耐量试验和葡萄糖耐量试验等。

4. 反映肝的脂质代谢功能 血清总胆固醇、胆固醇酯、三酰甘油测定和血清脂蛋白测定。

5. 反映肝功能的血清酶学试验 肝细胞内酶的种类及含量非常丰富。当肝细胞坏死或受损时，细胞膜通透性增加，肝细胞内的酶进入血液使活性增加，如血清丙氨酸氨基转移酶（ALT）等。另外，血浆中也可出现肝细胞外分泌酶活性，如碱性磷酸酶（ALP）、γ-谷氨酰基转移酶等，有些酶在肝有占位性病变或胆道梗阻时也升高。此外，由于同工酶有器官特异性，对疾病的器官定位具有重要意义。

6. 肝炎免疫测定及肿瘤标志物测定 目前，肝疾病的免疫学检查有了很大进展，对甲、乙、丙、丁、戊型肝炎均可测定。常规检测方法为放射免疫测定法和酶联免疫测定法。肿瘤标志物测定对筛选肿瘤和某些种类恶性肿瘤的早期诊断有重要意义。如甲胎蛋白测定对肝癌的诊断意义。

7. 反映肝的生物转化和排泄功能 肝是人体最主要的对药物和毒物进行转化和排泄的器官。临床上应用溴磺酚酞（BSP）试验或吲哚氰绿（ICG）试验来观察肝对外源性染料的清除能力，从而反映肝的功能。

目标检测

答案解析

一、单项选择题

1. 肝脏在糖代谢中的突出作用是（　）
   A. 使血糖浓度升高　　B. 使血糖浓度降低　　C. 使血糖浓度维持相对恒定
   D. 使血糖来源增多　　E. 糖异生作用使血糖浓度降低
2. 肝内胆固醇的主要去路是（　）
   A. 转化为胆固醇酯　　B. 转化为肾上腺皮质激素
   C. 转化为 7-脱氢胆固醇　　D. 转化为胆汁酸
   E. 转化为性激素
3. 关于胆红素，叙述正确的是（　）
   A. 在单核-吞噬系统中形成的胆红素不能自由透过细胞膜进入血液
   B. 血浆清蛋白结合胆红素的潜力不大
   C. 血浆清蛋白结合的胆红素称为游离胆红素
   D. 与清蛋白结合的胆红素称为游离胆红素
   E. 甘氨酸和脂肪酸可竞争性地与清蛋白结合，置换出蛋白质

4. 只在肝脏中合成的是（　）

A. 清蛋白　　B. 胆固醇　　C. 磷脂
D. 脂肪酸　　E. 糖原

5. 关于胆汁酸盐，叙述错误是（　）

A. 能进入肠－肝循环
B. 不足时可导致生物体脂溶性维生素缺乏
C. 是脂肪的乳化剂
D. 由胆汁酸与钙离子结合而成
E. 能激活脂肪酶

6. 脂溶性的胆红素在肝中转变成水溶性形式，主要是通过（　）

A. 与甲基结合　　B. 与甘氨酸结合　　C. 与葡糖醛酸结合
D. 与乙酰基结合　　E. 与硫酸结合

7. 生物转化最主要的作用是（　）

A. 使药物失效
B. 使毒物的毒性降低
C. 使生物活性物质灭活
D. 使某些药物的药效更强或使某些毒物的毒性增加
E. 改变非营养性物质的极性，利于排泄

8. 下列属于生物转化第一相反应的是（　）

A 与葡糖醛酸结合　　B. 与硫酸结合　　C. 与甲基结合
D. 与氧结合　　E. 与乙酰基结合

二、简答题

1. 何谓生物转化？其生理意义是什么？
2. 试解释阻塞性黄疸患者大便颜色变浅甚至呈陶土色的原因。

（杨军平）

书网融合……

本章小结　　题库

第三篇
遗传信息的传递

第十二章　DNA 的生物合成和损伤修复

学习目标

1. 掌握　生物信息传递的中心法则、半保留复制、反转录的概念和生物学意义；参与 DNA 生物合成的主要物质及其作用；DNA 的复制过程。

2. 熟悉　反转录主要过程及酶的作用；基因突变的主要类型和修复机制；端粒和端粒酶的概念和意义。

3. 了解　端粒 DNA 的合成过程；真核生物 DNA 的复制特点。

4. 学会 DNA 损伤修复方式的主要类型，具备操作常规分子生物学技术的实验技能。

DNA 的复制是遗传信息由亲代向子代传递的过程。原核生物和真核生物具有相似的 DNA 复制过程。DNA 损伤时，也可以自身为模板进行修复合成。在 RNA 病毒中，还可以 RNA 为模板进行 DNA 合成。DNA 的主要合成过程其实就是在特定的脱氧核苷酸之间生成 3′，5′－磷酸二酯键。

本章介绍中心法则中关于 DNA 生物合成的内容，RNA 和蛋白质的生物合成将在后面的章节中介绍。

第一节　DNA 复制概述

PPT

DNA 复制（DNA replication）是指以亲代 DNA 为模板，合成与亲代具有完全相同碱基序列的子代 DNA 分子，遗传信息被准确地传递给子代的过程。在原核生物和真核生物中，DNA 具有相同的复制特点。

一、DNA 复制的特点

1. DNA 复制以半保留方式进行　Watson 和 Crick 于 1953 年提出双螺旋结构模型时就推测了 DNA 复制的基本模式，即半保留复制（semicon servative replication）。进行 DNA 复制时，亲代 DNA 双链解开，分别以每股单链作为模板，根据碱基互补原则指导合成新的 DNA 互补链，最终得到与亲代 DNA 碱基序列完全一致的 2 分子子代 DNA，每分子子代 DNA 都是由一股亲代 DNA 链和一股新合成的 DNA 链所构成的双链结构。

半保留复制的最终证实是依靠 1958 年 Meselson 和 Stahl 进行的 CsCl 密度梯度离心实验。大肠杆菌可以 NH_4Cl 作为氮源合成 DNA，且营养充足时，每 20 分钟便可繁殖一代。他们先将大肠杆菌放在含有$^{15}NH_4Cl$的培养液中培养 15 代，得到 DNA 全部被^{15}N标记（$^{15}N-DNA$）的大肠杆菌，提取 DNA 进行 CsCl 密度梯度离心，$^{15}N-DNA$ 形成的区带靠近离心管的底部。然后将含$^{15}N-DNA$ 的大肠杆菌转移到含$^{14}NH_4Cl$ 的普通培养基中进行培养，得到子一代大肠杆菌，同样提取 DNA 进行 CsCl 密度梯度离心，形成一条单一的区带，位置比亲代 DNA 即$^{15}N-DNA$ 要高。再培养得到子二代大肠杆菌的 DNA，CsCl 密度梯度离心形成两条区带，一条与子一代位置一致，一条位置同$^{14}N-DNA$。由此证实，DNA 半保留复制的设想是完全正确的（图 13－1）。

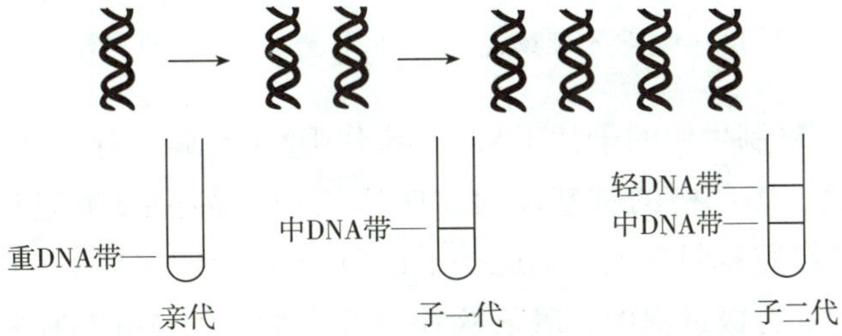

图 13－1　大肠杆菌 DNA CsCl 密度梯度离心实验示意图

2. DNA 复制为双向复制　DNA 复制是从固定位点开始的，这一位点称为复制起点（originof replication，ori）。从一个复制起点开始复制出的全部 DNA 序列称为一个复制子（replicon）。原核生物 DNA 只有一个复制起点，进行的是单复制子的复制；真核生物 DNA 有多个复制起点，可同时复制，进行的是多复制子的复制。绝大多数生物的 DNA 都是从一个复制起点开始，朝两个方向进行复制，即进行双向复制（bidi－rectional replication）。Cairns 等用放射性同位素示踪技术对大肠杆菌 DNA 的复制进行研究，发现大肠杆菌 DNA 是边解开双链边复制。在复制的过程中，可以看到复制叉（replicationfork）结构，即复制中的 DNA 在解链点形成分叉（图 13－2）。

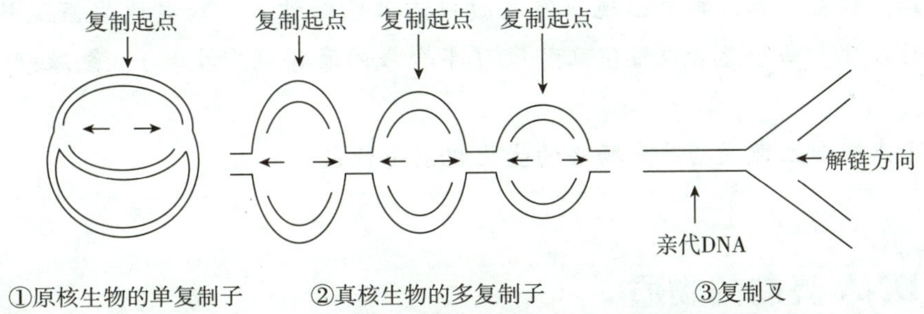

图 13－2　原核生物和真核生物的双向复制和复制叉

3. DNA 复制为半不连续复制　亲代 DNA 为反向平行的双链结构，而新合成 DNA 链的延伸方向为 5′→3′，因此，子链沿着母链模板复制，新合成的两条链中有一条链的延伸方向与复制叉的打开方向是相反的。顺着解链方向进行合成的新生链，其复制是连续进行的，称前导链（leading strand）。合成方向与解链方向相反的新生链，必须待模板链解开至一定长度，才能合成一段新生链，如此逐段进行新生链的合成，其复制是不连续进行的，称后随链（lagging strand）。1968 年，日本科学家 Okazaki 报道了其研究团队观察到的大肠杆菌中的噬菌体 DNA 复制时后随链的复制情况。因此，后随链中分段合成的 DNA 片段被命名为冈崎片段（Okazaki fragment）（图 13－3a）。冈崎片段在不同细胞类型中的长度不同，从几百到几千个碱基不等。大肠杆菌中的冈崎片段长为 1000～2000 个碱基，而真核生物中的则为 100～200 个碱基。

DNA 必须按 5′→3′的方向合成，这是由 DNA 聚合酶的催化机制决定的：DNA 聚合反应是由核酸链末端的 3′－OH 对即将要连接的 dNTP 的 α－P 发动亲核攻击，脱去一个焦磷酸，从而形成 3′，5′－磷酸二酯键。

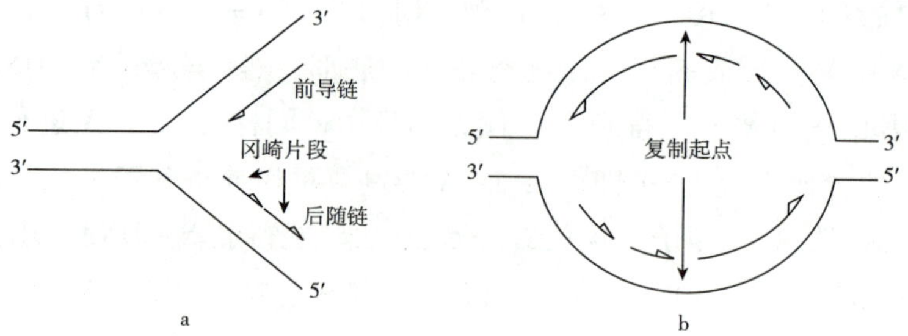

图 13－3 半不连续复制（a）和全不连续复制（b）

4. DNA 复制具保真性 复制生成的子代 DNA 与亲代 DNA 在碱基序列上完全一致，具有高度保真性。这主要与以下因素有关。①严格的碱基配对：DNA 双链中的两股单链存在碱基互补配对的关系，且在进行复制时采用的是半保留复制方式，因此，子代 DNA 可保留亲代 DNA 的全部遗传信息。②DNA 聚合酶对碱基的选择和校读：合成过程中，脱氧核苷酸进入结合位点并与模板 DNA 配对后，会使 DNA 聚合酶的构象发生变化，表现出催化活性，促进磷酸二酯键生成。这样，DNA 聚合酶每连接一个核苷酸都进行了校对，碱基配对无误才继续连接下一个核苷酸。若是错误的脱氧核苷酸进入结合位点，不能与模板形成碱基配对，即可被聚合酶的 3′→5′外切酶活性位点识别并及时切除。因此，复制过程中的错配率仅为 10^{-8} ~ 10^{-6}。

案例引导

临床案例 患者，男，63 岁。4 年前因解血便，大便性状改变伴腹泻于当地医院就诊，经检查诊断为直肠癌，行直肠癌根治切除术。术后病理检查提示为高分化的腺癌，肿瘤增殖活跃，对 LRP、GST－ω、P170 相关药物耐药，对 TOPO Ⅱ 相关药物不耐药。术后使用丝裂霉素、氟尿嘧啶行化疗 6 个周期。现在，患者再次出现血便及腹股沟淋巴结肿大，到当地省医院就诊。腹部 CT 显示直肠癌术后改变。给予患者口服伊立替康（半合成的喜树碱衍生物）、氟尿嘧啶和亚叶酸钙治疗 4 个周期。

讨论 给予患者伊立替康治疗直肠癌的生化机制是什么？

二、参与 DNA 复制的物质

（一）模板

DNA 进行复制时，母链 DNA 双链解开成两股单链，每一股单链均作为复制的模板（template）。

（二）底物

复制所需的底物为四种脱氧核苷三磷酸（dNTP）：dATP、dGTP、dCTP 和 dTTP，而掺入子链的是四种脱氧核苷一磷酸（dNMP）：dAMP、dGMP、dCMP 和 dTMP。因此，DNA 合成过程中每聚合 1 分子脱氧核苷酸，需释放 1 分子焦磷酸。

（三）引物

合成 DNA 链，还需要先有引物（primer）。引物是以 DNA 为模板，由引物酶催化合成的一段短链 RNA 分子。DNA 聚合酶不能连接两个游离的脱氧核苷酸，只能把游离的脱氧核苷酸连接在已有核酸链的 3′－OH 上，而且，新进入的脱氧核苷酸必须与模板 DNA 形成碱基互补配对关系。其实，引物可以是 DNA，也可以是 RNA，不过，在细胞内引导 DNA 复制的引物都是 RNA。

（四）酶和蛋白质因子

参与原核生物 DNA 复制过程的酶和蛋白质多达 30 余种，主要有解旋酶、拓扑异构酶、引物酶、DNA 聚合酶和 DNA 连接酶等。

1. DNA 解旋酶（DNA helicase） 简称解旋酶。DNA 复制所需的模板是单链 DNA，这就需要母链 DNA 在复制开始前先松弛双螺旋，解开双链，暴露碱基并将 DNA 链保持在单链状态，才能按碱基互补原则合成子代 DNA。解旋酶能解开 DNA 双链，形成方向相反的两个复制叉，并在后随链的模板上沿 5′→3′方向移动解链。解旋酶解链过程中，每解开一个碱基对消耗 2 分子 ATP。目前已在大肠杆菌中至少发现四种解旋酶：解旋酶 rep、解旋酶Ⅱ、解旋酶Ⅲ和 DnaB，其中只有解旋酶 DnaB 蛋白在 DNA 复制过程中起作用。解旋酶 DnaB 蛋白由 *DnaB* 基因编码产生，具有六聚体结构。

2. DNA 拓扑异构酶（DNA topoisomerase） 简称 DNA 拓扑酶。其主要作用是解除 DNA 复制过程中出现的正超螺旋。拓扑学是近代数学的一个分支，用于研究各种“空间”在连续性的变化下不变的性质。解旋酶对 DNA 双链进行解链时，并没有改变 DNA 的螺旋数，因此位于复制叉前方的亲代 DNA 会出现盘绕过度进而打结或缠绕的现象，即形成正超螺旋结构，需要 DNA 拓扑酶松解。DNA 拓扑酶广泛存在于原核及真核生物中，可分为Ⅰ型和Ⅱ型，它们既能水解又能连接 3′，5′-磷酸二酯键。①Ⅰ型拓扑酶：包括拓扑酶Ⅰ和拓扑酶Ⅲ，可切断 DNA 双链的一股，使 DNA 在解链旋转过程中不至于打结，松解 DNA 解链形成的正超螺旋结构，在适当时候再把切口封闭，使 DNA 变成松弛状态，反应不消耗 ATP。Ⅰ型拓扑酶主要参与 RNA 的转录合成，喜树碱及其类似物可有效抑制Ⅰ型拓扑酶。目前，Ⅰ型拓扑酶抑制剂已成为重点研究的 6 大类抗肿瘤药物之一。②Ⅱ型拓扑酶：包括拓扑酶Ⅱ和拓扑酶Ⅳ，在无 ATP 时，能在 DNA 的某一部位将两股链同时切断，从而松弛超螺旋；也可利用 ATP 供能，将切断的 DNA 引入负超螺旋后再连接起来。Ⅱ型拓扑酶参与 DNA 的复制。

3. 单链 DNA 结合蛋白（single - strand DNA binding protein，SSB） 是分子量为 756kD 的同四聚体蛋白。解旋酶将 DNA 双链解开成为单链早于新的互补 DNA 的生成，这就会产生一段 DNA 单链区，这种单链 DNA 极易重新恢复为双链状态或被核酸酶降解。这就需要 SSB 将单链 DNA 包裹起来，稳定单链 DNA，阻止双链的恢复生成，并拮抗核酸酶的降解作用。除此之外，SSB 结合到单链 DNA 上之后，还可使 DNA 呈伸展状态，有利于复制的进行。SSB 并不会沿着复制叉的打开方向向前移动，而是当新 DNA 链合成到相应位置时，该处的 SSB 即与单链 DNA 解离，然后又重新结合到新解开的单链 DNA 上，如此不断重复。

4. 引物酶（primase） 负责在复制起始时催化生成 RNA 引物。大肠杆菌中编码引物酶的是 *DnaG* 基因，其表达生成引物酶——DnaG 蛋白。DnaG 蛋白单独存在时相当不活泼。当解旋酶 DnaB 蛋白联合其他复制因子辨认复制起点并开始解链时，DnaG 蛋白与解旋酶等结合，组成引发体（primosome），以 DNA 单链为模板按 5′→3′方向合成一段 RNA 引物。RNA 引物合成好后即可提供 3′-OH，引导 DNA 的合成。

5. DNA 聚合酶（DNA polymerase） 可催化底物 dNTP 按 5′→3′方向聚合成 DNA。1955 年，Kornberg 从大肠杆菌中最早获得了 DNA 聚合酶。时隔一年，他又用 DNA 聚合酶在有 DNA 模板的试管中合成了 DNA，证明该酶可催化新链 DNA 的生成。这一结果直接证明了 DNA 是可以复制的，是继 DNA 双螺旋模型确立后的又一重大发现。

（1）原核生物的 DNA 聚合酶 大肠杆菌中陆续发现了多种 DNA 聚合酶，最先发现的酶就被称为 DNA 聚合酶Ⅰ。迄今为止已发现 5 种类型的 DNA 聚合酶，分别为 DNA 聚合酶Ⅰ、Ⅱ、Ⅲ、Ⅳ和Ⅴ，其中，DNA 聚合酶Ⅰ、Ⅱ、Ⅲ被研究得较为清楚（表 13-1）。

表 13-1 大肠杆菌的三种 DNA 聚合酶

	DNA 聚合酶Ⅰ	DNA 聚合酶Ⅱ	DNA 聚合酶Ⅲ
分子量（kD）	103	96	791.5
5′→3′聚合酶活性	+	+	+
5′→3′外切酶活性	+	-	-
3′→5′外切酶活性	+	+	+
聚合速度（nt/s）	16~20	40	250~1000
延伸能力（nt）	3~200	1500	>500000
功能	切除引物，填补缺口，DNA 损伤修复	DNA 损伤修复	DNA 复制合成

DNA 聚合酶Ⅰ具有一条含 928 个氨基酸的多肽链，二级结构以 α-螺旋为主，可形成三个不同的活性中心，是一种多功能酶。其可表现出三种催化活性：5′→3′聚合酶活性、3′→5′外切酶活性和 5′→3′外切酶活性。用枯草杆菌蛋白酶可将 DNA 聚合酶Ⅰ水解为两个片段，其中，小片段含第 1~323 个氨基酸残基，具有 5′→3′外切酶活性；大片段含剩余的 605 个氨基酸残基，具有 5′→3′聚合酶活性和 3′→5′外切酶活性，也称 Klenow 片段，是进行分子生物学实验研究的常用工具。DNA 聚合酶Ⅰ催化 DNA 合成的聚合速度慢，延伸能力弱，不是 DNA 复制的主要聚合酶，而是在复制过程中负责切除引物、填补缺口，或在 DNA 的损伤修复中发挥作用。

DNA 聚合酶Ⅱ含有 7 种亚基，可表现出 5′→3′聚合酶和 3′→5′外切酶活性。研究发现，DNA 聚合酶Ⅱ缺陷的大肠杆菌突变株，DNA 复制仍可正常进行，说明该酶并非 DNA 复制的主要酶，其功能可能是参与 DNA 修复。但 DNA 聚合酶Ⅱ对模板的特异性不高，即使 DNA 模板已有损伤，它仍能催化聚合反应发生，因此推测，它应参与 DNA 损伤的应急修复（SOS 修复，见本章第四节）。

DNA 聚合酶Ⅲ全酶由 α、β、γ、δ、δ′、ε、θ、τ、χ 和 ψ 共 10 种亚基构成，其中，α、ε 和 θ 亚基组成核心酶。α 亚基具有 5′→3′聚合酶活性，主要负责催化 DNA 聚合反应的发生；β 亚基夹稳模板链并使酶沿模板滑动；ε 亚基具有 3′→5′外切酶活性，保证复制的保真性；其余亚基统称为 γ-复合物，具有促进全酶组装至模板上及增强核心酶活性的作用。DNA 聚合酶Ⅲ催化 DNA 合成的聚合速度和延伸能力均最强，且能有效保证复制的正确性，为催化 DNA 复制的关键酶。

DNA 聚合酶Ⅳ和Ⅴ在 1999 年才被发现，参与 DNA 的易错修复。

（2）真核生物的 DNA 聚合酶　有 5 种，分别以 α、β、γ、δ 和 ε 来命名。其中，DNA 聚合酶 α 和 DNA 聚合酶 δ 主要用于合成细胞核 DNA。DNA 聚合酶 α 具有引物酶的活性，负责 RNA 引物的合成；DNA 聚合酶 δ 可延长较长的新链，主要负责冈崎片段的合成，相当于大肠杆菌的 DNA 聚合酶Ⅲ。真核细胞 DNA 聚合酶的性质见表 13-2。

表 13-2 真核细胞 DNA 聚合酶的性质比较

DNA 聚合酶	α	β	γ	δ	ε
分子量（$\times 10^3$）	16.5	4	14	12.5	25.5
细胞定位	细胞核	细胞核	线粒体	细胞核	细胞核
5′→3′聚合酶活性	有	有	有	有	有
5′→3′外切酶活性	无	无	有	有	有
3′→5′外切酶活性	无	无	无	有	有
引物合成酶活性	有	无	无	无	无
功能	起始引发、引物酶活性	低保真复制	复制线粒体 DNA	核 DNA 聚合、解旋酶活性	修复和填补缺口

6. DNA 连接酶（DNA ligase）　可催化 DNA 链切口处相邻两个脱氧核苷酸的 5′-P 与 3′-OH 形成磷酸二酯键，从而封闭切口，形成完整 DNA 链。大肠杆菌的 DNA 连接酶是一个分子量为 74kD 的多

肽，它不能连接两个游离的单链末端，只能连接双链 DNA 上的切口。连接反应需消耗能量。在 DNA 的复制、修复和重组等过程中，均有 DNA 连接酶参与。此外，它还是分子生物学实验重组 DNA 技术的重要工具酶。

PPT

第二节　DNA 复制过程

DNA 的复制发生在细胞分裂之前，是合成基因组全部 DNA 的过程。目前关于 DNA 复制的知识大多来源于对大肠杆菌的研究。原核生物世代周期短，基因组简单，便于研究。真核生物世代周期相对较长，基因组庞大、复杂，但其单个复制子的复制过程与原核生物类似。DNA 的复制过程可分为起始、延长和终止 3 个阶段。

一、原核生物 DNA 复制的特点

（一）原核生物 DNA 复制的起始

起始阶段包括 DNA 双链在起始部位解链、形成引发体及引物的合成。有 DnaA 蛋白、SSB、DnaB 蛋白、DnaC 蛋白和 DnaG 蛋白等至少九种蛋白质和酶参与 DNA 的复制起始。

复制起始于特异性蛋白质识别复制起始点。大肠杆菌的复制起点称为 oriC，长约 245bp，包含三段富含 AT 的 13bp 重复序列（细菌共有序列是 GATCTNTTNTTTT）和五段 9bp 重复序列（细菌共有序列是 TTATCCACA）。4 个 DnaA 蛋白会先与 9bp 重复序列相结合，再结合其他 DnaA 蛋白，达到约 30 个 DnaA 蛋白，使得 9bp 重复序列缠绕在其上。这一结构会促使 13bp 重复序列的 AT 区解链，同时 SSB 结合到单链上以稳定局部单链结构，这样就形成了一个开放复合物。接着，DnaB 蛋白（解旋酶）在 DnaC 蛋白的协同下，结合到解链区并由 ATP 提供能量双向解链，同时 DnaA 蛋白被逐步置换出来，此时复制叉已初步形成。

随着解链的进行，DnaG 蛋白（引物酶）加入，与 DnaB、DnaC 蛋白结合，形成包含 DnaB 蛋白（解旋酶）、DnaC 蛋白、DnaG 蛋白（引物酶）和 DNA 的引发体。引发体的蛋白质部分可由 ATP 提供能量在单链 DNA 上移动。在适当位置，引物酶依据模板碱基序列，按 5′→3′方向催化合成短链 RNA 引物。

拓扑酶Ⅱ则可随着解链的进行，负责消除 DNA 双链因解链而产生的拓扑张力。

（二）原核生物 DNA 复制的延长

延长阶段包括前导链和后随链的合成（图 13－4），反应主要由 DNA 聚合酶Ⅲ催化。

1. 前导链的合成　较为简单，通常是一个连续延长过程。在复制启动后，引物酶在复制起点处合成一段长 10～60nt 的 RNA 引物，随后 DNA 聚合酶Ⅲ即用 dNTP 以 dNMP 的方式沿引物催化合成前导链。前导链的合成与复制叉的推进保持同步。

2. 后随链的合成　较为复杂，是分段进行的。前导链与后随链是在同一 DNA 聚合酶Ⅲ的催化下延长的，因而后随链的模板需要在 DNA 聚合酶Ⅲ上折绕约 180°呈环状，使得 RNA 引物的 3′－OH 端靠近 DNA 聚合酶Ⅲ的一个催化位点，才能使后随链和前导链合成的前进方向一致。DNA 聚合酶Ⅲ在后随链模板上移动，从引物提供的 3′－OH 开始，不断进行互补 DNA 链的合成，即合成冈崎片段。直至遇到前方另一个冈崎片段的引物时，DNA 聚合酶Ⅲ从刚合成好的冈崎片段及其模板上脱落下来，空出的 DNA 聚合酶Ⅲ催化位点又可以进入下一个有 RNA 引物的后随链模板，开始另一段冈崎片段的合成，因此，后随链上会出现若干不连续复制的冈崎片段。DNA 聚合酶Ⅲ的 ε 亚基具有 3′→5′外切酶活性，在复制中执行校读功能，以保证复制的精确性。

大肠杆菌 DNA 复制的速度很快，在生长条件适宜时，每分钟能掺入的核苷酸达 2500 个，每 20 分钟即可繁殖一代。

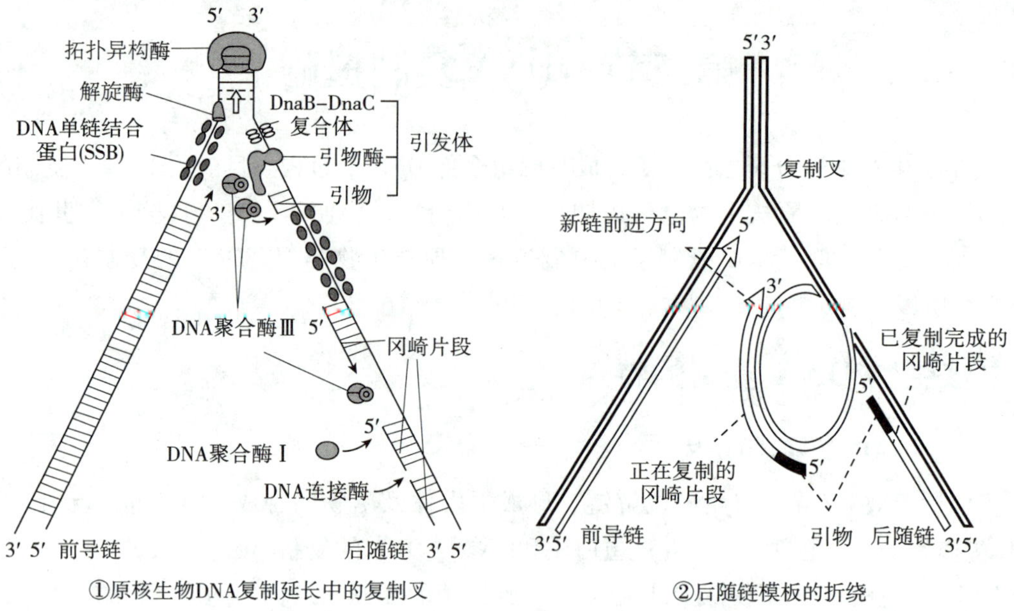

图 13－4　原核生物 DNA 的复制过程

（三）原核生物 DNA 复制的终止

随着大肠杆菌闭环双链 DNA 的两个复制叉向前推进，它们将交汇在复制起点对侧的终止区（termination region）。终止区包含有 7 个终止序列（Ter），其共有序列为 GTGTGGTGT。Tus 蛋白（terminator utilization substance）可特异性地识别并结合该共有序列，阻止解链酶解链，从而阻抑复制叉推进，终止复制过程。

复制的终止阶段包括引物切除、填补引物切除后留下的空隙和冈崎片段的连接，主要由 DNA 聚合酶Ⅰ和 DNA 连接酶来完成。终止阶段，DNA 聚合酶Ⅰ会替换 DNA 聚合酶Ⅲ，一边在冈崎片段 3′端沿 5′→3′方向合成 DNA，一边将前方另一段冈崎片段的 RNA 引物沿 5′→3′方向切除，将切口平移。最后，DNA 连接酶催化形成 3′，5′－磷酸二酯键，封闭 DNA 切口，形成完整的后随链（图 13－5），至此完成基因组的复制过程。大肠杆菌通过复制得到两个环状双链 DNA 分子，但两个环之间仍有 20～30bp 会互相缠绕在一起，套成环连体（catenane）。环连体在细胞分裂前由拓扑异构酶Ⅳ解离。DNA 复制完成后，由拓扑异构酶向子代 DNA 分子中引入超螺旋，进行进一步的组装。

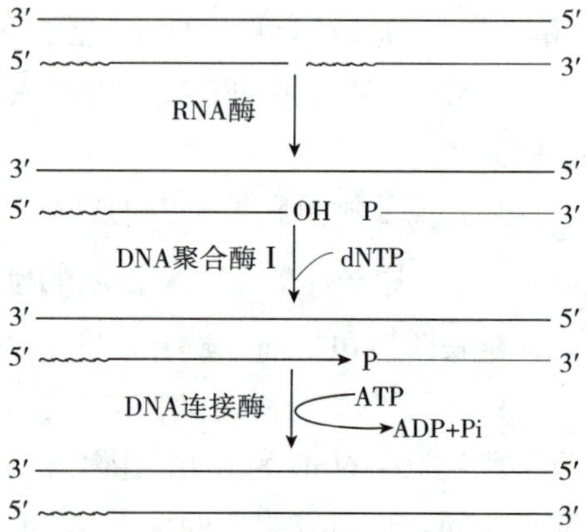

图 13－5　引物的去除及冈崎片段的连接

二、真核生物 DNA 复制的特点

真核生物基因组庞大，细胞核中 DNA 压缩程度高，因此，其 DNA 的复制过程比原核生物更为复杂。真核生物基因组 DNA 复制的详细机制仍未明确，研究得最多的是酵母细胞。与原核生物相比，真核生物 DNA 复制具有以下特点。

（一）真核生物DNA复制的起始点

1. 多起点复制 复制起点较短，真核生物各条染色体上的DNA在细胞周期的S期各自进行复制，每条DNA上有几百甚至上千个复制起始点，可形成多个复制子。如酵母*S. cerevisiae*的17号染色体约有400个复制起始点，因此，即使原核生物DNA的复制速度约比真核生物（50nt/s）快5～20倍，真核生物也只要几分钟的时间即可复制完全部基因组DNA。

真核生物DNA的复制起点称为自主复制序列（autonomously replicating sequence，ARS），较原核生物大肠杆菌的复制起点oriC短，如酵母DNA的复制起点为仅有11bp长的富含AT的核心序列。

2. 多种酶和蛋白质参与起始过程 真核生物的复制起始也是打开复制叉、形成引发体及合成RNA引物，但会有更多的酶和蛋白质参与其中。6个蛋白质组成的复制起点识别复合物（originrec ognition complex，ORC）负责识别起始位点，DNA聚合酶α负责合成引物，DNA聚合酶δ负责解链，复制蛋白A（replication protein A）负责结合单链DNA。此外，还需拓扑异构酶和复制因子（replication factor，RF），如RFA、RFC。另外，增殖细胞核抗原（proliferation cell nuclear antigen，PCNA）在复制起始和延长过程中起关键作用。PCNA在增殖细胞的细胞核中大量存在，可通过PCNA水平检验真核细胞的增殖状态。

真核生物的拓扑异构酶也分为Ⅰ型和Ⅱ型。Ⅰ型拓扑异构酶包括拓扑异构酶Ⅰ和拓扑异构酶Ⅲ，Ⅱ型拓扑异构酶包括拓扑异构酶Ⅱα和拓扑异构酶Ⅱβ。Ⅱ型拓扑异构酶可以松解正、负超螺旋，但不能引入负超螺旋。

3. 引物较短 真核生物的引物比原核生物的短，长度为8～10nt。研究发现，引物不仅可以是RNA，也可以是DNA。

4. 每个复制周期不发生重叠 原核生物上一轮复制尚未完成即可开始新一轮的复制，真核生物只在细胞周期的S期进行DNA复制，且在一轮复制结束前不会再次进行复制。

（二）真核生物DNA复制的延长

1. 复制需要解构及重建核小体 真核生物DNA结合组蛋白，经过多重压缩，以染色体的方式存在于细胞核内。复制叉推进时，需要解开DNA缠绕组蛋白形成的核小体结构，之后，可利用新生的组蛋白及细胞中原有的组蛋白在子代DNA双链上重新构建核小体，这也使得DNA复制叉的推进速度较慢。

2. 冈崎片段较短 真核生物后随链中的冈崎片段长度很短，其长度大致是一个核小体所含DNA的量或其若干倍，因此，复制过程中合成引物的频率也较高。

3. 多种酶参与延长过程 在复制叉及引物生成后，PCNA激活DNA聚合酶δ，后者取代DNA聚合酶α，沿着DNA聚合酶α已合成好的RNA引物的3′-OH合成前导链及后随链的冈崎片段。DNA聚合酶δ是有高度前进能力的酶。由于真核生物后随链中的冈崎片段长度较短，在DNA链的延长过程中，DNA聚合酶α和DNA聚合酶δ之间的转换频率较高，PCNA在整个过程中也需多次发挥作用。最后，FEN1和RNaseH去除冈崎片段之间的引物，缺口则由DNA连接酶Ⅰ连接。

（三）真核生物DNA复制的终止

端粒酶参与染色体末端DNA的复制。真核生物基因为线状DNA，其5′端引物被水解掉以后，会出现聚合酶无法填补的空缺。真核细胞中的端粒酶含有一段RNA序列，可以作为模板合成互补的DNA序列以补齐空缺，防止DNA的缩短。

在真核细胞中，至今尚未发现类似于细菌的终止序列和Tus蛋白，目前对其具体终止过程还不甚了解。

（四）端粒、端粒酶与疾病发生

复制只能按5′→3′方向进行，且需要一段RNA在5′端作为引物，所以对于染色体DNA是线性的真核生物来说，当引物被切除掉以后，会在5′端留下空缺。如果这个问题不解决，真核生物在细胞分裂时，DNA复制将产生5′端隐缩，使DNA缩短。然而，染色体在正常生理条件下复制，是可以保持其应有长度的。

1. 端粒 真核生物染色体的两端存在着由DNA和蛋白质形成的紧密、膨大的特殊结构，称端粒（telomere）。端粒在维持染色体的稳定性和DNA复制的完整性中有着重要作用。端粒DNA有着自己特殊的碱基序列，合成机制也特殊，由带有一段RNA模板的端粒酶催化其合成，理论上不会造成染色体DNA的缩短。

DNA测序发现，端粒具有的共同结构为多次重复的富含T、G的短序列。如人类端粒DNA短序列TTAG的重复次数可达上千次，并能反折成二级结构。

2. 端粒酶（telomerase） 是1985年Blackburn实验室在四膜虫中发现并纯化得到的。该酶是蛋白质和RNA的复合物，是一种以自身RNA为模板的反转录酶。其RNA成分长约150nt，含1.5个拷贝的C_xA_y重复单位，能以爬行模式在染色体DNA末端添加端粒重复序列，合成端粒。人的端粒DNA重复序列为TTAGGG，其端粒酶的RNA则有CCCUAA序列。

端粒酶中的蛋白质组分可识别并结合到端粒DNA的3′端，以端粒酶RNA为模板，边合成端粒DNA边往前推进，合成出多个重复单位，使DNA链达到一定长度。合成好的DNA单链靠G－G非标准配对形成回折，提供3′－OH端，并可以已合成好的端粒重复序列为模板来合成另一条链上的端粒重复序列（图13－6）。

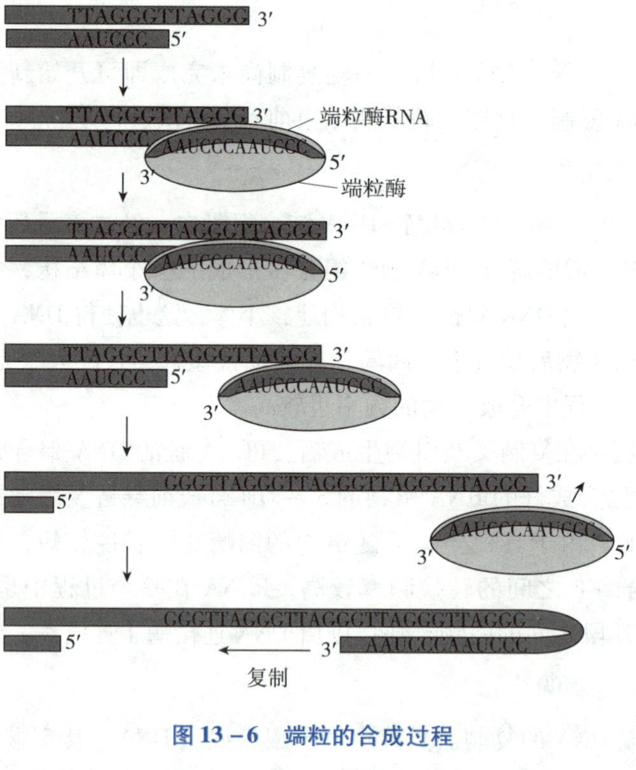

图13－6 端粒的合成过程

3. 端粒、端粒酶与疾病发生的关系 端粒和端粒酶与细胞的衰老和癌变有关，研究发现，体细胞的端粒长度大大短于生殖细胞和胚胎细胞，并且随着细胞分裂次数的增加和年龄的增长而缩短。端粒变短，可导致染色体稳定性下降，引起细胞衰老。当端粒缩短危及染色体DNA的基因序列时，将引发细胞凋亡。反之，若端粒酶活性较高，端粒重复序列可不断延长，细胞可不断分裂增生，有可能导致癌变。

正常体细胞存在一种端粒酶抑制机制，端粒酶活性非常低。造血细胞、干细胞和生殖细胞由于需要不断分裂增生，其端粒酶表现出一定活性。多数增殖活跃的肿瘤细胞中端粒酶活性较高，致使细胞可以无限分裂，凋亡延迟。但在临床研究中也发现，某些肿瘤细胞的端粒比正常同类细胞要短。因此，端粒与端粒酶已成为抗肿瘤研究的一个热门领域，科学家们期望从该研究中开发出诱导肿瘤细胞凋亡的抗癌药。

第三节　反转录

微课

PPT

一、反转录的概念

反转录（reverse transcription，RT）是以 RNA 为模板，dNTP 为原料，按照碱基互补配对原则，由反转录酶催化合成 DNA 的过程。该过程中遗传信息的传递方向是从 RNA 到 DNA，与转录的信息传递方向刚好相反，因而称反转录，又称逆转录。

反转录是分子生物学中的重大发现，这得益于 1970 年 Temin 和 Baltimore 在致癌 RNA 病毒中发现的反转录酶，他们也因此获得了 1975 年的诺贝尔生理学或医学奖。遗传学的中心法则也由此得到了补充和发展。

目前已发现的 RNA 病毒均会导致严重的疾病，如艾滋病病毒（HIV）、SARS 病毒、埃博拉病毒（EBV）、甲型 H1N1 流感病毒等。对反转录的深入研究有利于探索其致癌机制，从而开发治疗药物。

二、反转录的过程

1. 反转录酶（reverse transcriptase）　是由反转录病毒 RNA 基因编码的一种多功能酶，具有 3 种催化活性。①RNA 指导的 DNA 聚合酶活性：即反转录活性，能以病毒自身的 RNA 为模板，沿 5′→3′方向合成单链互补 DNA（single - strand complementary DNA，sscDNA）。②RNaseH 活性：即水解活性，能特异性水解掉作为模板的病毒 RNA。③DNA 指导的 DNA 聚合酶活性：即复制活性，能以 sscDNA 为模板复制出互补 DNA 单链，得到双链互补 DNA（double - strand complementary DNA，dscDNA）。sscDNA 和 dscDNA 统称为互补 DNA（complementary DNA，cDNA）。反转录酶作用的过程需 Zn^{2+} 作为辅因子。

反转录酶没有 3′→5′和 5′→3′外切酶活性，不能发挥校对功能，导致 DNA 合成过程的错配率相对较高，大约每添加 20000 个核苷酸残基就会出现一次错误。这也可以解释为什么 RNA 病毒突变率高，容易产生新病毒株。

2. 反转录过程　大致分为三个阶段。①以病毒 RNA 为模板，反转录酶发挥 RNA 指导的 DNA 聚合酶活性，借助其自身携带的 tRNA 作为引物，催化沿 5′→3′方向合成单链互补 sscDNA，形成 RNA - DNA 杂交体。②反转录酶发挥 RNaseH 活性，水解掉 RNA - DNA 杂交体中的 RNA 链，获得游离的 sscDNA；同时留下一段 RNA，可作为另一股互补 DNA 链合成的引物。③反转录酶发挥 DNA 指导的 DNA 聚合酶活性，复制出互补 DNA 单链，得到 dscDNA（图 13 - 7）。反转录病毒可将产生的线性 dscDNA 整合进宿主 DNA，利用宿主细胞转录出 RNA、翻译出病毒蛋白，组装成为新病毒。

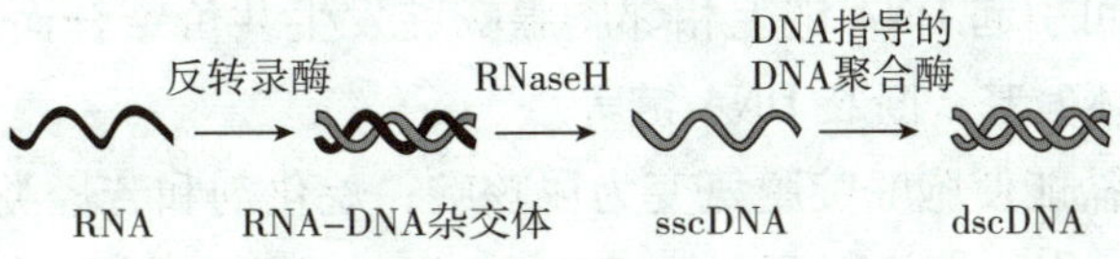

图 13 - 7　反转录过程

分子生物学研究可应用反转录酶作为获取基因工程目的基因的重要方法之一，此法称为 cDNA 法。

以 mRNA 为模板，经反转录合成的与 mRNA 碱基序列互补的 DNA 链，称 cDNA（complementary DNA）。在体外利用反转录酶合成 cDNA 时，以 Oligo（dT）$_{12 \sim 18}$为引物。

三、反转录现象发现的意义

反转录酶和反转录过程的发现是分子生物学研究中的重大发现。反转录现象的发现说明至少在某些生物中，RNA 同时兼具遗传信息传递和表达的功能。这是对传统的中心法则的挑战。

致癌病毒研究中癌基因的发现，拓展了 20 世纪初的病毒致癌理论。在人类一些癌细胞如膀胱癌、小细胞肺癌等的细胞中，也分离出与病毒癌基因相同的碱基序列，称细胞癌基因或原癌基因。癌基因的发现为肿瘤发病机制的研究提供了很有前途的线索。

反转录现象的发现向人们展示了遗传信息传递方式的多样性，完善了中心法则，使人们对 RNA 的生物学功能有了更新、更深的认识，从而极大地丰富了 DNA、RNA 和蛋白质三者之间的相互关系。既然反转录现象存在于致癌 RNA 病毒中，那么可以想象，它的功能可能与此病毒导致的细胞恶性转变有关，如果能找到这类酶的专一性抑制剂，就可以在减小副作用的前提下达到治疗肿瘤的目的。

第四节　DNA 的损伤与修复

PPT

DNA 复制的高保真性是维持物种遗传相对稳定的主要因素。但稳定是相对的，而变异是绝对的，从生物的进化史来看，物种演变就是基因突变不断发生的结果；从个体来看，基因突变也是导致机体衰老、疾病甚至死亡的主要原因。基因突变（mutation），即 DNA 组成和结构的变化而导致的遗传信息改变，这种变化通常可传递给子代细胞，其化学本质是 DNA 损伤（DNA damage）。

突变可分为自然突变（spontaneous mutation）和诱发突变（induced mutation）。大量突变属于自然突变，是生物进化和多样性形成的前提。诱发突变则常见于生活中和实验室中。突变的结果有四种类型：①基因的改变对生物性状及功能无影响；②突变使得生物更适应环境；③突变导致生物个体的死亡；④突变对生物造成不良影响，导致疾病的产生。内科学记载的 4000 多种疾病中，1/3 以上是与基因突变有关的遗传病或有遗传倾向的疾病。

一、DNA 损伤与疾病

（一）引起 DNA 损伤的原因

自发因素或环境因素均可导致 DNA 损伤。

1. 自发因素　包括 DNA 复制错误及 DNA 自身结构不稳定等。DNA 复制虽然具有高保真性，但也不会完全不发生错误，每复制 106 ~ 108 个核苷酸会有一个错配。DNA 分子也会由于各种原因发生化学变化，如碱基发生烯醇式 - 酮式结构互变，机体代谢产生的活性氧对碱基进行修饰，脱氨基甚至脱碱基等。

2. 环境因素　包括物理因素、化学因素和生物因素。

（1）物理因素　紫外线可引起 DNA 链上相邻胸腺嘧啶发生共价结合而生成嘧啶二聚体，影响复制和转录；各种电离辐射可破坏碱基，断裂 DNA 链等。

（2）化学因素　亚硝酸盐能使胞嘧啶脱氨变为尿嘧啶；烷化剂和芳烃类可使 DNA 发生碱基烷基化、脱落，链断裂，分子交联等；嵌入性染料可导致 DNA 复制时发生复制滑脱，造成移码突变；碱基类似物可引起碱基对置换等。

（3）生物因素　反转录病毒可形成双链 DNA 嵌入宿主细胞 DNA 双链间，破坏 DNA 模板活性；抗生素及黄曲霉素等可形成环氧化物，从而影响复制和转录过程。

（二）DNA 损伤的类型

1. 错配（basemis match） 又称点突变（point mutation），是指一个碱基对被另一个碱基对取代。错配有两种类型，即转换（transition）和颠换（transversion）。转换是同类型碱基间的互换，即嘧啶间或嘌呤间的互换。如亚硝酸盐使腺嘌呤脱氨基转化成次黄嘌呤，胞嘧啶脱氨基转化成尿嘧啶。次黄嘌呤不与胸腺嘧啶配对，而与胞嘧啶配对，尿嘧啶与腺嘌呤配对。颠换是不同类型碱基间的互换，即嘌呤和嘧啶间的互换。自然突变中，转换比颠换更为常见。镰状细胞贫血就是点突变致病的典型例子，患者血红蛋白 β 链基因的编码序列有一个点突变 A→T，使原来第 6 位的谷氨酸密码子 GAG 变成缬氨酸密码子 GTG，形成异常的血红蛋白 HbS，血红蛋白空间构型发生改变，红细胞变形呈镰刀状，导致镰状细胞贫血的发生（图 13－8）。

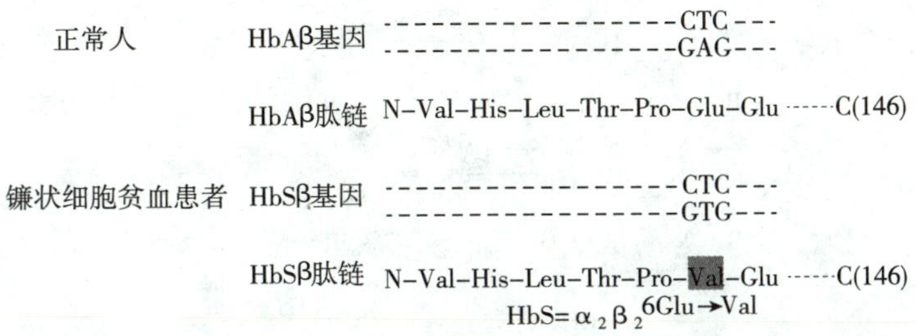

图 13－8 点突变导致镰状细胞贫血

点突变的结果可能有三种情况。①同义突变：碱基的改变使密码子发生了改变，但与原来的密码子为同义密码子，构成蛋白质的氨基酸种类不会发生改变，即不表现出突变效应。约有 25% 的点突变为同义突变。②错义突变：碱基的改变使密码子变为编码另一种氨基酸的密码子。错义突变通常使酶或蛋白质的结构或功能发生异常，产生突变效应。③无义突变：碱基的改变使密码子变为终止密码子，肽链合成提前终止，形成一条不完整的多肽链。

2. 缺失和插入 DNA 序列中一个核苷酸或一段核苷酸链消失称为缺失（deletion）。DNA 序列中增加原来没有的一个核苷酸或一段核苷酸链称为插入（insertion）。碱基缺失或插入容易引起核苷酸的移码突变。移码突变是指 DNA 分子由于某位点碱基的缺失或插入，引起阅读框架变化，造成下游的一系列密码改变，使原来编码某种肽链的基因变成编码另一种完全不同肽链的序列。

3. 重排 DNA 分子中或分子间发生遗传信息的重新组合，称遗传重组（genetic recombination）或基因重排（gene rearrangement）。重排可以发生在 DNA 分子内部，也可以发生在 DNA 分子之间，重排部分 DNA 链的方向可以和原来相同或相反，但不涉及遗传物质的丢失和获得。如地中海贫血患者血红蛋白 δ 链和 β 基因错误重排，产生不等交换，形成融合基因 βδ（Hb anti－Lepore）和 δβ（Hb－Lepore）（图13－9）。

4. 共价交联 DNA 分子中的碱基与碱基之间或碱基与蛋白质之间以共价键结合，发生共价交联，又可分为链内交联、链间交联和 DNA－蛋白质交联。如紫外线照射可使同一股 DNA 链上的相邻胸腺嘧啶发生链内共价交联，形成胸腺嘧啶二聚体（图 13－10）。

二、DNA 损伤的修复

生物在进化过程中建立和发展了各种修复系统，可以修复各种 DNA 损伤，以保证物种繁衍和遗传稳定性。DNA 修复（DNA repairing）是对已发生的 DNA 分子改变的补救措施，使其恢复为原有的天然状态。瑞典的 Lindahl、美国的 Modrich 以及土耳其及美国籍的 Sancar 因在 DNA 修复机制方面的研究成

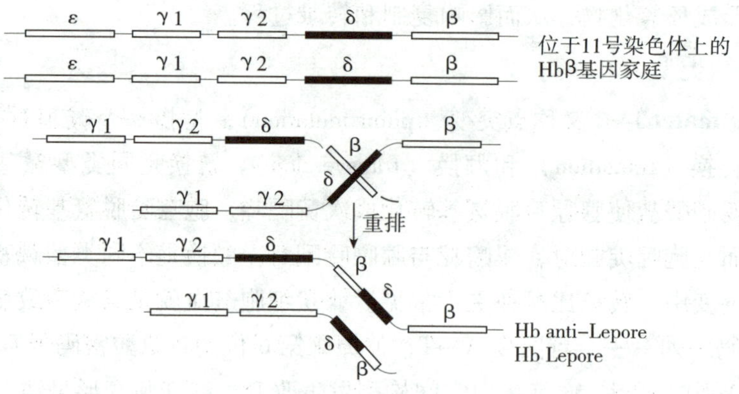

图 13-9 基因重排引起的两种地中海贫血的基因型

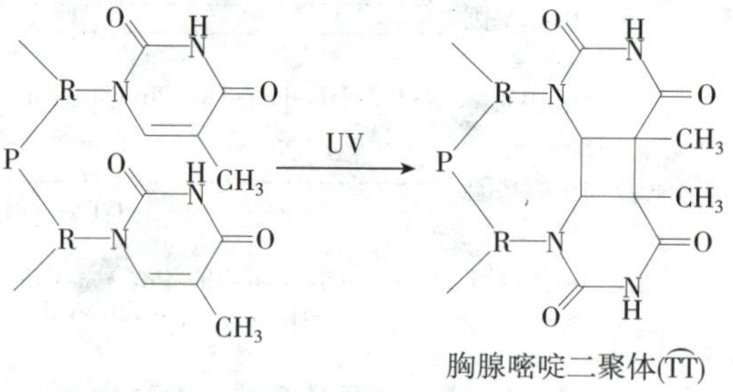

图 13-10 紫外线照射诱发胸腺嘧啶二聚体产生

果，共同获得了2015年的诺贝尔化学奖。

在DNA的修复机制中，并不是所有的修复措施都能使DNA结构完全恢复正常，有的修复只是使细胞能够耐受损伤而继续生存。目前已知四种DNA修复方式：直接修复、切除修复、重组修复和SOS修复。其中，直接修复和切除修复发生于DNA复制期之外，可准确修复；而重组修复和SOS修复则是在DNA复制过程中采用的修复方式，且不能完全修复DNA损伤。

（一）DNA损伤的修复方式

1. 直接修复（direct repair） 不切除碱基或核苷酸，而是直接作用于受损的DNA，将其恢复为原来的结构。直接修复的典型例子是光复活。光复活由光复活酶（photolyase）催化进行，光复活酶可被300~600nm的可见光激活，作用于嘧啶二聚体，使其分解为原来的非聚合状态。光复活酶广泛存在于各种生物中，人体细胞中也有发现，但高等生物主要采用其他方式进行DNA修复。

2. 切除修复（excision repair） 是在一系列酶的作用下，切除DNA分子的损伤部分，并以另一股完整的DNA链为模板，重新合成被切除的片段，恢复DNA正常结构。参与切除修复的酶主要有特异性内切核酸酶、外切核酸酶、聚合酶和连接酶。切除修复发生在DNA复制之前，是哺乳动物DNA损伤的主要修复方式。

原核生物和真核生物均有两种切除修复方式：核苷酸切除修复和碱基切除修复。当DNA损伤为单个碱基突变时，可通过碱基切除修复方式予以修复；当双螺旋结构发生较大片段变异时，则通过核苷酸切除修复方式予以修复。实际上，核苷酸切除修复方式可以修复几乎所有类型的DNA损伤，是细胞内最重要和最有效的修复方式。修复时，损伤部位DNA被切除，出现的缺口被填补，最后连接DNA链（图13-11）。

3. 重组修复（recombination repair） DNA复制有时会遇到尚未修复的损伤，可以先复制再修复。复制时聚合酶无法识别损伤部位的模板，故无法合成对应部位的新链，导致子链出现缺口。待复制结束后，利用重组蛋白 RecA 的核酸酶活性将另一条完整母链的相应片段移到缺口进行填充。母链上的缺口则在 DNA 聚合酶Ⅰ和 DNA 连接酶的作用下进行填补，使之完全复原（图 13－12）。

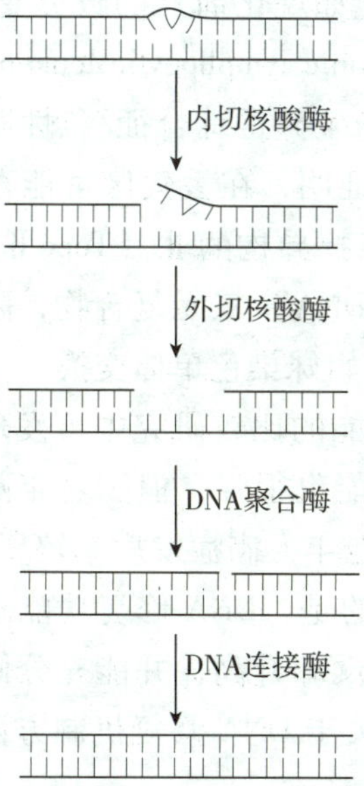

图 13－11 切除修复

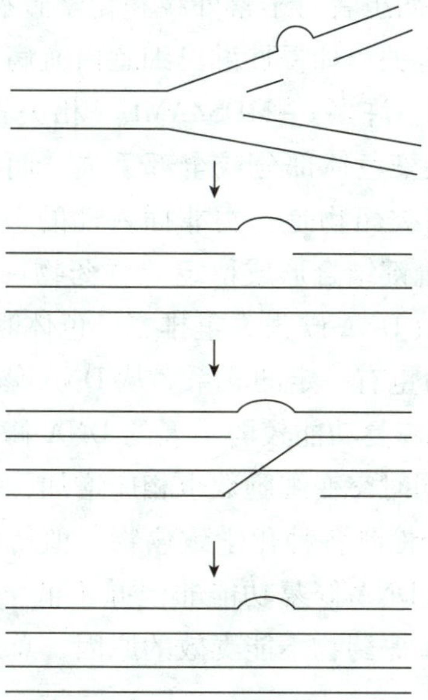

图 13－12 重组修复

重组修复仍然保留了 DNA 受损部位，是 DNA 在复制过程中采用的一种有差错的修复方式。之后，可由切除修复的方式修复受损部位。即使未被切除修复，通过不断的复制和重组修复，损伤 DNA 链所占的比例也会越来越低，在后代细胞群中逐渐被“稀释”掉，损伤的影响几乎可以忽略。

4. SOS 修复（SOS response repair） 是 DNA 损伤广泛，难以进行复制时所诱发的一系列复杂反应。修复后若复制能继续，细胞将可存活，但 DNA 会保留较多的错误，引起广泛、长期的突变。SOS 修复的进行可增加与其他修复系统有关的基因的表达，从而提高修复能力，此种修复方式的特点是快而粗糙。负责 SOS 修复的 DNA 聚合酶对碱基的识别能力差，在损伤部位照样进行复制，从而避免死亡，但造成大量碱基错配，产生很多突变。SOS 修复系统属于应急修复系统，该系统的基因在一般情况下不活跃，在紧急情况下才被整体动员。不少诱发 SOS 修复的化学物质都是致癌物。

（二）DNA 损伤修复与疾病

存在 DNA 修复缺陷的细胞对辐射和致癌剂的敏感性增加。目前已发现 4000 多种人类的遗传性疾病，其中不少与 DNA 修复缺陷有关（表 13－3）。对 DNA 损伤修复的研究，能帮助我们更好地了解和治疗这些临床疾病。

表 13－3 临床常见与 DNA 修复缺陷有关的疾病

疾病类型	DNA 修复缺陷情况	临床表现	敏感因素	可能继发的疾病
Fanconi 贫血症	同源重组［FA（范可尼贫血）基因相关群］	发育不全、血细胞减少	交联剂	白血病
Cockyne 综合征	转录合并修复	侏儒、早衰、耳聋	UV	三联染色体畸变
Bloom 综合征	同源重组	面部毛细血管扩张	烷化剂、光	淋巴瘤、白血病
毛细血管扩张性失调	同源重组	血管扩张、染色体失常	γ 射线	淋巴瘤

着色性干皮病（xeroderma pigmentosum，XP）患者体内，切除修复机制不能正常进行，其皮肤细胞内特异性内切核酸酶有缺陷，不能切除嘧啶二聚体，因而不能修复紫外线引起的 DNA 损伤。该病为常染色体隐性遗传病，发病率约为 1/25 万，患者对日光尤其紫外线特别敏感，光暴露部位皮肤萎缩，有

大量的雀斑样色素加深斑，易患皮肤基底细胞癌、鳞状细胞癌或黑色素瘤，还可伴有眼球、神经系统等病变。

高发白血病倾向的遗传性疾病患者对于紫外线和化学致癌剂（如烷化剂）的致突变作用十分敏感，这可能与其 DNA 修复功能缺陷有关。如慢性淋巴细胞白血病（chronic lymphocytic leukemia，CLL）患者常有免疫球蛋白重链和轻链重排。许多 t－MDS/AML（相关骨髓增生异常综合征/急性髓系白血病）患者存在不平衡染色体改变，可使染色体部分或全部丢失，而事实证明，在丢失区可能存在某种抑癌基因。用于治疗白血病的鬼臼毒素类药物是一类非插入性的 DNA 拓扑异构酶Ⅱ（TopoⅡ）的强抑制剂，可使拓扑异构酶Ⅱ与 DNA 以共价键结合形成稳定的“药物－酶－DNA”三元复合物，阻碍拓扑异构酶Ⅱ对 DNA 双链进行再连接，导致 DNA 缺失、重排、染色体断裂和姐妹染色单体交换。

DNA 修复功能和动物的寿命也有一定的联系。从 DNA 修复功能的比较研究中可发现，寿命长的动物修复功能较强；寿命短的动物修复功能较弱。人的 DNA 修复功能也很强，但随着年龄的增长，细胞中的 DNA 修复功能逐渐衰退，同时突变细胞数也相应增加，所以老年人癌症发病率较高。

DNA 修复的研究已被应用于检测各种化学致癌物。值得注意的是，DNA 修复功能缺陷虽可引起肿瘤的发生，但已癌化细胞本身的 DNA 修复功能非但并不低下，相反却升高，并能充分修复化疗药物引起的 DNA 损伤，这也是大多数抗癌药物不能奏效的原因。总之，关于 DNA 修复机制方面的许多问题还有待于进一步的研究阐明。

知识链接

DNA 损伤修复用于癌症靶向治疗

关于 DNA 损伤修复的研究有助于了解基因突变的机制、衰老和癌变的原因，还可应用于环境致癌因子的检测。基因组不稳定性是各种癌症的标志，随着 DNA 损伤的增加而积累。放疗和化疗在癌症治疗中的应用通常是基于癌症的这一特性。然而，放疗和化疗也伴随着正常组织损伤等不良反应。靶向癌症治疗具有抑制癌细胞 DNA 损伤反应的潜力，了解 DNA 损伤修复在癌症中的更广泛作用已成为靶向癌症治疗的基本和有吸引力的策略。DNA 损伤感受器蛋白和 DNA 损伤信号蛋白可作为一系列抗癌药物的靶点。

目标检测

答案解析

一、单项选择题

1. 下列不属于复制所需底物的是（　）

A. dATP　　B. dGTP　　C. dCTP
D. dTTP　　E. dUTP

2. 下列酶中，不参与原核生物 DNA 复制过程的是（　）

A. 解旋酶　　B. 拓扑异构酶　　C. 引物酶
D. RNA 聚合酶　　E. DNA 连接酶

3. 下列不属于在大肠杆菌中发现的四种解旋酶的是（　）

A. 解旋酶 rep　　B. 解旋酶Ⅱ　　C. 解旋酶Ⅲ
D. DnaB　　E. DnaC

4. 下列不属于引起DNA损伤的原因的是（ ）
   A. 自发因素　B. 物理因素　C. 化学因素
   D. 生物因素　E. 基因因素
5. 下列不属于DNA修复方式的是（ ）
   A. 直接修复　B. 切除修复　C. 重组修复
   D. SOS修复　E. 间接修复
6. 紫外线照射可使同一股DNA链上的相邻胸腺嘧啶发生链内共价交联，形成（ ）
   A. 胸腺嘧啶二聚体　B. 尿嘧啶二聚体　C. 鸟嘌呤二聚体
   D. 腺嘌呤二聚体　E. 胞嘧啶二聚体
7. 下列不属于DNA损伤类型的是（ ）
   A. 错配　B. 缺失　C. 移位
   D. 重排　E. 共价交联
8. 下列酶中，不参与切除修复的是（ ）
   A. 特异性内切核酸酶　B. 外切核酸酶　C. 聚合酶
   D. 连接酶　E. 引物酶

二、简答题

1. 冈崎片段是什么？它是如何形成的？
2. 反转录是如何发生的？

（何海伦）

书网融合……

本章小结　微课　题库

第十四章　RNA 的生物合成

学习目标

1. 掌握　转录的基本特点；启动子的概念；原核生物 RNA 聚合酶的结构、各亚基的功能；原核生物转录的过程；DNA 转录与复制的异同；真核生物 mRNA 的转录后加工。

2. 熟悉　真核生物 RNA 聚合酶和启动子；真核生物和原核生物转录过程的异同；核酶及其意义。

3. 了解　真核生物 rRNA、tRNA 的转录后加工；转录组学。

4. 学会运用原核生物 RNA 聚合酶及真核生物 RNA 聚合酶的特点，分析抗结核药利福霉素、利福平的作用机制及鹅膏蕈碱的中毒机制。

DNA 分子上的遗传信息是决定蛋白质氨基酸序列的原始模板，蛋白质是遗传特性的表现者，但 DNA 不是蛋白质合成的直接模板。根据遗传学中心法则，储存于 DNA 分子中的遗传信息，即碱基序列，需先转录成 RNA 的碱基序列，然后以 RNA 作为蛋白质合成的模板。RNA 的生物合成包括两个方面：一方面，以 DNA 为模板指导 RNA 合成，称转录（transcription），为生物体内 RNA 合成的主要方式；另一方面，某些病毒以 RNA 为模板在 RNA 复制酶（RNA replicase）的作用下合成 RNA，称 RNA 复制（RNA replication）。本章主要介绍 RNA 的转录合成。

DNA 的复制和转录都属于核酸的合成过程，有许多相似之处。如它们都以 DNA 为模板，都需要依赖 DNA 聚合酶，聚合方向都是 5′→3′。但复制和转录各有其不同的特点，见表 14－1。

表 14－1　DNA 复制和转录的主要区别

	复制	转录
原料	dNTP	NTP
模板	DNA 两股链	DNA 模板链
酶	DNA 聚合酶	RNA 聚合酶
产物	子代双链 DNA	mRNA、tRNA、rRNA 等
引物	需要 RNA 引物	不需要引物

第一节　转录的模板和酶 微课

PPT

转录是以 DNA 为模板，四种核苷三磷酸（nucleotide triphosphate，NTP）为原料，在 RNA 聚合酶的催化下，按碱基互补配对原则合成与其互补的 RNA 单链的过程。

一、转录模板

合成 RNA 需要以 DNA 作为模板，所合成 RNA 的核苷酸（或碱基）顺序与模板 DNA 的核苷酸（或碱基）顺序有互补关系，如 A－U、G－C、T－A。

为保留物种的全部遗传信息，全部基因组 DNA 都需要进行复制。人体基因不到 3.5 万个，不同的组织细胞，不同的生存环境，不同的发育阶段，都会有某些基因被转录，而某些基因不被转录。在某些细胞中，全套基因组中甚至只有少数基因被转录。可见，转录是具有选择性的，并且是区段性的，能够转录生成 RNA 的 DNA 区段称为结构基因。双链结构基因中，能作为模板被转录的那股 DNA 链称为模板链（template strand），与其互补的另一股不被转录的 DNA 链称为编码链（coding strand）。模板链并非总是在同一股 DNA 单链上，即在某一区段上，DNA 分子中的一股链是模板链，而在另一区段又以其对应链作为模板，转录的这一特征称为不对称转录。也就是说，双链 DNA 分子中的一条链，对于某基因是模板链，但对于另一个基因可能是编码链（图 14－1）。由于合成 RNA 的方向是 5′→3′，RNA 聚合酶阅读模板链的方向是 3′→5′。

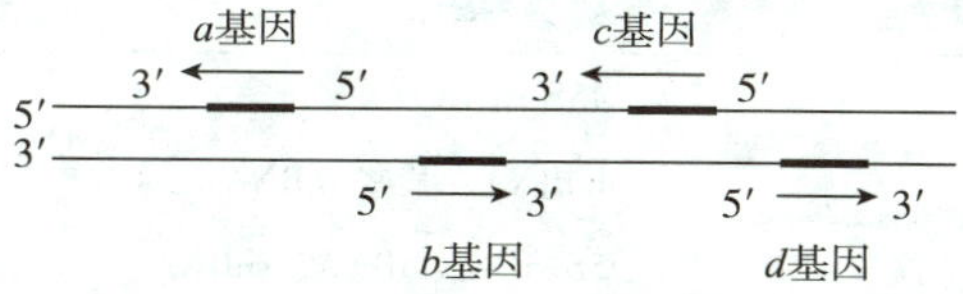

图 14－1 不对称转录

DNA 编码链的方向及碱基序列都与转录出来的 RNA 一致，只是以 U 代替了 T，为避免繁琐，文献或书刊上一般只写出编码链。通常将编码链上转录起始点对应的碱基编为 +1。转录进行的方向为下游，核苷酸依次编为 +2、+3 ……相反方向为上游，核苷酸依次编为 －1、－2……

二、RNA 聚合酶

参与转录的转录酶（transcriptase）即 RNA 聚合酶，这类酶在原核细胞和真核细胞中均广泛存在。

1. 原核生物 RNA 聚合酶 不同种类的原核生物都只有一种 RNA 聚合酶，兼有合成 mRNA、tRNA、rRNA 的功能，而且不同原核生物的 RNA 聚合酶在亚基组成、结构、分子量大小、催化功能以及对某些药物的敏感性等方面都非常一致。目前研究得最清楚的是大肠杆菌 RNA 聚合酶，该酶是由五种亚基组成的六聚体（$\alpha_2\beta\beta'\omega\sigma$），分子量约 500kD，$\alpha_2\beta\beta'\omega$ 称为核心酶（core enzyme），σ 因子与核心酶结合后称为全酶（holoenzyme）。σ 因子的主要作用是识别 DNA 模板上的启动子，σ 因子单独存在时不能与 DNA 模板结合，只有与核心酶结合成全酶后，才可使全酶与模板 DNA 中的启动子结合。当它与启动基因的特异碱基结合后，DNA 双链解开一部分，使转录开始，故 σ 因子又称为起始因子。已发现多种 σ 因子，并用其分子量命名来区别。σ70（分子量 7kD）是辨认典型转录起始点的蛋白质。不同的 σ 因子识别不同的启动子，从而使不同的基因进行转录。α 亚基可与基因的调控序列结合，决定被转录基因的类型和种类。β 亚基催化 3′,5′－磷酸二酯键的形成。β′亚基与 DNA 模板结合，促进 DNA 解链。ω 亚基的功能目前尚不清楚。转录起始后，σ 因子脱离，核心酶沿 DNA 模板移动合成 RNA。因此，核心酶参与整个转录过程。原核生物 RNA 聚合酶都可被抗生素利福平或利福霉素特异性地抑制，它们专一性地结合 RNA 聚合酶的 β 亚基，抑制转录的进行。因此，临床上可以使用利福平来治疗肺结核。

案例引导

临床案例 患者，男，41 岁。主诉：咳嗽、咳痰，痰中带血 30 天，伴发热、身体乏力、夜间盗汗等。体格检查：胸部 X 射线表现为左肺上中野可见大片云絮状阴影，右肺上野可见边界光滑的高密度病灶，大小 2.0cm×3.0cm。右肺中野第 3 前肋下可见 1 个环形空洞，大小 4.0cm×4.0cm，洞壁厚度 3～9mm。实验室检查：痰检（＋＋）。入院诊断为结核病。治疗方案：按

2HRZE/6HR 化疗方案治疗 8 个月，肺部空洞无明显变化；8 个月后继续口服异烟肼、利福平，同时加服补金片，每次 1.59 单位，每日 2 次，治疗 4 个月后，空洞明显缩小，洞壁变薄；继续口服异烟肼、利福平和补金片，治疗 4 个月后，空洞完全闭合。

讨论 利福平治疗肺结核的生物化学机制是什么？

2. 真核生物 RNA 聚合酶 目前已发现真核生物中有 5 种 RNA 聚合酶，分别负责不同基因的转录，产生不同的转录产物（表 14－2）。

表 14－2 真核生物 RNA 聚合酶

种类	细胞内定位	转录产物	对鹅膏蕈碱的敏感性
RNA 聚合酶Ⅰ	核仁	45S rRNA	耐受
RNA 聚合酶Ⅱ	核质	hnRNA、某些 snRNA	极敏感
RNA 聚合酶Ⅲ	核质	5S rRNA、tRNA、snRNA	中度敏感
RNA 聚合酶Ⅳ	核质	siRNA	不详
RNA 聚合酶 mt	线粒体	线粒体 RNAs	不敏感

RNA 聚合酶Ⅰ、Ⅱ、Ⅲ均含有 2 个大亚基和 6～10 个小亚基。大亚基分子量＞140kD，在功能上与原核生物的 β、β′亚基相对应，具有催化作用，在结构上也与 β 和 β′有一定同源性。小亚基分子量为 10～90kD，其中有些小亚基是 2 种或 3 种酶共有的。真核生物细胞核内的 RNA 聚合酶对利福霉素及利福平均不敏感，但是由毒蘑菇鹅膏蕈菌产生的 α－鹅膏蕈碱能抑制真核生物 RNA 聚合酶Ⅱ和 RNA 聚合酶Ⅲ，从而使人中毒。

线粒体 RNA 聚合酶与原核细胞中的类似。原核细胞依赖 RNA 聚合酶的各个亚单位就能完成转录过程，而真核细胞还需要一些蛋白质因子参与，对转录产物进行加工修饰。

原核生物和真核生物的 RNA 聚合酶具有以下共同特点。①不需要引物：原核生物的 RNA 聚合酶可直接识别并结合转录起始部位；真核生物的 RNA 聚合酶需在转录因子的帮助下，识别并结合起始部位。②以一股 DNA 链为模板：在转录过程中，RNA 聚合酶可促使 DNA 分子双螺旋局部解开（约 17bp），形成单股 DNA 模板链。③按碱基互补配对原则（即 A－U、T－A、G－C、C－G）转录合成长链 RNA。④按 5′→3′方向连续合成 RNA。⑤可识别 DNA 分子中的转录终止信号，使转录特异终止。⑥有聚合活性而无 3′→5′外切酶活性，故无校对能力，出错率较高，可达 1/10 万。⑦可与激活蛋白、阻遏蛋白相互作用而调节基因表达。

三、启动子

启动子（promoter）是指 DNA 模板上由特殊核苷酸顺序组成的，RNA 聚合酶特异性识别、结合和启动转录的位点。启动子的结构影响其与 RNA 聚合酶的结合，从而控制基因表达（转录）的起始时间和表达的程度。另外，DNA 模板末段有特异结构作为终止部位，使转录在起始与终止部位间进行。

1. 原核生物启动子 具有下列共同点：在－10 区（以转录 RNA 第一个核苷酸的位置为＋1，负数表示上游的碱基数）处有一段相同的富含 A－T 配对的碱基顺序，即 TATAAT，是由 Pribnow 发现的，故这段序列称为 Pribnow 框。它和转录起始位点一般相距 5bp，且 A、T 较丰富，易于解链。其功能是：①与 RNA 聚合酶紧密结合；②形成开放启动复合体；③使 RNA 聚合酶定向转录。

上游－35 区的中心处，有一组保守的顺序 TTGACA，称 Sextama 框，与－10 区相隔 16bp～19bp。该序列与 RNA 聚合酶辨认起始点有关，又称辨认点。另外，－35 区和－10 区之间的距离是相当稳定的，过大或过小都会降低转录活性，这可能与 RNA 聚合酶本身的大小和空间结构有关。图 14－2 为原核生物启动子的结构示意图。

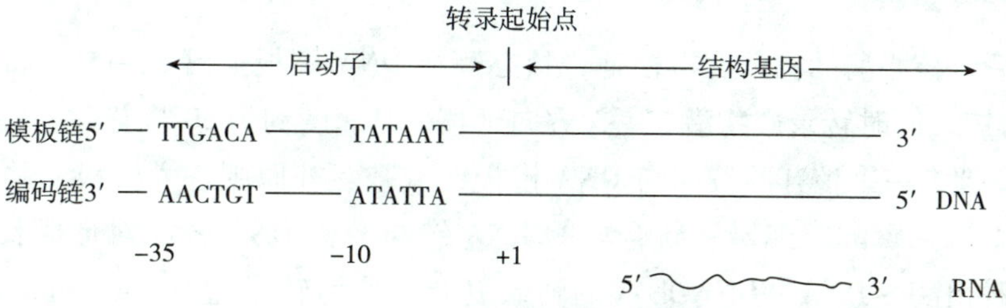

图 14－2　原核生物启动子的结构

实际上，仅有少数基因启动子－35 区和－10 区的碱基序列与共有序列完全相同，多数启动子存在碱基差异，并且差异碱基的多少影响到转录的启动效率。差异碱基少的启动子启动效率高，属于强启动子；差异碱基多的启动子启动效率低，属于弱启动子。

2. 真核生物启动子　真核生物典型的启动子在转录起始点上游－25 区，含有由 7 个核苷酸组成的共有序列，即 TATAAAA，称 TATA 框或称 Hognest 框。TATA 框是绝大多数真核生物基因准确表达所必需的，RNA 聚合酶与 TATA 框牢固结合后才能起始转录。通常在转录起始点上游－70～－90 区域还存在 GGCCAATCT 共有序列，在－100 区域存在 GGGCGG 共有序列，分别称为 CAAT 框和 GC 框，两者均可提高和增强启动子的活性，控制转录的频率（图 14－3）。TATA 框、CAAT 框和 GC 框都是转录因子的结合位点。

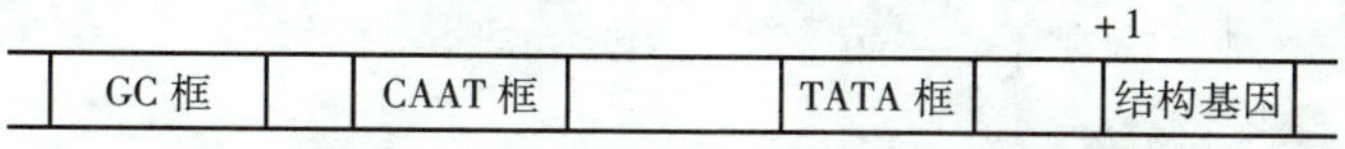

图 14－3　真核生物启动子的典型结构

PPT

第二节　原核生物转录过程

原核生物和真核生物 RNA 的转录过程都可分为三个阶段：起始、延长和终止。

一、原核生物 RNA 转录的起始

转录起始就是转录开始时，RNA 聚合酶（全酶）与 DNA 模板的启动子结合，DNA 双链局部解开，根据模板序列进入第一、第二个 NTP 并形成 3′,5′－磷酸二酯键，构成转录起始复合体。

原核生物转录起始的具体过程如下。首先，σ 因子辨认启动子－35 区的 TTGACA 序列，并以全酶形式与之结合。在这一区段，酶与模板结合松弛，酶移向－10 区的 TATAAT 序列，到达转录起始点，并与之形成较稳定的结构。因 Pribnow 框富含碱基 A、T，DNA 双螺旋容易解开。当解开 17bp 时，DNA 双链中的模板链就开始指导 RNA 链的合成。新合成 RNA 的 5′端第一个核苷酸往往是嘌呤核苷酸（ATP 或 GTP），尤以 GTP 为常见，但仍保留其 5′端三个磷酸。然后，与模板链互补的第二个核苷酸进入，并与第一个核苷酸之间形成磷酸二酯键，释放出焦磷酸，也就是第 1、2 位核苷酸聚合后，生成 5′pppGpN－OH 3′。这一结构实际是四磷酸二核苷酸，它的 3′端有游离羟基，可以加入 NTP 使 RNA 链延长下去。转录起始后，RNA 聚合酶、模板 DNA 和第一次聚合生成的二核苷酸共同形成转录起始复合物。RNA 链合成开始后，σ 因子即脱落下来，剩下核心酶与合成的 RNA 仍结合在 DNA 上，并沿 DNA 向前移动。脱落的σ因子可与另一核心酶结合，反复使用，循环参与起始位点的识别作用。

二、原核生物 RNA 转录的延长

当σ因子脱落后，核心酶的构象变得松弛，核心酶在 DNA 模板上沿 3′→5′方向迅速滑行，使双股 DNA 保持约 17bp 解链，同时转录产物沿 5′→3′方向延长，其速度约为 50 核苷酸/（秒·分子酶）。每移动一个核苷酸距离，即有一个核苷酸按照与 DNA 模板链碱基互补原则进入模板，并与上一个核苷酸的 3′-OH 结合形成 3′,5′-磷酸二酯键。新合成的 RNA 链与模板 DNA 链配对形成长 8～12bp 的 RNA/DNA 杂交双链，这种由酶-DNA-RNA 形成的转录复合物称为转录泡（transcription bubble）。转录泡上，产物 3′端小段依附结合在模板链上（图 14-4）。转录中，核酸碱基之间形成的配对只有三种，其稳定性是：G≡C＞A＝T＞A＝U。因此，RNA-DNA 杂交双链之间的氢键不太牢固，容易分开。随着 RNA 链的不断延长，5′端脱离模板向空泡外伸展，DNA 模板链与编码链又恢复双螺旋结构。DNA-DAN 双链结构比 DNA-RNA 杂交双链稳定，因此，已转录完毕的局部 DNA 双链恢复而不再打开，而转录产物不断从 DNA 模板链上脱落下来向外伸出。伸出空泡的 RNA 产物，其 5′端仍保持 pppGpN 结构，直到转录完成。

电子显微镜下可观察到原核生物的转录中出现羽毛状现象（图 14-5），即在同一 DNA 模板上，有多个转录在同时进行，并观察到 mRNA 链上存在多聚核糖体，说明转录尚未完成，翻译已开始进行。这种一边转录一边翻译的现象与真核生物是显然不同的，因为真核生物的转录和翻译被核膜隔开，不会出现此种现象。

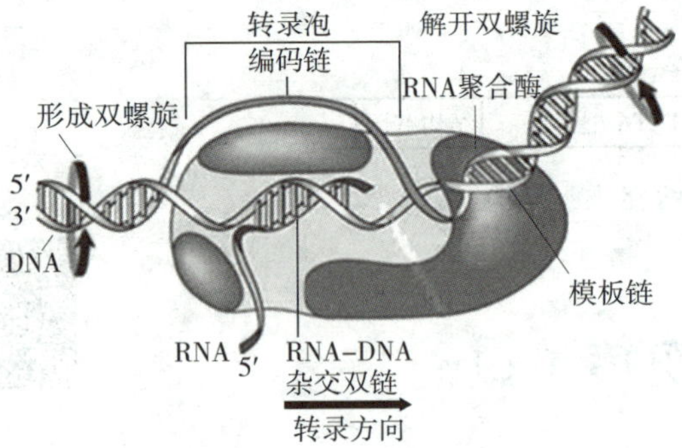

图 14-4 转录泡

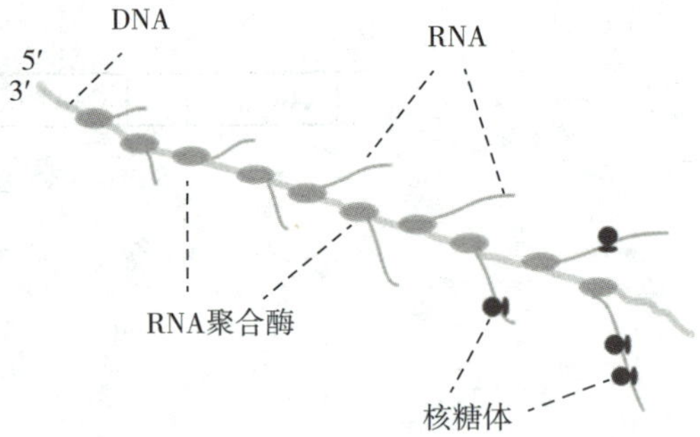

图 14-5 原核生物转录过程的羽毛状现象

三、原核生物 RNA 转录的终止

转录终止是指 RNA 聚合酶核心酶读到转录终止信号时，在 DNA 模板上停顿下来不再前进，转录产物 RNA 链从转录复合物上脱落下来。转录可终止于模板上某一特定位置，但不同基因转录的终止位点没有严格的规律。依据是否需要蛋白质因子的参与，原核生物的转录终止可分为依赖ρ因子（Rho）和不依赖ρ因子两大类。

1. 依赖ρ因子的终止 这种方式需要蛋白质ρ因子的参与。ρ因子是由相同亚基组成的六聚体蛋白质，ρ因子能结合 RNA，与多聚胞苷酸［poly(C)］有很高的亲和力，而对 poly(dC)/poly(dG)组成的 DNA 的结合能力要低得多。在依赖ρ因子的转录终止中，发现产物 RNA 的 3′端结构含有丰富的 C 碱基，或者有规律性地出现 C 碱基，由此推理，ρ因子控制的转录终止机制与产物 RNA 3′端结构有关。后来，又发现ρ因子具有 ATP 酶活性和解旋酶（helicase）活性。当ρ因子与 RNA 链结合后，由 ATP 供能，使 RNA 聚合酶构象改变，从而导致 RNA 聚合酶停顿，ρ因子的解旋酶活性使 DNA 与 RNA 的杂化双链解开，使新合成的RNA产物从模板DNA上释放出来，转录终止（图14-6）。

2. 不依赖ρ因子的终止 某些基因DNA模板链5′端具有特殊的碱基序列，它可使合成的RNA产物形成特殊的结构来终止转录，如3′端富含G-C和带有一段寡聚U。这一段富含G-C的RNA能通过碱基互补配对形成发夹结构，RNA聚合酶与发夹结构作用后，即停止转录，寡聚U则进一步使RNA与DNA的结合力下降，使新合成的RNA从模板上脱落下来。其机制可能如下：一是茎环结构在RNA分子上形成，可能改变RNA聚合酶的构象。因为RNA聚合酶的分子量大，它不但覆盖转录延长区，也覆盖部分3′端新合成的RNA链，包括RNA的茎环结构。酶构象的改变导致酶-模板结合方式的改变，可使酶不再向下游移动，于是转录停止。另外，转录复合物（酶-DNA-RNA）上有局部的RNA-DNA杂化短链。RNA分子要形成自己的局部双链，DNA也要复原为双链，杂化链形成的机会不大，本来就不稳定的杂化链更加不稳定，转录复合物趋于解体。接着一串寡聚U促进了RNA链从模板上脱落（图14-7）。

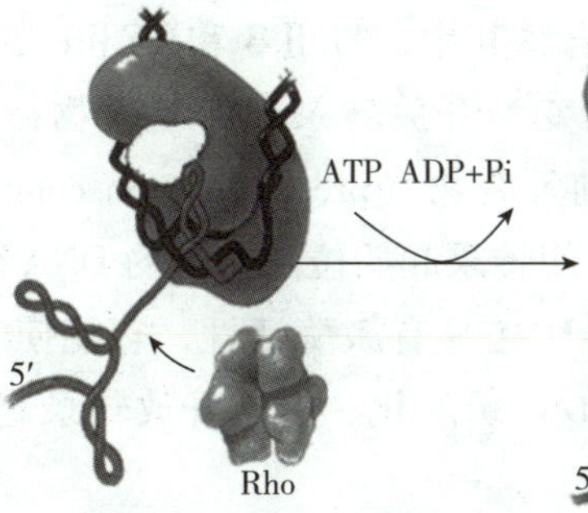

图14-6 依赖ρ因子的转录终止

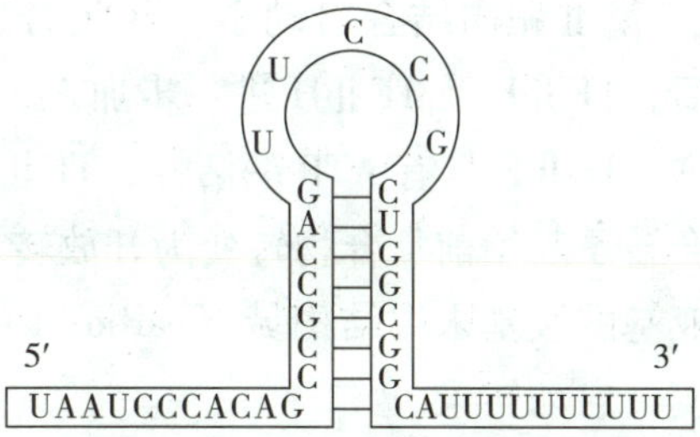

图14-7 不依赖ρ因子的转录终止

第三节 真核生物转录过程

PPT

真核生物的转录过程基本上与原核生物相似，也可分为起始、延长和终止三个阶段，但整个过程更加复杂。

一、真核生物RNA转录的起始

真核生物的转录起始比原核生物复杂，其调控序列由启动子、增强子及沉默子组成。转录起始时，原核生物RNA聚合酶可直接与DNA模板结合；而真核生物RNA聚合酶不直接与模板结合，需要众多的蛋白质因子参与，形成转录起始前复合物。能直接或间接与RNA聚合酶结合的蛋白质因子，称转录因子（transcriptional factor，TF）。

真核生物的RNA聚合酶Ⅰ、RNA聚合酶Ⅱ、RNA聚合酶Ⅲ分别需要TFⅠ、TFⅡ、TFⅢ识别相应的启动子。真核生物绝大多数基因都编码蛋白质，由RNA聚合酶Ⅱ转录。目前已知RNA聚合酶Ⅱ至少有六种不同的转录因子参与转录起始复合物的形成，这些转录因子包括TFⅡA、TFⅡB、TFⅡD、TFⅡE、TFⅡF和TFⅡH（表14-3）。其中，TFⅡD是起始转录中最重要的基础转录因子，它是由TATA结合蛋白（TATA binding protein，TBP）和8~10个TBP辅因子（TBP associated factors，TAF）组成的复合物，TBP能与TATA框结合，TAF能辅助TBP与TATA框结合。

表 14-3 RNA 聚合酶Ⅱ的通用转录因子

转录因子	功能
TFⅡA	与 TBP 接触，稳定 TBP 与 TATA 框的结合
TFⅡB	与 TFⅡD 结合，帮助 RNA 聚合酶Ⅱ与启动子结合，决定转录起始
TFⅡD	其 TBP 和 TAF 形成复合体，与 TATA 框结合
TFⅡE	回收 TFⅡH 到起始复合体中，调节 TFⅡH 的解旋酶和蛋白激酶活性
TFⅡF	回收 RNA 聚合酶Ⅱ到前起始复合体中
TFⅡH	具有解旋酶和蛋白激酶活性，参与转录起始

真核生物转录起始过程如下。①TFⅡD-TFⅡA-TFⅡB-DNA 复合物的形成：在 TFⅡD 的 TAF 辅助、TFⅡA 和 TFⅡB 的促进与配合下，TFⅡD 的 TBP 与启动子的 TATA 框特异性结合，形成 TFⅡD-TFⅡA-TFⅡB-DNA 复合物。其中，TFⅡA 能稳定 TFⅡD-DNA 复合物，TFⅡB 起桥梁作用。②RNA 聚合酶Ⅱ就位：在 TFⅡF 的辅助下，RNA 聚合酶Ⅱ与 TFⅡB 结合，其中，TFⅡB 和 TFⅡF 的作用是协助 RNA 聚合酶Ⅱ靶向结合启动子。③闭合转录起始前复合物转变为开放转录起始复合物：RNA 聚合酶Ⅱ就位后，TFⅡE 及 TFⅡH 进一步加入，形成闭合转录起始前复合物（pre-initiation complex，PIC）（图 14-8）。TFⅡE 具有 ATP 酶活性，TFⅡH 具有解旋酶活性，使转录起始位点附近的 DNA 双链解开，从而使闭合转录起始前复合物转变为开放转录起始复合物。TFⅡH 还具有激酶活性，它能使 RNA 聚合酶Ⅱ最大亚基的羧基末端结构域（carboxyl-terminal domain，CTD）磷酸化，引起开放转录起始复合物的构象改变，启动转录。

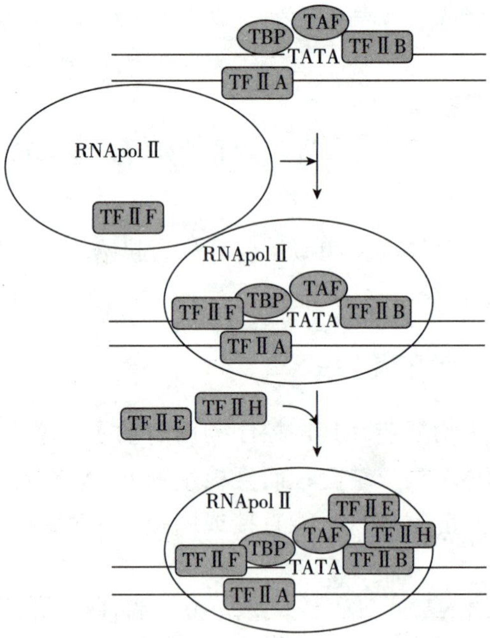

图 14-8 真核生物转录起始前复合物的形成

二、真核生物 RNA 转录的延长

真核生物与原核生物的延长情况基本相似。RNA 链延长前，首先部分 TFⅡ因子释放，便于 RNA 聚合酶催化转录，然后在 RNA 聚合酶Ⅱ的催化下按碱基互补配对原则延伸合成 RNA。当 RNA 合成达 60~70nt 长度后，TFⅡE 及 TFⅡH 释放脱落，转录进入延长阶段。真核生物基因组 DNA 形成了以核小体为结构单位的染色体高级结构。因此，RNA 聚合酶Ⅱ催化过程中时常会遇到核小体。近年来，体内外的转录实验表明，核小体在真核生物转录延长过程中可能发生移位和解聚现象（图 14－9）。

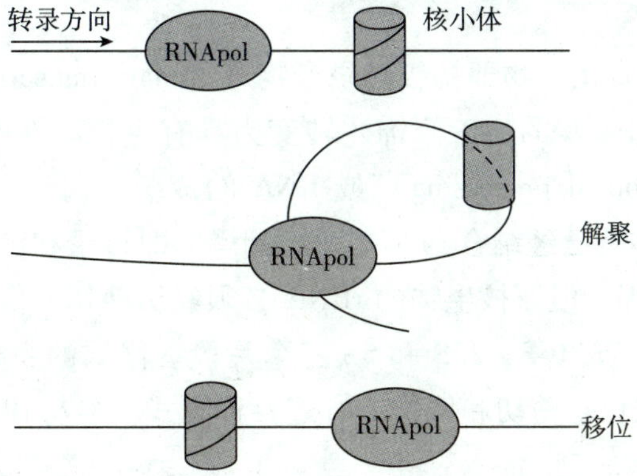

图 14－9　真核生物转录延长过程中的核小体移位

三、真核生物 RNA 转录的终止

真核生物的终止机制未完全阐明，但转录终止与转录后修饰密切相关。目前，在 DNA 编码链 3′端发现有一段 AATAAA 序列，下游还有一定数目的 GT 序列，这些序列称为加尾修饰点或加尾信号，是转录终止的修饰位点，但不是转录终止点（图 14－10）。

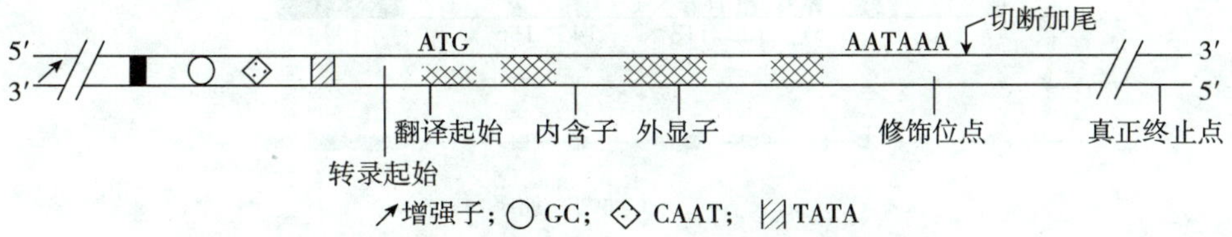

图 14－10　真核生物转录终止的修饰点

转录通过修饰位点后，mRNA 在修饰位点处被水解切断，随即加上 3′端 poly(A)尾和 5′端帽结构。下游的 RNA 虽继续转录，但很快会被 RNA 酶降解（图 14－11）。

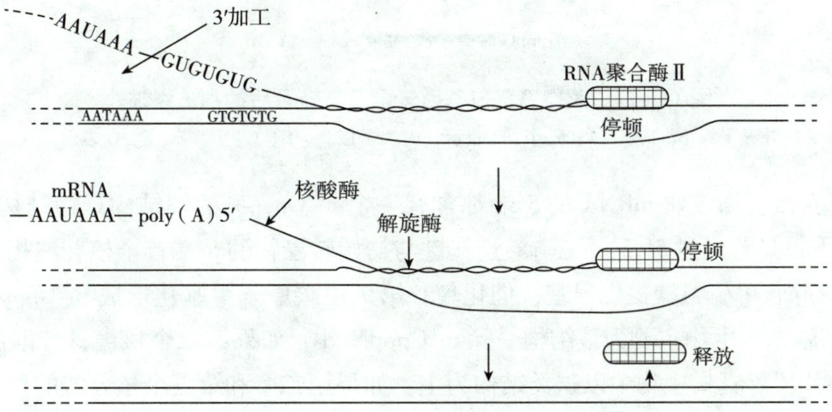

图 14－11　真核生物转录终止及加 poly(A)尾修饰

PPT

第四节　真核生物转录后加工

在真核生物中，基因转录的直接产物即初级转录产物（primary transcript），是较大的RNA前体分子，通常是没有功能的，需要经过进一步的加工修饰才转变为具有生物活性的成熟RNA分子，这一过程称为转录后加工（post－transcriptional processing）或RNA的成熟。对于原核生物来说，多数mRNA在3′端还没有被转录之前，核糖体就已经结合到5′端开始翻译，即转录和翻译是紧密偶联的，所以，原核生物的mRNA很少经历加工过程。但原核生物的rRNA必须经历剪切和修饰的加工过程，剪切由特定的RNA酶催化，将初级转录产物剪成16S、23S和5S三个片段。修饰的主要形式是核糖2′－羟基的甲基化。原核细胞tRNA的加工方式也是剪切和修饰，有近百种方式。参与tRNA剪切的主要酶是RNA酶P，其主要作用是切除多余的核苷酸序列。

一、mRNA前体的加工

由于不同基因结构的差异，真核生物mRNA的原始转录产物很不均一，统称核内不均一RNA（heterogeneous nuclear RNA，hnRNA），又称mRNA前体。mRNA前体的加工和成熟主要包括5′端加帽、3′端加尾、剪接和编辑等（图14－12）。

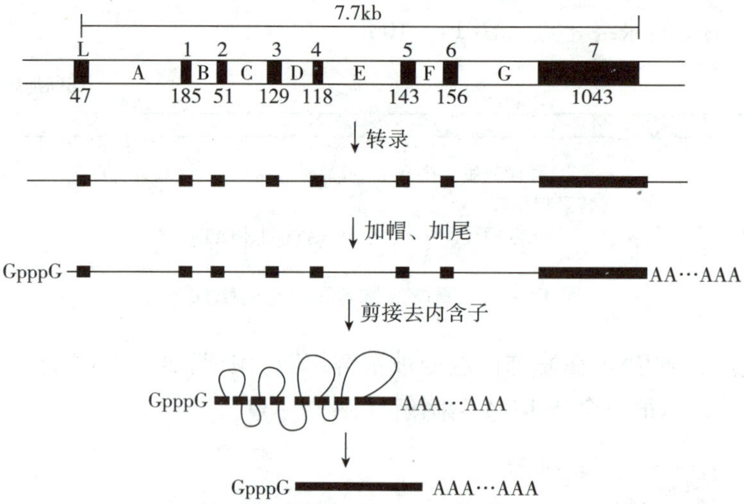

图14－12　鸡卵清蛋白基因转录及其转录后的加工修饰

外显子以1、2、3、4、5、6、7表示，内含子以A、B、C、D、E、F、G表示

1. 5′端加帽　真核生物成熟mRNA的5′端都含有一个m^7GpppN的帽结构。帽结构的形成过程如下。①在加帽酶的催化下，鸟苷通过5′,5′－三磷酸连接键与初始转录物的5′端首个核苷酸相连。②在甲基转移酶的催化下，由*S*－腺苷甲硫氨酸提供甲基，催化鸟苷第7位碳原子甲基化形成m^7GpppN，此时形成的帽被称“帽0”，单细胞真核生物主要为该结构。除m^7GpppN外，如果第二个核糖核苷酸的2号碳原子上也发生甲基化，称“帽1”。真核生物中以这类结构为主。如果第二个和第三个核苷酸的核糖2号碳原子均发生甲基化，称“帽2”。具有“帽2”结构的mRNA只占mRNA总量的10%～15%或以下。反应过程如下。

$$\text{pppG}-\text{C}-\text{RNA}\xrightarrow{\text{RNA磷酸酶}}\text{ppG}-\text{C}-\text{RNA}-\text{Pi}$$

$$\text{pppG}+\text{ppG}-\text{C}-\text{RNA}\xrightarrow{\text{鸟苷酸转移酶}}\text{GpppG}-\text{C}-\text{RNA}+\text{PPi}$$

$$\text{GpppG}-\text{C}-\text{RNA}+S-\text{腺苷甲硫氨酸}\xrightarrow{\text{甲基转移酶}}m^7\text{GpppG}-\text{C}-\text{RNA}+S-\text{腺苷同型半胱氨酸}$$

5′帽结构的作用：①保护 mRNA 免受核酸酶的水解；②能与帽结合蛋白复合体（cap-binding complex of protein）结合，参与 mRNA 与核糖体的结合，启动蛋白质的翻译过程；③有利于成熟的 mRNA 从细胞核输送到细胞质，只有成熟的 mRNA 才能进行被输送。

2. 3′端加尾 大多数真核 mRNA 3′端具有含 80～250 个多腺苷酸的尾巴［poly(A)］。poly(A)尾不是由 DNA 转录获得，而是转录后在细胞核内加上去的。加尾修饰与 RNA 转录终止同时进行，加 poly(A)时需要由外切核酸酶首先切去 mRNA 3′端的一些核苷酸，然后在 poly(A)聚合酶［poly(A) polymerase，PAP］的催化下接上多腺苷酸尾。

poly(A)尾的作用：①维持 mRNA 翻译模板活性；②增加 mRNA 本身的稳定性；③作为 mRNA 由细胞核进入细胞质所必需的结构。

3. hnRNA 的剪接 真核生物的结构基因由若干个编码区和非编码区互相间隔连接而成，这种基因结构称为断裂基因（split gene）。断裂基因需要去除非编码区后将编码区连接起来，才能翻译成为完整的蛋白质。断裂基因中，能表达为成熟 mRNA 或能编码氨基酸的核酸序列，称外显子（exon）；被切除的非编码序列，称内含子（intron）。在 5′端帽和 3′端 poly(A)尾形成以后，内含子一个一个被切除，外显子最终被连接形成成熟的 mRNA，这个过程就是 mRNA 剪接（mRNA splicing）。mRNA 前体的剪接由剪接体（spliceosome）完成。剪接体是一种超大分子复合体，由 5 种核内小分子 RNA（small nuclear RNA，snRNA）和 50 余种蛋白质组成。每一种 snRNA 分别与多种蛋白质结合成 5 种小核糖核蛋白颗粒（small nuclear ribonucleoprotein particle，snRNP），snRNA 分子结构中，尿嘧啶含量非常丰富，分别称为 U_1、U_2、U_4、U_5和 U_6。几乎所有真核生物的 hnRNA 剪接点都以特征性的 GU 为 5′端起始，AG 为 3′端末端，称 GU-AG 规则，亦称剪接接口（splicing junction）或边界序列。

人类很多 hnRNA 可以产生两种或两种以上的成熟 mRNA，说明真核生物的剪接方式存在可变性。例如，果蝇同一肌球蛋白重链的 hnRNA 分子通过选择性剪接方式，在果蝇发育过程中的不同阶段可产生 3 种不同形式的肌球蛋白重链 mRNA 分子。又如大鼠的同一 mRNA 前体分子，在甲状腺中翻译为降钙素，而在脑组织中翻译为降钙素基因相关蛋白，是由于该 mRNA 前体分子中具有 2 个多腺苷酸位点，经过剪切和剪接的加工，会形成两种不同的成熟 mRNA 分子，分别翻译生成降钙素和降钙素基因相关蛋白（图 14-13）。

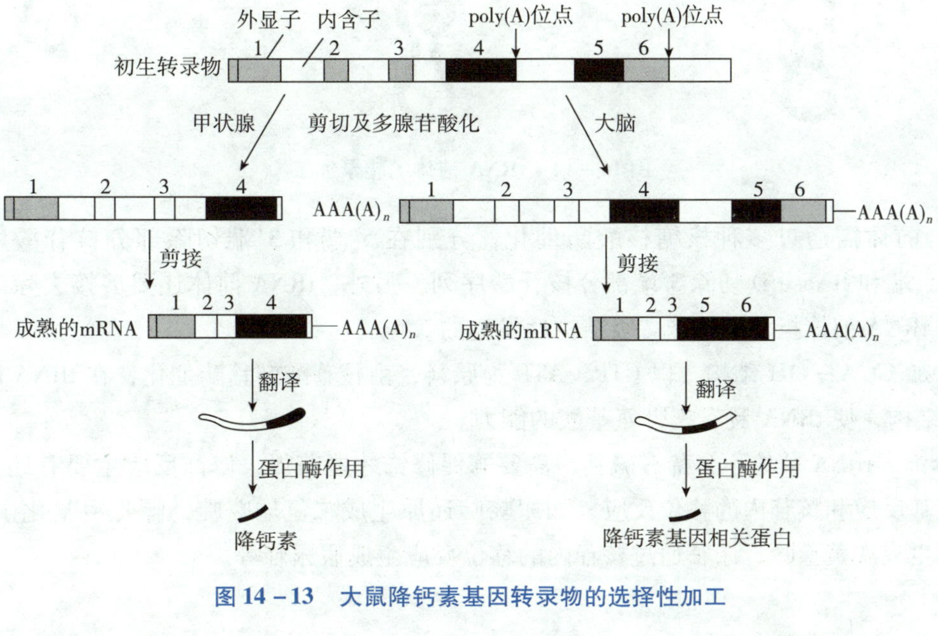

图 14-13 大鼠降钙素基因转录物的选择性加工

4. mRNA 的编辑（mRNA editing） 是指对其序列进行改编，包括在 mRNA 前体分子中插入、剔除或置换一些核苷酸。例如，人载脂蛋白 B（ApoB）基因只有一个，通过 mRNA 编辑可产生两种不同的载脂蛋白 B：一种是由肝细胞合成的 ApoB100，分子量为 513kD；另一种是由小肠黏膜细胞合成的 ApoB48，分子量为 250kD。当 ApoB mRNA 合成后，其第 2153 位密码子 CAA（谷氨酰胺密码子）的碱基 C 被编辑改变成为 U，密码子转变为 UAA（终止密码子）后，蛋白质翻译到此即终止，得到含 2152 个氨基酸残基的 ApoB48；而未被编辑的 mRNA 则翻译成为含 4536 个氨基酸残基的 ApoB100。因此，ApoB48 实际上是 ApoB100 氨基端的那部分肽链。由于催化胞嘧啶变成尿嘧啶的脱氨酶只存在于小肠，ApoB48 只在小肠中合成。

mRNA 编辑实质上是基因的编码序列经过转录后的加工，分化为多用途的功能产物，故 mRNA 编辑又称为分化加工（differential RNA processing）。人类基因组计划之初，曾估计人类基因的总数在 5 万～10 万个，但人类基因组测序工作完成后，人类基因的数量仅认定为 2.5 万～3.5 万个。由此可见，RNA 编辑过程可极大地增加遗传信息容量。因此，RNA 编辑可以看作对生物学中心法则的一个重要补充。

二、tRNA 前体的加工

真核生物 tRNA 基因成簇排列，并且被间隔区分开，初级转录产物由 100～140 个核苷酸组成。而成熟的 tRNA 分子只含 70～80 个核苷酸。在 tRNA 前体分子中，5′端有一段前导序列，3′端含有一段附加序列，中部为 10～60 个核苷酸组成的内含子，一般位于反密码子环。tRNA 前体的转录后加工包括剪切、3′端添加 CCA 和碱基修饰（图 14－14）。

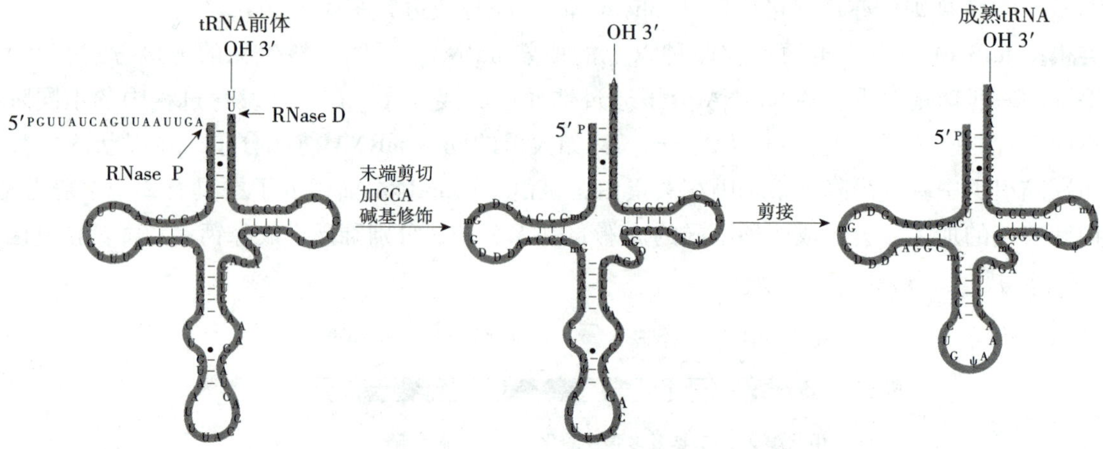

图 14－14　tRNA 前体的转录加工

1. 剪切 前体需通过多种核糖核酸酶催化，分别在 5′端和 3′端切除部分核苷酸序列，如通过 RNase P 切除 5′端和 RNase D 切除 3′端部分核苷酸序列。另外，tRNA 前体还要剪接去除内含子，tRNA 的剪切加工是 tRNA 前体折叠成特殊二级结构后发生的。

2. 3′端添加 CCA－OH 结构 以 CTP、ATP 为原料，由核苷酸转移酶催化，在 tRNA 前体的 3′端加上 CCA－OH 结构，使 tRNA 具有携带氨基酸的能力。

3. 碱基修饰 tRNA 前体不含稀有碱基，需要酶促修饰才能获得，修饰反应主要有还原反应、甲基化反应、脱氨基反应和核苷内的移位反应。如尿嘧啶还原生成二氢尿嘧啶，嘌呤甲基化生成甲基嘌呤，腺嘌呤脱氨基生成次黄嘌呤，尿苷通过核苷内的移位反应生成假尿苷等。

三、rRNA 前体的加工

真核生物 rRNA 基因的拷贝数较多，通常在几十至上千之间，成簇排列在一起，由 58S、28S 和 18S rRNA 基因组成一个转录单位，它们之间彼此被间隔区分开，由 RNA 聚合酶 I 催化，在核仁中进行转录，合成 45S 的初级转录产物（primary transcriptis），即 rRNA 前体。rRNA 前体在核仁内多种核酸酶的作用下进一步加工：首先，45S RNA 5′端被剪切去除部分核苷酸，生成 41S RNA；然后，41S RNA 被剪切生成 32S RNA 和 20S RNA 两个中间体；接着，20S RNA 被剪切为成熟的 18S RNA，而 32S RNA 被剪切为成熟的 5.8S RNA 及 28S RNA（图 14－15），它们在核仁内与蛋白质装配成核糖体，输送到胞质，参与蛋白质的生物合成。

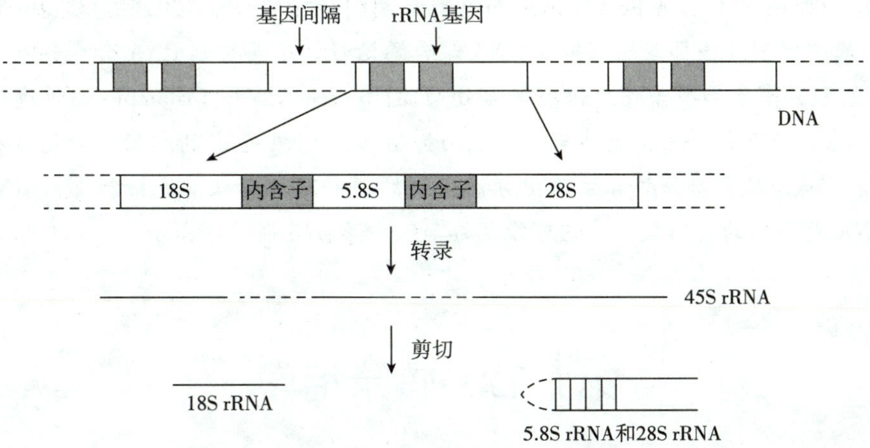

图 14－15　真核细胞 rRNA 的转录后加工

四、核酶

核酶（ribozyme）主要指一类具有催化功能的 RNA，亦称 RNA 催化剂，ribozyme 是核糖核酸和酶两词的缩合词。核酶在 20 世纪 80 年代初由 Cech 发现。在研究四膜虫的 rRNA 剪接时，Cech 发现在无任何蛋白质存在的情况下，可完成 rRNA 基因转录产物 I 型内含子剪切和外显子拼接过程，这种现象说明 rRNA 前体具有催化活性。与此同时，还发现 RNase P 单独存在时也能催化 tRNA 前体中 5′端前导序列的切除。为区别于传统的蛋白质催化剂，Cech 给这种具有催化活性的 RNA 定义为核酶。目前还发现，RNA－蛋白质复合物也可作为催化剂，如端粒酶、snRNP 等。

核酶在发挥催化作用时，都具有一定的结构形式。Symons 提出"锤头"状二级结构是核酶作用的结构基础。锤头状二级结构含有 3 个茎（stem）和 1～3 个环（loop），并具有 13 个特定核苷酸的保守序列，用 A、U、C、G 表示，其余核苷酸用 N 表示（图 14－16）。

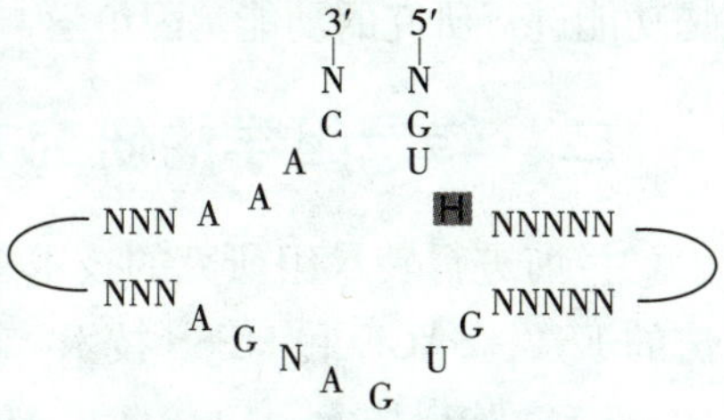

图 14－16　核酶的锤头状二级结构

在锤头状核酶分子中，13 个保守的核苷酸组成催化核心，UH（H 为除 G 以外的核苷酸）为剪切点的识别序列。核酶催化 RNA 断裂的作用机制是：核糖 2′－羟基对与此核糖相连的磷酸进行亲核攻击，使磷酸二酯键断裂。

核酶的作用方式主要有两种类型。①剪切型：可催化自身 RNA 或其他异体 RNA 剪掉一段核苷酸片段，其催化功能相当于内切核酸酶的作用。②剪接型：主要是催化自身 RNA 切除分子内部的一个片段，然后再将剩余的两个片段连接起来，既剪又接，实际上相当于内切核酸酶和连接酶的联合作用。

核酶的发现是对 RNA 生物学功能的进一步认识，即 RNA 不仅具有储存和传递遗传信息的功能，而且还具有生物催化剂的功能。在一定程度上可以说，RNA 兼有 DNA 和蛋白质两类生物大分子的功能，这同时也动摇了所有生物催化剂都是蛋白质的传统观念。

知识链接

RNA 生物合成抑制剂

RNA 生物合成的抑制剂或抗代谢物包括碱基类似物或核苷类似物、模板干扰剂、RNA 聚合酶抑制剂等。碱基类似物能抑制核苷酸的合成，也能掺入核酸分子，形成异常 RNA，影响核酸功能并导致突变，如 5-氟尿嘧啶、6-氮尿嘧啶、6-巯基嘌呤、硫鸟嘌呤、2,6-二氨基嘌呤和 8-氮鸟嘌呤等，这类物质进入体内后需转变成相应的核苷酸，才表现出抑制作用。DNA 模板功能的抑制剂能与 DNA 结合，使 DNA 失去模板功能，从而抑制其复制与转录，如烷化剂、放线菌素 D、嵌入染料。RNA 聚合酶抑制剂是指那些能够抑制 RNA 聚合酶活性，从而抑制 RNA 合成的物质，如从链霉菌中分离得到的利福霉素和半合成的利福霉素 B 衍生物——利福平（rifampicin），通过特异性地与原核 RNA 聚合酶 β 亚基结合来抑制其活性，从而抑制细菌 RNA 合成的起始，对结核杆菌的杀伤力更强。α-鹅膏蕈碱是从毒蘑菇鹅膏蕈菌中分离得到的一种环状八肽，能抑制真核 RNA 聚合酶Ⅱ和Ⅲ，对细菌 RNA 聚合酶的作用极小，它可能是毒伞肽中毒性最强的化合物。

第五节　转录组学

PPT

一、转录组学的概念

转录组（transcriptome）广义上是指某个组织或细胞在特定生长阶段或生长条件下所转录出的 RNA 总和，包括编码蛋白质的 mRNA 和各种非编码 RNA，如 rRNA、tRNA、snoRNA、snRNA、microRNA 及其他非编码 RNA 等，是研究细胞表型和功能的一个重要手段。狭义上的转录组系指所有参与翻译蛋白质的 mRNA 总和。由转录组的定义可见，其包含特定的时间和空间限定，这与基因组的概念不同。

转录组学（transcriptomics）是功能基因组学（functional genomics）研究的重要组成部分，是一门在整体水平研究细胞中所有基因转录及转录调控规律的学科。研究内容包括：①对特定细胞转录与加工的研究；②对转录物编制目录；③绘制动态转录物图形；④转录物的网络式调节。对基因及其转录表达产物功能进行研究的功能基因组学，将为疾病控制和新药开发提供新思路，为人类解决健康问题提供新方法。

二、转录组学的研究方法

目前进行转录组研究的技术主要包括如下三种：①基于杂交技术的微阵列技术；②基于 Sanger 测序法的 EST、SAGE 和 MPSS 技术；③基于新一代高通量测序技术的转录组测序。

1. 微阵列技术　1991 年，Affymetrix 公司在 Southern blotting 的基础上，开发出世界上第一块寡核苷酸基因芯片，自此，微阵列技术（基因芯片）得到迅速发展和广泛应用，目前已成为功能基因组研究中最主要的技术手段。基于杂交技术的 DNA 芯片技术只适用于检测已知序列，却无法捕获新的 mRNA。细胞中 mRNA 的表达丰度不尽相同，通常细胞中有不到 100 种的高丰度 mRNA，其总量约占总 mRNA 的一半，另一半 mRNA 由种类繁多的低丰度 mRNA 组成。由于杂交技术的灵敏度有限，对于低丰度的 mRNA，微阵列技术难以检测，也无法捕获到目的基因 mRNA 表达水平的微小变化。而且，由于芯片技术需要准备基因探针，可能会漏掉那些未知的、表达丰度不高的、可能很重要的调节基因。

2. 表达序列标签（expressed sequence tag，EST）、基因表达序列分析（serial analysis of gene expression，SAGE）和大规模平行测序（massively parallel signature sequencing，MPSS） 都是以 Sanger 测序为基础，用于分析基因群体表达状态的技术。

（1）EST　是对一个随机选择的 cDNA 克隆进行 5′端和 3′端单一次测序而获得的短的 cDNA 部分序列，代表一个完整基因的一小部分，平均长度为 360bp ± 120bp。EST 来源于一定环境下一个组织总 mRNA 所构建的 cDNA 文库，因此，EST 也能说明该组织中各基因的表达水平。EST 可用于基因组物理图谱的绘制、基因的定位克隆、分离鉴定新基因和研究生物群体多态性等。

（2）SAGE　是分析特定组织或细胞类型中基因群体表达状态的一项技术，其显著特点是快速高效、接近完整地获得基因组的表达信息。SAGE 可以定量分析已知基因及未知基因表达情况，在疾病组织、癌细胞等差异表达谱的研究中，SAGE 可以帮助获得完整转录组学图谱，发现新的基因及其功能、作用机制和通路等信息。

（3）MPSS　是对 SAGE 的改进，它能在短时间内检测细胞或组织内全部基因的表达情况，是功能基因组研究的有效工具。MPSS 技术对于致病基因的识别、揭示基因在疾病中的作用、分析药物的药效等都非常有价值。

3. 基于新一代高通量测序技术的转录组测序 也称全转录组测序，是利用高通量测序技术对 cDNA 序列进行测序，从而获得样品中 RNA 的信息包括定量和定性。该技术首先将细胞中的所有转录产物反转录为 cDNA 文库，然后将 cDNA 文库中的 DNA 随机剪切为小片段（或先将 RNA 片段化后再转录），在 cDNA 两端加上接头，利用新一代高通量测序仪测序，直到获得足够的序列，通过对所得序列进行比对（有参考基因组）或从头组装（无参考基因组），形成全基因组范围的转录谱。RNA - seq 的精确度高，能够在单核苷酸水平对任意物种的整体转录活动进行检测，可以用于分析真核生物复杂的转录本的结构及表达水平，精确地识别可变剪切位点以及 cSNP（编码序列单核苷酸多态性），提供最全面的转录组信息。RNA - seq 具有数字化信号、高灵敏度、任意物种的全基因组分析、更广的检测范围等诸多独特优势。

三、转录组学的应用

随着转录组学、蛋白质组学、代谢组学等组学的不断涌现，生物学研究已经跨入后基因组时代，转录组学作为一个率先发展起来的技术，开始在生物学前沿研究中得到广泛的应用。①转录组谱可以提供特定条件下某些基因表达的信息，并据此推断相应未知基因的功能，揭示特定调节基因的作用机制，应用疾病机制发现的研究，进而发现药物靶点与阐明药物作用机制，促进药物研发的进展。②通过基于基因表达谱的分子标签，不仅可以辨别细胞的表型归属，还可以用于疾病的诊断。③在精准医学个体化治疗的应用方面，转录组的研究可以将表面上看似相同的病症分为多个亚型，尤其是对原发性恶性肿瘤，通过转录组差异表达谱的建立，可以详细描绘出患者的生存期以及对药物的反应等。

目标检测

答案解析

一、单项选择题

1. 关于转录，叙述错误的是（　）

A. 以 DNA 为模板　　B. 以四种 NTP 为原料　　C. 需要 RNA 聚合酶

D. 合成方向为 5′→3′　　E. 需要引物

2. 大肠杆菌 RNA 聚合酶的（ ）能识别转录起始点

A. α 亚基　　B. β 亚基　　C. β′亚基

D. σ 亚基　　E. ρ 因子

3. 真核生物中经 RNA pol Ⅱ催化合成的产物是（ ）

A. hnRNA　　B. 45S rRNA　　C. 5.8S rRNA

D. tRNA　　E. 6S rRNA

4. 真核生物的 TATA 盒是（ ）

A. 转录起始点　　B. 翻译起始点

C. 启动子的核心序列　　D. RNA 聚合酶的活性中心

E. RNA 聚合酶与 DNA 模板直接结合的序列

5. 真核生物成熟 mRNA 5′端的结构特点是（ ）

A. 帽子结构　　B. polyA　　C. 起始密码子 AUG

D. pppGpN—　　E. 核蛋白体结合序列 AGGA

6. 真核生物中辨认 TATA 盒的转录因子是（ ）

A. TFⅡA　　B. TFⅡB　　C. TFⅡD

D. TFⅡE　　E. TFⅡF

7. RNA 的不对称转录是指（ ）

A. 同一单链 DNA 模板的不同片段转录时可以交替作为模板链和编码链

B. 同一 DNA 模板的转录可以按 5′→3′方向延长，也可以按 3′→5′方向延长

C. 一条 DNA 单链模板转录出的 RNA 片段长，另一条 DNA 单链模板转录出的 RNA 片段短

D. 转录经翻译生成的氨基酸含有不对称碳原子

E. 没有任何规律性的转录过程

8. 利福平（或利福霉素）用于治疗肺结核的机制是（ ）

A. 与 α 亚基结合，抑制转录　　B. 与 β 亚基结合，抑制转录

C. 与 β′亚基结合，抑制转录　　D. 与 σ 亚基结合，抑制转录

E. 与 ω 亚基结合，抑制转录

二、简答题

1. 试述 DNA 复制与转录的异同点。
2. 简述真核生物 mRNA、tRNA 和 rRNA 成熟的加工修饰过程。

（李红梅）

书网融合……

本章小结　　微课　　题库

第十五章　蛋白质的生物合成

学习目标

1. 掌握　参与蛋白质生物合成的物质；遗传密码的特点；核糖体的基本结构；蛋白质生物合成的基本过程和核糖体循环。

2. 熟悉　mRNA 的结构、开放读码框架；氨酰－tRNA 的合成，起始氨酰－tRNA；多聚核糖体。

3. 了解　蛋白质合成后的加工和输送及分子伴侣的概念；蛋白质生物合成与医学的关系。

4. 学会运用比较法列举原核与真核生物蛋白质生物合成的差异，从蛋白质生物合成的角度分析某些毒素的致病机制。

蛋白质由基因编码，为遗传信息表达的主要终产物。生物体内蛋白质的生物合成发生在核糖体上，是在多种蛋白质因子的辅助下，以 mRNA 为模板、tRNA 为转运氨基酸的工具而合成蛋白质的过程。在这一过程中，mRNA 上的核苷酸序列被转换成蛋白质中的氨基酸序列，类似于两种不同分子语言的转换，故又称为翻译（translation）。整个反应过程包括：氨基酸的活化、肽链的生物合成以及肽链合成后的加工和转运。

第一节　蛋白质生物合成体系

PPT

参与细胞内蛋白质生物合成的物质体系极为复杂，除 20 种编码氨基酸为基本原料外，还需要模板 mRNA、转运氨基酸的“搬运工具”tRNA、装配场所核糖体、有关的酶和蛋白质因子、能源物质 ATP 或 GTP、无机离子 Mg^{2+} 和 K^{+} 等。

一、mRNA 与遗传密码

从 DNA 转录出的 mRNA 携带着编码信息，是蛋白质生物合成的直接模板。真核生物成熟 mRNA 的基本结构分为 5 个区域：5′帽子结构、5′端非翻译区（5′untranslated region，5′ UTR）、开放阅读框架、3′端非翻译区（3′ UTR）和 3′多腺苷酸［poly（A）］尾（图 15－1）。在 mRNA 的开放阅读框架区，从 5′端 AUG 开始至 3′端方向，每 3 个相邻的核苷酸为一组，代表一种氨基酸或蛋白质合成的起始、终止信号，这种三联体形式的核苷酸序列称为三联体密码（triplet coden）。4 种构成 mRNA 的核苷酸经过排列组合（4^3）共构成 64 种密码子（表 15－1），其中 61 个密码子编码 20 种作为原料的氨基酸，而 AUG 既编码甲硫氨酸，在开放阅读框架区的 5′端时又作为起始密码子（在原核生物中代表甲酰甲硫氨酸，在真核生物中代表甲硫氨酸）；另外 3 个密码子（UAA、UAG、UGA）作为肽链合成的终止密码子，不编码任何氨基酸。

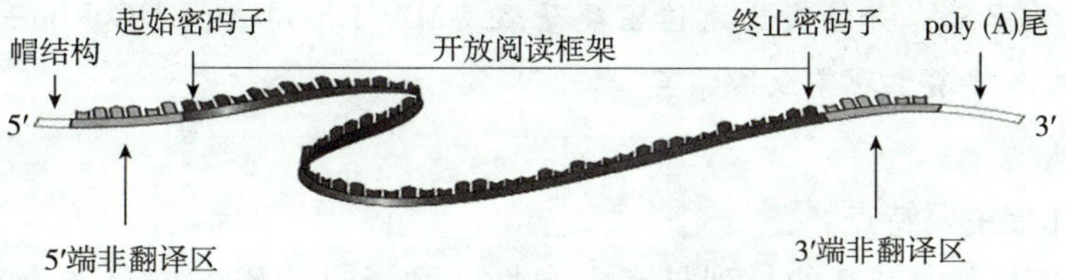

图 15－1　真核生物成熟 mRNA 的基本结构

表 15－1　通用遗传密码表

第一位核苷酸（5′端）	第二位核苷酸（中间） U	C	A	G	第三位核苷酸（3′端）
U	苯丙氨酸	丝氨酸	酪氨酸	半胱氨酸	U
	苯丙氨酸	丝氨酸	酪氨酸	半胱氨酸	C
	亮氨酸	丝氨酸	终止信号	终止信号	A
	亮氨酸	丝氨酸	终止信号	色氨酸	G
C	亮氨酸	脯氨酸	组氨酸	精氨酸	U
	亮氨酸	脯氨酸	组氨酸	精氨酸	C
	亮氨酸	脯氨酸	谷氨酰胺	精氨酸	A
	亮氨酸	脯氨酸	谷氨酰胺	精氨酸	G
A	异亮氨酸	苏氨酸	天冬酰胺	丝氨酸	U
	异亮氨酸	苏氨酸	天冬酰胺	丝氨酸	C
	异亮氨酸	苏氨酸	赖氨酸	精氨酸	A
	甲硫氨酸	苏氨酸	赖氨酸	精氨酸	G
G	缬氨酸	丙氨酸	天冬氨酸	甘氨酸	U
	缬氨酸	丙氨酸	天冬氨酸	甘氨酸	C
	缬氨酸	丙氨酸	谷氨酸	甘氨酸	A
	缬氨酸	丙氨酸	谷氨酸	甘氨酸	G

从 mRNA 5′端起始密码子 AUG 到 3′端终止密码子之间的核苷酸序列，称开放阅读框架（open reading frame，ORF）。遗传学上，将编码一种多肽的遗传单位称为顺反子（cistron）。在原核生物中，数个功能相关的结构基因常串联为一个转录单位，转录生成的 mRNA 可编码几种功能相关的蛋白质，称多顺反子（polycistron）mRNA；而真核生物中成熟 mRNA 只编码一种蛋白质，称单顺反子（monocistron）mRNA。

知识链接

三联体密码的破译

1961 年，MW Nirenberg 等结合 Crick 得出的 3 个碱基决定 1 个氨基酸的实验结论，推断出存在 64 个三联体密码，并利用蛋白质体外合成技术解读出第一个密码子。他们在每个试管中分别加入一种氨基酸，再加入去除了 DNA 和 mRNA 的细胞提取液以及人工合成的多聚尿嘧啶核苷酸[poly(U)]，发现只有在加入了苯丙氨酸的试管中合成出多聚苯丙氨酸的肽链，从而解读出第一个编码苯丙氨酸的密码子“UUU”。利用同样的方法，他们又证明 AAA、CCC 分别是编码赖氨酸和脯氨酸的密码子。另外，HG Khorana 等通过三联体结合实验，以人工合成的含有重复序列的多核苷酸共聚物为模板，确定了缬氨酸、苏氨酸等氨基酸的密码子。RW Holley 也成功制备出一种纯的 tRNA，为遗传密码的破译提供了条件保障。经过近 5 年的不懈努力，科学家们于1966 年确定了全部密码子的意义，并编辑出遗传密码子表。MW Nirenberg、HG Khorana 和 RW Holle 因此分享了 1968 年的诺贝尔生理学或医学奖。

遗传密码有以下几个主要特点。

1. 方向性　mRNA 序列中碱基的排列具有方向性。翻译时读码方向只能为从 5′端至 3′端，即按 5′→3′的方向，从 mRNA 的起始密码子 AUG 开始逐一阅读，直至终止密码子。读码的方向性决定了肽链的合成方向是从 N 端至 C 端（图 15－2）。

2. 连续性 从 mRNA 的起始密码子开始，三联体密码被连续阅读，密码子之间既无间隔也无重叠。基因损伤有可能导致 mRNA 开放阅读框架内发生碱基的插入或缺失，可能引起框移突变（frameshift mutation）（图 15－2）。

```
读码方向：——————→
mRNA   5′---GGA CUC AGU GCG U′---3′
多肽链  N端  甘   亮   丝   丙       C端
                      (+)
                       ↓
插入    5′---GGA CUC ACG UGC GU′---3′
            甘   亮   苏  半胱
                 (−)
                  ↓
缺失    5′---GGA CCA GUG CGU′---3′
            甘   脯   缬   精
```

图 15－2 密码子的方向性、连续性与框移突变

3. 简并性 64 个密码子中有 61 个密码子编码氨基酸，显然两者不是一一对应的关系。除色氨酸和甲硫氨酸仅有 1 个密码子外，其余氨基酸都有 2 个或 2 个以上的密码子编码，这种现象称为密码子的简并性（表 15－2）。编码同一种氨基酸的各密码子称为简并性密码子，又称同义密码子。大多数同义密码子间仅第 3 位碱基有差异，前两位相同的碱基决定了密码子的特异性，这意味着同义密码子第 3 位碱基的改变并不影响所编码的氨基酸。因此，密码子的简并性可以减少有害突变的发生，保持物种的稳定性。

表 15－2 密码子的简并性

氨基酸	同义密码子数目
Met、Trp	1
Asn、Asp、Cys、Gln、Glu、His、Lys、Phe、Tyr	2
Ile	3
Ala、Gly、Pro、Thr、Val	4
Arg、Leu、Ser	6

4. 摆动性 翻译过程中，氨基酸的正确加入取决于 mRNA 的密码子与 tRNA 的反密码子之间的反向碱基配对反应。然而，反密码子的第 1 位碱基与密码子的第 3 位碱基之间有时存在不严格遵守碱基配对规律（图 15－3），这种现象称为摆动配对。摆动配对能够使一种 tRNA 识别 mRNA 编码区中的多种简并密码子（表 15－3）。

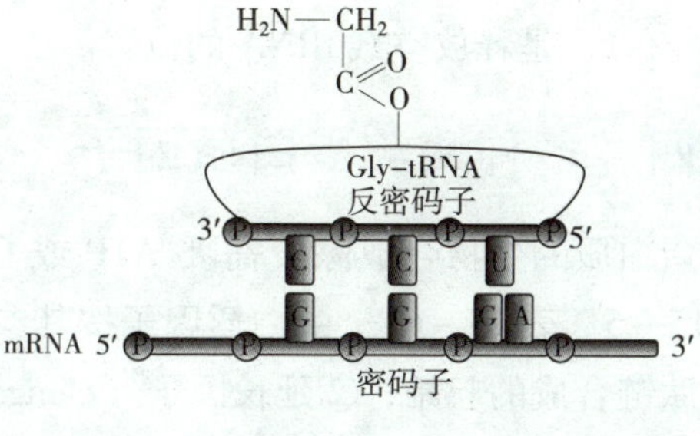

图 15－3 反密码子与密码子的摆动配对

表 15－3 反密码子与密码子的摆动配对

tRNA 反密码子的第 1 位碱基	I	G	U	A	C
mRNA 密码子的第 3 位碱基	U、C、A	U、C	A、G	U	G

5. 通用性 指从原核生物到人类，蛋白质生物合成都通用同一套遗传密码。密码子的通用性进一步证明了地球上的生物具有同一起源。在动物细胞的线粒体和植物细胞的叶绿体中已发现个别例外。如在线粒体中代表起始密码子和甲硫氨酸的密码子是 AUA（在通用密码中代表异亮氨酸）；在线粒体中代

表色氨酸的密码子是 UGA（在通用密码中代表终止密码子）。

二、tRNA 与氨基酸

在翻译过程中，mRNA 上的密码子不具有特异识别其编码氨基酸的能力，两者之间的相互识别是通过 tRNA 实现的。tRNA 起到以下两方面的作用。

1. 运载氨基酸 氨基酸各由其特异的 tRNA 携带，一种氨基酸可有 2～6 种对应的 tRNA，但一种 tRNA 只能转运一种特定的氨基酸。氨基酸结合在 tRNA 重要的功能部位——氨基酸臂的 3′-CCA-OH 上，反应需要 ATP 供能。

2. 充当“适配器” tRNA 上另一个重要的功能部位是 mRNA 结合部位，即反密码环中的反密码子。每种 tRNA 的反密码子决定了所运载的氨基酸能准确地在 mRNA 上对号入座。

按照 mRNA 上遗传信息的指导，参与肽链合成的氨基酸与其对应的 tRNA 相结合，再被运载到核糖体，通过 tRNA 反密码子与 mRNA 中对应的密码子反向互补结合（图 15-3），氨基酸残基被依次加入多肽链。

三、rRNA 与核糖体

核糖体是由 rRNA 和多种核糖体蛋白结合而成的一种大的核糖核蛋白颗粒，是蛋白质生物合成的场所。核糖体像一个移动的多肽链“装配机”，沿着模板 mRNA 从 5′端向 3′端滑动，而运载各种氨基酸的 tRNA 按照反密码子和密码子的反向互补配对关系依次进出其中，提供合成肽链所需的氨基酸原料，至肽链合成完毕后，核糖体与 mRNA 立刻分离。

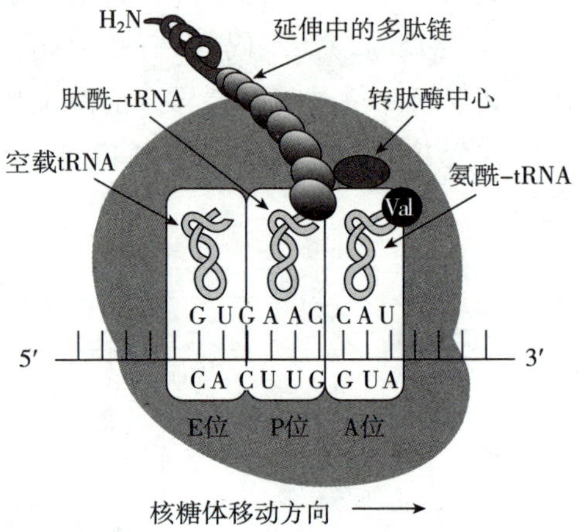

图 15-4 原核生物的核糖体在翻译中的功能部位

原核生物与真核生物的核糖体虽组成不同（见第二章），但均由大、小亚基构成，核糖体在翻译中的功能部位也基本相同。原核生物的核糖体上有 3 个重要的功能部位：A 位、P 位和 E 位（图 15-4）。A 位又称为氨酰位（aminoacyl site），是氨酰-tRNA 结合的部位；P 位又称为肽酰位（peptidyl site），是肽酰-tRNA 和起始氨酰-tRNA 结合的部位；E 位称为排出位（exit site），是释放空载 tRNA 的位置。

四、多种酶与蛋白质因子

蛋白质的生物合成除了需要 ATP 或 GTP 供能外，还需要酶类（表 15-4）和蛋白质因子的参与（表 15-5、表 15-6）。蛋白质因子按其参与的不同阶段，分为：①起始因子（initiation factor，IF），参与多肽链合成的起始；②延长因子（elongation factor，EF），参与肽链的延长；③释放因子（release factor，RF），参与肽链合成的终止与释放。为了区别原核生物（prokaryote）和真核生物（eukaryote）的蛋白质因子，真核生物的 3 种蛋白质因子均在缩写字母前加 e（真核生物的英文首字母）表示，即 eIF、eEF 和 eRF，原核生物的蛋白质因子缩写保持不变。

表 15-4 参与蛋白质合成的酶类

酶类	生物学功能
氨基酰-tRNA 合成酶（aminoacyl tRNA synthetase）	催化氨基酸的活化，即催化氨基酸的羧基与其对应的 tRNA 结合生成氨基酰-tRNA。此酶具有高度特异性，既能识别特异的氨基酸，又能正确选择运载这种氨基酸的 tRNA，故能催化氨基酸与特异的 tRNA正确结合

续表

酶类	生物学功能
* 转肽酶（peptidase）	催化核糖体 P 位上的肽酰基转移至 A 位氨基酰 - tRNA 的氨基上，使酰基与氨基结合形成肽键。此酶经释放因子作用后发生变构，呈现出酯酶的水解活性，促使 P 位上的肽链与 tRNA 解离
转位酶（translocase）	催化核糖体向 mRNA 的 3′端移动一个密码子的距离，使下一个密码子定位于 A 位。即原核生物中 EF - G 和真核生物中 eEF - 2 的活性

* 1992 年，加州大学 Noller 等证实其分离出的 rRNA 具有转肽酶活性。在原核生物中，转肽酶活性位于大亚基的 23S rRNA 上；真核生物中，该酶的活性位于大亚基的 28S rRNA 中。

表 15 - 5　原核生物参与肽链合成的蛋白质因子

种类		生物学功能
起始因子	IF - 1	占据核糖体 A 位，防止其他 tRNA 与 A 位结合
	IF - 2	促使 fMet - $tRNA^{fMet}$ 与小亚基结合
	IF - 3	促使大、小亚基分离；提高 P 位对 fMet - $tRNA^{fMet}$ 结合的敏感性
延长因子	EF - Tu	结合并分解 GTP，促使氨基酰 - tRNA 进入 A 位
	EF - Ts	EF - Tu 的调节亚基
	EF - G	有转位酶活性，促使 mRNA - 肽酰 - tRNA 由 A 位移至 P 位以及 tRNA 卸载与释放
释放因子	RF - 1	特异识别终止密码子 UAA、UAG 并诱导转肽酶转变为酯酶
	RF - 2	特异识别终止密码子 UAA、UGA 并诱导转肽酶转变为酯酶
	RF - 3	具有 GTP 酶活性并介导 RF - 1、RF - 2 与核糖体的相互作用

表 15 - 6　真核生物参与肽链合成的蛋白质因子

种类		生物学功能
起始因子	eIF - 1	为多功能因子，参与翻译的多个步骤
	eIF - 2	促使 Met - $tRNA_i^{Met}$ 与小亚基结合
	eIF - 2B	与小亚基结合，促使大、小亚基分离
	eIF - 3	与小亚基结合，促使大、小亚基分离；介导 eIF - 4F 复合物 - mRNA 与小亚基结合
	eIF - 4A	具有 RNA 解旋酶活性，解除 mRNA 5′端的发夹结构，促使其与小亚基结合
	eIF - 4B	结合 mRNA，协助小亚基扫描定位 mRNA 上的起始密码子 AUG
	eIF - 4E	为 eIF - 4F 复合物成分，识别结合 mRNA 的 5′帽子结构
	eIF - 4G	为 eIF - 4F 复合物成分，结合 eIF - 3、eIF - 4E 和 PAB
	eIF - 5	促使各种起始因子从小亚基上解离
	eIF - 6	促使大、小亚基分离
延长因子	eEF1 - α	促使氨基酰 - tRNA 进入 A 位，结合并分解 GTP，相当于 EF - Tu
	eEF1 - βγ	为调节亚基，相当于 EF - Ts
	eEF - 2	有转位酶活性，促使肽酰 - tRNA 由 A 位移至 P 位，促使 tRNA 卸载，相当于 EF - G
释放因子	eRF	识别所有终止密码子，具有原核生物各类 RF 的功能

PPT

第二节　肽链生物合成的过程

肽链的生物合成包括氨基酸活化与肽链合成过程（包括起始、延长及终止），现将各阶段所必需的成分列于表 15 - 7。

表 15 - 7　肽链合成各阶段的必需成分（以原核生物为例）

阶段	必需成分
氨基酸活化	20 种编码氨基酸 20 种或更多的 tRNA 20 种氨基酰 - tRNA 合成酶 ATP、Mg^{2+}

续表

阶段		必需成分
肽链合成过程	起始	核糖体大、小亚基 mRNA 及起始密码子 AUG fMet－$tRNA^{fMet}$ 起始因子（IF－1、IF－2、IF－3） GTP、Mg^{2+}
	延长	原核生物翻译起始复合物 AA－$tRNA^{AA}$ 转肽酶 延长因子（EF－Tu、EF－Ts、EF－G） GTP、Mg^{2+}
	终止	mRNA 上的终止密码子 释放因子（RF－1、RF－2、RF－3） GTP

一、氨基酸的活化

氨基酸作为蛋白质合成的基本原料，只有与 tRNA 结合后才能被准确运送到核糖体中，参与肽链的合成。氨基酸与相应的 tRNA 特异结合成氨酰－tRNA 的过程称为氨基酸活化，是肽链正确合成的关键步骤。此过程是由氨酰－tRNA 合成酶（aminoacyl－tRNA synthetase）催化的耗能反应，每活化 1 分子氨基酸需消耗 2 分子来自 ATP 的高能磷酸键。

总反应式如下：

$$氨基酸 + tRNA + ATP \xrightarrow{氨酰-tRNA合成酶} 氨酰-tRNA + AMP + PPi$$

氨酰－tRNA 合成的主要反应过程见图 15－5。

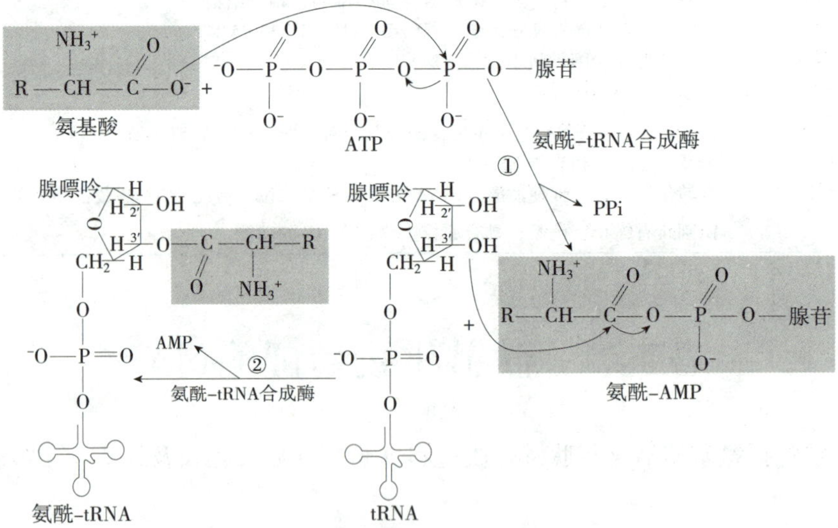

图 15－5　氨酰－tRNA 合成的主要反应过程

主要包括两个反应步骤：①氨酰－tRNA 合成酶催化 ATP 释放 PPi 而转变为 AMP，AMP 的磷酸再与氨基酸的羧基以酸酐键相连，生成中间复合物（氨酰－AMP－酶）；②氨酰 AMP 释放 AMP，再与相应 tRNA 的 3′－CCA－OH 以酯键结合，生成氨酰－tRNA。

1. 氨酰－tRNA 合成酶　对底物氨基酸和结合该氨基酸的 tRNA 均有高度特异性，此外还有校对活性（proofreading activity），能水解并释放错误结合的氨基酸，即将上述反应中形成的任何错误的氨酰－AMP－酶复合物或氨酰－tRNA 的酯键水解，再替换上与密码子相对应的氨基酸，纠正反应中出现的错配，保证氨基酸活化反应的误差小于 10^{-4}。

2. 氨酰－tRNA 的表示方法　各种氨基酸和对应的 tRNA 结合后形成的氨酰－tRNA，用氨基酸的三字母缩写－$tRNA^{氨基酸的三字母缩写}$表示，如丙氨酰－tRNA 表示为 Ala－$tRNA^{Ala}$，精氨酰－tRNA 表示为 Arg－$tRNA^{Arg}$，甲硫氨酰－tRNA 表示为 Met－$tRNA^{Met}$。

肽链合成的起始氨酰－tRNA 的书写形式有别于延长阶段的形式 Met－$tRNA^{Met}$，原核生物的起始氨酰－tRNA 表示为 fMet－$tRNA^{fMet}$，其中的甲硫氨酸被甲酰化为 *N*－甲酰甲硫氨酸（*N*－formyl methionine，fMet）。对于真核生物，起始氨酰－tRNA 表示为 Met－$tRNAi^{Met}$，其中 i 是 initiator 的首字母。起始密码子 AUG 只能辨认结合起始氨酰－tRNA，参与形成翻译起始复合物。

二、肽链合成的起始

肽链合成过程包括起始（initiation）、延长（elongation）和终止（termination）3 个阶段。真核生物与原核生物的肽链合成过程基本类似，只是涉及的蛋白质因子更多、反应更复杂。

（一）原核生物肽链合成的起始　微课

肽链合成的起始阶段是指模板 mRNA、起始氨酰－tRNA 分别与核糖体结合，形成翻译起始复合物的过程。其主要步骤见图 15－6。

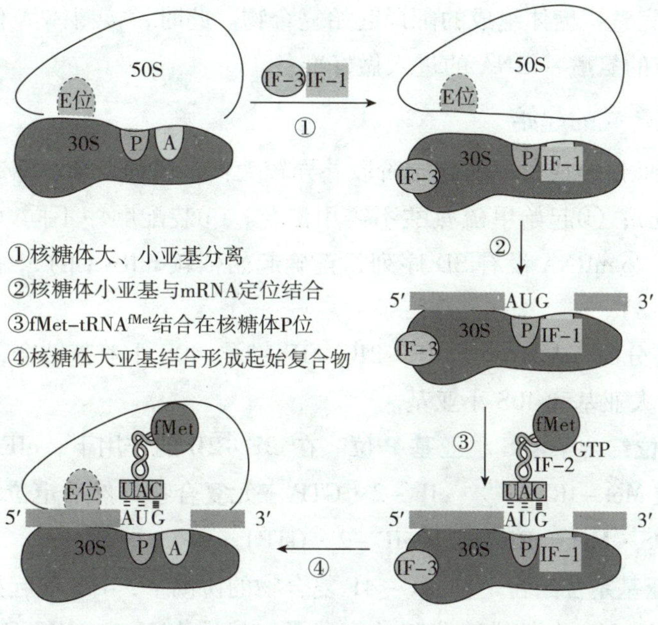

图 15－6　原核生物肽链合成的起始过程

1. 核糖体大、小亚基分离　肽链合成是一个连续进行的过程，上一轮的合成终止紧接着下一轮的合成起始。起始因子 IF－1、IF－3 与核糖体小亚基的结合，促使 70S 完整核糖体的 50S 大亚基、30S 小亚基分离，为模板 mRNA 和 fMet－$tRNA^{fMet}$与小亚基的结合做好准备。另外，IF－1 占据核糖体 A 位以防结合其他氨酰－tRNA。

2. 30S 小亚基与 mRNA 定位结合　原核生物的 mRNA 是多顺反子 mRNA，编码多个肽链，而每个开放阅读框均拥有各自的起始密码子 AUG 和阅读框内部的 AUG。核糖体小亚基是如何准确识别并结合在起始 AUG 附近，使小亚基上的 P 位对准起始 AUG，从而翻译出正确的编码蛋白质，这有赖于 RNA－

RNA 的相互作用（图 15－7）。

RNA－RNA 的相互作用（mRNA－16S rRNA）在各种 mRNA 的起始 AUG 上游 8～13 个核苷酸处，有一段富含嘌呤碱基、由 4～9 个核苷酸组成的保守序列，如－AGGAGG－。此序列是 1974 年由 J Shine 和 L Dalgarno 发现的，故称 Shine－Dalgarno 序列，简称 SD 序列。SD 序列可与小亚基的 16S rRNA 3′端的一段富含嘧啶碱基的短序列－UCCUCC－通过碱基互补而识别结合，故 SD 序列又被称为核糖体结合位点（ribosomal binding site，RBS）。一条多顺反子 mRNA 的每个阅读框都拥有各自的 SD 序列。

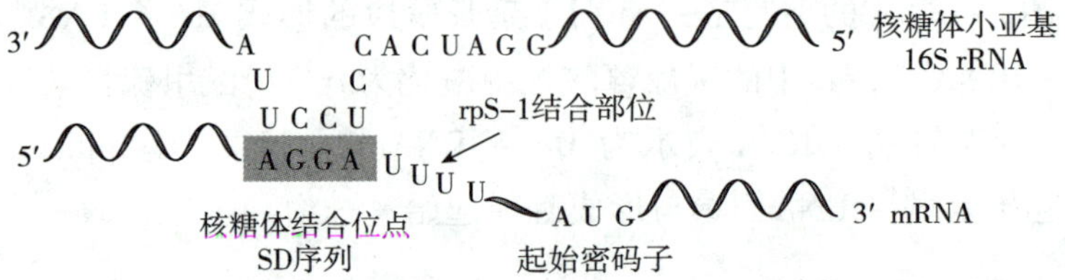

图 15－7　原核生物核糖体小亚基与 mRNA 定位结合机制

3. fMet－$tRNA^{fMet}$结合在核糖体 P 位　小亚基上的 A 位已被 IF－1 占据，因而不能结合任意氨酰－tRNA。fMet－$tRNA^{fMet}$在结合了 GTP 的 IF－2 的协助下，共同识别并结合于对准小亚基 P 位的 mRNA 的起始 AUG。

4. 50S 大亚基结合形成翻译起始复合物　IF－2 有 GTP 酶活性，能水解与之结合的 GTP 而释放能量，促使 3 种起始因子全部解离，随之大亚基与结合了 fMet－$tRNA^{fMet}$、mRNA 的小亚基结合，形成由 fMet－$tRNA^{fMet}$、mRNA、完整核糖体组成的翻译起始复合物。此时，核糖体 A 位空留，并恰好对准起始 AUG 后的密码子，为对应的氨酰－tRNA 的进入做好准备。

（二）真核生物肽链合成的起始

真核生物与原核生物肽链合成过程的起始阶段差异较大：①过程复杂；②起始因子多；③核糖体不同（组成不同，没有 E 位）；④起始甲硫氨酸不需甲酰化；⑤装配顺序不同（起始 Met－$tRNAi^{Met}$先于 mRNA 结合到小亚基上）；⑥mRNA 没有 SD 序列，正确起始依赖 mRNA 的 5′帽子和 3′poly(A)尾结构。其主要步骤如下（图 15－8）。

1. 核糖体大、小亚基分离　起始因子 eIF－2B、eIF－3 与 40S 小亚基结合，在 eIF－6 的协助下，促使 80S 核糖体解聚成 60S 大亚基和 40S 小亚基。

2. Met－$tRNAi^{Met}$定位结合于 40S 小亚基 P 位　在 eIF－2B 的作用下，eIF－2 先与 GTP 结合，再结合起始 Met－$tRNAi^{Met}$形成 Met－$tRNAi^{Met}$·eIF－2·GTP 三元复合物，然后定位结合到小亚基 P 位上，形成 43S 前起始复合物（40S·Met－$tRNAi^{Met}$·eIF－2·GTP）。

3. mRNA 与 40S 小亚基定位结合　在 eIF－4F 复合物的协助下，43S 前起始复合物与 mRNA 的 5′帽子结合并沿着 mRNA 按 5′→3′方向扫描定位起始密码子，然后由 Met－$tRNAi^{Met}$的反密码子与之配对结合，形成 48S 前起始复合物（40S·mRNA·Met－$tRNAi^{Met}$·eIF－2·GTP）。

真核生物 mRNA 没有 SD 序列，这一准确定位过程依赖于蛋白质－蛋白质、RNA－蛋白质以及 RNA－RNA的相互作用。其中最重要的成分是 eIF－4F 复合物，亦称帽子结合蛋白（cap binding protein，CBP）复合物，由 eIF－4E、eIF－4G、eIF－4A 等组分构成，eIF－4E 直接结合 mRNA 5′帽子；poly(A)结合蛋白[poly(A) binding protein，Pabp]结合 3′－poly(A)尾，与 eIF－4G 相互作用；此外，真核生物起始 AUG 常常存在于一段被称为 Kozak 共有序列（－CCRCCAUGG－，R 为 A 或 G）的序列中，该序列可被 18S rRNA 识别并结合。

4. 核糖体大亚基结合　48S 前起始复合物形成后，eIF－5 水解其中的 GTP 供能，促使复合物中的各种起始因子及 GDP 解离，60S 大亚基随即结合形成 80S 翻译起始复合物。

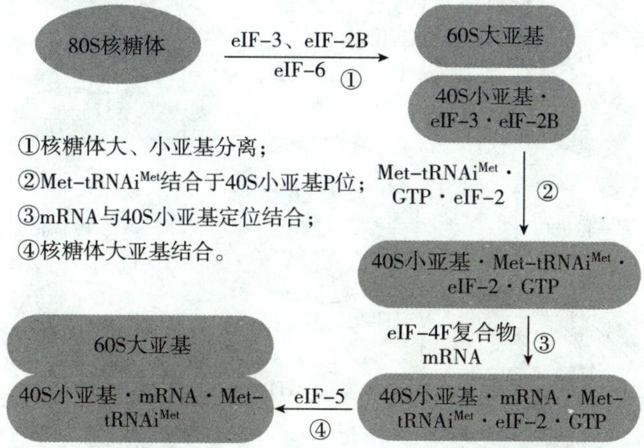

图 15－8　真核生物肽链合成的起始过程

三、肽链的延长——核糖体循环

（一）原核生物肽链合成的延长

翻译起始复合物形成后，核糖体沿 mRNA 从 5′端向 3′端移动，依据密码子顺序，多肽链开始从 N 端向 C 端延伸。肽链延长是在核糖体上连续进行的循环过程，包括进位（positioning）/注册（registration）、成肽（peptide bond formation）和移位（translocation）3 步反应，也称核糖体循环（ribosomal cycle）。每轮循环可使多肽链增加一个氨基酸残基。

1. 进位　又称注册，是指在 mRNA 模板的指导下，对应的氨酰－tRNA 进入并结合到核糖体 A 位的过程。这一过程需要延长因子 EF－T 的参与。

翻译起始复合物形成后，核糖体 P 位被 fMet－$tRNA^{fMet}$ 占据，A 位是空缺的，并对应于阅读框的第二个密码子，该密码子决定着何种氨酰－tRNA 进入 A 位。在延长因子 EF－Tu·GTP 的作用下，对应的氨酰－tRNA 与之构成氨酰－tRNA·EF－Tu·GTP 复合物，并结合到 A 位上。这时，EF－Tu 利用 GTP 酶活性水解 GTP 为 GDP 并释放能量，驱动 EF－Tu·GDP 从核糖体上释放，再通过 EF－Ts 使 EF－Tu·GDP 交换成 EF－Tu·GTP，进入新一轮循环。延长阶段的每一个过程都有时限。在此时限内，难免发生非对应氨酰－tRNA 进入 A 位，但因反密码子－密码子不能互补配对结合而解离，即核糖体对氨酰－tRNA 的进位有校正能力。这是维持翻译高度保真性的另一机制。

2. 成肽　是指转肽酶催化肽键形成的过程。进位后，P 位上 fMet－$tRNA^{fMet}$（从第二轮循环开始，P 位上是肽酰－tRNA）的 α－羧基亲核攻击 A 位上氨酰－tRNA 的 α－氨基并形成肽键，此二肽酰－tRNA 占据 A 位，卸载的 tRNA 仍在 P 位上。

3. 移位　是指在移位酶的催化下，核糖体沿着 mRNA 向 3′端移动一个密码子的距离，A 位上的肽酰－tRNA 移至 P 位，P 位上卸载的 tRNA 移入 E 位并排出，A 位空出并对应下一个密码子，以接纳新的氨酰－tRNA 进位。移位过程需要延长因子 EF－G 和 GTP。EF－G 具有移位酶活性，可结合并水解 GTP 为转位反应供能。

经过一轮进位－成肽－移位，肽链 C 端就增加一个氨基酸残基，这一过程共消耗 2 分子 GTP。如此，核糖体沿着 mRNA 模板的 5′→3′方向连续阅读密码子，而多肽链不断从 N 端向 C 端延伸（图 15－9），直至核糖体的 A 位对应到 mRNA 的终止密码子上。

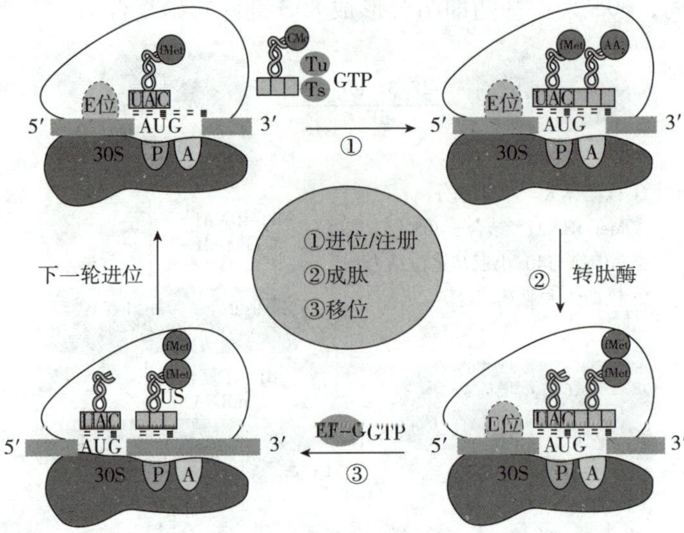

图 15-9　原核生物肽链合成的延长过程（核糖体循环）

（二）真核生物肽链合成的延长

真核生物肽链合成的延长阶段与原核生物基本相似，但反应体系和延长因子不同。

四、肽链合成的终止

1. 原核生物肽链合成的终止　当终止密码子对应于核糖体 A 位时，没有任何氨酰 - tRNA 能与之结合，只有释放因子 RF 能识别这些终止密码子而进入 A 位。RF - 1 能识别 UAA 或 UAG，RF - 2 识别 UAA 或 UGA，RF - 3 则结合并水解 GTP，协助 RF - 1、RF - 2 与核糖体结合。RF 的结合可诱导核糖体变构，使转肽酶活性转变为酯酶活性，水解 P 位上肽酰 - tRNA 的肽链与 tRNA 之间的酯键，释放多肽链，继而促使翻译复合物（mRNA - tRNA - 核糖体 - RF）解体，肽链合成结束（图 15 - 10）。

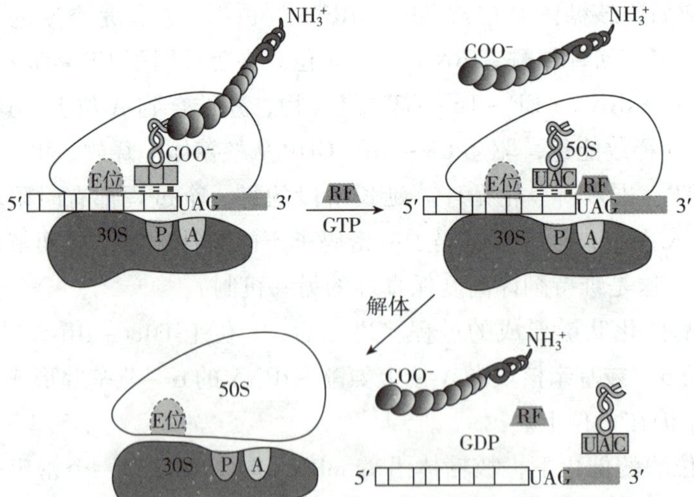

图 15-10　原核生物肽链合成的终止过程

2. 真核生物肽链合成的终止　真核生物只有 eRF 一种释放因子，所有 3 种终止密码子均可被其识别。真核生物中肽链合成完成后的水解释放过程尚不完全清楚，可能有其他蛋白因子的参与。

肽链合成是一个耗能的过程。每活化一个氨基酸需要消耗 2 个高能磷酸键（ATP 提供），进位与移位各消耗 1 分子 GTP，故每生成 1 个肽键至少消耗 4 个高能磷酸键。

以上是单个核糖体合成肽链的情况。其实，无论原核生物还是真核生物，用电镜观察正在翻译中的 mRNA 时，会看到沿着这条 mRNA 模板链附着有 10～100 个核糖体。这些核糖体依次与起始密码子 AUG 结合并按 5′→3′方向读码移动，进行肽链合成。这种 1 条 mRNA 与多个核糖体结合形成的串珠状聚合物称为多聚核糖体（polyribosome 或 polysome）。多聚核糖体的形成可以使肽链的合成高速、高效进行（图 15－11）。

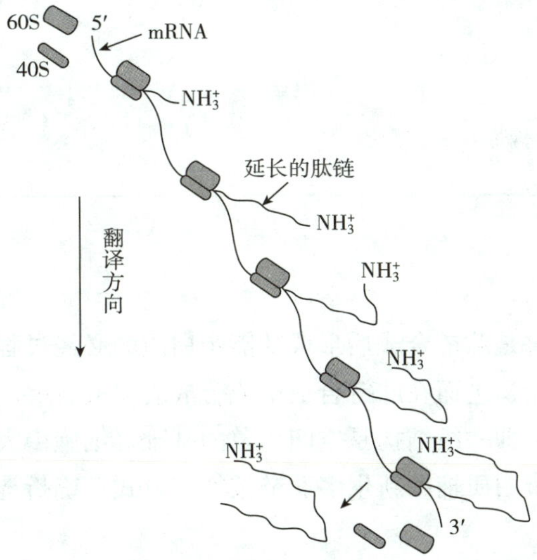

图 15－11　多聚核糖体

PPT

第三节　肽链合成后的加工修饰与转运

从核糖体释放出的新生多肽链不具备蛋白质的生物学活性，必须经过复杂的加工修饰才能转变为具有天然构象的成熟蛋白质，这一过程称为翻译后加工（post－translational processing）。翻译后的加工过程主要包括三个方面：多肽链天然三维结构的折叠、肽链一级结构的修饰和肽链空间结构的修饰。

蛋白质在核糖体上合成后，必须靶向输送到一个合适的部位才能行使各自的生物学功能，这一分选过程称为蛋白质的靶向输送（protein targeting）。蛋白质的靶向输送与肽链合成后的加工修饰是同步进行的。

一、多肽链的修饰

1. 肽链末端的水解修饰　新生多肽链 N 端第一个氨基酸残基为甲酰甲硫氨酸或甲硫氨酸，但大多数天然蛋白质的第一位氨基酸并不是甲硫氨酸，即新生多肽链 N 端的甲酰基、甲硫氨酸残基或一段序列（信号肽）可被特异蛋白水解酶切除。C 端的氨基酸残基有时也可被切除。这一修饰过程可以发生在肽链合成中或肽链离开核糖体后。

2. 肽链中的水解修饰　一些无活性的多肽或蛋白质前体可经特异蛋白酶的水解，生成有活性的多肽或蛋白质。例如酶原的激活，某些激素由无活性的前体转化为有活性的形式，某些多肽链经水解后可得到数种功能不同的小分子活性肽等。

3. 个别氨基酸残基的共价修饰　某些成熟的蛋白质中存在侧链发生共价修饰的氨基酸残基，这是肽链合成后加工修饰产生的，主要包括糖基化、羟基化、甲基化等。这些修饰大大增加了肽链中的氨基酸种类，是维持蛋白质的正常生物学功能所必需的。蛋白质中常见修饰的氨基酸残基及其共价修饰类型见表15－8。

表15－8 蛋白质中常见修饰的氨基酸残基及其共价修饰类型

常见修饰的主要氨基酸残基	常见的共价修饰类型
丝氨酸、苏氨酸、酪氨酸	磷酸化
脯氨酸、赖氨酸	羟基化
赖氨酸、精氨酸、组氨酸、天冬酰胺、天冬氨酸、谷氨酸	甲基化
天冬酰胺	*N*－糖基化
丝氨酸、苏氨酸	*O*－糖基化
赖氨酸、丝氨酸	乙酰化
半胱氨酸	硒化

二、多肽链的折叠

多肽链天然三维构象的折叠是肽链合成后形成功能蛋白质的必经过程。通常新生多肽链N端在核糖体上一出现，肽链的折叠即开始，进而在肽链合成中或合成后完成折叠。一般认为，多肽链自身氨基酸序列储存着蛋白质折叠的信息，即一级结构是空间构象的基础。细胞中大多数天然蛋白质的折叠都不是自动完成的，而需要其他酶和蛋白质辅助新生多肽链按特定方式正确折叠。这些辅助性蛋白质主要包括以下几种。

（一）分子伴侣

分子伴侣（molecular chaperones）是目前研究较多的指导新生多肽链正确折叠的辅助性蛋白质，其本身不参与最终蛋白质的形成。它是细胞内一类可识别肽链的非天然构象、促进各功能域和整体蛋白质正确折叠的保守蛋白质。其主要作用是：①防错，即封闭未折叠肽链暴露的疏水区域，或提供一个可以使肽链的折叠互不干扰的微环境，防止出现错误折叠；②纠错，即识别错误折叠或聚集的蛋白质，先使其去折叠或去聚集，再促进肽链正确折叠或介导其降解。

细胞内的分子伴侣按其是否与核糖体结合而分为两大类：结合性分子伴侣和非结合性分子伴侣。前者如触发因子和新生链相关复合物；后者包括热休克蛋白和伴侣蛋白等。鉴于真核生物肽链折叠机制还未完全阐明，以原核生物大肠杆菌的两种折叠机制为例予以介绍。

1. 热休克蛋白（heat shock protein，HSP） 是一类应激反应性蛋白，亦称热激蛋白。大肠杆菌中参与肽链折叠的热休克蛋白包括HSP70、HSP40和GrpE三个家族，其相应的同源蛋白质广泛存在于各种生物中。在ATP存在的情况下，HSP70和HSP40相互作用抑制肽链的聚集，Grp E调控HSP70的ATP酶活性。三者协同作用，促进需要折叠的多肽链正确折叠为有天然三维构象的蛋白质。

2. 伴侣蛋白（chaperonin） 它是分子伴侣的另一家族，如大肠杆菌的Gro EL和Gro ES（真核细胞中的同源物为HSP60和HSP10）等家族。其主要作用是为非自发性折叠蛋白质提供能折叠为天然三维构象的微环境。

（二）蛋白质二硫键异构酶

蛋白质二硫键异构酶（protein disulfide isomerase，PDI）催化错配二硫键断裂，形成正确二硫键，使蛋白质形成热力学最稳定的天然构象。

（三）肽－脯氨酰顺反异构酶

脯氨酸是亚氨基酸，肽链中肽酰－脯氨酸间的肽键有顺反异构体，其反式构型占绝大多数。当肽链合成需形成顺式构型时，肽－脯氨酰顺反异构酶（peptide prolyl－*cis*－*trans* isomerase，PPI）可使多肽在各脯氨酸弯折处形成准确折叠，是蛋白质空间构象形成的限速酶。

三、蛋白质亚基聚合和辅基连接

具有四级结构的蛋白质，其亚基通过非共价键聚合，才能形成有生物学活性的寡聚体蛋白，如血红蛋白。

结合蛋白质（如糖蛋白、脂蛋白和各种带辅基的酶蛋白）的肽链合成后都需要与相应辅基结合，才能成为具有生物学活性的天然蛋白质。

四、蛋白质合成后的转运

蛋白质合成后的转运去向包括：留在胞质中、进入细胞器、定位于膜上、分泌至体液。所有定位信息即分选信号均存在于蛋白质的一级结构中，是决定蛋白质靶向输送特性的最重要元件。这些分选信号或存在于肽链的N端，或位于C端，或在肽链内部；有些输送完后被切除，有的仍保留（表15－9）。

表15－9　靶向输送蛋白的分选信号

靶向输送蛋白	分选信号名称	结构特征
分泌型蛋白	信号肽	N端，15～30个氨基酸残基，中间是疏水性残基
线粒体蛋白	线粒体导肽	N端，两性螺旋，20～35个残基，富含Arg、Lys
核蛋白	核定位序列	多位于内部，4～8个氨基酸残基，典型序列为K－K/R－X－K/R，含Arg、Lys和Pro
内质网滞留蛋白	信号肽＋滞留信号	N端信号肽，C端－Lys－Asp－Glu－Leu－序列（KDEL）
内质网膜蛋白	信号肽＋膜定位信号	N端信号肽，C端KKXX序列（X为任意氨基酸）
细胞质膜蛋白	信号肽＋终止转移信号	N端信号肽，中段疏水性残基构成的跨膜序列
过氧化物酶体蛋白	过氧化物酶体导肽	C端－Ser－Lys－Leu－序列（SKL）
溶酶体蛋白	信号肽＋溶酶体靶向信号	N端信号肽，甘露糖－6－磷酸（Man－6－P）

（一）分泌型蛋白的靶向输送

细胞分泌型蛋白的合成是在与内质网膜结合的核糖体上进行，边合成肽链边进入内质网，其合成与转运同时发生。

1. 信号肽　新生分泌型蛋白的N端具有可被细胞转运系统识别并引导其进入内质网的特征氨基酸序列，称信号肽（signal peptide）。常见信号肽的特点是：①N端（1～10个氨基酸残基）含1个或几个带正电荷的碱性氨基酸残基，如赖氨酸、精氨酸；②中段（15～20个氨基酸残基）为疏水核心区，含疏水的中性氨基酸，如亮氨酸、异亮氨酸等；③C端（1～3个氨基酸残基）加工区由一些极性相对较大、侧链较短的氨基酸（如甘氨酸、丙氨酸、丝氨酸）组成，紧接着是被信号肽酶（signal peptidase）裂解的位点。

2. 转运机制　具有信号肽的新生多肽转运进入内质网的机制包括：①在细胞质游离核糖体上合成出约70个氨基酸残基的多肽时，位于肽链N端的信号肽随即被细胞质中的信号识别颗粒（signal recognition particle，SRP）识别并结合，肽链合成暂时停止；②SRP识别结合位于内质网膜上的SRP受体，引导SRP－核糖体复合物到内质网膜上，大亚基与膜上核糖体受体结合，膜上的肽移位复合物形成跨膜蛋白通道；③SRP解离，肽链穿过通道进入内质网继续延长，信号肽酶切除信号肽；④肽链合成完成并折叠成最终构象，然后转移到高尔基体中包装而进入分泌小泡，再转运到细胞膜而分泌到胞外（图15－12）。

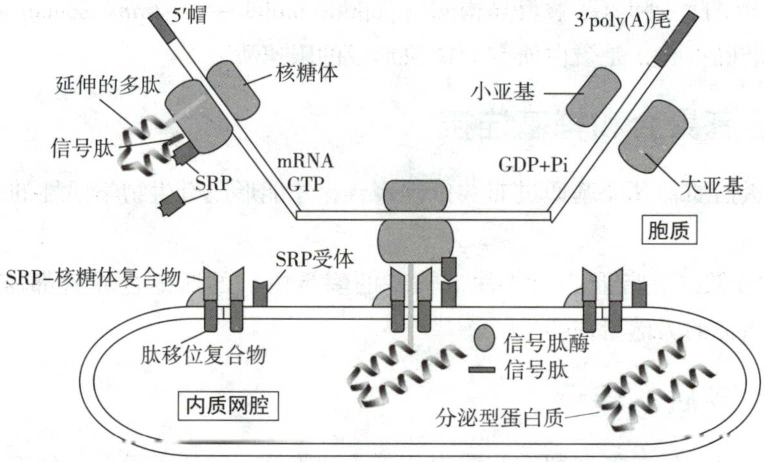

图 15-12　信号肽引导合成中的分泌型蛋白进入内质网

定位在内质网膜、内质网腔、高尔基体、溶酶体的蛋白质也需先进入内质网，然后再通过其他分选信号进行靶向输送。这些蛋白质进入内质网的机制与分泌型蛋白的机制相同。

（二）线粒体蛋白质的靶向输送

核基因组编码的线粒体蛋白质是在细胞质游离核糖体上合成后再输入线粒体，其中大部分蛋白质定位于基质，属于翻译后输送。线粒体基质蛋白的分选信号又称前导肽，位于新生肽链的 N 端，由 20～35 个氨基酸残基构成，富含丝/苏氨酸和碱性氨基酸残基。其靶向输送过程为：①新生未折叠多肽与分子伴侣（HSP70）或线粒体输入刺激因子结合并转运到线粒体外膜；②通过前导肽识别并结合线粒体外膜的受体复合物；③再穿过由内、外膜转运体共同构成的跨膜蛋白质通道而进入线粒体基质；④特异蛋白酶切除导肽，分子伴侣协助折叠成具有天然构象的蛋白质（图 15-13）。

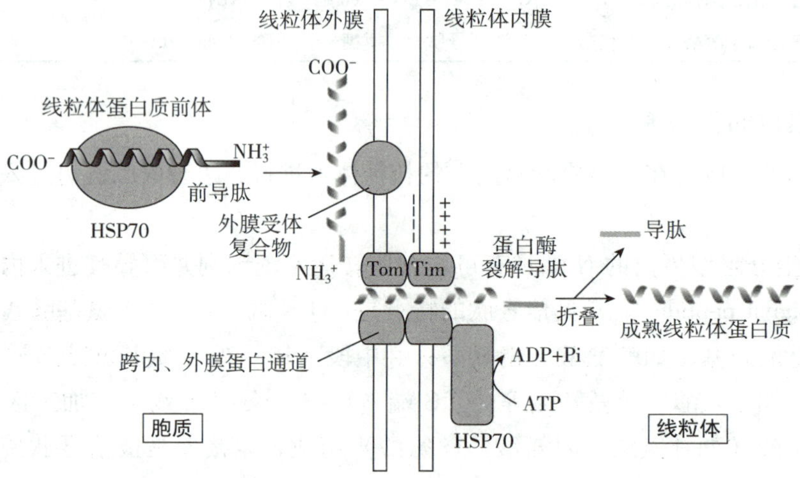

图 15-13　线粒体蛋白的靶向输送

过氧化物酶体蛋白的转运机制与上述类似，不同之处在于它是折叠好后再转运。

（三）核蛋白的靶向输送

核蛋白的转运也属于翻译后输送，它们都是在细胞质游离核糖体上合成后，经核孔进入细胞核。核蛋白的分选信号称为核定位序列（nuclear localization signal，NLS），多位于肽链内部，定位后不被切除。核蛋白的定位过程为：①新生已折叠核蛋白与胞质中的核蛋白受体即核输入因子 αβ 异二聚体结合为复合体而被导向核孔；②小 G 蛋白 Ran 水解 GTP 释能，促使此复合体经核孔进入核基质；③β 和 α 亚基先后解离并移出核孔，核蛋白定位于核内，核输入因子再循环利用（图 15－14）。

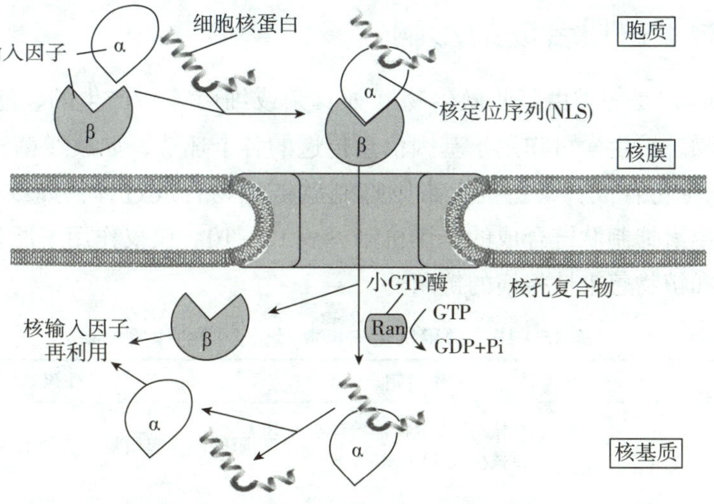

图 15－14　细胞核蛋白的靶向输送

（四）细胞质膜蛋白的靶向输送

细胞质膜蛋白的靶向输送与分泌蛋白相似，只是质膜蛋白的肽链锚定在内质网膜上而不完全进入内质网腔。然后，通过内质网膜出芽形成囊泡，随囊泡转运到高尔基体中加工，再随囊泡移至胞膜并与胞膜融合而形成新的细胞质膜。

质膜蛋白的分选信号包括信号肽和终止转移序列。信号肽与分泌蛋白相同，终止转移序列是一段由疏水性氨基酸残基组成的跨膜序列，是质膜蛋白在膜上的嵌入区域。不同质膜蛋白以不同的形式锚定于膜上。例如，单次跨膜蛋白仅有一个终止转移序列，当边合成边向内质网腔转运时，疏水的终止转移序列可结合内质网膜的脂质双分子层而使肽链不再进入内质网腔，形成 N 端在内质网腔、C 端在胞质的定位，待最终被移至胞膜并与胞膜融合后，即形成 N 端在胞外、C 端在胞质的单次跨膜蛋白。多跨膜蛋白的肽链有多个信号序列和多个终止转移序列，故可形成多次跨膜的结构。

第四节　蛋白质生物合成与医学的关系

PPT

案例引导

临床案例　患者，女，6 岁。主诉：发热、厌食、持续咳嗽、畏寒、头痛、咽痛、口服青霉素未见效。查体发现患者胸骨下有轻度压痛。实验室检查：白细胞正常，血沉增快，Coombs 试验阳性，血清凝集素滴度上升。X 线检查示左侧肺门阴影增重，呈不整齐云雾状肺浸润，从肺门向外延至肺下叶。体征轻微而胸片阴影显著，结合血清特异性抗体检测，诊断为支原体肺炎。患者经一般和对症治疗，同时应用阿奇霉素及抗病毒治疗后痊愈。

讨论　应用阿奇霉素治疗支原体肺炎的生化机制是什么？

肽链合成过程是很多天然抗生素和某些毒素的作用靶点。这些抑制剂就是通过阻断真核、原核生物蛋白质翻译体系某组分功能、干扰和抑制肽链合成过程而起作用的。因此，利用真核、原核生物肽链合成体系的任何差异，以肽链合成所必需的关键组分为作用靶点，设计、筛选仅对病原微生物有特效且不损害人体的新型抗菌药物，是抗菌药物研发的重要途径。

一、抗生素对蛋白质合成的影响

抗生素（antibiotics）是一类由某些微生物（如真菌或细菌等）产生的、能抑制其他微生物生长或杀死其他微生物的药物。抗生素可作用于基因信息传递的各个环节，如放线菌素可干扰 DNA 生物合成；利福霉素可抑制 RNA 生物合成；某些抗生素则抑制肽链生物合成过程，如红霉素、链霉素、氯霉素、嘌呤霉素等。常用抗生素抑制肽链合成的作用机制见表 15－10。仅仅作用于原核生物的抗生素方可作为预防和治疗人、动物和植物感染性疾病的抗菌药。

表 15－10　常用抗生素抑制肽链合成的作用机制

抗生素	作用靶点	作用机制	应用
伊短菌素、密旋霉素 晚霉素	原核/真核生物核糖体小亚基 原核生物 23S rRNA	阻碍翻译起始复合物的形成，抑制肽链起始	抗病毒药 抗菌药
四环素 粉霉素、黄色霉素	原核生物核糖体小亚基 原核生物 EF－Tu	干扰进位过程，抑制肽链延长	抗菌药
氨基糖苷类（链霉素、潮霉素 B、新霉素）	原核生物核糖体小亚基	引起读码错误，抑制肽链延长	抗菌药
氯霉素、林可霉素、大环内酯类（红霉素）	原核生物核糖体大亚基	抑制转肽酶而影响成肽，抑制肽链延长	抗菌药
放线菌酮	真核生物核糖体大亚基	抑制转肽酶而影响成肽	医学研究
嘌呤霉素	原核/真核生物核糖体	酪氨酰－tRNA 类似物，取代进位后使肽链脱落，抑制肽链延长	抗肿瘤药
夫西地酸、微球菌素 大观霉素	原核生物 EF－G 原核生物核糖体小亚基	阻止转位，抑制肽链延长	抗菌药

阿奇霉素属于第二代大环内酯类药物，是目前治疗支原体肺炎的首选抗菌药物之一，其作用机制是通过与敏感微生物（如支原体等）的核糖体 50S 大亚基结合，从而干扰其蛋白质的合成达到抑制其生长的目的。

二、活性物质对蛋白质合成的影响

某些毒素通过不同机制抑制肽链合成而呈现毒性。例如由白喉棒状杆菌产生的白喉毒素（diphtheria toxin）可作为一种修饰酶，使 eEF－2 发生 ADP 糖基化修饰而失活，是真核生物肽链延长的抑制剂。而蓖麻毒素（ricin）是蓖麻籽中的一种糖蛋白，由 A、B 两条多肽链组成，其中 A 链是一种蛋白酶，可催化真核生物核糖体大亚基的 28S rRNA 中的特异腺苷酸发生脱嘌呤，使 28S rRNA 降解、核糖体大亚基失活；B 链可促进 A 链发挥毒性作用，且其半乳糖结合位点也是毒素发挥毒性作用的活性位点。

三、病毒感染机制与蛋白质合成的关系

干扰素（interferon，IFN）是真核细胞感染病毒后分泌的一类可抑制病毒繁殖而具有抗病毒作用的蛋白质。干扰素分为三大类：α－(白细胞)型、β－(成纤维细胞)型和 γ－(淋巴细胞)型，每类各有亚型，分别具有特异性作用。干扰素有两种作用机制：一是在双链 RNA 存在时，诱导特异的蛋白激酶活化，该酶使 eIF－2 磷酸化而失活，从而抑制病毒肽链合成；二是能与双链 RNA 共同激活特殊的 2′，5′－寡聚腺苷酸（2′，5′－A）合成酶，催化 ATP 聚合成以 2′，5′－磷酸二酯键连接的 2′，5′－A 寡聚物，2′，5′－A 可激活内切核酸酶 RNase L，后者可降解病毒 mRNA，从而阻断病毒肽链合成（图 15－15）。

此外，干扰素还有调节细胞生长分化、激活免疫系统等功能，临床应用十分广泛。

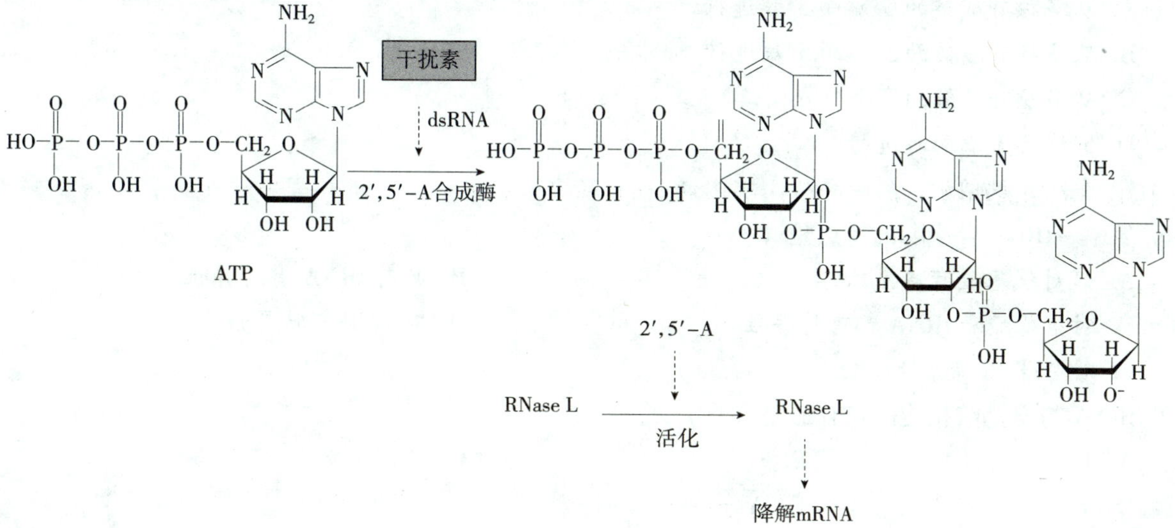

图 15-15　干扰素的作用机制

目标检测

答案解析

一、单项选择题

1. 真核生物蛋白质生物合成中的起始 tRNA 是（　）
   A. 亮氨酸 tRNA　　B. 丙氨酸 tRNA　　C. 赖氨酸 tRNA
   D. 甲酰甲硫氨酸 tRNA　　E. 甲硫氨酸 tRNA
2. 关于密码子，叙述错误的是（　）
   A. 每一密码子代表一种氨基酸
   B. 某些密码子不代表氨基酸
   C. 一种氨基酸只有一种密码子
   D. 甲硫氨酸只有一种密码子
   E. 密码第 3 位（3′端）碱基在决定掺入氨基酸的特异性方面的重要性较小
3. 关于蛋白质生物合成中的肽链延长阶段，描述正确的是（　）
   A. 核糖体向 mRNA 5′端移动 3 个核苷酸的距离
   B. 成肽过程中，肽酰基移位到核糖体大亚基的 P 位上
   C. GTP 转变成 GDP 和无机磷酸供给能量
   D. 核糖体上的 tRNA 从 P 位向 A 位移动
   E. ATP 直接供能
4. 真核生物蛋白质生物合成的特异抑制剂是（　）
   A. 链霉素　　B. 氯霉素　　C. 利福霉素
   D. 放线菌酮　　E. 青霉素

5. mRNA 的信息阅读方式是（　）
   A. 从多核苷酸链的 5′端向 3′端进行
   B. 从多核苷酸链的 3′端向 5′端进行
   C. 从多核苷酸链的多个位点阅读
   D. 5′端及 3′端同时进行
   E. 先从 5′端阅读，然后再从 3′端阅读
6. 氨酰 - tRNA 合成酶的特点是（　）
   A. 只对氨基酸有特异性　　B. 只对 tRNA 有特异性
   C. 对氨基酸和 tRNA 都有特异性　　D. 对 GTP 有特异性
   E. 对 ATP 有特异性
7. tRNA 与氨基酸相连的核苷酸是（　）
   A. U　　B. G　　C. C
   D. T　　E. A
8. 参与新生多肽链正确折叠的蛋白质是（　）
   A. 分子伴侣　　B. G 蛋白　　C. 转录因子
   D. 释放因子　　E. ρ 因子

二、简答题

1. 试比较原核生物与真核生物肽链合成的区别。

2. 用连续的（CCA）$_n$ 序列在试管内合成一段 mRNA，反应得到由组氨酸、脯氨酸、苏氨酸组成的肽。已知组氨酸和苏氨酸的遗传密码分别是 CAC 和 ACC，能否判断出脯氨酸的密码？

（张媛英）

书网融合……

本章小结　　微课　　题库

第十六章　基因及其表达调控

学习目标

1. 掌握　基因、基因组、基因组学及基因表达的概念；基因表达的特点和方式；操纵子的结构特点；乳糖操纵子、色氨酸操纵子的结构及调控机制；顺式作用元件、反式作用因子的概念、种类及作用。

2. 熟悉　基因表达调控的概念和基本原理；原核基因组及真核基因组的结构特点；原核基因及真核基因表达调控的特点。

3. 了解　人类基因组计划；真核基因表达的转录后调控、翻译及翻译后调控；微小 RNA、小干扰 RNA、长链非编码 RNA 在基因表达调控中的作用。

4. 学会运用比较法列举原核与真核生物基因表达及表达调控的差异，从基因表达调控的角度分析一些疾病的发病机制。

20 世纪 50 年代末，揭示生物遗传信息传递规律的中心法则确立之后，遗传信息的传递如何被调控成为科学研究的热点。1961 年，法国科学家 F. Jacob 和 J. Monod 提出了著名的操纵子学说，开创了基因表达调控研究的新纪元。随着基因表达调控的深入研究，人们逐渐认识到，多细胞生物是如何从一个受精卵发育成一个由具有一套遗传基因组的不同形态和功能的多组织、多器官组成的完整个体；以及初步知晓，同一个体中不同组织细胞拥有相同遗传信息，却可以产生不同的专一功能的蛋白质，以完成不同的生物学功能。

第一节　基因、基因组和基因组学

PPT

一、基因和基因组

（一）基因

基因通常指可以编码具有特定生物学功能的蛋白质或 RNA、负载特定遗传信息的 DNA 序列（某些 RNA 病毒的基因为 RNA）。基因（gene）的基本结构包括编码序列、位于编码序列前后的非编码序列（包括调节序列、间隔序列等）。

（二）基因组

基因组指一个生物体所含有的全部遗传信息。对原核生物、噬菌体、质粒和病毒而言，基因组（genome）通常是单个 DNA 分子；某些病毒基因组由 RNA 构成。对真核生物而言，基因组包含染色体 DNA、线粒体 DNA 和叶绿体 DNA，其中，线粒体 DNA 和叶绿体 DNA 属于核外遗传物质。

1. 原核生物基因组的结构特点　原核生物的细胞无核膜及成形的细胞核，其基因组在结构上具有以下特点：①基因组一般为一个分子量比较小的双链闭合环状 DNA 分子；②基因组中重复序列和非编码序列很少，编码序列所占比例较大（约 50%）；③编码蛋白质的基因是连续的，多为单拷贝基因，而编码 rRNA 的基因是多拷贝基因；④基因组中存在可移动的 DNA 序列，如插入序列和转座子；⑤具有操纵子结构。

2. 真核生物基因组的结构特点 与原核生物基因组比较，真核生物基因组具有以下结构特点。

（1）结构十分庞大 人类染色体基因组 DNA 约 3.0×10^9 bp，编码 2 万 ~2.5 万个基因。

（2）存在大量重复序列 根据重复频率的不同，真核生物基因组中的重复序列可分为高度重复序列（highly repetitive sequence）、中度重复序列（moderately repetitive sequence）和单拷贝序列（single copy sequence）/低度重复序列（lowly repetitive sequence）3 种。①高度重复序列：是指存在于真核基因组中，重复频率达 10^6次以上，不编码蛋白质或 RNA 的短核苷酸重复序列。此类重复序列有两种。一种是反向重复序列（inverted repeat sequence），即两个序列相同的核苷酸片段在同一 DNA 分子上呈反向排列。另一种是卫星 DNA（satellite DNA），又称串联重复序列，主要存在于染色体的着丝粒区，通常不被转录，长度从 2 个碱基到数百个碱基不等。②中度重复序列：是指在真核基因组中重复次数小于 10^5 的序列。此种重复序列有几种特殊的类型：*Alu* 家族，在单倍体人基因组中重复达 30 万 ~50 万次，因序列中含有限制性内切酶 *Alu* 的酶切位点而得名。*Kpn* Ⅰ家族，是仅次于 *Alu* 家族的第二大中度重复序列，因序列中含有限制性内切酶 *Kpn* Ⅰ的酶切位点而得名。*Hinf* 家族，是长度为 319bp 的串联重复序列，因序列中含有限制性内切酶 *Hinf* Ⅰ的酶切位点而得名。此外，编码 tRNA、rRNA、组蛋白和免疫球蛋白的基因也属于中度重复序列。③单拷贝序列：是指基因组中只出现一次或数次的序列，也称低度重复序列，大多数蛋白质的编码基因属于这一类。

（3）存在多基因家族和假基因 ①多基因家族（multigene family）：是指由某一基因经过重复和变异产生的结构和功能相似的一组基因。多基因家族大致可分为两类。一类是集中分布在某一条染色体上，可同时发挥作用，合成某些蛋白质，如组蛋白基因家族。另一类是同一基因家族的不同成员分布于不同染色体上，共同编码一组功能上相关的蛋白质，如珠蛋白基因家族。②假基因（pseudogene）：是指存在于基因组中的，与正常基因序列相似但不具备表达功能的 DNA 序列。人类基因组中的假基因用希腊字母 Ψ 表示。

3. 人类基因组计划（human genome project，HGP） 是由美国生物学家、诺贝尔奖获得者杜尔贝科（R. Dulbecco）于 1986 年率先提出的研究设想。其主要目标是测定人类基因组 DNA 约 30 亿碱基对的排列顺序，在此基础上发现所有人类基因并确定它们在染色体上的位置，从而破译人类全部遗传信息。HGP 于 1991 年启动，我国参与了 HGP 的部分工作。2001 年 2 月，HGP 完成了 90% 以上的人类基因组测序工作，制作了包括全部编码序列的工作草图。2003 年，多国科学家联合宣布，HGP 所有既定目标全部实现——在人染色体上对基因组作遗传图（genetic map）、物理图（physical map）、转录图（transcription map）和序列图（sequence map）。

HGP 提供的这“四张图”是解开人类进化和生命之谜的“生命元素周期表”，是阐明人类 6000 多种单基因和多基因遗传病发病机制的“分子水平解剖图”，并为这些疾病的诊断、治疗和预防奠定了基础。HGP 是继 1953 年 DNA 双螺旋结构阐明之后，生命科学研究史上的又一个里程碑。

二、基因组学

1986 年，美国科学家 Thomas Roderick 提出了基因组学（genomics）的概念，而基因组学作为一门新兴学科的诞生是以“人类基因组计划”的启动为标志，由“后人类基因组计划”（post - human genome project，PHGP）的实施推动其发展。尽管基因组学仍处于早期发展阶段，但对生物学、人类遗传学、医药学乃至人类社会生活都将产生深远的影响。

（一）基因组学的概念

基因组学是指发展和应用 DNA 制图、测序新技术以及计算机程序，分析生命体全部基因组结构、功能及基因之间相互作用的一门科学。基因组学内容广泛，包括“人类基因组计划”、转录组学、蛋白质组学及部分生物信息学的内容。

（二）基因组学的研究领域

基因组学研究分为3个不同的亚领域，即结构基因组学（structural genomics）、功能基因组学（functional genomics）和比较基因组学（comparative genomics），见表16－1。

表16－1　基因组学的研究领域和内容

亚领域	内容
结构基因组学	整个基因组的遗传作图、物理作图及DNA测序
功能基因组学	认识、分析整个基因组所包含的基因、非基因序列及其功能
比较基因组学	比较相同或不同物种的整个基因组，增强对各个基因组功能及发育相关性的认识

1. 结构基因组学　代表基因组分析的早期阶段，是一门通过基因作图、核苷酸序列分析来确定基因组成、基因定位的科学，通过人类基因组计划的实施来完成。研究内容包括如下。

（1）遗传图　是以等位基因的遗传多态性作为遗传标记，以遗传标记之间的重组频率作为遗传学距离而制作的基因组图，又称基因连锁图（gene linkage map）。遗传学距离的单位为厘摩（centimorgen，cM）。就人类而言，1cM大约相当于10^6bp。

（2）物理图　以已知核苷酸序列的DNA片段（称序列标志位点，sequence tagged site，STS）为标志，以碱基对（bp）作为基本测量单位（图距）而制作的基因组图。

（3）转录图　以具有表达能力的DNA序列（称表达序列标签，expressed sequence tag，EST）为“路标”的基因组图。EST占人类基因组总序列的2%。

（4）序列图　为基因组中全部核苷酸的排列顺序图。在基因组图中，序列图是分子水平上最高层次、最详尽的物理图。

2. 功能基因组学　完成一个生物体全部基因组测序后，即进入后基因组阶段——详尽分析序列，描述基因组所有基因的功能，研究基因的表达和调控模式，即功能基因组学。研究内容包括如下。

（1）鉴定DNA序列中的基因　即对基因组序列进行注释，包括鉴定和描述推测的基因、非基因序列及其功能。

（2）同源搜索分析基因功能　同源基因在进化中来自共同的祖先，故通过核苷酸或氨基酸序列的同源性比较，即可推测基因组内功能相似的基因。

（3）实验性设计基因功能　通过进行基因缺失或剔除实验，结合缺失或剔除后所观察到的表型变化，即可推测基因功能。

（4）描述基因表达模式　涉及两个重要概念，即转录组（transcriptome）和蛋白质组（proteome）。转录组广义上指某一生理条件下，细胞内所有转录产物的集合，包括mRNA、rRNA、tRNA及非编码RNA；狭义上指所有mRNA的集合。蛋白质组的概念由澳大利亚科学家Marc Wilkins最先提出，指由一个基因组或一个细胞、组织表达的所有蛋白质。

3. 比较基因组学　是在基因组图谱和测序的基础上，对已知基因和基因组结构进行比较，从而了解基因的功能、表达机制和物种进化的学科。研究内容包括种内比较基因组学和种间比较基因组学。

第二节 基因表达调控的概念和基本原理

PPT

一、基因表达与基因表达调控的概念

1. 基因表达（gene expression） 指基因转录和翻译的过程，即DNA分子上的基因经历基因激活、转录和翻译等过程，转变为具有生物学功能的蛋白质或RNA。

2. 基因表达调控（regulation of gene expression） 简单来说，指基因表达各个环节的调控。具体是指生物体在适应生存环境变化的过程中，控制基因是否表达及表达效率的机制，即基因如何表达，何时表达，在哪里表达以及表达多少等。生物体的内外环境处于动态变化中，在机体适应环境变化、维持自身生长和增殖、维持个体发育与分化等方面，基因表达调控均具有重要的生物学意义。

二、基因表达的特点

微课

无论是原核生物，还是真核生物，基因表达都表现为严格的规律性，即时间特异性和空间特异性。

1. 时间特异性 生物体内基因表达严格按照特定的时间顺序发生，称基因表达的时间特异性（temporal specificity）。从受精卵发育为成熟个体的各个阶段，多细胞生物的相应基因严格按特定的时间顺序开启或关闭，表现为与分化、发育阶段一致的时间性。因此，多细胞生物基因表达的时间特异性又称为阶段特异性（stage specificity）。例如，人类红细胞在胚胎早期合成的血红蛋白主要是Hb Gower Ⅰ、Hb Gower Ⅱ和Hb portland，在胚胎中期以后主要是HbF，出生后则主要是HbA。

2. 空间特异性 在个体生长、发育的全过程中，同一基因在个体不同组织或器官中的表达不同，称基因表达的空间特异性（spatial specificity），又称组织特异性（tissue specificity）或细胞特异性（cell specificity）。例如，编码胰岛素的基因仅在胰岛的β细胞内表达，而编码胰高血糖素的基因仅在胰岛的α细胞内表达。生物体内各种细胞、组织或器官都有其特定的基因表达谱。

三、基因表达的方式

由于各种生物的遗传背景、生活环境不同，基因的性质、功能以及基因对内外环境刺激的反应性也不相同。因此，生物体内基因的表达方式和调控方式也各不相同。

1. 组成性表达 有些基因产物对整个生命过程都是必不可少的，这类基因在一个机体几乎所有细胞中都持续表达，称管家基因（housekeeping gene）。例如，rRNA基因、tRNA基因、三羧酸循环相关酶的基因、DNA复制过程中必需蛋白质的基因等。管家基因表达水平受环境影响较小，在组织细胞中呈现持续稳定表达，这种表达方式称为组成性基因表达（constitutive gene expression）或基本基因表达。组成性基因表达基本不受其他机制调节，只受启动子、RNA聚合酶等因素的影响，是细胞维持基本生存所必需的。

2. 受环境诱导和阻遏的表达 与管家基因不同，有些基因的表达易受环境变化的影响。随环境条件变化，基因表达水平增高的现象称为诱导（induction），这类基因称为可诱导基因（inducible gene）。例如，在DNA损伤时，编码DNA修复酶的基因就会被诱导激活而表达增加。相反，随环境条件变化，基因表达水平降低的现象称为阻遏（repression），相应的基因称为可阻遏基因（repressible gene）。例如，当培养基中色氨酸含量充足时，细菌中催化色氨酸合成的相关酶的基因表达就会被阻遏。

3. 协调表达 生物体的新陈代谢由多个代谢途径组成，每一个代谢途径又包括一系列化学反应，需要多种酶和蛋白质的参与。编码这些酶和蛋白质的基因被统一调节，使参与同一代谢途径的所有蛋白质分子的比例适当，以确保代谢途径有条不紊地进行。这些功能上相关的一组基因，在一定机制的控制下协调一致、共同表达，称协调表达（coordinate expression）。例如，原核生物的操纵子表达就是典型的协调表达模式。

四、基因表达调控的基本原理

（一）基因表达调控具有多层次和复杂性

基因表达调控是一个复杂的过程，可发生在基因激活、转录起始、转录后加工、蛋白质翻译及翻译后加工等遗传信息传递的各个环节。任何一个环节出现异常，都会影响特定基因的表达。在遗传信息的传递过程中，转录处于承上启下的中间环节，而发生在转录水平尤其是转录起始水平的调节，对基因表达起着至关重要的作用。因此，转录起始是基因表达的基本控制点。

（二）转录起始受特异 DNA 序列和转录调节蛋白的共同调节

基因表达的调节与基因的结构和性质、生物个体所处的内外环境以及细胞内转录调节蛋白有关。转录起始是基因表达的最主要、最有效、最经济的控制点，是生物体所采取的一种最普遍的基因表达调控方式，需要特异 DNA 序列和转录调节蛋白共同调节。

1. 特异 DNA 序列　原核生物基因和真核生物基因都存在特异 DNA 序列，这些特异 DNA 序列对转录起始具有重要的调节作用。

原核生物大多数基因的表达是通过操纵子机制实现的。操纵子（operon）由编码序列（coding sequence）、启动序列（promoter，P）、操纵序列（operator，O）以及其他调节序列（regulatory sequence）串联组成。启动序列是 RNA 聚合酶结合并启动转录的特异 DNA 序列。各种原核基因启动序列的特定区域内，通常在转录起始点上游 -10 区和 -35 区存在一些高度保守的相似序列，称共有序列（consensus sequence）。*E. coli* 及一些细菌 -10 区的共有序列是 TATAAT，又称 Pribnow 框（Pribnow box）；在 -35 区的共有序列为 TTGACA。原核生物 RNA 聚合酶的 σ 因子识别并结合共有序列，共有序列中任一碱基突变都会影响 RNA 聚合酶与启动序列的结合，进而影响转录起始。因此，共有序列直接决定启动序列的转录活性。操纵序列是一段能被特异的阻遏蛋白识别和结合的 DNA 序列，与启动序列毗邻或接近。当操纵序列结合阻遏蛋白时，会影响 RNA 聚合酶与启动序列结合或阻止 RNA 聚合酶沿 DNA 模板移动，介导负性调节；原核生物操纵子调节序列中还有一种可结合激活蛋白的特异 DNA 序列，当激活蛋白与此 DNA 序列结合后，RNA 聚合酶活性增强，介导正性调节。

与原核生物相比，真核生物基因转录起始调控涉及的 DNA 序列更加复杂和多样化。绝大多数真核基因调控涉及编码基因两侧的某些 DNA 序列——顺式作用元件（*cis* - acting elements），即在同一 DNA 分子中，作用于自身基因并影响其表达活性的一段特异的非编码 DNA 序列（图 16 - 1）。不同的真核基因有不同的顺式作用元件。与原核基因相似，在真核基因的启动序列中存在一些一致序列，如 TATA 框、CAAT 框等，这些一致序列是顺式作用元件的核心序列，它们能与真核生物 RNA 聚合酶或转录调节因子结合，介导转录起始。

2. 转录调节蛋白　是指可以通过与特异 DNA 序列结合来参与基因表达调控的某些蛋白质。

原核生物转录调节蛋白分为三类，分别是特异因子、阻遏蛋白和激活蛋白。①特异因子：决定 RNA 聚合酶对启动序列的特异性识别和结合能力，如 σ 因子。②阻遏蛋白（repressors）：可识别、结合操纵序列，阻遏 RNA 聚合酶与启动序列结合或向下游移动，抑制基因转录。③激活蛋白（activators）：通过与启动序列邻近的 DNA 序列结合，促进 RNA 聚合酶与启动序列结合，提高 RNA 聚合酶的转录活性，例如分解（代谢）物基因激活蛋白（catabolite gene activator protein，CAP）。某些原核基因在无激活蛋白存在时，RNA 聚合酶很少或根本不与启动序列结合，故无法转录。

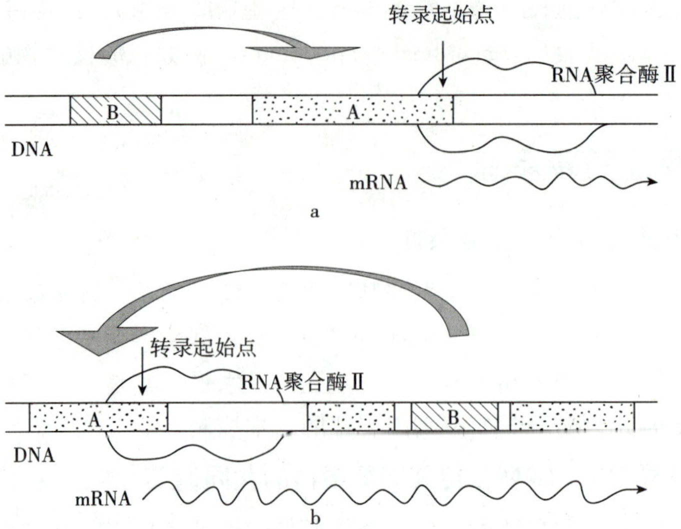

图 16－1　顺式作用元件

a. 位于转录起始点上游的顺式作用元件；b. 位于转录起始点两侧的顺式作用元件

A、B 分别代表同一基因中的两段特异 DNA 序列，B 序列通过影响 A 序列来调控该基因的准确表达

绝大多数真核转录调节蛋白通过 DNA－蛋白质相互作用（与顺式作用元件的识别、结合）或蛋白质－蛋白质相互作用来调节另一基因的转录，称反式调节。某些基因产物通过识别、结合自身基因的调节序列，进而调节自身基因的表达，称顺式调节（图 16－2）。

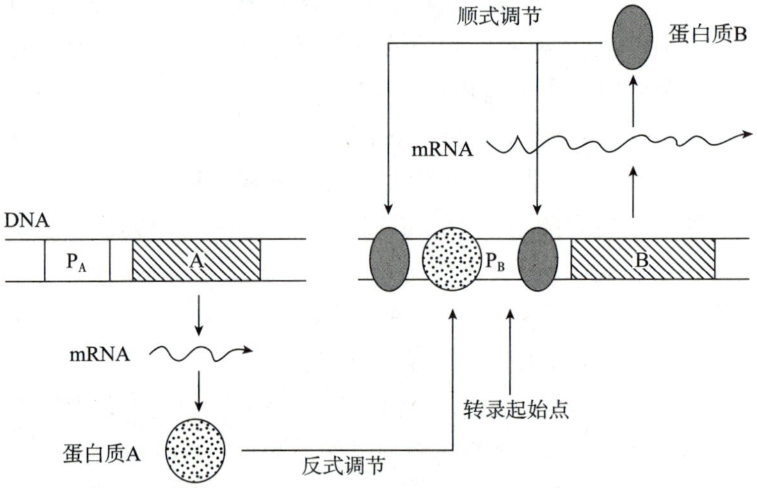

图 16－2　反式作用因子与顺式作用蛋白的作用机制

PPT

第三节　原核基因表达的调控

原核生物结构简单，没有成形的细胞核，基因组是闭合环状 DNA 分子，可根据环境的变化快速调节自身基因的表达，适应环境而生存。

一、原核基因表达调控的特点

原核基因的表达受基因水平、转录水平、翻译水平等多级水平的调控，但最主要的调控是转录起始阶段。原核基因表达调控具有以下特点。

1. 转录调节主要采用操纵子模式 原核生物的大多数基因以操纵子模式存在，即功能相关的几个基因串联排列，受一个调控区调控，转录生成一个可编码多条多肽链的 mRNA 分子，最终表达产物是一些功能相关的酶或蛋白质，共同参与某一代谢途径。

2. RNA 聚合酶 σ 因子对特异序列的识别 在原核生物转录起始阶段，RNA 聚合酶通过 σ 因子识别启动序列，对基因进行转录。不同的 σ 因子识别特定的启动序列，从而开启特定基因的转录。

3. 普遍存在阻遏蛋白的负性调节 阻遏蛋白是原核生物转录水平普遍存在的对基因表达产生负性调控的蛋白质。当阻遏蛋白与操纵序列结合或解聚时，使特定基因相应地出现转录阻遏或转录去阻遏。

二、操纵子结构

操纵子是原核生物基因转录调控的基本单位。除少数基因外，大多数原核生物的基因以多顺反子的形式存在。操纵子的基本结构从 5′端到 3′端分别是其他调节序列（一般位于启动序列上游）、启动序列、操纵序列和多个结构基因（编码序列）。其他调节序列、启动序列和操纵序列组成操纵子的调控区，共同参与结构基因的表达调控；结构基因编码功能相关的蛋白质。当操纵序列结合有阻遏蛋白时，会阻碍 RNA 聚合酶与启动序列的结合或使 RNA 聚合酶不能沿 DNA 向前移动，阻碍转录（图 16－3）。

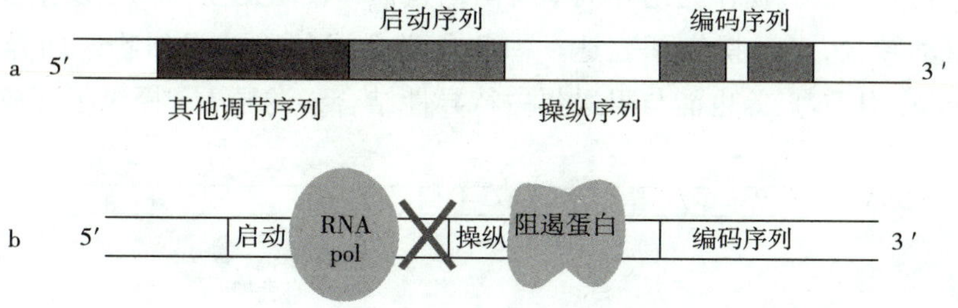

图 16－3 原核生物操纵子结构

a. 无阻遏蛋白；b. 有阻遏蛋白

三、乳糖操纵子

（一）乳糖操纵子结构

E. coli 乳糖操纵子（*Lac* operon）的结构从 5′端到 3′端分别是调节基因 *I* 的启动序列（P_I）、调节基因（*I*）、CAP 结合位点、启动序列（*P*）、操纵序列（*O*）及 *Z*、*Y*、*A* 三个结构基因。其中，调节基因 *I* 的启动序列、调节基因、CAP 结合位点、启动序列和操纵序列共同构成 *Lac* 操纵子的调控区。调节基因 *I* 编码一种阻遏蛋白，该阻遏蛋白可与操纵序列结合，使操纵子关闭；*Z*、*Y*、*A* 三个结构基因分别编码 β－半乳糖苷酶、通透酶和乙酰基转移酶，三个结构基因受调控区的共同调节，实现基因产物的协调表达（图 16－4）。

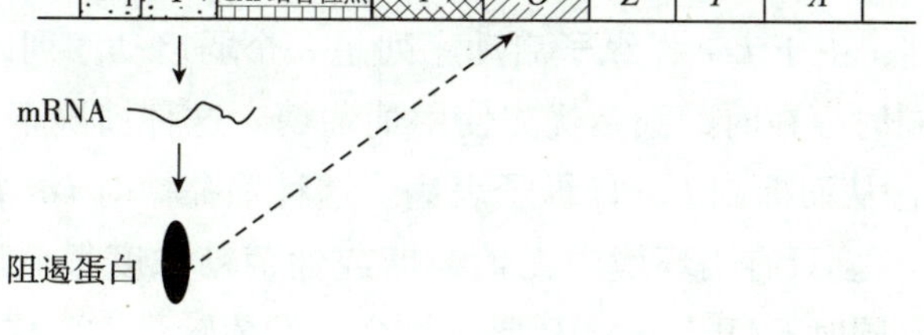

图 16－4 乳糖操纵子结构

（二）乳糖操纵子调控机制

1. 阻遏蛋白的负性调节 在无乳糖存在时，调节基因 *I* 在启动序列（P_I）的调控下，表达阻遏蛋白与操纵序列结合，阻碍 RNA 聚合酶与启动序列结合，抑制转录启动，*Lac* 操纵子关闭（图 16－5）。但阻遏蛋白与操纵序列会偶然解聚而使转录得以短暂进行，故细胞中会生成少量 β－半乳糖苷酶、通透酶及乙酰基转移酶。

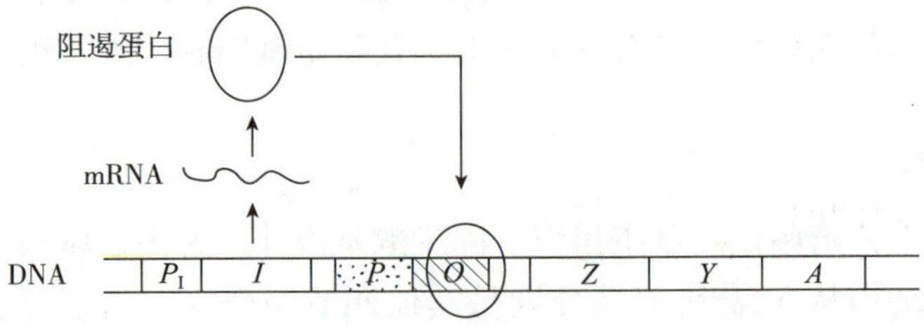

图 16－5 乳糖操纵子阻遏蛋白的负性调节

当有乳糖存在时，乳糖经乳糖乙酰基转移酶、通透酶转运进入细胞，再经细胞内少量 β－半乳糖苷酶的催化，异构为别乳糖。别乳糖作为诱导剂结合阻遏蛋白，使阻遏蛋白构象发生变化，导致阻遏蛋白与操纵序列解离，启动转录，*Lac* 操纵子表达。一些化学合成的乳糖类似物，如异丙基硫代半乳糖苷（isopropylthiogalactoside，IPTG）等也能与阻遏蛋白特异性结合，诱导 *Lac* 操纵子开放（图 16－6）。

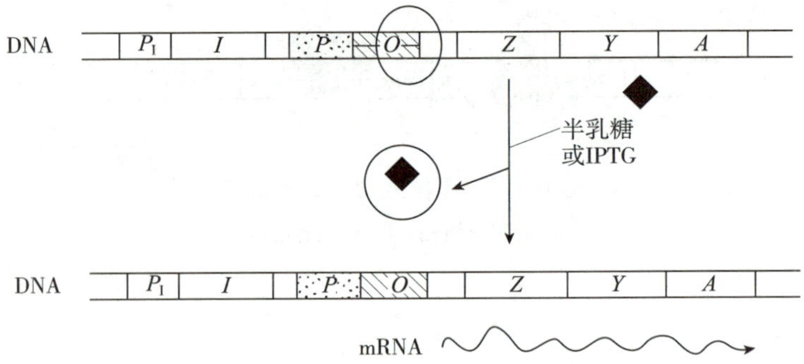

图 16－6 乳糖操纵子的诱导和去阻遏作用

2. CAP 正性调节 CAP 分子内有 cAMP 结合位点和 DNA 结合区。只有 CAP 与 cAMP 形成复合物并结合到 *Lac* 操纵子的 CAP 结合位点时，才能促进 RNA 聚合酶与启动序列结合，提高转录活性。当环境中没有葡萄糖，cAMP 浓度升高时，cAMP 与 CAP 形成复合物并结合于 CAP 结合位点，增强 *Lac* 操纵子转录；当环境中有葡萄糖时，抑制腺苷酸环化酶的活性，cAMP 浓度降低，影响 cAMP 与 CAP 复合物形成，*Lac* 操纵子表达下降（图 16－7）。

3. 协调调节 *Lac* 操纵子转录起始由阻遏蛋白负性调节与 CAP 正性调节共同调控。当阻遏蛋白封闭转录时，CAP 对 *Lac* 操纵子不发挥转录增强作用；当阻遏蛋白从操纵序列上解聚时，如果没有 CAP 结合到 *Lac* 操纵子上加强转录活性，由于 *Lac* 操纵子启动序列是一个弱启动序列，*Lac* 操纵子几乎不能转录。

当环境中葡萄糖和乳糖同时存在时，细菌优先使用葡萄糖。这种情况下，葡萄糖通过降低 cAMP 浓度，阻碍 cAMP 与 CAP 结合，从而抑制 *Lac* 操纵子表达。这种葡萄糖对 *Lac* 操纵子的阻遏作用称为分解代谢阻遏（catabolic repression）。只有当环境中无葡萄糖或葡萄糖浓度很低而乳糖浓度很高时，半乳糖作为诱导剂发生去阻遏作用，同时 CAP 与 cAMP 形成复合物发挥转录增强作用，才能开启 *Lac* 操纵子转录（图 16－8）。

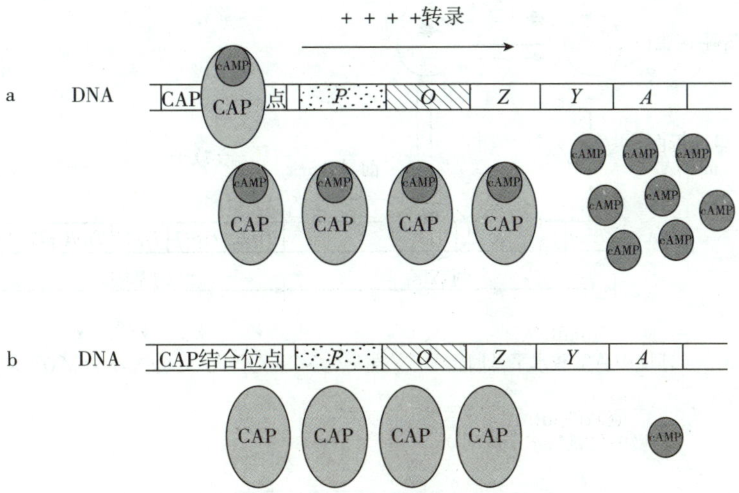

图 16-7　CAP 对乳糖操纵子的正性调节

a. 当环境中没有葡萄糖时，cAMP 浓度升高，cAMP 与 CAP 结合，增强转录

b. 当环境中有葡萄糖时，cAMP 浓度降低，cAMP 与 CAP 复合物形成受阻，*Lac* 操纵子表达下降

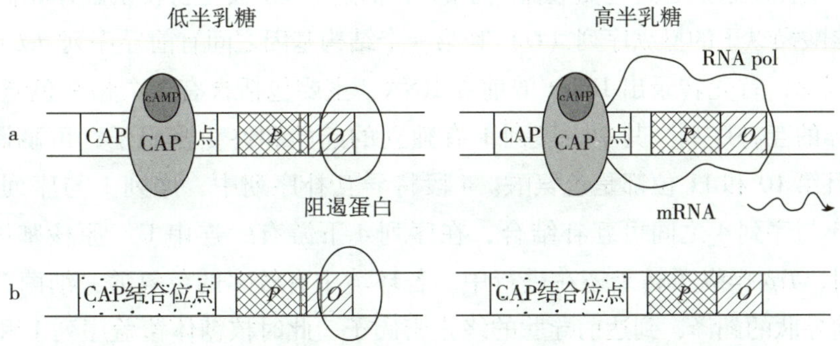

图 16-8　CAP、阻遏蛋白、cAMP 和半乳糖对 *Lac* 操纵子的调节

a. 当环境中无葡萄糖或葡萄糖浓度低时　b. 当环境中葡萄糖浓度高时

四、色氨酸操纵子

E. coli 含有合成色氨酸的相关酶，编码这些酶的结构基因和其上游调控序列组成一个转录单位，称色氨酸操纵子（*Trp* operon）。当环境中色氨酸缺乏时，*Trp* 操纵子开启合成色氨酸；当环境能够提供色氨酸时，*Trp* 操纵子就会关闭，停止色氨酸合成所需相关酶的表达。

（一）色氨酸操纵子的结构

E. coli 色氨酸操纵子从 5′端到 3′端依次为调节基因（*R*）、启动序列（*P*）、操纵序列（*O*）、前导序列（leader sequence，*L*）及结构基因 *TrpE*、*TrpD*、*TrpC*、*TrpB*、*TrpA*。其中，调节基因、启动序列、操纵序列、前导序列共同构成 *Trp* 操纵子的调节区，5 个结构基因编码合成色氨酸所需的 5 种酶。

（二）色氨酸操纵子的调控机制

1. 阻遏调节　当环境中无色氨酸时，调节基因表达的阻遏蛋白不与操纵序列结合，*Trp* 操纵子开放，色氨酸合成代谢相关酶的基因转录，合成色氨酸；当环境中有足够浓度的色氨酸时，阻遏蛋白与色氨酸结合后构象发生变化，能够与操纵序列特异性结合，阻遏 *Trp* 操纵子转录，不再合成色氨酸。但这种阻遏作用并不完全，仅能阻断 70% 的转录起始（图 16-9）。

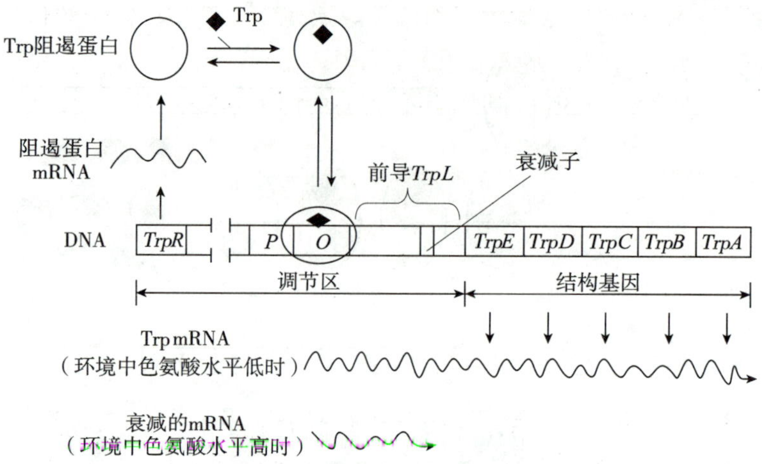

图 16－9　*Trp* 操纵子阻遏调节机制

2. 转录衰减　*E. coli* 色氨酸操纵子的表达调控除了阻遏机制之外，还有转录衰减机制。当环境中色氨酸达到一定浓度，但还不足以使阻遏蛋白发挥阻遏调节作用时，色氨酸操纵子的表达已经明显减弱。进一步的研究表明，这种调控现象是通过色氨酸操纵子的特殊结构和原核生物转录翻译相偶联来实现的，即转录衰减机制。在色氨酸操纵子的操纵序列（*O*）和第一个结构基因之间有前导序列（*L*），转录起始位点位于前导序列之中。因此，首先转录出 162nt 的前导 RNA，主要包括含有 2 个相邻色氨酸密码子的前导肽编码序列和 4 段特异的互补序列。其中，序列 1 有独立的起始和终止密码子，可翻译为含有 14 个氨基酸残基的前导肽，且第 10 和 11 位都是色氨酸。4 段特异互补序列中，序列 1 与序列 2 之间、序列 2 与序列 3 之间、序列 3 与序列 4 之间可互补结合，在序列 4 下游有一连串 U。原核基因转录和翻译偶联，故前导肽翻译起始时，*Trp* 操纵子转录还在进行中。若环境中有较多的色氨酸，细菌合成色氨酰－tRNA，核糖体能顺利完成前导肽的翻译，到达前导肽的终止密码子，此时核糖体覆盖序列 1 和序列 2，RNA 聚合酶转录出的序列 3 和序列 4 形成发夹结构，连同下游的一连串 U，形成一个不依赖 ρ 因子的终止结构——衰减子（attenuator），使操纵子转录尚未进入结构基因就终止。若环境中缺乏色氨酸，则无色氨酰－tRNA 合成，翻译时核糖体就停留在前导 RNA 的色氨酸密码子处，只覆盖了序列 1，此时序列 2 和序列 3 形成发夹结构，阻止了序列 3 和序列 4 形成衰减子结构，转录继续进行，*Trp* 操纵子得以表达（图 16－10）。

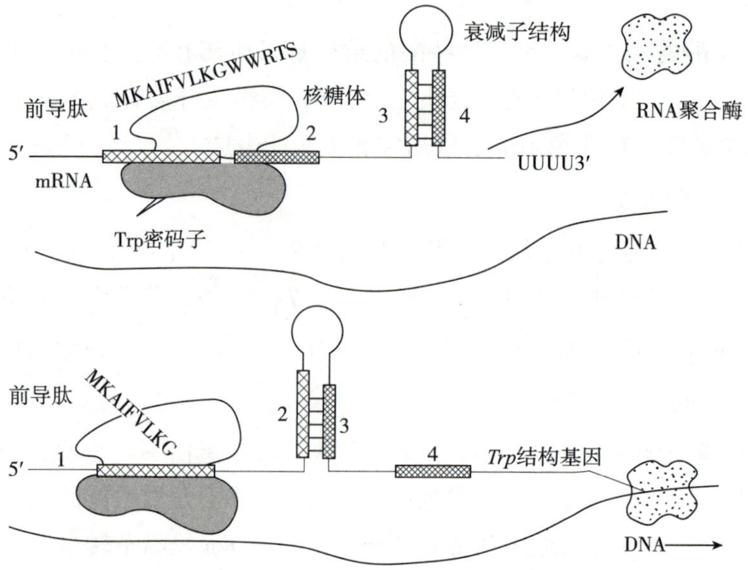

图 16－10　*Trp* 操纵子转录衰减机制

总之，在 *Trp* 操纵子中，前导序列发挥了随色氨酸浓度升高而降低转录的作用，故将这段序列称为衰减子序列。阻遏蛋白对结构基因转录的负调控起到粗调作用，衰减子起到精调作用。在色氨酸浓度高时，原核生物通过阻遏和转录衰减机制共同关闭色氨酸合成酶基因的表达，保证了营养物质和能量的合理利用，这实际上是基因水平上终产物的反馈抑制作用。

PPT

第四节　真核基因表达的调控

案例引导

临床案例　患者，女，59岁。某日晚饭后发现左下肢踝关节水肿并伴有头晕乏力，面色苍白，1周后右下肢水肿，之后到医院检查。血常规示：白细胞6.82g/L，血红蛋白54g/L，血小板51g/L，血清叶酸、EPO水平、血清铁、B_{12}均正常。查体：极重度贫血貌等。进一步行骨髓形态学检查：粒系明显，核浆发育紊乱，幼红细胞有病态造血等。流式细胞术检查：骨髓病态细胞占14.15%，呈CD45弱阳性等。综合诊断为：中危型骨髓增生异常综合征（MDS）。用标准剂量地西他滨治疗，第一疗程即达完全缓解，取得较好效果。

讨论　地西他滨治疗MDS的生化机制是什么？

真核生物的细胞结构和基因组结构远比原核生物复杂，其基因表达调控涉及染色质活化、转录起始、转录后加工、翻译及翻译后加工等各个阶段，且调控机制更为复杂。

一、真核基因表达调控的特点

1. 真核基因组比原核基因组大得多　人类基因组约 3×10^9bp，而大肠杆菌基因组约 $4.6\times10^6\sim5.6\times10^6$bp。原核基因组的大部分序列为基因编码序列，而人类基因组中仅有1%的序列编码蛋白质，5%～10%的序列编码tRNA、rRNA等，其余80%～90%的序列包括大量调控序列，功能至今尚不清楚。

2. 结构基因不连续，增加了调控的层次　原核生物的基因大多数是连续的，而真核生物基因两侧存在不转录的非编码序列，结构基因内部还有内含子（intron）、外显子（exon）。因此，真核基因是不连续的，基因的转录产物要通过剪接（splicing）方式去除内含子，连接外显子，形成成熟的mRNA，这些过程增加了基因表达调控的层次。

3. mRNA是单顺反子　原核生物的大多数基因按功能相关性串联形成操纵子，操纵子转录生成的mRNA是多顺反子（polycistron）；而真核生物基因转录生成的mRNA是单顺反子（monocistron），即一个结构基因生成一个mRNA分子，翻译生成一条多肽链。很多真核生物蛋白由两条或两条以上的多肽链组成，因此涉及多个基因的协调表达。

4. 染色质结构影响基因表达　真核生物基因组DNA与组蛋白构成核小体，进一步超螺旋化和折叠形成染色质，这种复杂的结构直接影响着基因的表达。实验证明，在结构比较松散的常染色质上，DNA能够进行转录；而在高度凝缩的异染色质上很少出现转录。

5. 与线粒体调控相互协调　真核生物的遗传信息不仅存在于细胞核DNA中，还存在于线粒体DNA中。不同细胞部位基因的表达调控既保持各自独立，又需要互相协调。

6. 以正性调节为主　真核生物RNA聚合酶对启动子的亲和力很低。启动转录时，需要多种激活蛋白参与。多数真核基因在没有调控蛋白作用时不转录，表达时需要激活蛋白促进转录，因此，真核基因表达是以激活蛋白介导的正性调节为主导。正性调节方式中多种激活蛋白与DNA特异的相互作用，可有效提高基因表达的特异性和准确性。此外，正性调控避免合成大量阻遏蛋白，是更经济有效的调控方式。

二、染色质结构对表达调控的影响

1. 染色质的转录活化 真核生物基因组 DNA 以核小体为单位，经超螺旋化和压缩后形成染色质或染色体。染色质是真核细胞在细胞周期的间期的遗传物质存在形式。染色质中转录活性高的区域，称常染色质或活性染色质；转录活性低的区域，称异染色质。当基因转录激活时，可观察到常染色质发生一系列结构和性质变化。具体表现为：核小体解体、DNA 解旋、DNA 序列上常出现一些对核酸酶（如 DNase Ⅰ）高度敏感的位点，称超敏位点（hypersensitive site）。超敏位点通常位于被活化基因的 5′侧翼区 1000bp 范围内，有些位于更远的 5′侧翼区或 3′侧翼区。这些区域一般不存在核小体结构，有利于转录激活时 DNA 解链和转录因子结合，促进转录。

2. 组蛋白对基因表达的影响 在真核细胞中，核小体是染色质的基本结构单位。当组蛋白与 DNA 结合成核小体时，组蛋白的阻碍作用会抑制基因表达；当组蛋白与 DNA 解离时，组蛋白阻碍作用解除而利于基因表达。

核小体每个核心组蛋白的 N 端都会伸出核小体外，形成组蛋白尾巴，即组蛋白修饰位点。组蛋白修饰包括乙酰化、甲基化、磷酸化等。当组蛋白发生乙酰化和磷酸化时，组蛋白分子中的正电荷被中和，降低了组蛋白与 DNA 的亲和力，有利于转录因子与 DNA 结合，促进基因表达；当组蛋白发生甲基化时，根据甲基化部位的不同，有时促进基因表达，有时抑制基因表达。

3. DNA 甲基化对基因表达的影响 DNA 甲基化是真核生物在染色质水平调控基因转录的重要方式。真核生物 DNA 甲基化主要发生在胞嘧啶的第 5 位碳原子上，以 CpG 二核苷酸序列的胞嘧啶甲基化形式最为常见。在 DNA 分子中，CpG 二核苷酸序列常成串出现，这些特殊序列称为 CpG 岛（CpG island）。CpG 岛主要位于基因的启动子和第一外显子区域。CpG 岛甲基化可抑制相关基因的表达。目前已发现在转录活跃区域，CpG 岛甲基化程度很低，如管家基因富含 CpG 岛，但胞嘧啶甲基化水平很低；而不表达的基因则 CpG 岛高度甲基化。

细胞内存在的维持甲基化作用的 DNA 甲基转移酶（DNA methyltransferase，DNMT）可以在 DNA 复制后，由 *S*-腺苷甲硫氨酸提供甲基，依照亲本 DNA 链甲基化位置，催化子链 DNA 在相同位点上发生甲基化。这种 DNA 序列不发生改变，但是 DNA 修饰导致基因表达发生可遗传改变的现象，称表观遗传（epigenetic inheritance）。DNA 甲基化、组蛋白的修饰以及非编码 RNA 的调控等都属于表观遗传对基因表达的调控。

三、真核基因表达的转录起始调控

真核生物基因表达调控涉及的环节很多，转录起始调控是最重要的环节。但真核生物的基因转录起始过程比原核细胞复杂得多，需要顺式作用元件和反式作用因子相互作用、共同参与。

（一）顺式作用元件

顺式作用元件是指位于结构基因两侧，能与特异的转录因子结合，可影响转录的 DNA 序列。它主要有启动子（promoter）、增强子（enhancer）、沉默子（silencer）和应答元件（response element）。

1. 启动子 真核基因启动子与原核生物操纵子的启动序列同义，指 RNA 聚合酶结合位点及周围的若干转录控制组件。这些组件包括 TATA 框、GC 框和 CAAT 框等，每一组件的长度为 7～20bp。最具典型意义的 TATA 框通常位于转录起始点上游 -25～-30bp，其共有序列为 TATAAAA，作用是控制转录起始的准确性及频率。GC 框（GGGCGG）和 CAAT 框（GCCAAT）通常位于转录起始点上游 -30～-110bp

区域。启动子包括至少一个转录起始点和一个功能组件。典型的启动子由 TATA 框、CAAT 框和（或）GC 框及一个转录起始点组成，具有较高的转录活性。此外，许多启动子不含 TATA 框，这类启动子分为两类：一类是最初在管家基因中发现的富含 GC 的，通常含几个分离的转录起始点的启动子；另一类是既不含 TATA 框也不含 GC 富含区的，有一个或多个转录起始点。大多数转录活性很低或根本无转录活性的启动子，在胚胎发育、组织分化或再生过程中受调节。

2. 增强子　指能够增强基因转录效率的特异 DNA 序列。其长度为 100～200bp，由若干个功能组件构成，这些功能组件是转录因子结合 DNA 的核心序列。每个核心组件为 8～12bp，以单拷贝或多拷贝串联形式存在。增强子有以下特征。①增强子通过启动子提高同一条 DNA 链上基因的转录效率，可位于基因上游、下游或基因内含子之中。其发挥作用的方式与距离、方向无关，增强距离达 1～4kb 的上游或下游基因的转录活性，并且其增强作用与其序列正反方向无关。②增强子通常具有细胞或组织特异性，只有与这些细胞或组织中存在的特异蛋白质因子结合时才能发挥作用。③增强子和启动子经常交错覆盖：从功能上讲，没有增强子存在时，启动子通常不表现活性；而没有启动子时，增强子也无法发挥作用。但增强子对启动子没有严格的选择性，不同类型启动子可由同一增强子促进转录。

3. 沉默子　是负性调控的 DNA 序列。当其与特异蛋白质因子结合时，使附近的启动子失去活性，阻遏基因转录。沉默子的作用不受序列方向和距离的限制，并可对异源基因的表达发挥作用。

4. 应答元件　是位于基因上游，能被特异性转录因子识别和结合，从而调控基因专一性表达的 DNA 序列。应答元件含有短重复序列，不同基因中应答元件的拷贝数相近。常见应答元件如热激应答元件（heat shock response element，HSE）、糖皮质激素应答元件（glucocorticoid response element，GRE）、金属应答元件（metal response element，MRE）和血清应答元件（serum response element，SRE）等。

（二）反式作用因子

反式作用因子是一类能直接或间接识别结合特异的顺式作用元件，进而调控基因转录的蛋白质因子，又称反式作用蛋白、转录调节因子或转录因子（transcription factors，TF）。反式作用因子和顺式作用元件的相互作用是真核生物转录调控的基本方式。根据功能特性，转录因子分为两类：通用转录因子（general transcription factor）和特异转录因子（special transcription factor）。

1. 通用转录因子　是 RNA 聚合酶结合启动子以及组装转录起始复合物所必需的一组蛋白质，又称基本转录因子（basic transcription factor）。真核生物中不同的 RNA 聚合酶需要不同的基本转录因子配合完成转录。如 RNA 聚合酶Ⅱ的基本转录因子包括 TFⅡD、TFⅡA、TFⅡB、TFⅡE 及 TFⅡF 等，这些基本转录因子是 RNA 聚合酶Ⅱ识别 TATA 框和转录起始所必需的。

2. 特异转录因子　是转录个别基因所必需的，决定其表达的时间特异性和空间特异性，故称特异转录因子。根据其作用的不同，分为转录激活因子（transcription activators）和转录抑制因子（transcription inhibitors）。转录激活因子起转录激活作用，通常是一些增强子结合蛋白（enhancer binding protein，EBP）；转录抑制因子起转录抑制作用，多数是沉默子结合蛋白。有些转录因子不通过 DNA - 蛋白质相互作用，而是通过蛋白质 - 蛋白质相互作用改变转录激活因子、转录抑制因子的构象或细胞内的浓度来调控基因转录。依据效应的不同，转录因子可分为共激活因子和共阻遏因子。

3. 转录因子的结构特点　转录因子通常包括 DNA 结合域（DNA binding domain）和转录激活域（activation domain）两个结构域。此外，许多转录因子还包含介导蛋白质 - 蛋白质作用的结构域，如二聚化结构域（dimerization domain）。

（1）DNA 结合域　通常由 60～100 个氨基酸残基组成，可识别结合特异的顺式作用元件。常见的有以下几种。

①螺旋－转角－螺旋（helix－turn－helix，HTH）：这类结构一般有两个α－螺旋，其间由短肽段形成的转角连接，其中一个螺旋识别并结合DNA的大沟，称识别螺旋，另一个螺旋帮助识别螺旋定位。研究发现，在许多转录调控蛋白中有与HTH相似的结构，称同源结构域。该结构域包含3个α－螺旋和一个氨基酸臂，其螺旋2和螺旋3构成HTH，螺旋3结合于DNA大沟，氨基酸臂伸入DNA小沟（图16－11）。

②锌指（zinc finger）：包括C_2H_2和C_2C_2（C：Cys；H：His）两种形式。锌指由大约30个氨基酸残基组成，可以折叠成手指状二级结构，其中两个Cys残基和两个His残基或者4个Cys残基，在空间结构中分别位于正四面体的四个顶点，与四面体中心的Zn^{2+}以配位键结合，故名锌指。转录因子中常有多个重复的锌指，每个锌指均可通过插入DNA双螺旋的大沟而与之结合（图16－12）。

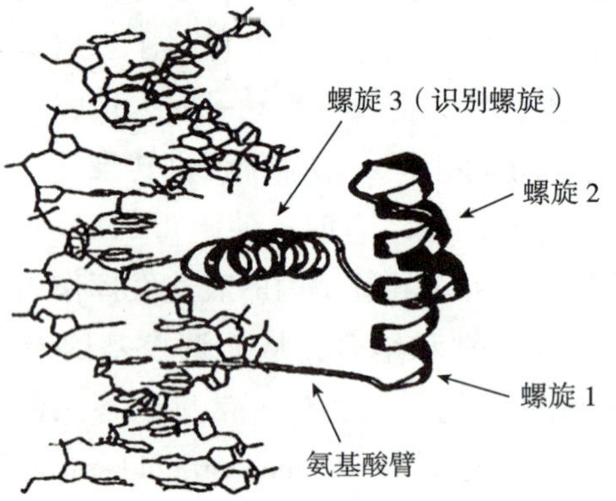

图16－11　HTH同源结构域

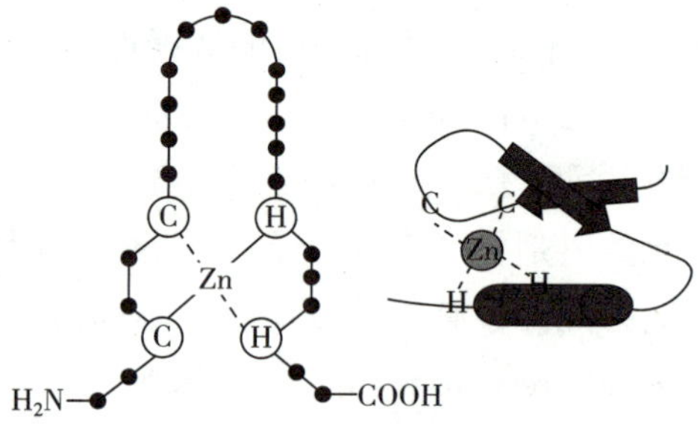

图16－12　锌指

③亮氨酸拉链（leucine zipper）：由大约35个氨基酸形成α－螺旋，其中，亮氨酸残基总是每隔6个氨基酸出现一次，形成的α－螺旋中，一侧全是亮氨酸残基。两个含有这种α－螺旋的蛋白质分子可以通过亮氨酸残基的相互作用而形成二聚体结构，即亮氨酸拉链。α－螺旋区的N端为碱性氨基酸区域，二聚体的形成使碱性氨基酸区域互相靠拢，可与DNA的大沟结合。因此，亮氨酸拉链又称为碱性亮氨酸拉链（basic leucine zipper，bZIP）（图16－13）。

④螺旋－环－螺旋（helix－loop－helix，HLH）：由40～50个保守的氨基酸残基形成两个α－螺旋，螺旋间由长短不一的环连接。通过α－螺旋C端疏水侧链的相互作用形成二聚体，α－螺旋N端富含碱性氨基酸，可以与DNA的大沟结合（图16－14）。

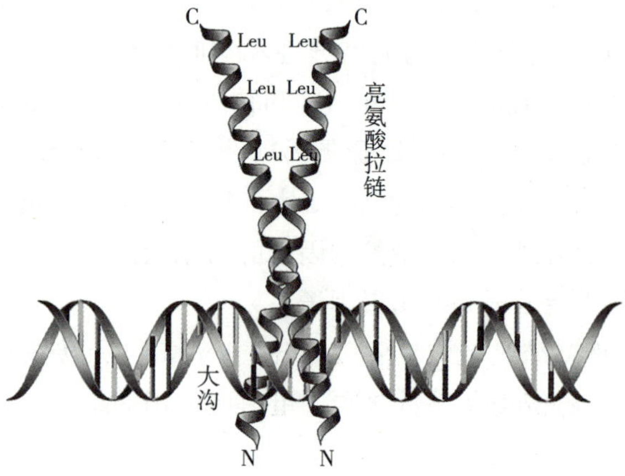

图16－13　亮氨酸拉链二聚体与DNA的结合

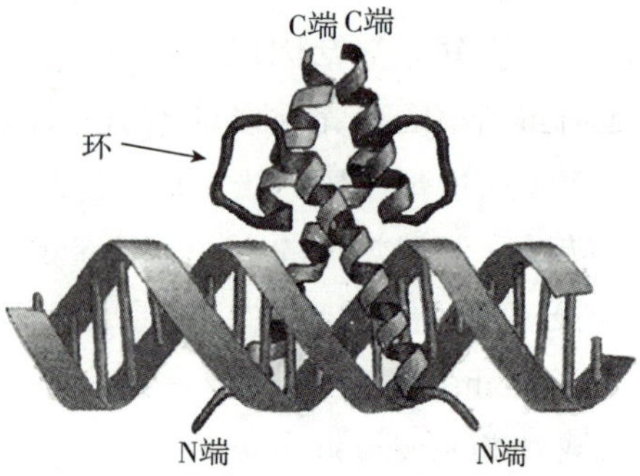

图16－14　螺旋－环－螺旋

（2）转录激活域　由 30～100 个氨基酸残基组成，根据氨基酸残基的组成，分为酸性激活域（acidic activation domain）、谷氨酰胺富含结构域（glutamine－rich domain）、脯氨酸富含结构域（proline－rich domain）。

（3）二聚化结构域　很多转录因子通过二聚化结构域形成二聚体而发挥作用，这是转录因子调控基因转录的重要方式。

（三）转录起始复合物对转录激活的影响

真核生物 RNA 聚合酶本身不能有效地启动转录，只有当转录因子与相应的顺式作用元件结合后才能启动转录。例如 RNA 聚合酶Ⅱ启动基因转录的过程：首先由 TFⅡD 中的 TBP（TATA 框结合蛋白）识别启动子中的 TATA 框并与之结合，进而 TFⅡB 与 TBP 结合，接着 TFⅡA、RNA 聚合酶Ⅱ、TFⅡF 等加入，聚合形成一个不稳定的、不能有效启动转录的转录前起始复合物（preinitiation complex，PIC）。然后，不稳定的转录前起始复合物与结合了增强子的转录因子（EBP）结合，形成稳定的转录起始复合物（图 16－15），启动转录。

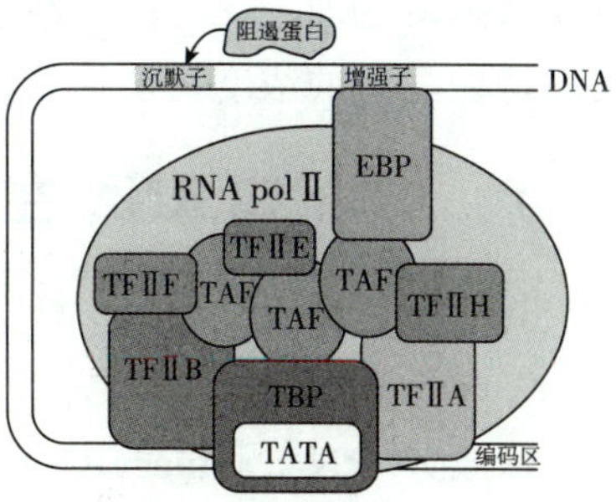

图 16－15　转录起始复合物的形成

真核基因转录激活的调控复杂多样。不同的 DNA 元件组合，可产生多种转录调节方式，多种转录因子又可结合相同或不同的 DNA 元件。细胞内所发生的 DNA－蛋白质、蛋白质－蛋白质相互作用，使真核基因转录激活的调控表现为协同、竞争或拮抗等多种不同的方式。

四、真核基因表达的转录后调控

真核生物的初级转录物是不成熟的，绝大多数需要在细胞核内进行加工修饰，变为成熟的 RNA 才能参与蛋白质的生物合成。如 mRNA 的初始转录物（hnRNA）需要进行加帽、加尾、剪接或剪切等；rRNA 初始转录物需要进行切割和化学修饰；tRNA 初始转录物需要进行酶切、3′端加入 CCA 序列（即氨基酸臂）、碱基修饰等。这些过程都是基因表达调控必不可少的环节。

在所有类型的 RNA 分子中，mRNA 寿命最短，在细胞内的半衰期一般为几分钟至几个小时。通过调节 mRNA 的稳定性，可使相应蛋白质的合成量受到一定程度的控制。mRNA 的稳定性除了与帽结构和 poly(A)尾的长度有关之外，还与其自身序列有关。例如，铁转运蛋白受体（transferrin receptor，TfR）mRNA 的降解，与其自身重复序列——铁反应元件（iron response element，IRE）以及铁、铁反应元件结合蛋白（IRE－binding protein，IRE－BP）有关。当细胞含有足够的铁时，IRE 促使 TfR mRNA 降解；当细胞内铁含量不足时，IRE－BP 与 IRE 结合，使 TfR mRNA 的降解作用减弱。

五、真核基因表达的翻译及翻译后调控

真核生物翻译水平的调控主要在翻译起始和翻译延长阶段，尤其是在翻译起始阶段。翻译后调控主要是通过对蛋白质进行化学修饰和调控细胞内蛋白质浓度来实现。

1. 对翻译起始因子活性的调节　翻译起始的快慢在很大程度上决定蛋白质合成速率，通过磷酸化调节真核翻译起始因子（eIF）的活性，对翻译起始具有重要的调控作用。eIF－2 主要参与 Met－$tRNAi^{Met}$ 的进位，当 eIF－2 被特异性蛋白激酶磷酸化后，其活性降低，抑制蛋白质合成。例如，血红素能抑制 cAMP 依赖性蛋白激酶的活化，减少 eIF－2 失活，从而促进珠蛋白的合成。此外，干扰素抗病毒的机制之一就是诱导细胞内特异性蛋白激酶活化，使 eIF－2 磷酸化而失活，抑制病毒蛋白质合成。

2. RNA 结合蛋白参与翻译起始调节　RNA 结合蛋白（RNA binding protein，RBP）是指能与 RNA 特异序列结合的蛋白质。RBP 可以与 mRNA 5′端或 3′端的非翻译区结合，介导蛋白质翻译的负性调节。

例如，铁蛋白与铁结合，是体内铁的储存形式。当细胞质内铁离子浓度降低时，特异性抑制蛋白与铁蛋白 mRNA 5′端的铁反应元件结合，铁蛋白的合成受到抑制；当细胞质中铁离子浓度升高时，特异性抑制蛋白从铁反应元件上脱落，铁蛋白合成加速。

3. 对蛋白质活性和浓度的调节 蛋白质在合成后需要经过折叠、修饰等才能具有生物学活性。可逆的磷酸化、甲基化、乙酰化等修饰能快速调节蛋白质功能，是翻译后调控的有效方式。合成后的蛋白质经过翻译后加工，再靶向输送到细胞的特定部位，通过对蛋白质的水解和运送，使得特定部位的蛋白质保持在合适的浓度，是翻译后调控又一快速、有效的方式。

六、非编码 RNA 在真核基因表达调控中的作用

与原核基因表达调控一样，某些小分子 RNA 也参与真核基因表达调控，这些 RNA 都是非编码 RNA（non - coding RNA，ncRNA）。

1. 微小 RNA（microRNA，miRNA） 是一类在进化过程中高度保守的、参与基因表达调控的非编码单链 RNA，长度为 20 ~ 25nt。细胞内 RNA 聚合酶Ⅱ转录生成 pri - miRNA，pri - miRNA 先后由核糖核酸酶 Drosha 和 Dicer 切割后，形成双链 miRNA，双链 miRNA 降解为成熟的单链 miRNA。成熟的单链 miRNA 与一些特异性蛋白质形成 RNA 诱导沉默复合体（RNA - induced silencing complex，RISC），RISC 中的单链 miRNA 可以和靶 mRNA 分子 3′端非翻译区域（3′UTR）的特异序列互补结合，同时利用 RISC 本身的核酸内切酶活性，将 mRNA 切割，从而抑制翻译。

2. 干扰小 RNA（small interfering RNA，siRNA） 又称短干扰 RNA（short interfering RNA）或沉默 RNA（silencing RNA），是一类长度为 21 ~ 25nt 的双链 RNA。siRNA 参与 RISC 组成，之后与特异的靶 mRNA 互补结合，导致靶 mRNA 降解，发挥基因沉默作用。这种由 siRNA 介导的基因表达抑制作用称为 RNA 干扰（RNA interference，RNAi）。RNAi 是生物体普遍存在的发生在转录后水平的基因表达调控机制。

3. 长链非编码 RNA（long non - coding RNA，lncRNA） 是一类长度超过 200nt 的 RNA 分子，不参与蛋白质合成，在转录水平和转录后水平参与基因的表达调控。虽然 lncRNA 的种类、数量、功能都不明确，但越来越多的研究证实，lncRNA 广泛地参与细胞分化、个体发育等重要生命过程，其异常表达与肿瘤、阿尔茨海默病等多种人类重大疾病的发生密切相关。因此，对 lncRNA 的研究已成为当前分子生物学备受关注的前沿研究领域。

知识链接

RNA 干扰现象的发现

1995 年，康奈尔大学的研究人员 S. Guo 和 K. Kemphues 在秀丽隐杆线虫（*Caenorhabditis elegans*）中利用反义 RNA 技术阻断 *par* - 1 基因表达的同时，在对照实验中给线虫注射了正义 RNA，以期观察到基因表达的增强，但发现两者都同样抑制了 *par* - 1 基因的表达。此后，美国科学家 A. Fire 和 C. C. Mello 首次将双链 RNA（dsRNA）——反义 RNA 和正义 RNA 的混合物同时注入线虫，结果诱发了比单独注射反义 RNA 或正义 RNA 更加有效的基因沉默。由此推断，反义 RNA 和正义 RNA 形成的 dsRNA 触发了高效的基因沉默机制，并极大降低了靶 mRNA 水平。这一现象被称为 RNA 干扰（RNAi）。1998 年，他们将其研究成果发表在《科学》杂志上。由于在 RNA 干扰机制方面的突出贡献，A. Fire 和 C. C. Mello 共同荣获 2006 年度诺贝尔生理学或医学奖。

答案解析

目标检测

一、单项选择题

1. 关于基因，说法错误的是（　）

A. 基因是储存遗传信息的单位

B. 基因的一级结构信息存在于碱基序列中

C. 编码蛋白质的结构基因不包含翻译调控序列

D. 基因的基本结构单位是一磷酸核苷

E. 基因中存在调控转录和翻译的序列

2. 真核生物的基因组一般比较庞大，但所含基因总数却很少。关于其原因，说法错误的是（　）

A. 产物多为单顺反子 RNA　　B. 存在大量的重复序列

C. 非编码区所占比例较大　　D. 存在大量的内含子

E. 编码区所占比例很小

3. 分解代谢物基因激活蛋白（CAP）对乳糖操纵子表达的影响是（　）

A. 正性调控　　B. 负性调控　　C. 正性调控、负性调控都可能

D. 无调控作用　　E. 可有可无

4. 下列不属于基因表达阶段特异性的是（　）

A. 一个基因在分化的骨骼肌细胞中表达，在未分化的心肌细胞中不表达

B. 一个基因在分化的骨骼肌细胞中不表达，在未分化的骨骼肌细胞中表达

C. 一个基因在分化的骨骼肌细胞中表达，在未分化的骨骼肌细胞中不表达

D. 一个基因在胚胎发育过程中表达，在出生后不表达

E. 一个基因在胚胎发育过程中不表达，在出生后表达

5. 关于基因组，说法错误的是（　）

A. 是指一个细胞或病毒所携带的全部遗传信息

B. 是指一个细胞或病毒的整套基因

C. 不同生物的基因组所含的基因多少不同

D. 基因组中基因的表达不受环境影响

E. 有些生物的基因组由 RNA 组成

6. “血红蛋白只在红细胞中表达，在其他细胞中不表达”，这就是（　）

A. 分子特异性　　B. 细胞特异性　　C. 器官特异性

D. 个体特异性　　E. 阶段特异性

7. 下述序列中，含 TATA 盒的是（　）

A. AAGCCAATCT　　B. CCTATAAAAC　　C. TAGGGCGGTC

D. AGCCTGGTAA　　E. AGCCCGTAGG

8. 乳糖操纵子中的 *I* 基因编码产物是（　）

A. β－半乳糖苷酶　　B. 通透酶　　C. 乙酰基转移酶

D. 一种激活蛋白　　E. 一种阻遏蛋白

二、简答题

1. 简述锌指结构的特点。
2. 简述微小 RNA 参与基因表达调控的机制。

（张媛英）

书网融合……

本章小结　　微课　　题库

第四篇
分子医学专题

第十七章　常用分子生物学技术的原理与应用

学习目标

1. 掌握　PCR 技术的原理和基本反应步骤；基因文库、基因组文库和 cDNA 文库的概念；印迹技术的类型及基本原理；生物芯片的类型。

2. 熟悉　PCR 的衍生技术的基本原理；生物大分子相互作用研究技术的基本原理；动物克隆技术、转基因技术和基因敲除技术的基本原理。

3. 了解　疾病相关基因的克隆、鉴定与功能分析策略。

4. 学会 PCR 的引物设计、反应体系设计、基本操作步骤，具备独立完成 PCR 扩增目的基因的实验能力。

分子生物学是生物化学的发展和延续，自 20 世纪 50 年代以来，分子生物学飞速发展，产生了大量新技术和新方法，为了解生命现象的本质，揭示生命活动的规律提供了有力工具。因此，了解分子生物学技术的基本原理及其应用，有助于理解疾病发生和发展的分子机制，并为疾病的诊断及治疗提供技术支持。本章主要介绍分子生物学中的一些常用技术及其在医学中的应用。

PPT

第一节　PCR 技术

聚合酶链反应（polymerase chain reaction，PCR）技术自 20 世纪 80 年代问世以来，以其灵敏度高、特异性强、产率高、重复性好、快速简便等优点，迅速成为分子生物学研究的重要技术手段，广泛用于医学临床检验、疾病研究、基因工程、新药研发、食品卫生及环境监测等诸多领域。

一、PCR 原理

微课

PCR 是一种体外扩增目的 DNA 片段的方法。PCR 技术的原理是以含有拟扩增序列的 DNA 分子为模板，以一对与目标序列互补的单链寡核苷酸片段为引物，在耐热 DNA 聚合酶（如 *Taq*DNA 聚合酶、*Pfu*DNA 聚合酶）的催化下，重复热变性、退火和延伸的循环过程，使目的 DNA 片段大量合成。PCR 反应体系的基本组分包括：模板 DNA 分子、单链寡核苷酸引物、耐热 DNA 聚合酶、含有 Mg^{2+} 的聚合酶缓冲液和 dNTPs。

PCR 循环的第一步是热变性：高温（约 95℃）使模板 DNA 双链解链成为单链，两条单链 DNA 均可作为新生互补链的模板；第二步是退火（约 55℃）：温度快速冷却至引物/模板的退火温度（annealing temperature，T_m），引物与模板链上的互补序列结合；第三步是延伸：温度回升（约 72℃），耐热 DNA 聚合酶将 dNTP 加至引物 3′端合成新链。在实际操作过程中，通常会在第一步热变性之前增加一步非循环的预变性步骤，在第三步延伸步骤之后增加一步非循环的延伸步骤。每次循环生成的新链又作为下一轮循环的模板，多次循环后实现靶序列数量的指数扩增（2^n，n 表示循环次数）（图 17－1）。

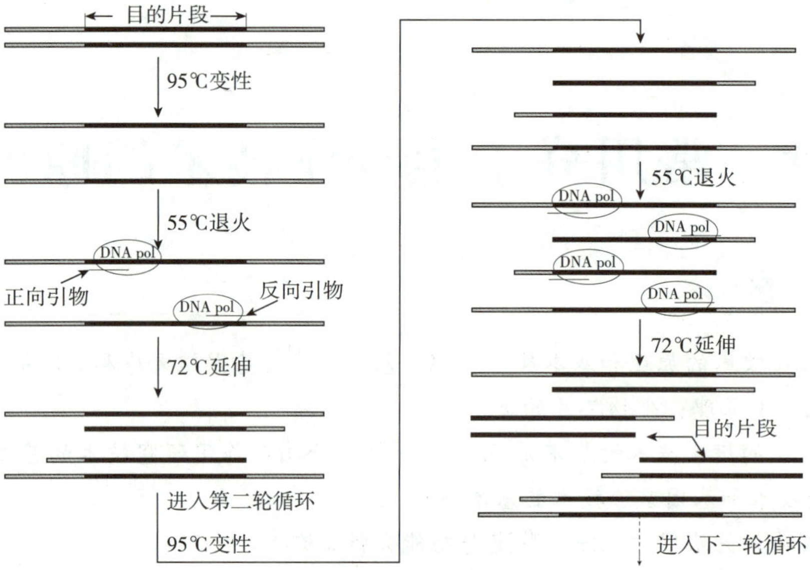

图 17－1　PCR 反应基本原理

二、PCR 衍生技术

（一）反转录 PCR

反转录 PCR（reverse transcription PCR，RT－PCR）是将单链 mRNA 反转录成 cDNA，再以 cDNA 为模板进行 PCR 扩增的技术。RT－PCR 敏感度较高，可简单、快速地进行 mRNA 的定性和半定量分析，因此广泛用于检测基因表达丰度及基因诊断。RT－PCR 的分析对象是 PCR 终产物，扩增效率受模板质量、酶浓度等多种因素的影响，不能准确反映起始模板量，目前常与实时 PCR 技术联合使用对基因表达进行定量分析。

（二）反向 PCR

反向 PCR（inverse PCR，IPCR），是一种简单的扩增已知序列两侧未知序列的方法，其原理是首先用一种在已知序列内部无切点的限制性内切核酸酶消化基因组 DNA，再将酶切后的 DNA 片段连接成环状分子，用一对与已知序列两端特异性结合的引物，可将邻近未知序列扩增出来（图 17－2）。该方法操作简单，适用于小片段的染色体步移（chromosome walking），可以获取重要的调控基因、鉴定转座子的插入位点等。

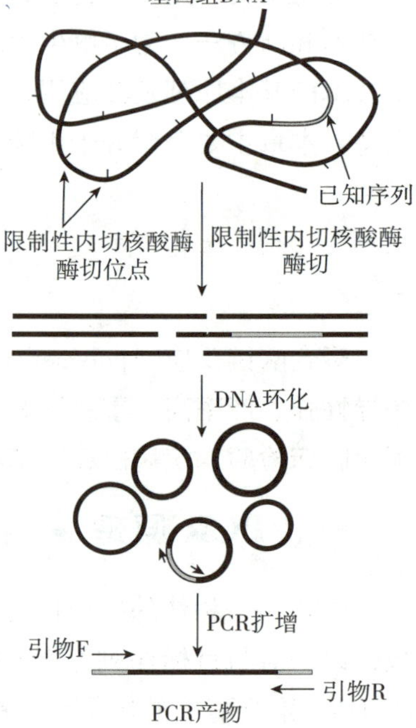

图 17－2　反向 PCR 原理示意图

（三）实时 PCR

实时 PCR（real - time PCR）亦称实时定量 PCR（real - time quantitative PCR，qPCR），是 1996 年由美国 Applied Biosystems 公司推出的一种核酸定量技术，比普通 PCR 具有更高的灵敏度和精确性，且扩增与定量同步进行，既克服了 PCR 平台期定量的误差，又减少了污染。

实时 PCR 的原理是在反应体系中加入荧光物质，利用荧光信号积累对 PCR 进程进行实时监测，最后通过阈循环（threshold cycle，C_t）值和标准曲线对样品中特定模板的起始浓度进行定量分析。由于使用了荧光标记分子，该技术也称为荧光实时定量 PCR 或荧光定量 PCR。

C_t值是指 PCR 反应的荧光信号到达设定阈值（默认为 3 ~ 15 个循环的荧光信号的标准偏差的10 倍）时所经历的循环数。由于是在指数扩增的开始阶段进行检测，此时样品间的细微误差尚未放大，因此，C_t值具有很高的重复性，可作为定量检测的指标。C_t值与模板的起始拷贝数的对数呈线性关系，即模板的起始拷贝数越高，C_t值就越小。利用已知起始拷贝数的标准品作为参照绘制标准曲线，其中纵坐标表示 C_t值，横坐标表示标准品的起始拷贝数的对数。通过获得待测样品的 C_t值，查阅标准曲线即可计算出该样品的起始拷贝数。

在实时 PCR 中添加的荧光物质包括荧光染料和荧光探针。其中最简单、经济的是荧光染料，例如 SYBR Green Ⅰ特异性地与 DNA 双螺旋小沟区域结合后，荧光信号增强 800 ~ 1000 倍，信号强度的增加与扩增产物的积累成正比，检测荧光信号强度的变化可实时反映 PCR 产物的量（图 17 - 3）。然而，该方法存在一个潜在的问题，即染料与核酸序列的结合是非特异性的，所以任何非特异性扩增产物将导致假阳性信号。

探针类实时 PCR 是将荧光共振能量转移（fluorescence resonance energy transfer，FRET）技术应用于常规 PCR。寡核苷酸探针的结合位点在正、反向引物之间，5′端携带荧光报道基因（reporter，R），3′端携带荧光淬灭基团（quencher，Q），当两者靠近时，报道基因发出的荧光能量被淬灭基团吸收或抑制；当两者距离较远时，抑制作用消失，报道基因的荧光信号增强可被监测系统接收而产生数据。常用的荧光探针主要包括水解探针（*Taq*man）、分子信标（molecular beacons）、蝎型探针（scorpions）和双杂交探针（Dual - oligo FRET pairs）等。

1. 水解探针　*Taq*man 探针完整时，报道基因的荧光被近距离的淬灭基团吸收，检测不到信号。在 PCR 延伸阶段，*Taq*DNA 聚合酶延伸正向引物的过程中遇到与模板结合的探针，其 5′→3′外切核酸酶活性将探针逐步水解，报道基因与淬灭基团分离，导致荧光信号不能被淬灭，荧光系统可检测到信号（图 17 - 4）。信号的强度随着每一轮扩增与产物的拷贝数同步累积，因此可作为对 PCR 产物的度量。

2. 分子信标　是单链 DNA，呈茎环结构，中间环部（15 ~ 35bp）与模板的特定序列互补，茎部的 5′端与 3′端序列互补（约 8bp），但与模板无同源性。游离时，5′端荧光基团与 3′端淬灭基团紧密相邻，荧光被后者淬灭。在 PCR 退火阶段，分子信标的环部序列与靶 DNA 序列形成更稳定的结合，茎环打开，荧光基团与淬灭基团远离而产生荧光。在延伸阶段，分子信标又从模板序列上解离，重新恢复茎环结构，荧光信号消失。分子信标法尤其适用于鉴定点突变，且特异性比等长度的其他探针更显著。

3. 蝎型探针　是对分子信标探针的改进。由 1 条茎环结构探针和 1 条引物组成，探针的 5′端和 3′端分别标记荧光供体基团和荧光淬灭基团，3′端通过 1 个非扩增的单体（防止探针退火后的延伸）与引物的 5′端相连。探针上由于荧光供体基团与淬灭基团相互靠近，不发荧光。在 PCR 变性时，探针的发夹结构会解开；退火时，则与模板相结合形成线性分子，这时供体基团远离淬灭基团，可检测荧光信号。

4. 双杂交探针　又称 FRET 探针或 LightCycler 探针。该法使用了两种与模板序列互补且相邻（距离为 1 ~ 5bp）的探针。上游探针的 3′端携带荧光供体基团，下游探针的 5′端携带荧光受体基团。变性时，两条探针的荧光基团距离较远，检测不到荧光信号。复性时，两条探针同时与靶序列结合，热循环仪的光源激发荧光供体基团产生的能量被毗邻的受体基团吸收，产生荧光信号。

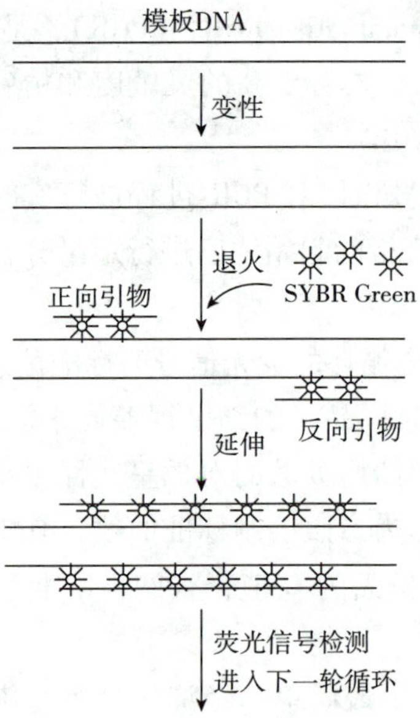

图 17－3　SYBR Green I 实时 PCR 原理

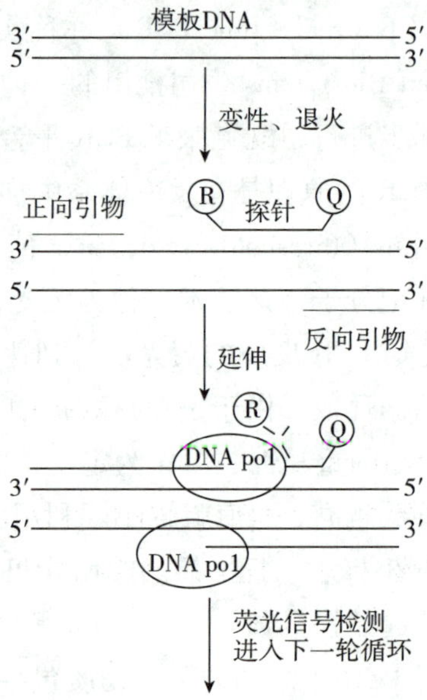

图 17－4　*Taq*man 探针法实时 PCR 原理

三、PCR 技术的应用

1. 基因克隆　随着人类基因组计划的完成，生物信息数据库积累了大量未知功能的 DNA 序列，识别和鉴定其中的新基因以及对基因功能进行深入研究是进一步研究的必然。PCR 技术可快速获得目的基因序列，是发现基因家族新成员、搜索不同物种同源基因的有力工具。

2. 基因表达　PCR 及其衍生技术可精确、快速地检测细胞中的基因表达，定量分析基因在不同组织之间或正常与异常组织之间的基因表达丰度差异等。例如检测肿瘤标志基因表达量的变化，有时可反映特定基因的突变，这可为癌症的早期诊断、治疗及预后提供借鉴。

3. DNA 序列测定　将 PCR 技术应用于 DNA 序列测定，大大提高了测序的效率。PCR 技术可直接从基因组或克隆片段中扩增测序模板，然后克隆到特定的载体中进行测序或直接测序。目前，PCR 产物直接测序广泛用于基因突变筛查、遗传性疾病诊断、单核苷酸多态性研究等。

4. 基因突变和多态性分析　许多人类遗传性疾病通常源于基因突变（如镰状细胞贫血），PCR 技术可对已知序列进行突变及序列多态性的定位，扩增 DNA 限制性酶切位点以检测遗传变异，如多个短串联重复序列（short tandem repeat，STR），并进行基因分型和多态性比对分析，还可通过引物的设计在体外对目的基因进行突变改造等。由于样品来源广泛，利用少量毛发（含毛囊）、血液、组织或口腔上皮细胞等就可以进行精确个体鉴定，因此，PCR 广泛用于基因诊断、法医检验和个体化用药分析等多方面。

5. 病原微生物检测　PCR 结合其他技术可对病原微生物进行基因分型，检测基因突变与耐药性的关系等。例如单链构象多态性分析（single strand conformation polymorphism，SSCP），等位基因特异性多重 PCR，DNA 测序及限制性片段长度多态性分析（restriction fragment lengthpolymorphism，RFLP）等。

6. 生物制品安全检测　PCR 技术广泛适用于生物疗法中残留 DNA 的定量分析、污染细胞库中微生物的核酸检测、疫苗中反转录病毒活性的特异性筛查、转基因产品的检测和定量等，以避免异源物质的介入可能引发的生物安全隐患。

第二节　基因文库

PPT

基因文库（gene library）是指包含某种生物体全部基因序列的克隆群体。基因文库包括基因组文库（genomic library）和 cDNA 文库（cDNA library）。构建完整基因文库所需克隆的数目主要取决于基因组的大小和重组子中插入片段的平均长度这两个参数。

一、基因组文库

基因组文库是将某种生物体的全部基因组 DNA 序列以 DNA 片段的方式储存。构建基因组文库的基本步骤如下：提取细胞的基因组 DNA，用限制性内切核酸酶适当消化成大小不等的 DNA 片段，将这些片段与适当载体连接后转入宿主扩增，即获得含有基因组 DNA 片段多个拷贝的重组子集合（图 17－5）。从文库中筛选含有目的基因的克隆，可通过菌落或噬菌斑原位杂交的方法来进行。杂交探针含有目的基因的部分序列或与目的基因高度同源的序列，一般采用放射性同位素或荧光标记，经放射自显影筛选出阳性克隆，测序后获得目的基因序列。

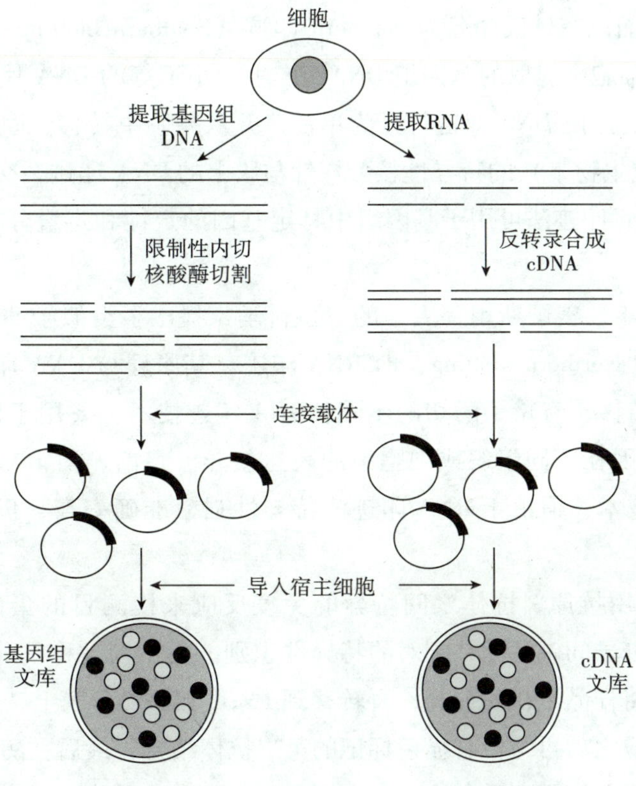

图 17－5　基因组文库和 cDNA 文库的构建

二、cDNA 文库

cDNA 文库即特定细胞类型在特定时间内转录的全部 mRNA 经反转录生成 cDNA 序列的一组克隆。构建 cDNA 文库的基本过程包括：提取细胞中的 mRNA 并检测其完整性，进而将 mRNA 反转录成双链 cDNA，然后与载体（质粒或噬菌体）连接后转入宿主菌，扩增即得到 cDNA 文库（图 17－5）。筛选含有目的基因序列的 cDNA 克隆最常用的方法是核酸杂交；还有一种常用方法是免疫学杂交，是利用抗体与克隆基因表达的蛋白质产物的亲和反应来筛选出目的克隆。

第三节 印迹技术

PPT

一、印迹技术的原理

将样品通过接触吸附的方式从一种介质转移至另一种介质的过程，称“blot”，译为印迹。印迹技术是生物学实验中常用的检测和分析方法，其基本原理是：将待检测的生物大分子经电泳等方法分离后转移（扩散转移或电转移）并固定在合适的膜［如硝酸纤维素（NC）膜、尼龙膜、PVDF 膜等］上，然后利用特异性探针（核苷酸或抗体）识别并结合目标分子，最后经显色反应（放射自显影、荧光或化学发光等）定性或定量分析目标分子。

二、印迹技术的分类

根据检测的生物大分子的性质，一般将印迹技术分为三类：DNA 印迹、RNA 印迹和蛋白质印迹。

1. DNA 印迹　最早出现的印迹技术是 DNA 印迹，英国生物学家 Edward Southerm 是该技术的创始人（于 1975 年提出），因而以其姓氏命名为 Southern 印迹（Southern blotting）。其基本操作原理是：用限制性内切核酸酶切割从细胞中提取的基因组 DNA，产生大小不等的 DNA 片段，经琼脂糖凝胶电泳分离这些片段，然后通过碱变性使 DNA 双链打开为单链，并从凝胶中转移、固定到膜上，最后使用标记（放射性同位素、荧光素或生物素）的特异性核酸探针与膜上的 DNA 印迹杂交，利用相应的显色方法检测目的 DNA 片段。Southern 印迹法可用于基因组中特定基因的定性和定量分析、基因突变检测及 DNA 指纹检测等。

2. RNA 印迹　1977 年，美国斯坦福大学的三位科学家提出了类似于 Southern blotting、用于检测 RNA 的技术，便将其称为 Northern blotting，即 RNA 印迹。其原理与 DNA 印迹相同（图 17 - 6），由于 RNA 分子较小，容易转移，省略了酶切的步骤。RNA 印迹技术主要用于检测细胞中已知基因的转录水平，也可比较某一基因在不同组织或细胞中的表达差异。目前，对 RNA 的初步分析倾向于使用灵敏度更高的 RT - PCR 技术，但由于 RNA 印迹法特异性强、准确率高，仍是可靠的 RNA 定量分析方法之一。

3. 蛋白质印迹　是利用抗原、抗体之间特异的免疫反应来检测目的蛋白，与 Southern blotting 和 Northern blotting 基于核酸分子间碱基互补配对的特异性识别能力不同，称 Western blotting。基本原理是采用聚丙烯酰胺凝胶电泳将样品蛋白质分离，再转移到 PVDF 膜或 NC 膜上，然后加入可与目的蛋白特异性结合的第一抗体，反应之后再与带有显色标记的第二抗体结合，最后在酶的作用下使底物显色或经化学发光显影来检测目的蛋白。蛋白质印迹技术主要用于定性和定量检测样品中的特异蛋白质以及研究蛋白质分子的相互作用等。

除以上 3 种印迹技术外，分子杂交技术还包括直接将待测样品点在尼龙膜上，经 DNA 变性后用于杂交分析的斑点印迹（Dot blotting）；利用探针直接与待测组织或细胞切片上的 DNA 或 RNA 杂交，经一定方法显示靶序列的位置，以进行特定基因及其表达产物定位分析的原位杂交印迹（*in situ* hybridization，ISH）和生物芯片（本章第四节）。

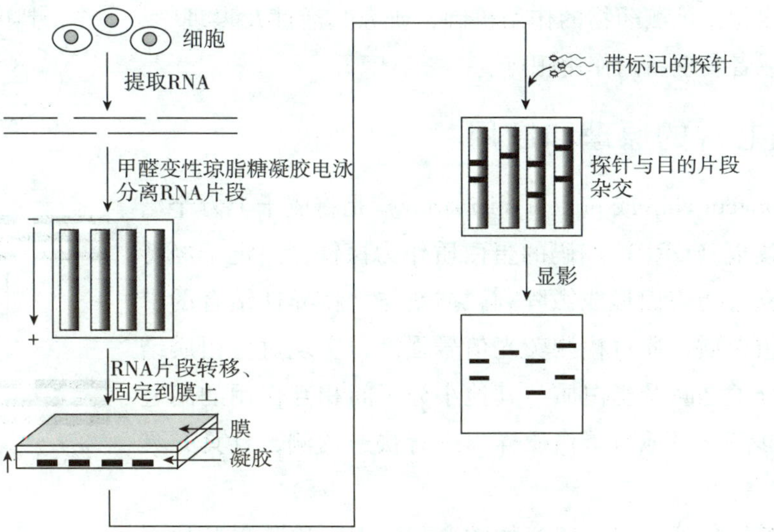

图 17－6　RNA 印迹技术示意图

三、印迹技术的应用

在生物体内，不同生物大分子之间的相互作用经常发生。分子印迹技术具有样品用量少、操作简单、灵敏度高等优势，因此是检测生物大分子之间相互作用的重要技术手段，在医学、遗传学及生物进化的研究中发挥了重要的作用。

第四节　生物芯片技术

PPT

生物芯片技术（biochip）是 20 世纪 90 年代初发展起来的一种全新的微量分析技术，其基本原理是通过微加工和微电子技术在固体芯片表面构建微型生物化学分析系统，以实现对生命机体的组织、细胞、蛋白质、核酸、糖类以及其他生物组分进行准确、快速、大信息量的检测。生物芯片包括基因芯片、蛋白质芯片、细胞芯片和组织芯片等。本节重点介绍其中最基础的基因芯片和蛋白质芯片的基本原理及其应用。

一、基因芯片的原理和应用

基因芯片（gene chip），又称 DNA 芯片（DNA chip）或 DNA 微阵列（DNA microarray），是根据核酸互补配对的原理，将大量核酸探针分子密集排列于支持物（如硅片、尼龙膜）表面，然后与已标记的待测样品中的目的分子杂交，通过检测分析杂交信号来获取目的分子的数量和序列信息。根据所用探针类型的不同，基因芯片可分为 cDNA 微阵列（cDNA microarray）和寡核苷酸微阵列（oligo microarray）两大类。

基因芯片技术在 DNA 测序、基因表达谱分析、基因突变和多态性检测、基因功能研究、微生物检测、寻找致病基因及药物筛选等方面已经得到广泛的应用。如通过比较正常组织与恶性肿瘤基因表达的差异，可进行肿瘤诊断、研究肿瘤相关基因突变、进行抗肿瘤药物的筛选等（图 17－7）。一些常见疾病（如血栓）与多种遗传因素有关，利用基因芯片检测基因突变和多态性，寻找疾病相关基因并研究其功能，有利于阐明疾病的形成机制，促进临床诊断和治疗。应用 DNA 芯片可分析药物处理前后组织细胞基因表达谱的变化，推测药物的作用机制，研究其活性及毒理学，进而确定药物靶点或者发现新的作用靶点。

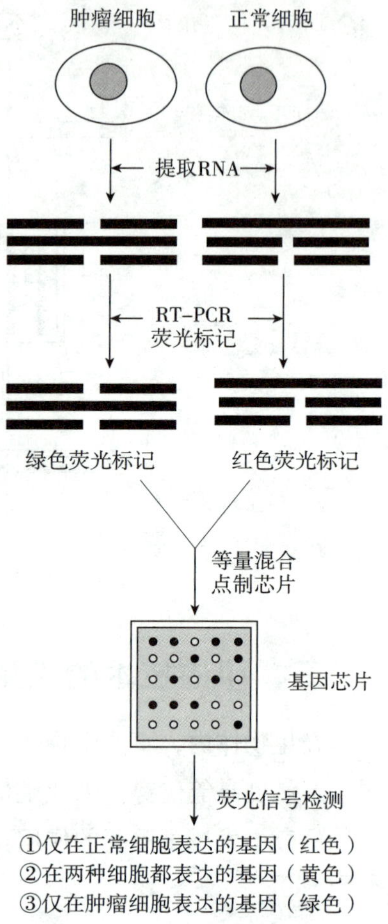

图 17-7　双色荧光标记探针基因芯片检测流程示意图

二、蛋白质芯片的原理和应用

蛋白质芯片（protein chip 或 protein microarray）是将成千上万个已知基因序列开放阅读框（ORF）编码的蛋白质作为探针，固定于经特殊化学方法处理的支持物表面形成微阵列，捕获与之特异性结合的带有特殊标志的待测蛋白质，通过检测荧光信号强度，实现对蛋白质结构与功能、蛋白质分子之间及蛋白质与其他小分子间相互作用的高通量分析。该技术能够高通量地对蛋白质样本进行快速检测，且具有灵敏度高、特异性好等特点。

蛋白质芯片体现的是基因表达终产物的变化，因而比基因芯片更能反映生命活动的本质。例如，抗体芯片是将各种纯化后的抗体固定于固相载体上，用于检测不同组织或细胞中的蛋白质，有助于研究疾病的致病机制，发现疾病诊断和治疗的靶分子。研究蛋白质功能的芯片则是将大量未知功能的蛋白质作为研究对象，用于揭示新的蛋白质之间、蛋白质与小分子之间的相互作用。将 5800 种酵母蛋白质固定在芯片上制成酵母蛋白质组芯片，可检测能与特定蛋白质和磷脂相互作用的蛋白质，用于筛选与蛋白质相互作用的药物及检测蛋白质翻译后的修饰等。蛋白质芯片作为崭新的技术还面临着诸多挑战，例如如何建立快速、廉价、高通量的蛋白质表达和纯化方法以及减少基质材料与蛋白质之间的非特异性结合。

第五节　生物大分子相互作用研究技术

PPT

生物体内重要的生命活动都是通过生物大分子的相互作用体现的，如遗传信息传递、免疫应答反应、信号转导和物质代谢等。因此，研究细胞内 DNA-蛋白质、RNA-蛋白质、酶-底物、抗原-抗体、糖蛋白-凝集素、激素-受体等各种生物大分子相互作用的方式，有助于理解生命活动的基本机制。本节选择性介绍部分方法的原理和应用。

一、蛋白质相互作用研究技术

生物体内的遗传信息经转录、翻译成具有生物活性的蛋白质，细胞中的各种蛋白质通常与其他蛋白质相互作用形成大的复合物，在特定的时间和空间内执行生物学功能。几乎所有的生命活动都有蛋白质复合体的参与。大规模、高通量的蛋白质相互作用研究可以描绘出蛋白质之间相互作用的网络，阐明特定蛋白质的功能，进而研究细胞某一生理活动中相关蛋白质的变化及作用机制。

目前用于研究蛋白质相互作用的方法包括酵母双杂交、串联亲和纯化、免疫共沉淀、GST 融合蛋白沉淀、蛋白质芯片、双分子荧光互补技术等。这里简要介绍前三种技术。

1. 酵母双杂交技术　酵母双杂交系统（yeast two-hybrid system，Y2H）是利用酵母转录激活因子 GAL4 的特性来研究真核基因的转录调控，是研究蛋白质相互作用网络时广泛采用的经典技术。该方法将真核细胞转录因子的两个不同的结构域，即 DNA 结合结构域（binding domain，BD）和转录激活结构域（activating domain，AD），分别与诱饵蛋白基因（*X*）和猎物蛋白基因（*Y*）进行融合，共同转入酵母细胞。如果蛋白 X 与 Y 之间存在相互作用，就能恢复转录因子的活性，激活下游报告基因的表达，通过检测报告基因的表达产物就可判断两种蛋白质是否发生相互作用（图 17－8）。

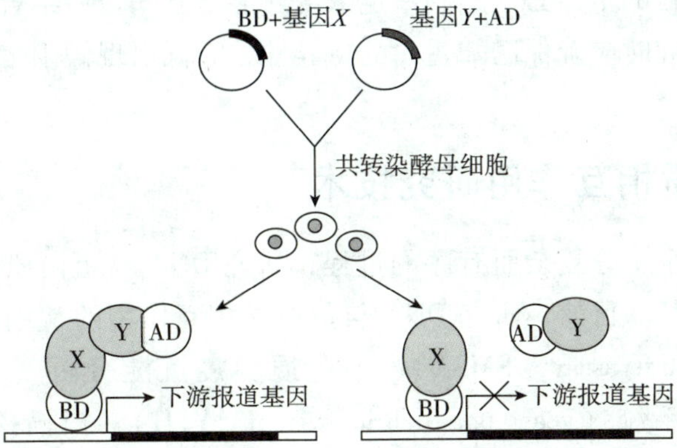

图 17－8　酵母双杂交系统分析蛋白质间相互作用的原理

酵母双杂交系统能用已知功能的蛋白质基因双杂交筛选 cDNA 文库，获得与已知蛋白质特异性结合的目的蛋白；研究大规模蛋白质相互作用，为绘制蛋白质相互作用的网络图谱提供了条件；确定病毒蛋白与宿主蛋白之间的相互作用，有助于揭示重要的病理过程；筛选和设计与靶蛋白相互作用的多肽类药物。

酵母双杂交系统具有灵敏度高、快速、无需蛋白质纯化、可检测瞬时或较弱蛋白质相互作用等优点，对于深入研究细胞功能的分子机制具有重要的意义。但该方法也存在一定的局限性，如只能检测细胞核内的蛋白质相互作用、假阳性率较高等。为了弥补方法本身的缺点，很多方法和技术对其进行了改进，使双杂交系统可以检测细胞质蛋白的相互作用（SOS 募集系统）和膜蛋白的相互作用（断裂泛素酵母双杂交系统）等，其灵敏度和特异性也得到了显著提高。

2. 串联亲和纯化技术　串联亲和纯化（tandem affinity purification，TAP）是一种常用的分离纯化蛋白质复合物的方法，在大规模分析蛋白质相互作用的研究中广泛采用。该技术使用的标签蛋白由三部分组成：蛋白 A（IgG 结合结构域）、钙调蛋白结合多肽（calmodulin binding peptide，CBP）和中间连接的 TEV 酶识别的酶切位点（图 17－9）。TAP 技术通过两步亲和纯化，得到高纯度的蛋白质复合物。首先，将细胞内源性的目的蛋白基因置换为带有标签蛋白的融合基因，然后温和裂解细胞，提取总蛋白并加入 IgG 偶联的亲和层析柱，靶蛋白复合物上的蛋白 A 标签与 IgG 特异性结合，洗脱杂蛋白，随后加入含有 TEV 蛋白酶的洗脱液酶切蛋白 A，释放含有靶蛋白的复合物，再经过钙调蛋白偶联的亲和层析柱进行二次纯化，靶蛋白复合物上的 CBP 标签可与钙调蛋白结合，洗脱去除杂蛋白，然后加入过量 Ca^{2+} 螯合剂 EGTA 使 CBP 与钙调蛋白解离，洗脱得到高纯度的目的蛋白复合物，经 SDS－PAGE 分离每种蛋白质组分，切胶纯化后可通过串联质谱、免疫杂交等方法分析鉴定目的蛋白。该技术研究生理条件下蛋白质的相互作用，经过两次亲和纯化而得到接近天然状态的蛋白质，降低了假阳性率，提高了特异性。但标签蛋白可能会影响靶蛋白与亲和柱的结合，纯化中使用的螯合剂可能会干扰蛋白质复合物的活性及完整性。

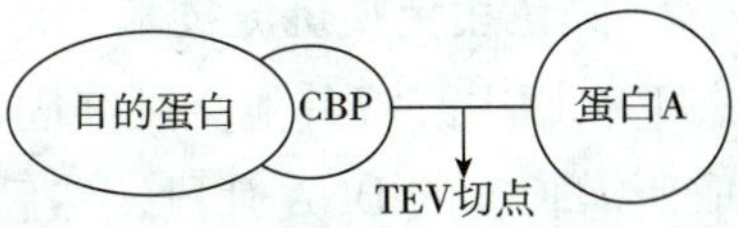

图 17－9　带有 TAP 标签的目的蛋白

3. 免疫共沉淀技术　免疫共沉淀（co－immunoprecipitation，Co－IP）以抗原与抗体的特异性结合为基础，是研究蛋白质相互作用的经典方法。其基本原理是将细胞在非变性条件下裂解，细胞内许多蛋白质-蛋白质间的相互作用被保留下来，在细胞裂解液中加入特定的抗体，该抗体就会和已知抗原形成复合物沉淀，若细胞内存在与已知抗原相互作用的目的蛋白，那么该蛋白质也会一起被沉淀下来。如果抗体是带有标签蛋白的融合蛋白，利用亲和色谱可将蛋白质复合物分离纯化出来，再通过SDS-PACE或质谱等技术鉴定目的蛋白。免疫共沉淀法常用于发现生理条件下与已知蛋白相互作用的目的蛋白或验证蛋白质复合物的存在，但目的蛋白必须达到一定浓度才能与已知蛋白结合形成沉淀；因此，该法只适用于研究高表达量蛋白质；同时应确保已知蛋白的特异性，降低出现假阳性的概率，因此，设置正确的对照非常重要。

二、DNA-蛋白质相互作用研究技术

真核生物基因表达是一个十分复杂而有序的过程，研究DNA与蛋白质的相互作用是阐明真核生物基因表达调控机制的基本途径。目前，研究DNA与蛋白质相互作用的常用技术包括电泳迁移率变动分析（electrophoresis mobility shift assay，EMSA）、染色质免疫沉淀分析（chromatin immunoprecipitation assay，ChIP）、酵母单杂交系统（yeast one hybrid system，Y1H）、扫描探针显微镜（scanning probe microscope，SPM）技术等。

1. 电泳迁移率变动分析技术 又称凝胶阻滞实验（gel retardation assay），是一种体外检测DNA与蛋白质相互作用的技术，可简单、快速地实现对目的蛋白的定性和定量分析。基本原理是将纯化的DNA特异性结合蛋白或细胞粗提液与含有蛋白质结合位点的末端标记的DNA或RNA探针一同孵育，然后在非变性聚丙烯酰胺凝胶电泳中，DNA-蛋白质复合物的迁移速率比游离的DNA双链探针慢得多，从而在凝胶上形成滞后带。滞后带的显影结果反映DNA与蛋白质之间的结合程度。

EMSA分析通常采用放射性同位素标记的寡核苷酸探针，但因同位素的半衰期短、易造成环境污染等，目前已被地高辛和生物素标记的寡核苷酸代替。在EMSA技术的基础上发展起来的毛细管凝胶阻滞电泳技术具有样品用量少、分辨率高等特点，可用于研究胚胎发育过程中一些与特定DNA相互作用的蛋白质。EMSA技术的不足之处在于不能确定细胞内重要转录因子的靶序列，无法反映生理条件下DNA和蛋白质的相互作用。

2. 染色质免疫沉淀技术 是一种研究体内DNA和蛋白质相互作用的方法。其基本原理是在活细胞状态下，用甲醛或其他交联剂固定DNA-蛋白质复合物，经超声波物理破碎或酶切消化染色体DNA，获取所需长度的DNA片段，然后利用特异性抗体免疫沉淀目的蛋白-DNA交联复合物，再用低pH值等条件解除目的蛋白与DNA的交联，纯化DNA片段后通过定量PCR、测序等多种检测手段获取目的DNA序列信息。

ChIP技术起初多用于研究DNA和组蛋白的相互作用以及组蛋白的翻译后修饰，随着该技术的不断发展和完善，现已广泛应用于研究体内转录调控因子与特定染色质序列之间的相互作用，并已成为研究染色质水平基因表达调控的重要方法。特别是ChIP技术与芯片（chip）或测序（sequencing）相结合的ChIP-chip和ChIP-Seq技术，可用于高通量筛选转录因子的结合位点、组蛋白修饰、核小体定位及DNA甲基化等，已成为在全基因组水平分析DNA与蛋白质相互作用的主要技术。

3. 酵母单杂交技术 是在酵母双杂交的基础上发展而来的一种研究核酸-蛋白质相互作用的工具，广泛用于研究真核细胞内基因的表达调控，如鉴别潜在的转录因子、分析DNA结合结构域信息等。该方法将待测靶蛋白与酵母AD结构域融合的载体导入酵母细胞，如果靶蛋白能够与顺式作用元件结合，那么将激活报告基因表达，通过检测报告基因来判断核酸-蛋白质之间的相互作用。

第六节　动物克隆、动物转基因和基因敲除技术

PPT

21 世纪是生命科学的时代，转基因克隆技术是目前生命科学领域的前沿技术，克隆动物和转基因生物已在医药、食品、农业、畜牧业和化工等领域产生巨大的商业价值和社会效益。动物克隆技术在选育遗传性质稳定的优良物种、提供器官移植供体、保护遗传种质多样性等方面得到广泛应用。利用转基因技术可以对动物基因组进行有目的的遗传改造，通过分析宿主动物产生的特定表型特征，探讨基因表达调控规律、致病基因作用机制和免疫系统反应等。克隆技术与转基因技术有机结合形成的转基因克隆技术，已成为21 世纪动物基因工程实现产业化的主导技术。本节将分别介绍这两种技术。

一、动物克隆技术

克隆（clone）是指以无性繁殖的方式产生遗传物质完全相同的个体或细胞。哺乳动物克隆的方法主要有胚胎分割（embryo splitting）和细胞核移植（nuclear transfer，NT）两种。胚胎分割是用显微技术将未着床的卵裂球或桑椹胚等早期胚胎进行多次分割，再分别移植给受体，从而得到多个遗传性状相同的后代的方法，是早期动物克隆的方式。细胞核移植是指将一个细胞的细胞核利用显微技术移入去核的成熟卵母细胞而构建重组胚，通过胚胎移植以获得遗传物质相同的后代的技术，是目前动物克隆的主要方法。

根据细胞核的来源不同，细胞核移植可分为胚胎细胞核移植和体细胞核移植。其中，胚胎细胞核移植是将早期胚胎的细胞核移植到去核卵母细胞中而形成新合子的技术。体细胞核移植则是将高度分化的体细胞核移入去核卵母细胞，体细胞核在重组胚中发生重编程，恢复其全能性，并发育成新个体的技术。体细胞核重编程的成功是克隆动物的先决条件，重编程过程具体包括细胞核的重塑、甲基化水平的改变、端粒酶活性和端粒长度的恢复以及其他早期胚胎发育特征的变化等。

目前，胎儿成纤维细胞、乳腺细胞、输卵管/子宫上皮细胞、耳皮细胞、卵丘细胞等体细胞已成功用于克隆多种哺乳动物，其中经典的代表是克隆绵羊多莉，具核供体是成年绵羊的乳腺细胞。但动物克隆技术也存在成功率低和后代生长发育异常等缺陷，根本原因是对核移植相关的许多理论问题的了解尚且匮乏，如受体胞质对供体核重编程的影响、核质互作、线粒体来源等，因此，动物克隆的分子机制是今后研究的重点。

二、动物转基因技术

转基因动物（transgenic animal）是指借助基因工程技术将外源基因导入生殖细胞、胚胎干细胞或体细胞，通过 DNA 重组使外源基因整合到受体细胞的基因组中，再将受体细胞植入动物子宫，发育形成所有细胞都包含外源基因的个体。导入的外源基因称为转基因（transgene），这一过程中使用的技术称为转基因技术（transgenic technology）。

制作转基因动物的基本步骤包括：构建转基因表达载体，将外源基因导入受体细胞，将基因改造的受体细胞植入母体子宫并发育成转基因动物个体，鉴定外源基因的表达和遗传稳定性（图 17－10）。目前，动物转基因的方法主要有原核期胚胎的显微注射法、反转录病毒感染法、慢病毒载体技术、精子载体法、胚胎干细胞介导法、体细胞核移植技术、胞内单精注射法、基因打靶技术、RNAi 介导的基因沉默技术、诱导多能干细胞转基因技术及人工染色体法等。

利用转基因动物可以阐明基因功能和个体发育调控的分子机制，制作疾病动物模型进行发病机制、药物筛选和基因治疗研究，改良动物品种，培育高产优质抗病的新品系，解决异种器官移植的免疫排斥反应，以及作为活体生物反应器来生产药用蛋白等。转基因技术与克隆技术的结合应用使基因转移的效

率大幅度提高，后代个体的数量增加，整体成本降低。但转基因技术本身仍存在以下问题。①研究过程存在的困难，基因整合的分子机制尚不清楚；转基因在宿主基因组中插入位点的随机性可能导致内源基因的突变、失活或激活原本处于关闭状态的基因（例如癌基因），外源基因整合到宿主基因组的拷贝数不等，子代常发生外源基因拷贝数丢失和表达沉默的现象。②转基因动物及其产品的安全性问题：外源基因的插入及转基因过程中使用的病毒载体可能造成“基因污染”，从而影响动物的正常生长发育和作为食品的安全性，以及由于转基因技术打破了物种之间的生殖隔离而引发的一系列社会伦理问题和生物多样性安全危机。

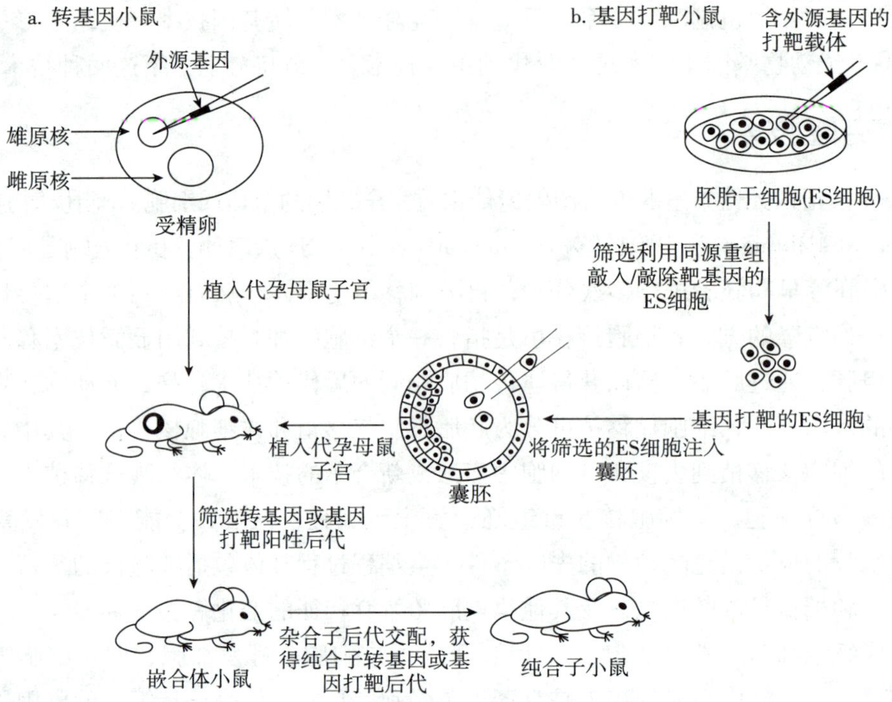

图 17－10　制备转基因和基因打靶小鼠的原理

三、基因敲除技术

基因的去除常称为基因敲除（gene knockout），是指利用重组 DNA 技术剔除或破坏细胞的内源基因，观察由此导致的生物表型变化。基因打靶（gene targeting）是通过同源重组的方式清除或置换细胞内源基因，准确改造生物遗传信息的技术。基因敲除属于基因打靶技术的一种。

基因敲除的基本原理是外源 DNA 与胚胎干细胞（embryo stem cells，ESCs）基因组中序列相同的区域发生同源重组，定点破坏 ESCs 的内源基因，再将 ESCs 植入囊胚，产生带有目的基因功能缺陷的嵌合体，然后通过后代的连续自交获得目的基因缺陷的纯合个体，通过比较基因敲除前后个体遗传表型等生物学性状的变化来鉴定基因的功能（图 17－10）。

基因打靶与转基因的最大区别在于，前者改造了细胞的内源基因（清除或替换），尤其一些重要的基因被敲除后往往引起严重的发育缺陷或胚胎死亡，不利于分析发育后期阶段基因的功能，而且基因敲除动物呈现出复杂的表型，难以判断异常的表型是因哪一类细胞或组织引起的。近年来，条件性基因打靶系统和诱导性基因打靶系统的建立克服了上述不足，可以将某一基因在个体发育的特定阶段、特定组织或细胞中选择性敲除，从而使基因打靶在时空上更加精确可靠，为系统研究基因的功能提供有力支持。

条件性基因打靶是将 Cre－LoxP 系统与基因打靶相结合的技术。通过转基因技术使 Cre 重组酶可以在特定发育时期、特定细胞中表达，Cre 重组酶能够特异性识别 LoxP 位点，可介导靶基因两侧的 LoxP

序列之间发生同源重组，切除靶基因和一个 LoxP。诱导性基因打靶由 Cre－LoxP 系统和诱导系统组成。诱导系统主要为控制 Cre 基因启动子活性或激活 Cre 酶的诱导剂，通过对诱导剂添加时间的控制，可实现对 LoxP 动物特定基因的删除。

目前，基因敲除技术应用最成熟的实验动物是小鼠，大型哺乳动物基因敲除的研究还处在探索阶段。利用 CRISPR/Cas9 技术对大型哺乳动物基因定点敲除的研究已有不少成功的报道，该技术可通过分析靶基因编码区序列的结构来确定敲除位点，设计 sgRNA 并根据它构建与 Cas9 蛋白共表达的载体，转染靶细胞并筛选出删除靶基因的单克隆细胞。随着对 CRISPR/Cas9 系统研究的不断深入，该技术将在生物领域的各个方面显示出广阔的应用前景。

第七节　疾病相关基因的克隆、鉴定与功能分析

PPT

基因（gene）是遗传信息的最小功能单位。几乎所有疾病都与基因突变或基因表达的变化相关，但并非都是直接对应的因果关系。疾病是在一定的遗传背景与环境因素间复杂的相互作用下发生的，单基因遗传病（monogenic disease）就属于遗传因素起决定性作用的一类疾病；而多基因遗传病（polygenic disease）如自身免疫系统疾病、糖尿病、高血压等，则是受到两种因素的共同影响。因此，对疾病相关基因的克隆、鉴定和功能研究不但有助于详细了解疾病发生的分子机制，而且有利于研发基因诊断和治疗的方法。

一、疾病相关基因克隆的策略和方法

疾病相关基因的克隆和鉴定是一项复杂的工程，需要多学科的紧密配合，主要有 3 种策略：定位克隆（positional cloning）、功能克隆（functional cloning）以及不依赖位点的高通量 DNA 序列分析。

（一）定位克隆

定位克隆是指通过连锁分析确定基因在染色体上的位置信息，采取各种方法进行基因克隆和定位。基因定位克隆的策略大致包括 3 个步骤：① 利用家系连锁分析资料，获得基因在染色体上的大体位置；② 用染色体步移等技术，获得含有候选基因区域的 DNA 片段重叠群（contig）；③ 筛选与候选基因相连锁的遗传标志，尽量缩小候选区域 DNA 片段的长度；④ 比较疾病和正常组织 DNA 片段的差异，筛选目的基因并进行突变检测和功能分析。目前基因定位的方法主要有家系连锁分析（family－based linkage analysis）、体细胞杂交（somatic cell hybridization）和原位杂交（*in situ* hybridization）。

1. 家系连锁分析　是基因定位的经典方法。它采用多种遗传标志对家系各成员进行全基因组扫描，观察遗传标志与疾病的异常表型在家系内是否存在连锁不平衡，计算出遗传距离及连锁程度，连锁紧密的遗传标志附近应该就是致病基因的位点。常用的遗传标志有 ABO 血型、人白细胞抗原（human leukocyte antigen，HLA）、限制性片段长度多态性分析（RFLP）、微卫星 DNA、短串联重复序列（short tandem repeat，STR）以及单核苷酸多态性（single nucleotide polymorphism，SNP）等。该法适用于呈孟德尔遗传、外显率高的单基因遗传病分析，如将血型 Duffy 基因定位于人的 1 号染色体。该法的缺点是需要完整的系谱材料，对遗传参数的依赖较大，结果受遗传模型设定的影响，因此很难用于多基因遗传病的定位研究。

2. 体细胞杂交　即细胞融合（cell fusion），基本原理是将不同来源的两种体细胞融合成一个新的杂种细胞（hybrid cell），杂种细胞在分裂时会排除一种亲本的染色体。动物体细胞杂交主要是用人的体细胞与小鼠或大鼠的体细胞进行融合，新的杂种细胞在传代过程中不断丢失人的染色体，最后只剩一条或几条染色体，原因尚不明确。体细胞杂交克服了有性繁殖的局限，为远源杂交提供了条件，成为研究细

胞遗传、细胞免疫、肿瘤及培育生物新品种的重要方法。

3. 原位杂交 是核酸分子杂交技术在基因定位中的运用。其主要过程是将目的基因的特定 DNA 片段或 mRNA 序列作为探针，标记放射性同位素或荧光染料，然后与变性后的染色体 DNA 杂交，显影后可将目的基因定位于染色体的某一区域。

（二）功能克隆

功能克隆（functional cloning）是在清楚了解蛋白质功能的基础上鉴定蛋白质编码基因的方法。功能克隆的策略是从疾病的异常表型入手，找出造成其产生功能异常的蛋白质。若该蛋白质在体内的含量丰富，可用电泳法或色谱法纯化足量蛋白质用于氨基酸序列分析，根据氨基酸序列信息推导出其核苷酸编码序列，以此设计探针与基因组文库或 cDNA 文库杂交，定位目的基因，还可设计部分简并引物，用 PCR 法扩增候选基因。单基因遗传病如镰状细胞贫血 i（α－珠蛋白基因突变）、苯丙酮尿症（苯丙氨酸羟化酶基因突变）等可采用此法定位和克隆疾病基因。若疾病基因在体内的表达量很低，则很难得到足量蛋白质产物用于氨基酸序列测定。需要先富集低丰度蛋白质，再用它免疫动物，以获取特异性抗体，利用其筛查 cDNA 表达文库，挑选出表达抗原的 cDNA 阳性克隆，测序获得目的基因。

功能克隆的方法包括抑制性消减杂交（suppression SH，SSH）、mRNA 差异显示（mRNA differential display，mRNA－DD）、代表性差异分析（representational difference analysis，RDA）、基因表达系列分析（serial analysis of gene expression，SAGE）、基因组错配扫描（genomic mismatch scanning，GMS）、比较基因组杂交（comparative genome hybridization，CCH）、DNA 芯片（DNA chips）等。这里仅简单介绍几种方法。

1. SSH 法 将正常组织和疾病组织的 cDNA 进行两次消减杂交，再通过抑制 PCR 获得差异表达的基因片段。其基本步骤是：①分别获得正常组织的 cDNA（tester DNA）和疾病组织的 cDNA（driver DNA），并用限制性内切核酸酶将两者切割为小片段；②将 tester DNA 分成 2 份，在其 5′端分别连接 2 种接头，然后与过量 driver DNA 分别进行第一轮杂交；③混合第一轮杂交产物，再加入过量 driver DNA 进行第二轮杂交；④以 tester DNA 的 5′端为模板设计引物，用 PCR 扩增将其 3′端补齐成平末端；⑤根据 2 种接头的外侧序列设计引物进行 PCR 扩增，获得疾病候选基因序列。

2. GMS 法 先将正常组织和疾病组织的基因组 DNA 用限制性内切核酸酶消化，将其中一个用甲基化酶处理后再与另一个等量混合杂交，经限制性内切核酸酶去除不精确配对的杂交双链以及双链均甲基化或都未甲基化的 DNA 片段，以筛选到的候选序列作为探针与全基因组克隆阵列进行杂交，定位目的基因。GMS 法为肿瘤、糖尿病等多基因遗传病基因的分离和定位开辟了一个新的途径。

3. RDA 法 与 GMS 法相反，是利用 PCR 分别扩增疾病和正常组织的基因组 DNA 或 cDNA，然后进行消减杂交，再用不同的引物对杂交产物进行二次 PCR 反应，得到差异表达的目的 DNA 片段。

4. CGH 法 是结合消减杂交和荧光原位杂交技术，检测目的基因拷贝数的变化（缺失、扩增）并将其在染色体上定位的方法。该法可一次性对整个基因组进行分析，获得目的基因的候选序列，便于进一步筛选；缺点是无法筛查出 DNA 拷贝数不变（突变、染色体异位等）的基因结构变化。

（三）不依赖位点的高通量 DNA 序列分析

全基因组关联研究（genome wide association study，GWAS）通过扫描基因组，研究疾病基因与其表型之间的关联性，可有效发现多基因复杂性状疾病的相关基因。GWAS 利用高通量芯片对大量患者和正常人的基因组进行基于单核苷酸多态性（single nucleotide polymorphism，SNP）的基因分型，进一步通过统计学分析获得疾病的相关基因。目前，GWAS 已在银屑病、系统性红斑狼疮、高血压、糖尿病、冠心病及精神分裂症等多种复杂人类疾病的研究中广泛应用。然而，由 GWAS 检测到的大部分与疾病相关的突变都不编码蛋白质，只有调节序列的突变才会影响蛋白质的表达水平，而且目前的 SNP 基因分型技术无法检测到表观遗传变异、基因之间以及基因与环境之间的相互作用。近年来的研究采用生物网络分析和生物通路分析等多种生物信息学和生物统计学方法对 GWAS 数据进行深度数据分析，进一步探索疾病发生的分子机制。

二、疾病相关基因的功能研究

人类基因组中有 2 万～2.5 万个基因，其中大部分基因的功能还未知，因此，利用各种方法研究人类基因的功能是后基因组时代生命科学领域的重要内容。通过序列相似性比对分析可以预测基因的功能，通过基因功能获得和（或）功能缺失来检测个体的生物化学水平、细胞水平和表观遗传性状的变化，可以鉴定基因的功能。另外，随机突变筛选技术和基因捕获技术也是研究基因功能的重要手段。

1. 利用生物信息学方法对基因功能进行注释　生物信息学最常用的方法是进行序列比对，检索与目的基因的 DNA 或蛋白质序列相似性程度高的功能已知的同源序列，推测目的基因具有相似的功能。美国国立生物技术信息中心（NCBI，www.ncbi.nlm.nih.gov）开发的 BLAST 和欧洲生物信息学研究所（EBI，www.ebi.ac.uk）开发的 FASTA，是目前常用的 2 种序列比对工具。另外，利用生物信息学方法和各种生物网络数据库可以大规模分析生物芯片数据，为基因功能的研究提供多方面的信息。

2. 基因功能的获得和缺失策略

（1）基因功能的获得策略　将外源基因导入个体或细胞，观察个体或细胞生物性状的变化，从而研究基因的功能。常用方法有基因敲入技术（gene knock - in）和转基因技术（见本章第六节）。基因敲入是基因打靶技术的一种，指用同源重组的方法以外源基因替换另一基因的技术。

（2）基因功能的缺失策略　使个体或细胞的内源基因功能部分或完全失活，观察个体或细胞生物性状受到的影响，从而研究基因的功能。该法包括基因敲除技术（见本章第六节）和基因沉默（gene silencing）技术。基因沉默是指因外源基因的导入使个体或细胞内特定基因的表达受到抑制，常用方法包括 RNA 干扰（RNA interference，RNAi）和反义 RNA 技术。RNAi 可高效、特异地抑制靶基因的表达，比基因敲除操作更简单，周期更短。反义 RNA 可与细胞中特定的 mRNA 序列结合，从而抑制其翻译。

3. 随机突变筛选技术和基因捕获技术

（1）随机突变筛选技术　通过物理、化学或生物学方法诱导基因组 DNA 产生大量突变，通过对突变基因的定位和克隆，获得基因功能研究的新材料。

（2）基因捕获技术　将一个报道基因随机插入基因组，造成内源基因的插入突变，观察个体或细胞生物学特征的改变，从而鉴定内源基因的功能。

知识链接

游离 DNA

循环游离 DNA 或细胞游离 DNA（circulating free DNA or cell free DNA，cfDNA）是释放到血浆中的降解的 DNA 片段。cfDNA 存在于人体各种体液中，随组织损伤、癌症和炎症反应等而发生浓度变化。如母亲和胎儿 - 胎盘单位都会产生 cfDNA；正常人体的 cfDNA 主要为细胞凋亡过程中产生的小而均匀的 185～200bp 小片段 DNA；肿瘤坏死的组织细胞由于非正常的凋亡过程，产生大小不同且大于 200bp 的大片段 DNA。

cfDNA 检测是目前最常见的液体活检形式，可用于：产前检测，如 21 和 18 三体；器官移植状态的监控；预测脓毒症和脓毒症休克、无菌性炎症、心肌梗死和无影像学结果的中风患者的患病情况；发现肿瘤相关的突变、杂合子缺失（LOH）、基因扩增、癌病毒 DNA、抑癌基因启动子区的超甲基化等。

答案解析

目标检测

一、单项选择题

1. PCR 不能用于（　）

A. 目的基因的克隆
B. 构建基因的体外突变体
C. DNA 的微量分析
D. DNA 序列测定
E. 蛋白质含量测定

2. RT-PCR 可用于（　）

A. DNA 序列测定
B. RNA 结构分析
C. 蛋白质含量测定
D. 基因表达分析
E. 蛋白质氨基酸序列分析

3. 基因组文库是（　）

A. 一个转化子细胞包含的所有染色体片段
B. 一个转化子细胞包含的所有 cDNA 片段
C. 一个转化子细胞包含的所有基因组 DNA
D. 携带各种 cDNA 片段的所有转化子细胞的集合
E. 携带各种基因组 DNA 片段的所有转化子细胞的集合

4. 基因芯片本质上就是高通量的（　）

A. 核酸分子杂交
B. 蛋白质印迹
C. 染色体免疫共沉淀（ChIP）
D. 电泳迁移率变动实验（EMSA）
E. 实时 PCR

5. 酵母双杂交实验可用于检测（　）

A. 蛋白质-蛋白质相互作用
B. 蛋白质-DNA 相互作用
C. 蛋白质-RNA 相互作用
D. DNA-DNA 相互作用
E. DNA-RNA 相互作用

6. 印迹技术的基本操作是（　）

A. 电泳—转移—杂交—显色
B. 电泳—杂交—转移—显色
C. 电泳—显色—转移—杂交
D. 转移—杂交—电泳—显色
E. 显色—电泳—转移—杂交

7. 疾病相关基因鉴定克隆的策略和方法不包括（　）

A. 疾病相关基因鉴定和克隆可采用不依赖染色体定位的策略
B. 定位克隆是鉴定疾病相关基因的经典方法
C. 确定常见病的基因需要全基因组关联分析和全外显子测序
D. 生物信息数据库贮藏丰富的疾病相关基因信息
E. 基因打靶策略是疾病相关基因鉴定和克隆的有效方法

8. Southern blotting 的基本过程是（　）

A. 将 DNA 转移到膜上，用 DNA 探针杂交

B. 将 DNA 转移到膜上，用 RNA 探针杂交

C. 将 RNA 转移到膜上，用 DNA 探针杂交

D. 将 RNA 转移到膜上，用 RNA 探针杂交

E. 将蛋白质转移到膜上，用抗体做探针杂交

二、简答题

1. 简述分子杂交技术的基本原理。
2. 基因文库包括哪些类型？基因文库的构建包括哪些基本步骤？

（梅　松）

书网融合……

本章小结　　微课　　题库

第十八章　基因重组与基因工程

学习目标

1. **掌握**　自然界中DNA转移和重组的方式；目的基因的获取途径；载体具备的基本特征及目的DNA与载体的连接方式；基因工程的基本操作步骤。

2. **熟悉**　免疫球蛋白基因重排的原理；重组DNA技术中常用的工具酶；重组体的筛选鉴定方法。

3. **了解**　同源重组的Holliday模型；λ噬菌体DNA的整合过程；基因工程在医学中的应用。

4. 学会重组DNA技术的基本原理与操作步骤，具备将目的基因构建至目标载体的实验能力。

基因是遗传的物质基础，是指一段含有特定遗传信息的DNA（或RNA）序列。基因重组（gene recombination）指不同DNA分子间发生断裂后组合成新的DNA分子的过程。自然界中不同物种或个体之间的基因转移和重组是经常发生的，其特点是DNA分子间交换遗传物质，这是遗传变异和物种演变、进化的基础。基因工程（genetic engineering）是在分子水平对基因进行人工操作，具体指采用人工方法将不同DNA分子组合成新的DNA分子并使其在受体细胞中增殖和表达的过程。

PPT

第一节　DNA的重组

DNA重组提供了丰富的遗传信息，可以迅速增加群体的遗传多样性，在优化组合过程中积累有利的突变，是推动生物进化的重要原因之一。DNA重组和基因转移方式包括同源重组、位点特异性重组、转座重组、接合、转化和转导等多种方式。

一、同源重组

同源重组（homologous recombination）是同源序列间的重组，具体指两个同源DNA分子通过断裂和拼接进行DNA片段的交换，又称基本重组（general recombination）。同源重组在原核和真核生物中均有发生，根据其原理可以进行转基因、基因敲入/敲除的操作（见第十七章）。

1964年，美国学者Robin Holiday提出的Holiday模型（图18-1）很好地解释了同源重组的过程。该模型主要包括4个关键步骤：① 两个同源DNA序列排列整齐；② 其中一个DNA分子的一条链发生断裂，并与另一个DNA分子对应的链连接，产生Holiday中间体（intermediate）；③ Holiday中间体发生分支行为并向任一方向移动，这个过程称为分支迁移（branch migration）；④ Holiday中间体被切开并重新连接成两个重组DNA分子。切开的方式有两种：若Holiday中间体切开的恰是原来发生断裂的链，则产生的重组DNA分子的两侧来自同一亲本，而中间则来自另一亲本，称片段重组体（patch recombinant）；若Holiday中间体切开的不是原来断裂的链，则使重组DNA分子的任一条单链来自不同亲本，称拼接重组体（splice recombinant）。

目前研究最为透彻的是*E. coli*同源重组的分子机制，称RecBCD途径。这一过程需要多种蛋白质和辅因子的共同参与，其中主要的三种是 RecA 蛋白、RecBCD 蛋白和 RuvC 蛋白。

RecA 是一个分子量为 38kD 的蛋白质，参与同源重组中最关键的步骤，即 RecA 特异性地结合在 DNA 单链末端，启动单链 DNA 在另一双链 DNA 上发现并侵入其同源区域，通过与互补链配对而将同源链置换出来。

RecBCD 蛋白是 recB、recC 和 recD 基因的产物，具有解旋酶活性、外切核酸酶活性和 DNA 单链内切酶活性。RecBCD 由 ATP 提供能量，沿着 DNA 双链移动并将其解螺旋，当遇到具有 5′-CCTCGTGG -3′序列的 *chi* 位点时，在其下游切除 3′端的游离单链，并协助 RecA 装载到 3′-DNA 末端。

RuvC 蛋白具有内切核酸酶活性，以二聚体形式特异性结合 Holiday 中间体，有选择性地切开［优先在 5′-(A/T)TT↓(G/C)-3′序列处切断］并产生不同的重组 DNA。

E. coli 同源重组的过程如图 18-1 所示：RecBCD 蛋白结合 DNA 双链，将其解螺旋并产生一个3′端；RecA 结合在 3′-DNA 单链末端，催化其侵入另一双链 DNA 的同源区域并与互补链配对，置换出的同源链被 RecBCD 蛋白在相同位置切断；DNA 连接酶连接单链 DNA 末端形成 Holiday 中间体；RuvA 和 RuvB 蛋白引发分支迁移；RuvC 切割 Holiday 四链复合体，最后由 DNA 连接酶连接形成两种重组 DNA 分子。

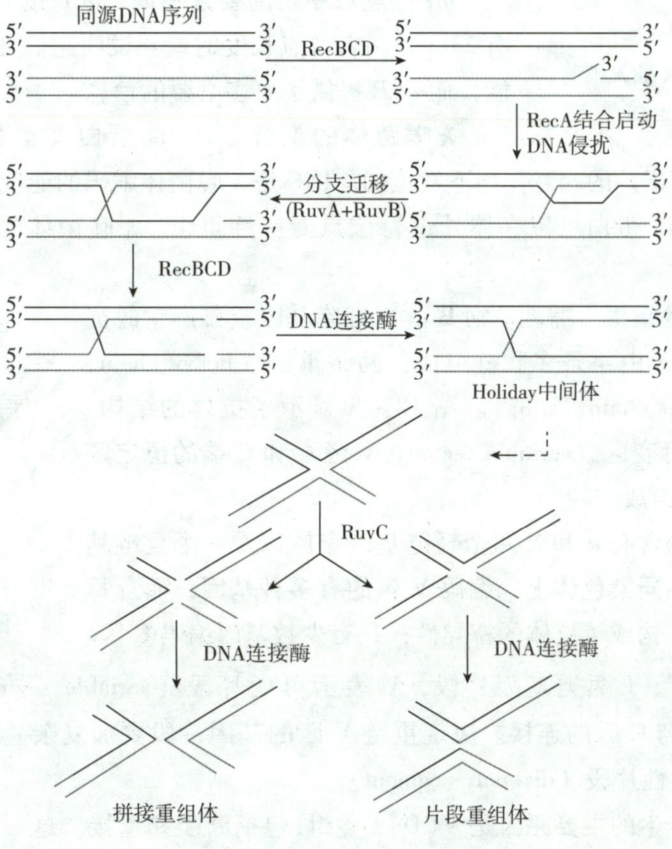

图 18-1　同源重组的 Holiday 模型

二、位点特异性重组

位点特异性重组（site specific recombination）是指由整合酶催化的特定 DNA 序列之间的重组。它不同于同源重组，更依赖于能与整合酶特异性结合的 DNA 位点的存在。整合酶在位点特异性重组中的作用与 I 型拓扑异构酶的作用相似，即具有切断和连接 DNA 的活性，两者唯一的不同点是整合酶将不同双链上有切口的链连接在一起。目前已发现 100 多种重组酶，其中具有代表性的是 λ 噬菌体的 Int 蛋白、P1 噬菌体的 Cre 蛋白和酵母的 FLP 酶。

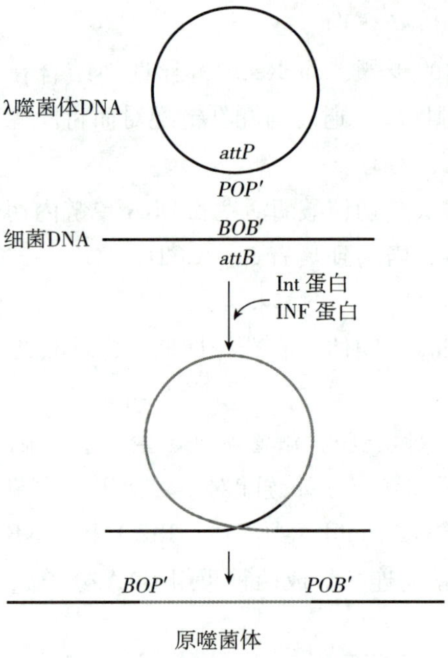

图 18－2　λ噬菌体 DNA 插入细菌基因组 DNA 的示意图

1. λ噬菌体的整合　λ噬菌体 DNA 的整合和切除是典型的位点专一性重组。λ噬菌体感染大肠杆菌后，存在裂解生长和溶原生长两种生活方式。在裂解状态下，λ噬菌体 DNA 以独立的环状分子存在；进入溶原状态时，游离的λ噬菌体 DNA 插入细菌染色体 DNA，这一过程称为整合（integration）。脱离溶原状态进入裂解生长时，λ噬菌体 DNA 从宿主染色体中释放出来，这一过程称为切除（excision）。

λ噬菌体 DNA 的整合和切除通过特异性位点的重组而发生，这一位点称为附着点（attachment site，*att*）位点。λ噬菌体上的 *att* 位点称为 *attP* 位点，由 *POP′*序列组成。细菌染色体上的 *att* 位点称为 *attB* 位点，由 *BOB′*序列组成。*attP* 和 *attB* 中的 *P*、*P′*和 *B*、*B′*的序列各不相同，只有 *O* 序列是完全相同的，重组就发生在 *O* 序列内（图 18－2）。

att 位点对序列的要求不同，*attP* 的长度为 240bp，而 *attB* 仅有 23bp。两者位点长度的差异说明它们在重组中执行了不同的功能，而 *attP* 提供了更多必要的信息。

λ噬菌体的整合是在 Int 蛋白（整合酶）和整合宿主因子（integration host factor，INF）的相互作用下发生的。INF 是λ噬菌体编码的能使 DNA 表面弯曲的一种蛋白质，利用 Int 蛋白和 INF 蛋白可以在体外进行位点专一性重组。λ噬菌体的切除还需要 Xis 蛋白的参与。

2. 免疫球蛋白基因的重排　哺乳动物 B 淋巴细胞基因重排产生的抗体分子免疫球蛋白（Ig），由 4 条多肽链组成：两条重链（heavy chain，H 链）和两条轻链（light chain，L 链）。图 18－3 显示了抗体的结构，每条多肽链都由 N 端的可变区（variable region，V 区）和 C 端的恒定区（constant region，C 区）组成。

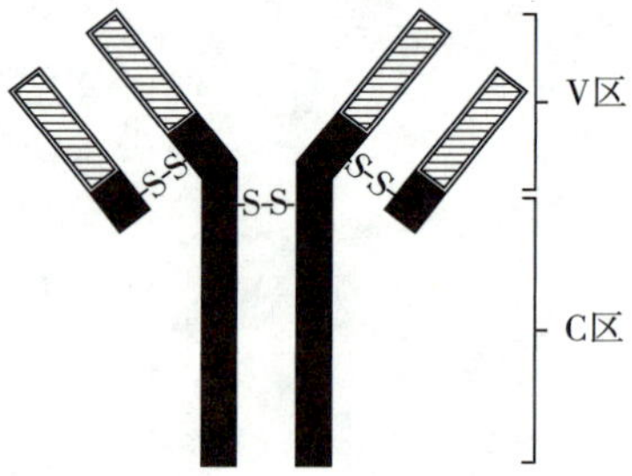

图 18－3　抗体的结构

哺乳动物免疫球蛋白含有 κ 和 λ 两个轻链基因家族以及一个重链基因家族。每个家族位于不同染色体上，编码 V 区的有多种基因，而且每种抗体的 V 区都不一样，构成了抗体的特异性；只有少数基因编码 C 区。决定轻链 V 区的包括 V、J 两类基因片段，V 表示可变片段（variable segment），J 表示连接片段（joining segment），负责与 C 区的连接。决定重链 V 区的基因片段更加复杂，在 V 和 J 之间还有一个 D 基因片段，D 表示多样性片段（diversity segment）。

免疫球蛋白多样性产生的主要原因是 V(D)J 重组，包括断裂和重接。这一过程是由 *RAG1* 和 *RAG2* 基因分别编码的 RAG1 蛋白和 RAG2 蛋白催化的。RAG1 蛋白能够识别 H 链和 L 链上的重组信号序列（recombination signal sequence，RSS），然后结合 RAG2 形成复合体而启动位点特异性重组，删除位于 RSS 中间的片段（图 18－4）。RSS 包括一个七碱基保守序列（CACAGTG）、一个九碱基保守序列（ACAAAAACC）以及位于两者之间的一个 12bp 或 23bp 的非保守序列。DNA 的断裂发生在 RSS 的七碱基保守序列处，而连接反应只能发生在带有不同类型间隔序列的 RSS 中。例如，带有 12bp 间隔序列的 RSS 只能与带有 23bp 间隔序列的 RSS 连接，这种 12/23 法则（12/23 rule）保证了整合位点的特异性。

T 淋巴细胞有两种类型的受体，一种由 α 链和 β 链组成，另一种由 γ 链和 δ 链组成。与免疫球蛋白的基因重排一样，T 细胞也存在 V(D)J 区段的基因重排。B 细胞和 T 细胞的基因重排使脊椎动物的免疫系统能产生数十亿种抗体，足以应对各种外源物的入侵。

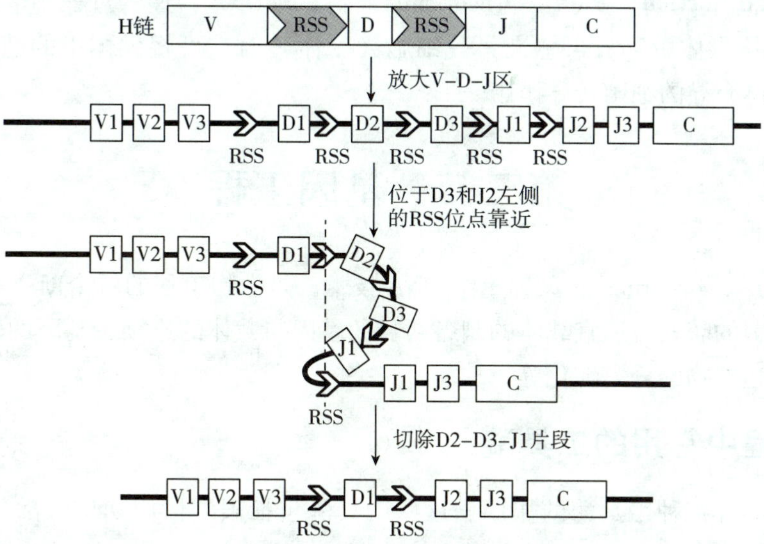

图 18－4　免疫球蛋白基因 V－D－J 的重排过程

三、转座重组

在原核生物和真核生物的基因组中存在一些可移动的 DNA 序列，可从基因组的一个位置移动到另一个位置，这些 DNA 片段称为转座子（transposon）。转座可导致 DNA 的插入、缺失、倒位或易位，是基因组变异的一个主要原因，对包括人类基因组在内的许多物种基因组的总体大小产生了重要的影响。

转座的方式分为保守性转座（conservative transposition）和复制性转座（duplicative transposition）。细菌中发现的插入序列（insert sequence，IS）是最简单的转座子，也是保守性转座子的代表。

细菌的 IS 包括转座酶的编码序列和其两侧的反向重复序列（inverted repeat，IR）。典型的 IS 含有 15～25bp 的 IR。IS 的转座过程为：不同的 IS 识别宿主 DNA 中特定的同向重复序列（direct repeat，DR）（5～9bp），IS 编码的转座酶剪切 DR 产生交错切口，IS 序列插入宿主 DNA，宿主细胞中的 DNA 聚合酶和 DNA 连接酶将缺口填补，转座后的 IS 两端都有一个 DR（图 18－5）。

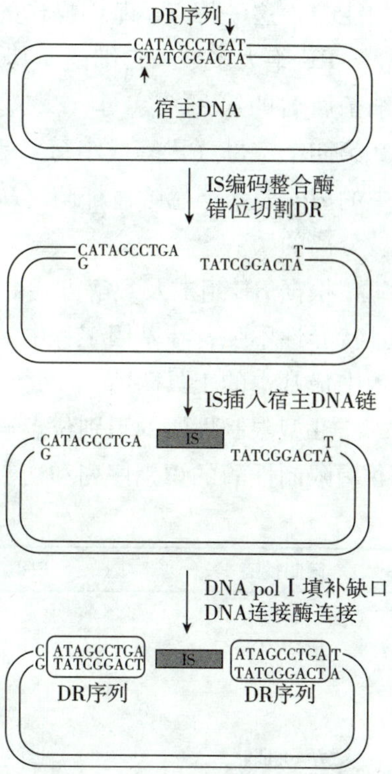

图 18－5　细菌 IS 转座过程示意图

复制性转座的原理是转座子自身复制，一个拷贝保留在原位点，而另一个拷贝插入到新的位点。

反转录病毒感染细胞时，通过反转录酶将带有长末端重复序列（long terminal repeat，LTR）的病毒 RNA 反转录成 cDNA，通过 LTR 与宿主染色体 DNA 整合，形成原病毒。

四、细胞的接合、转化和转导

1. 接合作用（conjunction）　指两个细胞相互接触并交换遗传物质的过程。*E. coli* 中有一种 F 质粒（又称 F 因子），含 F 质粒的细菌表面可生成性菌毛，F 质粒通过性菌毛转移到不含该质粒的细菌中。

2. 转化作用（transformation） 指感受态的细菌接纳外源 DNA，从而获得新的遗传性状的过程。

3. 转导作用（transduction） 指由病毒介导的细胞之间 DNA 传递的过程。该作用具体指病毒感染宿主细胞（供体）并从供体中释放再感染另一细胞（受体）时，可将供体中的遗传物质传递给受体。最常见的例子是噬菌体介导的细菌转导作用。

第二节　基因工程

PPT

基因工程（genetic engineering），又称重组 DNA 技术，是生物工程的一个新兴领域。基因工程的基本流程包括：目的基因的获取、适宜载体的制备、目的基因与载体的连接、基因的转移、目的基因阳性克隆的筛选、基因表达产物的分离纯化等。

一、基因工程中常用的工具酶

基因工程操作离不开各种工具酶的作用。这些工具酶包括限制性内切核酸酶、DNA 连接酶、DNA 聚合酶及其他 DNA 工具酶。

（一）限制性内切核酸酶

限制性内切核酸酶（restriction endonuclease，RE），简称限制性酶，具有在相同位点重复切割 DNA 的能力，这一特点是基因操作的基础。

RE 绝大多数来自细菌，其命名采用 H. O. Smith 和 D. Nathans 于 1973 年提出的命名系统，即：① 用细菌属名的第一个字母（大写斜体）和种名的前两个字母（小写斜体）表示产生该酶的物种名称；②第四个字母（大写或小写）表示发现该酶的菌株；③ 用罗马数字表示酶发现的顺序。例如，*Hind* Ⅲ 中的 *Hin* 表示流感嗜血杆菌（*Haemophilus influenzae*），d 表示来自菌株 Rd，Ⅲ表示是在相应菌株中第三个被分离的酶。

根据 RE 组成及裂解方式的不同，可以分为三类。Ⅰ型和Ⅲ型 RE 对 DNA 同时具有修饰和限制作用且特异性不强，在基因工程中的用处不大。Ⅱ型 RE 可以在专一性位点切割 DNA，已成为重组 DNA 技术中最基本的工具酶。

Ⅱ型限制性酶的识别位点通常是 4bp 或 6bp 的回文结构，即反向重复序列。表 18－1 中列出了几种Ⅱ型限制性酶的识别序列和切割位点。

表 18－1　几种Ⅱ型限制性酶的识别序列和切割位点

限制性酶	识别序列和切割位点	限制性酶	识别序列和切割位点
*Eco*R Ⅰ	G↓AATTC CTTAA↑G	*Sma* Ⅰ	CCC↓GGG GGC↑CCC
Hind Ⅲ	A↓AGCTT TTCGA↑A	*Bgl* Ⅱ	A↓GATCT TCTAG↑A
*Bam*H Ⅰ	C↓GATCC CCTAG↑G	*Kpn* Ⅰ	G↓CTACC CCATG↑G
Hsu Ⅰ	A↓AGCTT TTCGA↑A	*Xma* Ⅰ	C↓CCGGG GGGCC↑C

多数Ⅱ型限制性酶切割 DNA 产生 5′或 3′的突出末端，称黏性末端（sticky end），如表 18－1 中的

EcoR Ⅰ。另一些Ⅱ型限制性酶则在其识别序列的中间进行切割，产生平齐的末端，称平末端（blunt end），如 *Sma* Ⅰ。

一些来源不同但识别序列相同的限制性酶，称同裂酶。有些同裂酶的切割方式相同，如 *Hind*Ⅲ和 *Hsu* Ⅰ；还有一些同裂酶的切割方式不同，如 *Xma* Ⅰ和 *Sma* Ⅰ。有一些限制性酶虽然识别不同的序列，但都产生相同的黏性末端，称同尾酶（isocaudarner），例如 *Bgl* Ⅱ和 *Bam*H Ⅰ由一对同尾酶分别切割产生的黏性末端可以共价连接，但形成的杂合位点一般不能再被原来两个同尾酶中的任何一个识别。

（二）DNA 连接酶

DNA 连接酶（DNA ligase）能够催化相邻核苷酸的3′-羟基和5′-磷酸之间形成3′，5′-磷酸二酯键，从而将单链或双链 DNA 上的切口重新连接起来。基因工程中常用的有 T4 DNA 连接酶和大肠杆菌 DNA 连接酶。T4 DNA 连接酶作用时需要 ATP 作为辅因子，能够连接黏性末端和平末端；大肠杆菌 DNA 连接酶需要 NAD^+ 作为辅因子，只能连接黏性末端。

（三）DNA 聚合酶

重组 DNA 技术中常用的聚合酶有 2 种：依赖 DNA 的 DNA 聚合酶和依赖 RNA 的 DNA 聚合酶。

*Taq*DNA 聚合酶、DNA 聚合酶Ⅰ及 DNA 聚合酶Ⅰ大片段（Klenow 片段）属于依赖 DNA 的 DNA 聚合酶。其中，*Taq*DNA 聚合酶常用于 PCR，DNA 聚合酶Ⅰ常用于单链末端标记，Klenow 片段常用于补平 DNA 双链末端及 DNA 测序。依赖 RNA 的 DNA 聚合酶即反转录酶，常用于 RT-PCR 和构建 cDNA 文库。

（四）其他常用的工具酶

1. 碱性磷酸酶（alkaline phosphatase，AP）　根据来源的不同，AP 可以分为细菌碱性磷酸酶（BAP）和牛肠道碱性磷酸酶（CIP）两种。AP 可以除去 DNA 分子5′端的磷酸基团，产生5′-羟基，防止非期望连接，提高重组效率。

2. 末端转移酶　可以使 DNA 分子的3′端重复添加某一种脱氧核苷三磷酸，即同聚物加尾。在构建重组 DNA 时，将外源 DNA 与载体末端分别聚合可以互补的脱氧核苷酸尾，从而使外源 DNA 片段插入载体。

3. 多核苷酸激酶　可在 DNA 或 RNA 分子的5′端添加磷酸基团，常用于进行5′端标记。

二、基因工程中常用的载体

载体（vector）是携带外源基因进入受体细胞的 DNA 分子。载体按功能可以分为克隆载体（cloning vector）和表达载体（expression vector）；按来源可以分为质粒（plasmid）、噬菌体、黏粒（cosmid）、动物病毒和人工染色体等。

不同载体的结构、大小及复制方式差异较大，但都具备一些基本特征：① 至少有一个复制起点（origin of replication，ori），使载体可以在宿主细胞中自主复制；② 至少有一个选择性标志，以使含有载体的宿主细胞能够被区分出来，选择性标志包括抗生素抗性基因、营养缺陷耐受基因和 β-半乳糖苷酶基因（*lacZ*）等；③ 有一种或多种单一的限制性内切核酸酶位点，在此位点插入外源基因不影响本身的复制，称多克隆位点（multiple cloning site，MCS）。

（一）克隆载体

克隆载体主要进行外源 DNA 的克隆。常用的克隆载体有质粒、噬菌体等。

1. 质粒　是在染色体外能自主复制的共价闭合双链 DNA 分子。质粒在细菌中广泛存在，不同质粒的分子量差异较大。在宿主细胞中拷贝数较低（1～3 个）的质粒称为严谨型质粒（stringent plasmid），而在宿主细胞中拷贝数较高（≥10 个）的质粒称为松弛型质粒（relaxed plasmid）。基因工程中的常用质粒是人工改造过的 *E. coli* 松弛型质粒，典型的代表是 pUC 系列质粒（图 18－6）。

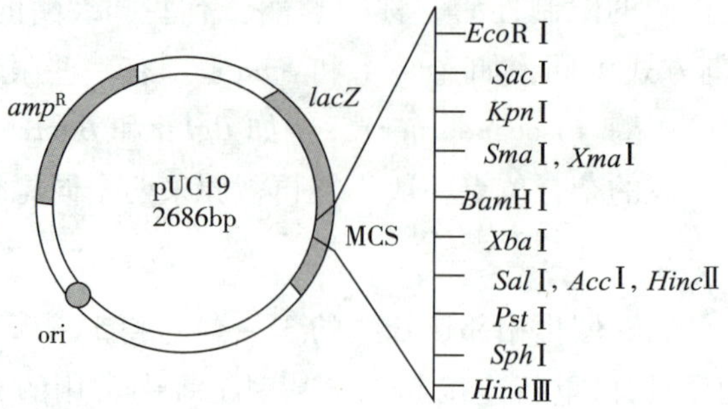

图 18－6 pUC19 质粒载体图谱

pUC 质粒的 MCS 位于编码 β－半乳糖苷酶氨基端部分（α 肽）的 DNA 序列（*lacZ*）内，而其宿主菌是突变型 *E. coli*（lac^-），仅带有编码 β－半乳糖苷酶羧基端部分（ω 肽）的基因。这两种基因表达的 α 肽和 ω 肽都不具有活性，只有它们共存于宿主菌体内时，才可通过功能互补产生具有活性的 β－半乳糖苷酶。因此，含有 pUC 载体的这种宿主菌可以产生有活性的 β－半乳糖苷酶，在半乳糖类似物异丙基硫代－β－D－半乳糖苷（IPTG）的诱导下分解培养基中的 X－gal 而产生蓝色物质，即形成蓝色菌斑；而当外源基因插入 pUC 载体的 MCS 时，令编码 α 肽的 *lacZ* 基因失活，不能与 lac^- 形成互补，宿主菌也就无法分解 X－gal，形成白色菌斑。利用这种标志基因补救筛选重组菌的方法又称 α－互补筛选。

2. 噬菌体 噬菌体感染细胞的效率比质粒转化细胞的效率高得多，因此，利用噬菌体载体可以获得更高产量的重组体。这种重组克隆不是菌落，而是噬菌体侵染并杀死细菌后形成的噬菌斑（plaque）。常用的噬菌体载体包括改造后的 λ 噬菌体和 M13 噬菌体。

改造后的 λDNA 仅保留了复制必需的基因，其他非必需基因则被外源 DNA 代替。λ 噬菌体载体可以分为插入型和置换型两种。插入型载体只有单一的限制性内切核酸酶位点，外源基因插入 λDNA；外源基因容纳量一般只有 10kb 左右。置换型载体有成对的限制性内切核酸酶位点，两个位点之间的 DNA 片段可以被外源基因置换；容纳外源基因的量比插入型载体的大，最多可达 22kb。

M13 噬菌体是一种丝状 *E. coli* 噬菌体，其基因组是单链 DNA，改造后可作为单链 DNA 载体。

3. 其他克隆载体 基因工程中还有一些人工构建的载体，可以满足更大片段 DNA 克隆的需要。例如黏粒（cosmid）的容纳极限可达 45kb 左右。此外，还有细菌人工染色体（bacteria artificial chromosome，BAC，插入片段 < 300kb）和酵母人工染色体（yeast artificial chromosome，YAC，插入片段 < 500kb）等。

（二）表达载体

表达载体是携带外源基因并使其在宿主细胞中表达的一类载体。根据宿主细胞的不同，可分为原核表达载体和真核表达载体。

1. 原核表达载体 除了含有复制必需的基因外，还包括基因表达调控序列，如启动子、SD 序列、终止子等。常用的原核表达载体有 pGEX 系列。

2. 真核表达载体 带有真核细胞基因表达调控的元件，如启动子、增强子、poly 加尾信号及抗药基因等。目前常用的真核表达载体有 pEGFP－N1、pSV2－DHFR 载体等。

三、基因工程的基本原理及操作步骤 微课

案例引导

临床案例　患者，女，体形偏胖。5年前查餐后血糖16mmol/L，后来服用二甲双胍等药，但血糖控制依然不好，目前空腹血糖9mmol/L，糖化血红蛋白为8%，诊断结果建议增加基础胰岛素，每天注射一次。

讨论　如何利用基因工程技术生产胰岛素？

DNA克隆的基本操作步骤包括：分离目的DNA分子（分）、选择合适的载体（选）、目的DNA与载体的连接（接）、重组DNA转入宿主细胞（转）、重组体的筛选和鉴定（筛）。

（一）分离目的DNA

目前主要应用化学合成法、基因文库筛选法和PCR法获取目的DNA分子。

化学合成法是在已知目的DNA序列的基础上通过化学方法直接合成目的DNA片段。该法合成的DNA长度一般在200bp以内，一般用于合成引物、探针、人工接头等。

基因文库法筛选获得目的DNA的策略见第十七章第二节。

PCR法用于已知目的DNA两侧的序列，是通过设计特异性引物获得目的DNA（见第十七章第一节）。

（二）选择合适的载体

DNA克隆的目的主要有两个：一是保存目的DNA片段；二是获得目的DNA表达的蛋白质。对于前一种目的，可根据目的DNA片段的长度选择合适的克隆载体；对于后一种目的，需根据产物的特点选择适当的原核或真核表达载体，同时还要考虑受体细胞的类型、蛋白质分离纯化的难易程度等。

（三）目的DNA与载体的连接

根据目的DNA与线性化载体末端的特征，可采用不同的连接方式。

1. 黏性末端连接　有以下三种情况。

（1）不同黏性末端连接　即用一组同尾酶分别切割载体和目的DNA，使载体和目的DNA的两端形成不同的黏性末端，从而使目的DNA可以定向插入载体。

（2）相同黏性末端连接　用一种限制性内切核酸酶（RE）分别切割载体和目的DNA，使两者具有相同的黏性末端。这种连接会增加非目的连接（载体或目的DNA的自连、目的DNA多拷贝）和目的DNA反向插入的概率，给后续筛选造成困难。将RE切割后的载体用碱性磷酸酶处理，去除其5′端的磷酸基团，可有效减少载体自身的环化。

（3）其他方法产生黏性末端连接　将平末端改造为黏性末端常用的方法如下。①同聚物加尾法：用末端转移酶使外源DNA与载体末端分别聚合互补配对的脱氧核苷酸尾，从而使外源DNA片段插入载体。②人工接头法：化学合成带有RE位点的平端寡核苷酸双链接头，将其与目的DNA的平端连接，然后用RE切割人工接头产生黏性末端，继而与载体连接。③PCR法：根据目的DNA序列的两端合成一对引物，在每条引物的5′端分别设计不同的RE位点，然后以目的DNA为模板进行PCR扩增，产物用相应的RE酶切获得带有黏端的目的DNA片段，再与载体连接。

2. 平末端连接　采用T4 DNA连接酶可将带有平末端的目的DNA和载体连接。这种连接方式同样存在非目的连接及目的DNA非定向插入的缺点。

3. 黏－平末端连接 指目的 DNA 与载体通过一端为黏性末端、一端为平末端的方式连接。此法也可以实现目的 DNA 的定向克隆。

4. 无缝克隆技术 利用同源重组的原理，在上、下游引物的 5′端添加 15～20bp 与载体末端同源的碱基序列，用该引物扩增的 PCR 产物与线性化的载体在重组酶的作用下获得重组载体。该方法具有较传统酶切连接方式步骤少、效率高，无视酶切位点等优点，此外还适用于多片段一次性整合至目标载体。

（四）重组 DNA 转入宿主细胞

将重组 DNA 分子转入宿主细胞的方法主要有转化、转染和转导。

细胞的转化和转导作用介绍见本章第一节。常用的转化方法有化学诱导法（$CaCl_2$法）和电穿孔法，可实现重组质粒高效转入受体细胞。转导常用的病毒载体有反转录病毒、腺病毒和慢病毒等。

转染（transfection）是指将目的 DNA 直接导入真核细胞（酵母除外）的过程。常用的转染方法有显微注射法、磷酸钙共沉淀法、脂质体转染法等。

（五）重组体的筛选和鉴定

重组体的筛选和鉴定方法主要包括遗传标志筛选法、序列特异性筛选法、免疫化学筛选法等。

1. 遗传标志筛选法 通常有以下三种情况。

（1）抗生素抗性筛选法 将带有抗生素抗性基因的重组 DNA 转入宿主细胞，可使其在含有该抗生素的培养基中存活，而没有获得重组 DNA 的宿主细胞将被杀死。

（2）插入失活筛选法 指当目的 DNA 片段插入某一抗生素抗性基因后，可使该基因失活。借助该抗性标志及载体上的其他标志可筛选出重组体（图 18－7）。

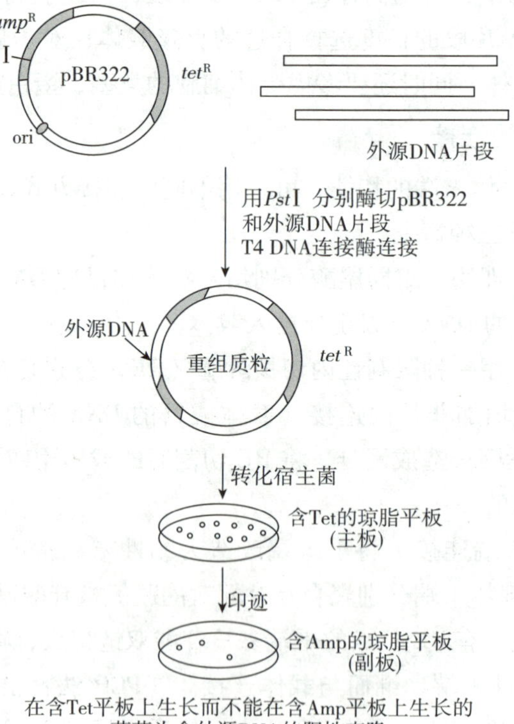

图 18－7 插入失活法筛选重组克隆

（3）标志补救筛选法 指利用载体上标志基因的表达互补宿主细胞的相应缺陷而使宿主细胞在相应的选择培养基中存活，从而筛选出含有载体的重组体。α－互补筛选法（蓝白斑筛选法）就是一种标记补救筛选法（图 18－8），其原理在本章“基因工程中常用的载体”部分已有介绍。

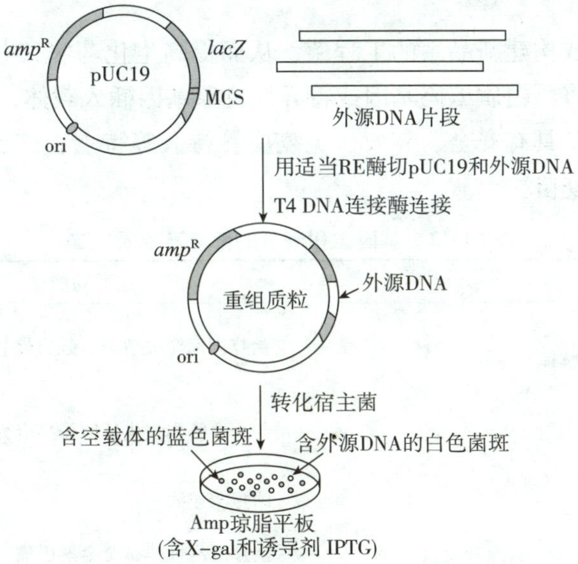

图 18－8 α－互补筛选法筛选重组克隆

2. 序列特异性筛选法 根据目的 DNA 的序列特点进行筛选的方法有限制性内切核酸酶法、核酸杂交法、PCR 法等。

（1）限制性内切核酸酶法 对初步筛选的阳性克隆，提取基因组 DNA，以适当的 RE 切割，然后用琼脂糖凝胶电泳鉴定是否有目的 DNA 插入片段。

（2）核酸杂交法 根据目的 DNA 序列设计带有显色标记的特异性探针，采用原位杂交法鉴定阳性克隆。

（3）PCR 法 针对目的 DNA 的侧翼序列设计引物，PCR 扩增可鉴定出含有目的 DNA 的阳性克隆。

3. 免疫化学筛选法 指利用特异性抗体鉴定那些含外源 DNA 表达抗原的菌落或噬菌斑。

（六）克隆基因的表达

基因工程不仅是基因的克隆，还包括基因的表达，以实现对基因功能的深入研究。基因表达涵盖转录、转录后加工、翻译过程的调控及翻译后的加工修饰，这在不同的表达体系中是有区别的。基因表达蛋白质的分离纯化和功能分析涉及多种技术和策略。

目前临床应用的许多蛋白质药物都可以采用以上基因工程方法生产，比如基础胰岛素的生产。流程大致如下：提取胰岛 β 细胞总 RNA，以 oligo dT 为引物逆转录获得 cDNA，以 cDNA 为模板经 PCR 扩增胰岛素基因，PCR 产物经纯化后采用双酶切方式连接插入原核表达载体相应的酶切位点，转化大肠杆菌 *Rosetta－gami*（*DE*3）菌株，提质粒做双酶切分析并测序，筛选出阳性克隆。阳性克隆单菌落接种于 LB 培养液中扩大培养，4℃离心收集菌体，低温超声破碎，将离心上清收集并通过柱色谱纯化得到人胰岛素重组蛋白，进一步加工处理制成针剂。

第三节 基因工程在医药学中的应用

PPT

基因工程已在生命科学、医学、农业、环境保护等领域得到广泛应用。以下主要介绍该技术在医学、药学中的应用。

一、基因工程在生物制药中的应用

基因工程一方面可改造或构建新品系的工程菌，从而提高生化药物（抗生素、氨基酸等）的产量；另一方面，利用基因工程可将蛋白质编码基因或特异性抗原基因插入载体，然后转入受体细胞并表达出蛋白质或疫苗。基因工程疫苗具有安全、有效、免疫应答持久等特点，广泛应用于疾病的预防和治疗。表 18－2 列出了部分药物和疫苗。

表 18－2　基因工程制备的部分药物及疫苗

产品名称	主要功能
阿达木单抗 （抗人肿瘤坏死因子的人源化单克隆抗体）	治疗类风湿关节炎、强直性脊柱炎
阿瓦斯汀 （重组人源化单克隆抗体）	与人血管内皮生长因子结合并阻断其生物活性
胰岛素	治疗糖尿病
美罗华（利妥昔单抗）	治疗滤泡性非霍奇金淋巴瘤
赫赛汀（曲妥珠单抗）	治疗转移性乳腺癌
瑞舒伐他汀	治疗高脂血症和高胆固醇血症
阿立哌唑	治疗各类精神分裂症
乙肝疫苗	预防乙肝
白细胞介素	调节免疫，参与炎症

二、基因工程在医学中的应用

基因工程在人类疾病相关基因功能的研究方面具有显著的优势。利用转基因、基因打靶和动物克隆技术，制作疾病基因的转基因克隆动物和基因敲入/敲除动物模型，有利于探讨疾病发生、发展的分子机制，开展疾病的基因诊断和治疗研究。

知识链接

水通道蛋白研究

活细胞外面有一层由磷脂组成的双层膜，水、离子以及其他极性分子一般不能透过这层双磷脂细胞膜，需要通过镶嵌在细胞膜上的膜蛋白来实现不同物质的运输。水分子虽然可以简单渗透扩散的方式通过细胞膜，但扩散速度非常缓慢。科学研究证明，水分子跨越细胞膜的快速输运是通过细胞膜上的一种水通道蛋白（aquaporin，AQP）实现的。目前在人类细胞中已发现水通道蛋白至少 11 种，具有选择性地让水分子通过的特性。科研人员通过采用基因工程策略生产水通道蛋白，然后再将蛋白质嵌入水过滤膜，提供一种“来自自然界的天才方法”来进行水净化，为解决地球对清洁水的需求带来全新的策略。

目标检测

答案解析

一、单项选择题

1. 关于同源重组，描述错误的是（　）
   A. 是指两个同源 DNA 序列间的交换
   B. 是在同源序列间不需要断裂－连接过程的一种交换
   C. 是基因敲除的基本原理
   D. 乳腺癌易感基因 *BRCA2* 参与同源重组过程
   E. 存在于真核生物和原核生物中
2. 免疫球蛋白基因重排的分子机制是（　）
   A. 同源重组　B. 转座重组　C. 位点特异性重组
   D. 转导作用　E. 接合作用
3. 限制性内切核酸酶的切割特点不包括（　）
   A. 水解单链 DNA 为主　B. 不同酶可识别相同序列
   C. 对称切割形成平末端　D. 不同酶可形成相同的黏性末端
   E. 非对称切割形成黏性末端
4. 克隆载体的必备条件是（　）
   A. 必须能直接进行切割连接操作　B. 多个单一酶切位点
   C. 启动子序列　D. 分子量足够大
   E. 自我复制
5. 下列不属于 DNA 重组基本过程的是（　）
   A. 获取目的 DNA 片段　B. 目的基因的诱导表达
   C. DNA 片段与载体连接　D. 载体的选择与准备
   E. 重组 DNA 导入受体细胞并克隆化
6. DNA 重组不包括（　）
   A. 基因突变　B. 位点特异性重组
   C. 细菌的接合、转化、转导　D. 转座子转座
   E. 同源重组
7. 筛选重组质粒转化菌的方法不包括（　）
   A. 插入失活法　B. 酶切电泳法
   C. Northern 印迹杂交法　D. 诱导目的蛋白表达
   E. 根据抗生素的抗性筛选
8. 关于同源重组，说法正确的是（　）
   A. 需要一段特定 DNA 序列的参与
   B. 仅发生在两个相同的 DNA 分子片段之间
   C. 是发生在两个 DNA 分子同源序列间的单链或双链片段的交换
   D. 由转座酶催化
   E. 需要参与重组的一条双链中的两条单链都被切开

二、简答题

1. 自然界中有哪些 DNA 重组方式?
2. 简述基因工程的基本操作步骤。

（梅　松）

书网融合……

本章小结　　微课　　题库

第十九章　癌基因、肿瘤抑制基因及生长因子

学习目标

1. **掌握**　癌基因、病毒癌基因、细胞癌基因、原癌基因的基本概念；癌基因的分类，癌基因活化的机制；肿瘤抑制基因的基本概念；肿瘤抑制基因 *RB*、*TP53* 的抑癌机制；生长因子的概念及作用机制。

2. **熟悉**　癌基因的产物与功能；生长因子的分类。

3. **了解**　癌基因、肿瘤抑制基因及生长因子三者的关系；癌基因、肿瘤抑制基因及生长因子与疾病的关系。

4. 能根据癌基因活化的机制，积极预防肿瘤的发生；利用肿瘤抑制基因的抑癌机制，探索肿瘤治疗的方法。

第一节　癌基因

PPT

癌基因（oncogene）是指能导致细胞发生恶性转化和诱发癌症的基因。绝大多数癌基因由细胞内正常的原癌基因（proto - oncogene）突变或表达水平异常升高转变而来，某些病毒也携带癌基因。

一、癌基因的概念

癌基因（oncogene）为基因组内正常存在，其编码产物通常发挥正调控作用，促进细胞生长和增殖的基因。癌基因这一名称的由来是其具有潜在的诱导细胞恶性转化（癌变）的特性，其突变或表达异常是细胞恶性转化的重要原因。癌基因及其表达产物正常条件下不具致癌性，参与调控细胞的生长、分化和发育等正常生理功能。因此，单纯把癌基因和肿瘤联系在一起是不全面的，目前公认的广义的癌基因是指：凡能编码生长因子、生长因子受体、细胞内信号转导分子以及与生长有关的转录调节因子等的基因。癌基因最初在可导致肿瘤的病毒中被分离得到，随后的研究又表明大部分生物正常基因组中原本就存在癌基因，因此，癌基因包括细胞癌基因（cellular oncogene，c - onc）和病毒癌基因（virus oncogene，v - onc）。

癌基因的命名以其最初发现的肿瘤为基础，常用三个斜体大写字母表示，如 *SRC*、*RAS*、*MYC* 等。癌基因表达产物的表示方式有两种：一种用癌基因蛋白产物的分子量表示，如 *C - RAS* 癌基因产物的分子量为 21kD，故称 p21；另一种用癌基因首字母大写表示其蛋白产物，如 *RAS* 蛋白产物为 RAS。

根据癌基因结构和功能的特点，可以将癌基因分为几个主要的基因家族。

1. *SRC* 基因家族　*SRC* 编码分子量为 60kD 的蛋白质，称 p60，编码产物具有酪氨酸蛋白激酶（tyrosine protein kinase，TPK）活性，其他一些基因如 *ROS*、*FMS*、*REB*、*ABL*、*FGR*、*YES* 等也编码 TPK，统称 *SRC* 家族。该家族的基因产物常位于细胞膜内侧，接受 TPK 类受体的活化，促进细胞的增殖。

2. *RAS* 基因家族 表达产物由 188 或 189 个氨基酸组成，分子量为 21kD，称 p21。该家族包括：*H－RAS*（Harvey rat sarcoma virus）、*K－RAS*（kirsten－murine sarcoma virus），最初在大鼠肉瘤病毒中克隆，分别称 *V－HRAS* 和 *V－KRAS*；*N－RAS*，在人神经母细胞瘤（neuroblastoma）中鉴定发现。*RAS* 编码产物与 G 蛋白功能相似，称小 G 蛋白，能与 GTP 结合，水解 GTP，参与细胞内信息传递。

3. *MYC* 基因家族 包括：*N－MYC*、*L－MYC*（来源于小细胞肺癌，L）、*R－MYC*（来源于横纹肌肉瘤，R）；*V－MYC*，最初在禽的骨髓细胞瘤病毒中发现；*C－MYC*，由三个外显子组成，其中两个外显子编码 49kD 的蛋白质。*C－MYC* 基因编码核内转录因子，是一类丝氨酸、苏氨酸磷酸化的核内蛋白，可与特异的 DNA 结合，参与基因的转录调控。

二、细胞癌基因（原癌基因）

1970 年，GS Martin 发现鸡 Rous 肉瘤病毒（Rous sarcoma virus，RSV）的致癌基因是 *SRC*，随后的研究中，HE Varmus 利用 *SRC* 基因特异性核酸探针与正常动物细胞染色体 DNA 杂交，发现正常细胞基因组中也有 *SRC* 基因。为了明确这两个相同基因的关系，HE Varmus 和 JM Bishop 首先将去除了 *SRC* 基因的鸡 Rous 肉瘤病毒接种到正常的鸡身上，发现正常的鸡患上了肉瘤病，并且从鸡携带的 Rous 肉瘤病毒中提取到了 *SRC* 基因。进一步的实验发现，若将正常细胞基因组中提取的 *SRC* 基因连接一个致癌病毒的启动子，再次感染正常细胞，这一重组的基因可以像致癌病毒一样具有致癌能力。JM Bishop 认为从人身上提取得到的 *C－SRC* 具有外显子和内含子，表达处于关闭状态；而病毒的 *V－SRC* 仅具有外显子，处于表达状态。这种存在于正常细胞内，其表达产物具有促进正常细胞生长、增殖、分化和发育的癌基因被称为细胞癌基因或原癌基因（proto－oncogenes，pro－onc）。

细胞癌基因有以下特点：广泛存在于自然中，从单细胞酵母、无脊椎动物到脊椎动物乃至人类的细胞中都存在；进化上高度保守；是维持细胞正常生理功能的必需基因；某些理化因素的作用下，细胞癌基因的结构发生改变或异常表达，引起细胞生长、增殖和分化异常，导致肿瘤的发生。

三、病毒癌基因

某些病毒能导致肿瘤发生，称肿瘤病毒（tumor virus）。肿瘤病毒以 RNA 病毒为主，属于逆转录病毒，如 RSV；还包括 DNA 肿瘤病毒，如乙型肝炎病毒（hepatitis B virus，HBV）、人类乳头瘤病毒（human papillomavirus，HPV）、猴 SV40 病毒、腺病毒、EB 病毒等。某些病毒的基因组含有癌基因。

通常可将 RNA 肿瘤病毒的癌基因的名称冠以前缀 *V－*，写为大写斜体，如 *V－SRC*；而将正常人类细胞中的原癌基因冠以前缀 *C－*，写为大写斜体，如 *C－SRC*，以示区分。其编码的蛋白质则通常写为正体，如 V－SRC 和 C－SRC。

癌基因最早发现于 RNA 肿瘤病毒。1911 年 FP Rous 在研究鸡自发性肉瘤时，发现将鸡肉瘤的无细胞滤液注入正常鸡体内可以诱发肿瘤，首次发现病毒可以引起肿瘤；但直到 1940 年才得到电镜技术的证实，并命名为罗氏肉瘤病毒（Rous sarcomavirus，RSV）。深入研究 RSV 基因组结构可发现，RSV DNA 中除具有逆转录病毒所具有的 5′端和 3′端的长末端重复序列（long terminal repeat，LTR）、*GAG*、*POL*、*ENV* 外，在 *ENV* 基因和 3′端 LTR 之间还有 *SRC* 基因（图 19－1），这与 RSV 诱发肿瘤密切相关。1977 年，HE Varmus 和 JM Bishop 通过核酸杂交技术发现正常细胞基因组中的 *C－SRC* 基因与 *V－SRC* 同源，并证明了 RSV 中的 *V－SRC* 来源于其感染的宿主细胞，进而提出：RNA 肿瘤病毒携带的癌基因来源于细胞原癌基因。

目前已发现几十种病毒癌基因，病毒有致癌能力并不意味着其一定含有病毒癌基因。如逆转录肿瘤病毒有两种：急性转化型病毒和慢性转化型病毒。急性转化型病毒含有癌基因，病毒感染宿主细胞后，

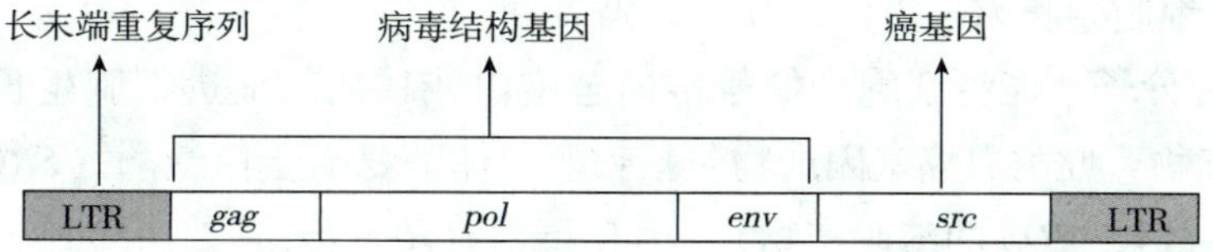

图 19-1 鸡 Rous 肉瘤病毒（RSV）基因组结构示意图

在较短时间内高频率地转化细胞，诱发肿瘤；慢性转化型病毒不含癌基因，其感染细胞后，通过基因组插入宿主细胞原癌基因附近，激活原癌基因而诱发致癌作用，诱发频率低，潜伏期较长。RNA 肿瘤病毒癌基因并不是参与病毒复制所必需的组成部分，而是当 RNA 病毒浸染宿主细胞时，由宿主细胞内的基因整合到病毒基因组内形成的，逆转录病毒的癌基因也可以视为原癌基因的活化或激活形式。已知的 DNA 病毒的癌基因则是其基因组不可或缺的部分，对病毒复制是必需的。

四、原癌基因的产物与功能

（一）原癌基因的产物

原癌基因编码产物通过多条途径参与细胞增殖和生长的调节。根据其在信号转导通路中的作用，分为四大类（表 19-1）。

表 19-1 人体内细胞癌基因分类及功能举例

类别	癌基因名称	作用
细胞外生长因子	*SIS*	与 PDGF-β 链同源
	INT-2	与 FGF 同源，促进细胞增殖
跨膜生长因子受体	*FMS*	与 CFS 受体同源，促进细胞增殖
	KIT	SCF 受体，促进增殖
	TRK	NGF 受体
	EGFR	EGF 受体，促进细胞增殖
	HER2	EGF 受体类似物，促进细胞增殖
细胞内信号转导分子	*SRC*	与受体结合转导信号
	RAS	MAPK 通路中的重要分子
	RAF	MAPK 通路中的重要分子
核内转录因子	*FOS*	促进增殖相关基因表达
	MYC	促进增殖相关基因表达
	JUN	促进增殖相关基因表达

CFS：colony stimulating factor，集落刺激因子；EGF：epidermal growth factor，表皮生长因子；FGF：fibroblast growth factor，成纤维细胞生长因子；NGF：nerve growth factor，神经生长因子；PDGF：platelet derived growth factor，血小板源性生长因子；CSF：colony stimulating factor，集落刺激因子；SCF：stem cell factor，干细胞因子。

1. 细胞外生长因子 生长因子是一类通过与其细胞膜上相应受体结合，引起靶细胞增殖的活性多肽。癌基因通过编码生长因子，直接参与细胞的生长调控。如原癌基因 *SIS* 的表达产物与 PDGF-β 链同源，与 PDGF 受体结合后，激活细胞膜上与受体相连的酪氨酸蛋白激酶，产生与 PDGF 相同的效应，通过磷脂酶 C-三磷酸肌醇/二酰甘油-蛋白激酶 C（PLC-IP_3/DAG-PKC）信号转导途径，促进细胞增殖。原癌基因 *HST* 与 *INT-2* 编码的蛋白与 FGF 结构类似，与 FGF 受体结合后，促进细胞生长增殖。

2. 跨膜生长因子受体 某些癌基因的编码产物与生长因子受体同源，能接受并传递生长信号，受体的胞内结构域大多数具有 TPK 活性。*ERB-B* 基因产物与 EGF 受体膜内区序列结构类似，*KIT* 编码

PDGF 受体，*MET* 属肝细胞生长因子受体，*TRK* 编码 NGF 受体。

3. 细胞内信号转导分子 能将细胞外信号传递至胞内或核内，促进细胞生长。该转导体系的组成成分多数为原癌基因产物，此类原癌基因产物包括：非受体酪氨酸蛋白激酶（*SRC*、*ALB* 的编码产物）、丝/苏氨酸蛋白激酶（*RAS*、*MOS* 的编码产物）、小 G 蛋白（*RAS* 蛋白）。

4. 核内转录因子 某些癌基因编码核内转录因子，其表达产物为 DNA 结合蛋白，通过与靶基因顺式作用元件结合，调节靶基因的转录活性，促进与细胞增殖有关靶基因的表达，引起细胞增殖，如 *MYC*、*MYB*、*FOS*、*JUN* 等。

（二）原癌基因的功能

1. 参与细胞增殖、生长的调节 *C－SIS* 基因表达产物与 PDGF－β 链同源，可促进平滑肌细胞、成纤维细胞、内皮细胞的生长增殖。*INT－2* 和 *HST* 原癌基因编码的蛋白与成纤维细胞生长因子高度同源，具有广谱的生长因子效应。

2. 参与细胞分化调节 原癌基因的表达产物呈现严格的时间特异性和空间特异性。如 *FOS* 基因表达与造血细胞分化有关，在低分化的人白血病 HL60 细胞株中，*C－FOS* 表达很低。当外源 FOS 基因转染小鼠畸胎瘤 F9 细胞株后，可诱导其分化。

3. 作为核内第三信使发挥作用 *FOS*、*JUN*、*ERG* 等原癌基因表达产物通过核膜，传递信号分子至核内，作用于顺式作用元件，调节靶基因的转录，与激素、神经递质作用于细胞第二信使 cAMP、DAG 等，因而称核内第三信使。

4. 调节细胞周期 原癌基因表达产物参与细胞分裂周期（cell division cycle，CDC）基因的调节。如 *SRC* 表达产物 p60 是 CDC2 蛋白激酶的底物之一。

5. 调节细胞凋亡 原癌基因还参与细胞凋亡（apoptosis）的调节。如 *BCL－2* 可以抑制细胞凋亡，而 *BAX* 可以促进细胞凋亡。

五、原癌基因活化为癌基因的机制 微课

在某些化学致癌剂、物理辐射、病毒感染等因素的作用下，原癌基因结构或表达调控发生改变，使细胞获得异常增殖的能力，导致肿瘤的发生。从正常的原癌基因转变为具有使细胞发生恶性转化的癌基因的过程，称原癌基因的活化，这种转变属于功能获得突变（gain－of－function mutation）。原癌基因的激活方式主要包括以下几种。

1. 基因突变 各种类型的基因突变如碱基替换、缺失或插入，都有可能激活原癌基因。较为常见和典型的是错义点突变，引起编码的蛋白质中的关键氨基酸残基改变，引起编码蛋白质的一级结构发生变化，进而对其功能产生影响。如正常人膀胱细胞中 *H－RAS* 中的 GGC－，在膀胱癌细胞 EJ/T24/J82 中突变为 GTC－，G→T 的突变导致 *RAS* 表达产物 p21 蛋白的第 12 位氨基酸由 Gly 变为 Val，这阻断了 GTP 酶激活蛋白 GAP 激活 RAS GTP 酶的作用，使 RAS 结合的 GTP 不能被水解，*RAS* 基因持续激活，导致细胞癌变。

2. 获得强启动子或增强子 某些逆转录病毒的长末端重复序列含有强启动子和增强子。当逆转录病毒整合入细胞原癌基因附近或内部时，会导致原癌基因的表达不受原有启动子的正常调控，而成为病毒启动子或增强子的控制对象，往往导致该原癌基因的过量表达。如鸡白细胞增生病毒感染鸡淋巴细胞，其启动子插入 *C－MYC* 上游，导致淋巴细胞恶性转化，引起淋巴瘤。

3. 染色体易位 可通过两种机制致癌。第一，染色体易位导致产生新的融合基因。如慢性髓系白血病（chronic myelogenous leukemia，CML）中，9 号染色体的 *ABL* 基因易位到 22 号染色体 *BCR*（breakpoint cluster region）基因旁，形成 *BCR－ABL* 融合基因，进而表达为融合蛋白 BCR－ABL，产物大小由

21kD 增加至 210kD，从而导致 ABL 的蛋白酪氨酸激酶活性持续增高，导致肿瘤。该易位产生的较小的异常 22 号染色体，最早于 1960 年在美国费城被发现，故又称费城染色体（Philadelphia chromosome）或 Ph 染色体（Ph chromosome），是诊断 CML 的标志染色体。第二，染色体易位使原癌基因易位至强启动子或增强子的附近，直接导致原癌基因由静止状态变成激活状态，使原癌基因表达产物增加，导致肿瘤发生。人 Burkitt 淋巴瘤中 *C－MYC* 基因由 8 号染色体易位到 14 号染色体 *IGH* 基因旁，导致 *C－MYC* 基因获得强启动子而激活。

4. 基因扩增 原癌基因通过一定机制使基因拷贝数增加，即为基因扩增（gene amplification）。基因拷贝数的增加直接导致基因表达产物的增加，导致细胞调节功能紊乱而发生细胞转化。如在乳腺癌中发现了 *HER2* 的扩增，在人类白血病 HL60 细胞株中有 *C－MYC* 的扩增。

案例引导

临床案例 研究表明，*RAS* 基因突变率在不同种类的人类肿瘤中有明显差异，大约 90% 的胰腺癌、50% 的结肠癌、33% 的肺癌及 45% 的恶性黑色素瘤中都存在突变的 *RAS* 基因。当 *RAS* 基因被异常活化后，p21 蛋白持续地保持活化状态，激活下游信号分子，造成细胞生长失控而无限制地增殖，进而引起肿瘤。

讨论 法尼基转移酶抑制剂治疗 *RAS* 引起的肿瘤的生化机制是什么？

第二节 肿瘤抑制基因

PPT

一、肿瘤抑制基因的概念与发现

肿瘤抑制基因（tumor suppressor gene）也称为抑癌基因，与原癌基因活化诱发癌变的作用相反，是一类抑制细胞过度生长、增殖，从而遏制肿瘤形成的基因，这类基因的丢失或表达产物的失活可以导致肿瘤的发生。肿瘤抑制基因与原癌基因均存在于正常细胞中，共同调控细胞的生长与分化。

抑癌基因的概念最早是从正常细胞和肿瘤细胞融合实验中提出来的。H. Harris 在 20 世纪 60 年代开创了杂合细胞致癌性研究，利用多株小鼠肿瘤细胞与正常小鼠细胞株或从淋巴细胞衍生的细胞株融合，得到杂合细胞，发现其成瘤能力受到抑制。Kiein 和 Wiener 等在随后的研究中也发现，癌细胞与正常细胞融合后，其成瘤能力和转移能力均受到抑制。他们的研究结果表明，正常细胞中存在着抑制癌细胞特征性表达的某种机制，后被证明正常细胞染色体上存在抑制肿瘤的基因，即肿瘤抑制基因。

20 世纪 70 年代初 A. Kundson 在研究家族和散发性视网膜母细胞瘤（retinoblastoma，Rb）时发现，家族性 Rb 患者发病早，且呈双侧多发；而散发性 Rb 患者发病较晚，且单发。于是他提出了二次打击学说（two－hit hypothesis），即家族性 Rb 的发生需要该基因位点发生两次突变。早发性患儿，从父母获得一对等位 *RB* 基因，一个是野生型的正常基因，一个是突变失活基因，此第一次突变来源于亲体遗传；当野生型 *RB* 基因再次发生突变失活后，此第二次为体细胞突变，则 *RB* 基因功能完全丧失，导致患儿发生 Rb。而散发性患者不存在第一次突变，即从父母获得的等位 *RB* 基因是正常的，只有当各自都突变失活后，才能使 *RB* 基因功能丧失，因此，散发性患者的两次突变均为体细胞突变，发病较晚。Cavence 于 1985 年在两个 Rb 家族中发现 *RB* 基因位于染色体 13q14，该基因编码产物为核蛋白，分子量为 105kD，也称 p105。

目前已确定的肿瘤抑制基因有 *RB*、*TP53*、*P16*、*DDC*（deleted in colon carcinoma）等。

二、肿瘤抑制基因的功能

在正常细胞的增殖、分化和凋亡中，抑癌基因与原癌基因发挥的作用相反。原癌基因发挥正调控作用，促进细胞增殖，阻止细胞分化和凋亡。抑癌基因起着负调控作用，抑制细胞周期进程；调控细胞周期检查点；促进凋亡；参与 DNA 损伤修复，从而维持基因组的稳定。

迄今已经发现的肿瘤抑制基因有 10 余种（表 19－2），这些肿瘤抑制基因的成功克隆对于了解和治疗肿瘤具有积极的推动作用。最初在某种肿瘤中发现肿瘤抑制基因，并不意味它与别的肿瘤无关，恰恰相反，研究发现在大多数肿瘤细胞中可检测出同一肿瘤抑制基因的突变、缺失、重排及表达异常，这表明肿瘤抑制基因的变异参与大多数肿瘤的共同致癌通路。

表 19－2 常见的人肿瘤抑制基因

基因	染色体定位	编码产物及功能	肿瘤
RB	13q14. 2	转录因子 p105	Rb、骨肉瘤
TP53	17p13. 1	转录因子 p53	多种肿瘤
PTEN	10q23. 3	磷脂类信使的去磷酸化，抑制 PI3K－AKT 通路	胶质瘤、膀胱癌、前列腺癌、子宫内膜癌
P16	9p21	p16 蛋白	肺癌、乳腺癌、胰腺癌、食道癌、黑色素瘤
P21	6p21	抑制细胞周期依赖性激酶	前列腺癌
APC	5q22. 2	G 蛋白，细胞黏附与信号转导	结肠癌、胃癌等
DCC	18q21	表面糖蛋白	结肠癌
NF1	7q12. 1	GTP 酶激活剂	神经纤维瘤
NF2	22q12. 2	连接细胞膜与细胞骨架的蛋白	神经鞘膜瘤、脑膜瘤
VHL	3q25. 3	肾癌、小细胞肺癌、宫颈癌	转录调节蛋白
WT1	11p13	肾母细胞瘤	转录因子

注：*TP53*：tumor protein p53，肿瘤蛋白 p53 基因；*APC*：adenomatous polyposis coli；*DCC*：deleted in colorectal carcinoma，结肠癌缺失基因；*NF*：neurofibromatosis，神经纤维瘤；*VHL*：von Hippel－Lindau tum or suppressor，VHL 肿瘤抑制基因；*WT1*：Wilms tumor，肾母细胞瘤。

知识链接

肿瘤的发生

肿瘤包括良性肿瘤和恶性肿瘤。肿瘤与原癌基因和肿瘤抑制基因直接相关。原癌基因和肿瘤抑制基因是基因组中的正常基因。正常状态下，这两类基因相互作用，维持细胞正常的生长、分化和凋亡。如果某种原因使原癌基因激活或肿瘤抑制基因失活，将导致细胞增殖过度，分化或凋亡受阻，最终引起肿瘤的发生。目前普遍接受的是细胞癌变的多基因协同假说，即细胞癌变是多步骤、多重打击的复杂过程。在肿瘤发生发展的各阶段，至少需要两个不同的原癌基因激活或肿瘤抑制基因失活，才有可能导致细胞癌变。如结肠癌的发生过程至少可以分为六个阶段：上皮细胞过度增生、早期腺瘤、中期腺瘤、晚期腺瘤、结肠癌和转移癌。从正常上皮细胞到上皮细胞过度增生可能涉及 *APC* 基因的异常（突变或失活），从早期腺瘤到中期腺瘤涉及 *K－RAS* 的异常（突变），从中期腺瘤到晚期腺瘤涉及 *DCC* 基因的异常（如丢失），从晚期腺瘤到结肠癌涉及 *TP53* 基因的异常（丢失），癌转移还涉及其他基因的激活和失活，如 *NM23* 基因表达异常、血管生长因子基因的表达在肿瘤细胞表达 *RAS* 的刺激下增高等。

三、肿瘤抑制基因的作用机制

肿瘤抑制基因的失活在肿瘤的发生发展过程中起着重要作用。癌基因的作用是显性的，而肿瘤抑制基因的作用往往是隐性的。即原癌基因的两个等位基因只要激活一个就能发挥促癌作用，而抑癌基因则往往需要两个等位基因都失活才会导致其抑癌功能完全丧失。常见的失活方式包括：基因缺失或突变导致表达产物含量降低和（或）失去活性，杂合性丢失导致抑癌基因彻底失活，启动子区甲基化导致肿瘤抑制基因表达抑制等。

（一）*RB* 基因

RB 基因含 27 个外显子，其 mRNA 长 4.7kb，编码含有 928 个氨基酸残基、分子量为 105kD 的转录因子。RB 蛋白有去磷酸化或低磷酸化（有活性）和磷酸化（无活性）两种形式。

RB 蛋白在多种细胞中表达，RB 的表达及其磷酸化程度与细胞周期密切相关。G_1 期 RB 呈低磷酸化，G_1/S 期变为高磷酸化，S/G_2 期保持高磷酸化，直至 M 期达到高峰，M/G_1 期又回到低磷酸化状态。RB 蛋白的磷酸化受周期蛋白依赖性激酶（cyclin dependent kinases，CDK）的调控。G_1/S 期磷酸化的启动被 cyclin D（D1、D2、D3）激活 CDK4 和 CDK6 所调控，其他细胞周期蛋白如 cyclin E－CDK_2 使 RB 蛋白在 S 期保持高磷酸化，cyclin A－CDK_2 在 G_2/S 期和 cyclin B－CDK_2 在 M 期催化 RB 蛋白磷酸化。

细胞能否通过 G_1/S 期控制点取决于 RB 的磷酸化状态。非磷酸化的 RB 有阻止细胞进入 S 期的功能，而磷酸化的 RB 丧失此活性。RB 主要与 E2F－1 转录因子家族相互作用，从而控制细胞的增殖与分化。G_1 期，低磷酸化的 RB 与 E2F－1 结合，使 E2F－1 的转录激活功能丧失，E2F－1 依赖性相关基因不能表达，从而阻止细胞从 G_1 期进入 S 期。当周期蛋白与 CDK 结合后，CDK 被激活，使 RB 高磷酸化而失活，不能与 E2F－1 结合，E2F－1 发挥作用，调节一些与 DNA 复制有关的基因的表达，如 *C－MYC* 以及胸苷激酶（thymidine kinase，TK）、DNApola、二氢叶酸还原酶（dihydrofolate reductase，DHFR）等的基因，从而促进细胞进入 S 期。*RB* 基因的缺失或突变导致 G_1/S 期控制点丧失，导致细胞增殖过度并转化。

目前已发现骨肉瘤、软组织肉瘤、乳腺癌、小细胞肺癌和膀胱癌等多种肿瘤中存在 *RB* 基因的缺失或突变，而在一些体外培养的肿瘤细胞中转染 *RB* 基因，细胞的恶性程度发生逆转，进一步证实了 RB 的肿瘤抑制作用。

（二）*TP53* 基因

TP53 基因以其编码蛋白的分子量为 53kD 而命名，位于人染色体 17p13，含 11 个外显子，其 mRNA 长 2.5kb。20 世纪 70 年代末，*TP53* 基因在 SV40 转化的小鼠中被首先发现，不过那时被认为是一种癌基因，因为它可以与 *RAS* 癌基因协同转化细胞，且在某些肿瘤中 p53 蛋白表达水平也较高。后来证实，上述具有协同转化作用的 *TP53* 基因实际上是突变的 *TP53*，而 p53 蛋白也是突变 *TP53* 基因的编码产物。1989 年后证实，野生型的 *TP53* 是一种肿瘤抑制基因。目前发现人类肿瘤中 50% 以上含有突变型 *TP53* 基因，因此，*TP53* 基因是迄今为止发现的在人类肿瘤中发生突变最为广泛的肿瘤抑制基因。

p53 蛋白含有 393 个氨基酸，可分为三个结构域。①酸性区：位于 N 端，含酸性氨基酸较多。二级结构大多数为 α－螺旋，具有转录因子作用，促进基因转录，因而也称转录激活结构域。如该区可促进 *P21* 基因的转录，E3 泛素连接酶可以与该结构域结合，抑制 p53 蛋白的转录因子功能。②核心区：富含脯氨酸（Pro），为疏水区。二级结构为长短不等的片层结构，可与 DNA 的特异序列结合，也称 DNA 结合结构域。③碱性区：位于 C 端，富含碱性氨基酸，与 p53 四聚化和 DNA 非特异性结合有关，也称寡聚化结构域。通过该区域内的 β－片层结构，两个 p53 单体结合为二聚体，两个二聚体再聚合成四聚体。

野生型 p53 蛋白被赋予“基因卫士”的称号，其功能表现为以下几个方面。

1. 抑制细胞增殖 p53 蛋白通过促进 *P21* 基因的表达，抑制细胞增殖。p21 蛋白是调节细胞周期和 CDK 的通用抑制因子。p21 可与 cyclin E - CDK_2结合，抑制该酶的活性，阻止其对 p53 的磷酸化，使细胞周期停滞在 G_1/S 期。p21 还可与 cyclin A - CDK_2结合，使细胞停滞在 G_2/M 期，以利于受损 DNA 的修复。

2. 促进 DNA 损伤的修复 在某些理化因素如紫外线照射、电离辐射等的作用下，p53 蛋白含量及活性应激性增高，使 p53 的转录激活功能增加，启动 DNA 修复系统，如增殖细胞核抗原（proliferating cell nuclear antigen，PCNA）。PCNA 具有 DNA 修复酶的作用，促进 DNA 损伤的修复。

3. 诱导细胞凋亡 若 DNA 损伤不能修复时，p53 蛋白则诱导促凋亡基因 *BAX*、*FASL* 等的表达，抑制抗凋亡基因 *BCL-2* 等的表达，诱导细胞程序性死亡，防止细胞恶变。

据统计，*TP53* 基因的突变 95% 发生在 DNA 结合结构域，基因突变引起 p53 蛋白空间构象的改变，导致其丧失稳定性和功能。研究发现，在人类 20 种肿瘤中检测到 *TP53* 基因的其中一个密码子由 CGC 突变为 CTC，导致编码氨基酸由 Arg 替换为 Leu，使 p53 功能丧失。由于 p53 与多数肿瘤有的较高相关性，针对 *TP53* 基因的治疗药物得到广泛关注，并已进入临床试验阶段。

案例引导

临床案例 患者，女，60 岁。主诉 10 个月前无明显诱因出现说话含糊不清，咽部有异物感，并伴有左侧肢体不适，跛行，当地医院检查“未见明显异常”。2 个月前患者无意中发现左颈部肿物，颈部肿物无红肿热痛，逐渐增大，伴左眼视力下降，无复视，门诊检查发现鼻咽肿物。起病以来，无头痛鼻塞，无耳鸣涕血，无声嘶咽痛。鼻内镜下见鼻咽左侧壁膨隆，表面尚光滑。2 月 28 日行鼻咽部肿物活检术，3 天后病理回复：鼻咽低分化鳞癌。免疫组化示：鼻咽未分化型非角化性癌。采用今又生联合放疗治疗两个疗程，症状有所缓解。

讨论 重组人 p53 腺病毒注射液（今又生）联合放疗治疗肿瘤的机制是什么？

第三节 生长因子

PPT

一、生长因子的概念

生长因子（growth factors，GF）是一类由细胞分泌的，调节细胞的生长、增殖和分化的物质，多数为多肽类或蛋白质类。目前已知，原癌基因编码的蛋白质参与调控细胞增殖、分化与生长等各个环节，与生长因子密切相关。生长因子广泛存在于机体的各种组织中，参与机体内多种生理和病理过程，与生长发育、分化、免疫调节及肿瘤发生等密切相关。

1951 年，意大利科学家 Levi - Montalcini 就在小鼠身上发现了一种能诱导神经生长的物质，1954 年确定为神经生长因子（nerve growth factor，NGF），1971 年确定了 NGF 的氨基酸序列。Stanly - Cohen 于 1961 年发现了一种可以加速小鼠眼睑张开的物质，证明为表皮生长因子（epidermal growth factor，EGF），并于 1972 年确定了它的结构。Levi - Montalcini 和 Stanly - Cohen 由于在生长因子研究中的巨大贡献，获得了 1986 年的诺贝尔生理学或医学奖。

二、生长因子的类型

现已发现数十种不同组织来源的生长因子，且数量还在不断增加（表 19-3）。

表 19－3　人体内常见生长因子举例

生长因子	组织来源	主要功能
表皮生长因子（EGF）	下颌下腺、巨噬细胞、血小板等	促进表皮和上皮细胞生长
神经生长因子（NGF）	下颌下腺、神经元	营养交感神经和神经元
促红细胞生成素（EPO）	肾	促进红细胞成熟与增殖
肝细胞生长因子（HGF）	肝	促进肝细胞生长和上皮细胞迁移
类胰岛素生长因子（IGF）	血清	具有胰岛素样作用
血小板衍生生长因子（PDGF）	血小板、平滑肌细胞	促进间质细胞和血管内皮细胞增殖
转化生长因子－α（TGF－α）	肿瘤细胞、巨噬细胞、神经细胞	类似于 EGF，促进细胞恶性转化
转化生长因子－β（TGF－β）	肾、血小板	促进和抑制某些细胞增殖
血管内皮生长因子（VEGF）	低氧应激细胞	促进血管内皮细胞生长及血管生成

注：促红细胞生成素（erythopietin，EPO）；肝细胞生长因子（hepatocyte growth factor，HGF）；类胰岛素生长因子（insulin－like growth factor，IGF）；血小板衍生生长因子（platelet－derived growth factor，PDGF）；转化生长因子－α（transforming growth factor－α，TGF－α）；转化生长因子－β（transforming growth factor－β，TGF－β）；血管内皮生长因子（vascular endothelial growth factor，VEGF）

EGF 广泛存在于人体各组织中，是最早被阐明结构的生长因子，分子内有 3 对二硫键，由 53 个氨基酸残基组成（图 19－2），二硫键的破坏即可导致 EGF 生物学功能的丧失。

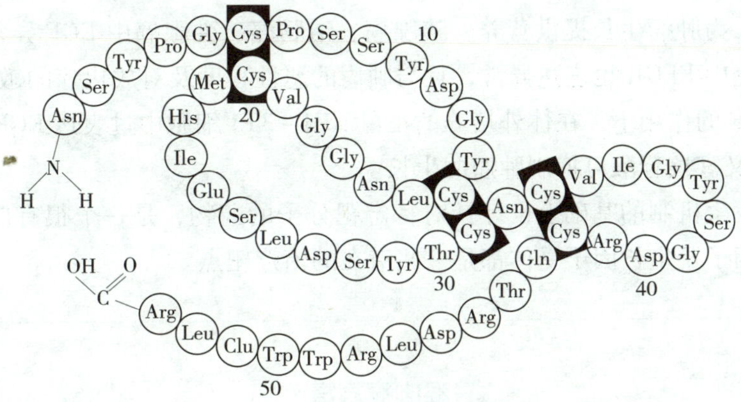

图 19－2　EGF 氨基酸序列

三、生长因子的功能

大多数生长因子的功能为促进靶细胞的增殖，少部分起负调节作用，还有一些生长因子在不同条件下发挥正负双重调节作用。因此，将生长因子定义为调节细胞生长、增殖，而不是促进。

在不同环境和生长因子的相互作用下，某些生长因子具有双重调节作用。如 NGF 具有促进神经系统生长的作用，但对成纤维细胞的生长具有轻度的抑制作用。同样，TGF－β 对多种细胞具有抑制作用，但可以促进成纤维细胞的生长。同一生长因子对不同的细胞可以产生不同的效应。如 HGF 可以促进正常肝细胞的生长，但可以抑制肝癌细胞的增殖。同一种细胞也可以受不同生长因子的调节。如胚胎时期的成纤维细胞可被 EGF、IGF 所调节。在研究生长因子的过程中，1987 年 John. L 开始关注细胞生长抑制因子。抑素（chalone）就是最早被确认的生长抑制因子。随后又发现，TGF－β、INF－β、TNF 等具有抑素的某些特点，以负调节为主。

四、生长因子的作用机制

生长因子的作用机制涉及细胞内信号转导系统。生长因子作为细胞外信号分子（第一信使），主要以旁分泌（paracrine）或自分泌（autocrine）方式，通过与细胞膜或细胞内特异性受体结合，将信号传入细胞内，通过级联传递将信号传至核内或直接作用于顺式作用元件，激活与细胞增殖分化相关基因的表达，调节细胞功能。各种生长因子通过不同的信号转导通路发挥作用，如 TPK 通路、Ras－MAPK 通路、PI3K 通路、PKA 通路、PLC 通路、JAK－STAT 及 NF－κB 通路等。关于生长因子通过受体介导的细胞信号通路详见本书第二十一章。

五、生长因子与疾病

由于生长因子在维持机体正常生理功能中发挥着重要作用，因此，其表达量的改变、结构和功能的异常与很多疾病联系紧密。许多生长因子已作为药物应用于临床治疗（神经系统损伤、创伤等），随着 DNA 重组技术的广泛应用，工业化大规模生产生长因子为患者带来了巨大的福音。

（一）生长因子与肿瘤

通过对蛋白质一级结构的测定与分析，人们发现一些生长因子及受体与一些癌基因的编码产物高度同源，后证明原癌基因的很多表达产物都是生长因子及生长因子受体，有的属于胞内信息传递体或核内转录因子。发生突变的原癌基因可能生成上述产物的变异体，后者的生成及过量表达会导致细胞生长、增殖失控，进而引起癌变。如 VEGF 在大多数肿瘤中表达升高，其在肿瘤的血管生成中起关键作用，诱导肿瘤周围血管生成，为肿瘤生长提供营养。胰腺癌、结肠癌、乳腺癌中 EGF 异常高表达，而乳腺癌、非小细胞肺癌、直肠癌中 EFGR 也表达异常，且与肿瘤的恶性程度及对放化疗的敏感性有关。实验也表明，在加入外源性 EGF 的作用下，在体外培养的小鼠 NIH－3T3 细胞中过表达 EGFR 可使该细胞发生转化，而利用 EGF 的反义寡核苷酸可抑制肿瘤的生长。

在深入了解肿瘤发生机制的基础上设计针对特定靶分子的药物，是一个很有前景的肿瘤治疗手段，一些异常激活的生长因子及生长因子受体都是一些潜在的治疗靶点。

知识链接

猴肉瘤病毒

猴肉瘤病毒 *V－SIS* 癌基因的蛋白产物 p28 与 PDGF－β 链几乎完全相同。因此，SIS 蛋白可模拟 PDGF 同其受体结合，刺激细胞内 IP_3和 DAG 生成增加。IP_3和 DAG 是胞内第二信使，其介导的信号传递途径因 p28 的影响而发生改变，最终使受体细胞因过度增殖而失控。

（二）生长因子与心血管疾病

1. 原发性高血压 高血压的细胞学本质都有平滑肌细胞和成纤维细胞增生，并向内膜下迁移，产生大量的胶原，以致血管管腔变窄、变厚，外周阻力增加。因此，高血压亦是以平滑肌细胞增生为主要病变的疾病，这种变化亦与癌基因有密切关系。原发性高血压大鼠心肌和平滑肌细胞内 *MYC* 基因表达较正常对照大鼠高 50%～100%。原性高血压大鼠的主动脉和肝脏内 *MYC* 基因的转录水平明显高于正常对照大鼠，*SIS* 基因表达亦高于正常对照大鼠。这提示，*MYC* 和 *SIS* 基因的激活可能是引起平滑肌细胞增生、肥厚的一个重要因素。

2. 动脉粥样硬化 直接取动脉粥样硬化患者的血管，测定 *SIS* mRNA 表达，发现 mRNA 含量较正常人相应血管内的 *SIS* mRNA 高 5～12 倍。研究还发现，动脉粥样硬化病灶中的巨噬细胞越多，病灶中 *SIS* 基因表达亦越多。这些实验均证明，动脉粥样硬化时，*SIS* 基因表达明显增加。

3. 心肌肥厚 正常心肌、血管平滑肌和内皮细胞中的癌基因为心血管生长发育所必需。研究表明，许多癌基因（*RAS*、*MYB*、*MYC*、*FOS* 等）在心肌肥厚时发生过量表达。生长因子在心肌肥厚中的作用十分关键，在心肌负荷与心肌反应之间起着中介与信息传递的作用，由此引发原癌基因过量表达，造成心肌肥厚。与此有关的生长因子包括 IGF、TGF 及 FGF 等。

案例引导

临床案例　患者，女，65 岁。主诉左眼前暗影遮挡半年，检查：双眼视力，右 1.0，左 0.1；左黄斑部渗出、出血，中心光不清，眼底荧光血管造影，呈现透见荧光时，表现为视网膜色素上皮萎缩，色素沉着处可有遮蔽荧光，脉络膜新生血管会有荧光素渗漏。眼底荧光造影提示左眼老年性黄斑病变。后患者行 Ranibizumab 治疗，症状缓解。

讨论　Ranibizumab 治疗老年性黄斑的生化机制是什么？

目标检测

答案解析

一、单项选择题

1. HBV 病毒感染可以导致（　）
   A. 肺癌　B. 结肠癌　C. 肾癌
   D. 原发性肝癌　E. 其他组织的癌症
2. 关于原癌基因发生单个碱基的突变，叙述正确的是（　）
   A. 原癌基因表达产物增加　B. 其表达的蛋白质发生结构变异
   C. 无表达活性的原癌基因移至增强子附近获得表达　D. 原癌基因扩增
   E. 原癌基因被激活不包括碱基替换、缺少或插入
3. 下列关于原癌基因的叙述中，错误的是（　）
   A. 正常细胞无此基因　B. 基因突变可激活原癌基因表达
   C. 正常细胞均有原癌基因　D. 病毒感染可使此基因表达活化
   E. 多种理化因素可活化此基因的表达
4. 下列关于抑癌基因的叙述中，正确的是（　）
   A. 发出抗细胞增殖信号　B. 与癌基因表达无关
   C. 其缺失对细胞的增殖、分化无影响　D. 不存在于人类正常细胞中
   E. 肿瘤细胞出现时才进行表达
5. 下列调节细胞生长与增殖的多肽类物质中，通过质膜上特异受体传递至细胞内部的是（　）
   A. 癌基因　B. 抑癌基因　C. 生长因子
   D. 转录因子　E. 生长因子受体
6. 下列关于 *RB* 基因的叙述中，错误的是（　）
   A. 定位于 13q14　B. 是一种抑癌基因　C. 是最早发现的抑癌基因
   D. 编码 p28 蛋白　E. 抑癌作用有一定的广泛性
7. 下列可使癌基因活化的因素是（　）
   A. 癌基因点突变　B. 正常基因表达增强　C. 正常基因表达减弱
   D. 抑癌基因表达增强　E. 细胞增殖、分化增加

8. 下列关于 EGF 的叙述中，错误的是（　）
   A. 即表皮生长因子，是一种多肽类物质
   B. 可以促进表皮和上皮细胞的生长
   C. EGF 受体是一种典型的受体型 PTK
   D. 与恶性肿瘤的发生有关
   E. 可诱导细胞发生凋亡

二、简答题

1. 什么是原癌基因？原癌基因如何被激活？
2. 什么是肿瘤抑制基因？举一例说明肿瘤抑制基因的作用机制。

（张毅强）

书网融合……

本章小结　　微课　　题库

第二十章　基因诊断和基因治疗

学习目标

1. **掌握**　基因诊断、基因治疗的概念；基因治疗的基本方法。
2. **熟悉**　基因诊断常用的技术方法；基因治疗的基本程序。
3. **了解**　基因诊断的应用；基因治疗的应用与展望。
4. 学会利用基因治疗的基本方法，探讨疾病基因治疗的途径。

人类大多数疾病都与基因变异有关。基因作为生命的物质基础，决定了生物体各种功能的正常运行。先天遗传因素和后天环境因素引起内源基因的变异或外源基因的入侵都会导致基因结构和功能发生变异，成为疾病产生的根源。在基因水平分析疾病的病因及发病机制，并采用针对性措施从本质上治疗疾病，是医学发展的一个新方向，促进了医学科学的研究从整体和细胞水平进入分子水平。基因诊断（gene diagnosis）和基因治疗（gene therapy）已发展为现代分子医学的重要领域。

第一节　基因诊断

微课

PPT

一、基因诊断的概念

基因诊断就是应用现代分子生物学和分子遗传学的技术方法，检测基因结构及其表达水平的变化，从而对疾病做出诊断的方法。1976 年，美国加州大学旧金山分校的华裔科学家 Y. W. Kan 博士首次将 DNA 片段多态性分析技术应用于镰状细胞贫血的产前诊断，开创了基因检测技术用于临床诊断的新时代。经过近几十年的发展，基因诊断技术已经广泛应用于遗传病、肿瘤、感染性疾病及法医学的诊断。

二、基因诊断的优势

目前，人们将早期的细胞学检查技术、20 世纪 50 年代发展的生化分析技术、60 年代的免疫学诊断技术和 70 年代末的基因诊断技术分别称为第一、二、三、四代实验室诊断技术。前三类实验室诊断技术均以疾病的表型改变建立诊断标准，但大多数表型的改变常在疾病的中晚期才会出现，已不能解决对疾病早发现、早诊断、早治疗的要求，而基因诊断具有以下优势。①针对性强：直接以致病基因作为检测对象，属于病因学诊断，且有利于疾病的早期诊断。②特异性强：通常选用特定基因序列作为探针，这种分子杂交技术是严格按照碱基互补配对规律进行的。③灵敏度高：利用 PCR 技术的几何级扩增效率，可以检测出低至 10^{-9}mg 的靶基因变异。④适用性强，诊断范围广：已经广泛应用于遗传病、肿瘤、感染性疾病及法医学的诊断，以及组织配型、亲子鉴定、药物研发等。

三、基因诊断的主要对象和样品来源

从广义上讲，凡是利用分子生物学技术对生物体的 DNA 序列及其表达产物进行定性、定量分析都

属于分子诊断（molecular diagnosis）。分子诊断主要针对 DNA 分子，涉及功能分析时还可检测基因的表达产物，主要为 mRNA 和蛋白质等分子。通常基因诊断主要是针对 DNA 和 RNA 的分子诊断。

基因诊断常用的样品来源广泛，有血液或干血迹、精液、唾液、尿液、羊水和绒毛、细胞、微生物、新鲜或冻存的组织块、毛发（含毛囊）等。根据材料来源和分析目的提取基因组 DNA 和 RNA，其中，RNA 要逆转录为 cDNA 保存。

四、基因诊断技术

进行基因诊断时常采用以下基本策略：检测已明确能产生某种特定功能的蛋白的基因；检测与某种遗传标志连锁的致病基因；检测表型克隆基因。基因诊断的基本步骤一般包括：①获得待检测的样品，用于抽提核酸；②目的片段的扩增；③分子杂交和基因检测分析。基因诊断技术是建立在核酸分子杂交、PCR 技术和 DNA 测序技术或几种技术联合使用的基础之上的。

（一）基因缺失、插入和重排的诊断

常用 Southern 印迹法或 PCR 法进行检测。

1. Southern 印迹法 又称 DNA 印迹法（详见第十七章）。常用于 DNA 限制性内切酶图谱的检测，易于区分正常及突变的基因型，通过待测基因及旁侧区域限制性内切酶图谱的改变，判断基因是否发生了缺失、插入、重排。Southern 印迹法特异性强、准确性高，但由于其涉及的操作步骤较多，检测周期较长，限制了该方法作为一种常规临床检测手段的应用。

2. PCR 法 PCR 技术可用于疾病的直接诊断，主要依据为是否出现特异性扩增条带。设计 DNA 缺失区或插入区片段的 PCR 引物，进行 PCR 扩增，通过琼脂糖凝胶电泳检测扩增 DNA 片段的大小，确定是否存在片段的缺失或插入。

（二）基因点突变的诊断

1. 限制性内切酶酶谱分析法（restriction enzyme pattern analysis） 当突变涉及某个限制性内切酶酶切位点改变时，可用此方法检测。该方法利用限制性内切酶对待测样品 PCR 产物进行酶切，并检测酶切片段长度，判断突变是否存在。镰状细胞贫血患者中，β 珠蛋白基因第 6 个密码子发生了单个碱基的突变（A→T），致使患者血红蛋白 β 亚基的第 6 位氨基酸由正常的 Glu 变成了 Val，导致患者红细胞变形成镰刀状而极易破碎产生贫血。这一突变使限制性内切酶 *Mst* Ⅱ（酶切位点：CCTNAGG）在基因内部的酶切位点丢失。因此，可以将正常人、突变基因携带者和镰状细胞贫血患者区分开来（图 20－1）。

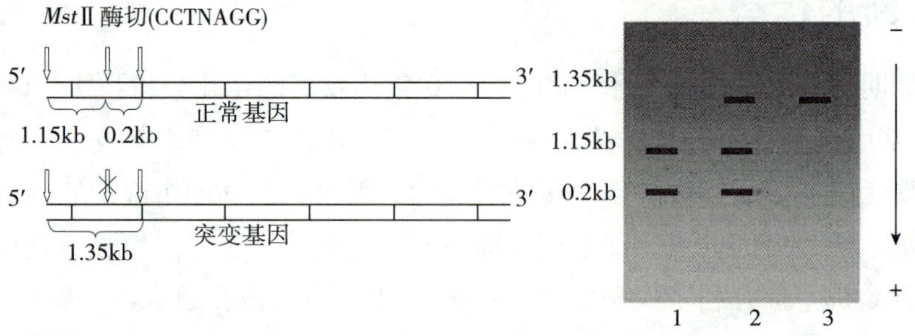

图 20－1 镰状细胞贫血患者基因组限制性酶切分析

1. 正常人；2. 突变携带者；3. 患者

2. 等位基因特异性寡核苷酸（allele specific oligonucleotide，ASO）分子杂交 该方法是检测点突变最常用的方法，基本上适用于任何情况下点突变的检测。针对已知突变位点的核苷酸序列，合成两条寡核苷酸探针，一条为针对正常基因碱基序列的寡核苷酸探针（N），一条为针对已知突变基因碱基序

列的寡核苷酸探针（M），将其与待检者的DNA分子进行杂交。若待测DNA只能与正常探针结合，表明受试者基因是正常的。若待测DNA与突变探针结合，表明两个等位基因均发生了突变，受试者是纯合子患者。若待测DNA既能与正常探针又能与突变探针结合，表明一个等位基因发生了突变，另一个等位基因正常，受试者为杂合子携带者。若待测DNA与两种探针均不能发生结合，表明受试者基因发生了新的突变（图20－2）。

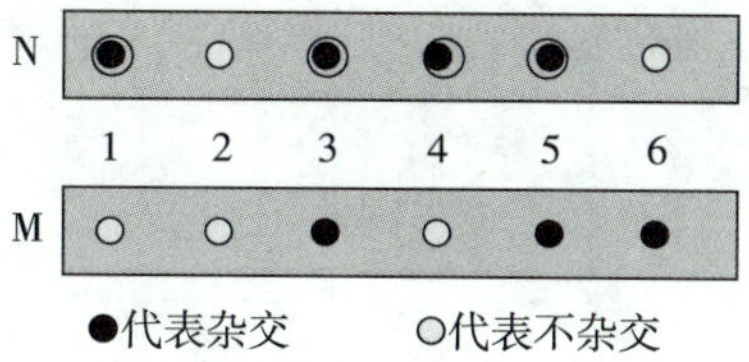

图20－2 ASO杂交法结果判定

1和4为正常基因；3和5为杂合子突变体；6为纯合子突变体；2为新的突变型

3. PCR限制性片段长度多态性（PCR－restriction fragment length polymorphism，PCR－RFLP） 基因突变后导致基因的碱基组成和（或）排列顺序发生改变，这种改变将导致新的限制性内切酶酶切位点的出现或原有酶切位点的消失，突变序列经相应的内切酶消化后，会出现不同数量及大小的电泳条带，据此判断是否存在突变。

4. 反向点（reverse dot blot，RDB）杂交 该方法是将ASO探针固定在膜上，通过标记待测样品的PCR产物并将其作为液相，即可同时鉴定待测个体基因突变情况。对于多点突变引起且频率分散的遗传病的检测，若采用ASO，检测就变得十分繁琐；采取RDB技术，一次杂交可完成多个探针的检测，大大提高了基因诊断的效率。该方法适用于基因组中某些固定位点上已知序列差异的检测，如癌细胞中的*RAS*突变、HLA分型等。目前广泛开展的DNA芯片技术就是RDB的一种应用方式。

5. 变性高效液相色谱（denature high performance liquid chromatography，DHPLC） 原理是基于未解链的和部分解链的双链DNA在部分失活条件下具有不同保留的性质。这种部分失活条件可以采取升高温度的手段获得。所有基因组DNA的单拷贝均可通过PCR反应大量扩增，杂合子个体的DNA经扩增产生异源双链（heteroduplexes），由于错配位点的氢键被破坏，在异源双链上形成“鼓泡”（bubble），导致它与纯合子个体的DNA扩增产物即完全匹配的同源双链（homoduplexes）的解链特征不同。在部分加热变性的条件下，异源双链DNA分子更易于解链形成Y形结构，与固定相的结合能力降低。当流动相中乙腈浓度梯度增大时，异源双链将先于同源双链被洗脱出来，带有突变序列的样品呈现出异源双链和同源双链混合物的峰形特点；而不含突变序列的样品则只有同源双链的峰形（图20－3）。据此可检测出含有单个碱基的置换、插入或缺失的异源双链片段，从而提供有无突变的信息，是一种快速、高效、准确、经济并可半自动化进行基因突变及多态性检测的技术。DHPLC这一新兴技术必将凭借其高通量、低成本、无放射污染等优点，在疾病诊断中继续发挥重要作用。

6. 基因测序 是针对基因基本结构，分析基因的碱基组成和排列顺序的方法，是最为确切的基因诊断方法。随着DNA测序技术的不断完善和发展，测序技术目前已在一些领域广泛开展，如肿瘤特异性治疗靶点的选择等。

五、基因诊断的临床应用现状

基因诊断作为第四代实验室诊断技术，极大地推动了现代医学的发展。该技术已广泛应用于遗传性疾病、恶性肿瘤、感染性疾病和法医学鉴定等多个学科领域，具有巨大的发展前景。

（一）遗传性疾病的诊断

疾病的诊断通常包括产前诊断、症状前诊断和症状后诊断。真正能减少致病基因对携带者带来健康损害及身心痛苦，减轻家庭社会经济负担的最有效方式就是加强疾病的预防。在胎儿出生前和疾病发生前对遗传病进行产前诊断及症状前诊断（presymptomatic testing），是最有效的遗传病预防措施。

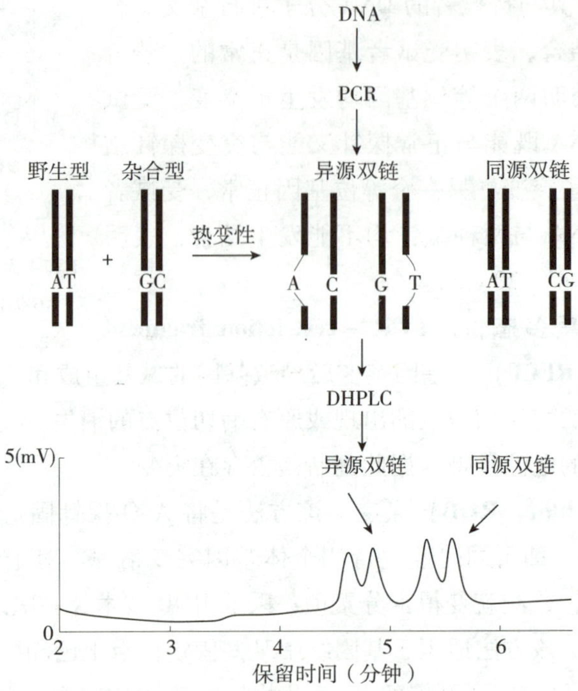

图20－3　DHPLC 技术检测 DNA 序列变异的实验流程

目前已经发现的人类遗传病有数千种之多，据病因大致可分为单基因遗传病、多基因缺陷导致的复杂遗传病以及染色体结构和数目异常引起的遗传病。随着对多种遗传病致病基因和突变类型以及许多可用于基因连锁分析的遗传标志的澄清，再加上基因诊断方法学的不断改进和更新，基因诊断被广泛应用于遗传病的诊断。目前基因诊断已应用于血红蛋白病、甲型血友病、杜氏肌营养不良、苯丙酮尿症等多种遗传病的诊断，其中，应用于单基因遗传病的确诊及其症状前诊断最为成功。欧美等国已经建立了完善的单基因遗传病检测网络，该项目并已经成为医疗机构的常规检测项目，如美国的 GENETests 基因诊疗机构（网址为 http://www.geneclinics.org/）开展的检测项目达 3000 多种。以下简要介绍甲型血友病的基因诊断。

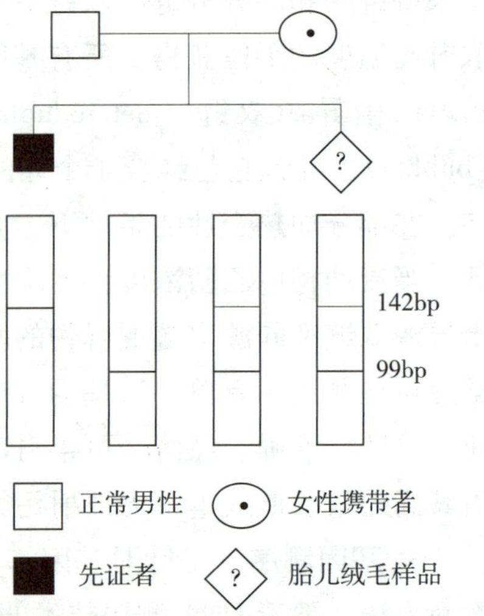

图 20－4　甲型血友病基因诊断分析图

甲型血友病是一类 X 连锁隐性遗传病，即由女性携带、男性发病的隐性遗传病。它是凝血因子Ⅷ编码基因突变导致该凝血因子功能缺陷所致的一种凝血功能障碍。凝血因子Ⅷ基因位于 Xq28，全长 186kb，包含 26 个外显子和 25 个内含子。该基因第 18 外显子上一个 142bp 的序列中有限制性内切酶 *Bcl* Ⅰ的酶切位点，可将该片段切割为 99bp 与 43bp 两条片段（电泳时，43bp 由于较小，常跑出胶外，不能观察到，仅可观察到 99bp 的条带），甲型血友病患者由于基因突变导致 *Bcl* Ⅰ酶切位点丢失，不能对该片段切割（图 20－4）。因此，可用 RFLP 对甲型血友病做出产前诊断。

（二）肿瘤的基因诊断

肿瘤的发生发展是一个多基因、多步骤、诸多因素共同参与的一个发病过程，是威胁人类健康的三大疾病之一。肿瘤目前仍缺乏有效的治疗手段，最主要的一个原因就是多数患者发现时已在中晚期，有的已发生了转移。研究表明，基因的点突变、染色体异位、癌基因的激活及肿瘤抑制基因的失活都与细胞的癌变密切相关，一些病毒因素也是细胞癌变的重要原因。随着细胞癌变机制的逐步阐明，对于肿瘤的基因诊断技术更加显示出巨大的活力及实际意义。目前肿瘤诊断的基本策略包括检测肿瘤染色体异位及融合基因、检测癌基因和肿瘤抑制基因、检测肿瘤相关病毒等。

1. 检测肿瘤染色体异位及融合基因　染色体数目及结构的异常是一种常见的细胞遗传学表现。在造血系统肿瘤中，染色体易位及由此产生的融合基因具有很高的诊断价值。临床上对于白血病的诊断单纯依靠组织形态学观察和组织化学染色难于确定诊断，而融合基因作为特异性标志物，对诊断白血病和确定白血病的分型具有重要意义。因此，对于肿瘤染色体易位和融合基因的检测有利于肿瘤的诊断、分型、微小病灶的确立，对于肿瘤的发病机制研究及判断预后也具有重要意义。

2. 检测癌基因和肿瘤抑制基因　大多数肿瘤中已检测到癌基因的激活或肿瘤抑制基因的失活，因此，对癌基因和肿瘤抑制基因的检测已成为基因诊断的一个重要方面。例如，*RAS* 基因是肿瘤中最常被激活的癌基因，激活的主要方式是点突变，其最常见的突变是第 12、13 或 61 密码子，尤以第 12 位密码子的突变最为常见。*K－RAS* 第 12 位密码子由 GGT（编码甘氨酸）突变为 GTT（编码缬氨酸），常结合 PCR－ASO、PCR－SSCP 对该突变做出诊断。又如与人类肿瘤相关性最高的 *p53* 基因，其野生型是一种抑癌基因，野生型 p53 蛋白在维持细胞正常生长、抑制恶性肿瘤增殖中起着重要作用，在肿瘤中是最常失活的基因。前已叙述，当 *TP53* 基因发生突变，将丧失抑制肿瘤增殖的作用，且突变本身又使该基因具备癌基因的功能。现研究发现，50% 以上的恶性肿瘤都存在 *TP53* 基因的突变。*TP53* 基因突变主要是点突变，高发区域位于密码子 130～290 之间，其中，175、273 和 284 密码子突变最常见。如在结直肠癌中，常可检测到肿瘤抑制基因 *FAP*、*DCC*、*TP53* 基因的缺失，癌基因 *K－RAS* 的点突变，*C－MYC* 的过量表达。因此，可结合 PCR－RFLP、PCR－ASO、PCR－SSCP、PCR－DNA 测序等技术对癌基因和肿瘤抑制基因进行突变检测，为肿瘤的早期预防、早期诊断和早期治疗提供依据。

3. 检测肿瘤相关病毒　目前已经发现很多种与肿瘤相关的病毒，其中有 DNA 病毒，也有 RNA 病毒。如与肝癌有关的 HBV、HCV，与鼻咽癌及 Burkitt 淋巴瘤相关的 EB 病毒，与人 T 细胞性白血病、淋巴瘤相关的 HTLV－1 病毒，与宫颈癌相关的 HPV 等，对这些肿瘤相关病毒基因的检测有助于肿瘤的临床诊断。

（三）感染性疾病的基因诊断

感染性疾病由外源病原体侵入机体所致。感染性疾病病原体包括病毒、细菌、真菌、支原体、衣原体、立克次体和寄生虫等，种类繁多。除个别病原体外，每一种病原体都有各自的基因组成和结构，即病原微生物都以核酸作为遗传物质。采用传统的方法检测病原体，存在灵敏度低、特异性差、检测周期长等缺点，原因主要为病原体感染后有一段时间的潜伏期，常规方法有时难以诊断出来。而通过基因诊断可发现和鉴定这些病原体的存在，克服了传统方法的缺点，可在疾病的早期获得阳性结果，简便、特异且快捷。人类可以针对病原体特异的核酸序列设计探针，直接在临床标本中检出特异性病原体，也可对那些不宜在体外培养的病原体如结核杆菌、立克次体等做出检测。以 PCR 技术为基础的各种联合技术的发明，也为感染性疾病的诊断提供了更加快速、敏感的方法，目前在病毒性疾病、细菌性疾病及寄生虫感染的诊断中得到了广泛应用。以下简要介绍病毒性疾病的基因诊断。

新型变异冠状病毒（SARS－CoV）可引起传染性非典型性肺炎，该病是以肺部感染病变为主要特征、病死率高的急性传染性疾病。SARS－CoV 病毒为 RNA 病毒，基因组有 11 个 ORF，其中，保守序列编码 RNA－pol。可根据这段保守序列设计特异性引物，通过 RT－PCR 技术扩增保守序列，并对 PCR 产物进行电泳分析，从而做出 SARS 病原体的基因诊断。

（四）用药指导和疗效评价

基因诊断还可用于临床药物疗效评价及提供指导用药的信息。如临床上对于长期使用贺普丁（Heptodin，也称拉米夫定）治疗 HBV 的患者，必须通过基因诊断检测 HBV 是否发生了 YMDD 变异。YMDD 是 4 个氨基酸（酪氨酸－甲硫氨酸－天冬氨酸－天冬氨酸）的缩写，位于 HBV－DNApol 上，是贺普丁的主要作用位点，YMDD 变异会降低贺普丁的亲和力，减弱贺普丁对 HBV－DNApol 的抑制能力，导致患者病情加重。

人群对同种药物的反应性也存在个体差异，致使药物不良反应在某些个体出现。基因诊断可以预先判断这些易感个体，从而指导医生避免某些药物的使用。如氨基糖苷类抗生素致耳聋的副作用与线粒体 DNA 12S rRNA 基因第 1555 位 A→G 的点突变有关，通过在人群中筛查这样的个体，可避免在这些易出现药物不良反应的个体中使用氨基糖苷类抗生素。

（五）在法医学中的应用

基因诊断在法医学中的应用主要针对人类 DNA 遗传差异进行个体识别、亲子鉴定。常用的技术有 PCR、快速蛋白液相色谱（FPLC）、PCR－VNTR、PCR－STR、PCR－线粒体 DNA、DNA 指纹技术，其中，DNA 指纹技术（DNA fingerprinting）已成为法医学中最常用的基因诊断技术。对人类基因组的研究表明，除了部分同卵双生子外，没有两个个体的 DNA 序列是完全相同的，这就如人的指纹一样，因而称 DNA 指纹，其遗传学基础为 DNA 的多态性，它是个体识别的有力证据。这种不同可以通过检测基因非编码区的小卫星 DNA 和微卫星 DNA 加以区别。小卫星 DNA 的重复单元长度在 9～70bp 之间，重复次数达数百个。同一物种的不同个体间，在给定的基因座中，重复单元的数目是可变的，又称可变串联重复序列（variable number of tandem repeat，VNTR）。微卫星 DNA（microsatellite DNA）的重复单元长度更短，形成短串联重复序列（short tandem repeat，STR），STR 的核心序列为 2～4bp，DNA 片段长度为 100～500bp。不同个体的重复数目差别很大，因而在群体中具有很大的多态性，可作为一种应用价值很高的遗传标记。当用某一限制性内切酶切割不同个体来源的基因组 DNA 时，可以产生 RFLP，可以用小卫星 DNA 的核心序列作为探针进行 Southern 印迹杂交，形成的杂交图谱即为 DNA 指纹图谱。目前常用的 DNA 指纹技术是以 PCR 为基础的，用 PCR 方法对 VNTR 和 STR 位点进行扩增，得到不同长度的 DNA 片段，对扩增后的 DNA 片段进行检测而得到 DNA 指纹。

1. 个体识别 如果在同一次检测中，得到的两个 DNA 指纹图谱条带数目相同，并且条带位置也一一对应，则可以判定两个样本来自同一个体（同卵双生除外）；反之，两个样本来自不同个体。

2. 亲子鉴定 由孟德尔遗传定律可知，子代（S）DNA 指纹图谱中的所有带纹均应在其生物学父亲（F）或母亲（M）的 DNA 图谱中出现。因此在做亲子鉴定时，在同一实验条件下，同时检测孩子、假定父母的多位点 DNA 指纹图，利用上述规律，分析三者是否存在亲子关系。图 20－5 为利用多位点 DNA 指纹图谱进行亲子鉴定的方法。首先，在孩子指纹图谱中找出与母亲共有的条带，剩余的条带均为非母亲的条带，若没有陌生条带出现，则这些非母亲条带均应在其生父的指纹图谱中出现。若有 3 条以上图谱在其假定生父中不出现，则排除假定生父与孩子的亲子关系。

案例引导

临床案例 Leber 遗传性视神经病是视神经退行性变的母系遗传性疾病。线粒体 DNA 的位点突变被认为是 Leber 遗传性视神经病的特异性病征，该病患者线粒体 DNA 第 11778 位碱基发生点突变（G→A），这一突变使限制性内切酶 *sfaN* Ⅰ 在基因内部的酶切位点丢失。已知 mtDNA 经 PCR 特异性扩增的片段长为 340bp，经 *sfaN* Ⅰ 酶切后为 150bp 和 190bp。

讨论 对该患者应采用的基因诊断方法属于哪类方法？

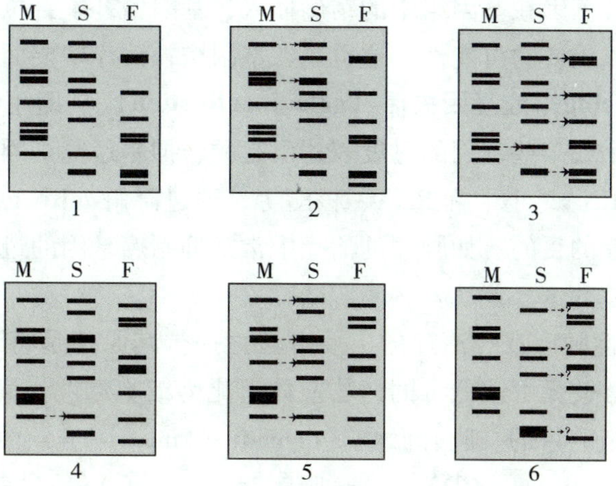

图 20-5 亲子鉴定中多位点 DNA 指纹图谱

1、2、3 认定亲子关系；4、5、6 亲子关系排除

第二节 基因治疗

PPT

一、基因治疗的概念

基因治疗（gene therapy）即通过一定方式将人正常基因或有治疗作用的 DNA 片段导入人体靶细胞以矫正或置换致病基因，从而达到疾病治疗目的的生物医学技术。目前，基因治疗的定义已经扩大，凡是采用分子生物学技术和原理在核酸水平展开的疾病治疗，都可以纳入基因治疗的范畴。因此，基因治疗的手段很多，可以将一段外源正常基因导入病变细胞取代缺陷的基因，该导入的基因或者可与宿主细胞染色体整合而成为宿主细胞的一部分，或者独立于宿主染色体而在宿主体内表达基因产物；也可以采取特殊方式关闭、抑制细胞内某些基因的异常表达，达到治疗疾病的目的。

二、基因治疗的基本策略

目前开展的基因治疗方案中，主要采用以下策略。

1. 缺陷基因精确的原位修复 包括基因矫正（gene correction）和基因置换（gene replacement）。基因矫正为对体内致病基因的突变碱基进行矫正；基因置换为通过同源重组，用正常基因取代致病基因。对于单个基因突变导致的疾病采用这两种缺陷基因精确原位修复的方式，既没有破坏基因组的结构，又可达到疾病治疗的目的，是最理想的基因治疗策略。由 RNA 指导的 Cas9 核酸酶对靶向基因进行编辑的技术——CRISPR（clustered regularly interspaced short palindromic repeats）/Cas9 可能会对缺陷基因精确的原位修复起到积极作用。

2. 基因增补（gene augmentation） 并不去除或纠正有缺陷的致病基因，而是在基因组内某一位点额外插入正常基因，使其在体内表达出功能正常的蛋白质，弥补突变的致病基因的表达缺陷，达到治疗疾病的目的。这是目前临床上主要的基因治疗策略。通常做法为将正常基因导入患者细胞，然后将接受了正常基因的患者细胞移植到患者体内；还可采用向靶细胞中导入原本不表达的基因，利用表达产物达到治疗疾病的目的。我国首例基因治疗由上海复旦大学遗传所薛京伦教授领导的基因治疗小组完成，该小组对乙型血友病的男性患儿进行了治疗性研究，将凝血因子Ⅸ的 cDNA 序列导入患儿的皮肤成纤维细胞，并将经过基因矫正的成纤维细胞回注至患儿体内，达到了该疾病的部分矫正。

由于目前尚不能做到增补基因在基因组中的精确插入，基因增补整合位置是随机的，这就可能导致基因组序列的改变，存在插入诱变的可能性，这也是在基因增补治疗中要面临和克服的问题。

3. 基因沉默（gene silencing）或基因失活（gene inactivation） 即用特定的方式抑制某个基因的表达。一些疾病是由于某一个或某些基因的过度表达引起的，抑制这些基因的表达就可以达到疾病治疗的目的。常用的技术如反义 RNA、小干扰 RNA、核酶等，通过降解 mRNA 或抑制蛋白翻译，抑制相应基因的过表达，达到疾病治疗的目的。如肿瘤的治疗中常常抑制癌基因的过表达，从而抑制肿瘤的过度增殖。

4. 自杀基因治疗 是恶性肿瘤基因治疗的主要方法之一。其原理是将编码某些特殊酶类的基因导入肿瘤细胞，其编码的酶能够使无毒或低毒的药物前体转化为细胞毒性代谢物，诱导细胞产生“自杀”效应，从而达到清除肿瘤细胞的目的。胸苷激酶（thymidine kinase，TK）/丙氧鸟苷（ganciclovir，GCV）和胞嘧啶脱氨酶（cytosine deaminase，CD）/5－氟胞嘧啶（5－FC）是目前研究最多的两种自杀基因系统。

5. 基因免疫治疗 是将抗癌免疫增强细胞因子或 *MHC* 基因导入肿瘤组织，以增强肿瘤微环境中的抗癌免疫反应。

三、基因治疗的基本程序

基因治疗的基本过程包括以下 5 个步骤。

（一）治疗基因的选择

基因治疗的主要目的就是用正常基因替代或弥补致病基因的缺陷，在细胞内产生有正常功能的蛋白质，从而治疗疾病。因此在理论上，细胞内正常基因或野生型基因均可作为基因治疗的选择目标。一些分泌性蛋白质如细胞因子、生长因子、多肽类激素、可溶性受体（去除膜结合特征的受体）以及一些非分泌性蛋白如受体、转录因子、细胞内酶的正常基因均可选为治疗基因。只要明确某种疾病确切的致病基因，就可以用其对应的正常基因作为治疗基因。

（二）选择合适的携带治疗基因的载体

如何将外源治疗基因导入受体细胞是基因治疗中的关键问题。按前所述需要合适的基因工程载体（见第十八章），将治疗基因导入细胞。现阶段，基因治疗载体有病毒载体和非病毒载体两大类，由于病毒具有感染性和宿主细胞寄生性两大特点，且病毒载体基因转移的效率较高、容易成功，临床治疗中多选用病毒载体。作为载体的病毒是经过改造的，即去除病毒复制所必需的基因和致病基因，消除病毒的感染力和致病力。野生型病毒基因组是由结构基因（*gag*、*pol*、*env*）及其两端的包装信号序列（ψ）组成。将病毒的结构基因扩增出来，连接质粒载体，转染宿主细胞，此时进入细胞的是病毒的结构基因，无包装信号，因此，病毒蛋白散在于细胞中，我们将这种细胞称为包装细胞（packaging cell）。包装细胞是已经转染和整合病毒复制及包装所需要的辅助病毒基因组（*gag*、*pol*、*env*），但缺乏包装信号序列（ψ）的细胞。用含有病毒包装信号和待转染的目的基因构建新的质粒，并将其转染到包装细胞中，由于已有病毒蛋白存在于包装细胞内，此时又有包装信号，因此可以构建成一个新的病毒载体。实际应用中，治疗用病毒载体需要先导入体外培养的包装细胞，在包装细胞内复制并包装成新的、足量的重组病毒颗粒后，再用于基因治疗。

用于基因治疗的病毒性载体有逆转录病毒（retrovirus）、腺病毒（adenovirus）、腺相关病毒（adeno－associated virus）、单纯疱疹病毒（herpes simplex virus）等。实际使用中，应根据各种病毒的优缺点、治疗需求来选用不同的病毒载体。

1. 逆转录病毒 是首先被用作基因治疗的载体，也是目前应用最多、最成功的基因治疗载体。逆转录病毒由单链 RNA 基因组和衣壳蛋白组成，进入靶细胞后，经逆转录酶的作用生成 dsDNA，并整合在宿主细胞的染色体基因组中形成前病毒（provirus）。前病毒一方面在 RNA 聚合酶的作用下生成病毒基因组 DNA，另一方面翻译成病毒蛋白，包装成新的病毒颗粒。逆转录病毒经过前述方法连接治疗基因，改造成逆转录病毒载体，应用于基因的治疗。

逆转录病毒载体有其特殊的优点，它能高效感染宿主细胞且宿主细胞范围广，最重要的是它可以将携带的 DNA 序列稳定地整合到宿主细胞中。缺点是逆转录病毒载体基因组大小有限，仅可容纳小于 8kb 的基因，而限制逆转录病毒载体广泛应用最重要的障碍就是逆转录病毒载体的安全性问题，万一患者体内存在逆转录病毒的感染，而此时又接受了大量的假病毒，就会产生重组，有产生感染性病毒的可能。前病毒 DNA 整合到人体染色体基因组，又存在诱发肿瘤的可能。

2. 腺病毒 基因组为双链线状 DNA，已证明腺病毒 C 亚类的 2 型和 5 型在人体内为非致病病毒，是理想的基因治疗载体。腺病毒载体的主要优点有感染效率高且宿主广泛，基因组容量大，感染不需分裂细胞，病毒 DNA 以附加形式存在于染色体外，不整合到宿主染色体中，不引起染色体结构破坏，安全性高。缺点是腺病毒由于不整合到染色体基因组上，不能长期表达；由于腺病毒是人类天然的病原体，病毒的免疫原性强，患者治疗后易产生免疫反应。

（三）靶细胞的选择

基因治疗有两种基本方式，一种为生殖细胞（germ－line）治疗，另一种为体细胞（somatic cell）治疗。生殖细胞治疗由于存在伦理学与安全方面的争议，国际上严格限制用人生殖细胞进行基因治疗实验。因此，基因治疗的靶细胞通常为体细胞，包括正常的免疫功能细胞或病变组织细胞。人类有 200 多种体细胞，目前大多数体细胞还不能进行体外培养，能用于基因治疗的体细胞就更加有限。用于基因治疗的靶细胞一般要符合以下条件：①来源容易；②可在体外培养和扩增；③易于被基因转染并进行高效表达；④易于体内移植或回输，并使所携带的治疗基因稳定表达；⑤具有比较长的生存时间。目前能用于基因治疗的靶细胞包括干细胞、淋巴细胞、上皮细胞、内皮细胞、成纤维细胞等。

1. 造血干细胞（hematopoietic stem cell，HSC） 是骨髓中具有高度自我更新能力的细胞，是基因治疗最有前途的靶细胞之一。由于造血干细胞在骨髓中含量很低，难以获得足够的数量用于基因治疗。人脐带血细胞是造血干细胞的丰富来源，其在体外增殖能力强，移植后抗宿主反应的发生率低，是替代骨髓造血干细胞的理想靶细胞。

2. 淋巴细胞 外周血淋巴细胞中的 T 淋巴细胞发挥重要的免疫功能，易于提取和回输；可在体外进行培养和大量扩增，并对目前常用的基因转移方法都具有一定的敏感性。现已将细胞因子、功能蛋白等基因导入外周血淋巴细胞，并获得了稳定的高效表达，这为基因治疗提供了一条新的途径。

3. 皮肤成纤维细胞 易于移植，并可经体外培养生长，能稳定表达外源治疗基因，携带外源治疗基因后能稳定回植体内，且回植的细胞易于取出，是基因治疗有发展前途的靶细胞来源。

（四）治疗基因的导入

在基因治疗过程中，把治疗基因导入患者体内的方式有两种：一种为直接体内疗法（*in vivo*），是将携带有治疗基因的载体直接导入体内有关组织器官，使其进入相应的细胞表达；另一种为间接体内疗法（*ex vivo*），是先将待接受基因治疗的靶细胞从体内取出，体外培养，并将携带治疗基因的载体导入培养的靶细胞，然后将筛选出的已获得和表达治疗基因的遗传修饰细胞回输至患者体内，达到治疗目的。

基因导入细胞的方法有病毒法和非病毒法，即生物学法和非生物学法两大类。生物学法是通过病毒感染细胞而实现的，特点是基因转染效率高，但是存在安全隐患。非生物学法主要包括传统的物理学法和化学法，还包括受体介导的内吞作用和新型纳米材料等，其中，受体介导的内吞作用具有靶向性，无论在遗传性疾病还是肿瘤的治疗中，这种靶向性都是非常重要的，因此其在基因治疗中有较好的发展前景。非生物学法的主要优点有操作简单、不存在野生型病毒的污染，比较安全；缺点是转染效率低，且都不具有靶向性。

1. 物理法 是将携带治疗基因的载体通过物理方法直接注入靶细胞，包括直接注射法、基因枪法、电穿孔法。

2. 化学法 包括磷酸钙共沉淀法、DEAE－葡聚糖等化学试剂转移法。

（五）治疗基因表达的检测

体外培养细胞，基因转染效率很难达到100%，因此首先应利用载体中的标记基因进行筛选。如很多载体上都具有新霉素（*neo*）抗性基因，若向培养基中加入药物 G418（Geneticin）进行筛选，最终只有转化细胞能够存活下来，也可用 HAT 培养基进行筛选等。筛选出阳性克隆后，还需要鉴定转化细胞中外源基因的表达状况，常用方法有 PCR、Northern blotting、Southern blotting、ELISA、免疫细胞化学染色等。

四、基因治疗的临床应用现状

基因治疗作为一种新兴的治疗手段，经过多年的努力，研究者在基因治疗领域取得了很大的进步，某些研究成果已逐步从基础研究过渡到临床中。目前基因治疗的临床应用比较广泛，已被批准的基因治疗方案达两百种之多，包括针对遗传性疾病、肿瘤及一些慢性非传染性疾病如心血管疾病、糖尿病等的治疗。

1990 年美国科学家 F. Anderson 等人对腺苷脱氨酶（adenosine deaminase，ADA）缺乏症的基因治疗，是世界上第一个基因治疗成功的单基因疾病案例。ADA 缺乏导致 T 淋巴细胞的死亡，从而引起重症联合免疫缺陷病（severe combined immunodeficiency disease，SCID）。利用病毒载体将 *ADA* 基因导入患者自体 T 淋巴细胞，筛选出携带 *ADA* 基因的 T 淋巴细胞并在体外大量培养，将培养细胞回输至患者体内，使 *ADA* 基因在患者体内大量表达，从而达到治疗疾病的目的。我国也在 1991 年 12 月对两例血友病 B 患者进行了凝血因子Ⅸ基因治疗，并取得初步效果。肿瘤治疗方面，用逆转录病毒导入 *IL－2* 基因治疗非小细胞肺癌、用 TK 基因治疗恶性脑胶质瘤、用 VEGF 基因治疗外周梗死性下肢血管病同样取得了较大进展。具有我国自主知识产权的重组人 p53 腺病毒注射液是世界上第一个获得批准的基因治疗药物。

（一）单基因遗传病的基因治疗

疾病若只受一对等位基因的影响，这类疾病就是单基因遗传病，如镰状细胞贫血、血友病等。单基因遗传病由于病因比较清楚，能够明确缺陷基因的名称，对于此类疾病的基因治疗方案相对容易确定。基因治疗的基本流程就是将野生正常基因导入人体，表达出有功能的蛋白质。常见的单基因遗传病及致病基因见表 20－1。

表 20－1 常见单基因遗传病及致病基因

疾病名称	缺陷基因
血友病（hemophilia）	ADA：Ⅷ（A 型）；Ⅸ（B 型）
镰状细胞贫血（sickle cell anemia）	β－珠蛋白（第 6 位碱基置换）
囊性纤维化（cystic fibrosis）	囊性纤维化跨膜调控子（cystic fibrosis transmembrane regulator，CFTR）
苯丙酮尿症（phenylketonuria，PKU）	苯丙氨酸羟化酶
肺气肿（emphysema）	α－抗胰蛋白酶
家族性高胆固醇血症（familial hypercholesterolemia）	低密度脂蛋白受体

（二）针对多基因遗传病的基因治疗

与单基因遗传病相比，多基因遗传病不是只由遗传因素决定，而是遗传因素与环境因素共同起作用。随着人们对多基因遗传病分子机制的深入了解，基因治疗也进入了多基因遗传病的治疗研究领域，如肿瘤、糖尿病、心血管疾病、AIDS 等。

恶性肿瘤的基因治疗包括：抑制癌基因的表达，如反义 RNA、RNA 干扰等技术；补偿和修复突变或缺失的肿瘤抑制基因；肿瘤的免疫基因治疗；自杀基因治疗或酶药物前体疗法，如 *HSV - TK* 基因疗法等；耐压基因治疗和抑制血管生成基因疗法。治疗冠心病时，常采用过表达 *VEGF* 基因来促进缺血心肌部分血管的生成。常用基因沉默技术阻断病毒的复制，从而治疗 AIDS。

尽管基因治疗取得了重大进展，但基因治疗领域目前存在的主要问题仍是有效性和安全性。主要表现为：基因导入效率较低，缺乏靶向性；对于多基因疾病的认识有限，缺乏有效的治疗靶基因；对真核生物基因表达调控机制的认识有限，无法做到精确调控；缺乏系统的疗效评价体系。

基因治疗是人类治疗疾病的新方法、新技术，随着科技的发展，基因治疗一定会在一些难治性疾病的治疗中发挥积极作用，一些不治之症可能会被完全治愈，应用前景非常广泛。

案例引导

临床案例 家族性高乳糜微粒血症（familial hyperchylomicronemia，FCS）是一种罕见的遗传性代谢缺陷，表现为患者体内缺乏脂蛋白脂肪酶（LPLD），使血液中的三酰甘油和乳糜微粒浓度升高。脂蛋白脂肪酶缺乏症十分罕见，每百万人中有 1～2 例患者，孩童时期有伴随腹痛出现的高三酰甘油血症；反复发作的急性胰腺炎；常见皮肤黄色瘤；肝脾肿大；乳糜微粒血症使得血浆看起来像牛乳一般。FCS 并无特效药物可以针对其进行治疗，一般治疗的准则是施行极低脂肪饮食来控制脂肪的摄入。2012 年 11 月，欧盟委员会（EC）批准了欧洲首个基因治疗药物——Glybera，用于治疗 LPLD 缺乏症。

讨论 1. LPL 缺陷为何会引起高乳糜微粒血症和急性胰腺炎？

2. 如何通过基因治疗手段治疗 LPLD 缺乏症？

目标检测

答案解析

一、单项选择题

1. 关于基因诊断的特点，说法错误的是（　）

A. 属于病因诊断，针对性强　　B. 特异性高

C. 采用分子杂交和 PCR 技术，灵敏度高　　D. 实用性强，诊断范围广

E. 不稳定性

2. 关于分子诊断，描述错误的是（　）

A. 采用分子生物学技术进行的诊断

B. 可进行定性和定量分析

C. 蛋白质变化是疾病的直接反应，因此，针对蛋白质的诊断在分子诊断中最常用

D. 可等同于基因诊断，无明显界限

E. 对象为 DNA、RNA 或蛋白质三种生物大分子

3. 下列疾病中，不能用基因诊断技术快速检测出的是（　）

A. 病毒性肝炎　　B. 癌症　　C. 疟疾

D. 脚气病　　E. 肺结核

4. 目前不能作为基因治疗靶细胞的是（　）

A. 淋巴细胞　　B. 肝细胞　　C. 肿瘤细胞

D. 造血细胞　　E. 生殖细胞

5. 将病变基因中的异常碱基进行纠正，正常部分得以保留的基因治疗方法是（　）

A. 基因矫正　　B. 基因增补　　C. 基因置换

D. 基因失活　　E. 基因测序

6. 下列不属于基因治疗基本程序的是（　）

A. 治疗性基因的选择　　B. 载体的选择　　C. 靶细胞的选择

D. 治疗性基因导入人体　　E. 基因失活

7. 目前比较成熟的克隆致病基因主要是（　）

A. 糖尿病致病基因　　B. 恶性肿瘤致病基因　　C. 单基因致病基因

D. 多基因致病基因　　E. 高血压致病基因

8. 对于体内某些基因缺失，常采用的基因治疗方法是（　）

A. 基因灭活　　B. 基因矫正　　C. 基因置换

D. 基因增补　　E. 自杀基应用

二、简答题

1. 目前基因诊断可应用于哪些疾病？
2. 简述基因治疗的基本过程。

（张毅强）

书网融合……

本章小结　　微课　　题库

第二十一章　细胞信号转导

学习目标

1. 掌握　细胞信号转导、信号分子及受体的概念；受体的种类及作用特点；常见的膜受体介导的信号转导通路类型。

2. 熟悉　信号分子的种类及通信方式；信号分子的信号传递方式；胞内受体介导的转导通路。

3. 了解　细胞内关键的信号转导分子；信号转导异常引起的疾病及其分子机制。

4. 学会分析细胞信号转导通路图。

单细胞生物与外环境直接交换信息。多细胞生物中的单个细胞不仅需要适应环境变化，而且还需要细胞与细胞之间在功能上的协调统一。细胞对外源信号发生反应，通过细胞内多种分子相互作用引发细胞内一系列有序反应及效应的过程称为细胞信号转导（cellular signal transduction）。

细胞内的各种信息物质之间通过传递和转换信号构成各种信号转导通路。细胞信号转导的基本路线包括：特定细胞释放信号分子→通过特定方式与靶细胞受体特异性结合→引起胞内各种分子的数量、分布或活性的改变→改变胞内某些代谢的速率，代谢物浓度，细胞的生长、分化及凋亡速度。细胞信号转导的异常与许多常见疾病相关，如肿瘤、内分泌代谢性疾病、心血管疾病以及某些精神疾病等。某些感染性疾病如霍乱等的发病机制也与细胞信号转导紊乱有密切关系。因此，阐明细胞信号转导机制对于认识生命活动的本质具有重要意义，也为医学发展带来了新的机遇和挑战。

第一节　信号分子

PPT

一般把存在于生物体内外的能够调节细胞生命活动的化学物质称为信号分子（signal molecular）。信号分子携带着各种生物信息，根据存在部位以及作用方式的不同，分为细胞外信号分子和细胞内信号分子两大类。

一、细胞外信号分子

凡是由细胞分泌到细胞外或表达于细胞表面的，起调节靶细胞生命活动作用的化学物质统称为细胞外信号分子，或称第一信使（first messenger）。根据其作用方式，可分为可溶性信号分子和膜结合型信号分子两类。

（一）可溶性信号分子

可溶性信号分子包括水溶性信号分子和脂溶性信号分子。其中，水溶性信号分子包括多数激素、神经递质、局部化学介质和生长因子等，此类信号分子不能自由穿过靶细胞膜的脂质双层，但能与位于细胞表面的特殊受体结合，通过信号转换机制，改变靶细胞内某些酶的活性或某些非酶蛋白的活性，使细胞能对外界的信号产生反应。

1. 激素（hormone）　是由特殊分化细胞（内分泌腺或内分泌细胞）合成并分泌的化学信号分子，

通常借助血液循环而传递至靶细胞，与靶细胞的受体特异性结合，从而调节这些细胞的代谢和生理功能，如胰岛素、甲状腺激素、前列腺素等。

2. 神经递质（neurotransmitter） 是神经细胞所释放的化学信号分子。它们只在突触间隙将信号传递给突触后的靶细胞，与突触后膜相应受体结合后产生突触后膜电位变化，在神经元之间及神经细胞与终末效应细胞之间进行信息传递，如乙酰胆碱、多巴胺、脑啡肽等。

3. 其他物质 体内某些细胞能分泌一种或几种化学物质，通过组织液或细胞间液的运输和扩散作用于邻近靶细胞而发挥作用，如 NO、H_2S、生长因子、细胞因子等。NO 是一种化学性质活泼且半衰期短的气体信号分子，参与炎症和免疫等多种生理效应。内源性 NO 是经一氧化氮合酶（NO synthase，NOS）催化，在氧化 L－精氨酸的胍基后产生。

知识链接

新型信号分子——H_2S

继气体信号分子 NO、CO 发现之后，Wang R. 等在 2002 年又发现了第三种新型气体信号分子——H_2S。近年来，H_2S 作为新发现的气体信号分子，在各个系统中的作用也日益受到重视。例如大蒜提取物中的二烯丙基多硫化物可在红细胞中通过硫醇依赖性方式生成 H_2S，实现大蒜降血压、保护心血管的作用。目前发现，H_2S 作为新型的气体信号分子，在血管扩张、神经调节、抑制血管平滑肌增殖、抗炎等方面参与人体心血管系统、神经系统以及胃肠道系统等多个系统的调节。

（二）膜结合型信号分子

该类信号分子位于细胞表面，作为胞外信号分子（亦称配体）与相邻靶细胞膜表面分子（受体）特异性结合，将信号传入靶细胞，达到细胞间功能上的相互协调，如增殖、分化、凋亡等。细胞表面的某些蛋白质、糖蛋白、蛋白聚糖等均属膜结合型信号分子。

二、细胞内信号分子

凡是在细胞内起传递细胞调控信号作用的化学分子称为细胞内信号分子，主要包括第二信使（secondary messenger）、信号转导分子（signal transducer）等。

（一）第二信使

在细胞内传递外源性信息的小分子化合物称为第二信使，又称细胞内小分子信使。它们在上游信号转导分子的作用下发生浓度的变化，进而对靶分子的活性进行调节，通过使靶分子的活性增高或降低将信号向下游转导。这些分子的化学本质表现为多样化，包括无机离子（如 Ca^{2+}）、环化核苷酸（cAMP、cGMP）、糖类衍生物（如三磷酸肌醇）、脂类衍生物（如二酰甘油）、信号蛋白分子（如酪氨酸蛋白激酶）等。

（二）信号转导分子

1. G 蛋白 是指位于细胞膜上的，能与 GTP 或者 GDP 结合的蛋白质。当其与 GTP 结合时，成为活化状态；而当其结合的 GTP 水解为 GDP 时，则转变为非活化状态。活化后的 G 蛋白通过别构调节来激活下游的信号转导分子，不同的 G 蛋白能特异地将受体和对应的效应酶偶联起来，把细胞外信号转化为细胞内信号。参与细胞信号转导的 G 蛋白有两大类。

（1）异源三聚体 G 蛋白　由 α、β 和 γ 三种亚基组成，其中，α 亚基变异最大，是 G 蛋白分类的依据。β 和 γ 亚基结构相近，两者能通过非共价键结合，以二聚体形式存在，通过 γ 亚基定位于细胞膜的胞质面。异源三聚体 G 蛋白可有两种构象：一种是活化型，α 亚基与 GTP 结合，并与 βγ 亚基解聚；另一种是非活化型，以 αβγ 三聚体形式存在，与 GDP 结合。有活性与无活性的 G 蛋白相互转换的过程称为 G 蛋白循环（G protein cycle），如图 21－1 所示。根据 α 亚基结构和功能的不同，可将 G 蛋白分为 Gs、Gi、Gq 等家族，每一个家族又可分为若干亚类。

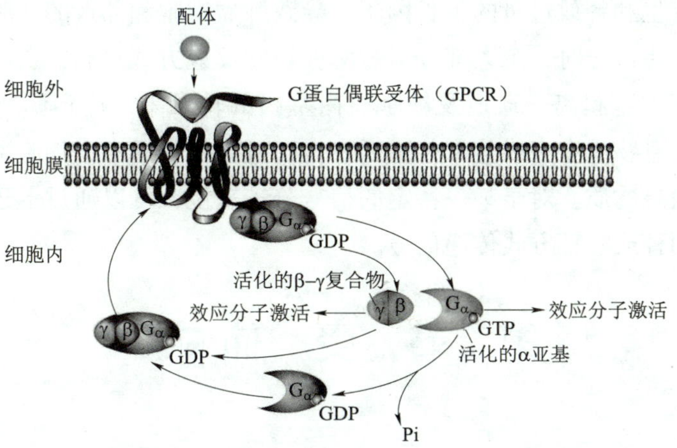

图 21－1　G 蛋白的活化与失活

（2）小分子 G 蛋白（small G protein）　分子量为 21kD，由一条多肽链组成，是位于细胞质中的信号转导分子，与异源三聚体 G 蛋白的 α 亚基同源，但其分子量远远小于异源三聚体 G 蛋白，因而又称低分子量 G 蛋白。Ras 是首先被发现的小 G 蛋白，因此，这类小分子 G 蛋白又统称为 Ras 家族，目前已知的 Ras 家族成员已经超过 50 余种，在细胞内分别参与不同的信号转导途径。Ras 蛋白也有 GTPase 活性，但活性较低，需要特殊的调节因子 GAP（GTPase activating protein）激活，才能把 GTP 水解为 GDP，使 Ras 失活。另外，Ras 与 GDP 在结合后也很难解离。各种小分子 G 蛋白与信号的转导、细胞的生长及分化、蛋白质的生物合成等关系密切。

2. 接头蛋白　亦称衔接蛋白（adapter protein），是信号转导通路各组分间的连接者，可介导蛋白质信号转导分子间或蛋白质信号转导分子与脂质分子间的相互作用，并通过别构效应来激活下游分子。接头蛋白之间、接头蛋白与具有酶活性的信号转导蛋白之间主要是通过特殊的结合位点和结构域形成衔接而构成信号转导复合物。大部分衔接蛋白含有 2 个或 2 个以上的蛋白质相互作用结构域。如表皮生长因子受体途径中的 Grb2 就是由 1 个 SH2 结构域和 2 个 SH3 结构域构成的衔接蛋白，通过 SH2 结构域和 SH3 结构域连接上、下游分子。

3. 支架蛋白（scaffold ptotein）　一般是分子量较大的蛋白质，带有多个蛋白质结合域，可将同一信号途径中的相关蛋白质组织成群。支架蛋白结合相关的信号转导分子，使之容纳于一个隔离而稳定的信号转导途径内，避免与其他信号途径发生交叉反应，以维持信号转导途径的特异性；同时，它也增加了调控的复杂性和多样性。

三、信号分子的信号传递方式

由信号细胞释放的信号分子，需经转运或扩散才能到达靶细胞产生作用。根据传递距离的远近，可将信号分子的信号传递方式分为三种。

1. 内分泌信号传递　信号分子由内分泌腺或内分泌细胞释放后，经血液循环转运至全身各处的靶细胞发挥作用，是一种长距离的信号通信方式。以这种方式传递的信号，其作用缓慢而持久，对受体的亲和力要求较高。绝大部分的激素通过此方式进行信号传递。

2. 旁分泌信号传递 由信号细胞释放的信号分子经细胞间液扩散后，作用于邻近的靶细胞，由于信号分子只在短距离范围内进行扩散，作用快速而短暂。绝大部分的生长因子和细胞因子通过此方式进行传递。此外，神经递质经突触间隙扩散而作用于突触后的靶细胞也属于一种特殊的旁分泌传递方式。

3. 自分泌信号传递 是指信号细胞释放的信号分子作用于细胞自身。许多生长因子以这种方式传递信号。肿瘤细胞常常产生和释放过量的生长因子，导致肿瘤细胞和邻近的非肿瘤细胞无限制地增殖。

细胞内信息物质在传递信号时，绝大部分通过酶促级联反应方式进行。它们最终通过改变细胞内有关酶的活性、开启或关闭细胞膜离子通道及细胞核内基因的转录等，达到调节细胞代谢和控制细胞生长、分化的功能。所有信息物质在完成信号传递后，立即被灭活。通常，细胞通过酶促降解、代谢转化或细胞摄取等方式灭活信息物质。对于某一特定的信号分子来说，可以通过上述任意一种方式进行信号传递，但也可以同时以两种或三种方式传递信号。

第二节 受体 微课

PPT

一、受体的概念

受体（receptor）是指存在于靶细胞膜上或细胞内的一类特殊蛋白质分子，它们识别并结合信号分子，从而触发靶细胞产生特异的生理效应。其化学本质是蛋白质，大多数为糖蛋白，个别为脂蛋白。特定的信号分子与其相应受体特异性结合，触发靶细胞产生特异生理效应，故通常也将这些信号分子称为配体（ligand）。

二、信号分子与受体结合的特点

受体在膜表面和细胞内的分布可以是区域性的，也可以是散在的，其作用是识别和接受外源信号。受体在与配体结合时具有如下几方面的特点。

1. 高度的特异性 指受体只能选择性地与相应的配体结合，这种特异性结合是由受体和配体的空间结构决定的，但是，这种特异性并不是绝对的。

2. 高度的亲和性 受体与相应配体的结合反应在极低的浓度下即可发生，表明二者之间存在高度的亲和力。受体与配体的结合情况用受体－配体复合物解离常数（K_d）表示，K_d值为 50% 受体与配体相结合时的配体浓度。该常数一般为 $10^{-12}\sim10^{-8}$ mol/L，其值愈小，亲和力愈高，反之，亲和力愈低。

3. 可逆性 受体与其配体通常通过非共价键可逆地结合在一起。当生物学效应发生后，配体与受体解离。受体可恢复到原来的状态，配体则常被灭活。

4. 可饱和性 由于靶细胞表面或细胞内的受体数目是有限的，当配体浓度达到一定值后，受体被全部结合，配体数目的继续增加也不会表现出生物学效应的增强。

5. 特定的作用模式 受体在细胞内的分布，从种类到数量均表现出组织特异性，而一种受体又可与几种不同的配体结合，产生不同的受体后生物学效应，表现出组织特异性。

三、受体的种类、结构与功能

根据受体在细胞中存在部位的不同，可将其分为细胞膜受体（membrane receptor）和细胞内受体（intracellular receptor）两大类。

（一）细胞膜受体

细胞膜受体镶嵌于细胞膜中。大部分信号分子不能直接进入细胞，只有与靶细胞膜表面的受体结合，然后触发细胞内的信号转导途径，才产生特异的生理效应。细胞膜受体又可以按照其分子结构与功能的不同，分为跨膜离子通道型受体（ion channel linked receptor，LCLR）、G 蛋白偶联型受体（G protein coupled receptor，GPCR）和酶偶联型受体（enzyme – linked receptor）三大类。

1. 跨膜离子通道型受体　又称环状受体，由均一或非均一亚基构成寡聚体，并由这些亚基围成一环状跨膜通道。此类受体通过配体的结合与否来控制通道的开关，又称配体门控离子通道（ligand gated ion channel）。它们主要受神经递质等信息物质的调控，使离子通道开放或闭合，选择性地允许离子进出细胞，引起细胞内某种离子浓度的改变，从而触发特定生理效应。如乙酰胆碱受体由 5 个亚基组成，对 Na^+、K^+、Ca^{2+} 的通透具有选择性。

2. G 蛋白偶联型受体　又称七次跨膜 α – 螺旋型受体，通常为单体或由均一亚基组成的寡聚体。其多肽链可分为胞外区、跨膜区和胞内区三部分，多肽链在细胞内外往返跨膜后形成 7 段 α – 螺旋的跨膜区（图 21 –2）。此类受体与胞质面的 G 蛋白偶联，并通过 G 蛋白传递信号。大多数常见的神经递质受体和激素受体属于此类受体。研究发现，G 蛋白偶联受体几乎分布在体内所有细胞上，构成细胞表面受体的最大家族。目前对此类受体研究得较为透彻，已知 1000 多种。不同的 G 蛋白与不同 G 蛋白偶联受体及下游分子组成了不同的信号转导途径，如 cAMP – PKA 信号途径、IP_3/DAG – PKC 途径、Ca^{2+}/钙调蛋白依赖性蛋白激酶途径等。

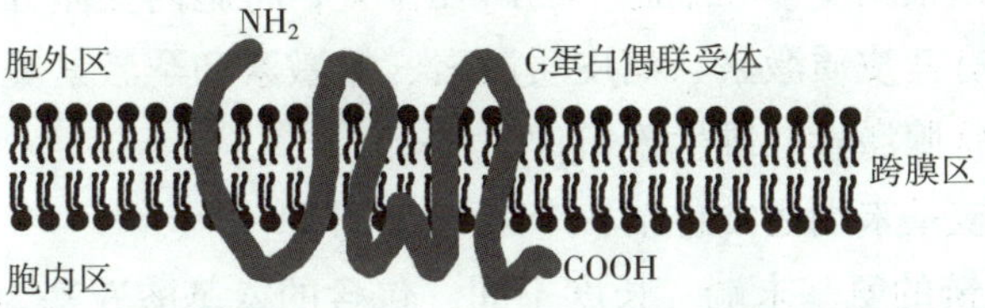

图 21 –2　G 蛋白偶联受体的结构

知识链接

我国 G 蛋白偶联受体药物研发取得重大进展

G 蛋白偶联受体（GPCR）是人体内最大的蛋白质家族，也是最重要的一类蛋白质，在细胞信号转导中发挥关键性的作用，几乎参与所有的生命活动。这一类受体的发现、结构解析以及功能研究为我们理解细胞生理调控以及疾病的发生与治疗等带来了新的曙光，该领域的研究已经多次获诺贝尔奖。

2007 年，第一个人体内 GPCR 的结构——$β_2$ 肾上腺素受体的晶体结构的解析，开启了 GPCR 结构解析的新时代。2011 年，首个 GPCR 和下游效应蛋白复合物的高分辨率晶体结构——人 $β_2$ 肾上腺素受体与 Gs 异源三聚体复合物的高分辨率结构获得解析。2015 年，中国科学院上海药物研究所（以下简称上海药物所）的研究团队解析了首个视紫红质与视觉阻遏蛋白（arrestin）完整复合物的晶体结构；2017 年，该所科研人员测定了全长胰高血糖素受体（GCGR）高分辨率晶体结构，又相继解析了人五羟色胺 1B 受体、CCR5 趋化因子受体、P2Y12 和 P2Y1 嘌呤能受体以及胰高血糖样肽 –1 受体（GLP –1R）等 9 种与神经、免疫、心血管和代谢密切相关的 GPCR 的结构，在国际顶级期刊《自然》和《科学》杂志上发表论文 10 余篇，实现了我国 GPCR 晶体结构测定的重大突破，促使结构生物学研究迅速达到国际先进水平，跻身世界一流研究行列。GPCR 结构为靶向药物研发提供了重要的结构模型。在 GPCR 结构研究的基础上，上海药物所进一步建立了基于 GPCR 靶标结构进行药物研究的新研发模式，但是对 GPCR 的基础和应用研究仍然任重道远，仍有待深入挖掘。

3. 酶偶联型受体 又称单次跨膜 α－螺旋型受体。此型受体一般是由均一或非均一多肽链构成的单体或寡聚体，每个单体或亚基的跨膜 α－螺旋区只有一段，具高度疏水性。受体胞外区为配体结合区，胞内区具有酪氨酸激酶结构域。当信号分子与此型受体结合后，可激活胞内区的酪氨酸激酶，催化酪氨酸残基的磷酸化，从而触发细胞信号转导的过程（图 21－3）。酶偶联受体主要是生长因子和细胞因子的受体，如胰岛素受体（InsR）、表皮生长因子受体（EGFR）、血小板衍生生长因子受体（PDGFR）等。此类受体介导的信号转导主要调节蛋白质的功能和表达水平、调节细胞增殖与分化。

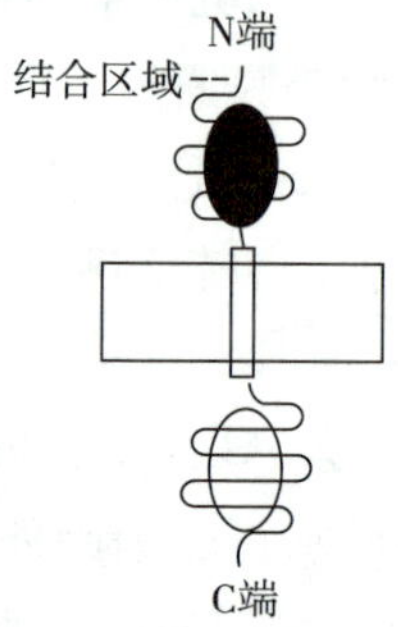

图 21－3 蛋白酪氨酸激酶受体的结构

（二）细胞内受体

细胞内受体是指位于细胞质及细胞核中的，能调节核基因表达的受体，一般为 DNA 结合蛋白，因大多数作用于细胞核内，也称核受体。作用于该受体的配体必须先穿过细胞膜才能与受体结合，故这类配体多为亲脂性化合物。可以根据受体在细胞中的所在位置，将胞内受体分成两类：①位于细胞质的受体称为Ⅰ型核受体，其配体有盐皮质激素、糖皮质激素、雌激素和孕激素等；②位于细胞核内的受体称为Ⅱ型核受体，其配体有甲状腺激素、维生素 D_3 等。

胞内受体从氨基末端到羧基末端通常包括 4 个区域（图 21－4）。

1. 高度可变区 位于肽链的氨基末端，长度不同，包含的氨基酸残基为 24～603 个不等，具有非激素依赖性的组成性转录激活功能区。多数受体的这一区域同时还作为抗体结合区。

2. DNA 结合区 位于受体分子的中部，含 66～68 个氨基酸残基（半胱氨酸残基较多）。其结构含有由约 15 个氨基酸残基和 4 个半胱氨酸残基组成的锌指结构，能顺 DNA 双螺旋旋转并与之结合。

3. 铰链区 为一短序列，可能与胞内受体的胞内转运和亚细胞定位有关。

4. 配体结合区 位于肽链的羧基末端，含 220～250 个氨基酸残基。这一区域的某些氨基酸残基不仅能与配体特异性结合，还具有与热休克蛋白结合、使受体二聚化、激活转录等作用。

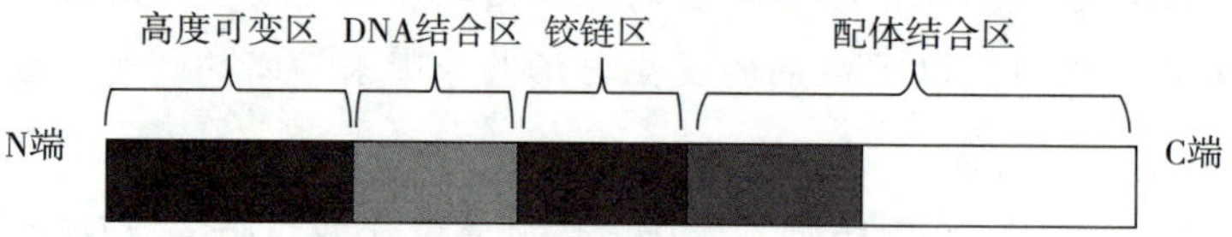

图 21－4 细胞内受体的结构

第三节 细胞信号转导通路

PPT

信号分子由细胞分泌后，经一定的途径到达靶细胞膜表面或细胞内与特异受体结合，引起受体构象或酶活性的改变，将信号传递给细胞内特定的信号转导分子，通过一系列的级联反应，最后产生特定的生物学效应。由细胞内若干信号转导分子所构成的级联反应系统称为细胞信号转导通路（signal transduction pathway），简称信号通路（signal pathway）。不同受体介导的细胞信号转导途径不同，主要有两类：膜受体介导的信号转导通路和胞内受体介导的信号转导通路。

一、膜受体介导的信号转导通路

细胞外的信号与胞膜受体结合后，通过一定的转导机制将细胞外信号转化为细胞内信号，并在胞内传递给效应蛋白而引起一系列生物学效应的过程，称跨膜信号转导。在膜受体介导的信号转导途径中，信号分子本身并不进入细胞，而是通过细胞外信号分子与靶细胞膜表面受体的特异结合来触发细胞内的信号转导过程。

胞膜受体介导的信号转导存在多种途径，主要有离子通道偶联受体介导的信号转导通路、G 蛋白偶联受体介导的信号转导通路、单次跨膜受体介导的信号转导通路。

（一）离子通道偶联受体介导的信号转导通路

离子通道的开放或关闭随着离子通道受体与相应配体的结合而发生变化，这一变化能影响膜电位的变化和离子跨膜流动的状态，使化学信号转换成电信号来调节细胞的功能，其配体一般为神经递质。如 N 型乙酰胆碱受体介导乙酰胆碱（Ach）信号途径：两分子 Ach 相结合后，可以使离子通道处于短暂开放状态后又回到关闭状态，然后 Ach 与之解离，受体又回到初始状态。筒箭毒碱和琥珀胆碱可以干扰 Ach 与神经－肌肉接头后膜的 *N*－胆碱受体相结合，进而促使骨骼肌松弛。其中，筒箭毒碱通过竞争与 *N*－胆碱受体结合，进而竞争性地阻断 Ach 的去极化作用，使骨骼肌松弛；而琥珀胆碱为去极化型肌松剂，在与 *N*－胆碱受体结合后会产生与 Ach 作用相似但比较持久的去极化，使受体不能对 Ach 产生反应，引起骨骼肌松弛。由于琥珀胆碱有较强的松弛喉肌的作用，多用于静脉注射给药后进行气管插管、气管镜等临床检查。

（二）G 蛋白偶联受体介导的信号转导通路

1. cAMP－蛋白激酶信号途径 这是一条经典的信号转导途径，信号分子通常与 G 蛋白偶联型受体相结合而激活此途径。一般来说，构成 cAMP 信号转导途径的级联反应为：信号分子→膜受体→G 蛋白→AC→cAMP→PKA→效应蛋白→生理效应。该信号转导通路是以环腺苷酸（cyclic adenosine monophosphate，cAMP）浓度的变化和 PKA 被激活为主要特征，是激素类信号分子调节机体物质代谢的主要途径。

（1）cAMP 的产生　当肾上腺素、胰高血糖素等配体与相应受体结合形成激素－受体复合体而使受体活化时，受体发生别构并与 Gs 结合，被激活 Gs 的 α 亚基上的 GDP 被 GTP 置换，随后与 GTP 结合的 α 亚基和 β、γ 亚基解离。游离出的 αs－GTP 可激活位于胞膜上的腺苷酸环化酶（adenylate cyclase，AC），ATP 能够被 AC 催化生成 cAMP，细胞内微量的 cAMP 在短时间内即可迅速增加数倍至数十倍，形成细胞内信号。cAMP 是一种小分子水溶性物质，在细胞内的平均浓度为 10^{-6}moL/L，其浓度不仅与上面提到的 AC 活性有关，还与细胞内磷酸二酯酶（phosphodiesterase，PDE）的活性有关，如果细胞外刺激信号消失，PDE 可将其降解成 5′－AMP。胰岛素、生长激素抑制素等配体与受体结合后能够抑制 AC 的活性，激活 PDE，从而使 cAMP 的水平降低。细胞内 cAMP 的浓度取决于 AC 和 PDE 活性的高低。需要注意的是，细胞外信号分子对胞内 cAMP 浓度的调节是通过调节 AC 活性而不是 PDE 活性来实现的。cAMP 通过 cAMP 依赖性蛋白激酶 A（proteinkinase A，PKA）来传递信息。

（2）PKA 的活化　PKA 是异四聚体别构酶，由 2 个催化亚基（C）和 2 个调节亚基（R）组成，在以全酶形式（C2R2）存在时无催化活性。C 亚基具有激酶的催化活性结构域，包含位于肽链氨基末端的 ATP 结合部位、位于肽链羧基末端的催化位点和底物结合部点，以及自身磷酸化位点 Thr197 和 Ser338。R 亚基包含 2 个位于肽链羧基末端的 cAMP 结合位点。当 2 个 R 亚基分别结合 2 分子 cAMP 时，PKA 发生别构，全酶（C2R2）处于失活状态，C 亚基从全酶中解离出来，导致游离的 C 亚基的激活，从而发挥 PKA 的催化功能。由此可见，cAMP 对细胞的调节作用是通过激活 PKA 来实现的。

（3）PKA 的作用机制　PKA 被 cAMP 激活后，可催化多种底物蛋白（包括胞质内蛋白、核内蛋白和胞膜蛋白）的丝/苏氨酸残基磷酸化，改变底物蛋白的活性状态，从而发挥调节细胞的物质代谢、基因表达等多种生物学效应。如在糖代谢中，PKA 催化糖原磷酸化酶激酶磷酸化，后者又使糖原磷酸化酶磷酸化，糖原磷酸化酶被激活，催化糖原的非还原性末端葡糖基磷酸解，生成葡糖 - 1 - 磷酸；与此同时，PKA 催化糖原合酶磷酸化，抑制了该酶的活性，从而关闭了糖原合成过程。因此，cAMP 通过 PKA 促进糖原分解及抑制糖原合成（图 21 - 5）。PKA 进入胞核中对基因表达的调节表现在多个层次，例如，PKA 可通过磷酸化组蛋白（如 H1、H2A、H3 等）而使组蛋白与 DNA 结合松弛（乃至解离），从而解除组蛋白对基因的抑制。

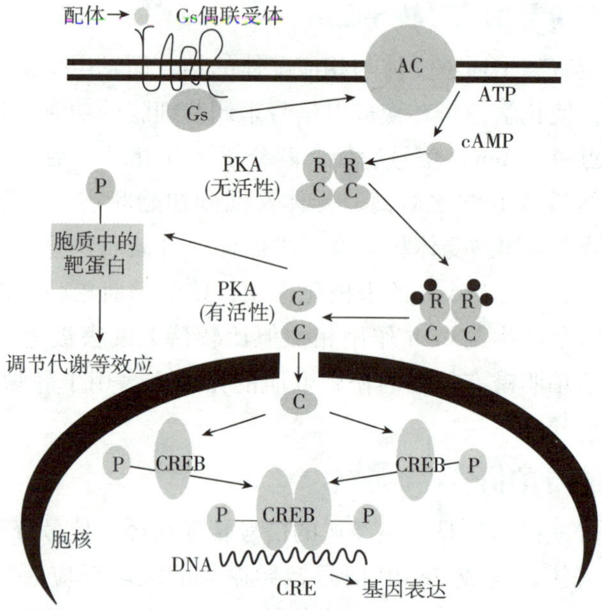

图 21 - 5　cAMP 信号转导通路

2. IP_3/DAG - PKC 信号转导通路　此通路的主要特征是脂质生成的信号分子与 PKC 被激活。

（1）IP_3 与 DAG 的生成　当配体（如促甲状腺激素释放激素、血管紧张素Ⅱ、抗利尿激素、去甲肾上腺素等）与相应的 GPCR 结合后，受体别构并与 Gq 蛋白结合，活化的 Gq 激活磷脂酰肌醇特异性的磷脂酶 C（phosphatidylinositol - phospholipase C，PI - PLC），催化膜组分中的磷脂酰肌醇 - 4，5 - 二磷酸（phosphatidylinositol - 4，5 - bisphosphate，PIP_2）水解成 IP_3 和二酰甘油（DAG）两个第二信使，使胞外信号转换为胞内信号。IP_3 促进细胞钙库内的 Ca^{2+} 迅速释放，使细胞内局部 Ca^{2+} 浓度升高；而 DAG 负责活化蛋白激酶 C（protein kinase C，PKC），活化后的 PKC 可使底物蛋白磷酸化，并可促进 Na^+ 与 H^+ 的交换，引起细胞内 pH 升高。此信号通路的特点是胞外信号与胞膜受体结合的结果是同时产生两个胞内信使，分别激活两个不同的信号转导途径，即 IP_3 - Ca^{2+} 信号途径和 DAG - PKC 信号途径，实现了细胞对外界信号的反应。

（2）PKC 的结构特点　PKC 是由多种同工酶组成的丝氨酸/苏氨酸蛋白激酶超家族，分布于机体各组织细胞的细胞膜和细胞质中。PKC 家族成员都是由一条单链构成的多肽，其氨基末端有半数序列是调节结构域，羧基末端为催化结构域，两者通过一个可被蛋白酶水解的铰链区连接。PKC 家族成员一般都有 5 个可变结构域（V1 ~ V5）和 4 个保守结构域（C1 ~ C5）。C1 含有 DAG 结合位点；C2 含有对维持 PKC 活性所必需的磷脂和 Ca^{2+} 结合位点；C3 区含有 ATP 结合位点；C4 区含有底物结合位点。在氨基末端的 V1 结构域中，由于存在一处自抑制假底物位点而不能被磷酸化，通常它占据活性中心的底物结合位点，从而使 PKC 暂时处于无活性状态。当 C1 结构域与 DAG 和 PS（磷脂酰丝氨酸）结合后，引起 PKC 别构并暴露假底物位点，进而激活 PKC。

目前已知，PKC 同工酶家族包括 12 种不同的同工酶。不同的 PKC 存在组织特异性，如 γPKC 仅见于脑组织，而其他的 PKC 广泛分布于机体各组织，但在同一细胞中常存在多种不同的 PKC，通过磷酸化不同底物来参与多种生命活动的调节。

（3）PKC 的作用机制 PKC 被激活前主要存在于胞质中，可以 Ca^{2+} 依赖的形式发生细胞内移位（translocation），由胞质中移位至细胞膜上。当 IP_3 生成后，从胞膜上迅速扩散到胞质中，与内质网膜和肌质网上的 IP_3 特异性受体相结合，使得这些细胞器上的 Ca^{2+} 通道开放，Ca^{2+} 进入胞质后与胞质中的 PKC 结合，促进 PKC 的膜移位，随后在胞膜上的 DAG 和磷脂酰丝氨酸（phosphatidylserine，PS）的共同作用下，PKC 被彻底激活，发生磷酸化作用。可被 PKC 磷酸化的底物目前已发现有几十种，如胰岛素受体、细胞因子受体、EGF 受体等受体蛋白，Na^+,K^+ – ATP 酶、GTP 结合蛋白等膜蛋白；微管蛋白和肌球蛋白轻链等骨架蛋白；糖原合酶、磷酸葡糖激酶等多种代谢酶。PKC 除可磷酸化多种底物蛋白而产生生物学效应外，还可对基因表达进行调节（图 21 – 6）。

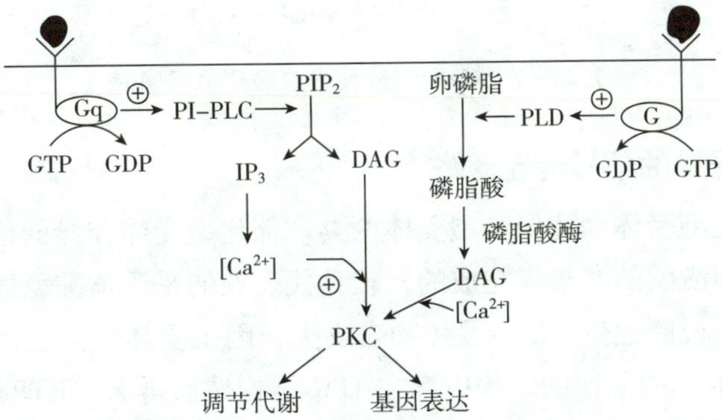

图 21 – 6 IP_3/DAG – PKC 信号转导通路

需要注意的是，不同的 PKC 亚型在细胞信号转导过程中起不同作用，同一 PKC 亚型对不同细胞产生的作用也各异。

3. Ca^{2+} – CaM 信号转导通路 G 蛋白偶联受体至少可通过三种方式引起细胞内 Ca^{2+} 浓度升高：某些 G 蛋白直接激活钙通道；PKA 能使 Ca^{2+} 通道蛋白磷酸化而激活钙通道，Ca^{2+} 的通透性增加；IP_3 可促进细胞质 Ca^{2+} 浓度升高。这些膜受体信号通路的活化均可引起细胞质 Ca^{2+} 浓度升高，从而活化 Ca^{2+} – CaM 信号转导通路。钙调蛋白（calmodulin，CaM）是细胞内一种重要的 Ca^{2+} 结合蛋白，由一条含 148 个氨基酸残基的多肽链构成，因富含酸性氨基酸而极易结合 Ca^{2+}，是细胞内重要的钙结合蛋白。CaM 可与 4 个 Ca^{2+} 结合，其水平在胞质中较高。处于静息状态的细胞内游离 Ca^{2+} 浓度低（0.1 ~ 10μmol/L），不能与 CaM 结合；只有当 Ca^{2+} 浓度 ≥100μmol/L 时，两者才能结合，参与形成复合体后的 CaM 被活化，进而调节各种生物学功能。

Ca^{2+} – CaM 有很多靶酶或靶蛋白，其中，Ca^{2+} – CaM 依赖性蛋白激酶（Ca^{2+} – CaM dependent protein kinase，CaM – PK）是 Ca^{2+} 信号传递的主要通路。CaM – PK 可以催化的底物有很多，如糖原合酶、丙酮酸激酶、磷酸化酶激酶、离子通道、转录因子、受体、细胞骨架蛋白等，故又称多功能蛋白激酶。CaM – PK 通过磷酸化底物蛋白质中的丝/苏氨基酸残基，改变其活性（图 21 – 7）。如肌球蛋白轻链激酶和磷酸化酶激酶都属于 CaM – PK，而这两个激酶作用的底物特异性很强，前者的底物是肌球蛋白轻链酶，后者的底物是磷酸化酶。Ca^{2+} – CaM 还可以调节某些靶分子（靶酶或靶蛋白）的活性，如可直接活化 AC，进一步促进 cAMP 浓度升高；直接激活鸟苷酸环化酶，使 cGMP 浓度升高。

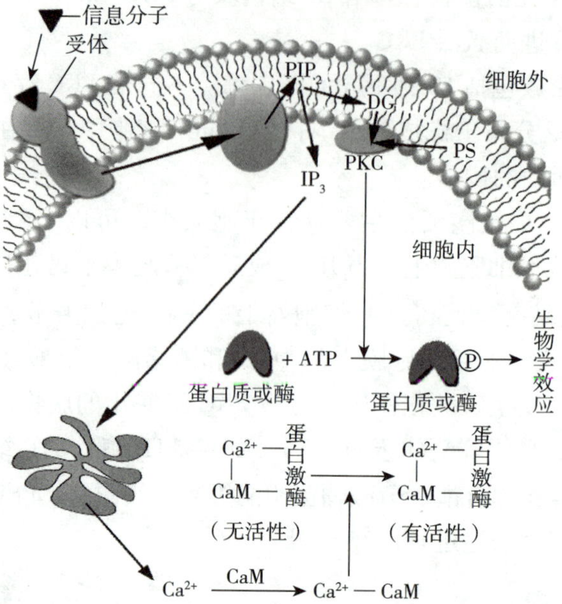

图 21－7　Ca^{2+} 依赖性蛋白激酶信号通路

（三）单次跨膜受体介导的信号转导通路

单次跨膜受体分为催化型受体和酶偶联型受体两类。催化型受体介导的信号转导通路是通过蛋白质间的相互作用和蛋白酪氨酸激酶的参与来完成的，较具代表性的是受体酪氨酸蛋白激酶介导的信号转导通路，如胰岛素受体、血小板源性生长因子受体和表皮生长因子受体等。受体酪氨酸蛋白激酶（receptor tyrosine protein kinase，RTPK）因受体的结构中存在 TPK 结构域而得名。RTPK 作用于靶蛋白的酪氨酸残基，使之磷酸化，这一过程与细胞的增殖、分化及癌变有密切关系。RTPK 介导的代表性信号转导通路有丝裂原激活的蛋白激酶（mitogen activated protein kinase，MAPK）通路等。另一类为酶偶联型受体，它们的胞内区没有 TPK 活性，但可与非受体型酪氨酸蛋白激酶（Janus kinase，JAK）、类固醇受体辅活化因子（steroid receptor coactivator，SRC）等胞内的其他 TPK 偶联，而使靶蛋白发生磷酸化，如多数生长因子受体。

催化型受体和酶偶联型受体都能使靶蛋白的酪氨酸发生磷酸化，但它们的信号转导方式有所不同。

1. 催化型 TPK－Ras－MAPK 信号转导通路　Ras－MAPK 信号通路传递信息的基本过程如下。细胞外因子（生长因子、胰岛素、抗原等）与相应的受体结合。受体二聚体形成并发生磷酸化，形成 SH2 结合位点，从而能够结合生长因子受体结合蛋白 2（growth factor receptor binding protein 2，Grb2）。Grb2 是由 1 个 SH2 结构域和 2 个 SH3 结构域构成的接头蛋白。GEF 家族的成员 SOS 含有可与 SH3 结构域相结合的富含脯氨酸的基序，当 Grb2 结合磷酸化的受体后，它的 2 个 SH3 结构域即可结合于 SOS 并活化。激活的 SOS 可结合 Ras 蛋白，且促进 Ras 释放 GDP 并进一步结合 GTP 从而被激活。活化的 Ras 蛋白（Ras－GTP）可激活 MAPK 激酶的激酶（MAPKKK），活化的 MAPKKK 可磷酸化 MAPK 激酶（MAPKK）而将其激活，活化的 MAPKK 将 MAPK 磷酸化而激活。随后，MAPK 可以移位至细胞核内，通过磷酸化作用激活各种效应蛋白，产生生物学应答（图 21－8）。

2. JAK－STAT 信号转导通路　一些细胞因子和生长因子如 IL－2、IL－6、干扰素和生长激素等，其受体分子缺乏 TPK 活性，但它们可以通过细胞内的非受体型酪氨酸蛋白激酶 JAK 来完成信息的传递。JAK 通过信号转导及转录激活因子（signal transduction and activator of transcription，STAT）影响基因的转

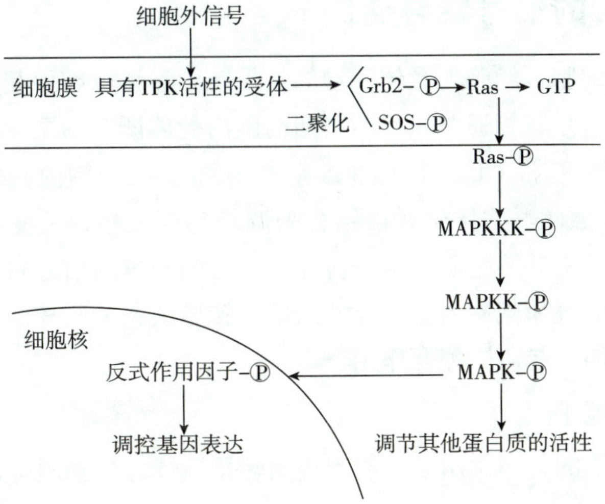

图 21－8　EGF 介导的 Ras－MAPK 信号转导通路

录，STAT 被磷酸化后激活，借助 STAT 分子中的 SH2 结构形成二聚体，受体的二聚化可增强与 JAK 的亲和力，使其与配体－受体复合物结合，JAK 因此聚集并使自身磷酸化位点交叉磷酸化，使其蛋白激酶激活，进一步使胞内底物蛋白和受体分子发生磷酸化，并穿过核膜结合到 DNA 的特定序列上，调节基因表达（图 21－9）。此通路中，同一受体被激活后可与不同的 JAK 和 STAT 结合，通过多种不同的方式传递信号。

3. NF－κB 信号转导通路　NF－κB 是一种几乎存在于所有细胞中的转录因子，包括 NF－κB1、NF－κB2 和一些癌基因编码的蛋白质（如 Rel A 等）。NF－κB 信号转导通路涉及机体的组织损伤和应激反应、防御反应、肿瘤的生长和抑制以及细胞的分化和凋亡等。当 NF－κB 与其抑制蛋白（包括 IκBα、IκBβ、Bcl－3 等）结合形成复合物时，是以无活性状态存在于胞质中的。当肿瘤坏死因子与相应受体结合后，可通过第二信使 Cer 等使 IκB 磷酸化，从而使 NF－κB 从 NF－κB 与 IκB 结合形成的复合物中游离出来。这时的 NF－κB 形成环状结构，暴露出核定位信号并进入细胞核与靶基因的顺式作用元件结合，启动或抑制有关基因的转录（图 21－10）。另外，PKA、PKC、佛波酯、双链 RNA 和活性氧中间体等也可直接激活 NF－κB 信号通路，如因创伤、感染等原因引起的炎症反应与 NF－κB 信号通路的过度活化有关。

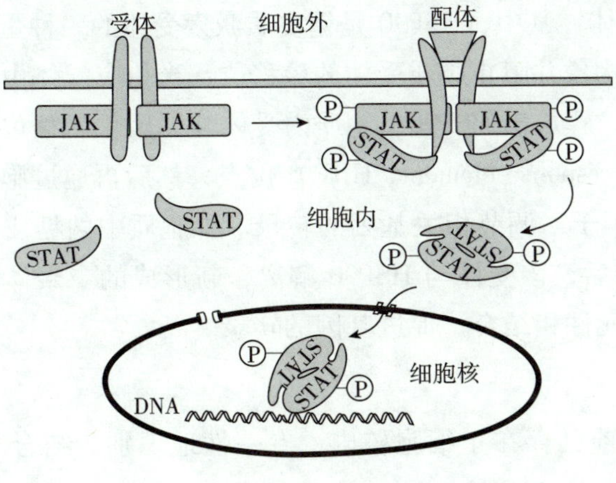

图 21－9　JAK－STAT 信号通路

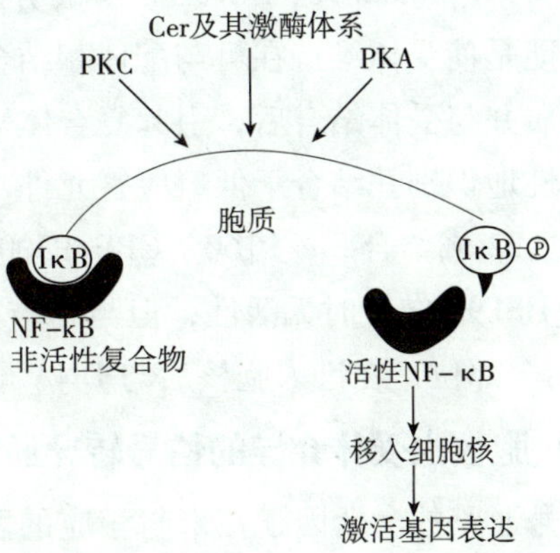

图 21－10　NF－κB 信号转导通路激活过程

二、胞内受体介导的信号转导通路

化学信号分子作用于靶细胞，经胞内受体介导的信号转导通路能够引起靶细胞快速的生理应答及迟缓的基因表达，又称核受体信号转导通路。目前已知的胞内受体调节物质主要有盐皮质激素、糖皮质激素、雌激素、孕激素、甲状腺激素（T_3、T_4）和维生素 D_3 等。因为胞内受体本身属于转录因子，可通过直接与特定 DNA 启动子区域的顺式作用元件结合来调控基因表达，改变细胞功能。化学信号的转导分为上游的跨胞膜信号转导、中游的胞质中信号转导、下游的胞核内信号转导 3 个阶段。根据相对应受体在细胞中所在的位置，一般分为胞质内受体介导的信号转导通路和胞核内受体介导的信号转导通路两类，并且都需要相关的调节因子起协同配合作用。

（一）胞内受体的调节因子

胞内受体在多种调节因子的共同作用下才能表现出转录活性，包括阻抑因子、激活因子和交换因子 3 类。

1. 阻抑因子 包括胞内受体阻抑因子和组蛋白去乙酰基酶（histone deacetylase，HDAC）。胞内受体阻抑因子含有对应的可以结合 HDAC 的区段，以及与 LXXLL 基序类似的 LXXI/H、LXXI/L 区段，可用于与未活化的胞内受体的 AF2 域结合，进而形成胞内受体、胞内受体阻抑因子和 HDAC 共同组成的复合体，由复合体中的 HDAC 催化核小体内的组蛋白脱掉乙酰基，组蛋白呈低乙酰化，从而抑制转录。

2. 激活因子 有很多种，其中代表性的是类固醇受体辅活化因子家族（steroid receptor coactivator family，SRC 家族），包括 SRC－1、SRC－2 和 SRC－3 等成员，因其分子量均为 160kD 左右，故也统称为 P160 家族。各成员的分子结构都含有 LXXLL 的基序（signature motif），胞内受体与配体的结合能够诱导胞内受体内的 AF2 域结合 P160 家族成员上的 LXXLL 基序，同时串联结合 CBP/P300（CREB bing protein/protein with 300kD），后两者的分子结构都含有组蛋白乙酰基转移酶（histone acetyltransferase，HAT），活化后的 HAT 通过使核小体中组蛋白 N 端的赖氨酸乙酰化来减弱组蛋白与 DNA 的亲和力，进而形成疏松的核小体结构，便于后续的基因转录。

3. 交换因子 具有促使靶底物泛素化蛋白降解的作用。某些胞内受体在未与对应的配体结合前，就已经与阻抑因子和交换因子结合在一起，定位于顺式作用元件上。

（二）胞质内受体介导的信号转导通路

该信号通路的受体在未与相应的配体结合前，都是单独存在于细胞质中的，并与两分子热休克蛋白 90（heat shock protein 90，HSP90）等成分形成复合体。其中，HSP90 是糖皮质激素受体的一种蛋白质抑制剂，功能是使受体维持在可与配体相结合的空间构象并阻止胞质受体的核移位。当相应配体由细胞外进入细胞质并与受体结合后，引起复合体发生别构，释放出 HSP90，胞质内受体纯二聚化后移位进入胞核，专一性地识别并结合于低氧应答元件（hypoxia response element，HRE）位点；然后再通过胞质内受体分子的 AF2 域结合 Src/P160、CBP/P300 等激活因子，调节相关基因的转录。如胞质中的糖皮质激素受体在与 HSP90 结合时无活性，但与相应配体结合后，该受体与 HSP90 解离，新形成的二聚体将暴露出 DNA 结合部位，在进入胞核后与 DNA 顺式作用元件相结合，促进基因的转录。

（三）胞核内受体介导的信号转导通路

该信号通路的激活因子在未与相应的配体结合前已存在于细胞核内，专一性地识别、结合于 HRE 位点。胞核内受体的特点是与维 A 酸核内受体（RXR）形成异二聚体（如 RAR/RXR、TR/RXR、PPAR/RXR 和 VDR/RXR）等。未结合配体的胞核内受体通过其 AF2 域与阻抑因子相结合而呈抑制状态，无促成转录的活性。但与配体结合后，阻抑因子被分解并与激活因子结合，进而激活胞核内受体，引起基因转录（图21－11）。如甲状腺激素受体初始并无活性，当与进入核内的配体结合后，受体活化并能与DNA顺式作用元件结合，起到调节基因转录的作用。

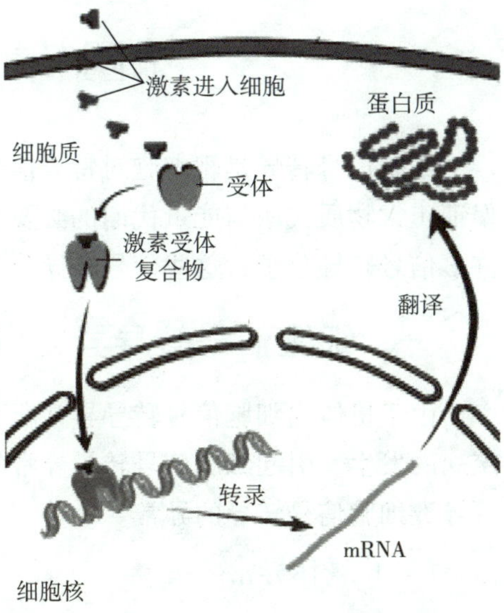

图21－11 胞内受体介导的信号转导途径

三、细胞信号转导通路的交互联系

细胞间信号的传递是多通路、多环节的，这些通路间通过密切的交叉联系形成精细而复杂的信号转导网络，共同调控机体的生命活动。

1. 不同的信号转导通路可共同作用于同一种效应蛋白或基因来共同发挥效应 糖原磷酸化酶激酶b属多亚基蛋白质（αβγδ），其α、β亚基是PKA的作用底物，即磷酸化酶激酶b受PKA通路的调节，PKA在催化α、β亚基磷酸化后使其活化，变成磷酸化酶激酶a，进而催化磷酸化酶b磷酸化变成磷酸化酶a，后者能促进体内糖原的分解。糖原磷酸化酶激酶b的δ亚基实质上是CaM，Ca^{2+}能结合于其上并使之活化。IP_3/DAG－PKC信号通路可使胞质中的Ca^{2+}浓度上升，促进Ca^{2+}与CaM结合，激活CaM。PKA信号通路和IP_3/DAG－PKC信号通路可联合调控糖原磷酸化酶激酶b。

2. 一种细胞外信号分子可通过不同信号转导途径影响不同的细胞 白介素1β（IL－1β）是在局部和全身炎症反应中起核心作用的细胞因子。IL－1β受体分布广泛，可通过G蛋白偶联受体和蛋白激酶偶联受体介导的MAPK途径传递信号。近年来又发现IL－1β可通过其他几条重要途径传递信号，包括IL－1受体相关途径、PI3K途径、JAK－STAT途径等。IL－1β受体不仅可以作用于各种炎症相关细胞，还可通过JAK－STAT途径作用于胰岛β细胞，通过激活离子通道影响神经细胞、血管平滑肌细胞、成纤维细胞等多种细胞。

3. 一条信号转导通路中的功能分子可影响和调节其他信号转导途径 甲状腺激素释放激素与位于靶细胞膜的受体结合后，可通过Ca^{2+}－磷脂依赖性蛋白激酶系统激活PKC；同时由于细胞内Ca^{2+}浓度升高，还可以激活腺苷酸环化酶生成cAMP，激活PKA。

4. 一种信号分子可参与多种途径的信号转导 胰岛素就属于这种多功能信息分子，当与相应受体结合后，可通过受体蛋白酪氨酸激酶（RPTK）使多种胰岛素受体底物（insulin receptor substrate，IRS）发生磷酸化，从而活化多条信号通路，如可激活磷脂酰肌醇－3－激酶（PI3 kinase，PI3K）来活化PI3K－PKB信号通路；可激活磷脂酶Cγ（phospholipase Cγ，PLCγ）而水解磷脂酰肌醇－4，5－二磷酸（phosphatidylinositol－4，5－bisphosphate，PIP），产生肌醇三磷酸（inositol－1,4,5－triphosphate，IP_3）和二酰甘油（DAG），进而活化PKC信号通路；还可通过激活鸟苷酸释放因子（GEF）家族中的SOS蛋白来活化Ras－MAPK信号通路。

由上可知，不同的信号转导通路之间既可以相互协同，也可以相互制约，从而形成精密的信号转导调控网络。参与调控网络形成的各种信号分子在与受体结合前是散在的，个别锚定于细胞膜内侧或细胞质内，但当与受体结合后即可诱导这些信号分子装配成参与信号转导网络的复合体。信号转导途径和网络的形成是动态过程，随着信号种类和强度的变化而不断变化。

第四节 细胞信号转导异常与疾病

PPT

细胞信号转导是靶细胞对特异信号分子做出相应反应的复杂生物化学过程，机体正常的信号转导是保证正常物质代谢与能量代谢的必要条件，也是维持机体稳态的根本保障。信号转导涉及若干环节中的许多信号转导分子，这些信号转导分子的结构或数量的异常均可导致疾病的发生。

一、细胞信号转导异常引起疾病的层次

由于机体内细胞信号转导异常所引起的疾病有很多种，这一过程中任何环节出现错误，都可能导致疾病的发生。引起细胞信号转导异常的原因是多种多样的，基因突变、细菌毒素、自身抗体和应激等均可导致细胞信号转导的异常。

（一）受体异常

1. 受体异常激活 在正常情况下，受体只有在结合外源信号分子后才能激活，并向细胞内传递信号。但基因突变可导致异常受体的产生，此种受体不依赖外源信号的存在而激活细胞内的信号途径。如EGF受体只有在结合EGF后才能激活MAPK途径，但ERB－B癌基因表达的变异型EGF受体则不同，该受体缺乏与配体结合的胞外区，而其胞内区则处于活性状态，因而可持续激活MAPK途径。受体多为蛋白质，在自身的翻译、转运等过程中易受环境因素的影响，引起受体数量的增加，使靶细胞对外源信号的刺激反应过度。

2. 受体异常失活 受体分子数量、结构或调节功能发生异常变化时，可导致受体异常失活，不能正常传递信号。如基因突变可导致遗传性胰岛素受体异常，包括：①受体合成减少或结构异常的受体在细胞内分解加速，导致受体数量减少；②受体与配体的亲和力降低，如735位精氨酸突变为丝氨酸可导致受体与胰岛素的亲和力降低；③RTK活性降低，如1008位甘氨酸突变为缬氨酸可导致胞内区的PTK结构区异常，从而使其磷酸化酪氨酸残基的能力减弱。在这些情况下，受体均不能正常地传递胰岛素的信号。

（二）信号转导分子异常激活和失活

这种情况表现为胞外或胞内信号分子功能上的异常或量的过多与过少，如甲状腺激素水平过高可导致甲状腺功能亢进，其水平过低可导致呆小症；机体生长激素水平过高可导致巨人症，其水平过低可导致侏儒症；细胞信号转导分子c－Fos和c－Jun水平过高与肿瘤、炎症性疾病有关。

（三）受体后信号转导异常

受体后信号转导异常是指受体和相应信号分子的数量和功能都正常，但两者仅作为整条信号通路的起点，后续还需要一系列信息物质共同参与，直至相应生物学效应的产生，这一过程中任何环节出现异常都可能会阻碍信号的传递。

二、细胞信号转导异常导致的疾病

（一）G蛋白异常引起的疾病

G蛋白异常引起的疾病主要指通过G蛋白转导信号通路的失调而导致的疾病。

1. 霍乱 因霍乱毒素引发G蛋白发生化学修饰所导致。霍乱毒素的A亚基先进入小肠上皮细胞，作用于Gs蛋白的αs亚基，使该亚基发生ADP－核糖基化并丧失GTPase活性，从而不能还原至GDP结合形式，进而引发αs的持续活化，细胞内cAMP－PKA信号通路持续激活，而产生的PKA可以通过磷

酸化小肠隐窝细胞中的多种蛋白质来促进 Cl^- 和 K^+ 等物质的分泌，通过磷酸化小肠绒毛细胞中的多种蛋白质来减少细胞对 NaCl 的重吸收，导致患者出现腹泻和水、电解质紊乱等症状。

2. 心脏疾病　在肾性高血压、自发性高血压等心肌肥大大鼠模型中，β 肾上腺素能受体在刺激腺苷酸环化酶（AC）后，AC 的活性有所下降。经检测发现，Giα 亚基的含量增加、功能增强，而 Giα 亚基几乎无变化，提示 Giα 亚基是导致肥大心肌敏感性下降的重要原因，而人类在出现高血压时也有相同表现。另外，心力衰竭时血浆儿茶酚胺浓度大幅度上升，其升高幅度与病死率呈正相关，在这类患者心肌细胞内，β 肾上腺素受体的信号转导有所改变，G 蛋白通过 Giα 亚基活性下降和 Giα 亚基含量上升也参与了受体敏感性下降的过程。

3. 其他　G 蛋白还与创伤应激状态下的免疫抑制及疼痛、炎症的产生等有关。

（二）受体异常引起的疾病

受体异常引起的疾病可分为自身免疫性受体病、遗传性受体病、继发性受体异常 3 类。

1. 自身免疫性受体病　机体产生的抗胞膜受体的自身抗体与受体结合，引起细胞功能紊乱，但无组织损伤和炎症表现。细胞功能紊乱可表现为受体介导的对靶细胞的刺激作用，也可表现为抑制作用。Graves 病就是刺激性作用的一个例子：患者机体产生抗 TSH 受体的自身抗体，TSH 的功能是使甲状腺上皮细胞释放甲状腺激素，当产生的自身抗体与 TSH 受体结合后，其作用与 TSH 相同，因而导致在无 TSH 存在时也能产生过量的甲状腺激素，使患者出现甲状腺功能亢进表现。

2. 遗传性受体病　指编码受体的基因发生突变而使受体数量减少或结构异常，进而引起受体的功能发生障碍。如低密度脂蛋白（LDL）受体先天性缺陷可引起家族性高胆固醇血症（familial hypercholesterolemia，FH），因该受体缺陷时可使胆固醇不能被肝组织摄取，引起血浆中胆固醇含量增加。

3. 继发性受体异常　指非原发性的受体异常疾病，如多巴胺受体异常使肌张力增高或强直而引起的帕金森病。

（三）细胞信号转导障碍引起的疾病

细胞信号转导异常引起的疾病常常是多因素共同作用的结果。如 2 型糖尿病，患者血浆中的胰岛素水平通常并不低，出现血糖过高是因为患者体细胞可能既存在胰岛素受体后分子减少或功能障碍，又有胰岛素受体减少或功能障碍，导致患者对胰岛素的敏感性下降，即胰岛素抵抗。

慢性髓系白血病（CML）是第一个被发现的由造血干细胞起源的克隆性疾病，它是由 9 号染色体上的酪氨酸激酶基因（*ABL*）和 22 号染色体上的断点簇区（*BCR*）基因融合形成的 *BCR* - *ABL* 融合癌基因诱发的，该易位染色体以所在城市（Philadelphia）命名为费城染色体（Ph^+）。该融合基因导致细胞中的酪氨酸激酶持续、不受调控地激活。甲磺酸伊马替尼是一种分子靶向药物，可在细胞水平抑制 BCR - ABL 酪氨酸蛋白激酶，能选择性抑制 BCR - ABL 阳性细胞系、费城染色体阳性（Ph^+）的慢性髓系白血病细胞的增殖并诱导其凋亡，可以使患者达到分子生物学水平的缓解。

案例引导

临床案例　患者，男，49 岁。乏力、低热、脾增大至脐下缘约半年。血常规显示：白细胞 $131 \times 10^9/L$，红细胞 $3.6 \times 10^{12}/L$，血红蛋白 100g/L，血小板 $100 \times 10^9/L$。采集末梢血样后人工镜检：中性粒细胞 90%，以中性晚幼、中幼和杆状核粒细胞居多，嗜酸性粒细胞 3%，嗜碱性粒细胞 5%，淋巴细胞 2%。后经骨髓穿刺进一步确诊为慢性粒细胞白血病。采用化疗、干扰素、甲磺酸伊马替尼等方法结合治疗。

讨论　酪氨酸蛋白激酶抑制剂甲磺酸伊马替尼（STI571，Glivec）治疗慢性粒细胞白血病的生化机制是什么？

三、细胞信号转导分子与药物研发

对疾病发生和发展过程中细胞信号转导异常机制的不断探索，尤其是对各种疾病过程中的信号转导异常的不断认识，为各种疾病的诊断及治疗提供了新的思路和方法。各种病理过程中发现的信号转导分子结构和功能的改变，为新药的筛选和开发提供了靶点，由此产生了信号转导药物这一概念。信号转导分子的激动剂和抑制剂是信号转导药物研究的出发点，尤其是各种蛋白激酶的抑制剂被广泛用作母体药物而进行抗肿瘤新药的研发。

一种信号转导干扰药物是否可以用于疾病的治疗而又具有较少的副作用，主要取决于两点。一是它所干扰的信号转导途径是否广泛存在，如果该途径广泛存在于各种细胞内，其副作用则很难控制。二是药物自身的选择性，对信号转导分子的选择性越高，副作用越小。基于上述两点，人们努力筛选和改造已有的化合物，以发现具有更高选择性的信号转导分子激动剂和抑制剂，同时努力了解信号转导分子在不同细胞中的分布情况。这些努力已经使得一些药物得以用于临床，特别是在肿瘤治疗领域。

目标检测

答案解析

一、单项选择题

1. 下列不属于第二信使的是（　）

A. cAMP　　B. Ca^{2+}　　C. cGMP

D. IP_3　　E. 胰岛素

2. IP_3的生理功能是（　）

A. 是细胞内供能物质

B. 是肌醇的活化形式

C. 是激素作用于膜受体后的第二信使

D. 能直接激活 PKA

E. 是细胞膜的结构成分

3. 关于 G 蛋白，叙述错误的是（　）

A. 是一类存在于细胞膜受体与效应蛋白之间的信号转导蛋白

B. 是由 α、β、γ 三种亚基构成的异三聚体

C. α 亚基具有 GTPase 活性

D. β、γ 亚基结合紧密

E. α 亚基 – GDP 对效应蛋白有调节作用

4. 关于受体的作用特点，叙述错误的是（　）

A. 特异性较高　　B. 是可逆的

C. 其解离常数越大，产生的生物效应越大　　D. 是可饱和的

E. 结合后，受体可发生变构

5. 绝大多数细胞膜受体的化学本质是（　）

A. 脂类　　B. 糖蛋白　　C. 肽类

D. 多糖　　E. 类固醇

6. NO 生成的底物分子是（　）

A. 瓜氨酸　B. 甘氨酸　C. 精氨酸

D. 甲硫氨酸　E. 酪氨酸

7. 与七次跨膜结构受体偶联的蛋白质是（　）

A. 蛋白激酶 A　B. 小分子 G 蛋白

C. 酪氨酸蛋白激酶　D. 异源三聚体结构的 G 蛋白

E. 蛋白激酶 G

二、简答题

1. 信号分子的类型有哪些？

2. 受体在与配体结合时有何特点？

3. 简述 cAMP 信号转导通路的级联反应过程。

（蒋传命）

书网融合……

本章小结　微课　题库

参考文献

[1] 周春燕，药立波．生物化学与分子生物学［M］．9版．北京：人民卫生出版社，2018.

[2] 杨荣武．生物化学原理［M］．3版．北京：高等教育出版社，2018.

[3] 贾弘禔．生物化学与分子生物学［M］．3版．北京：人民卫生出版社，2015.

[4] 李刚．生物化学［M］．4版．北京：北京大学医学出版社，2018.

[5] 郑用琏．基础分子生物学［M］．北京：高等教育出版社，2021.

[6] Robert F. Weaver. 分子生物学［M］．北京：科学出版社，2013.

[7] Caroline H Johnson，Julijana Ivanisevic，Gary Siuzdak. Metabolomics：beyond biomarkers and towards mechanisms［J］．Nat Rev Mol Cell Biol，2016，17（7）：451－459.

[8] Daniel C Chambers，Alan M Carew，Samuel W Lukowski，et al. Transcriptomics ans single－cell RNA－sequencing［J］．Respirology，2019，24（1）：29－36.

[9] Zhihua Jiang，Xiang Zhou，Rui Li，et al. Whole transcriptome analysis with sequencing：methods，challenges and potential solutions［J］．Cell Mol Life Sci，2015，72（18）3424－3439.

[10] Rob David L. Nelson，Michael M. Cox，et al. Lehninger Principles of Biochemistry［M］. 8th ed. New York：Worh Publisher，2021：2186－2188.

[11] Victor Rodwell，David Bender，Kathleen Botham，et al. Harper's Illustrated Biochemistry（31st）［M］．New York：McGraw－Hill Co.，2018

[12] Frenel J S，Carreira S，Goodall J，et al. Serial Next－Generation Sequencing of Circulating Cell－Free DNA Evaluating Tumor Clone Response To Molecularly Targeted Drug Administration［J］．Clinical Cancer Research An Official Journal of the American Association for Cancer Research，2015，21（20）：4586.

[13] Sokabe M. Significance of a study on potassium channels by Dr. Roderick MacKinnon，a winner of the 2003 Nobel Prize in Chemistry［J］. Tanpakushitsu Kakusan Koso Protein Nucleic Acid Enzyme，2004，49（2）：165－70.

[14] Moran L A，Horton R A，Gray Scrimgeour，et al. Principles of Biochemistry［M］．5th ed. Pearson Education Inc，2011.